职业教育院校重点专业规划教材
数控技术应用专业教学用书

机械制造基础

主　编　张辛喜
参　编　李胜凯　郭新民
　　　　李宏林　蔡苏宁
主　审　甄瑞麟

机械工业出版社

本书是根据教育部现阶段技能型人才培养的指导思想和最新的专业教学计划编写的，以介绍机械加工工艺方法为主线，将机床、刀具、夹具及加工质量等内容融合贯通在各种加工工艺方法中，以常规加工方法作为知识基础，通过实际加工案例分析，使学生能综合运用和掌握常见机械加工工艺方法。本书主要内容包括金属切削及金属切削机床基础知识、机械制造工艺理论、典型零件加工和机械加工质量分析等。每章末均附有一定数量的思考与练习题。

本书适用于高等职业技术学院数控加工技术、模具设计与制造、机电一体化等机械类专业学生使用，亦可作为重点中等职业学校与职工培训教材，还可供有关工程技术人员参考。

图书在版编目（CIP）数据

机械制造基础/张辛喜主编．—北京：机械工业出版社，2009.4（2016.2 重印）

职业教育院校重点专业规划教材．数控技术应用专业教学用书

ISBN 978-7-111-26461-3

Ⅰ.机…　Ⅱ.张…　Ⅲ.机械制造-高等学校：技术学校-教材　Ⅳ.TH

中国版本图书馆 CIP 数据核字（2009）第 029936 号

机械工业出版社（北京市百万庄大街 22 号　邮政编码 100037）
责任编辑：汪光灿　版式设计：张世琴　责任校对：吴美英
封面设计：陈　沛　责任印制：乔　宇
北京京丰印刷厂印刷
2016 年 2 月第 1 版·第 5 次印刷
184mm×260mm·20.5 印张·502 千字
9 001—10 500 册
标准书号：ISBN 978-7-111-26461-3
定价：39.00 元

凡购本书，如有缺页、倒页、脱页，由本社发行部调换

电话服务	网络服务
社服务中心：(010) 88361066	教材网：http://www.cmpedu.com
销售一部：(010) 68326294	机工官网：http://www.cmpbook.com
销售二部：(010) 88379649	机工官博：http://weibo.com/cmp1952
读者购书热线：(010) 88379203	**封面无防伪标均为盗版**

前　言

本书是教育部职业教育院校重点专业规划教材，是根据教育部现阶段技能型人才培养培训方案的指导思想和最新的专业教学计划编写的。

随着现代科学技术在机械制造业的广泛应用，特别是微电子技术的应用，使机械制造业发生了又一次革命——数字控制加工。但是，数字控制加工的基础仍然是机械制造的基本知识和基本理论。因此，对于数控技术专业而言，必须学习与掌握机械制造的基本知识、基本理论。

1. 课程定位与目标

本书是以培养数控、模具技术技能型紧缺人才为目标，以能力为本位，以重点培养学生创新和实践能力为核心，将机械制造专业的“金属切削原理与刀具”、“金属切削机床”、“机床夹具设计”、“机械制造工艺学”等课程中最为实用的相关知识，进行了有机的综合，注重提高学生综合能力，形成了机械制造基础教材的新体系。

本书力求为数控、模具类专业开展“专业项目化教学”服务，为后续专业技能训练打好扎实的理论基础。本书通过理论教学、实验教学、生产实习、课程设计、综合实践等环节的配合，使学生掌握机械制造的基本理论，能初步分析和处理与切削加工有关的工艺技术问题；能编写中等复杂程度零件的工艺规程；能合理选用机床、刀具、夹具等，并能对专用夹具进行设计和制造；能正确地使用、调整、维护机床；初步具备综合分析加工质量、生产率和经济性问题的能力；了解装配工艺方法及先进制造技术知识；熟悉和应用各种手册、图表、标准等技术资料。

2. 教材特色

本书以介绍机械加工工艺方法为主线，将机床、刀具、夹具及加工质量等融合贯通在各种加工工艺方法中，以常规加工方法作为知识基础，通过实际加工案例分析，使学生能综合运用和掌握常见机械加工工艺方法。

本书的编写本着“实际、实用、实效、够用”的原则，突出基本概念、基本原理、基本方法和基本训练。教材内容取材于实践，大量案例以中级工要求的内容为主，兼顾初级工和高级工，适应职业教育的教学模式。全书贯彻执行法定计量单位及最新国家标准。

本书是编者在总结多年教学实践经验，参阅了兄弟院校有关机械制造基础教材及相关资料、参考书籍的基础上编写而成的，同时吸取了许多兄弟院校多年教学改革的经验和成果，在此致以谢意。

3. 课时分配建议及编写分工

全书分3篇，共12章，建议教学计划80～90学时。其中第五、十、十二章及第九章部分内容由张辛喜编写；第一、二、三章由郭新民编写；第四、七章由李宏林编写；第六、十一章由李胜凯编写；第八章、第九章部分内容由蔡苏宁编写。

本书由西安理工大学高等技术学院张辛喜副教授任主编并负责全书统稿。陕西国防工业职业技术学院甄瑞麟教授任主审，对全书文稿和图稿进行了认真的审阅。深圳职业技术学院李邵炎高级工程师、陕西工业职业技术学院魏康民教授也对本书提出了很多宝贵的意见和建议，在此表示衷心的感谢。

本书适用于职业技术院校数控加工技术、模具设计与制造、机电一体化等机械类专业学生使用、亦可作为重点中等职业学校与职工培训教材，还可供有关工程技术人员参考。

尽管我们在教材建设的特色方面做出了许多努力，但由于编者的学术水平有限，时间仓促，书中难免有缺漏及不妥之处，敬请各兄弟院校师生和读者提出宝贵意见和建议，以便修改。

编　者

目录

第三篇 典型零件加工及加工质量分析

第一篇

金属切削及金属切削机床基础

在机器上用金属切削刀具切除工件上多余的金属，从而使工件的形状、尺寸精度及表面质量都符合预定要求的加工，称为金属切削加工，也称为冷加工。金属切削加工过程中出现的各种现象和规律，都要根据刀具与工件之间的运动状态来观察和研究。

金属切削加工所用的机器称为金属切削机床，简称机床。它提供刀具与工件之间的相对运动，提供加工过程中所需的动力，是机械制造业的主要加工设备。

本篇将介绍金属切削的基本概念；金属切削刀具基本知识；金属切削过程中各种物理现象的成因、变化规律及其对切削加工的影响；金属切削机床的分类和型号编制方法；机床传动系统及其本体部件、操纵和控制机构等内容。

第一章　金属切削基础知识

【要点和目的】

金属切削加工离不开金属切削刀具，且刀具与工件之间必须有相对运动和合理的运动参数。本章主要讲述切削运动、切削用量、切削层参数等基本概念；金属切削刀具的结构组成、几何参数和基本要求等。

通过本章学习，掌握切削运动、切削用量、切削层参数、刀具标注角度等基本概念，熟悉刀具切削部分的组成及其几何参数，了解刀具工作角度的概念及计算方法，掌握刀具材料应具备的基本性能、常用刀具材料的牌号、性能特点及其适用场合。

第一节　切削运动和切削用量

一、切削运动和切削形成表面

1. 切削运动

在金属切削过程中，刀具和工件之间必须有一定的相对运动(即切削运动)，才能切除工件上的多余金属。切削运动按其作用不同分为主运动和进给运动两种，如图 1-1 所示。

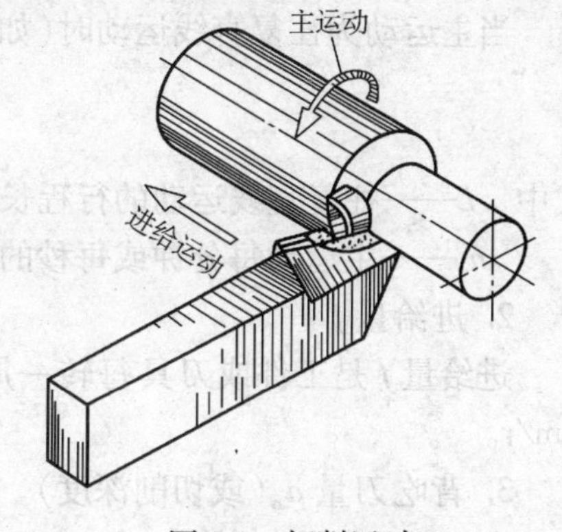

图 1-1　切削运动

(1) 主运动　它是直接切除工件上的切削层，使之转变为切屑，以形成工件新表面的最基本、最主要的运动。主运动通常是切削运动中速度最高，消耗功率最多的运动，且主运动只有一个。它可以由工件完成，也可以由刀具完成；可以是旋转运动，也可以是直线运动。例如，车削时工件的旋转运动，铣削、钻削时铣刀和钻头的旋转运动，刨削时刨刀或工件的直线往复运动等均为主运动。主运动的线速度以 v_c 表示。

(2) 进给运动　它是指与主运动配合，不断地把切削层投入切削的运动。进给运动速度慢，消耗功率少。切削加工中进给运动可以是一个、两个或多个；进给运动可能是连续的运动，也可能是间歇性的运动。根据刀具相对于工件被加工表面运动方向的不同，进给运动又分为纵向进给、横向进给和圆周进给等。进给运动用进给量 f 或进给速度 v_f 表示。

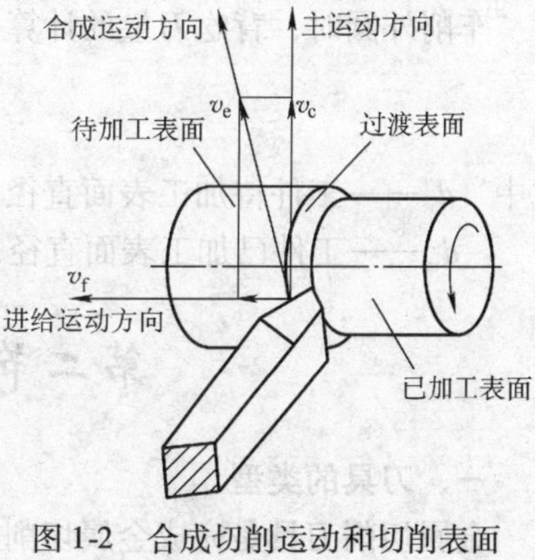

图 1-2　合成切削运动和切削表面

(3) 合成切削运动　切削加工的主运动与进给运动往往是同时进行的，因此刀具切削刃上某一点与工件的相对运动应是上述两种运动的合成，如图 1-2 所示。合成切削运动是主运动与进给运动的合成运动。合成切削速度$\boldsymbol{v}_e$、主运动速度$\boldsymbol{v}_c$、进给运动速度$\boldsymbol{v}_f$之间的矢量表达式为$\boldsymbol{v}_e=\boldsymbol{v}_c+\boldsymbol{v}_f$。

2. 切削中形成的表面

在切削过程中，工件上有三个不断变化着的表面，如图 1-2 所示。

（1）待加工表面　加工时即将被切除的工件表面。

（2）已加工表面　工件上经刀具切削后产生的新表面。

（3）过渡表面　工件上切削刃正在切削的表面。它是待加工表面与已加工表面的连接表面。

二、切削用量

切削用量是切削过程中切削速度 v_c、进给量 f 和背吃刀量 a_p 的总称。

1. 切削速度 v_c

切削速度是指切削刃上某选定点相对于工件在该点主运动方向上的瞬时速度，即主运动的线速度。当主运动为旋转运动时（如车削加工），切削速度为其最大的线速度。计算公式为

$$v_c=\frac{\pi dn}{1000} \tag{1-1}$$

式中　v_c——切削速度，单位为 m/min（或 m/s）；

d——工件待加工表面处直径或刀具的最大直径，单位为 mm；

n——做主运动的回转体的转速，单位为 r/min（或 r/s）。

当主运动为往复直线运动时（如刨削加工），其平均切削速度 v_c 的计算公式为

$$v_c=\frac{2Ln_r}{1000} \tag{1-2}$$

式中　L——往复直线运动的行程长度，单位为 mm；

n_r——主运动每分钟或每秒的往复次数，单位为 str/min（或 str/s）。

2. 进给量 f

进给量 f 是工件或刀具每转一周时，刀具相对于工件在进给方向上的位移量，单位为 mm/r。

3. 背吃刀量 a_p（或切削深度）

背吃刀量是指工件上已加工表面与待加工表面间的垂直距离，单位为 mm。

车削外圆时，背吃刀量的计算公式为

$$a_p=\frac{d_w-d_m}{2} \tag{1-3}$$

式中　d_w——工件待加工表面直径，单位为 mm；

d_m——工件已加工表面直径，单位为 mm。

第二节　金属切削刀具概述

一、刀具的类型

金属切削刀具是完成金属切削加工的重要工具。它直接参与切削过程，从工件上切除多

余的金属层。它是切削加工过程中影响生产率、加工质量和生产成本的最活跃的因素。刀具的性能直接决定着机床性能的发挥。

根据用途和加工方法不同，刀具有很多分类方法。图 1-3 所示为常见的几种刀具类型。

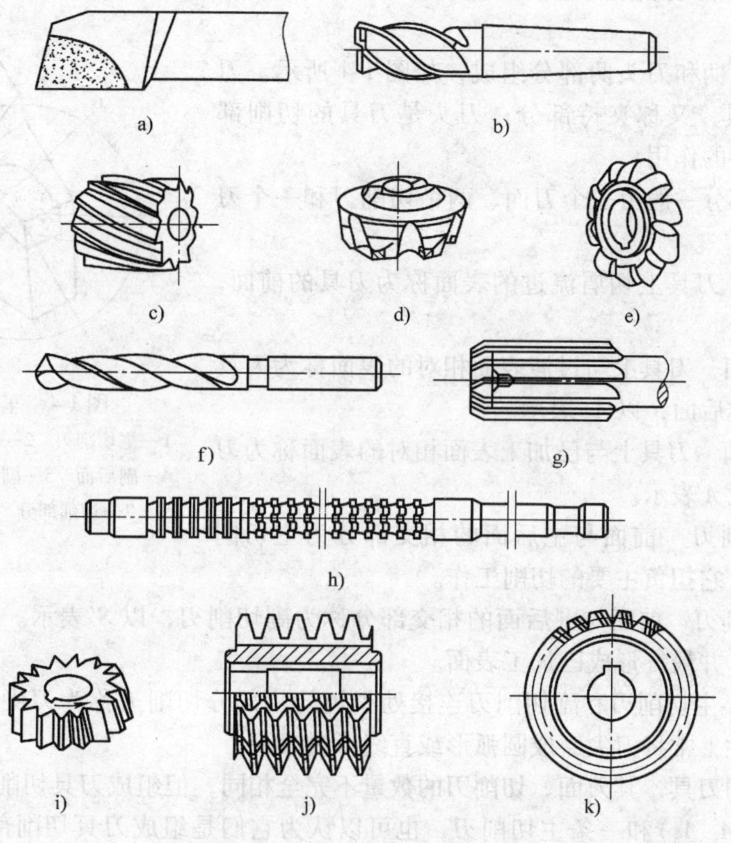

图 1-3　常见金属切削刀具

a）车刀　b）立铣刀　c）圆柱铣刀　d）面铣刀　e）成形铣刀　f）钻头　g）铰刀　h）拉刀　i）插齿刀　j）滚齿刀　k）剃齿刀

（1）切刀类　一般根据加工方式进行分类，如车刀、铣刀、刨刀、插刀、镗刀、拉刀、滚齿刀、插齿刀以及相应的一些专用切刀（如成形刀具、组合刀具）等。

（2）孔加工刀具　它主要是指在实体材料上加工孔或对原有孔进行再加工所用的刀具，如麻花钻、扩孔钻、锪钻、深孔钻、铰刀、镗刀、丝锥等。

（3）螺纹刀具　它主要是指加工内、外螺纹表面用的刀具。常用的螺纹刀具有丝锥、板牙、螺纹滚压工具及螺纹车刀、螺纹梳刀等。

（4）齿轮刀具　它是指用于加工齿轮、链轮、花键等齿形一类的刀具，如齿轮滚刀、插齿刀、剃齿刀、花键滚刀等。

（5）磨具类　它是指用于表面精加工和超精加工的刀具，如砂轮、砂带、抛光轮等。

二、刀具切削部分的基本定义

金属切削刀具的种类繁多，形状各异，但其切削部分的几何形状和参数都有着共性，无论刀具结构如何复杂，其基本形态都近似于外圆车刀的切削部分。国际标准化组织(ISO)在确定金属切削刀具切削部分几何形状的一般术语时，都是以车刀为基础的。车刀是最常用、最典型、最简单的刀具之一，其他刀具均可认为是由其演变和组合而成。

下面以外圆车刀为例介绍刀具切削部分的组成及其基本定义。

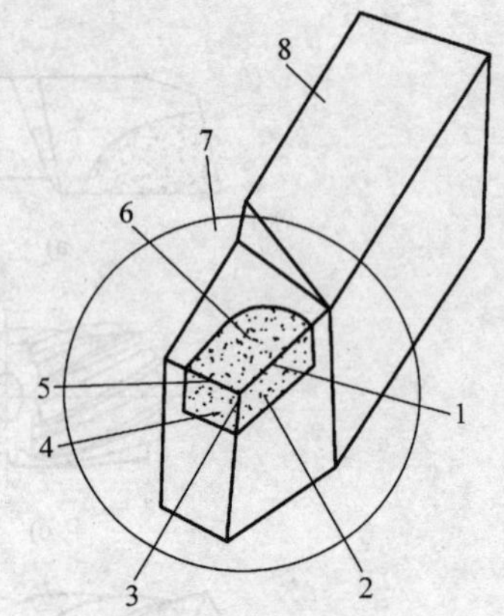

图 1-4　车刀的组成

1—主切削刃　2—主后面　3—刀尖　4—副后面　5—副切削刃　6—前面　7—切削部分　8—夹持部分

车刀是由刀柄和刀头两部分组成，如图 1-4 所示。刀柄用于夹持刀具，又称夹持部分；刀头是刀具的切削部分，起切削工件的作用。

刀具切削部分一般由三个刀面、两个切削刃和一个刀尖组成。

(1) 前面　刀具上切屑流过的表面称为刀具的前面，以 A_r 来表示。

(2) 主后面　刀具上与过渡表面相对的表面称为刀具的主后面，简称后面，以 A_a 表示。

(3) 副后面　刀具上与已加工表面相对的表面称为刀具的副后面，以 A_a'表示。

(4) 主切削刃　前面与主后面的相交部分为主切削刃，以 S 表示。它担负主要的切削工作。

(5) 副切削刃　前面与副后面的相交部分称为副切削刃，以 S' 表示。它配合主切削刃完成切削工作，并最终形成已加工表面。

(6) 刀尖　主切削刃和副切削刃连接处很短的一部分切削刃称为刀尖。为了提高刀尖的强度和耐磨性，常将刀尖磨成圆弧形或直线形过渡刃。

不同类型的刀具，其刀面、切削刃的数量不完全相同，但组成刀具切削部分最基本的结构是两个刀面(A_r、A_a)和一条主切削刃，也可以认为它们是组成刀具切削部分的基本单元。任何一把多刃复杂刀具都可以分解为一个个基本单元进行分析。

三、刀具的标注角度与刀具的工作角度

为了定量地表示刀具切削部分的几何形状，用一组确定的几何参数表达刀具表面和切削刃在空间的位置。刀具角度是确定刀具几何形状和影响刀具切削性能的重要参数。要确定刀具角度，首先要人为地建立参考平面即参考坐标系。度量刀具几何参数的参考坐标系分为两种，一种是刀具静止参考系，另一种是刀具工作参考系。

1. 刀具的静止参考系与标注角度

刀具的静止参考系，是用于刀具的设计、制造、刃磨及测量时几何参数的参考系。它不受刀具工作条件变化的影响，即只考虑主运动和进给运动的方向，并以切削刃选定点位于工件中心高时的主运动方向为假定主运动方向，不考虑进给运动的大小，刀具的安装定位基准与主运动方向平行或垂直，刀尖与工件中心等高。

(1) 刀具静止参考系　由坐标平面和测量平面两部分组成。坐标平面包括基面和切削平面，最常用的测量平面为正交平面。我们把由相互垂直的基面、切削平面和正交平面所构成的直角坐标系称为正交平面参考系，如图 1-5 所示。

1) 基面　通过切削刃某选定点，垂直于该点主运动方向的平面，以 p_r 表示。

2）切削平面　通过切削刃某选定点，切于切削刃并垂直于该点基面的平面，以 p_s 表示。

3）正交平面　通过切削刃某选定点，同时垂直于基面和切削平面的平面，以 p_o 表示。

（2）刀具标注角度　它是指在静止参考系中所确定的刀具几何角度，如图 1-6 所示。外圆车刀在正交平面参考系中具有以下几个标注角度。

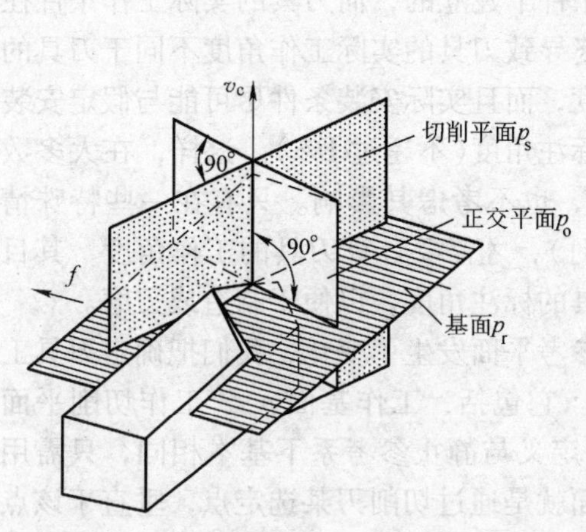

图 1-5　基面、切削平面和正交平面

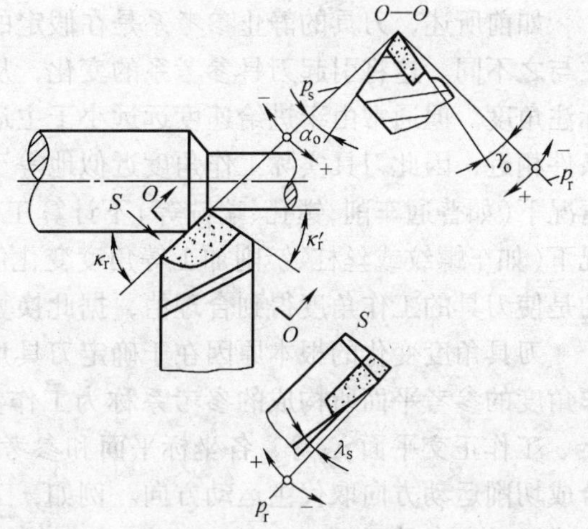

图 1-6　车刀标注角度

1）主偏角 κ_r　主切削刃在基面上的投影与进给运动方向之间的夹角。

2）副偏角 κ_r'　副切削刃在基面上的投影与进给运动方向之间的夹角。

3）刀尖角 ε_r　主切削刃、副切削刃在基面上的投影之间的夹角，且

$$\varepsilon_r = 180° - (\kappa_r + \kappa_r')$$

4）前角 γ_o　前面与基面在正交平面内的投影之间夹角。它反映了前面的倾斜程度。前角有正、负和零值之分。若前面在基面之下，前角为正；前面在基面之上，前角为负；前面与基面重合，前角为零度。

5）后角 α_o　主后面与切削平面在正交平面的投影之间夹角。它反映了主后面的倾斜程度，刀具的后角一般为正值。

6）楔角 β_o　前面与主后面在正交平面内的投影之间夹角，且

$$\beta_o = 90° - (\gamma_o + \alpha_o)$$

7）刃倾角 λ_s　在切削平面中测量的主切削刃与基面间的夹角。刃倾角有正、负和零值之分。当刀尖为切削刃最高点时，λ_s 为正；当刀尖为切削刃最低点时，λ_s 为负；当主切削刃与基面平行时，λ_s 为零，如图 1-7 所示。

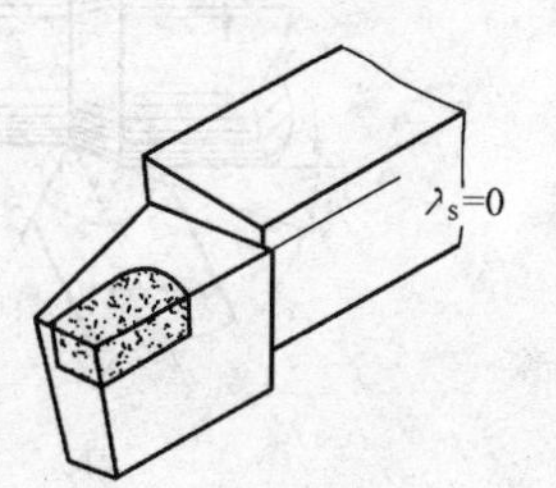

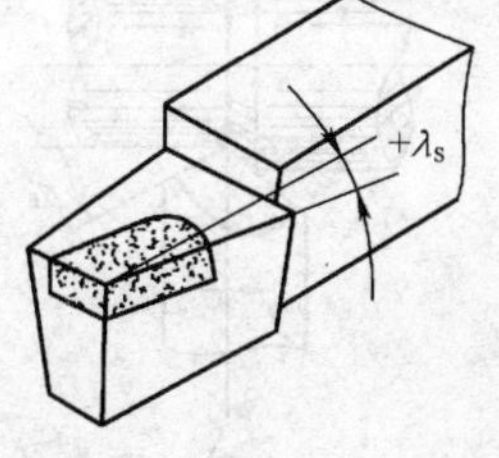

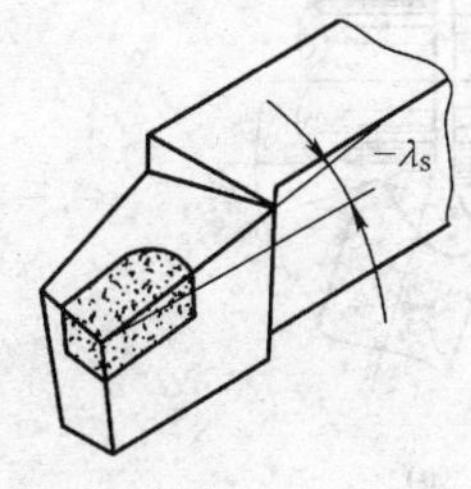

图 1-7　刃倾角

上述角度中，κ_r、κ_r'、γ_o、α_o、λ_s 为车刀独立的基本角度，ε_r、β_o 为派生角度。

2. 工作参考系及工作角度

刀具在工作状态时的实际角度称为工作角度，分别用 κ_{re}、κ_{re}'、γ_{oe}、α_{oe}、λ_{se} 表示，它们是切削过程中真正起作用的角度。

如前所述，刀具的静止参考系是在假定的工作条件下建立的，而刀具的实际工作条件往往与之不同。这将引起刀具参考系的变化，从而最终导致刀具的实际工作角度不同于刀具的标注角度。但通常由于进给速度远远小于主运动速度，而且实际安装条件尽可能与假定安装条件相近，因此刀具实际工作角度近似地等于刀具标注角度（不超过1%）。这样，在大多数情况下（如普通车削，镗孔、端铣等）不计算工作角度，也不考虑其影响。只有在一些特殊情况下（如车螺纹或丝杠、铲削加工等角度变化值较大时），才需要计算刀具的工作角度，其目的是使刀具的工作角度得到合理值，据此换算出刀具的标注角度，以便于制造或刃磨。

刀具角度变化的根本原因在于确定刀具角度的参考平面发生了变化，我们把确定刀具工作角度的参考平面所构成的参考系称为工作参考系。它包括：工作基面 p_{re}、工作切削平面 p_{se}、工作正交平面 p_{oe} 等，各坐标平面和参考平面的定义与静止参考系下基本相同，只需用合成切削运动方向取代主运动方向。例如，工作基面就是通过切削刃某选定点，垂直于该点合成运动方向的平面。

3. 影响刀具工作角度的因素

（1）刀具安装位置对工作角度的影响　如图 1-8 所示车削外圆，当刀具切削刃高于工件中心高 h 时，基面 p_r 和切削平面 p_s 分别变为工作基面 p_{re} 和工作切削平面 p_{se}，使工作前角 γ_{oe} 增大一个 ε 角度，工作后角 α_{oe} 减小一个 ε 角度。

$$\varepsilon = \arcsin\frac{2h}{d_w} \tag{1-4}$$

当刀具切削刃低于工件轴线安装时，其工作角度的变化相反，即工作前角 γ_{oe} 减小，工作后角 α_{oe} 增大，请读者课后分析。

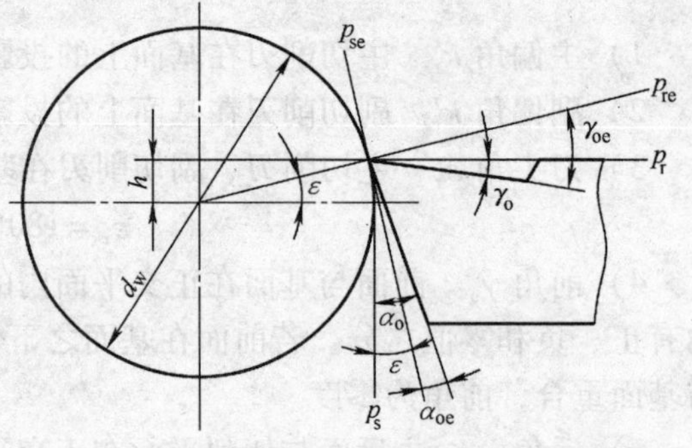

图 1-8　切断刀安装高低对工作角度的影响

（2）刀柄轴线与进给方向不垂直时对工作角度的影响　如图 1-9 所示，车刀刀柄轴线与进给方向不垂直时，工作主偏角 κ_{re} 和工作副偏角 κ_{re}' 将发生变化。其中，图 a 主偏角增大，副偏角减小；图 c 主偏角减小，副偏角增大；图 b 为安装正确时的情况。

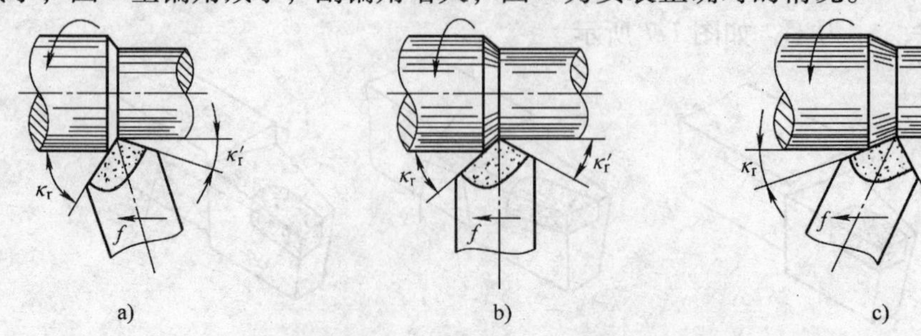

图 1-9　刀柄轴线与进给方向不垂直时对工作角度的影响

（3）进给运动对工作角度的影响　如图 1-10 所示横向进给切断工件加工，当不考虑进给运动时，刀具的基面为 p_r，切削平面为 p_s，对应标注角度为 γ_o 和 α_o；而切断时由于进给量较大，切削刃选定点相对于工件的主运动轨迹为一平面的阿基米德螺旋线，合成切削速度 v_e 切于阿基米德螺旋线，工作基面 p_{re} 和工作切削平面 p_{se} 相对于基面 p_r 和切削平面 p_s 转过了一个 η 角，这时，工作前角增大一个 η 角度，工作后角减小一个 η 角度。

$$\eta = \arctan\frac{f}{2\pi\rho} \tag{1-5}$$

式中　ρ——切削刃选定点处工件的旋转半径，ρ 随刀具进给逐渐减小，单位为 mm。

由式(1-5)可知，η 值与 f、ρ 有关。ρ 越小，η 越大，α_{oe} 就越小。当切削刃接近中心时，α_{oe} 会变为负值，工件会被后刀面挤断。所以工件切断时，在端面上会留下一直径为 1～2mm 的小圆柱。实际上，一般车削外圆 $\eta = 30' \sim 40'$，可忽略不计。但在车削螺纹尤其是多线螺纹时，η 值很大，必须进行工作角度计算。

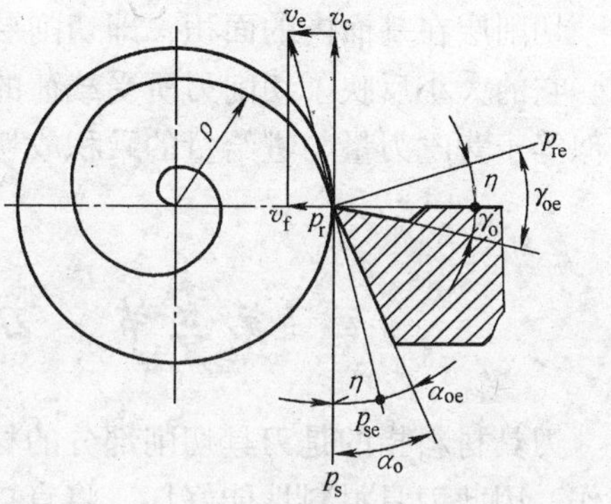

图 1-10　横向进给运动对工作角度的影响

四、切削层参数

切削层是指在工件上正被刀具切削刃切削的一层多余的金属材料。如图 1-11 所示外圆车削，工件转一周，车刀主切削刃移动一个进给量 f(即从位置Ⅰ到位置Ⅱ)，车刀切下Ⅰ与Ⅱ之间的金属层即为切削层。切削层在垂直于主运动方向上的断面称为切削层截面，其截面尺寸的大小即为切削层参数，它决定了刀具所承受负荷的大小及切削层尺寸，还影响切削力和刀具磨损、表面质量和生产率。切削层的参数规定在其横截面(即基面 p_r)中测量，包括公称厚度、公称宽度及公称横截面面积三项。

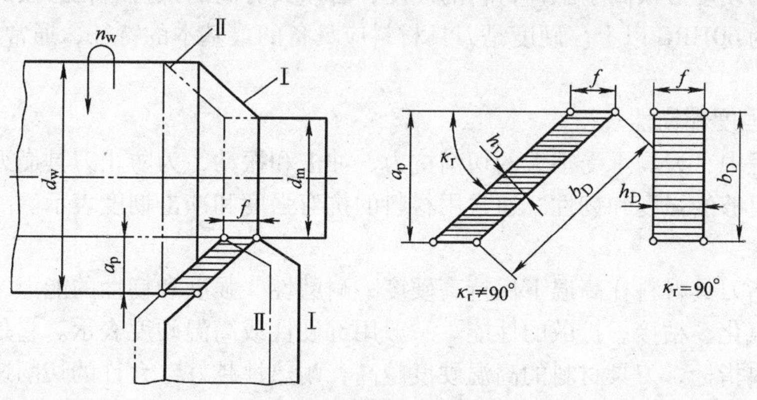

图 1-11　切削层的参数

1. 切削层公称厚度

在切削层横截面内，垂直于过渡表面度量的切削层尺寸，称为切削层公称厚度，用 h_D 表示。它的大小反映刀具切削刃单位长度上工作负荷的大小。计算公式为

$$h_D = f\sin\kappa_r \tag{1-6}$$

2. 切削层公称宽度

在切削层横截面内，平行于过渡表面度量的切削层尺寸，称为切削层公称宽度，用 b_D 表示。它的大小影响刀具的散热情况。计算公式为

$$b_D = \frac{a_p}{\sin\kappa_r} \tag{1-7}$$

3. 切削层公称横截面面积

切削层在基面内的面积，即切削层横截面的面积称为切削层公称横截面面积，用 A_D 表示。它的大小反映了切削刃所受载荷的大小，并影响加工质量、生产率及刀具寿命。此面积近似等于背吃刀量与进给量的乘积或切削层公称厚度与切削层公称宽度的乘积。计算公式为

$$A_D = fa_p = h_D b_D \tag{1-8}$$

第三节　刀具材料的性能及分类

刀具材料指的是刀具切削部分的材料。在金属切削过程中，刀具切削部分承担切削主要工作，因此刀具材料性能好坏，将直接影响加工表面的质量、切削效率、刀具寿命和加工成本等。因此，我们应当合理选用刀具材料。刀具柄部是刀具的夹持部位，承受弯矩和扭矩的作用，常选用优质结构钢或优质合金结构钢(如45 钢或40Cr)。

一、刀具材料应具备的性能

在切削加工过程中，刀具切削部分直接与切屑、工件相互接触，工作表面上承受很大的压力和强烈的摩擦，刀具切削区产生很高的温度受到很大的应力。在加工余量不均匀的工件或断续加工时，刀具还受到强烈的冲击和振动，因此，刀具材料必须具备以下性能。

1. 高的硬度和耐磨性

刀具材料的硬度必须高于工件材料的硬度，必须具有高的抵抗磨粒磨损的能力。一般刀具材料硬度应为60HRC 以上。硬度是刀具材料应具备的最基本的特征，通常材料硬度越高，耐磨性越好。

2. 足够的强度和韧性

在切削过程中，刀具承受很大的切削抗力、冲击和振动，为防止刀具崩刃和碎裂，刀具材料必须具有足够的强度和韧性。通常用材料的抗弯强度和冲击韧度表示。

3. 高耐热性

耐热性是指刀具材料在高温下保持高硬度、耐磨性、强度和韧性的能力，也包括刀具材料在高温下抗氧化、粘接、扩散的性能。一般用红硬性或高温硬度表示。它是衡量刀具切削性能的一项主要指标，刀具材料的高温硬度越高，耐热性越好，允许的切削速度就越高。

4. 良好的工艺性

刀具材料应便于刀具的制造和刃磨。其工艺性包括切削加工性、可磨削性、热处理性能、焊接工艺性、锻造性能及高温塑性变形性能等。

5. 合理的经济性

经济性也是评价刀具材料切削性能的一项重要指标。刀具材料应结合本国资源特点，降低成本。

应该指出，以上刀具材料的性能要求有的是互相矛盾的，例如硬度越高、耐磨性越好的材料的韧性和抗破损能力往往越差，耐热性好的材料的韧性也往往较差。实际工作中，应根据具体的切削条件，选择最合适的刀具材料。

二、常用刀具材料的种类和特性

刀具切削部分材料种类很多，常用的有工具钢（包括碳素工具钢、合金工具钢和高速钢）、硬质合金、陶瓷和超硬刀具材料等。其中碳素工具钢（如 T10A）和合金工具钢（如 9SiCr），因耐热性较差，目前仅用于一些手工工具或切削速度较低的刀具；金刚石（主要是人造金刚石）仅用于有限的场合（金刚石不宜切削铁族金属）。金属切削加工中最常用的刀具材料是高速钢和硬质合金。下面重点介绍这两类刀具材料的特性及应用范围。

1. 高速钢

高速钢是一种加入了较多钨、钼、铬、钒等合金元素的高合金工具钢。它具有较高的热稳定性，在切削温度高达 500～650℃时，仍能进行切削。与碳素工具钢和合金工具钢相比较，高速钢能提高切削速度 1～3 倍（因此而得名），提高刀具寿命 10～40 倍，甚至更多。它可以加工从有色金属到高温合金的范围广泛的材料。

高速钢具有很高的强度（抗弯强度为一般硬质合金的 2～3 倍，为陶瓷的 5～6 倍）和冲击韧性，具有一定的硬度（63～66HRC）和耐磨性，适宜制造各类切削刀具。高速钢刀具制造工艺简单，能锻造，容易磨出锋利的刀刃，故有“锋钢”之称。因此，在复杂刀具（如钻头、丝锥、铰刀、成形刀具、拉刀、齿轮刀具等）的制造中，高速钢占有重要的地位。

高速钢按用途不同，可分为普通高速钢和高性能高速钢；按制造工艺方法不同，可分为熔炼高速钢和粉末冶金高速钢；按化学成分不同，可分为钨系高速钢、钨钼系高速钢。表 1-1 列出了几种高速钢常用的牌号及其主要用途，可供选择时参考。

表 1-1　常用高速钢牌号及其应用范围

类别		典型牌号	主要用途
普通高速钢		W18Cr4V （简称 18-4-1）	广泛用于制造钻头、铰刀、铣刀、拉刀、丝锥、齿轮刀具等
		W6Mo5Cr4V2 （简称 6-5-4-2）	用于制造要求热塑性好和受较大冲击载荷的热轧刀具，如麻花钻头
高性能高速钢	高碳	95W18Cr4V	用于制造对韧性要求不高，但对耐磨性要求较高的刀具
	高钒	W12Cr4V4Mo	用于制造形状简单，对耐磨性要求较高的刀具
	超硬	W6Mo5Cr4V2Al	属于我国独创的新型高速钢，其性能与国外 M42 型高速钢接近，价格低廉，用于制造复杂刀具和难加工材料用的刀具
		W10Mo4Cr4V3Al	耐磨性能好，用于制造加工高强度耐热钢刀具
		W6Mo5Cr4V5SiNbAl	用于制造形状简单的刀具，如加工铁基高温合金的钻头
		W12Cr4V3Mo3Co5Si	耐磨性好、耐热性好，用于制造加工高强度钢的刀具
		W2 Mo9 Cr4VCo8 （国外牌号：M42）	具有良好的综合性能，用于制造难加工材料（如高温合金、不锈钢等）刀具，但其价格很贵（约为 W18Cr4V 的 8 倍左右）

2. 硬质合金

硬质合金是用高硬度、高熔点的金属碳化物(如 WC、TiC 等)粉末和金属粘结剂(如 Co、Mo、Ni 等)经高压成形后，再经高温烧结而成的粉末冶金制品。

硬质合金中的金属碳化物熔点高，硬度高，化学稳定性与热稳定性好，因此，硬质合金的硬度(可达 89～93HRA)、耐磨性和耐热性(红硬温度高达 800～1000℃)都很高，其允许的切削速度远高于高速钢(约为高速钢的 4～10 倍,切削速度可达 100～300m/min)，且加工效率高，能切削诸如淬火钢等硬材料。但其抗弯强度较低，韧性差(脆性较大)，怕冲击和振动，工艺性差，刃口不及高速钢锋利，很少用于制造形状复杂的整体刀具。一般将其制成各种形状的刀片，通过焊接或用机械夹固的方式将其固定在刀体上使用。

硬质合金因其切削性能优良而被广泛用来制造各种刀具。在我国，绝大多数车刀、面铣刀和深孔钻都是采用硬质合金来制造的。目前，在一些较复杂的刀具上，例如立铣刀、孔加工刀具等也开始用硬质合金制造。

国际标准(ISO)中将硬质合金分为 K、P、M 三大类。常用硬质合金有钨钴类(YG 类,相当于 K 类)、钨钛钴类(YT 类,相当于 P 类)、通用硬质合金类(TW 类,相当于 M 类)等。我国常用的硬质合金牌号及其应用范围见表 1-2。

表 1-2　常用硬质合金分类、牌号、用途

<table>
<tr><th>代号</th><th>被加工材料大类</th><th>分类代号</th><th>国内牌号</th><th>用　途</th><th>同类材料性能比较</th></tr>
<tr><td rowspan="4">K</td><td rowspan="4">短切屑的黑色金属、有色金属、非金属材料</td><td>K01</td><td>YG3</td><td>铸铁、有色金属及其合金的精加工、半精加工,要求无冲击</td><td rowspan="10">↑ 硬度、耐磨性、切削速度
抗弯强度、韧性、进给量 ↓</td></tr>
<tr><td>K05</td><td>YG6X</td><td>铸铁、冷硬铸铁、高温合金的精加工、半精加工</td></tr>
<tr><td>K10</td><td>YG6</td><td>铸铁、有色金属及其合金的半精加工与粗加工</td></tr>
<tr><td>K20</td><td>YG8</td><td>铸铁、有色金属及其合金的粗加工,可用于断续切削</td></tr>
<tr><td rowspan="4">P</td><td rowspan="4">长切屑的黑色金属</td><td>P01</td><td>YT30</td><td>碳钢、合金钢的精加工</td></tr>
<tr><td>P10</td><td>YT15</td><td rowspan="2">碳钢、合金钢连续切削时的精加工、半精加工、粗加工,也可用于断续切削时的精加工</td></tr>
<tr><td>P20</td><td>YT14</td></tr>
<tr><td>P30</td><td>YT5</td><td>碳钢、合金钢的粗加工,可用于断续切削</td></tr>
<tr><td rowspan="2">M</td><td rowspan="2">长或短切屑的黑色金属、有色金属</td><td>M10</td><td>YW1</td><td>不锈钢、高强度钢与铸铁的半精加工与精加工</td></tr>
<tr><td>M20</td><td>YW2</td><td>不锈钢、高强度钢与铸铁的半精加工与粗加工</td></tr>
</table>

3. 其他刀具材料

(1) 陶瓷材料　陶瓷刀具以氧化铝(Al_2O_3)或氮化硅(Si_3N_4)等为主要成分，经压制成形后再高温烧结而成。其硬度可达 91～95HRA，耐磨性好，耐热温度高达 1200℃以上，切削速度比硬质合金高 3～5 倍，化学稳定性好，与金属的亲和力小，抗粘结磨损和抗扩散磨损能力强。但其缺点是抗弯强度低，抗冲击韧性差，脆性大，易崩刃。目前，它主要用于连续切削条件下的精加工。

（2）人造金刚石　金刚石是目前最硬的材料，它分为天然金刚石和人造金刚石（常用）两种，二者都是碳的同素异形体。它是在高温、高压条件下由石墨转化而成。金刚石硬度极高，可达10000 HV（硬质合金仅达1300～1800 HV），耐磨性好，能长期保持锋利的切削刃，能切下极薄的切屑，但其强度低，脆性大。它只适于精密切削，可加工硬质合金、陶瓷、玻璃、有色金属及其合金。金刚石的热稳定性差，切削温度不宜超过700～800℃，否则金刚石刀具表面会碳化，产生急剧的磨损。因金刚石与铁原子有较强的亲和力，因此不能切削钢铁等黑色金属。目前，金刚石主要用于加工高精度及表面粗糙度值很小的非铁金属、耐磨材料和塑料。

（3）立方氮化硼　立方氮化硼的硬度仅次于金刚石，其硬度达8000～9000HV，但耐热性和化学稳定性都超过金刚石，耐热温度高达1400～1500℃，与铁族金属亲和力小，耐磨性好且不易粘刀，因此，它适于加工铁族和非铁族的难加工材料，如高温合金、淬硬钢、冷硬铸铁等。因立方氮化硼脆性大，因此主要用于连续切削的半精加工和精加工。

（4）涂层刀具　涂层刀具是在韧性较好的硬质合金基体（如YG8、YT5等）或其他刀具材料基体上涂覆一层（或多层）硬度和耐磨性很高的难熔金属化合物（如TiC、TiN、Al_2O_3等）而制成。它较好地解决了材料硬度及耐磨性与韧性的矛盾，具有良好的切削性能。涂层刀具可加工各种结构钢、合金钢、不锈钢和铸铁，干切或湿切均可正常使用。超硬涂层刀具材料可加工硅铝合金、铜合金、石墨、非铁金属及非金属，其应用范围从粗加工到精加工，寿命比硬质合金提高10～100倍。涂层刀具不适于切削高温合金、钛合金、有色金属及某些非金属，不能采用焊接结构，不能重磨使用。

本 章 小 结

1. 切削运动是指切削过程中刀具相对于工件的运动，它包括主运动和进给运动。其中主运动的速度较高，消耗的功率也最多，且主运动只有一个，但进给运动可有一个、两个甚至多个。

2. 切削用量三要素包括背吃刀量a_p、进给量f和切削速度v_c。

3. 车刀由刀柄和刀头（切削部分）组成。刀具切削部分由前面、主后面、副后面、主切削刃、副切削刃和刀尖几个要素组成。

4. 正交平面参考系由基面p_r、切削平面p_s及正交平面p_o组成。在正交平面参考系中测量的基本角度是前角γ_o、后角α_o、主偏角κ_r、副偏角κ_r'、刃倾角λ_s。

5. 工作角度为刀具在工作时的实际切削角度，在工作参考系中测量。一般情况下，刀具的工作角度与标注角度基本相同，但当刀具安装位置不正确或进给运动较大时，工作角度与标注角度相差较大。

6. 切削层的参数包括三个，即切削厚度h_D、切削宽度b_D和切削面积A_D。

7. 刀具材料必须具备高硬度、高耐磨性、足够强度和韧性、高耐热性和良好的工艺性。

8. 生产中最常用的刀具材料是高速钢和硬质合金。高速钢又称锋钢，是在合金工具钢中加入了较多的钨、钼、铬、钒等合金元素的高合金工具钢。其抗弯强度、韧性较好，耐热性差，多用于低速切削，其制造工艺性较好，切削刃锋利，可以制造刃形复杂的刀具，如钻头、丝锥、铰刀、成形刀具等；硬质合金是用硬度和熔点很高的金属碳化物(WC、TiC 等)的微粉和粘结剂(Co 、Mo、Ni 等)，经高压成形，并在高温下烧结而成的粉末冶金制品。其硬度高，耐磨性、耐热性好，允许的切削速度高，但其抗弯强度低，韧性差，怕冲击和振动，工艺性差。

思考题与习题

1-1 试分析车削、铣削、刨削、钻削及磨削的主运动和进给运动？

1-2 切削用量包括哪三个要素？简述其定义？

1-3 在车床上车削直径为 ϕ60mm 的外圆，转速 $n=300$r/min。如果采用同样的切削速度车削直径为 ϕ40mm 的外圆，主轴转速应为多少？

1-4 在图 1-12 中分别标出刨削平面、车内孔、铣端面的主运动和进给运动方向及工件上的三个表面。

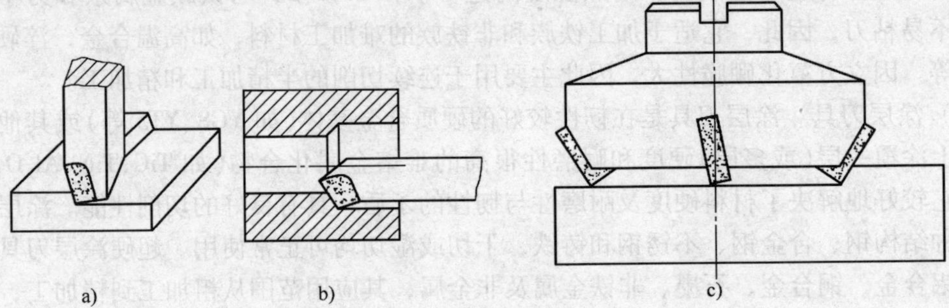

图 1-12 题 1-4 图

1-5 正交平面参考系由哪几个平面构成？简述其定义。

1-6 车刀切削部分由哪几部分组成？车刀有哪几个独立的基本角度？简述其定义。

1-7 画图表示 90°外圆车刀的标注角度。

1-8 简述刀具的工作角度与标注角度的区别。

1-9 简述车刀进给运动和安装位置对工作角度的影响。

1-10 用切断刀切断工件，当切断刀接近工件中心时，进给速度应小一些，否则易损坏刀具，试分析其原因。

1-11 以切断刀为例，试画图分析刀具切削刃低于工件轴线时，对工作角度的影响。

1-12 刀具材料应具备哪些基本性能？

1-13 简述高速钢的种类、性能特点及应用范围。

1-14 比较 YG 类与 YT 类硬质合金的性能特点及应用场合。

1-15 金刚石、立方氮化硼、陶瓷和涂层刀具各有什么特点？各适用于什么场合？

第二章 金属切削过程物理现象

【要点和目的】

金属切削过程是指刀具前面推挤切削层，使之产生弹性变形和塑性变形，然后切削层被刀具切离形成切屑的过程。在切削过程中，会出现诸如切削变形、切削力、切削热、刀具磨损等物理现象。本章主要研究这些现象产生的原因、变化规律及其对加工质量、生产效率和生产成本的影响。

通过学习，熟悉金属切削过程中切削变形及切屑的形成过程，重点掌握切削过程中的各种物理现象的成因及其对金属切削过程的影响，掌握切削力和切削功率计算方法，熟悉刀具磨损的形式，了解刀具磨损原因及磨损过程的规律，了解刀具耐用度的概念及其确定方法。

第一节 切削变形与切屑的形成

一、切削时的三个变形区

在机床上用刀具切削金属材料时，切削层受到刀具前刀面挤压，切削区域存在三个不同的变形区域，如图 2-1 所示。

（1）第Ⅰ变形区 在切削层中 *OA* 与 *OM* 之间的区域，这是产生塑性变形和剪切滑移的区域。

（2）第Ⅱ变形区 它是指切屑流出时与刀具前面接触挤压、摩擦产生变形的区域。

（3）第Ⅲ变形区 它是指近切削刃处已加工表面层受刀具刃口与后面的挤压、摩擦产生变形的区域。

三个变形区各具特点，又存在着相互联系、相互影响。切削过程中的各种物理现象均与金属层的变形密切相关。

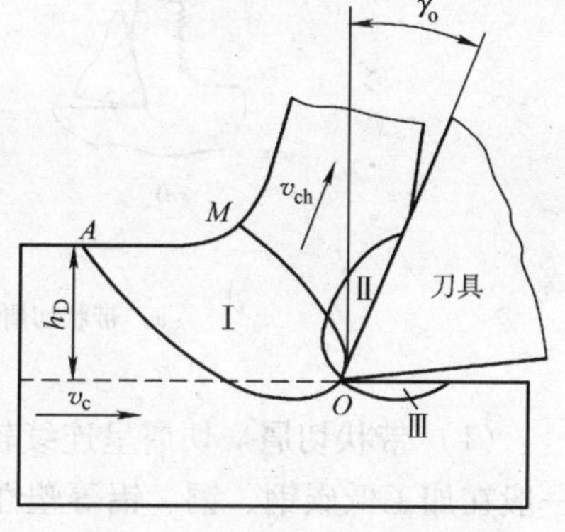

图 2-1 切削时的三个变形区

二、切屑的形成及其类型

1. 切削层的剪切滑移和切屑形成

如图 2-2 所示，以切削塑性金属为例研究切屑的形成过程。随着切削层金属以切削速度 v_c 向刀具前面接近，在前面的挤压作用下，被切削金属产生弹性变形，并逐渐加大，其内应力也在增加。当被切削金属运动到 *OA* 面时，其内应力达到了材料的屈服点，开始产生塑性变形，即金属内部发生剪切滑移。现取切削层中的一个点为例说明。

质点 *P* 由点 1 向前移动的同时将沿 *OA* 面滑移，其合成运动使点 1 流动到点 2。2-2′就是该滑移量。还有 3-3′、4-4′……等滑移量。随着继续移动，剪切滑移量和切应力逐渐增大。到达 *OM* 面时，剪切应力达到最大，剪切滑移基本结束，切削层被刀具切离形成切屑。

通常将 *OA* 面称为始滑移面，*OM* 面称为终滑移面，两个滑移面间是很窄的第Ⅰ变形区域，宽度约为0.02～0.2mm之间，故发生剪切滑移和形成切屑的时间很短。为方便起见，该区域常用一个平面*OM*代表，称为剪切面，如图2-3所示。剪切面与切削速度之间夹角称为剪切角，用ϕ表示。剪切角是衡量切削变形程度的一个指标，ϕ越小，金属的剪切变形越大。

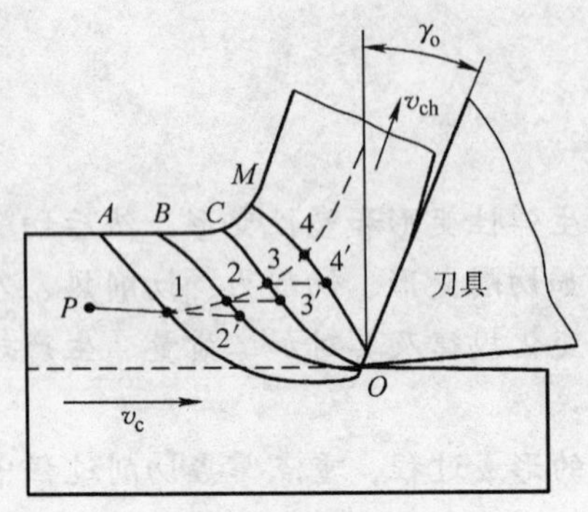

图2-2　切屑的形成过程

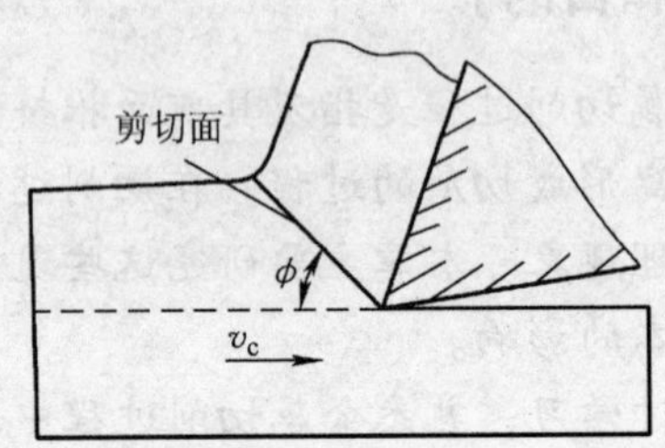

图2-3　剪切面与剪切角

2. 切屑类型

在切削过程中，由于工件材料、刀具几何角度、切削用量等的不同，则形成的切屑形态也不同。切屑一般有下述四种类型，如图2-4所示。

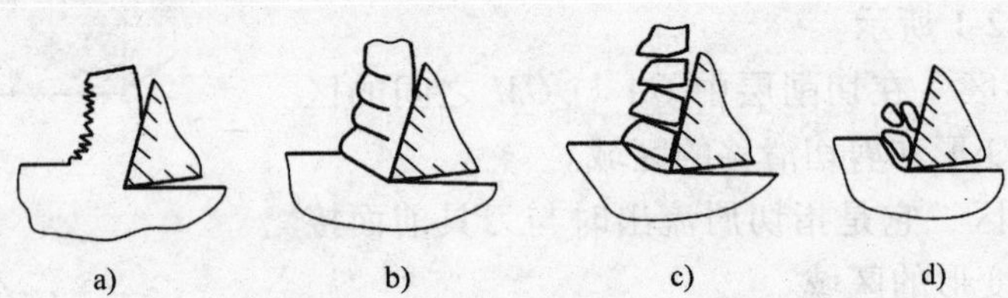

图2-4　切屑类型

a）带状切屑　b）节状切屑　c）粒状切屑　d）崩碎切屑

（1）带状切屑　切屑呈连续较长的带状，它底面光滑，背面为毛茸状，如图2-4a所示。一般在加工低碳钢、铜、铝等塑性金属，切削厚度较小，切削速度较高，刀具前角较大时，常会得到这类切屑。它的切削过程比较平稳，切削力波动较小，已加工表面粗糙度较小。但带状切屑容易伤人和妨碍工作，应采取有效的断屑措施。

（2）节状切屑（挤裂切屑）　切屑有较深的裂纹，但尚未贯穿，背面呈较大锯齿形，如图2-4b所示。这是剪切面上的局部切应力达到材料强度极限的结果。

（3）粒状切屑（单元切屑）　如果整个剪切面上的切应力超过材料断裂强度，产生的裂纹贯穿切屑断面时，则切屑呈粒状，如图2-4c所示。

（4）崩碎切屑　在切削铸铁、青铜等脆性材料时，切削层通常在弹性变形后未经塑性变形突然崩碎而成碎粒状切屑，如图2-4d所示。

切屑形态随切削条件的改变而发生变化，掌握其变化规律，可以有效控制切屑的变形，以达卷屑、断屑的目的。影响切屑形态的因素及对切削力的影响，见表2-1。

表 2-1　影响切屑形态的因素及其对切削力的影响（切削塑性材料）

切屑形态分类		粒状切屑	节状切屑	带状切屑
影响切削形态的因素及其形态的相互转化	1. 刀具前角	小←———→大		
	2. 进给量（切削厚度）	大←———→小		
	3. 切削速度	低←———→高		
切屑形态对切削加工的影响	1. 切削力波动	大←———→小		
	2. 切削过程平稳性	差←———→好		
	3. 加工表面粗糙度	大←———→小		
	4. 断屑效果	好←———→差		

三、金属切削层的变形系数

在切削过程中，切削层经过剪切滑移变形而形成的切屑，其长度 l_{ch} 比切削层长度 l_D 缩短，切屑的厚度 h_{ch} 比切削层厚度 h_D 增加，这种现象称为切屑收缩，如图 2-5 所示。

切屑收缩的程度用变形系数 ξ 表示：

$$\xi = \frac{h_{ch}}{h_D} = \frac{l_D}{l_{ch}} > 1$$

在实际中，可用变形系数的大小来判断切削层产生塑性变形的程度和工件材料塑性的高低。当工件材料相同而切削条件变化时，ξ 大说明塑性变形大；当切削条件相同而工件材料不同时，ξ 大则说明材料塑性大。

切削过程中，变形程度越大，切削力越大，切削温度越高，表面质量越差。

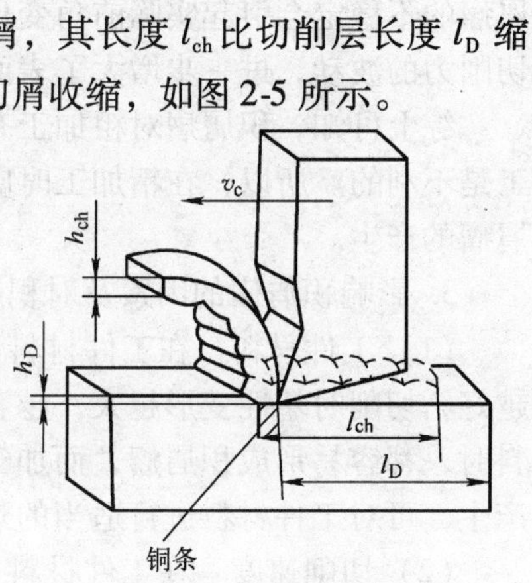

图 2-5　切屑的收缩

四、积屑瘤

在一定切削速度范围内，切削钢料、有色金属等塑性材料时，在切削刃附近的前面上常会粘附着一块很硬的金属，它包围着切削刃，且覆盖着部分前刀面，这块硬度很高的金属就称作积屑瘤，如图 2-6 所示。

1. 积屑瘤的形成

在切削塑性金属时，切屑从前面流出的过程中受到前刀面的挤压、摩擦，使切削区域的温度升高，在一定的温度与压力作用下，与前面接触的切屑底层受到很大的摩擦阻力，使这部分金属的流动速度减慢，形成一层很薄的滞流层。当滞流层与前面的摩擦阻力超过切屑材料内部的结合力时，就会粘附在刀面上，随后，新的滞流层又在上述基础上不断粘结，这样层层堆积，形成了积屑瘤。

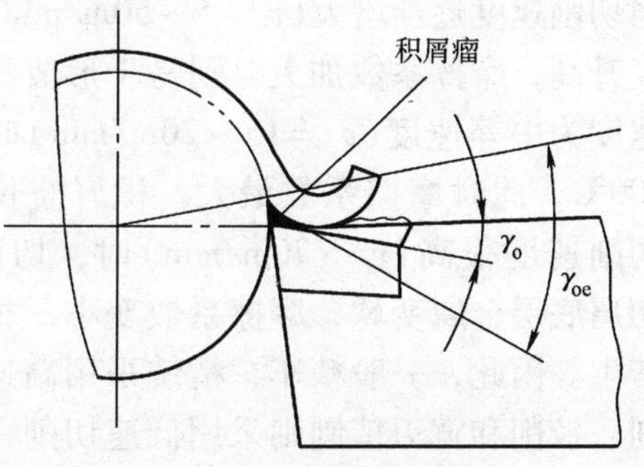

图 2-6　积屑瘤

积屑瘤是不稳定的，它时生时灭，时大时小。积屑瘤形成后并不断长大，当达到一定高度时就会在切削力作用下破碎。积屑瘤形成、长大、破碎的过程在加工中是反复进行的。

2. 积屑瘤对加工的影响

（1）保护刀具　积屑瘤在形成过程中，金属因强烈的塑性变形而硬化。积屑瘤的硬度约为原工件材料的2～3倍，能代替切削刃进行切削。积屑瘤覆盖着部分切削刃和前面，保护了切削刃和前面，减少了刀具磨损。

（2）增大实际前角　有积屑瘤的车刀，实际前角可增大至30°～50°之间，如图2-7所示。因而减小了切屑的变形，降低了切削力。

（3）增大切削厚度　积屑瘤的前端伸出切削刃之外（见图2-7），改变了背吃刀量，有积屑瘤的切削厚度比没有积屑瘤时增大，增大量为Δh_D，因而影响了工件的加工尺寸精度。

（4）增大工件表面粗糙度值　积屑瘤形状不规则，时大时小，时生时灭。积屑瘤脱落时，一部分被切屑带走，另一部分粘附在已加工表面上，增大了已加工表面的粗糙度值。积屑瘤的不稳定会引起实际前角变化，从而引起切削力的波动，进一步增大了表面粗糙度值。

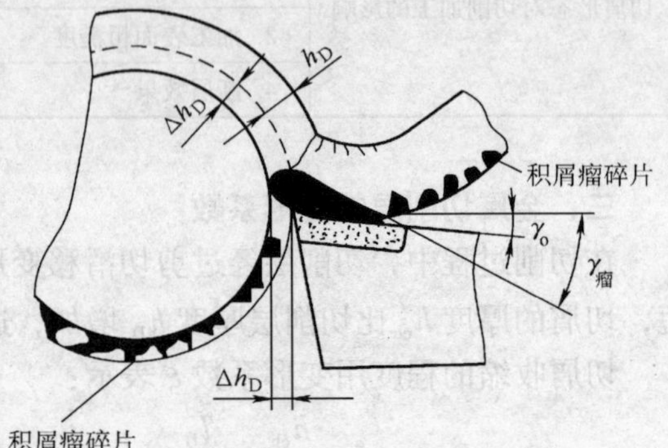

图2-7　积屑瘤对加工的影响

综上可知，积屑瘤对粗加工有利，对精加工是不利的。所以，在精加工时应设法避免积屑瘤的产生。

3. 影响积屑瘤的因素及对积屑瘤的控制

（1）工件材料　在工件材料性能中，影响积屑瘤形成的主要因素是塑性。材料的塑性越好，切削时塑性变形越大，越容易形成积屑瘤。例如，加工低碳钢、中碳钢、铝合金等材料时，都容易形成积屑瘤，而加工铸铁等脆性材料时，则不会产生积屑瘤。要避免积屑瘤的产生，可对工件材料进行适当的热处理，以提高其强度和硬度，降低塑性。

（2）切削速度　在工件材料一定时，切削速度是影响积屑瘤的主要因素。切削速度主要是通过切削温度和摩擦来影响积屑瘤的。例如，加工中碳钢时，切削速度对积屑瘤的影响，如图2-8所示。

当切削速度很低（$v_c<5\text{m/min}$）时，切削温度较低，前面与切屑的摩擦系数小，积屑瘤不易生成；当切削速度逐渐增大（$v_c=5\sim50\text{m/min}$）时，切削温度升高，摩擦系数加大，则易于形成积屑瘤。切削速度为中等速度（$v_c=15\sim20\text{m/min}$）时，温度约为300℃，此时摩擦系数最大，积屑瘤长的最高。当切削速度很高（$v_c>70\text{m/min}$）时，切削温度很高，切屑底层金属变软，摩擦系数变小，积屑瘤则不会产生。因此，一般精车、精铣采用高速切削，而拉削、铰削和宽刃精刨则采用低速切削，以避免或减小积屑瘤的形成。

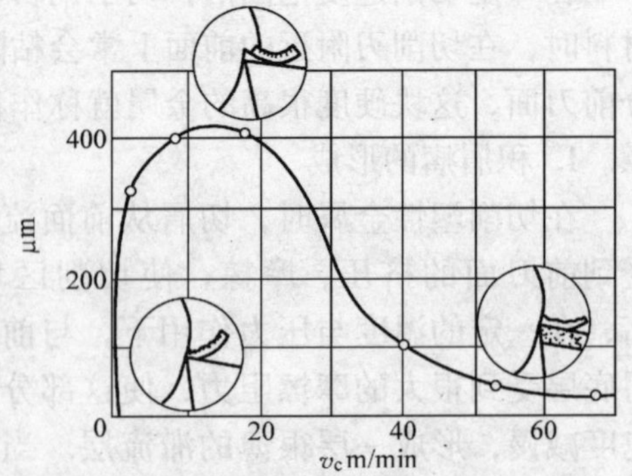

图2-8　切削速度对积屑瘤的影响

（3）刀具　刀具的前角和前面的表面粗糙度均会影响积屑瘤。增大前角可减小变形，减小摩擦，降低切削温度，从而减小积屑瘤。减小前面的表面粗糙度值，可减小摩擦，从而减小积屑瘤。

（4）冷却润滑条件　使用切削液可减少摩擦，降低切削温度，所以不易产生积屑瘤。

第二节　切削力和切削功率

切削力是切削加工时，工件材料抵抗刀具切削所产生的阻力。切削力影响工艺系统的变形，影响加工精度以及刀具磨损等。切削力也是设计机床、夹具和刀具的重要依据之一。

一、切削力的来源与分解

1. 切削力的来源

作用于刀具上的切削力主要来源于两个方面：一是三个变形区内产生的弹性变形抗力和塑性变形抗力；二是切屑、工件与刀具表面间的摩擦力。刀具前、后面所受变形抗力与摩擦力的合力即为切削力，如图 2-9 所示。

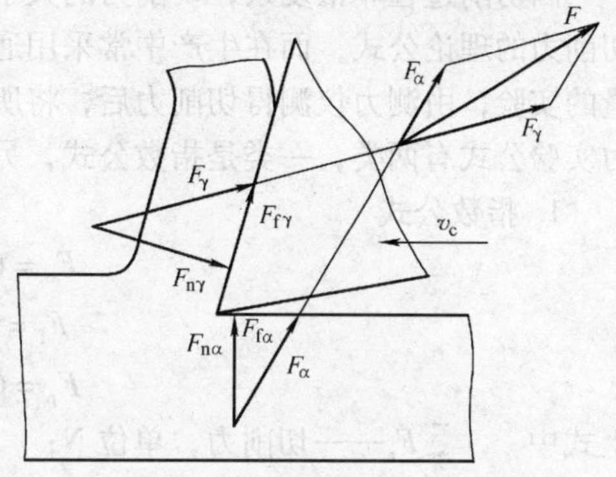

图 2-9　切削力的来源

2. 切削力的分解

为了便于分析切削力的作用和测量、计算切削力的大小，通常将切削力分解为三个互相垂直的三个分力。下面以外圆车削为例说明，如图 2-10、图 2-11 所示。

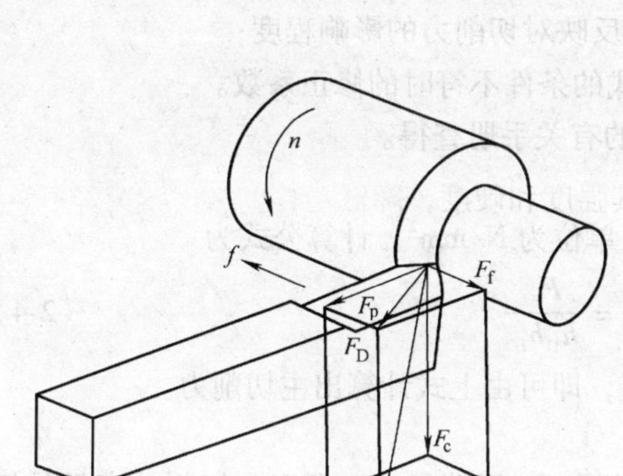

图 2-10　车削外圆时的切削合力与分力

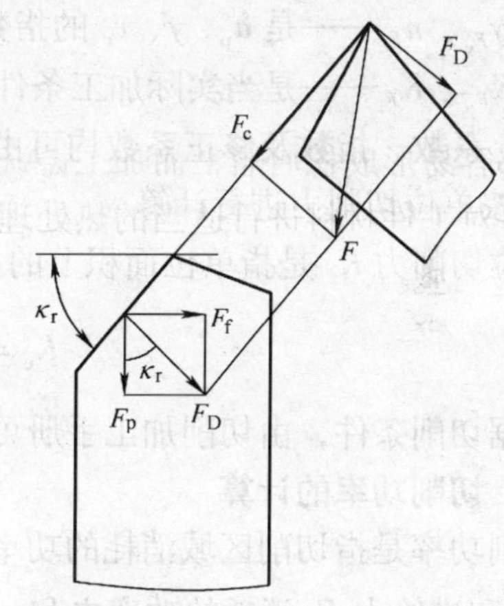

图 2-11　主偏角与切削分力的关系

(1) 切向力(主切削力)F_c　它是在主运动方向上的分力。主切削力 F_c 约占总切削力的 80% ~90%。由于主切削力方向的运动速度高，它消耗的功率也最多，约占车削总切削功率的 90% 以上。所以，F_c 是校验和选择机床功率，校验和设计机床主运动机构、刀具和夹具强度和刚度的主要依据。

(2) 背向力(切深抗力)F_p　它是在背吃刀量(切深)方向上的分力，也称径向力或法向力。在车削外圆时 F_p 会使工件弯曲，影响工件形状精度，同时也容易引起振动，影响工件的表面粗糙度。

(3) 进给力(进给抗力)F_f　它是在进给方向上的分力，也称轴向力。进给力是设计和验算机床进给机构的主要依据。

由图 2-10 及图 2-11 可知各切削分力之间的关系为

$$F=\sqrt{F_D^2+F_c^2}=\sqrt{F_c^2+F_p^2+F_f^2}$$

$$F_p=F_D\cos\kappa_r \quad F_f=F_D\sin\kappa_r$$

二、切削力的实验公式

因切削过程非常复杂，切削力的大小受很多因素的影响，人们迄今还未能得出准确计算切削力的理论公式，而在生产中常采用通过实验方法所建立的切削力实验公式。它是通过大量的实验，由测力仪测得切削力后，将所得数据用数学方法进行处理而得出的。常用的切削力实验公式有两类，一类是指数公式，另一类是按单位切削力进行计算。

1. 指数公式

$$F_c=C_{F_c}a_p^{x_{F_c}}f^{y_{F_c}}v_c^{n_{F_c}}K_{F_c} \tag{2-1}$$

$$F_f=C_{F_f}a_p^{x_{F_f}}f^{y_{F_f}}v_c^{n_{F_f}}K_{F_f} \tag{2-2}$$

$$F_p=C_{F_p}a_p^{x_{F_p}}f^{y_{F_p}}v_c^{n_{F_p}}K_{F_p} \tag{2-3}$$

上式中 F_c——切削力，单位 N；

F_p——背向力，单位 N；

F_f——进给力，单位 N；

C_{F_c}、C_{F_p}、C_{F_f}——是三个切削分力系数，其大小与被加工材料和切削条件有关；

x_{F_c}、y_{F_c}、n_{F_c}——是 a_p、f、v_c 的指数，其大小反映对切削力的影响程度；

K_{F_c}、K_{F_p}、K_{F_f}——是当实际加工条件与实验公式的条件不符时的修正系数。

以上系数、指数及修正系数均可由切削加工的有关手册查得。

2. 按单位切削力进行计算

单位切削力 K_c 是指单位面积上的主切削力，单位为 N/mm^2。计算公式为

$$K_c=\frac{F_c}{A_D}=\frac{F_c}{a_pf}=\frac{F_c}{h_Db_D} \tag{2-4}$$

根据切削条件，由切削加工手册可查出 K_c 值，即可由上式计算出主切削力。

三、切削功率的计算

切削功率是指切削区域消耗的功率。由于背向力 F_p 不消耗功，所以，切削功率只是切削力 F_c 和进给力 F_f 消耗的功率之和。由于 F_f 消耗的功率很小（约占 1% ~5%），可忽略不计，于是切削功率 P_c 计算表达式为

$$P_c=F_cv_c\times10^{-3} \tag{2-5}$$

式中 P_c——切削功率，单位为 kW；

F_c——切削力，单位为 N；

v_c——切削速度，单位为 m/s。

机床电动机的功率为

$$P_E=P_c/\eta_c \tag{2-6}$$

式中 P_E——机床电机功率，单位为 kW；

η_c——机床传动效率，一般取 $\eta_c=0.75\sim0.85$。

四、影响切削力的因素

切削时凡影响切削变形与摩擦的因素均对切削力产生影响，主要有以下几方面。

1. 工件材料

它主要是指工件材料的力学性能。如工件材料硬度和强度越高，则变形抗力越大，切削力就大；工件材料的塑性、韧性好，难断屑，刀具和切屑间的摩擦系数大，则变形严重，加工硬化程度高，切削力也增大；工件材料与刀具材料的摩擦系数越大，切削力也越大。

2. 切削用量

切削用量中对切削力影响最大的是背吃刀量 a_p，其次是进给量 f。如图 2-12 所示，背吃刀量 a_p 增大一倍时，切削宽度 b_D 增大，剪切面积和切屑与前刀面的接触面积成倍增大，变形与摩擦相应增大，所以切削力也成倍增大。而进给量 f 增大一倍时，切削厚度 h_D（$h_D = f\sin\kappa_r$）增大，而切削宽度 b_D 不变。这时剪切面积虽按比例增大，但切屑与前刀面的接触面积未变，即第二变形区的变形与摩擦未按比例增加，切削力仅增大 70% ~80%。所以，从减小切削力和切削功率来考虑，在相同切削效率（切削层横截面积 A_D 相同）的条件下，采用大进给量比采用大背吃刀量更为有利。生产中采用的强力切削法、轮切式拉削法等都是基于这一原理。

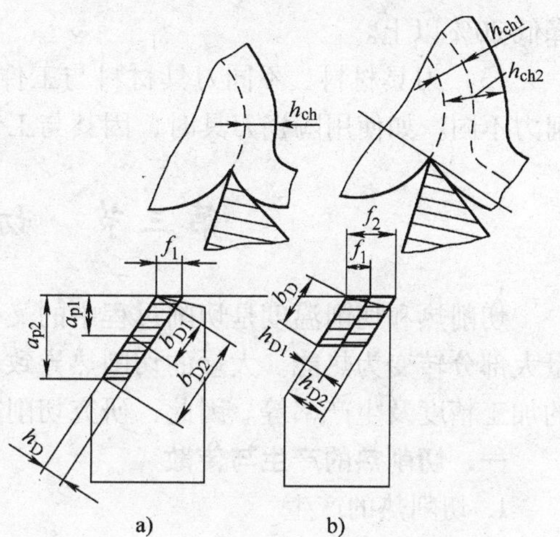

图 2-12　a_p、f 对切削力的影响

a）a_p 对切削力的影响　b）f 对切削力的影响

一般切削情况下，切削速度对切削力的影响较小。在切削塑性材料时，切削速度 v_c 对切削力的影响是呈波浪形的，如图 2-13 所示。这主要是由于积屑瘤和摩擦造成的，当切削速度 v_c 在小于 40m/min 的范围内，积屑瘤由小变大又变小，切削力也随之由大变小又变大。当切削速度 v_c 大于 40m/min 时，随着切削速度的提高，切削温度升高，摩擦系数减小，切削力又下降，但变化幅度较小。利用这一原理，生产中创造了高速切削技术。

切削脆性材料时，因形成崩碎切屑，切削变形小，摩擦系数小，所以切削速度 v_c 对切削力的影响很小。

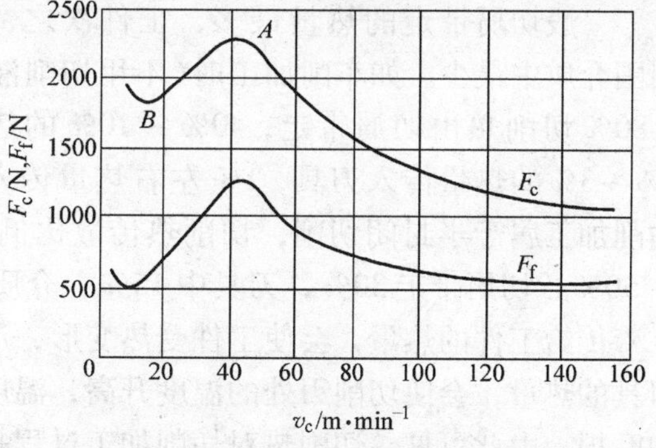

工件材料：45 钢；刀具材料 YT15

切削用量：a_p = 4mm　f = 0.3mm/r

图 2-13　切削速度 v_c 对切削力的影响

3. 刀具几何参数

（1）前角　前角 γ_o 增大，刀具锋利，切削变形减小，切削力下降。

（2）主偏角　主偏角 κ_r 主要影响两个切削分力 F_p 和 F_f 的比值。

因为 $F_p = F_D\cos\kappa_r$，$F_f = F_D\sin\kappa_r$，所以当 κ_r 增大时，F_p 减小，F_f 增大。在加工细长轴零件时，一般常用 $\kappa_r = 90°$ 的车刀，以减小 F_p，防止工件变形。

（3）刃倾角　刃倾角 λ_s 主要对 F_p 和 F_f 的影响较大。λ_s 由正值向负值变化时，改变了切削力 F_D 的方向，从而使 F_p 增大，F_f 减小。

（4）刀尖圆弧半径　刀尖圆弧半径 r_ε 增大，会使 F_p 增大。所以，工艺系统刚性较差时，应选较小的刀尖圆弧半径，以防引起振动。

4. 其他因素

（1）刀具磨损 刀具磨损后会使切削力明显增大，甚至引起振动，影响加工质量。所以，刀具磨损后要及时修磨或换刀。

（2）切削液 合理使用切削液，能减小刀具与切屑、加工表面之间的摩擦，使切削力降低20%以上。

（3）刀具材料 不同刀具材料与工件材料间的亲和力和摩擦系数不同，从而产生的切削力不同。如使用陶瓷刀具时，因其与工件间摩擦系数较小，所以切削力较小。

第三节 切削热和切削温度

切削热和切削温度是切削过程中的又一种重要物理现象。在金属切削过程中所消耗的能量大部分转变为热能。大量的切削热导致切削区域的温度升高，直接影响刀具的磨损、工件的加工精度及生产率等。因此，研究切削热和切削温度对切削加工具有重要意义。

一、切削热的产生与传散

1. 切削热的产生

在切削加工过程中，金属切削层发生挤裂变形，切屑与前刀面之间有剧烈摩擦，后面与切削表面之间也有摩擦。由这些变形和摩擦产生的热量称为切削热。如图2-14所示，切削热产生于三个变形区，即在三个变形区中，因变形、摩擦所作的功绝大部分转变为热能。

2. 切削热的传散

切削加工过程中产生的热量分别传给了切屑、工件、刀具及周围介质。尽管切削热大部分被切屑带走，但仍有相当一部分传给了工件和刀具，而且，加工方式和切削条件不同，热量传散的比例也不相同。

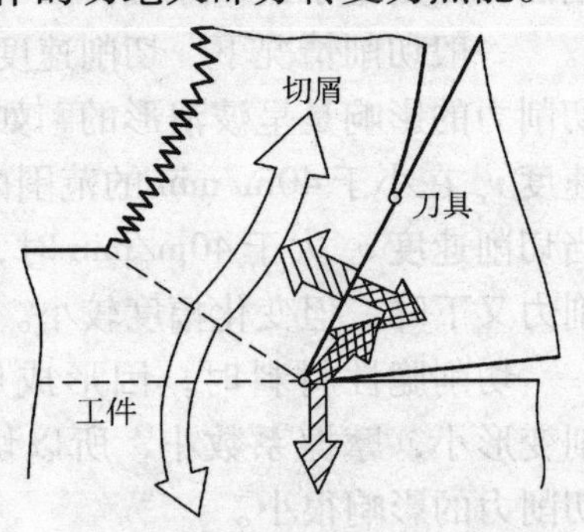

图2-14 切削热的来源与传散

一般切屑带走的热量最多，工件次之，刀具中较少，周围介质中最少。如车削加工时（不用切削液），大约50%~80%切削热由切屑带走，40%~10%的热量传入工件，9%~3%的热量传入刀具，1%左右热量传入周围介质中；钻削加工属于半封闭切削，切削热传散比例大约为：工件中50%，切屑带走30%，刀具中15%，介质中5%。

传给工件的热量，会使工件受热变形，严重时甚至烧坏工件表面，影响加工质量。传给刀具的热量，会使切削刃处的温度升高，温度过高会使刀具切削部分的硬度下降，加速刀具的磨损。由此可见，切削热对切削加工过程是不利的。

为了延长刀具的使用寿命，提高工件的加工表面质量和提高生产效率，减少切削热对加工的影响，通常在切削过程中使用切削液，这样切削热可被切削液大量带走。

二、切削温度及其分布

切削温度一般是指切屑与刀具前面接触区域的平均温度。切削热是切削温度升高的根源，但影响切削加工的却主要是切削温度。

常用的切削温度的测量方法有自然热电偶法、人工热电偶法和红外线测温法等。图2-15

是测得的切削区域的切削温度分布情况。

由图 2-15 可以看出，前面上最高温度不在切削刃上，而是在距离切削刃一小段距离处。这是因为被切削金属在刃口处分离后，沿刀具前面流出时发生了剧烈的摩擦，摩擦热不断积累，使该处温度达到最高点。

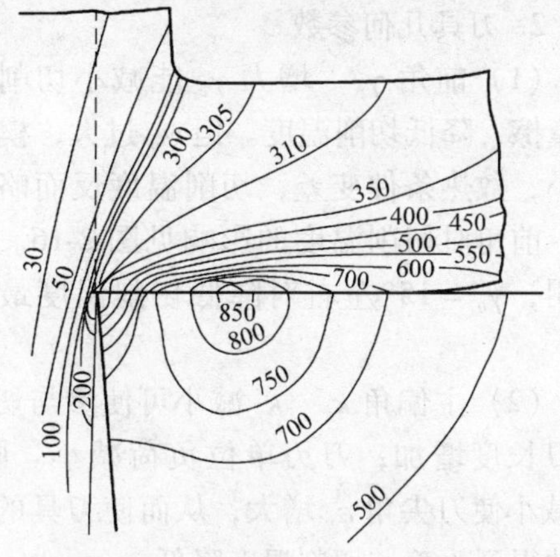

工件材料：GCr15；刀具：YT14 车刀，$\gamma_o=0°$；切削参数：$h_D=0.35\text{mm}$，$b_D=5.8\text{mm}$，$v_c=1.33\text{m/s}$

图 2-15　刀具、切屑和工件上的温度分布

三、影响切削温度的主要因素

切削温度的高低取决于单位时间内产生热量多少和散热快慢两个方面的因素，切削温度是二者综合作用的结果。单位时间内产生的热量超过传散的热量则温度升高，反之则降低。影响切削温度的因素主要有以下几方面。

1. 切削用量

切削用量的大小直接影响切削力及切削功率的大小，从而影响切削热的产生。通过大量切削实验，可得到切削温度的实验公式：

$$\theta = C_\theta a_p^{x_\theta} f^{y_\theta} v_c^{z_\theta} \tag{2-7}$$

式中　θ——前面接触区的平均温度，单位为℃；

C_θ——切削温度系数；

a_p——背吃刀量，单位为 mm；

f——进给量，单位为 mm/r；

v_c——切削速度，单位为 m/min；

x_θ、y_θ、z_θ——相应的指数。

切削中碳钢时切削温度系数和指数可查表 2-2。

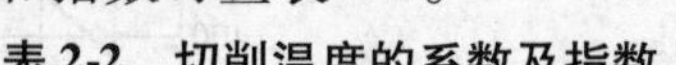

表 2-2　切削温度的系数及指数

<table>
<tr><th>刀具材料</th><th>加工方法</th><th>C_θ</th><th colspan="2">z_θ</th><th>y_θ</th><th>x_θ</th></tr>
<tr><td rowspan="3">高速钢</td><td>车削</td><td>140 ~ 170</td><td colspan="2" rowspan="3">0.35 ~ 0.45</td><td rowspan="3">0.2 ~ 0.3</td><td rowspan="3">0.08 ~ 0.10</td></tr>
<tr><td>铣削</td><td>80</td></tr>
<tr><td>钻削</td><td>150</td></tr>
<tr><td rowspan="4">硬质合金</td><td rowspan="4">车削</td><td rowspan="4">320</td><td colspan="2">f/mm · r^{-1}</td><td rowspan="4">0.15</td><td rowspan="4">0.05</td></tr>
<tr><td>0.1</td><td>0.41</td></tr>
<tr><td>0.2</td><td>0.31</td></tr>
<tr><td>0.3</td><td>0.26</td></tr>
</table>

由表 2-2 可知，$x_\theta < y_\theta < z_\theta$，说明切削速度 v_c 对切削温度的影响最大，其次是进给量 f，影响最小的是背吃刀量 a_p。这是因为随着切削速度的提高，单位时间内做功多，产生的切削热急剧增加。进给量和背吃刀量增大，都会使切削力增大，功耗增多，产生的切削热增加。但进给量增大使切屑厚度增大，切屑热容量增大，带走的热量增加，所以切削温度有所

上升。背吃刀量增大使参与切削的切削刃长度增加，散热条件明显改善，而且切削刃的单位负荷不变，所以背吃刀量对切削温度的影响最小。

2. 刀具几何参数

（1）前角 γ_o 增大 γ_o 能减小切削变形和摩擦，降低切削温度。但 γ_o 过大，楔角 β_o 减小，散热条件变差，切削温度反而略有上升。前角对切削温度的影响见图 2-16。实践表明，$\gamma_o = 15°$ 左右对降低切削温度最为有效。

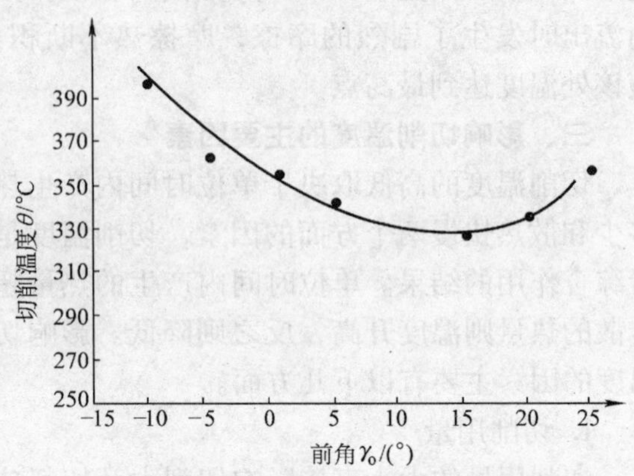

工件材料：45 钢 刀具材料：高速钢

切削用量：$a_p = 15\text{mm}$；$f = 0.2\text{mm/r}$；$v_c = 20\text{m/min}$

图 2-16 前角对切削温度的影响

（2）主偏角 κ_r κ_r 减小可使参与切削的刀刃长度增加，刀刃单位负荷减小。同时，κ_r 减小使刀尖角 ε_r 增大，从而使刀具的散热条件得到改善，切削温度降低。

（3）刀尖圆弧半径 r_ε 适当增大 r_ε，有利于改善散热条件，降低切削温度。

3. 工件材料

工件材料主要是通过硬度、强度、塑性及热导率影响切削温度。工件硬度、强度高，切削力大，产生的热量多。图 2-17 所示为 45 钢在不同热处理状态下切削温度的变化情况。

材料的塑性大则切削变形大，产生的热量也多；材料的热导率高，热量容易传出，有利于降低切削温度。例如，车削不锈钢时，不锈钢的热导率约为 45 钢的 1/3，切削温度则比 45 钢高 40%。加工脆性材料时，由于切屑为崩碎切屑，切削变形小，与前刀面的摩擦小，所以切削温度较低。

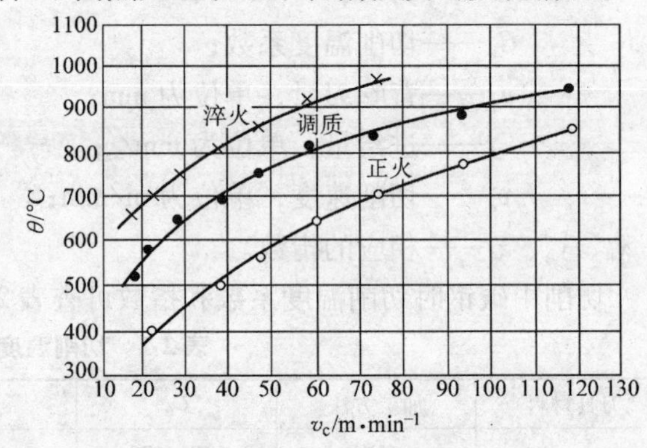

刀具：YT15，$\gamma_o = 15°$

切削用量：$a_p = 15\text{mm}$；$f = 0.2\text{mm/r}$；$v_c = 20\text{m/min}$

图 2-17 不同热处理状态下 45 钢的切削温度

4. 其他因素

刀具磨损后，刀具与工件、切屑间的挤压摩擦增大，产生的切削热增多，切削温度会快速升高；合理使用切削液，可减少刀具与工件、切屑间的摩擦，并带走大量切削热，可以有效降低切削温度。

第四节 刀具磨损和刀具寿命

刀具在切削时，承受着很高切削温度、摩擦力以及冲击力，使刀具逐渐磨损或破损。磨损是指刀具材料在摩擦作用下发生的逐渐损耗；破损是指刀具在短时间内发生的非正常损坏。磨损和破损是刀具损坏的两种主要形式。刀具磨损会导致切削力增大，切削温度升高，甚至引起振动，影响加工质量、生产率和成本；刀具破损会使刀具丧失切削性能，无法继续使用。

一、刀具的磨损和破损

1. 刀具磨损形式

（1）前面磨损 刀具磨损主要发生在前面上，如图2-18a所示。

在切削塑性材料时，若切削厚度较大(h_D >0.5mm)及切削速度较高时，切屑底部与前面的接触压力较大，摩擦严重，易在前面上形成月牙洼形磨损。月牙洼处是切削温度最高的地方。随着切削过程的进行，月牙洼的宽度、深度不断加大，当其扩展到切削刃边缘时，则易造成切削刃崩刃。前面磨损量的大小，用月牙洼的最大深度KT值表示。

（2）后面磨损 刀具磨损主要发生在后面上，如图2-18b所示。后面磨损后，在近切削刃处形成后角等于零度的小棱面。在切削塑性金属时，若切削厚度较小(h_D <0.1mm)、切削速度较低，或切削脆性材料时，因前面摩擦较小，温度较低，所以磨损主要发生在后面。后面的磨损量用棱面的宽度VB值表示。

（3）前、后面同时磨损 在切削塑性材料，若切削速度中等、切削厚度适中(h_D =0.1～0.5mm)时，则经常会发生前、后面同时磨损，如图2-18c所示。这是常见的刀具磨损形式。

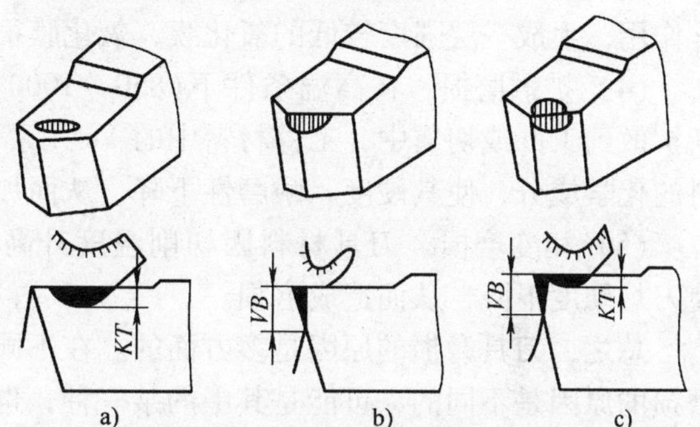

图2-18 刀具的磨损形式

a）前面磨损 b）后面磨损 c）前后面同时磨损

由于刀具发生纯前面磨损的情况很少，而一般刀具都存在后面的磨损，且后面的磨损量测量比较方便，所以常用后面的磨损量VB值表示刀具的磨损程度。

2. 刀具破损形式及原因

刀具破损也是刀具损坏的主要形式之一。它主要发生在刀具材料脆性大、工件材料硬度较高或切削过程不平稳，有冲击、振动的场合。刀具破损的主要形式有以下5种：

（1）卷刃 它是指刃口受挤压后发生塑性变形而损坏。主要原因是刀具的硬度，尤其是高温硬度较低，而工件材料硬度较高。

（2）崩刃 它是指切削刃脆性破碎。刀具脆性大，工艺系统刚性差，断续切削，毛坯余量不均或工件材料中有硬质点等是造成崩刃的主要原因。

（3）碎裂 它也称打刀，是指刀具呈较大块状的破碎。主要原因是刀具脆性大，切削过程有较大的冲击力，刀具材料质量差或达到疲劳强度极限等。

（4）剥落 它是指刀具表面材料呈片状脱落。刀具焊接、刃磨不当，使表层存在残余应力，切削时受到冲击力作用，容易造成表层剥落。积屑瘤脱落时，也容易造成刀具表层剥落。

（5）裂纹 它是指刀具在加工中受周期性冲击或热效应作用，使刀具产生裂纹而损坏，如断续切削。

卷刃一般发生在高速钢等韧性较好的刀具材料上；崩刃、碎裂、剥落和裂纹一般发生在硬质合金、陶瓷等脆性较大的刀具材料上。

二、刀具磨损的原因

刀具磨损主要是由机械作用和热化学作用造成的，具体原因如下：

（1）磨料磨损　在切削时，工件材料中硬质点或粘结在工件及切屑上的积屑瘤碎片等会在刀具表面上刻出沟痕，使刀具磨损。这主要是由机械摩擦作用造成的，也称为机械磨损。

（2）粘结磨损　切削塑性材料时，刀具与工件及切屑之间存在较大的压力，在适当的温度下，刀具与切屑、刀具与工件接触面间发生粘结。因切削运动，粘结点破裂后，刀具表面的微粒被带走，造成刀具磨损。

（3）氧化磨损　在较高温条件下（700～800℃），刀具表面材料会与空气中的氧发生氧化作用，生成一层强度较低的氧化膜，氧化膜很容易被工件或切屑擦掉，造成刀具磨损。

（4）扩散磨损　在高温条件下（850～1000℃），刀具材料中的 Ti、W、Co 等元素会逐渐扩散到工件或切屑中，工件材料中的 Fe 元素也会扩散到刀具表层。这样，改变了刀具材料的化学成分，使其硬度、耐磨性下降，从而加剧了刀具的磨损。

（5）相变磨损　刀具材料因切削温度升高而达到相变温度时，金相组织会发生改变，使刀具硬度下降，从而造成磨损。

总之，刀具磨损的原因是多方面的。在不同的刀具材料、工件材料及切削条件下，刀具磨损的原因是不同的，可能是其中的某一种，也可能是其中几种综合作用的结果。一般情况下，低速切削时，刀具磨损的原因主要是磨料磨损和粘结磨损；在高速切削时，硬质合金刀具会随着切削温度的升高发生氧化磨损和扩散磨损，而高速钢刀具会发生相变磨损。

三、刀具磨损过程及刀具磨损限度

1. 刀具磨损过程

随着切削时间的延长，刀具的磨损量不断增大。刀具的磨损过程可用刀具的磨损曲线表示，大致可分为以下三个阶段，如图 2-19 所示。

（1）初期磨损阶段（Ⅰ）　新刃磨的刀具，在刚开始切削的短时间内，磨损较快，主要是由于刀具表面粗糙度的影响。此时，表面粗糙度值较大，刀具与工件的接触面积小，则单位面积上的摩擦力大，所以磨损较快。此阶段的磨损速度与刀具的刃磨和研磨质量有关。

（2）正常磨损阶段（Ⅱ）　经初期磨损阶段后，刀具表面粗糙度减小，接触面积增大，压强减小，所以磨损量增长缓慢。这一阶段较长，也是刀具正常切削使用的阶段。

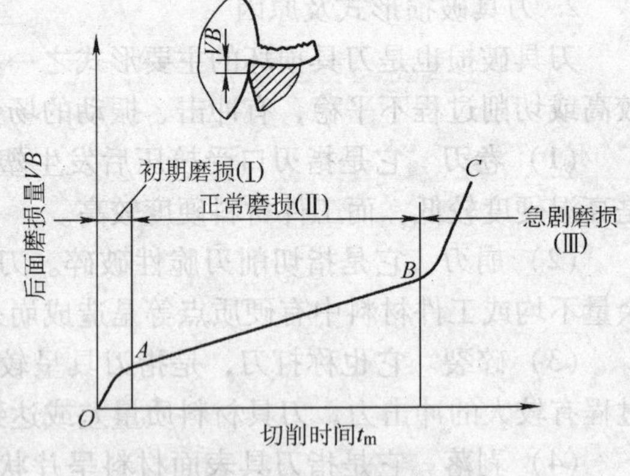

图 2-19　刀具磨损过程曲线

（3）急剧磨损阶段（Ⅲ）　随着切削过程的进行，磨损量不断增大，当磨损量达到一定值时，摩擦力增大，切削温度升高，使刀具磨损加快，加工表面质量下降，出现振动、噪声等，以致于引起刀具破损，失去切削性能。为保证加工质量，延长刀具寿命，应在急剧磨损阶段到来之前及时刃磨刀具或换刀。

2. 刀具磨损限度

刀具的磨损量达到一定程度就要刃磨或换刀。因此，对刀具所规定的一个允许磨损量的最大值就称为刀具磨损限度，或称磨钝标准。刀具磨损限度一般以后面的平均磨损量 *VB* 值表示。这是因为后面磨损对加工质量影响较大，且后面的磨损测量比较方便。

硬质合金与高速钢车刀的磨损限度推荐值见表 2-3。

表 2-3　硬质合金与高速钢车刀磨损限度推荐值

车刀类型	工件材料	加工性质	磨损限度 VB/mm	
			高速钢	硬质合金
外圆车刀,端面车刀,镗孔刀	碳钢,合金钢	粗车	1.5~2.0	1.0~1.4
		精车	1.0	0.4~0.6
	灰铸铁,可锻铸铁	粗车	2.0~3.0	0.8~1.0
		半精车	1.5~2.0	0.6~0.8
	耐热钢,不锈钢	粗车 半精车	1.0	1.0
	钛合金	粗车 半精车		0.4~0.5
	淬火钢	精车		0.8~1.0
	陶瓷	精车		0.5

四、刀具寿命

刀具寿命是指一把新刀或新刃磨的刀具，从开始切削到磨损量达到磨损限度为止所经历的切削时间，用 T 表示。用刀具寿命来判断刀具是否达到磨损限度，比测量 VB 值要简单方便得多，因此，生产中广泛使用刀具寿命。

1. 影响刀具寿命的因素

只要是影响刀具磨损的因素，都会影响刀具寿命。而影响刀具磨损的主要原因，是切削温度和机械摩擦。因此，凡是影响切削温度和机械摩擦的因素，都会影响刀具寿命。

工件材料硬度、强度高，则刀具磨损快，寿命短。

刀具材料硬度高、耐热性好、刀具几何参数合理，则刀具耐磨性好，寿命长。

切削用量对刀具寿命的影响规律与对切削温度的影响规律相同，即对刀具寿命的影响最大的是切削速度 v_c，其次是进给量 f，影响最小的是背吃刀量 a_p。切削速度对刀具寿命的影响最大，主要原因有两个方面：一是切削速度高导致切削温度升高，刀具材料硬度下降，耐磨性变差，磨损加剧。二是切削速度高，则单位时间内刀具与工件、刀具与切屑摩擦的历程长，使刀具的磨损量增长较快。

通过切削试验可得到刀具寿命 T 的实验公式：

$$T=\frac{C_T}{v_c^x f^y a_p^z} \tag{2-8}$$

式中　C_T——刀具寿命系数，与刀具材料、工件材料和切削条件有关的常数；

x、y、z——分别为切削用量对刀具寿命影响程度的指数。

用 YT15 硬质合金车刀车削 $\sigma_b=637\text{MPa}$ 的碳钢时，切削用量($f>0.7\text{mm/r}$)与刀具寿命的关系为

$$T=\frac{C_T}{v_c^5 f^{2.25} a_p^{0.75}} \tag{2-9}$$

从以上公式也可看出，对 T 影响由大到小的顺序依次为 v_c、f、a_p。不同试验条件下，切削用量对刀具寿命影响的实验公式中的指数有所不同，但影响的规律相似。

2. 刀具寿命确定的原则

刀具寿命并非越高越好。在刀具材料和工件材料一定的条件下（C_T 一定），若刀具寿命 T 较大，则势必要减小切削用量，这样就会降低生产率和提高加工成本。而选较大的切削用量，则会导致刀具寿命 T 急剧下降，使磨刀、换刀次数增多，也会影响生产率。因此，必须根据具体加工条件，选择一个合理的寿命，以达到最大生产率和最低生产成本的目的。

一般刀具的寿命，如普通硬质合金焊接式车刀约为 30 ~ 60min；硬质合金端面铣刀 120 ~ 180min；高速钢钻头 80 ~ 120min；齿轮刀具 200 ~ 300min 等。刀具越复杂，寿命应定得高一些，以减少刃磨、调整的时间和费用。

本章小结

1. 在切削金属材料时，切削区域存在三个不同的变形区域。第Ⅰ变形区为塑性变形和剪切滑移区域。第Ⅱ变形区为切屑流出时与刀具前面接触挤压、摩擦变形区域。第Ⅲ变形区为近切削刃处已加工表面层受刀具刃口与后面的挤压、摩擦变形区域。

2. 在切削过程中，由于切削条件不同，可形成 4 种类型的切屑，即带状切屑、崩碎切屑、节状切屑、粒状切屑。

3. 在一定切削速度范围内，切削钢料、有色金属等塑性材料时，在切削刃附近的前面上常会粘附着一块很硬的金属，它包围着切削刃，且覆盖着部分前面，这块硬度很高的金属就称作积屑瘤。积屑瘤具有保护刀具、增大刀具实际前角、影响尺寸精度、增大工件表面粗糙度值等方面的作用。

4. 切削力来源于两个方面：一是三个变形区内产生的弹性变形抗力和塑性变形抗力；二是切屑、工件与刀具表面间的摩擦力。切削力可分解为互相垂直的三个分力，即切向力（主切削力）F_c、背向力（切深抗力）F_p、进给力（进给抗力）F_f。

5. 切削热产生于三个变形区，即在三个变形区中，因变形、摩擦所作的功绝大部分转变为热能。切削热主要通过切屑、工件、刀具及周围介质传出。

6. 切削温度是指切削区域的平均温度。切削温度的高低取决于单位时间内产生热量多少和散热快慢两个方面的因素。影响切削温度的主要因素有切削用量、刀具几何参数、工件材料、刀具磨损及切削液等。

7. 刀具损坏的两种主要形式：磨损和破损。刀具磨损形式有前面磨损、后面磨损、前后面同时磨损。刀具破损的主要形式有卷刃、崩刃、碎裂、剥落、裂纹等。刀具的磨损过程可分为初期磨损、正常磨损和急剧磨损三个阶段。

8. 刀具磨损限度也称磨钝标准是指对刀具所规定一个允许磨损量的最大值。刀具寿命（T）是指一把新刀或新刃磨的刀具，从开始切削到磨损量达到磨损限度为止所经历的切削时间。影响刀具寿命的主要因素有工件材料、刀具材料、刀具几何参数和切削用量等。

思考题与习题

2-1 简述切屑的形成过程。

2-2 积屑瘤是如何形成的？它对切削加工有何影响？减小或避免积屑瘤可采取哪些措施？

2-3 切削力是如何产生的？它可分为哪几个分力？各分力有何实用意义？

2-4 切削热是如何产生和传出的？

2-5　切削用量三要素 v_c、f、a_p 对切削力和切削温度的影响有何不同？原因是什么？

2-6　用主偏角 $\kappa_r=60°$ 的车刀，车削图 2-20 所示的细长轴。车削后发现两端直径小，中间直径大，呈腰鼓形状，这是为什么？试提出改进措施。

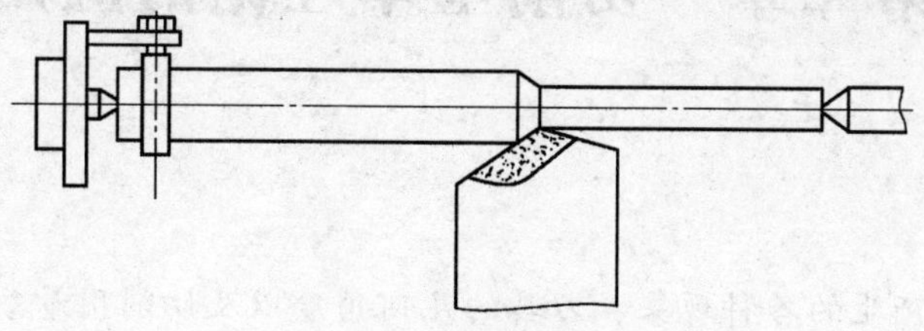

图 2-20　题 2-6 图

2-7　刀具磨损的形式有哪些？试分析刀具磨损的原因。

2-8　刀具的磨损过程分为哪几个阶段？各有何特点？

2-9　什么叫刀具寿命？刀具寿命是否越高越好？

2-10　为什么说切削速度是影响刀具寿命的主要因素？

第三章　切削基本理论的应用

【要点和目的】

金属切削过程中产生的各种现象、刀具的几何角度以及切削用量参数等对切削加工影响很大。本章主要介绍提高金属切削加工效益的途径和办法。

通过本章学习，了解金属材料切削加工性的概念，掌握切削液的作用及类型，熟悉刀具几何参数和切削用量的选用原则，并能根据生产条件和工艺要求，合理选择刀具几何参数、切削用量及切削液。

第一节　工件材料的切削加工性

一、工件材料切削加工性的概念及衡量指标

材料的切削加工性是指工件材料被切削加工的难易程度。工件材料的切削加工性与材料的物理力学性能、化学成分、热处理状态、金相组织、加工要求及加工条件等有关。

衡量切削加工性的指标有刀具寿命、刀具寿命允许的切削速度、切削力、切削温度及加工表面质量等。一般来说，加工某种材料时，刀具寿命长，一定寿命下允许的切削速度高，切削力小，切削温度低，表面质量容易保证，则认为这种材料切削加工性好；反之，切削加工性差。材料切削加工性的好与差是对材料的一个综合评价，很难用一个简单的物理量来准确地衡量。因此，常常根据需要取某一项指标来反映材料切削加工性的某一侧面，目前多采用一定寿命下允许的切削速度 v_T 作为切削加工性指标。

v_T 的含义：当刀具寿命为 T 分钟时切削某种材料所允许的切削速度。v_T 越高，表示材料的切削加工性越好。通常取 $T=60\text{min}$，所以 v_T 写作 v_{60}。

某一种材料切削加工性的好坏，是相对另一种材料而言的，即具有相对性。在讨论钢材的切削加工性时，一般以 45 钢为基准，其他材料与其比较，用相对加工性指标 K_r 表示。

$$K_r=\frac{v_{60}}{(v_{60})_j}$$

式中　v_{60}——表示切削某种材料、寿命为 60min 时的切削速度；

$(v_{60})_j$——表示切削 45 钢（$\sigma_b=0.735\text{MPa}$）、寿命为 60min 时的切削速度。

当 $K_r>1$ 时，说明该材料切削加工性比 45 钢好；$K_r<1$ 时，说明该材料切削加工性比 45 钢差。常用材料的切削加工性可分为 8 级，见表 3-1。

二、改善材料切削加工性的措施

1. 进行适当的热处理

通过对工件材料进行适当的热处理可以改善材料的切削加工性。例如，低碳钢的塑性、韧性大，不易获得较好的表面质量，且断屑困难，可通过正火处理，降低其塑性，提高其硬度；对硬度较高的高碳钢、工具钢等进行退火处理，可以降低硬度；灰铸铁经退火处理，其

金相组织发生改变，硬度降低。这些都可以改善材料的切削加工性。

表 3-1　材料切削加工性的分级

加工性等级	材料种类		相对加工性 K_r	代表性材料
1	很容易切削材料	一般有色金属	>3.0	5-5-5 铜铅合金、9-4 铝体合金
2	容易切削材料	易切削钢	2.5～3.0	退火 15Cr、自动机钢
3		较易切削钢	1.6～2.5	正火 30 钢
4	普通材料	一般钢及铸铁	1.0～1.6	45 钢、灰铸铁、结构钢
5		稍难切削材料	0.65～1.0	调质 2Cr 应为 2Cr13、85 钢
6	难切削材料	较难切削材料	0.5～0.65	调质 45Cr、调质 65Mn
7		难切削材料	0.15～0.5	1Cr18Ni9Ti、调质 50CrV、某些钛合金
8		很难切削材料	<0.15	某些钛合金、铸造镍基合金

2. 调整材料的化学成分

适当调整材料的化学成分，也可改善其切削加工性。例如，在钢中加入微量硫、硒、铅、磷、钙等，会在钢中形成夹杂物使钢塑性降低，易断屑，或起润滑作用，减少刀具磨损。但是，只有在不影响对工件材料性能要求的前提下，才能采用这种方法。

3. 合理选择刀具

合理选择刀具材料和刀具的几何参数，可改善其切削加工性。例如，切削不锈钢、钛合金时，若选 P(YT)类硬质合金刀具，则工件与刀具中的钛元素容易产生亲和作用，刀具易磨损，故一般应选用 K(YG)类硬质合金刀具；切削高硬度、高强度工件或断续切削等冲击较大时，选取较小的前角、主偏角、刃倾角、较大的刀尖圆弧半径和刃口磨出负倒棱等，均可改善刀具的切削加工性。

4. 其他方面

合理使用切削液，可以减少刀具磨损，提高工件表面质量；对低碳钢进行冷拔，可降低其塑性，改善切削加工性；采用振动切削促进切削加工中的断屑等等。

第二节　切削液的选择

使用切削液可以减小刀具与工件、切屑之间的摩擦，降低切削区的切削温度，减少刀具的磨损，提高工件的表面质量，提高切削效率。因此，在生产中广泛使用切削液。

一、切削液的作用

1. 冷却作用

将切削液浇注在切削区，可以带走大量的切削热，降低切削区的温度。切削液主要是通过传导、对流和汽化等方式将热量带走，实现其冷却作用。

2. 润滑作用

切削液可以渗透到刀具与工件、切屑之间，形成吸附膜，这样就增加了润滑性，减小了接触面间的摩擦。为了提高切削液的润滑性，常在切削液中加入油性添加剂和极压添加剂，以提高形成润滑膜及耐高温能力。

3. 清洗和排屑作用

在切削铸铁或磨削加工等切屑为碎末状时，细小的切屑会粘附在机床、工件、刀具及夹具上。为避免划伤机床导轨和工件表面，提高刀具寿命，切削液应具有良好的清洗和排屑作用。切削液的清洗作用取决于切削液的渗透性、流动性和使用压力等。在切削液中加入表面活性剂，可提高清洗效果。

4. 防锈作用

为保证机床、工件、刀具和夹具等不受周围介质的腐蚀，切削液应具有良好的防锈作用。为提高切削液防锈能力，常需加入防锈添加剂，使金属表面形成保护膜，提高防锈效果。

二、切削液的种类及合理选用

1. 切削液的种类

（1）水溶液　水溶液的主要成分是水，并加入一定量的油性添加剂和防锈添加剂等。水溶液具有很好的冷却作用，同时具有一定的润滑能力和防锈能力。

（2）乳化液　乳化液是用由矿物油、乳化剂和添加剂配制的乳化油加入95%～98%的水稀释而成的乳白色切削液。乳化液以水为主，具有较好的冷却作用，其润滑性比水溶液好，且浓度越高，润滑性越好。

（3）切削油　切削油主要成分是矿物油，如机油、轻柴油、煤油等，少数采用动植物油和复合油(矿物油和动植物油的混合物)，主要起润滑作用。为提高润滑效果，可在切削油中加入硫、磷和氯等极压添加剂形成极压切削油，使其在极压(高温高压)工作条件下，仍具有较好的润滑作用。

2. 切削液的合理选用

切削液的选用与刀具材料、工件材料、加工方法及加工性质等有关。

（1）按刀具材料及加工性质选　以常用高速钢和硬质合金为例分析如下：

高速钢的耐热性差，故高速钢刀具加工时常用切削液。其中，粗加工时，切削用量较大，产生的切削热多，刀具磨损快，这时应以冷却为主，可选用冷却作用好的切削液，如水溶液或3%～5%的乳化液；精加工时，主要是为了保证表面加工质量，减小刀具磨损，应选用润滑性较好的切削液，如15%～20%的乳化液或极压切削油。

硬质合金刀具的耐热性好，一般不用切削液。若要用，可使用水溶液或低浓度的乳化液，而且必须连续、充分地浇注，以防刀具因骤冷骤热，产生内应力而产生裂纹。

（2）按工件材料选　加工钢等塑性材料时，因变形大，切削温度高，一般需使用切削液；加工铸铁等脆性材料时，因切屑碎末易堵塞冷却系统，使机床导轨磨损，且切削脆性材料时变形小，切削温度低，故一般不用切削液，但精加工时为了获得较好的表面质量可使用粘度较小的煤油或7%～10%的乳化液；加工高强度钢及高温合金等，因切削温度高，压力大，可选用极压切削油或极压乳化液；切削铜、铝等有色金属及其合金时，可选用煤油或10%～20%的乳化液，不宜采用含硫的切削液，以免腐蚀工件。

（3）按加工方法选　钻削、铰削、攻螺纹等加工方法，刀具处于半封闭状态下工作，排屑困难，切削热不能及时传散，易烧伤刀具和工件，应选用粘度较小的极压乳化液或极压切削油，并增大压力和流量；磨削加工时，磨削温度高，且磨屑细小，易损伤工件表面及机床导轨面，应选用冷却和清洗效果较好的切削液，如水溶液和乳化液，且流量要大。

第三节　刀具几何参数的合理选择

刀具几何参数包括刀具角度参数和刃型尺寸参数两类。各参数之间存在着相互依赖、相互制约的作用，因此，应综合考虑各种参数以便进行合理的选择。虽然刀具材料对切削过程的优化具有关键作用，但是，如果刀具几何参数的选择不合理，也会使刀具材料的切削性能得不到充分的发挥。

在保证加工质量的前提下，能够满足刀具使用寿命长、生产效率高、加工成本低的刀具几何参数，称为刀具的合理几何参数。

一、选择刀具几何参数应考虑的因素

1. 工件材料

要考虑工件材料的化学成分、制造方法、热处理状态、物理和机械性能(包括硬度、抗拉强度、延伸率、冲击韧性、导热系数等)，还有毛坯表层情况、工件的形状、尺寸精度和表面质量要求等。

2. 刀具材料和刀具结构

除了要考虑刀具材料的化学成分、物理和机械性能外，还要考虑刀具的结构形式，如是整体式，还是焊接式或机夹式。

3. 具体加工条件

考虑机床、夹具的情况，工艺系统刚性及功率大小，切削用量和切削液性能等。一般地说，粗加工时，着重考虑保证最大的生产率；精加工时，主要考虑保证加工精度和已加工表面的质量要求；对于自动线生产用的刀具，主要考虑刀具工作的稳定性，有时要考虑断屑问题；机床刚性和动力不足时，刀具应力求锋利，以减少切削振动。

二、刀具角度的选择

1. 前角及前面的选择

(1) 前面形式　前面形式有平面形、曲面形和带倒棱形三种(见图 3-1)

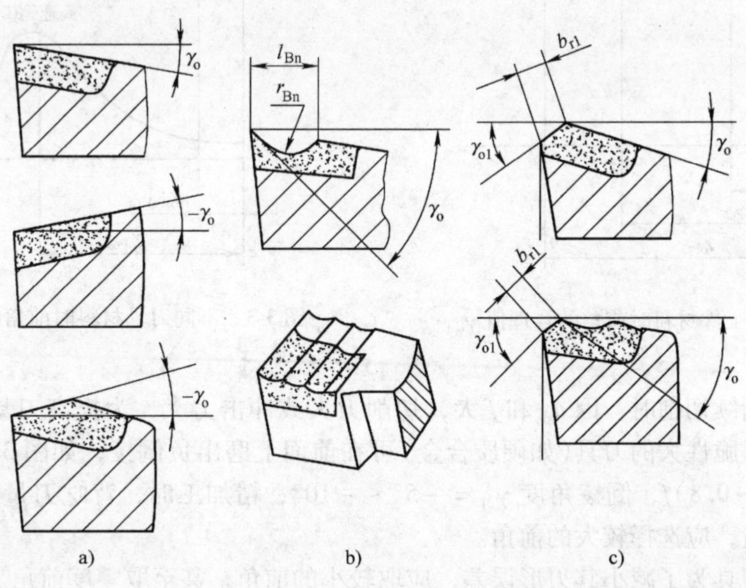

图 3-1　前面形式
a) 平面形　b) 曲面形　c) 带倒棱形

1）平面形前面：制造容易，重磨方便，刀具廓形精度高。

2）曲面形前面：起卷屑作用，并有助于断屑和排屑，故主要用于粗加工塑性金属刀具和孔加工刀具，如丝锥、钻头。

3）带倒棱形前面：它是提高刀具强度和刀具寿命的有效措施。

（2）前角的作用　前角影响切削过程中的变形和摩擦，同时又影响刀具的强度。

前角 γ_o 对切削的难易程度有很大影响。增大前角能使切削刃变得锋利，使切削更为轻快，并减小切削力和切削热。前角的大小对表面粗糙度、排屑和断屑等也有一定影响。增大前角还可以抑制积屑瘤的产生，改善已加工表面的质量。但前角过大，切削刃和刀尖的强度下降，刀具导热体积减少，影响刀具使用寿命。因此，刀具前角存在一个最佳值 γ_{opt}，通常称 γ_{opt} 为刀具的合理前角。

（3）前角的选择原则　一般情况下，在刀具强度许可条件下，尽可能选用较大的前角。

工件材料的强度、硬度越高，前角应选较小值，反之应选较大值，如图 3-2 所示。工件材料的塑性越大，前角应选的越大。加工脆性材料时，一般为崩碎切屑，前角的大小对切削变形影响不大，且切削力集中于切削刃处，为强化切削刃强度，前角应选较小值。

刀具材料的强度和韧性好（如高速钢），前角应选大些；刀具材料的强度和韧性较差（如硬质合金），则应选择较小的前角，如图 3-3 所示。

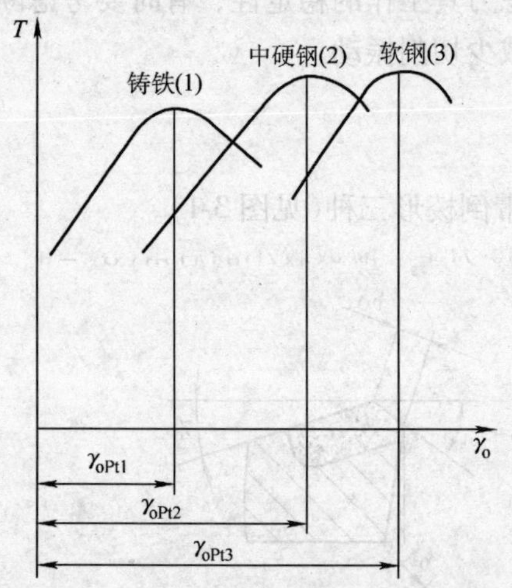

图 3-2　不同工件材料时前角的合理值 γ_{opt}

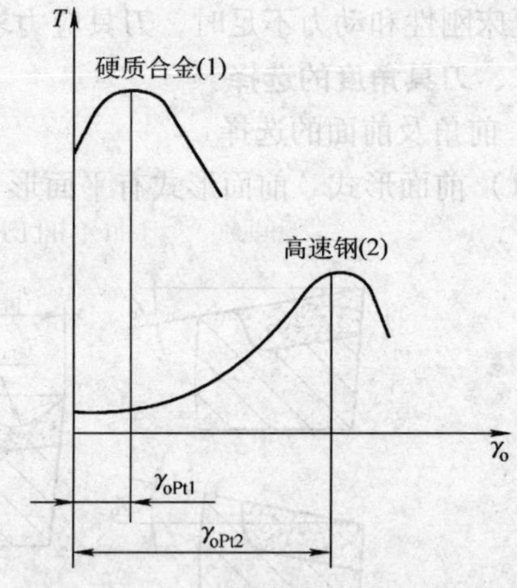

图 3-3　不同刀具材料时前角的合理值 γ_{opt}

粗加工或断续切削时，因 a_p 和 f 大，切削力大或冲击力大，为提高刀具强度，应选择较小的前角，对脆性大的刀具（如硬质合金）可在前面上磨出负倒棱，如图 3-1c 所示。倒棱宽度 $b_{r1} \approx (0.3 \sim 0.8)f$，倒棱角度 $\gamma_{o1} = -5° \sim -10°$；精加工时，背吃刀量、进给量较小，为提高加工质量，应选择较大的前角。

对于成形刀具为了减小其刃形误差，应取较小的前角，甚至取零度前角。

2. 后角和后面的选择

（1）后面的形式　后面的形式有双重后面、消振棱和刃带。

1）双重后面。为保证刃口强度，减小刃磨后面的工作量，常在车刀后面磨出双重后角，如图 3-4a 所示。

2）消振棱。为增加后面与过渡表面之间的接触面积，增加阻尼作用，消除振动，可在后刀面上刃磨出一条有负后角的倒棱，如图 3-4b 所示。其参数为 $b_{\alpha1}=(0.1\sim0.3)$mm，$\alpha_{o1}=-5^\circ\sim-20^\circ$。

3）刃带。对一些定尺寸刀具(如钻头、铰刀等)，为便于控制刀具尺寸，避免重磨后尺寸精度的变化，常在后面上刃磨出后角为 0°的小棱边，称为刃带，如图 3-4c 所示。刃带形成一条与切削刃等距的棱边，可对刀具起稳定、导向和消振作用，延长刀具的使用寿命。刃带不宜太宽，否则会增大摩擦作用。刃带宽度 $b_{\alpha1}=(0.02\sim0.3)$mm。

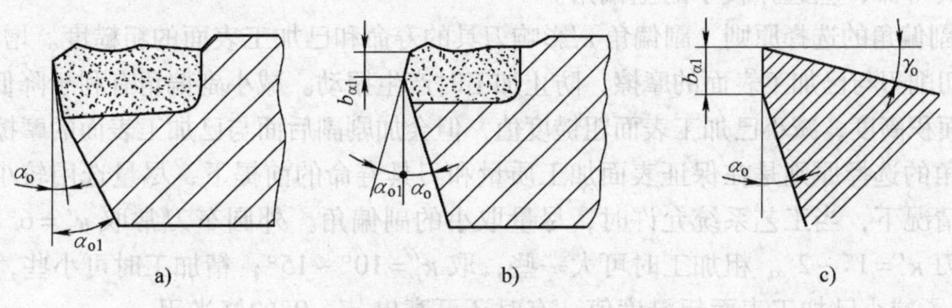

图 3-4　后面的形式

a）双重后面　b）消振棱　c）刃带

(2) 后角的作用　后角 α_o 的主要作用是减小后面与工件间的摩擦，并配合前角调整刀刃锋利程度，影响刀具的强度和散热条件。增大后角可减小摩擦，提高加工表面质量，但后角过大会削弱刀刃强度，散热条件变差，加剧刀具磨损。因此，后角也存在一个合理值。

(3) 后角的选择原则　粗加工时以保证刀具强度为主，应取较小的后角($\alpha_o=4^\circ\sim6^\circ$)；精加工时，以保证表面加工质量为主，一般取 $\alpha_o=8^\circ\sim12^\circ$。

工件材料强度、硬度高，为保证刀刃强度，应取较小的后角；工件材料塑性大，材质软，易产生加工硬化，为减小后面的摩擦，应取较大的后角。

对尺寸精度要求较高的刀具，为限制刀具重磨后的尺寸变化，应取较小的后角。

工艺系统刚性差时，因易振动，应取较小的后角，必要时可在后面上磨出消振棱。

3. 主偏角和副偏角的选择

(1) 主偏角和副偏角的作用

1）影响已加工表面的残留面积高度。减小主偏角和副偏角可以减小已加工表面粗糙度值，特别是副偏角对已加工表面粗糙度影响更大。

2）影响切削层形状。主偏角直接影响切削刃工作长度和单位长度切削刃上的切削负荷。在 a_p、f 一定的情况下，增大主偏角，切削宽度减小，切削厚度增大，切削刃单位长度上的负荷随之增大。因此，主偏角直接影响刀具的磨损和使用寿命。

3）影响切削分力的大小和比例关系。增大主偏角可减小背向力 F_p，但增大了进给力 F_f。同理，增大副偏角，也可使 F_p 减小。而 F_p 的减小，有利于减小工艺系统的弹性变形和振动。

4）影响刀尖角的大小。主偏角和副偏角共同决定了刀尖角 ε_γ，故直接影响刀尖强度和导热面积。

5）影响断屑效果和排屑方向。增大主偏角，切屑变厚变窄，容易折断。

（2）主偏角的选择原则　主偏角的大小影响刀具寿命、背向力与进给力的大小。减小主偏角能提高切削刃强度、改善散热条件，并使切削层厚度减小、切削层宽度增加，减轻单位长度刀刃上的负荷，从而有利于提高刀具的寿命；而加大主偏角，则有利于减小背向力，防止工件变形，减小加工过程中的振动和工件变形。

主偏角的选择原则是在保证表面加工质量和刀具寿命的前提下，尽量选用较大值。工艺系统刚性差时，为减小背向力 F_p，应选择较大的主偏角，如在加工细长轴零件时，一般常用 $\kappa_r=90°\sim93°$ 的车刀，以减小 F_p，防止工件弯曲变形或振动。工件材料强度、硬度高，为提高刀具寿命，应选择较小的主偏角。

（3）副偏角的选择原则　副偏角 κ_r' 影响刀具的寿命和已加工表面的粗糙度。增大副偏角，可减小副切削刃与已加工表面的摩擦，防止加工时产生振动。减小副偏角有利于降低已加工表面的残留面积高度，减小已加工表面粗糙度值，但会加剧副后面与已加工表面的摩擦。

副偏角的选择原则是在保证表面加工质量和刀具寿命的前提下，尽量选用较小值。

一般情况下，当工艺系统允许时，尽量取小的副偏角。外圆车刀常取 $\kappa_r'=6°\sim10°$，切断、切槽刀 $\kappa_r'=1°\sim2°$。粗加工时可大一些，取 $\kappa_r'=10°\sim15°$；精加工时可小些，取 $\kappa_r'=6°\sim10°$。为了减小已加工表面粗糙度值，有时还可磨出 $\kappa_r'=0°$ 的修光刃。

（4）刀尖形状及选择　为提高刀尖的强度和减小工件的表面粗糙度，常将刀尖修磨成三种形状：修圆刀尖、倒角刀尖和倒角带修光刃，如图 3-5 所示。

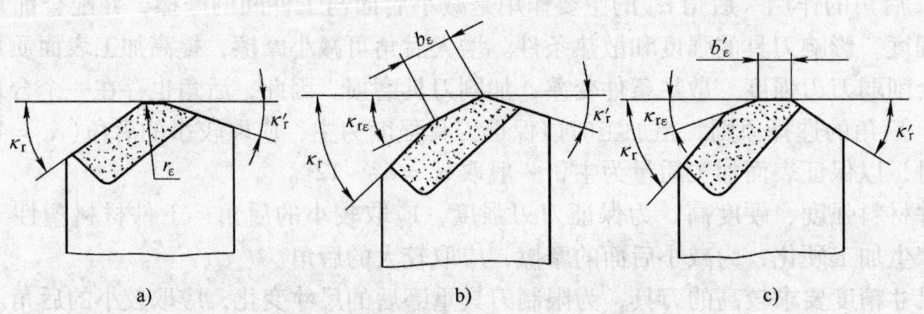

图 3-5　刀尖形状

a）修圆刀尖　b）倒角刀尖　c）倒角带修光刃

1）修圆刀尖。如图 3-5a 所示，修圆刀尖也称圆弧形过渡刃，常用于精加工和半精加工刀具。刀尖圆弧半径 r_ε 增大时，可减小表面粗糙度值，且能提高刀具寿命，但会增大 F_p，容易引起振动，所以 r_ε 不能太大。通常高速钢车刀 $r_\varepsilon=0.5\sim3\text{mm}$，硬质合金车刀 $r_\varepsilon=0.5\sim2\text{mm}$。

2）倒角刀尖。如图 3-5b 所示，倒角刀尖也称直线形过渡刃，其刃磨容易，常用于粗加工刀具。一般取 $\kappa_{r\varepsilon}=\kappa_r/2$，$b_\varepsilon=0.5\sim2\text{mm}$。

3）水平修光刃。如图 3-5c 所示，水平修光刃是在刀尖处磨出一小段 $\kappa_r'=0°$ 的平行切削刃，即修光刃与进给方向平行，修光刃的宽度一般大于进给量，常取 $b_\varepsilon'=(1.2\sim1.5)f$。它主要用于精加工和半精加工刀具。具有修光刃的刀具，若切削刃平直，装刀精确，工艺系统刚度足够，即使在大进给量切削条件下，仍能获得很小的表面粗糙度。

4. 刃倾角的选择

（1）刃倾角的作用 刃倾角主要影响刀头的强度、切屑的流动方向及切削平稳性等。

1）控制切屑流向。刃倾角为负值时，切屑排向已加工表面，如图 3-6a 所示；刃倾角 $\lambda_s=0°$时，切屑垂直于切削刃流出，如图 3-6b 所示；刃倾角为正值时，切屑排向待加工表面，如图 3-6c 所示。

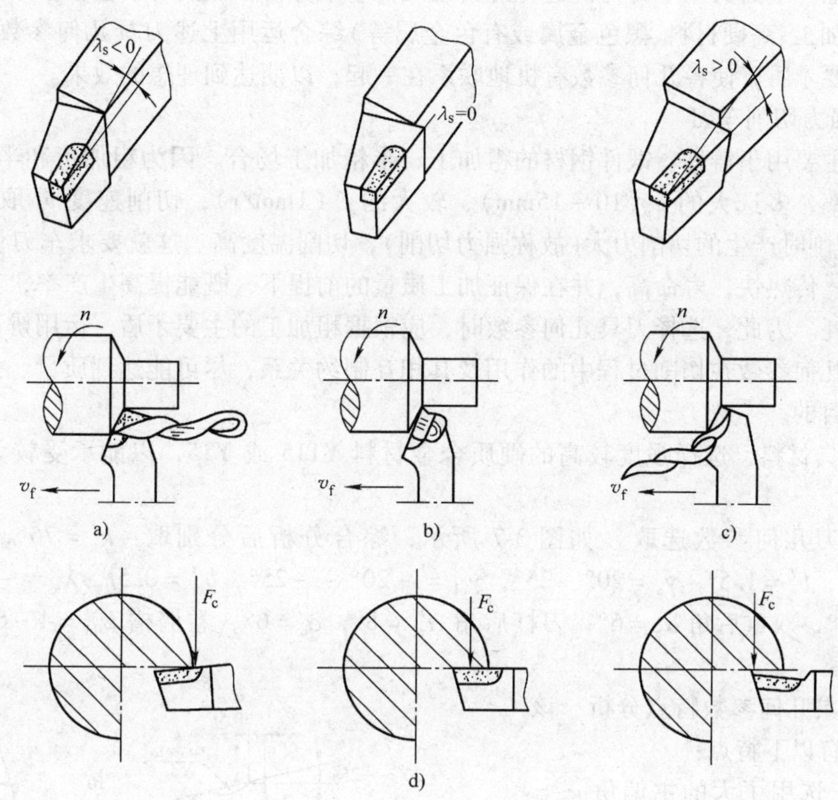

图 3-6 刃倾角的作用

2）影响刀尖强度。在断续切削时，刃倾角为正值，则刀尖首先切入工件，易受冲击而损坏；刃倾角为负值则刀刃先切入，可保护刀尖免受冲击，提高刀具寿命，如图 3-6d 所示。

3）影响切削平稳性。当刃倾角 $\lambda_s=0°$时，切削刃是同时切入、切出，冲击力大；$\lambda_s\neq 0°$时，切削刃是逐渐切入、切出，冲击力小，切削过程平稳。

4）影响刀刃的锋利性。刃倾角 $\lambda_s\neq 0°$时，可增大刀具实际前角，减小切削刃刃口圆弧半径，使切削刃锋利，且$|\lambda_s|$的越大，刀具越锋利。

5）控制背向力 F_p 和进给力 F_f 的比值。正刃倾角会使 F_p 减小，F_f 增加，而负刃倾角会使 F_p 增大，F_f 减小。因而，在工艺系统刚性较差时的精加工时，应选用正刃倾角。

（2）刃倾角的选择原则 这主要是根据刀具强度、流屑方向和加工条件而定。

1）精加工时应取正值刃倾角，使切屑排向已加工表面，以免切屑划伤已加工表面，一

般取 $\lambda_s=0°\sim+5°$；粗加工时为提高刀具强度，刃倾角取 $\lambda_s=0°\sim-5°$。

2）在断续切削、加工余量不均、工件硬度高或有冲击振动时，取负刃倾角，可提高刀头强度，保护刀尖免受冲击。根据冲击力大小及工件材料硬度，可取 $\lambda_s=-5°\sim-45°$。

3）微量切削的精加工刀具，刃倾角可取较大的正值，如微量精车外圆及精刨平面时，可取 $\lambda_s=45°\sim75°$。

三、典型车刀合理几何参数的综合分析

下面以生产中的典型车刀为例进行刀具的几何参数分析，让读者学会根据具体生产条件（粗加工、精加工、高硬材料、黑色金属或有色金属等）综合运用上述刀具几何参数选择原则，力求解决主要矛盾，使各几何参数有机地联系在一起，以期达到理想的效果。

1. 75°强力切削车刀

该车刀主要用于铸件、锻件钢材的粗加工、半精加工场合。因为粗加工和半精加工时，为提高生产率，多选大的 a_p（10～15mm）、较大的 f（1mm/r），切削速度 v_c 取 50～60m/min。因而切削时产生的切削力大（故称强力切削），切削温度高。这就要求车刀切削部分切削刃强度大，传热快，寿命高，并在保证加工质量的前提下，既能提高生产率，又能降低机床功率的消耗。为此，选择刀具几何参数时，应根据粗加工的主要矛盾，运用辨证的方法综合分析刀具几何参数在切削过程中的作用及其相互制约关系，尽可能达到质量、生产率和经济性统一的目的。

（1）刀具材料　选择强度较高的硬质合金材料 YT15 或 YT5，以能承受较大的切削负荷。

（2）车刀几何参数选取　如图 3-7 所示，综合分析后分别取：$\kappa_r=75°$，$\kappa_{r\varepsilon}=45°$，$b_\varepsilon=1\sim2$mm，$b'_\varepsilon=1.5f$，$\gamma_o=20°\sim25°$，$\gamma_{o1}=-20°\sim-25°$，$b_{r1}=0.5f$，$\lambda_s=-4°\sim-6°$，$\kappa'_r=10°\sim15°$，双重后角 $\alpha_o=6°$，刀杆后角 $\alpha'_{o1}=8°$，$\alpha'_o=6°$，卷屑槽 $L_{Bn}=4\sim6$mm，$r_{Bn}=1$mm。

（3）刀具几何参数特点分析　该典型车刀具有以下特点：

1）由于选用了大的主偏角 $\kappa_r=75°$，大的前角 $\gamma_o=20°\sim25°$，使切削刃锋利，因此可减少切削力、减小切削变形和减少切削热，从而降低机床功率消耗。

2）由于选用具有抗弯强度较高的 YT15 或 YT5 硬质合金刀片，选择了较小的后角 α_o，以增加楔角 β_o，并刃磨负倒棱（$b_{r1}=0.5f,\gamma_{o1}=-20°\sim-25°$），提高了刃口强度；选用负刃倾角 $\lambda_s=-4°\sim-6°$，以增强切削刃，保护刀尖。这样，通过小的 α_o、负倒棱和 $-\lambda_s$ 等三个参数，来强固切削刃，从而使其能承受较大切削力与

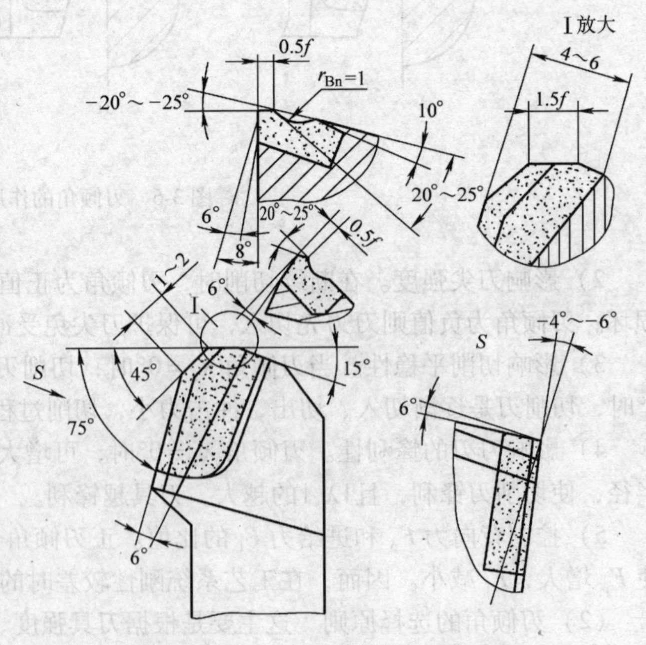

图 3-7　75°大背吃刀量强力切削车刀

冲击载荷。

3）由于在刀具的刀尖处选用并磨出倒角刀尖($\kappa_{r\varepsilon}=45°, b_{\varepsilon}=1\sim2\text{mm}$)与修光刃($b'_{\varepsilon}=1.5f$)，因而从刀具的整体看是大的主偏角，可使主切削力 F_c 达到最小；从刀尖的局部看，则具有小主偏角和水平修光刃 $\kappa'_r=0°$，使刀尖角 ε_r 增大，在很大程度上提高了刀尖强度，增大了传热面积，从而提高了刀具寿命。

4）由于在刀尖处刃磨倒角刀尖和修光刃，从理论上讲，在 $f=1\text{mm/r}$ 的粗加工情况下，可获得残留面积高度等于零、实际表面粗糙度值非常小的加工效果。

5）由于在刀具前面上磨出卷屑槽(槽宽 $L_{Bn}=4\sim6\text{mm}, r_{Bn}=1\text{mm}$)，切削时具有良好的断屑效果。

由于强力切削车刀在粗车时可提高生产率，并且能妥善地解决车刀切削部分“锐利与坚固”的矛盾，因此能较好地发挥机床、刀具的切削性能。

2. 细长轴银白屑车刀

细长轴是指长径比在 20 以上的轴，如车床的光杠、丝杠等。在切削该工件时，很容易因受背向力 F_p 的作用发生弯曲而引起振动。同时，由于切削温度升高使工件伸长，而引起工件弯曲。所谓银白屑车刀是指利用切削刃的负倒棱，在切削过程中能连续稳定地形成积屑瘤，利用积屑瘤增大刀具实际工作前角，保护切削刃，使切削力和切削温度降低，切屑呈银白色，故称银白屑车刀。它妥善地处理了工件弯曲变形和切削温度高的问题。

（1）车刀几何参数的选择　如图 3-8 所示，$\kappa_r=90°$，$\kappa'_r=6°\sim10°$，$\kappa_{r\varepsilon}=45°$，$r_{\varepsilon}=0.5\sim1.0\text{mm}$，$\gamma_o=30°$，$\alpha_o=6°\sim8°$，$\gamma_{o1}=-30°$，$b_{r1}=(0.25\sim0.7)f$，$\lambda_s=3°$，卷屑槽 $L_{Bn}=2\sim4\text{mm}$，$r_{Bn}=1.5\sim2\text{mm}$。

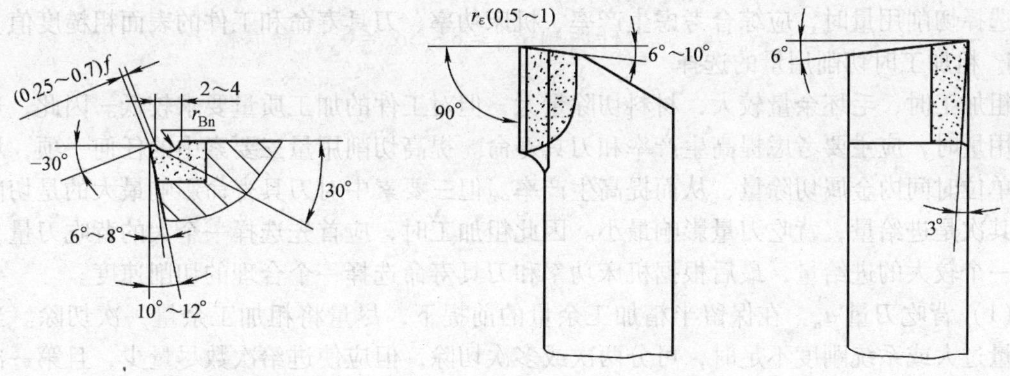

图 3-8　银白屑车刀

（2）常用的切削用量　$a_p=1\sim6\text{mm}$，$f=0.3\sim0.7\text{mm/r}$，$v_c=100\sim150\text{m/min}$。

（3）选择刀具材料　用 YT15 硬质合金刀片。

（4）刀具几何参数特点分析

1）选用大的前角 $\gamma_o=30°$，可以减小切削力和切削热。

2）选用大的主偏角 $\kappa_r=90°$，可减小背向力 F_p，以减少工件弯曲变形，并磨出刀尖圆弧半径 $r_{\varepsilon}=0.5\sim1.0\text{mm}$。

3）选用正刃倾角 $\lambda_s=+3°$，以降低 F_p 力，并使切屑沿待加工表面排出，不致损伤已加工表面。

4）在切削刃上磨出负倒棱，$b_{r1}=(0.25\sim0.7)f$，$\gamma_{o1}=-30°$。切削过程中负倒棱上产生稳定的积屑瘤，通过它进行实际切削。实际切削前角可达 35°～45°，大大降低切削力。利用 YT 类硬质合金刀片材料与钢材之间亲和力小的特点，将积屑瘤连续排出切削区外，并带出切削热。因此，减少了车刀上的切削热，达到了降低切削力和提高刀具寿命的目的。

5）为便于卷屑，在刀具前面磨出 $L_{Bn}=2\sim4$mm，$r_{Bn}=1.5\sim2$mm 平行于切削刃的卷屑槽。

第四节　切削用量的合理选择

一、合理选择切削用量的意义

切削用量不仅是在机床调整前必须确定的重要参数，而且其数值合理与否对加工质量、生产率、刀具的寿命及生产成本等有着非常重要的影响。切削用量选得太小，会降低生产率，增加生产成本；而切削用量选得太大，会使切削力增大，切削温度升高，从而降低加工质量，使刀具磨损过快，增加磨刀、换刀时间和刀具材料的消耗，也影响生产率和成本。可见，合理选择切削用量对切削加工具有重要意义。

合理的切削用量应该是，可保证工件加工质量，充分发挥刀具切削性能和机床功率及工艺系统强度许可时的最大切削用量。

二、切削用量的选择

选择切削用量时，应综合考虑生产率、机床功率、刀具寿命和工件的表面粗糙度值。

1. 粗加工时切削用量的选择

粗加工时，毛坯余量较大，材料切除量大，但对工件的加工质量要求较低。因此，选择切削用量时，应主要考虑提高生产率和刀具寿命。提高切削用量三要素中的任何一项，均可提高单位时间内金属切除量，从而提高生产率。但三要素中对刀具寿命影响最大的是切削速度，其次是进给量，背吃刀量影响最小。因此粗加工时，应首先选择一个大的背吃刀量，其次选一个较大的进给量，最后根据机床功率和刀具寿命选择一个合理的切削速度。

（1）背吃刀量 a_p　在保留半精加工余量的前提下，尽量将粗加工余量一次切除。当加工余量过大或系统刚度不足时，可分两次或多次切除，但应使进给次数尽量少，且第一次进给的背吃刀量应大一些。如分两次进给，第一次进给 a_{p1} 取加工余量的 2/3～3/4，第二次 a_{p2} 取加工余量的 1/3～1/4。工件材料强度、硬度较高或断续切削时背吃刀量应选小一些。

（2）进给量 f　当背吃刀量选定后，进给量的大小将直接影响切削力的大小，因此在选择进给量时，应在不超过机床进给机构强度、刀具强度和工艺系统刚度允许的条件下，选择一个较大的进给量。

（3）切削速度 v_c　在 a_p 和 f 选定后，v_c 将直接决定切削功率的大小，因此，选择切削速度时，应主要考虑机床功率和刀具寿命。切削速度 v_c 一般可根据选定的刀具寿命 T、背吃刀量 a_p 和进给量 f，由切削用量对刀具寿命影响的公式(2-8)计算得出。

2. 精加工时切削用量的选择

精加工选择切削用量时，应以保证加工质量为主，同时兼顾刀具寿命和生产率。

（1）背吃刀量 a_p　背吃刀量由粗加工后留下的加工余量确定。因余量较小，原则上应一次切除。

（2）进给量 f　精加工时进给量的大小主要取决于工件的表面粗糙度要求，一般取值较小。为提高生产率，在满足表面粗糙度要求的条件下，也应选择一个较大的进给量。

（3）切削速度 v_c　精加工时，a_p 和 f 均较小，为提高生产率，一般选择较高的切削速度 v_c，这时切削速度主要受刀具寿命的限制。此外，精加工还应注意避开积屑瘤形成的切削速度范围。切削速度的大小，一般也可由切削用量对刀具寿命影响的公式计算得出。

本章小结

1. 材料的切削加工性是指工件材料被切削加工的难易程度。衡量切削加工性的指标有刀具寿命、刀具寿命允许的切削速度、切削力、切削温度及加工表面质量等。目前，多采用一定寿命下允许的切削速度 v_T 作为切削加工性指标。材料切削加工性具有相对性，在讨论钢材的切削加工性时，一般以 45 钢为基准，用相对加工性指标 K_r 表示。

2. 切削液具有冷却、润滑、清洗和防锈等作用。常用切削液有水溶液、乳化液、切削油等。

3. 前角对切削过程中的变形和摩擦，以及对切削力、切削温度及刀具强度均有较大的影响。增大前角可使刀具锋利，减小切屑变形和摩擦，减小切削力，降低切削温度，提高表面加工质量等。但前角过大会使刀具强度降低，散热条件变差，降低了刀具寿命。一般在刀具强度许可的条件下，尽量选择较大的前角。

4. 后角的主要作用是减小工件与刀具后面之间的摩擦，并配合前角调整切削刃锋利程度，影响刀具的强度和散热条件。增大后角可减小摩擦，提高加工表面质量，但后角过大会降低刀具强度，减小刀具散热面积，加剧刀具磨损。一般情况下，工艺系统刚性差、粗加工时应取较小的后角；精加工时，可取较大值。

5. 刃倾角可以改变切屑的流向，影响刀尖强度、切削平稳性以及刀刃的锋利性。精加工时应取正值刃倾角，使切屑排向已加工表面，以免切屑划伤已加工表面；在断续切削、加工余量不均、工件硬度高或有冲击振动时，取负值，可提高刀头强度，保护刀尖免受冲击。

6. 主偏角和副偏角有以下作用：影响已加工表面的粗糙度值；影响切削层形状；影响切削分力的大小和比例关系；影响刀尖角的大小；影响断屑效果和排屑方向。在保证表面加工质量和刀具寿命的前提下，主偏角尽量选用较大值，副偏角尽量选用较小值。

7. 合理的切削用量是在保证工件加工质量，充分发挥刀具切削性能和机床功率及工艺系统强度许可时的最大切削用量。

8. 粗加工时切削用量的选择主要应考虑提高生产率和刀具寿命。应首先选择一个大的背吃刀量，其次选一个较大的进给量，最后根据机床功率和刀具寿命选择一个合理的切削速度。精加工时切削用量的选择应以保证加工质量为主，同时兼顾刀具寿命和生产率。一般选较小进给量和背吃刀量，较高的切削速度。

思考题与习题

3-1 如何判别材料切削加工性的好坏？

3-2 改善材料切削加工性的措施有哪些？

3-3 切削液有何作用？粗、精加工时，为何所选用的切削液不同？

3-4 简述前角、后角的作用及其选择原则。

3-5 简述主偏角和副偏角的作用及其选择原则。

3-6 刃倾角有何作用？应如何选择？

3-7 怎样处理刀具角度中锋利与坚固的关系？

3-8 应如何选择粗加工和精加工时的切削用量？

第四章　金属切削机床基础

【要点和目的】

金属切削机床是机械制造业的主要加工设备，在国民经济和现代化发展中起着重要的作用。本章主要介绍金属切削机床的基础知识。

通过本章学习，掌握机床的分类方法及机床代号的含义；了解机床传动机构的结构组成；能够对传动链和传动原理图进行分析和计算；学会对传动系统图、传动结构及转速图的分析；熟悉机床的基本组成部分及其作用；了解机床操纵系统和控制机构的工作原理以及影响机床精度的主要因素、机床精度的检验方法。

第一节　概　　述

金属切削机床是用切削的方法将金属毛坯加工成所要求的机器零件。它提供刀具与工件之间的相对运动，提供加工过程中所需的动力，是切削加工使用的主要设备。在各类机械制造部门所拥有的装备中，金属切削机床占50%以上，所负担的工作量约占加工总量的40%~60%。由于金属切削机床是制造机器和生产工具的机器，故又称为“工作母机”或“工具机”，习惯上称为“机床”。

一、机床的分类和编号

1. 机床的分类

机床传统的分类方式，是按机床加工性质和所用的刀具进行分类的。目前，将机床分为车床、钻床、镗床、磨床、齿轮加工机床、螺纹加工机床、铣床、刨插床、拉床、锯床、其他机床和特种加工机床共12类。其中磨床的品种较多，又细分为3类，见表4-1。

表4-1　机床的类别和分类代号

类别	车床	钻床	镗床	磨床			齿轮加工机床	螺纹加工机床	铣床	刨插床	拉床	特种加工机床	锯床	其他机床
代号	C	Z	T	M	2M	3M	Y	S	X	B	L	D	G	Q
读音	车	钻	镗	磨	二磨	三磨	牙	丝	铣	刨	拉	电	割	其

除上述基本分类法外，机床还可按其他特征进行分类。

1）按照机床工艺范围的宽窄（通用性程度），机床可分为通用机床、专门化机床和专用机床。其中通用机床的加工范围较宽，通用性好，可用于加工多种零件的不同工序，但结构复杂，如卧式车床、万能升降台铣床、摇臂钻床等均属此类机床，这类机床主要适用于单件小批量生产。专门化机床用于加工不同尺寸的一类或几类零件的某一道（或几道）特定工序，其工艺范围较窄，如凸轮轴车床、曲轴车床、精密丝杠车床、花键轴铣床等。专用机床工艺范围最窄，通常只能完成某一特定零件的特定工序，例如汽车、拖拉机制造企业中大量使用的各种组合机床，这类机床适用于大批量生产。

2）按照机床质量和尺寸的不同，机床可分为仪表机床、中型机床、大型机床、重型机床和超重型机床等。

3）按照机床自动化程度不同，机床可分为手动、机动、半自动和自动机床。

4）按照机床加工精度不同，机床可分为普通精度级、精密级和超精密级机床。

5）按照机床主要工作部件的多少，机床可分为单轴、多轴机床或单刀、多刀机床等。

2. 机床型号编制方法

机床型号是机床产品的代号，由于机床的类别很多，为便于使用和管理，人们给每种机床赋予一个型号，并使其能简明地表示出机床的类别、结构特性和主要技术参数等。我国现行的机床型号编制方法是按 1994 年颁布的标准 GB/T 15375—1994《金属切削机床型号编制方法》编制的。此标准规定，机床型号由汉语拼音字母和数字按一定的规律组合而成。它适用于新设计的各类通用机床、专用机床和回转体加工自动线，但不包括组合机床、特种加工机床。

通用机床的型号表示方法如图 4-1 所示。

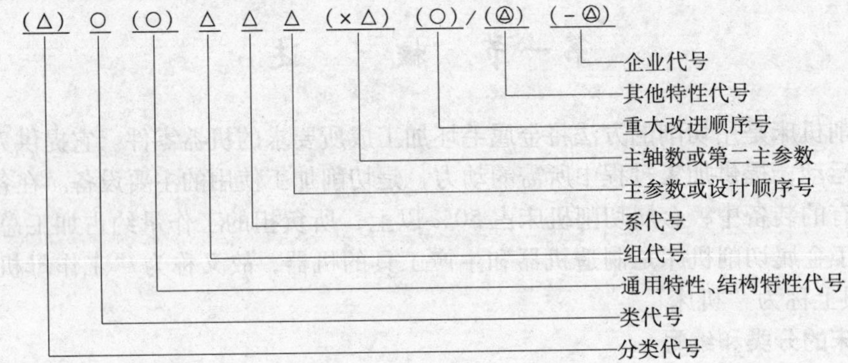

注：1. 有“（）”的代号或数字，当无内容时，则不表示；若有内容则不带括号。
2. 有“○”符号者，为大写的汉语拼音字母。
3. 有“△”符号者，为阿拉伯数字。
4. 有“◎”符号者，为大写的汉语拼音字母或阿拉伯数字，或两者兼有之。

图 4-1 通用机床的型号的表示方法

（1）机床的类别代号　用大写的汉语拼音字母代表机床的类别，见表 4-1。

（2）机床的特性代号　它包括通用特性和结构特性，也用汉语拼音字母表示。

当某类型机床除有普通形式外，还有如表 4-2 所示的各种通用特性时，则应在类代号之后加上相应的通用特性代号，例如“CK”表示数控车床。如同时具有两种通用特性，则可用两个代号同时表示，如“MBG”表示半自动高精度磨床。如某类型机床仅有某种通用特性，而无普通型者，则通用特性不必表示。如 C1107 型单轴纵切自动车床，由于这类自动车床没有“非自动”型，所以不必用“Z”表示通用特性。

表 4-2 机床的通用特性代号

特性	高精度	精密	自动	半自动	数控	加工中心（自动换刀）	仿型	轻型	加重型	简式	柔性加工单元	数显	高速
代号	G	M	Z	B	K	H	F	Q	C	J	R	X	S
读音	高	密	自	半	控	换	仿	轻	重	简	柔	显	速

为了区分主参数相同而结构、性能不同的机床，在型号中增加了结构特性代号。结构特性代号在不同的型号中可以有不同的含义。若机床既有通用特性，又具有结构特性时，则结构特性代号应排在通用特性代号之后。例如 CA6140 型卧式车床型号中的“A”，可理解为这种型号车床在结构上区别于 C6140 型车床。能用作结构特性代号的字母有 A 、D、E 等。

（3）机床的组、系代号　每类机床按用途、性能、结构及布局相近等划分为 10 个组，每个组又划分为 10 个系（系列）。如铣床有 0 ~ 9 十个组，卧式升降台铣床为 6 组，该组中的“61”系是万能升降台铣床。机床的组和系代号用两位阿拉伯数字表示（第一位数字表示组，第二位数字表示系），位于类代号之后。若型号中有特性代号，则位于特性代号之后。常用机床的组、系代号含义详见有关资料。

（4）机床的主参数　表示机床规格和加工能力的主要参数。机床型号中的主参数用折算值表示，位于组、系代号之后。主参数的计量单位，尺寸以毫米（mm）计，拉力以千牛（kN）计，功率以瓦（W）计，转矩以牛·米（N·m）计。有时候，机床型号中除有主参数外，还需要表明第二主参数（亦用折算值），以“ × ”号分开置于主参数之后。

（5）机床重大改进序号　性能和结构经过重大改进的机床，应在原机床型号后以英文字母 A、B、C 等表示是第几次改进序号，如 Y7132A 和 Z3040A 都表明是第一次重大改进。

例如，MG1432A 表示经过一项重大改进，最大磨削直径为 320mm 的高精度万能外圆磨床，其型号含义如图 4-2 所示。

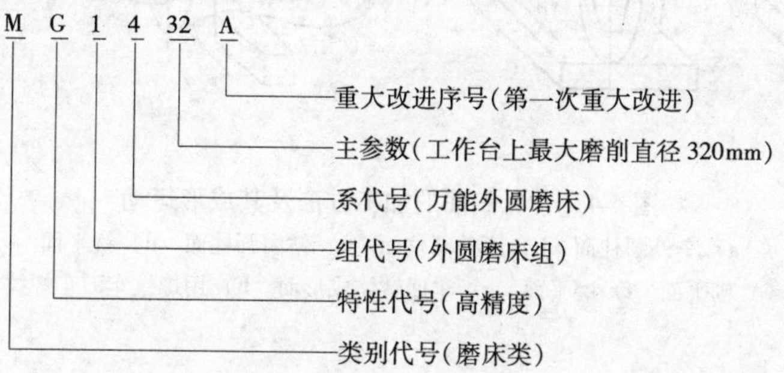

图 4-2　机床型号表示示例

以上简要介绍了现行机床型号编制方法。目前，一些工厂仍普遍使用的几种老型号机床，如 C620—1、X62W 等是按 1959 年以前公布的机床型号编制办法编定的，二者有较大差别，应予以注意。

二、机床的运动

在切削加工中，为了得到具有一定几何形状、一定精度和表面质量的工件，就要使机床上安装刀具和工件的机构按一定的规律作一系列的相对运动。

1. 表面成形运动

直接参与切削过程，使之在工件上形成一定几何形状表面的刀具和工件间的相对运动称为表面成形运动。如图 4-3 所示，为了在车床上车削圆柱面，工件的旋转运动Ⅰ和车刀的纵向直线移动Ⅴ是形成圆柱外表面的成形运动。

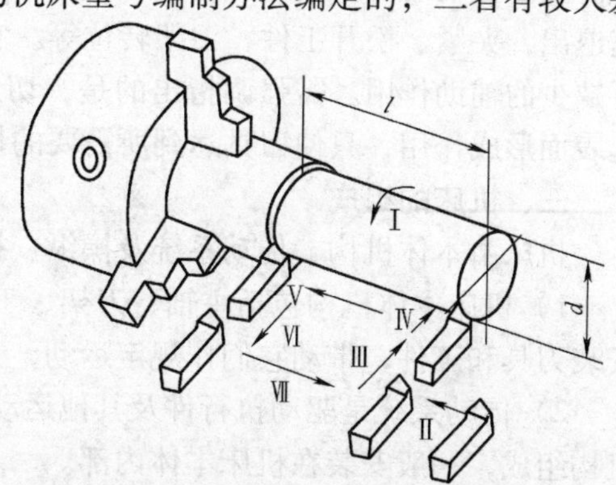

图 4-3　车削圆柱面过程中的运动
Ⅰ、Ⅴ—成形运动　Ⅱ、Ⅲ—快速趋近运动
Ⅳ—切入运动　Ⅵ、Ⅶ—快速退回运动

表面成形运动是机床上最基本的运动。它对加工表面的精度和粗糙度有着直接的影响。各种机床加工时所必须具备的表面成形运动的形式和数目，决定于被加工表面的形状、所采用的加工方法以及刀具的结构。

图4-4所示为常见的几种工件表面的加工方法及加工的成形运动。由图可看出，用不同加工方法形成各种表面所需的成形运动，其基本形式为旋转运动和直线运动。即使刀具和工件的运动轨迹比较复杂，也仍然是由这两种运动合成所得到的。例如，车削成形表面时（见图4-4g），车刀沿曲线的运动是由相互垂直的两个直线运动 s_1 和 s_2 组合而成的。根据切削过程中所起的作用不同，表面成形运动可分为主运动和进给运动。

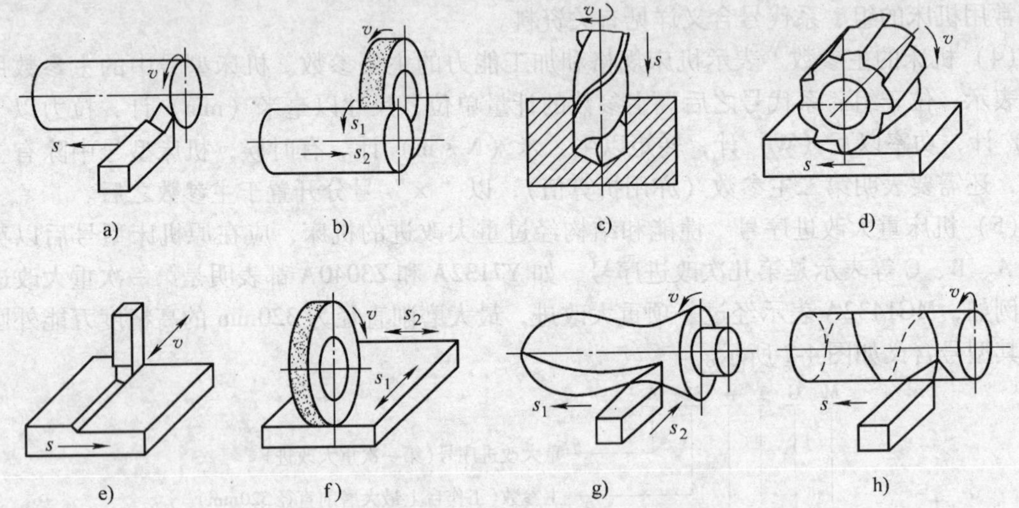

图4-4 常见表面的加工方法及其成形运动

a）车外圆柱面 b）磨外圆柱面 c）钻内圆柱面 d）铣平面
e）刨平面 f）磨平面 g）车回转体成形面 h）用螺纹车刀车螺纹

2. 辅助运动

机床上除表面成形运动外的所有运动，都是辅助运动，其功用是实现机床加工过程中所必需的各种辅助动作，如切入、定位调整运动，分度运动，刀具快速引进工件、加工完后快速退出，夹紧、松开工件，刀架转位等。它们不参与表面形成的过程，但对切削过程起着不可缺少的辅助作用。需强调指出的是，切入运动（又称吃刀）虽然参加了切削过程，但不起表面形成作用，只使刀具达到所需要的切削深度，故属于辅助运动。

三、机床的组成

机床由本体机构、传动系统及操纵、控制机构等几个基本部分组成。

1）机床本体机构包括主轴、刀架、工作台等执行件和床身、导轨等基础件。执行件是安装刀具和工件，带动它们作规定运动，并直接执行切削任务的部件。

2）传动系统是驱动执行件及其他运动部件作各种规定运动的传动装置。它由各种传动机构组成，一般安装在机床本体内部。

3）操纵、控制机构是使机床各运动部件起动、停止、改变速度、改变运动方向等机构。

机床另外还有一些使加工能正常、顺利进行，减轻劳动强度等的辅助装置，如安全装置，冷却、润滑装置等。

根据不同切削方式及运动形式确定各执行件应具有的相对位置，并按有利于操作、调整、美观的原则将组成机床的其他部件及操作手柄等加以合理的配置和布局，于是形成了具有一定外形特征的各种类型的机床。

第二节　机床的传动

机床要实现加工所需的各种运动，不仅要有提供动力的驱动装置（如电动机），还要有传递运动和动力的传动机构。通过传动机构把驱动装置和工作部件（主轴、刀架、工作台等）联系起来，从而使它们进行必要的运动。

机床的传动方式有机械传动、液压传动、电气传动、气压传动以及它们的联合传动。

机械传动是应用机械原件（如传动带、齿轮、齿轮齿条、丝杠螺母等）传递运动和动力。其优点是实现回转运动的结构简单，传动比准确，实现定比传动方便。因此，机床上的回转运动及需要准确传动比的场合多数为机械传动，下面主要介绍机械传动方式。

1）液压传动是应用液体（如矿物油）作介质通过液压元件、管道来传递运动和动力。液压传动作直线运动要比机械传动结构简单，液压传动具有换向、变速方便，吸振性能好，能自身润滑，过载保护装置简单，容易实现无级变速和自动化等优点，故在机床中应用较广。

2）电气传动是应用电能通过电器元件传递运动和动力。

3）气压传动是应用压缩空气以气动元件传递运动和动力。

一、传动机钩

机床的传动机构有定比传动机构、变速机构、换向机构、运动方式变换机构等几种。

1. 定比传动机构

具有固定传动比的传动机构称为定比传动机构，如带传动、齿轮传动、蜗杆传动等。

（1）带传动　它是利用胶带与带轮之间的摩擦作用进行传动的，如图 4-5 所示。其主要优点是传动平稳，可以隔离主动轴和从动轴之间的振动，当机器过载时，胶带会在带轮上打滑，能起到对机器的保护作用，但不能保证准确的传动比。带传动常用于电动机输出与机床主传动机构之间的传动。另外，由于胶带本身具有弹性，当传递较大功率时，传动带的张力作用在从动轴的轴端会引起传动轴的弯曲，因此在车床主轴箱上一般都采用卸荷结构以消除附加在轴端的径向力。

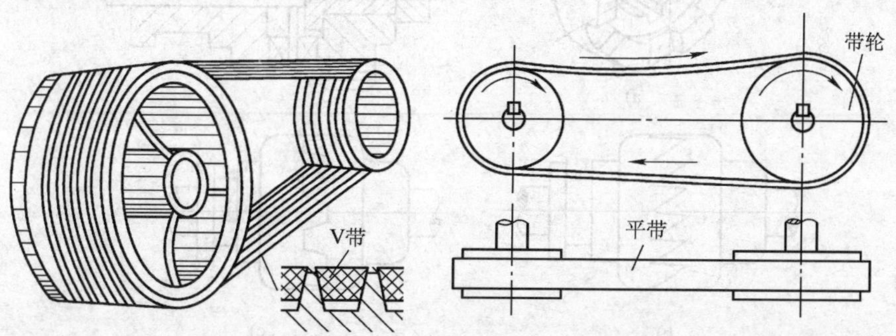

图 4-5　带传动

（2）齿轮传动　如图 4-6 所示，齿轮传动是目前机床中应用最多的一种传动方式，几乎所有机床主传动和进给传动都有齿轮传动。其最大优点是传动速比恒定不变，且工作可靠。

（3）蜗杆传动 如图4-7所示，主要用于两垂直轴之间的运动和动力传动。蜗杆为主动件，它常用于机床的分度机构内。

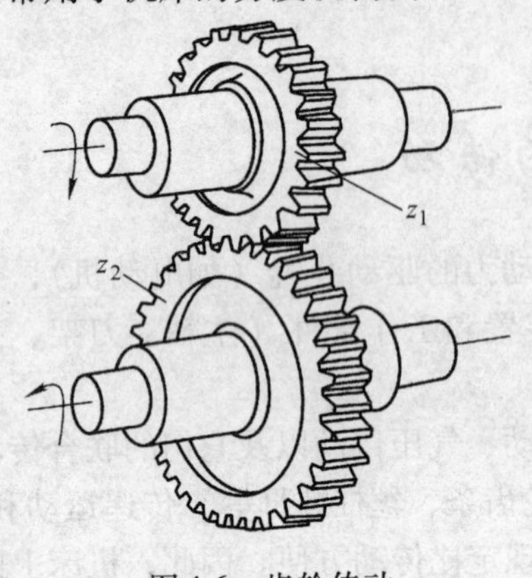

图4-6 齿轮传动

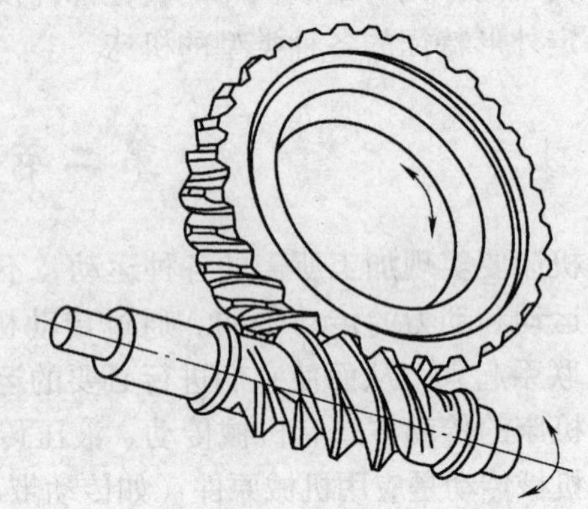
图4-7 蜗杆传动

2. 离合器和联轴器

离合器和联轴器的共同作用是连接不同机器（或部件）的两根轴线的传动轴，使它们一起回转并传递转矩。但用联轴器连接的两根轴只有在机器停车时用拆卸的方法才能使它们分离，而用离合器连接的两根轴在机器运转中可以方便地使它们分离或接合。

（1）离合器 离合器可以使同轴线的两轴或轴与轴上的滑套传动件（如齿轮、带轮等）随时接合和脱开，以实现两者之间运动的传递和停止。机床常用的离合器有啮合式离合器、摩擦式离合器和超越离合器等。

图4-8所示为常用的啮合式离合器。这种离合器结构简单、紧凑，传递转矩大，传动比准确，但为避免结合时发生冲击，只能在停转或低速时进行结合，常用在要求保持严格运动关系或转矩大速度较低的传动中。

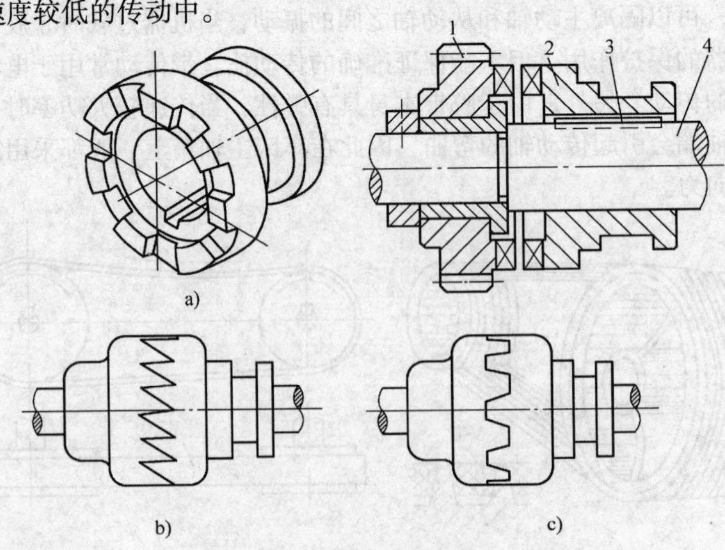

图4-8 啮合式离合器

a）矩形齿 b）锯齿形齿 c）梯形齿

1—带啮合齿滑套齿轮 2—啮合齿套 3—键 4—传动轴

摩擦式离合器是利用相互压紧的两零件接触面之间产生的摩擦力传递运动和转矩。它是在运转中接合，故结合面间有磨损和发热，一般用在转矩较小的高速轴上。摩擦式离合器种类很多，机床上应用最广的是机械式多片摩擦离合器（见图4-9）。其工作原理说明如下。

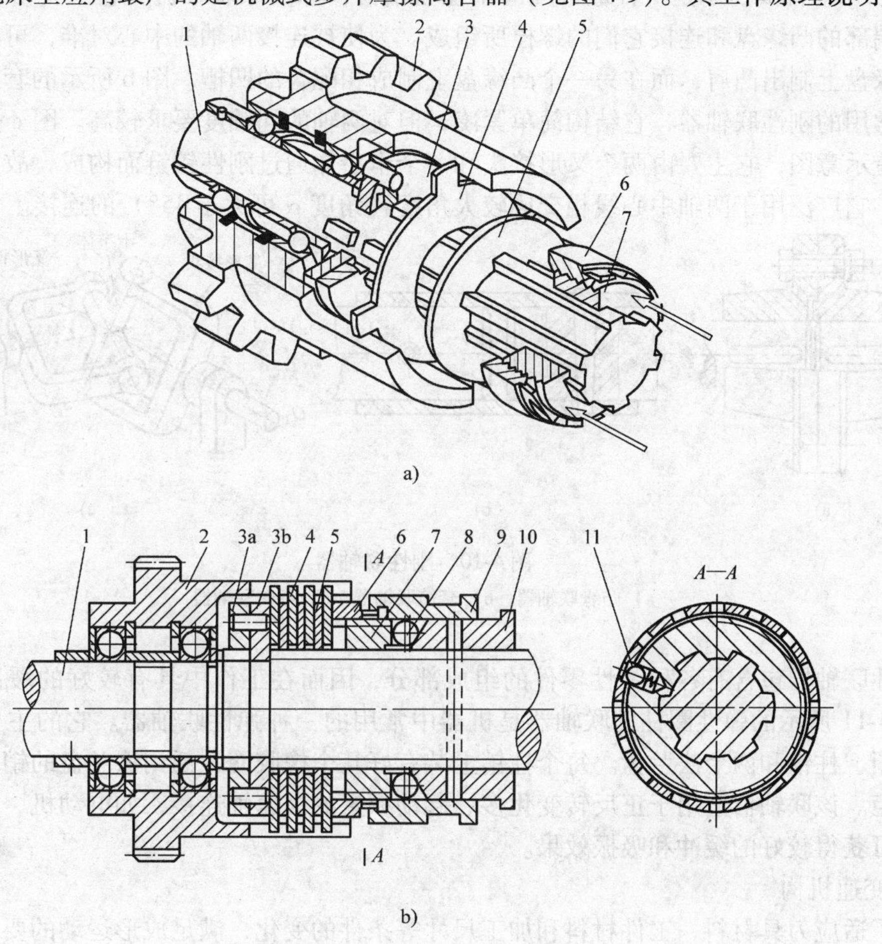

图4-9　机械式多片摩擦离合器

1—花键轴　2—齿轮　3—止推环　4—外摩擦片　5—内摩擦片　6—螺母　7—加压套　8—钢球　9—滑套　10—固定套　11—弹簧销

花键轴1上安装有两组摩擦片。一组是内摩擦片5，通过花键孔与轴1相连接；另一组是外摩擦片4，其内孔是光滑圆孔，空套在轴1花键外圆上，其外圆上开有四个凸爪，卡在空套齿轮2右端套筒的四个缺口内。内外摩擦片相间安装，在未被压紧时，不能传递运动。当用操纵机构使滑套9左移后，滑套左端内锥面把钢球8压入固定套10左端外锥面与加压套7右端面之间，使钢球在锥面作用下，推压加压套7，并通过螺母6把内外摩擦片压紧，从而利用内外摩擦片之间的摩擦力，接通轴1与空套齿轮2之间的运动联系。

空套齿轮2与摩擦片组间装有一对止推环（3a和3b），其形状与内摩擦片相似，也有花键孔。安装时，先将止推环3b推到花键轴1的光滑环槽处，然后将环转动半个花键齿距，使其轴向固定，接着将止推环3a装入，与止推环3b靠紧，最后用定位销将两环联在一起。从而这组止推环既不能轴向移动又不能相对于轴1转动，从而可承受摩擦片传递过来的轴向力。

(2) 联轴器　生产中常用到的联轴器主要有刚性和弹性联轴器两种类型。

刚性联轴器是通过若干个刚性零件将两轴连接在一起的，它有多种多样的结构形式，如图4-10所示。图a所示是一种最常用的刚性联轴器，称凸缘联轴器。它主要由两个分别装在两轴端部的凸缘盘和连接它们的螺栓所组成。为使被连接两轴的中心对准，可在联轴器的一个凸缘盘上制出凸肩，而在另一个凸缘盘上制成相配合的凹槽。图b所示的套筒联轴器也是一种常用的刚性联轴器，它结构简单紧凑，但对两轴的同轴度要求较高。图c是万向联轴器的构造示意图，它主要由两个叉形接头和一个十字体通过刚性铰链而构成，故又称为铰链联轴器。它广泛用于两轴中心线相交成较大角度（角度 α 可大于45°）的连接。

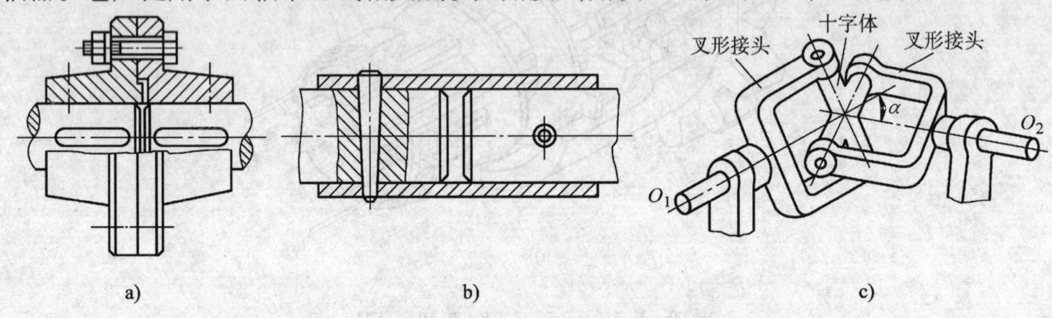

图4-10　刚性联轴器

a）凸缘联轴器　b）套筒联轴器　c）万向联轴器

弹性联轴器包含有各种弹性零件的组成部分，因而在工作中具有较好的缓冲与吸振能力。图4-11所示的弹性圈柱销联轴器是机器中常用的一种弹性联轴器。它的主要零件是弹性橡胶圈、柱销和两个法兰盘。每个柱销上装有好几个橡胶圈，插到法兰盘的销孔中，从而传递转矩。该联轴器适用于正反转变化多、起动频繁的高速轴连接，如电动机、水泵等轴的连接，可获得较好的缓冲和吸振效果。

3. 变速机构

为了适应刀具材料、工件材料和加工尺寸等条件的变化，满足成形运动的要求，机床主运动和进给运动的速度需要在一定范围内变化，这就要求主轴箱或进给箱等传动装置中具有调节速度的变速机构。图4-12所示为机床中常见的几种变速机构。它们是通过改变两平行轴间的传动比，使从动轴得到不同的转速。

如图4-12a所示的滑移齿轮变速机构，轴Ⅰ上安装有三个轴向固定的齿轮 z_1、z_2 和 z_3，轴Ⅱ上的三联滑移齿轮通过花键与轴连接。当三联滑移齿轮分别滑移至左、中、右三个啮合位置时，就得到三种不同的传动比（z_1/z_1'、z_2/z_2'、z_3/z_3'），因而，当轴Ⅰ的转速不变时，轴Ⅱ可得到三级不同的转速。滑移齿轮变速机构的结构紧凑，传动效率高，传递力大，变速比较方便（但不能在运转中变速），在机床中得到广泛应用。

再如图4-12b所示的离合器变速机构，齿轮 z_1 和 z_2 固定安装于主动轴Ⅰ上，并分别与空套在轴Ⅱ上的齿轮 z_1' 和 z_2' 保持啮合。端面齿离合器M通过花键与轴Ⅱ相连接。离合器M向左或向右移动时，可分别与齿轮 z_1' 或 z_2' 的端面齿相啮合，从而将 z_1' 或 z_2' 的运动传给轴Ⅱ。由于 z_1' 和 z_2' 的传动比不同，因而在轴Ⅰ转速不变时，可使轴Ⅱ得到两种不同转速。该变速机构变速方便，且齿轮无需移动，适用于斜齿轮传动。若采用摩擦片式离合器，则可在运转中进行变速。离合器变速机构的主要缺点是齿轮副经常处于啮合状态，磨损较大，传动效率低。

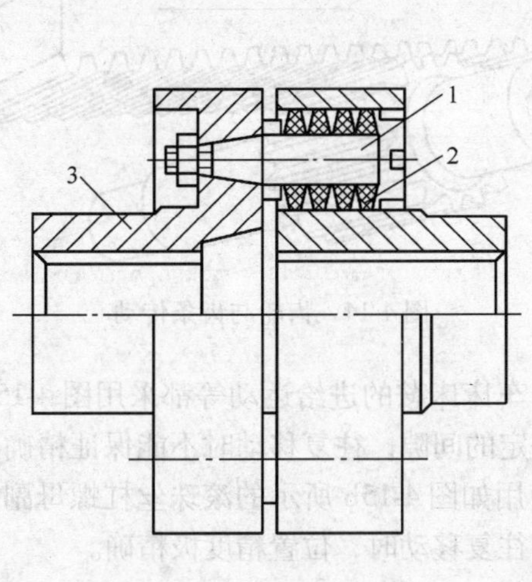

图 4-11　弹性联轴器

1—柱销　2—弹性橡胶圈　3—法兰盘

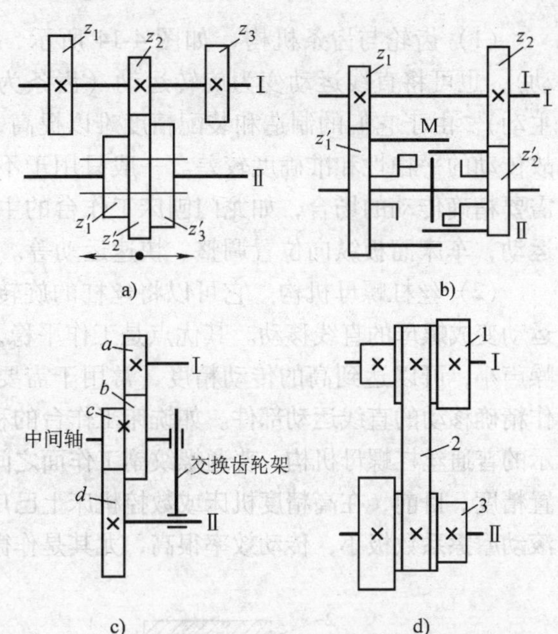

图 4-12　典型有级变速机构

a）滑移齿轮变速机构　b）离合器变速机构

c）配换交换齿轮变速机构　d）塔轮变速机构

1、3—带轮　2—传动带

4. 换向机构

换向机构主要用来改变机床执行件的运动方向。机床上通常采用由滑移齿轮或圆锥齿轮组成的换向机构。

图 4-13a 为滑移齿轮换向机构示意图。轴Ⅰ上装有一轴向固定的双联齿轮块，齿轮 z_1 与 z_1' 齿数相等。轴Ⅱ上有一滑移齿轮 z_2，中间轴上有一空套齿轮 z_0。三轴在空间成三角形布置。当滑移齿轮 z_2 处于图示位置时，轴Ⅱ转向与轴Ⅰ一致。当 z_2 滑移至左边，与 z_1' 啮合，轴Ⅰ直接传动轴Ⅱ，轴Ⅱ转向与轴Ⅰ相反。这种换向机构刚度较好，多用于主运动中。

图 4-13b 为锥齿轮换向机构示意图。主动轴Ⅰ的固定锥齿轮 z_1 与空套在从动轴Ⅱ上的锥齿轮 z_2、z_3 保持啮合。利用花键与轴Ⅱ相连接的离合器 M 两端都有齿爪，离合器向左或向右移动，就可分别与 z_2 或 z_3 的端面齿啮合，从而使轴Ⅱ的转向改变。这种换向机构的刚性稍差，多用于进给运动或其他辅助运动中。

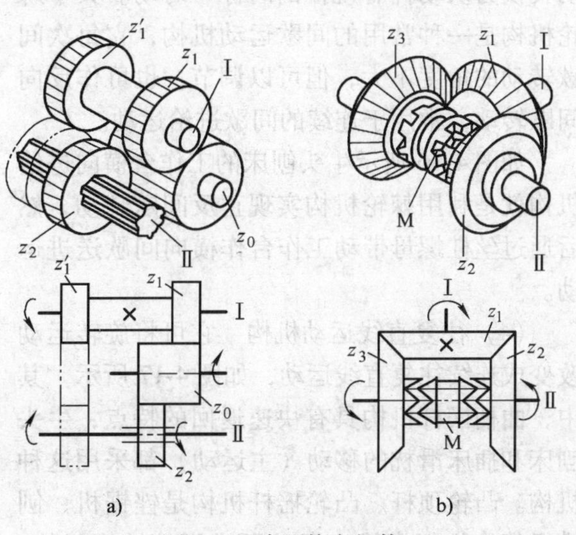

图 4-13　常用换向机构

5. 运动方式变换机构

运动方式变换机构是将运动部件的运动方式加以变换的机构，如将旋转运动改变成往复直线运动、将直线运动改变成回转运动或将连续运动改变成间歇运动等。

（1）齿轮与齿条机构　如图4-14所示，它可以将旋转运动变成直线运动（齿轮为主动），也可将直线运动变为旋转运动（齿条为主动）。由于它们的制造和装配精度难以提高，故传动的平稳性和准确度较差。一般只用于不需要精确传动的场合，如龙门刨床工作台的主运动，车床溜板纵向位置调整、快速运动等。

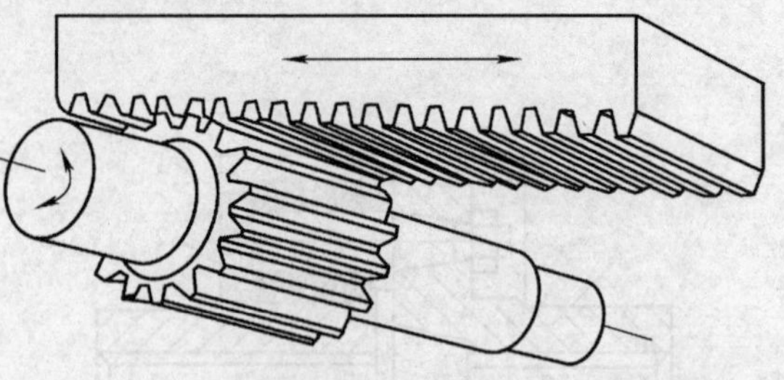
图4-14　齿轮与齿条传动

（2）丝杠螺母机构　它可以将丝杠的旋转运动变成螺母的直线移动。其优点是工作平稳，噪声小，可以达到高的传动精度，常用于需要作精确移动的直线运动部件。如铣床工作台的移动、车床床鞍的进给运动等都采用图4-15a所示的普通丝杠螺母机构。普通螺纹副工作面之间有一定的间隙，往复移动时不能保证精确的位置精度。目前，在高精度机床或数控机床上已广泛使用如图4-15b所示的滚珠丝杠螺母副，因滚动摩擦系数极小，传动效率很高，尤其是作微量、往复移动时，位置精度极精确。

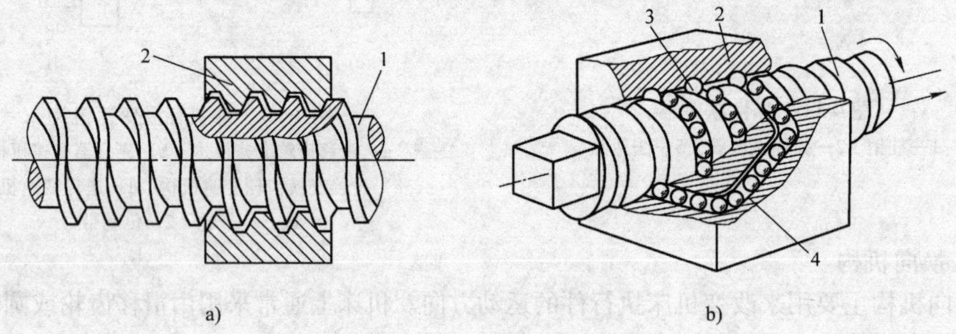

图4-15　丝杠螺母传动
a）丝杠螺母　b）滚珠丝杠螺母
1—丝杠　2—螺母　3—滚珠　4—循环螺旋槽

（3）间歇运动机构　它主要有棘轮机构和槽轮机构两种形式，它能将主动件的连续运动转换为从动件有规律的时停、时动。其中棘轮机构是一种常用的间歇运动机构，它每次间歇转动的角度不大，但可以调节，也可作反向间歇转动，常用于连续的间歇进给运动。

如图4-16所示牛头刨床的工作台横向进给机构就是利用棘轮机构实现正反间歇转动，然后通过丝杠螺母带动工作台作横向间歇送进运动。

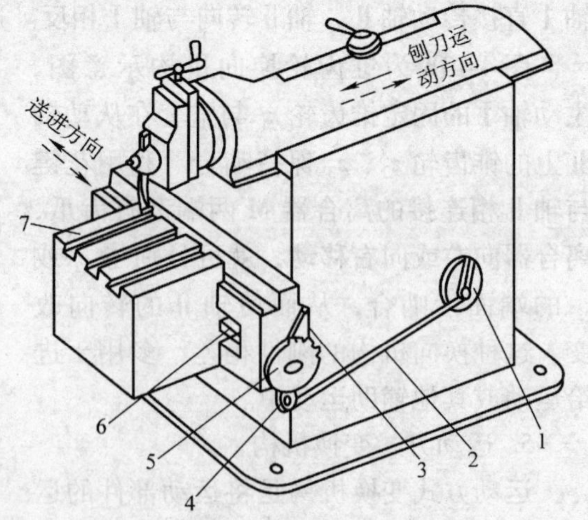

图4-16　牛头刨床进给棘轮机构
1—曲柄　2—连杆　3—棘爪　4—摆杆
5—棘轮　6—丝杠　7—工作台

（4）往复直线运动机构　它可将旋转运动改变成连续往复直线运动，如图4-17所示。其中，曲柄摆杆机构具有快速返回的特点，牛头刨床和插床滑枕的移动（主运动）都采用这种机构。凸轮顶杆、凸轮摇杆机构是锉锯机、刨模机等作往复直线主运动所应用的转换机构。

曲柄滑块机构常用于自动车床的进给运动机构。

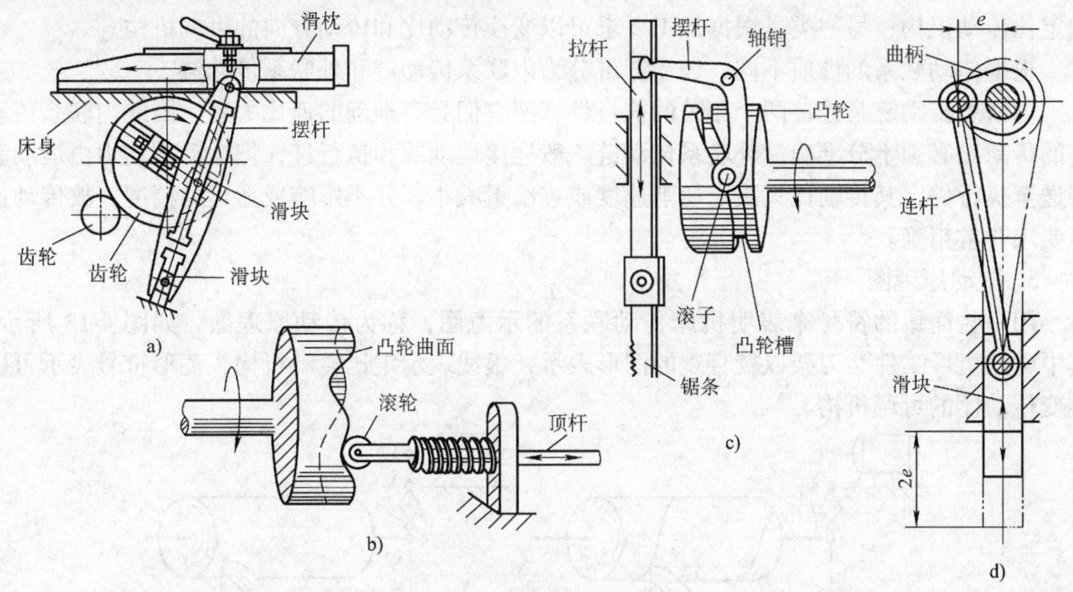

图 4-17　往复直线运动机构

a）曲柄摆杆　b）凸轮顶杆　c）凸轮摇杆　d）曲柄滑块

二、传动系统

传动系统是一台机床运动的核心，它决定着机床的运动和功能。机床的每一个运动都由运动源、执行件和联系两者的一系列传动装置完成。这些传动装置和运动源、执行件一起构成了机床运动的传动链。机床传动系统就是各种运动的传动链的综合。

为便于分析和了解机床传动系统的内在联系和运动规律，常利用图、表来表示。

1. 机床传动系统的组成

为获得切削加工所需的各种运动，机床须有执行元件、运动源和传动装置三个基本部分。

（1）执行元件　即执行机床运动的部件，如刀架、主轴、工作台等。工件或刀具装夹在执行件上，并由其带动，按正确的运动轨迹完成一定的运动。

（2）运动源　它是给执行件提供运动和动力的部件，常用的有三相异步电动机、直流电动机、步进电动机等。

（3）传动装置　即把运动源的运动和动力传递至执行件，并使其获得一定运动速度和方向的装置。传动装置还可将两个执行元件联系起来，使执行件具有一定的相对运动关系。

2. 机床的传动联系和传动链

机床上为了得到所需的运动，需要通过一系列的传动件（轴、带轮、齿轮等）把执行件与运动源，或者把执行件与执行件之间联系起来，称为传动联系。使执行件与运动源，或使两个有关执行件保持确定运动联系的一系列按一定规律排列的传动元件就构成了传动链。机床的每一个运动都由一条传动链来完成，机床有多少个运动，就相应有多少条传动链。

为了适应不同的工艺需要，机床主运动往往需要变换速度，同时进给运动也能根据需要改变大小。目前，在普通机床中，主运动系统主要采用机械传动方式，其变速范围大，传动比准确，工作可靠。实现有级变速的传动机构主要有两大类：一类是传动比和传动方向不变的定比传动机构；另一类是根据加工要求可以变换传动比和传动方向的可调机构。

根据传动联系的性质不同，传动链可分为内联系传动链和外联系传动链。

内联系传动链是连接两个相关的执行件，使它们具有准确的速比关系，因此内联系传动链的传动比必须十分准确。外联系传动链一般连接运动源和执行件，把运动和动力由运动源传送至执行件，其传动比只决定切削速度或进给量大小，并不影响成形运动精度，故传动比不要求非常精确。

3. 传动原理图

用一些简单的符号来表明机床传动联系的示意图，称为传动原理图，如图 4-18 所示。其中电动机、工件、刀架以较直观的图形表示，虚线表示定比转动机构，菱形符号表示可以改变传动比的可调机构。

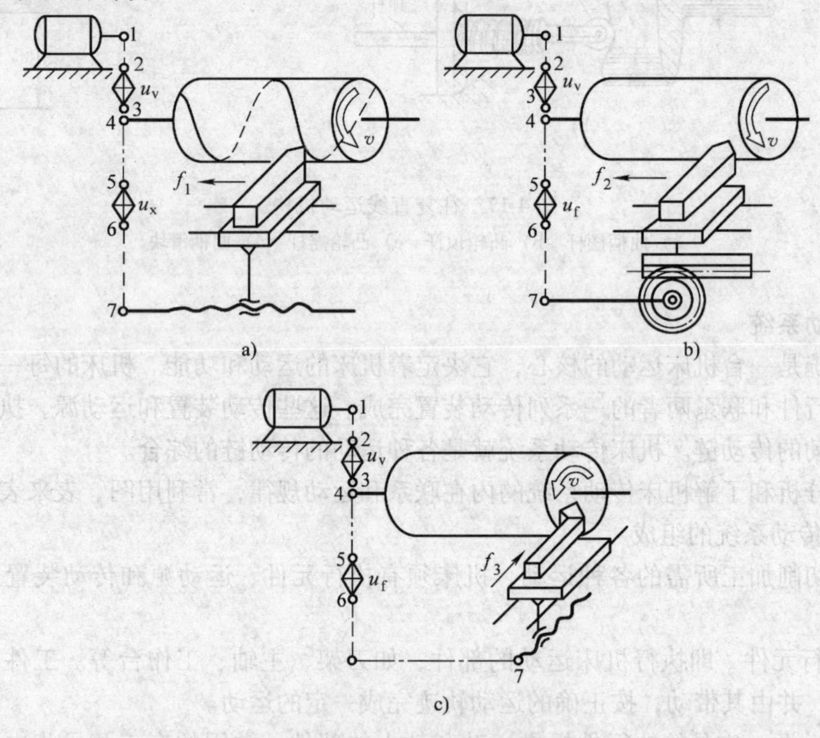

图 4-18 车削加工传动原理图

a）车螺纹 b）车外圆 c）车端面

u_v—主运动变速机构 u_x—车螺纹传动链变速机构 u_f—进给变速机构

图 4-18a 为卧式车床上车螺纹的传动原理图。车螺纹时须有主运动和车螺纹进给运动。其中主运动传动链由“电动机—1—2—u_v—3—4—工件”表示，可调机构 u_v 代表主变速机构，改变 u_v 可改变主轴转速。为了形成螺纹表面，必须有工件旋转运动和刀具纵向移动 f_1。这两个运动通过车螺纹传动链“工件—4—5—u_x—6—7—丝杠螺母—刀架”发生联系，使其保持严格的速比关系，即工件转一周，刀具必须严格地移动一个导程。可调机构 u_x 代表从主轴到丝杠之间的交换齿轮机构和滑移齿轮变速机构等，调整 u_x 大小，便可加工各种不同导程的螺纹。显然，主运动传动链是外联系传动链，车螺纹传动链为内联系传动链。

图 4-18b、c 是车削外圆柱面和端面时的传动原理图，“4—5—u_f—6—7” 段分别代表纵向进给传动链和横向进给传动链，这两条传动链虽然也使工件和刀具的运动保持着联系，但其性质与前者不同，没有严格的速比关系，也不会影响加工精度，所以是外联系传动链。

传动原理图简单明了，是研究机床传动联系，特别是研究一些运动较为复杂的机床（如齿轮加工机床、螺纹加工机床和铲齿车床等）传动系统的重要工具。

4. 传动系统图

表示机床各个传动链和整台机床的传动机构的综合简图称为机床传动系统图。通过它可以全面了解和分析机床运动源与执行件，或执行件与执行件之间的传动联系及传动结构，因此，传动系统图是分析机床运动、计算机床转速和进给量的重要工具。

传动系统图要求按国家标准（GB/T 4460—1984）规定的图形符号画出。一般把传动系统图绘在一个能反映机床外形与各个部件相对位置的投影面上，并尽可能绘在机床的轮廓线内。在传动系统图中，各传动链中的传动元件是按照运动传递的先后顺序，以展开图的形式画出来。为了把一个立体的传动结构展开绘在一个平面上，有时不得不把某一根轴绘成折断或弯曲成一定角度的折线；有的空间相互垂直或不平行的轴线需旋转展开，有时还要对展开后失去联系的传动副（如齿轮副）采用大括号或双点画线把它们连接起来，以表示它们的实际传动联系。在机床传动系统图上，还必须表明机床的传动路线、传动元件、变速方式和运动调整计算的各种有关数据。图 4-19 所示为丝杠车床的传动系统图。

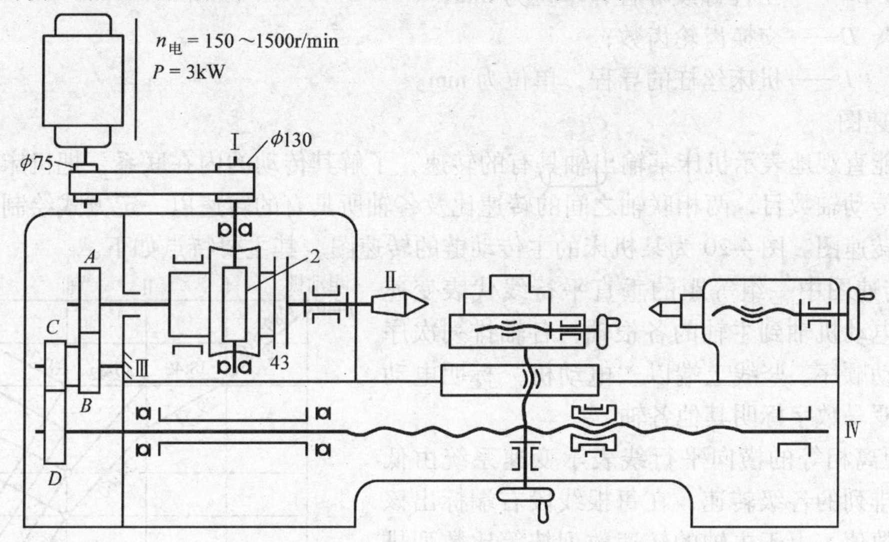

图 4-19 丝杠车床的传动系统图

阅读机床传动系统图时，首先要了解该机床所具有的执行件和其运动方式，以及执行件之间是否要保持传动联系，然后分析从运动源至执行件或执行件至执行件之间的传动顺序、传动结构及传动关系，即首先找出传动链的两端件，并逐个地从头向尾分析；其次研究传动链中各个传动零件之间的连接关系和各传动轴之间的传动方式及传动比，最后分析整个运动的传动关系，列出传动路线表达式及运动平衡式，进行有关计算。现以图 4-19 为例，分析如下。

该丝杠车床的主轴作旋转主运动，刀架作纵向进给运动，因此它具有两条传动链。主运动传动链两端件为电动机和主轴，刀架纵向进给运动传动链的两端件为主轴和刀架。

（1）主运动传动链

主轴旋转运动的传动路线表达式为

$$电动机—\frac{75}{130}—\mathrm{I}—\frac{2}{43}—\mathrm{II}（主轴）$$

主轴旋转运动的平衡式为

$$n = n_{电} \times \frac{75}{130} \times \frac{2}{43}$$

式中 n——主轴转速，单位为 r/min；

$n_{电}$——电动机转速，单位为 r/min。

（2）车螺纹传动链

刀架直线移动车螺纹运动的传动路线表达式为

$$主轴—\frac{A}{B}—\mathrm{III}—\frac{C}{D}—\mathrm{IV}—开合螺母—刀架$$

刀架移动的平衡式为

$$L_{工} = 1 \times \frac{A}{B} \times \frac{C}{D} \times L$$

式中 $L_{工}$——工件螺纹导程，单位为 mm；

A、B、C、D——交换齿轮齿数；

L——机床丝杠的导程，单位为 mm。

5. 转速图

为了能直观地表示机床某输出轴具有的转速，了解其传动的内在联系，把机床该部分传动链中的传动轴数目，两相联轴之间的转速比及各轴所具有的转速以一定方式绘制成坐标线图，称为转速图。图 4-20 为某机床的主传动链的转速图。其主要特点如下。

1）转速图中一组等距的垂直平行线代表变速系统中从电动机轴到主轴的各根轴，各轴排列次序应符合传动顺序。竖线上端以“电动机”标明电动机轴，以罗马数字标明其他各轴。

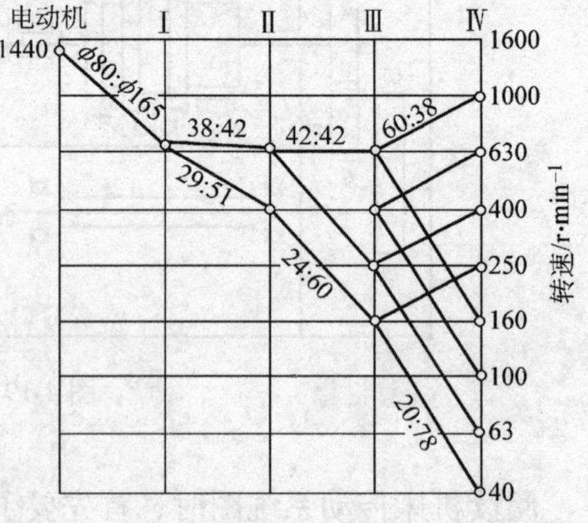

图 4-20 转速图

2）距离相等的横向平行线表示变速系统由低至高依次排列的各级转速，在每根线段右端标出该级转速的数值。由于主轴的转速数列按等比数列排列，为了绘制和分析线图方便，代表转速值的纵向坐标采用对数坐标。这样，使得代表任意相邻转速的横向平行线的间距都是相等的。

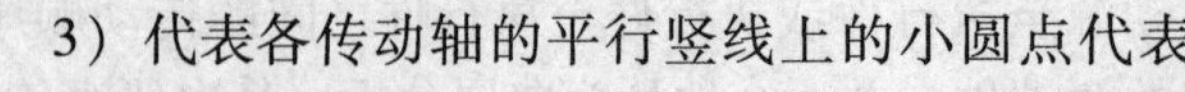

3）代表各传动轴的平行竖线上的小圆点代表各轴所能获得的转速。圆点数为该轴具有的转速级数；圆点位置表明了各级转速的数值。例如，轴Ⅱ上有两个圆点，表示轴Ⅱ有二级转速，其转速分别为 630r/min 和 400r/min；轴Ⅲ上有四个圆点，表示轴Ⅲ具有四种不同转速，分别为 630r/min、400r/min、250r/min 和 160r/min。

4）两轴间转速点之间的连线表示该两轴间的传动副；互相平行的连线表示同一传动

副。因此，两轴间互不平行的连线数表示了两轴间的传动副数。例如轴Ⅰ-Ⅱ间有两条互不平行的连线，表示轴Ⅰ-Ⅱ间有两对传动副，分别为38/42和29/51。连线的倾斜程度表明了传动副的传动比大小。自左往右向上倾斜，表明传动比大于1，为升速传动，如轴Ⅲ-Ⅳ间的60/38传动副；自左往右向下倾斜，表明传动比小于1，为降速传动，如轴Ⅰ-Ⅱ间的29/51传动副；水平连线表示传动比为1:1，如轴Ⅱ-Ⅲ间的42/42传动副。

5）转速图上还表明了运动传递路线。从图中可看出主轴的最高转速1000r/min是由电动机经带轮副（传动比为80/165）、轴Ⅰ-Ⅱ间齿轮副38/42、轴Ⅱ-Ⅲ间齿轮副42/42、轴Ⅲ-Ⅳ间齿轮副60/38依次传递而得到的。

综上所述，转速图清楚地表示了变速系统中传动轴数量，各轴及轴上传动元件的转速级数、转速大小及其传动路线。另外，还须指出，转速图不仅有助于了解、分析机床的变速系统，而且是设计变速系统的一种重要工具。

第三节　机床本体部件

执行件及基础件是组成机床本体的基本部件。执行件包括安装在主轴箱中的主轴部件、工作台和刀架。基础件有床身、导轨等。

一、主轴部件

主轴部件是机床的重要部件之一，它通常由主轴、装在主轴上的轴承和传动件等组成。机床工作时由主轴部件带动工件或刀具旋转，直接参加表面成形运动。因此，主轴的旋转精度和刚度对工件的加工精度、表面粗糙度值影响很大。按运动方式不同，主轴部件可分为两类，一类是仅作旋转运动的主轴部件（如各种车床、卧式铣床、磨床等）；另一类是既作旋转运动，又作轴向移动的主轴部件（如钻床、镗床等）。

1. 主轴

主轴是直接带动工件或刀具运动的零件，为便于安装各种标准刀具或夹具，通用机床各类主轴的前端结构形式已标准化。有的机床主轴是空心的，中间孔用以通过棒料、拉杆（用于拉紧刀具的拉杆或自动卡盘拉杆）和取出顶尖。

2. 主轴轴承

主轴是通过轴承安装在主轴箱中的，主轴的运动精度，在很大程度上取决于轴承的精度，因此除了主轴本身刚性和精度有较高要求外，对轴承的精度和安装、调整也要求较高。主轴上用的轴承有滚动轴承和滑动轴承两种。为保证主轴有较高的旋转精度，主轴轴承一般都有可以消除轴承间隙的调整结构。

当主轴转速很高时，使用滚动轴承时会有振动和噪声。而滑动轴承具有工作平稳和抗振性好的特点，因此如磨床的砂轮主轴、高精度机床主轴常采用滑动轴承。滑动轴承的轴颈与轴承之间有一定的空隙，可以储油，主轴旋转时润滑油在空隙内形成油膜，使轴悬浮在轴承中间，油膜的润滑作用避免它们相互摩擦而损坏，润滑油的粘性吸收了振动，使主轴能平稳高速旋转。

3. 主轴箱

主轴箱的作用是支承主轴和安装驱动主轴的传动装置，因此主轴箱中除了有主轴、主轴承外，通常还包含有传动机构，起停以及换向、制动、操纵机构和润滑装置等。

二、工作台、刀架

1. 工作台

工作台用以安装工件并使工件沿规定方向作主运动或进给运动（或只是为了固定工件而不作工作运动，如钻床工作台），因此工作台的底面一般均有导轨，在传动机构的驱动下使其可沿支承它的轨道运动。可运动的工作台有两种运动形式，一种是铣床、龙门刨床、磨床等使用的矩形工作台；另一种是圆盘形工作台，它绕自身轴线作旋转运动，常见于立式车床、齿轮加工机床、插床、回转台铣床、回转台式磨床等。为了固定工件，工作台面上均设置若干个T形槽，用以安置紧固工件用的T形螺栓。

2. 刀架

刀架是安装固定刀具的装置。刀架一般与进给机构连在一起，加工时它带着刀具作进给运动（如车床刀架）或作主运动（如牛头刨床刀架）。

在加工不同类型表面时需要使用不同的刀具，为了缩短换刀时间，车床的刀架一般都可以同时安装数把刀具，只要转动刀架就可以快速的把加工前安装好的刀具转换到工作位置上。

工作台和刀架都是机床形成运动的执行元件，它们的运动精度、刚性，工件、刀具安装后位置的稳定性对加工质量有很大影响。

三、床身、导轨

1. 床身

床身是用于支承和连接机床部件的基础，通常床身上有导轨，使运动部件可沿其运动，有的床身是由底座、立柱等其他基础件组合而成。在这些基础件之间都承受有各种作用力（重力、切削力、离心力等），因此要求它们的结构稳固、刚性好。床身材料一般用抗振性能好，受热变形小的材料如灰铸铁（HT200）等制造。

为了增加床身的刚性，减轻重量，往往将其制成带有加强肋、带孔肋板或具有空心截面的框形结构。一般机床的传动机构、电器设备、冷却及润滑装置等都安装在床身内部或底座的空腔内。

2. 导轨

导轨的作用是支承和引导运动部件（如刀架、滑板、工作台等）沿一定方向运动，或是在调整部件位置时引导部件移动（如车床尾座在床身上调整位置）。

在导轨副中，运动的一方称动导轨，不动的一边称支承（导向）导轨。运动部件相对于支承导轨通常只能作出有一个自由度的直线运动或圆周运动，因此，对于作直线运动的导轨都由两条平行的轨道组成。

按导轨副摩擦性质不同，导轨可分为滑动导轨和滚动导轨两类。滚动导轨的摩擦系数极小，运动灵活轻便，没有爬行现象，移动精度和定位精度都很高，且维护方便，但其结构复杂，抗振性差，并必须有良好的防腐蚀措施。目前，滚动导轨广泛应用于数控机床中。

为了提高导轨的耐磨性，有的机床导轨表面还需表面淬火。导轨敞露部分会因切屑、灰尘等赃物落到导轨上而加速导轨面的磨损和擦伤，故高精度机床都装有从导轨上刮除灰尘、杂物的装置，或有防止灰尘落上免受异物损伤的防护罩等。

第四节 机床操纵、控制和其他机构

机床除了有本体和使执行件运动的传动系统外，还必须有使这些执行件按要求改变运动状况的操纵机构，按一定程序和规定方式进行的控制系统，以及使机床能顺利工作的一些其他机构（如安全机构、润滑、冷却装置等）。

一、操纵机构

操纵机构是由操作者加以操纵，从而使机床中有关运动部件（一般为主轴、刀架、工作台等）的动作起相应改变的机构。

操纵机构使机床运动部件起动、变速、变向、停止等，都必须通过改变传动系统中相应运动可变机构（如滑移齿轮、离合器等）的位置才能实现，这些机构基本都是安装在机床本体内部，不可能也不允许操作者直接去调整或改变它们的位置，因此必须由操纵机构来完成。

1. 操纵机构的组成

操纵机构按其职能，一般由以下几个部分组成。

（1）操纵件　它安装在机床外部，是由操作者直接操作的器件，如按钮、旋钮、手柄、手轮等。

（2）传动装置　它将操纵件的动作传递给执行元件，其传动形式有机械的、电气的、液压的等，有时为了使操作力减少，传动装置还有扩力作用。

（3）控制元件　控制执行元件运动位置不致发生错位的元件，如孔盘、凸轮、限位器等。

（4）执行元件　直接改变运动可变机构位置的元件，如滑块、拨叉、电磁铁等。

2. 操纵机构的类型

（1）单独操纵机构　一个操纵件只控制一个被操纵件。它的特点是操作简单，但当机床上操纵件较多时，容易发生误操作。

（2）集中操纵机构　一个操纵件控制两个以上的被操纵件。如机床的变速机构，在变速时往往要变动几对齿轮的啮合关系，如果采用单独操纵机构将使变速过程十分繁琐。这不但增加了操纵时间，并且容易造成差错。所以，对于进给量、主运动速度等需要经常改变其参数时，现在一般都用集中操纵机构。虽然这种机构比较复杂，但使用方便，不会发生误操作。

二、控制系统

在机床上进行加工，一般要经过毛坯找正、定位→夹紧→起动机床→对刀、调整→切削成形→退回刀具→停车→测量→松开、取下工件等一系列过程。如果是普通机床，这些过程需要操作者直接操纵机床各操纵件，使执行机构（主轴、刀架、工作台等）根据工艺要求按一定的顺序、方式和速度运动。在这一系列过程中，对切削成形的操作要求最高。如果加工表面复杂，精度高，手工操作难度更大。因此，手工操作对工人技术水平要求高，但生产率低，并且加工质量不易保证。

一些自动或半自动机床与普通机床的区别就在于它们具有使加工过程能实现自动或半自动工作循环的控制系统和一些代替手工操作的自动化装置，以减轻工人的劳动强度和提高生产率，加工质量可不受工人的技术水平等主观因素的影响。

机床控制系统一般具有使下列加工过程实现自动化的作用：

1）起动和停止主运动、进给运动及分度运动等。

2）改变主轴、刀架及工作台等执行元件的运动顺序、方向和速度，以满足形成运动的要求。

3）控制各辅助机构动作，如送料夹紧、松开、夹紧刀具、换刀及开停冷却润滑液等。

三、其他机构

1. 安全装置

安全装置是用来保护机床、刀具及工件，免遭人为操作不慎而引起损坏。当机床工作失控或人工操作失误时，这些装置有自动保护作用。

（1）联锁机构　不能使两种运动机构同时作用在同一运动部件时，就必须在两种运动的操纵机构之间用联锁机构。

（2）过载保护装置　这是防止因过载或发生意外情况时损坏机床的机构。常用的过载保护装置有安全离合器、事故保险装置。安全离合器是当过载发生时，它能使受保护的机构暂时与运动源脱离传动，待过载消除后能自行恢复工作或由人工过通过简单的操作予以恢复。事故保险装置一般用于防止意外发生的事故或过载，如装在联轴器上的剪切销。

（3）行程控制机构　行程控制机构是限制机床移动部件的行程距离，以防止其移动位置超出极限造成事故或控制移动部件的移动范围，减少空行程或控制加工尺寸。移动部件极限位置控制一般用电气行程开关控制进给电动机停止或反向。也有利用进给机构中的安全离合器作极限位置控制的，如某些车床进给箱中的脱落蜗杆机构等。

2. 润滑装置

运动零件摩擦表面良好的润滑能延长其寿命，使运动平稳，降低噪声，提高效率，尤其重要的是能保持机床上相对运动部件的运动精度。机床上采用润滑形式主要有：

（1）单独润滑　每一润滑点都设有一个单独油杯或液压泵，润滑剂通过其注入摩擦面。

（2）成组润滑　由一个油杯或液压泵把润滑剂通过分支油管注入到几个润滑点。

（3）集中润滑　大部分润滑点由一个公共的液压泵供给润滑。

加注润滑剂的方法有人工的或自动的，也有压力的或非压力的等等。在一台机床上，常常可以采用各种不同的润滑形式及装置。

3. 冷却装置

切削加工时，需要对切削部位加以冷却，以防止切削热积聚。一般的冷却方法都是将流动的液体介质冲在切削部位将热量带走，同时也可起到排除切屑和润滑切削部位的作用。

冷却装置一般由储液沉淀箱（单独的或为床身底部的空腔）、过滤器、输液管道活动管夹头、节流阀、导液管、承废液腔（托盘或工作台的一部分）、输液泵等组成。输液泵常与电动机组合成一个整体。

第五节　机床精度

机床的精度直接影响工件的加工质量，因此合格的机床精度是保证加工质量的首要条件。机床精度主要由机床的几何精度和工作精度所决定。

机床的几何精度，是指机床上某些支承、导向用基础零件工作表面的几何形状精度和相互位置精度，例如，床身导轨面的直线度、主轴轴颈的圆度、主轴轴线与导轨面的平行度等。机床的几何精度对加工质量有着重要影响。因此，它是评定机床精度的主要标准。

机床的工作精度，是指机床在运动状态和切削力作用下的精度，即机床在工作状态下的精度。它除了直接受机床几何精度的影响外，还与运动部件之间的配合、调整是否正确，机床构件的热变形、刚性、振动等因素有关。因此，机床的工作精度一般都以实际加工出的工件质量来评定。

一、影响机床精度的主要因素

1. 机床主轴的回转精度

主轴部件的工作质量是影响机床加工质量极其关键的因素，主轴的回转精度是主轴部件工作质量的最基本指标。主轴的回转精度主要包括主轴定心轴颈的径向圆跳动、轴肩支承端面圆跳动和轴向窜动。影响主轴回转精度的主要因素有：

（1）主轴本身几何精度　如主轴锥孔对轴颈中心线的同轴度、轴肩支承端面圆跳动等。

（2）轴承的几何精度　滚动轴承的几何精度取决于轴承各组成零件的几何精度。而用滑动轴承的主轴回转精度，基本只受主轴本身几何精度的影响。

（3）轴承装配质量　如轴承圈歪斜、间隙调整不合适等。

2. 导轨精度

机床导轨用于支承运动部件并保证其运动精度。运动部件的运动精度直接影响着机床的加工精度。

（1）导轨的导向精度　它是指运动部件沿导轨运动时运动轨迹的直线度（对于直线导轨）或圆度（对于圆导轨）；运动部件之间或运动部件与有关基面之间的相互位置的准确性。运动部件的运动轨迹不准确，必定会引起工件形状误差与相互位置误差。

（2）影响导轨精度的主要因素　影响导轨精度的因素很多，除了制造和安装造成的误差外，在使用过程中的热变形、导轨间隙调整不当及导轨磨损等都会影响其精度。

二、机床几何精度检验

新制造的机床出厂时，必须按规定的项目和要求进行检验，磨损或损坏后经修理的机床，亦同样必须逐项进行检验，合格后才能正式使用。在生产中，如果遇到工件加工质量问题，必要时，亦需对机床进行几何精度的检验。以卧式车床为例，下面简要介绍机床精度检验方法。

1. 床身导轨的直线度和两导轨的同一平面度

床身导轨精度通常用水平仪（见图4-21）检验。其主要部分是一个固定在水平仪框体内封闭的弧形玻璃管，玻璃管凸出的弧形管壁上刻有数条刻线，管内装有乙醚或酒精，其中留有一气泡作指示用。水平仪倾斜时，气泡便相对玻璃管移动。根据气泡移动方向和在刻线上移动格数，可以得出被测平面的倾斜方向和角度。水平仪玻璃管上的刻度值表示被测面的斜率。例如，刻度值为0.02/1000的水平仪，其气泡移动一格，相当于被测平面在1m长度上两端的高度差为0.02mm（见图4-22）。

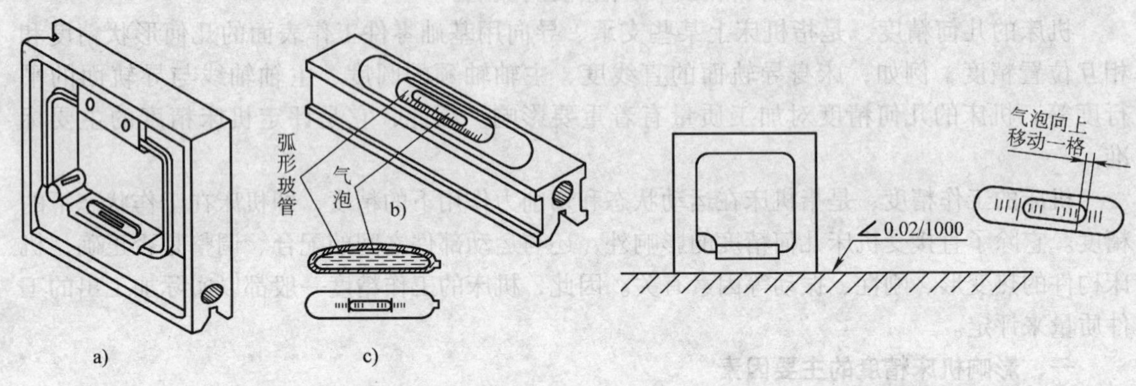

图4-21　水平仪

a）框式水平仪　b）条形水平仪　c）弧形玻璃管

图4-22　水平仪刻度值的含义

（1）床身导轨在垂直平面内的直线度　将水平仪纵向放置在床鞍上靠近主轴箱的前导轨处（见图4-23中位置Ⅰ），床鞍自主轴箱一端的极限位置开始，自左向右依次移动，每次移动距离应约等于检验局部误差的长度。记录床鞍在每一位置时水平仪的读数（水泡偏移方向及格数），然后将这些读数，用适当比例在直角坐标纸中逐点标出，顺次连接各点，即得到导轨全长在垂直平面内的直线度曲线，如图4-24所示。作曲线两端连线，曲线与连线在同一横坐标上的最大差值（见图中b-b'）即为导轨全长的直线度误差。导轨每段两测量点之间误差值之差为该段导轨的局部直线度误差（见图中d-d'等）。

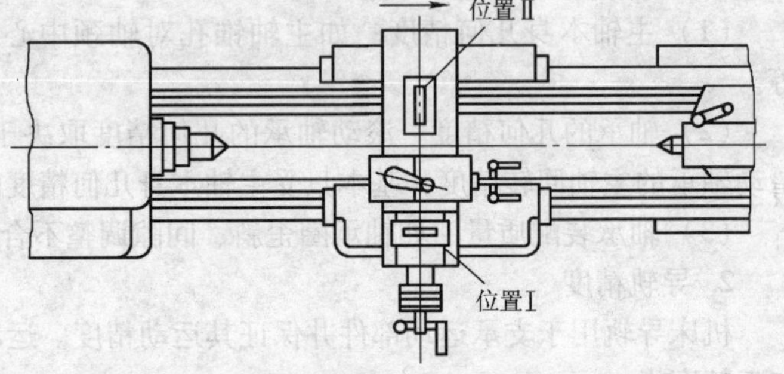

图4-23　床身导轨在垂直平面内的直线度和同一平面度检验

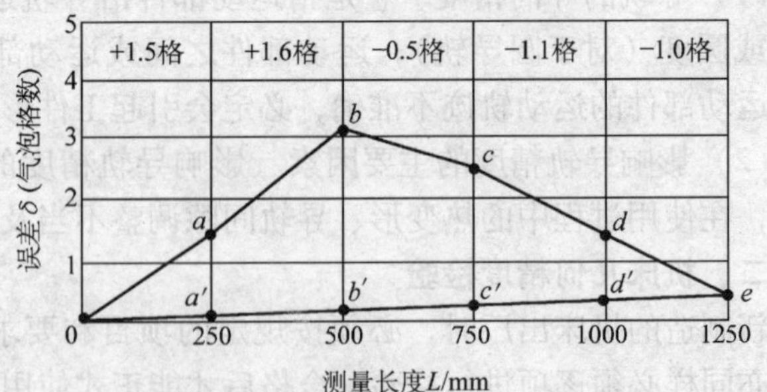

图4-24　导轨在垂直平面内的直线度曲线

（2）床身两导轨同一平面度　水平仪横向放置在中滑板上（见图4-23中位置Ⅱ），纵向等距离移动床鞍，移动距离与直线度检验时相同。记录中滑板在每一位置时水平仪的读数。水平仪在全部测量长度上读数的最大代数差值，就是导轨同一平面度的误差。

2. 床鞍移动在水平面内的直线度

如图 4-25 所示，在前后顶尖间顶紧一根检验棒。刀架上装一百分表，先分别在检验棒两端圆柱面上检验其等高性，合格后，百分表测头再顶在检验棒的侧母线上，调整尾座，使百分表在检验棒两端的读数相等。然后再移动床鞍，百分表在滑板全部行程上读数的最大差值，就是床鞍移动在水平面内的直线度误差。

为了消除检验棒误差的影响，按上述方法测取一次读数后，将检验棒旋转 180°，重复进行测量，然后取两次测量的平均值作为误差值。

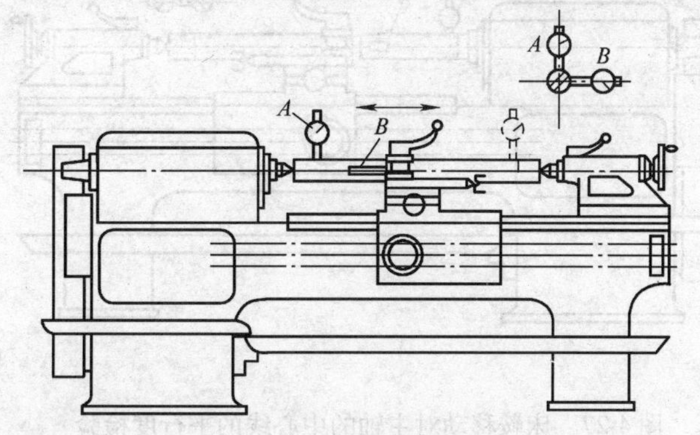

图 4-25　床鞍移动在水平面内的直线度检验

3. 主轴的轴向窜动、定心轴颈径向圆跳动和轴肩支承端面圆跳动

在作这三项测量时均需在轴端加一定数值的推力，检验方法如图 4-26 所示。

(1) 主轴轴向窜动的检验　将锥度标准检验棒插入主轴锥孔中，在检验棒中心孔中用润滑脂（牛油）粘置一钢珠，然后将平头百分表测头触在钢珠上，转动主轴即可测得主轴轴向窜动误差。

(2) 主轴定心轴颈径向圆跳动检验　测头触在轴颈部定位圆柱面上，旋转主轴后测量。

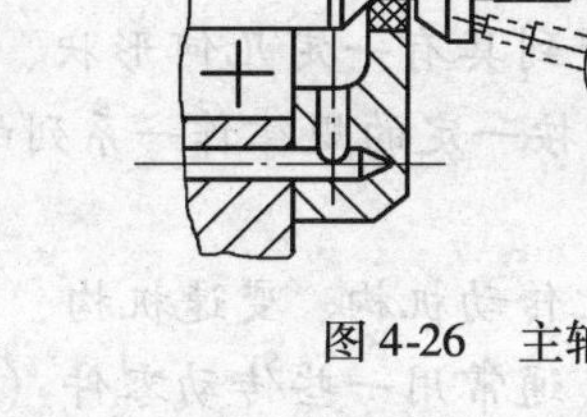

图 4-26　主轴回转精度的检验

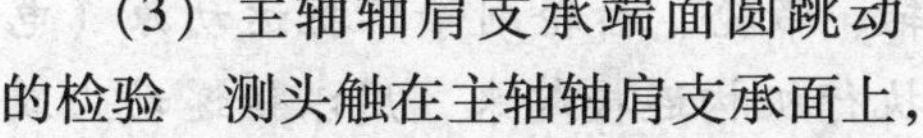

(3) 主轴轴肩支承端面圆跳动的检验　测头触在主轴轴肩支承面上，旋转主轴后测量。

4. 床鞍移动对主轴轴线的平行度

检验方法如图 4-27 所示。带锥柄的检验棒插入主轴锥孔中，在床鞍上放置百分表架，先转动主轴测量检验棒与主轴的同轴度，合格后按图 *A*、*B* 位置分别安置百分表，每次移动床鞍对检验棒圆柱面全长进行测量。若测量时床鞍移动 300mm，在这一范围内百分表上读数的最大差值就是主轴轴线在该平面位置时每 300mm 长与床鞍移动方向的平行度误差。

5. 丝杠轴向窜动

检验方法如图 4-28 所示。将一个钢珠粘在丝杠右端的中心孔内，在床面上放一磁座百分表，平测头触及钢珠，然后慢速转动丝杠，读出其最大变动值。

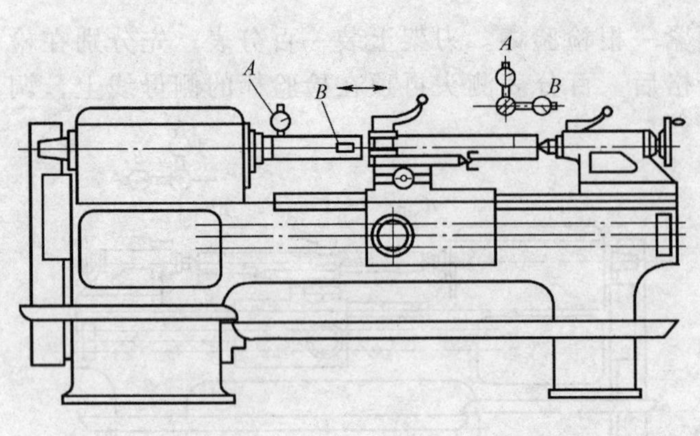

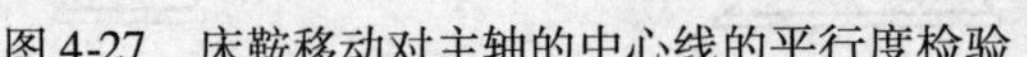

图 4-27 床鞍移动对主轴的中心线的平行度检验

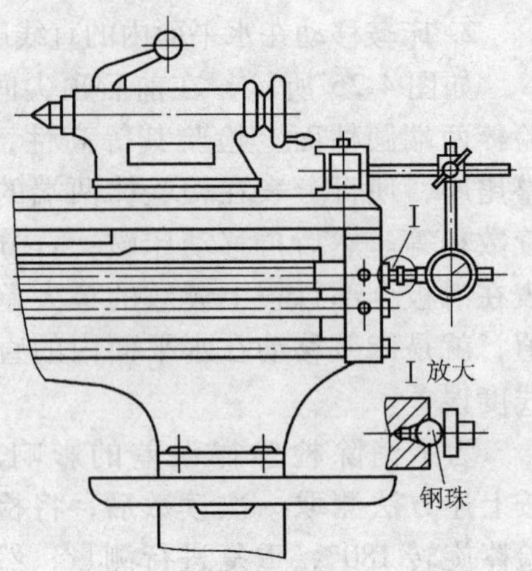

图 4-28 丝杠轴向窜动的检验

本 章 小 结

1. 金属切削机床是用切削的方法将金属毛坯加工成所要求的机器零件的机器。它提供刀具与工件之间的相对运动，提供加工过程中所需的动力，是机械制造业的主要加工设备。

2. 按加工性质和所用的刀具不同，机床分为 12 大类：车床、钻床、镗床、磨床、齿轮加工机床、螺纹加工机床、铣床、刨插床、拉床、特种加工机床、锯床和其他机床，其中磨床的品种较多，故又细分为 3 类。

3. 机床型号是由汉语拼音字母和数字按一定的规律组合而成。

4. 在切削加工中，为了得到具有一定几何形状、一定精度和表面质量的工件，就要使机床上安装刀具和工件的机构按一定的规律作一系列的相对运动，如表面成形运动和辅助运动等。

5. 机床的传动机构有定比传动机构、变速机构、换向机构、运动方式变换机构等。

6. 在机床的传动系统中，通常用一些传动零件（轴、带轮、齿轮副等）把运动源（电动机）和执行件（主轴、刀架、工作台等）或把两个执行机构连接起来，用以传递动力或运动，这种传动联系称为传动链。

7. 根据传动联系的性质不同，传动链分为内联系传动链和外联系传动链。内联系传动链的传动比必须十分准确。外联系传动链传动比只决定切削速度或进给量大小，并不影响成形运动精度，故不要求非常精确。

8. 机床的本体部件是指执行件及基础件。执行件包括安装在主轴箱中的主轴部件、工作台和刀架，基础件有床身、导轨等，其中，主轴部件是机床的重要部件之一。

9. 机床除本体部件外，还须有使执行件按要求改变运动状况的操纵机构、控制运动按一定程序和规定方式进行的控制系统，以及使机床能顺利工作的一些安全机构和润滑、冷却装置等。

10. 机床的精度直接影响工件的加工质量。机床精度包括机床的几何精度和工作精度。影响主轴回转精度的主要因素有：主轴本身的几何精度、轴承的几何精度、轴承装配质量等。影响导轨精度的因素很多，除了制造和安装造成的误差外，在使用过程中的热变形、导轨间隙调整不当及导轨磨损等都会影响其精度。

思考题与习题

4-1　机床的运动一般分为哪几种？各运动形式对零件加工成形起什么作用？

4-2　常见的传动机构有几种形式？各自有什么特点？

4-3　解释下列机床型号：CG6125B　X5030　Y3150E　M1432B

4-4　举例说明何谓外联系传动链？何谓内联系传动链？其本质区别是什么？对两种传动链有何不同要求？

4-5　图4-29所示为某立钻的主轴传动系统图。

（1）列出传动路线表达式。

（2）列出传动链运动平衡式。

（3）计算最大和最小主轴转速。

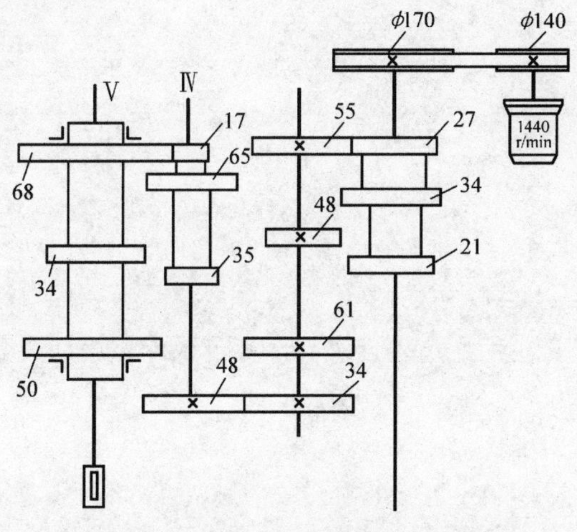

图4-29　题4-5图

4-6　利用图4-30所示的传动系统车削导程 $L=4\text{mm}$ 的螺纹，试选择交换齿轮a、b、c、d的齿数（要求交换齿轮的齿数为5的倍数）。

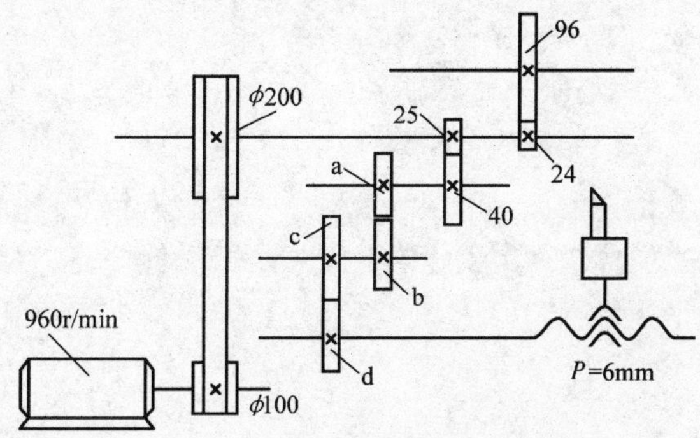

图4-30　题4-6图

4-7　为了保证机床的加工精度，对机床的主轴有何要求？

4-8　影响机床精度的主要因素是什么？如何检测机床的回转精度？

等。影响机床精度的因素很多，除了制造和安装造成的误差外，在使用过程中的磨损、变形、主轴间隙调整不当、导轨磨损等都会影响其精度。

思考题与习题

4-1 机床的运动一般分为哪几种？各运动形式对零件加工成形有什么作用？

4-2 常见的传动机构有几种形式？各自有什么特点？

4-3 解释下列机床型号：CG6125B、X5040、Y3150E、M1432B。

4-4 举例说明何谓外联系传动链？何谓内联系传动链？其本质区别是什么？对两种传动链有何不同要求？

4-5 图4-29所示为某车床的主轴传动系统图。

（1）列出传动路线表达式。

（2）列出传动链运动平衡式。

（3）计算最大和最小主轴转速。

图4-29 题4-5图

4-6 利用图4-30所示的传动系统车削导程L=4mm的螺纹，试选择交换齿轮a、b、c、d的齿数（要求交换齿轮的齿数为5的倍数）。

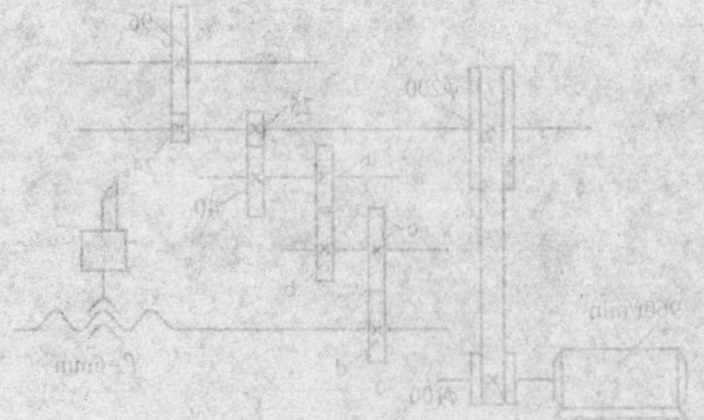

图4-30 题4-6图

4-7 为了保证机床的加工精度，对机床的主轴有何要求？

4-8 影响机床精度的主要因素是什么？如何检测机床的回转精度？

第二篇

机械制造工艺理论

机械制造工艺是指制造机械产品的技巧、方法和程序。在机械制造过程中，凡是直接改变生产对象的形状、尺寸、表面质量、物理机械性质，以及决定零件相互位置关系等，使其成为成品或半成品的过程称为机械制造工艺过程。

机械产品的工艺过程分为铸造、锻造、冲压、焊接、机械加工、热处理、装配等过程。本篇主要讲述机械加工工艺过程和装配工艺过程的基本概念、基本理论知识。

第五章　机械制造工艺基础知识

【要点和目的】

本章主要讲述机械制造工艺的基本概念，工件在机床上正确安装的方法和要求，以及机床夹具设计的基本知识。

通过学习，了解生产过程、工艺过程、工艺规程等基本概念，理解和掌握工件在机床上正确装夹的实质和方法，了解机床夹具的概念、作用和分类。深刻理解工件的六点定位原理，熟悉常用定位元件的结构特点，并能正确运用它分析解决定位问题；掌握定位误差产生的原因，并能通过定位误差的计算分析确定合理的定位方案；掌握常用夹紧机构的工作原理、结构特征和使用场合；了解专用夹具的设计方法、步骤和基本要求。

第一节　基本概念

一、机械的生产过程和工艺过程

1. 生产过程

制造机械产品时，将原材料（或半成品）转变为成品的所有劳动过程，称为生产过程。它包括生产技术准备工作、原材料及半成品的运输和保管、毛坯制造、零件的机械加工和热处理、表面处理、产品装配、检验、调试、油漆和包装等过程。

根据机械产品复杂程度的不同，工厂的生产过程又可分为若干车间的生产过程。某一车间的原材料或半成品可能是另一车间的成品；而它的成品又可能是其他车间的原材料或半成品。例如，锻造车间的成品是机械加工车间的原材料或半成品；机械加工车间的成品又是装配车间的原材料或半成品等。

2. 工艺过程

所谓“工艺”，就是制造产品的方法，工艺过程是生产过程的主要组成部分。

在生产过程中，直接改变原材料或毛坯的形状、尺寸、性能以及相互位置关系，使之成为成品的过程，称为工艺过程，如毛坯制造（铸造、锻造、冲压等）、机械加工、热处理、表面处理及装配等。因此，工艺过程可分为铸造工艺过程、锻造工艺过程、机械加工工艺过程、焊接工艺过程、热处理工艺过程、装配工艺过程等。

二、机械加工工艺过程的组成

利用机械加工的方法，直接改变毛坯形状、尺寸和表面质量，使其变为机械零件的过程，称为机械加工工艺过程。它一般由一个或若干个工序组成，而工序又可分为安装、工位、工步和走刀等，它们按一定顺序排列，逐步改变毛坯的形状、尺寸和材料的性能，使之成为合格的零件。

1. 工序

所谓工序就是由一个（或一组）工人，在一个工作地点（或一台机床上），对同一个零件（或一组零件）进行加工所连续完成的那部分工艺过程。

工序是工艺过程的基本单元，划分工序的主要依据是工作地点（或设备）是否变动和工作是否连续。若有变动或不连续完成表面加工则构成了另一道工序。通常把仅列出主要工序名称的简略工艺过程简称为工艺路线。如图5-1所示的阶梯轴，在生产批量较小时其工序的划分如表5-1所示；加工批量较大时，可按表5-2所示划分工序。

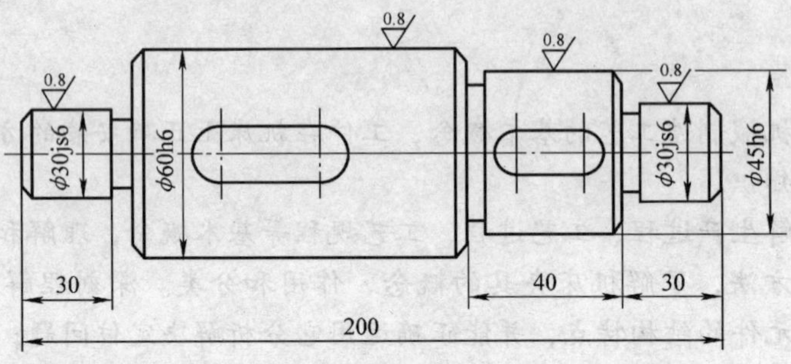

技术要求：高频淬火55HRC

图5-1 阶梯轴简图

表5-1 单件小批量生产阶梯轴时加工工艺路线

工序号	工 序 内 容	设 备
1	车端面，钻中心孔，车全部外圆，车槽与倒角	车床
2	铣键槽，去毛刺	铣床
3	粗磨各外圆	外圆磨床
4	热处理	高频淬火机
5	精磨外圆	外圆磨床

表5-2 成批生产阶梯轴时加工工艺路线

工序号	工 序 内 容	设 备	工序号	工 序 内 容	设 备
1	铣两端面，钻中心孔	铣端面钻中心孔机床	5	去毛刺	钳工台
2	车一端外圆，车槽与倒角	车床	6	粗磨外圆	外圆磨床
3	车另一端外圆，车槽与倒角	车床	7	热处理	高频淬火机
4	铣键槽	铣 床	8	精磨外圆	外圆磨床

从表5-1和表5-2可以看出，当工作地点变动时，即构成另一工序；同时，在同一工序内所完成的工作必须是连续的，若不连续，也构成另一工序。如表5-2中的工序2和工序3，先将一批工件的一端全部车好，然后掉头在同一车床上再车这批工件的另一端，尽管工作地点没有变动，但对每一工件来说，两端的加工是不连续的，也应划分为两道不同工序。不过，在这种情况下，究竟是先将工件的两端全部车好再车另一阶梯轴，还是先将这批工件一端全部车好后再分别车工件的另一端，对生产率和产品质量影响不大，可以由操作者自行决定，在工序的划分上有时也把它当作一道工序。

2. 安装

在机械加工中，使工件在机床或夹具中占据某一正确位置并被夹紧的过程，称为装夹。有时，工件在机床上需经过多次装夹才能完成一个工序的工作内容。工件在机床上每装卸一次所完成的那部分工序，称为安装。在同一工序中，工件的工作位置可能只需一次安装，也可能需要多次安装。例如表5-1的工序2，一次安装即可铣出键槽；而工序1中，为了车出全部外圆则最少需要两次安装。工件在加工中，应尽可能减少安装次数，以减少安装误差和安装工件所花费的时间。

3. 工位

为了减少工件的安装次数，在大批量生产时，常采用各种回转工作台、回转夹具或移位夹具，使工件在一次安装中先后处于几个不同位置进行加工。工件在一次安装下相对于机床或刀具每占据一个加工位置所完成的那部分工艺过程称为工位。工位又可分为单工位和多工位。图5-2所示为一种用回转工作台在一次安装中顺次完成装卸工件、钻孔、扩孔和铰孔四个工位加工的实例。

4. 工步

在加工表面、切削工具、切削速度和进给量都不变的情况下，所连续完成的那一部分工序，称为工步。一道工序可以包括几个工步，也可以只包括一个工步。例如在表5-2的工序3中，它包括车各外圆表面及车槽等工步。而工序4中采用键槽铣刀铣键槽时，就只包括一个工步。

应该说明的是，构成工步的因素有：加工表面、刀具和切削用量，它们中的任一因素改变后，一般就变成了另一个工步。但对于那些在一次安装中连续进行的若干相同工步，可简写成一个工步。有时为了提高生产率，用几把不同刀具同时加工一个零件的几个不同表面，此类工步称为复合工步，如图5-3所示。在工艺文件上，复合工步应视为一个工步。

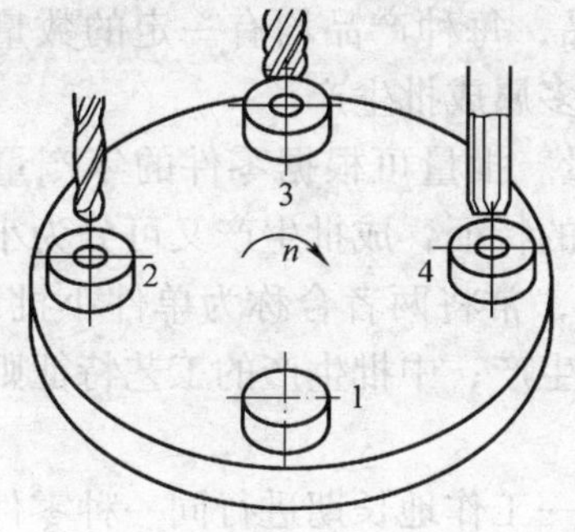

图5-2　多工位加工

工位1：装卸工件　工位2：钻孔

工位3：扩孔　工位4：铰孔

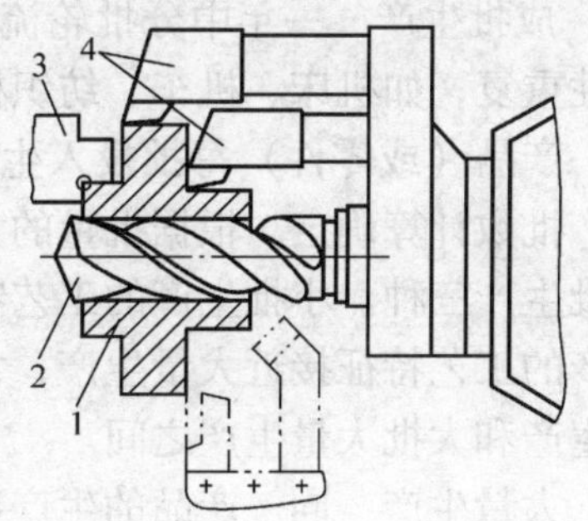

图5-3　复合工步

1—零件　2—钻头

3—夹具　4—工具

5. 走刀（或进给）

在一个工步内，若被加工表面需切除的金属层很厚（即加工余量较大），需要分几次切削，则每进行一次切削就是一次走刀，亦即每次切削所完成的那部分工序，称为走刀。一个工步可以包括一次或多次走刀。

三、生产纲领、生产类型及其工艺特征

机械产品的制造工艺不仅和产品的结构、技术要求有很大关系，而且也与企业的生产类型有较大关系，而企业的生产类型是由企业的生产纲领来决定的。

1. 生产纲领

企业在计划期内应生产的产品产量和进度计划，称为生产纲领。企业的计划期常定为一年，因此，生产纲领常被理解为企业一年内生产的产品数量，即年生产纲领，也称为年产量。机器中某零件的生产纲领除制造机器所需要的数量以外，还要包括一定的备品和废品，所以，零件的生产纲领要计入备品和允许的废品数量。零件的年生产纲领通常可按下式计算

$$N = Qn(1 + a\%)(1 + b\%) \tag{5-1}$$

式中 N——零件的生产纲领，单位为件/年；

Q——产品的年产量，单位为台/年；

n——每台产品中含该零件的数量，单位为件/台；

$a\%$——备品率，以百分数计；

$b\%$——废品率，以百分数计。

生产纲领的大小对生产组织和零件加工工艺过程起着重要的作用，它决定了各工序所需专业化和自动化的程度，决定了所应选用的工艺方法和工艺装备。

2. 生产类型及其工艺特征

在制订机械加工工艺的过程中，工序的安排不仅与零件的技术要求有关，而且与生产类型有关。生产纲领不同，生产规模也不同。根据生产纲领的大小和产品品种的多少，机械制造企业的生产可分为单件生产、成批生产（小批、中批和大批）和大量生产三种类型。

（1）单件生产　单个地生产不同结构和不同尺寸的产品，产品的品种很多，同一产品的产量很少，而且很少重复生产，各工作地加工对象经常改变，如重型机械制造、专用设备制造和新产品试制等均属单件生产。

（2）成批生产　一年中分批轮流制造几种不同产品，每种产品均有一定的数量，生产呈周期性重复，如机床、机车、纺织机械等产品的制造多属成批生产。

同一产品（或零件）每批投入生产的数量称为批量。批量可根据零件的年产量及一年中的生产批数计算确定。根据批量的大小和被加工零件的特征，成批生产又可分为小批、中批和大批生产三种。小批生产的工艺特征接近单件生产，常将两者合称为单件小批量生产；大批生产的工艺特征接近大量生产，常合称为大批大量生产；中批生产的工艺特征则介于单件小批生产和大批大量生产之间。

（3）大量生产　同一产品的生产数量很大，通常是一工作地长期进行同一种零件的某一道工序的加工，如汽车、拖拉机、轴承等的制造多属大量生产。

生产类型的划分既要考虑生产纲领（即年产量），还必须考虑产品本身的大小和结构的复杂性。不同产品生产类型的划分见表5-3。

表5-3　不同产品生产类型的划分

生产类型		生产纲领/（台/年或件/年）			工作地每月担负的工序数/月
		重型机械或重型零件	中型机械或中型零件	小型机械或轻型零件	
单件生产		≤5	≤10	≤100	不作规定
成批生产	小批	>5~100	>10~150	>100~500	>20~40
	中批	>100~300	>150~500	>500~5000	>10~20
	大批	>300~1000	>500~5000	>5000~50000	>1~10
大量生产		>1000	>5000	>50000	1

注：小型机械、中型机械和重型机械可分别以缝纫机、机床（或柴油机）和轧钢机为代表。

为了获得最佳的经济效益，对于不同的生产类型，其生产组织、生产管理、车间管理、毛坯选择、设备工装、加工方法和操作者的技术等级要求均有所不同，具有不同的工艺特征。各种生产类型的主要工艺特征见表5-4。

表5-4　各种生产类型的主要工艺特征

项　目	单件生产	成批量生产	大量生产
加工对象	经常变换	周期性变换	固定不变
工件的互换性	一般配对制造，缺乏互换性，广泛用钳工修配	大部分具有互换性，少数用钳工修配	全部有互换性，少数装配精度较高，采用分组装配法
毛坯的制造方法及加工余量	木模手工造型或自由锻，毛坯精度低，加工余量大	部分采用金属模铸造或模锻，毛坯精度中等，加工余量中等	广泛采用金属模机器造型、模锻或其他高效方法，毛坯精度高，加工余量小
机床设备	采用通用机床，部分采用数控机床，按机床种类及大小采用“机群式”排列	采用部分通用机床和部分高生产率机床，按加工零件类别分工段排列	广泛使用高生产率的专用机床及自动化机床，按流水线形式排列
夹具	多用标准附件，极少采用专用夹具，靠划线及试切法达到精度要求	广泛使用专用夹具，部分靠划线法达到精度要求	广泛使用高效率专用夹具，靠夹具及调整法达到精度要求
刀具和量具	采用通用刀具和万能量具	较多采用专用刀具和专用量具	广泛采用高生产率刀具和量具
对工人的要求	需要技术熟练的工人	需要一定熟练程度的工人	调整工要求技术熟练，操作工要求熟练程度较低
工艺规程	有简单的工艺路线卡片，关键工序的工序卡	有工艺过程卡，关键零件的工序卡	有工艺过程卡和工序卡，关键工序要调整卡和检验卡
制造成本	高	中	低
生产率	低	中	高

第二节　基准及工件的装夹

在机床上对工件进行切削加工时，为了能够加工出合乎精度要求的工件，需要将工件在机床上装好夹牢。我们把在机床上用于装夹工件的工艺装备称为机床夹具（简称夹具）。有时习惯上还将一些扩大机床工艺范围的装置，如靠模、仿形装置等也称为机床夹具。金属切削加工中使用的夹具、刀具、量具以及其他辅助工具统称为工艺装备（简称工装）。

一、基准的概念及分类

零件是由若干表面组成的，它们之间有一定的相互位置和距离尺寸的要求。在零件或部件的设计、制造和装配过程中，必须根据一些点、线或面来确定另一些点、线或面的位置，以保证零件图上所规定的要求。零件表面间的各种相互依赖关系，就引出了基准的概念。

所谓基准就是零件上用来确定其他点、线、面位置的那些点、线、面。基准按其作用可分为设计基准和工艺基准两大类。

1. 设计基准

在零件图上使用的基准称为设计基准。如图 5-4a 所示零件，对尺寸 20mm 而言，*A*、*B* 面互为设计基准；图 5-4b 中，ϕ50mm 圆柱面的设计基准是 ϕ50mm 的轴线，ϕ30mm 圆柱面的设计基准是 ϕ30mm 的轴线。就同轴度而言，ϕ50mm 的轴线是 ϕ30mm 轴线的设计基准。图 5-4c 所示零件，圆柱面的下素线 *D* 为槽底面 *C* 的设计基准。作为设计基准的点、线、面在工件上不一定具体存在，例如表面的几何中心、对称线、对称平面等。

2. 工艺基准

在制造零件或装配机器的生产过程中使用的基准称为工艺基准。工艺基准按用途不同又分为工序基准、定位基准、测量基准和装配基准等。

（1）工序基准　在工序图上，用以确定本工序被加工面加工后的尺寸、形状、位置的基准称为工序基准。其所标注加工面的尺寸称为工序尺寸。图 5-5 所示为一工件上钻孔工序简图，图 a、图 b 分别表示对被加工孔的工序基准的两种不同选择。图中尺寸（22 ±0.1）mm 和尺寸（18 ±0.1）mm 为选取不同工序基准时的工序尺寸。

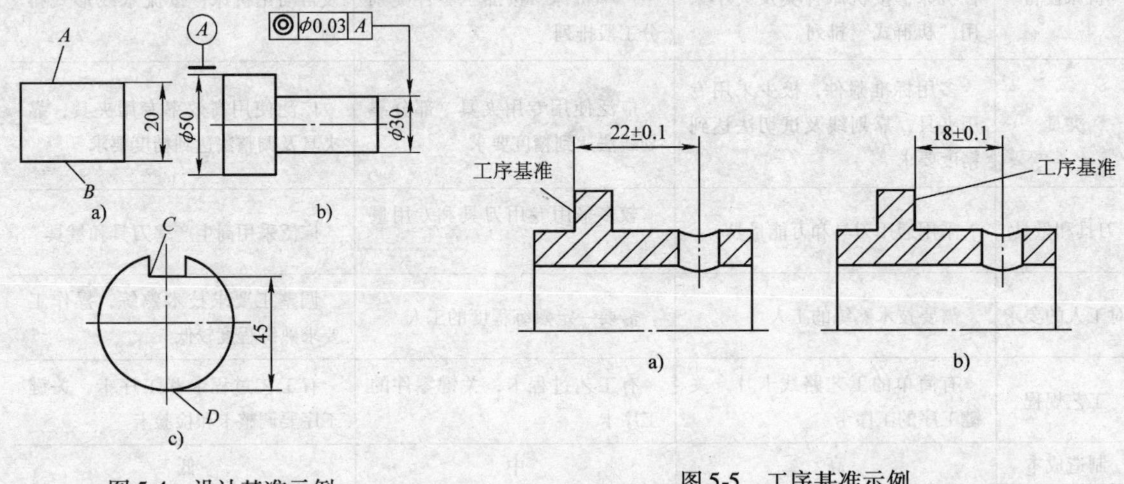

图 5-4　设计基准示例　　图 5-5　工序基准示例

（2）定位基准　在机械加工中，用来使工件在机床上或夹具中占有正确位置的点、线或面称为定位基准。它是工艺基准中最主要的基准。如图 5-6 所示，加工齿轮齿形时，利用已经精加工的孔和端面，将工件安装在机床夹具上，所以孔的轴线和端面是加工齿形的定位基准。作为定位基准的点、线、面可能是工件上的某些面，也可能是看不见摸不着的中心线、对称线、对称面、球心等。应该指出的是：工件上作为定位基准的点、线、面，通常是由具体的表面来体现的，这些具体表面称为定位基准面。如图 5-6 所示，齿轮孔的轴线实际上是由孔的表面来体现的。再例如，用三爪自定心卡盘夹持工件外圆，体现以轴线为定位基准，外圆面为定位基准面。因此，定位基准可称为定位基面。严格地说，定位基准与定位基面并不相同。

（3）测量基准和装配基准　检验已加工表面的尺寸及位置精度所使用的基准称为测量基准。如图 5-4c 所示，在检验尺寸 45mm 时，下素线 *D* 为测量基准。用以确定零件或部件在机器中位置的基准称为装配基准。图 5-6 所示的齿轮是以孔作为装配基准的。

二、工件的装夹

工件在加工前必须在机床或夹具上首先占据一个正确位置，也就是工件要被定位，然后再进行夹紧。从定位到夹紧的整个过程称为装夹。工件装夹的正确与否，直接影响加工精度；装夹是否方便和迅速，直接影响辅助时间的长短。因此，工件的装夹直接影响零件加工的经济性、质量和生产效率。

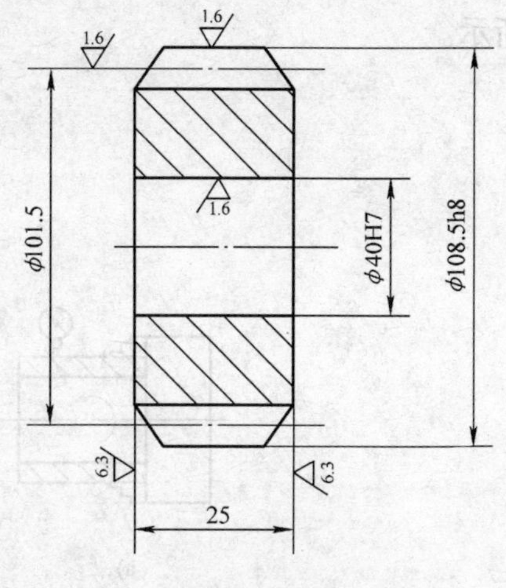

图5-6　齿轮

1. 工件装夹的实质

在机床上加工工件时，为了要使该工序加工的表面，能达到图样规定的尺寸、几何形状以及与其他表面的相互位置精度等技术要求，在加工前，必须将工件装好、夹牢。

把工件装好，就是要在机床上确定工件相对刀具的正确加工位置。工件只有处在这一位置上接受加工，才能保证其被加工表面达到工序所规定的各项技术要求。在夹具设计的术语中，把工件装好称为定位。

把工件夹牢，就是指在已经定好的位置上将工件可靠地夹住，以防止在加工时工件因受到切削力、离心力、冲击和振动等的影响，发生不应有位移而破坏了定位。在夹具设计的术语中把工件夹牢称做夹紧。

由此可知，工件装夹的实质，就是在机床上对工件进行定位和夹紧。装夹工件的目的，则是通过定位和夹紧而使工件在加工过程中始终保持其正确的加工位置，以保证达到该工序所规定的加工技术要求。

2. 工件装夹的方法

随着生产批量、加工精度要求和工件大小的不同，工件装夹的方法也不同。常见的工件装夹方法有以下三种：

（1）直接找正法　此法是利用划针、百分表或目测直接在机床上找正工件，使其获得正确的位置。如图5-7a所示，在磨床上磨削套筒内孔，若零件的内孔与外圆有很高的同轴度要求，此时可先将套筒顶夹在四爪单动卡盘中，用百分表直接找正工件外圆表面，使其轴线与机床主轴轴线同轴，然后夹紧工件进行加工，从而保证零件内孔与外圆的同轴度要求。又如图5-7b所示，在牛头刨床上加工一个同工件底面及侧面有平行度要求的槽，通过百分表找正工件的右侧面，即可使工件获得正确的位置。直接找正装夹工件时的找正面即为定位基准。这种方法的定位精度和找正的快慢取决于找正工人的水平，一般来说，此法比较费时，多用于单件小批生产或要求位置精度特别高的工件。

（2）划线找正法　此法是利用划针根据毛坯或半成品上所划的线为基准，找正它在机床上的正确位置。对于形状复杂的零件（如车床主轴箱），采用直接找正法会顾此失彼，这时就有必要按照零件图在毛坯上先划出中心线、对称线及各待加工表面的加工线，然后按照划好的线找正工件在机床上的位置，如图5-7c所示。此时用于找正的划线即为定位基准。划线找正法受划线精度和找正精度的限制，定位精度不高，效率较低，主要用于批量小，毛坯精度低以及大型零件等不便使用夹具的粗加工。

（3）使用夹具装夹　此法是直接利用夹具上的定位元件使工件获得正确位置的定位方法。由于夹具的定位元件与机床和刀具的相对位置均已预先调整好，故工件定位时不必再逐个调整。此法定位迅速、可靠，定位精度高，广泛用于成批生产和大量生产中，如图 5-7d 所示。

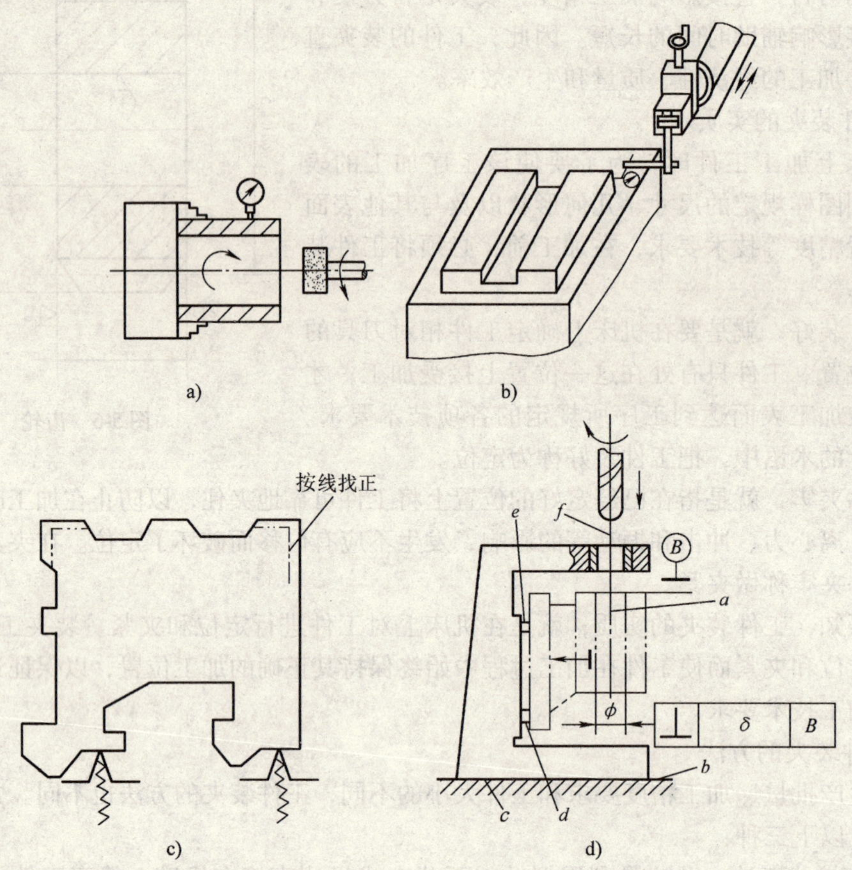

图 5-7 工件装夹方法

a）磨孔时直接找正 b）刨削时直接找正 c）按划线找正装夹 d）用专用夹具装夹

三、夹具的作用、分类及组成

1. 机床夹具的作用

1）易于保证加工精度，并使加工精度稳定。由于夹具在机床上的安装位置和工件在夹具中的安装位置均已确定，所以工件在加工中的正确位置由夹具容易得到保证，不受划线质量和找正技术水平的影响，因此加工精度高，稳定可靠。

2）缩短装夹工时，提高劳动生产率。利用夹具能使工件实现迅速定位和夹紧，从而取消了费时费工的划线找正等方法；此外，专用夹具中还可以不同程度地采用高效率的多件、多工位、快速、增力、机动等夹紧装置，更是可以大大地缩短辅助时间，提高劳动生产率。

3）减轻劳动强度，降低生产成本。因取消了划线找正的工序，装夹工件省力方便，不仅减轻了操作者的劳动强度，也降低了生产成本。

4）扩大机床的工艺范围。在普通机床上配置适当的夹具可以扩大机床的工艺范围，实现一机多能。如使用镗孔夹具，就可以在车床上镗孔。

2. 机床夹具的分类

机床夹具种类繁多，一般可按应用范围、使用机床、夹紧力来源进行分类，如图 5-8 所示。

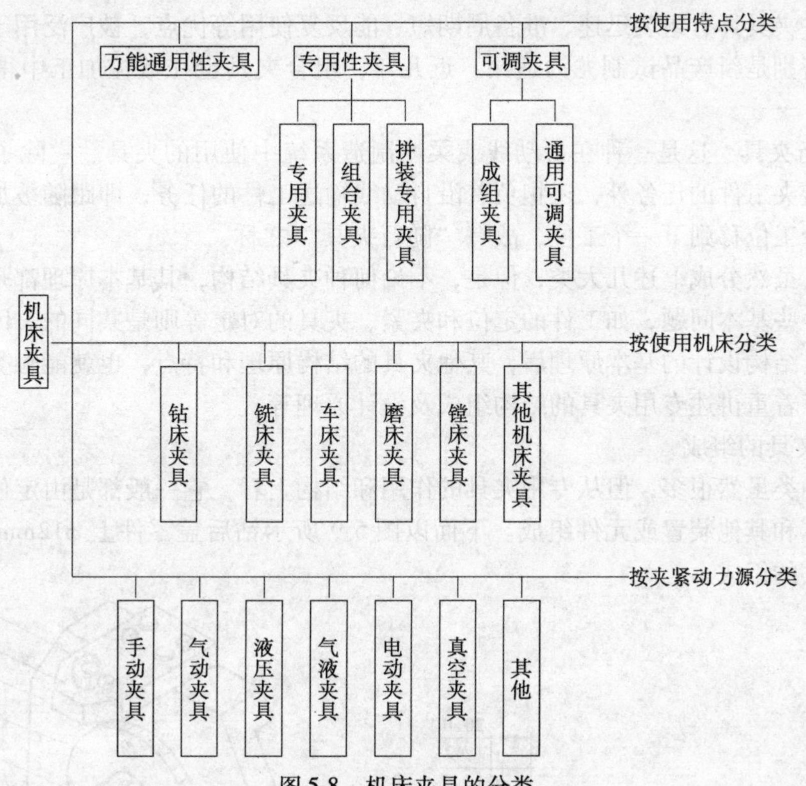

图 5-8　机床夹具的分类

（1）通用夹具　它是指已标准化、无需调整或稍加调整就可用于装夹不同工件的夹具。在通用机床上一般都附有通用夹具，如车床上的三爪自定心卡盘、四爪单动卡盘、花盘、顶尖和鸡心夹头；铣床上的平口台虎钳、分度头和回转工作台等。这类夹具结构已定型，尺寸已标准化和系列化，有较大的适用范围，能够较好地适应加工工序和加工对象的变换，广泛用于单件、小批量生产中。

（2）专用夹具　针对某一工件的某一工序的要求而专门设计制造的夹具称为专用夹具。这类夹具上有专门的定位和夹紧装置，工件无须进行找正就能获得正确的位置。另外，因不需要考虑通用性，所以专用夹具可以设计得紧凑，操作方便。还可以采用各种省力机构或动力装置。因此，用专用夹具可以保证较高的加工精度和生产效率。专用夹具通常是根据加工要求自行设计与制造的。它的设计与制造周期较长，制造费用也较高。当产品变更时，往往因无法再使用而“报废”。因此，这类夹具适用于产品固定、批量较大的生产中。

（3）可调整夹具　它是指加工完一种工件后，通过调整或更换夹具上个别元件，就可加工形状相似、尺寸相近、加工工艺相似的多种工件的一种夹具。它包括通用可调夹具和成组夹具两类。

通用可调夹具是在通用夹具的基础上发展起来的，通用范围较大。而成组夹具则是专门为成组加工工艺中某一组工件而设计制造的，针对性强，加工对象和适用范围明确，可使多品种、小批量生产获得类似于大量生产的经济效益。在当前多品种、变批量生产的条件下，这两类夹具的优势变得更为明显，它们也是今后改革工装设计的一个发展方向。

（4）组合夹具　它是指按某种工序的加工要求，用事先准备好的通用标准元件和部件组合而成的一种夹具。用完之后可以将这类夹具拆卸下来，更换元部件组装成新夹具，供再次使用。这种夹具具有组装迅速、准备周期短、能反复使用等优点，被广泛用于多品种、小批量生产，特别是新产品试制尤为适用。近几年，组合夹具也在数控加工中得到广泛的使用。

（5）随行夹具　这是一种在自动线或柔性制造系统中使用的夹具。它除了具有一般夹具所担负的装夹工件的任务外，还担负着沿自动线输送工件的任务，即跟随被加工工件沿着自动线从一个工位移到下一个工位，故有“随行夹具”之称。

机床夹具虽然分成上述几大类，但是，不论何种夹具结构，其基本原理都是一致的，夹具设计中的一些基本问题，如工件的定位和夹紧、夹具的对定等则是共同的。因此，只要掌握了专用夹具结构设计的基本原理后，其他夹具的结构原理和特点，也就能触类旁通，不难掌握了。本章着重讲述专用夹具的结构组成及设计原理等。

3. 机床夹具的组成

夹具的种类虽然很多，但从专用夹具的作用和结构上看，它一般都是由定位元件、夹紧装置、夹具体和其他装置或元件组成。下面以图 5-9 所示钻后盖零件上 ϕ12mm 孔的夹具为例，说明夹具的组成。

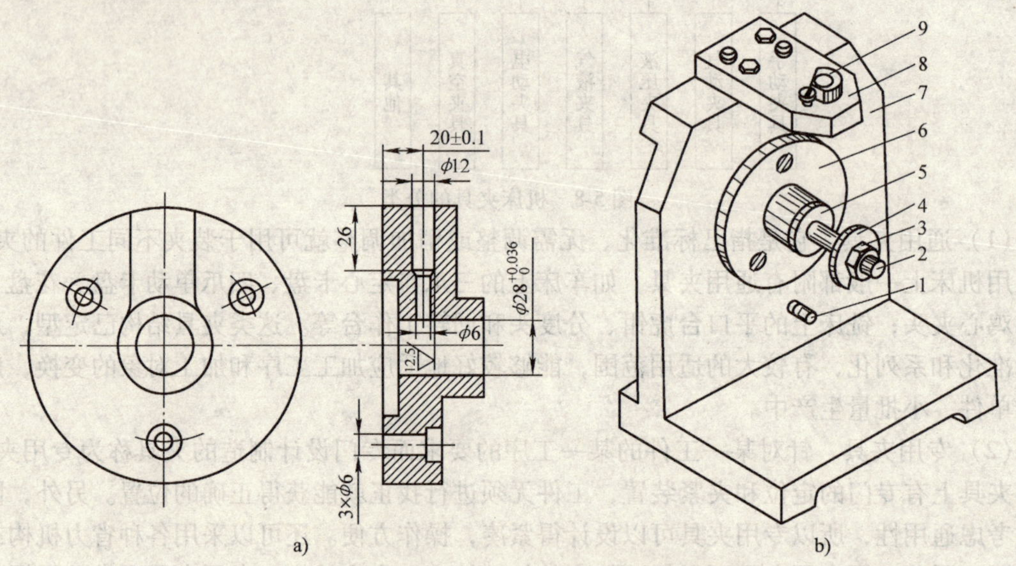

图 5-9　后盖零件图及后盖钻夹具

a）后盖零件图　b）后盖钻夹具

1—菱形销　2—螺杆　3—螺母　4—开口垫圈　5—圆柱销

6—支承板　7—夹具体　8—钻模板　9—钻套

（1）定位元件　由于夹具的首要任务是对工件进行定位和夹紧，因此，无论何种夹具都必须设置有确定工件在夹具中正确加工位置的定位元件。如图 5-9 中的圆柱销 5、菱形销 1 和支承板 6 都是定位元件，通过它们使工件在夹具中占据正确的位置。

（2）夹紧装置　用来夹紧工件，使已经定好位置的工件在加工过程中不因外力（重力、惯性力以及切削力等）的作用而产生位移。它通常是一种机构，包括夹紧元件（如夹爪、压板等）、增力及传动装置（如杠杆、螺纹传动副、斜楔、凸轮等）以及动力装置（如气缸、油缸）等，如图5-9中的螺杆2（与圆柱销作成一体）、螺母3和开口垫圈4组成了夹紧装置。

（3）夹具体　用来连接夹具上各个元件及装置，使其成为一个整体。它是夹具的基础件，常常通过夹具体与机床有关部位进行连接，以确定夹具相对于机床的位置，如图5-9中的件7，通过它将夹具的所有部分连接成一个整体。

（4）对刀-导引元件　用专用夹具加工工件时，一般都用调整法加工。为了预先调整好刀具的位置，在夹具上设有确定刀具（铣刀、刨刀、砂轮等）位置或导引刀具（孔加工用刀具）方向的对刀-导引元件，如铣夹具中常见的对刀块，钻夹具中钻套、钻模板等。图5-9中的钻套9与钻模板8就是为了引导钻头而设置的导引元件。

（5）其他装置或元件　为了使夹具在机床上占有正确的位置，一般夹具（小型夹具除外）设有供夹具本身在机床上定位和夹紧用的连接元件（如定位键）；此外，按照加工要求，有些夹具上还设有其他装置和机构，如上下料装置、分度装置、工件顶出装置等。

专用夹具的组成及各组成部分之间的相互关系如图5-10所示。

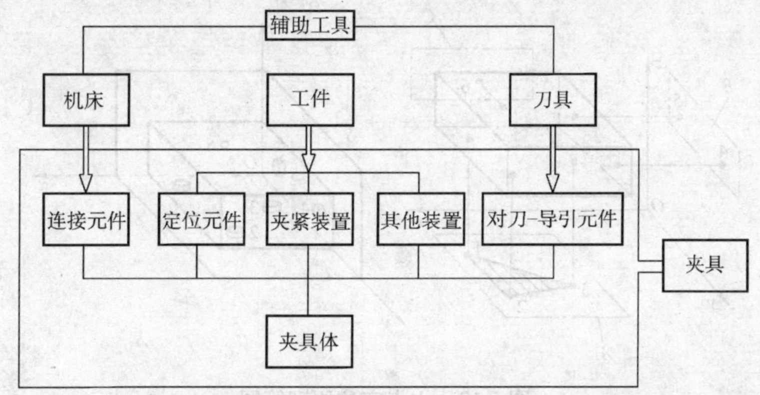

图5-10　专用夹具的组成及各组成部分与机床、工件、刀具的相互关系

第三节　工件在夹具中的定位

在工件定位过程中夹具起着决定性的作用，工件正是通过夹具相对机床、刀具占有正确的加工位置。本节所讨论的定位问题，只指工件在夹具中的定位。工件在夹具中定位的目的，就是要使同一批工件在夹具中占有一致的正确加工位置。

一、工件定位原理

1. 六点定位规则

工件在未定位前，可以看成是空间直角坐标系中的自由物体，它沿三个互相垂直的坐标轴有不同的位置移动，也可绕三个坐标轴有不同的位置转动，分别用$\vec{x}$、$\vec{y}$、$\vec{z}$和$\widehat{x}$、$\widehat{y}$、$\widehat{z}$表示，如图5-11所示。这里把描述工件位置不确定性的$\vec{x}$、$\vec{y}$、$\vec{z}$和$\widehat{x}$、$\widehat{y}$、$\widehat{z}$称为工件的六个自由度。

工件定位的实质就是要限制工件的自由度。在机床上要确定工件的正确位置，同样要限制工件的六个自由度。要使工件沿某方向的位置确定，就必须限制该方向的自由度。当工件的六个自由度全部被限定时，工件在夹具中的位置就被完全确定了，这就是工件的定位原理。

将具体的定位元件抽象化后，转化为相应的定位支承点，用这些定位支承点来限制工件的自由度，可使分析定位问题变得十分简便明了。用一定规律分布的六个定位支承点（由定位元件来实现）与工件的定位基准面紧贴来限制工件的六个自由度，这就是“六点定位规则”。

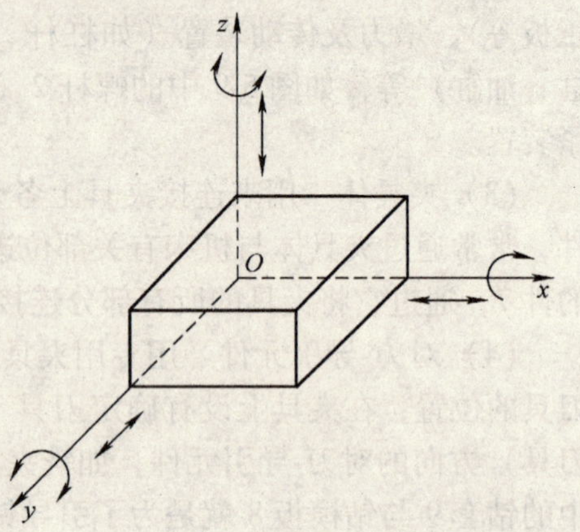

图 5-11 工件的六个自由度

如图 5-12 所示，工件以 A、B、C 三个平面为定位基准，底面 A 紧贴在支承点 1、2、3 上，限制了 $\vec{z}$、$\widehat{x}$、$\widehat{y}$ 三个自由度，侧面 B 紧贴在 4、5 支承点上，限制了 $\vec{x}$、$\widehat{z}$ 两个自由度，端面 C 紧贴在支承点 6 上，限制了 $\vec{y}$ 一个自由度，这样六个支承点就限制了工件全部的自由度。

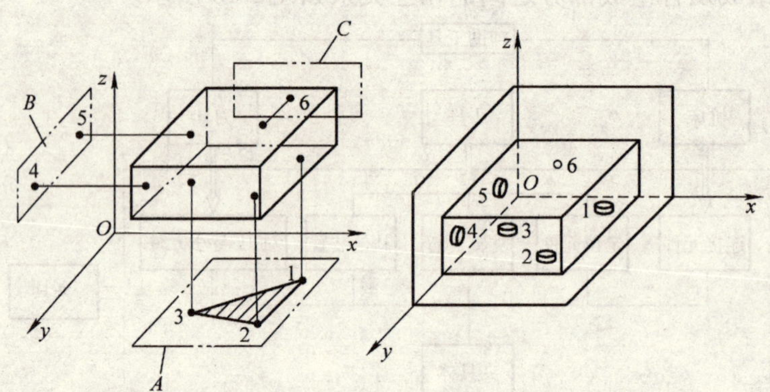

图 5-12 六点定位原理简图

在应用定位原理分析工件在夹具中的定位问题时，应注意以下几点：

1）工件在夹具中定位时，并非在任何情况下都必须限制六个自由度，究竟哪几个自由度需要限制，主要取决于工件的技术要求、结构尺寸和加工方法等。

2）一般地说，一个定位支承点只能限制工件一个自由度。因此，工件在夹具中定位时，所用支承点数目，充其量也决不应多于六个。同时，每个定位支承点所限制的自由度，原则上不允许重复或互相矛盾。

3）定位支承点限制工件自由度的作用，可以这样去理解：即定位支承点与工件的定位基准始终保持紧贴接触。若二者一旦脱离，就表示定位支承点失去了限制工件自由度的作用（也即失去了定位作用）。

4）在分析定位支承点起定位作用时，不考虑力的影响。工件在某一坐标参数方向上的自由度被限制，是指工件在该坐标参数方向上有了确定的位置，而不是指工件在受到使工件脱离支承点的外力时，不能运动。使工件在外力作用下不能运动，这是夹紧的任务。不要把定位与夹紧两个概念相混淆，初学者往往容易忽略此点。反过来说，工件在外力作用下不能运动（即被夹紧了），并不一定说工件的所有自由度都被限制了。

5）具体的定位元件应转化为几个定位支承点，在后续章节中再作分析。

2. 限制工件自由度与加工要求的关系

工件定位时，影响加工要求的自由度必须限制，不影响加工要求的自由度，有时可以不限制。按照加工要求确定工件必须限制的自由度是夹具设计中首先要解决的问题。

（1）完全定位　工件在夹具中的六个自由度全部被限制的定位称为完全定位，如图 5-13 所示。在铣床上加工一批零件的沟槽时，为了保证图中 x、y、z 三个尺寸的加工精度，就必须限制该零件的六个自由度。一般工件在三个坐标方向上均有尺寸要求时，要用此方式定位。

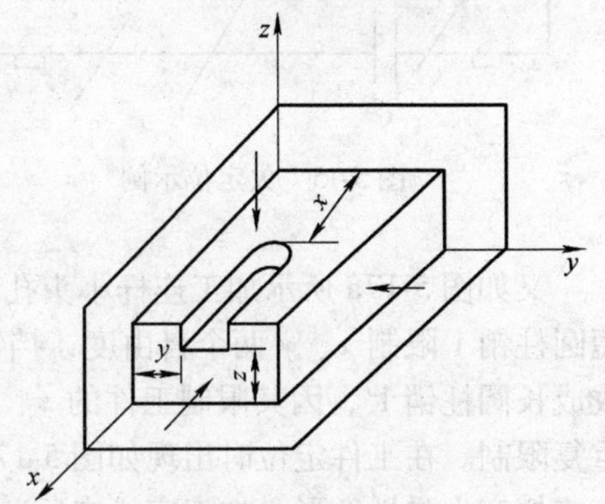

图 5-13　完全定位示例

（2）不完全定位　工件上六个自由度没有被全部限制，但能满足加工需要的定位方式称为不完全定位。如在车床上车削图 5-14a 所示零件的通孔时，由于孔在 x 方向的移动和转动自由度都不会影响其加工精度，所以不需要限制，只需限制其余四个自由度（$\vec{y}$、$\vec{z}$、$\overset{\frown}{y}$、$\overset{\frown}{z}$）就能满足加工需要，这种定位称四点定位。又如图 5-14b 所示的零件在磨床上采用电磁工作台定位磨平面时，由于工件只有厚度和平行度的加工要求，所以只需限制 $\overset{\frown}{x}$、$\overset{\frown}{y}$ 和 $\vec{z}$ 三个自由度（即三点定位）就能满足加工需要。

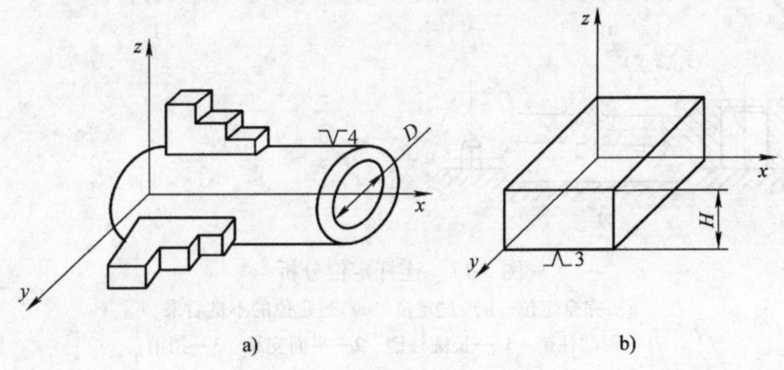

图 5-14　不完全定位示例

（3）欠定位　按照加工要求应当限制的自由度而没有被限制的定位称为欠定位（定位不足）。这种定位方式显然是无法保证工序所规定的加工要求，因此，在实际生产中欠定位是绝对不允许出现的。如图 5-15 所示零件在圆柱上铣键槽，如果只采用 V 形块 1、2 及止推销 3 定位，无防转销 4，工件绕工件轴线回转方向的位置将不确定，铣出的键槽将难以达到要求。

（4）过定位　工件的自由度被设置的定位元件重复限制的定位方式称为过定位。如图 5-16 所示，车削轴类零件的外圆时，若采用前后顶尖和三爪自定心卡盘安装，由于前后顶尖已限制了 $\vec{x}$、$\vec{y}$、$\vec{z}$、$\overset{\frown}{y}$ 和 $\overset{\frown}{z}$ 五个自由度，而三爪卡盘也限制了 $\vec{y}$、$\vec{z}$ 两个自由度，出现了过定位。

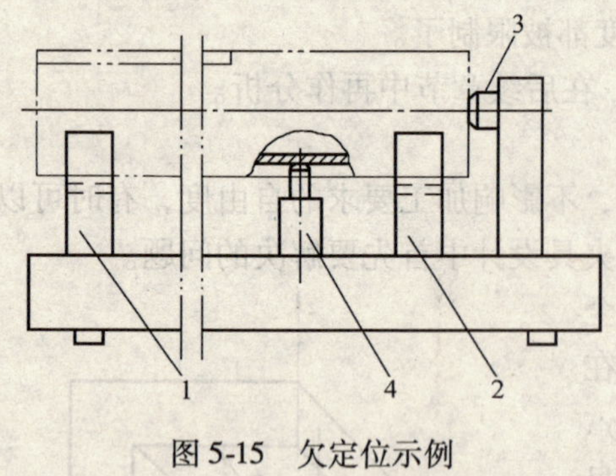

图 5-15　欠定位示例

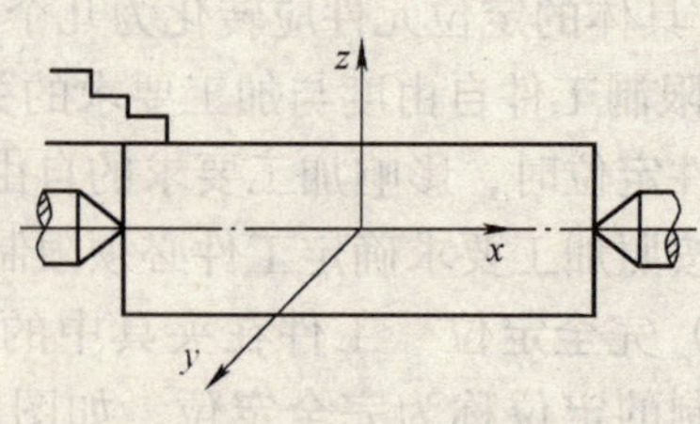

图 5-16　过定位示例

又如图 5-17a 所示加工连杆小头孔的定位方案，平面支承 2 限制 $\vec{z}$、$\widehat{x}$、$\widehat{y}$ 三个自由度，短圆柱销 1 限制 $\vec{x}$、$\vec{y}$ 两个自由度，挡销 3 限制 $\widehat{z}$ 一个自由度从而实现完全定位。若将销 1 改成长圆柱销 1′，因其限制工件的 $\vec{x}$、$\vec{y}$、$\widehat{x}$、$\widehat{y}$ 四个自由度，从而引起 $\widehat{x}$、$\widehat{y}$ 两个自由度被重复限制。在工件定位时出现如图 5-17b 所示的不确定情况，更严重的是在施加夹紧力后会使连杆产生弹性变形，加工完松夹后，工件变形恢复，就形成加工表面严重的位置或形状误差，如图 5-17c 所示。

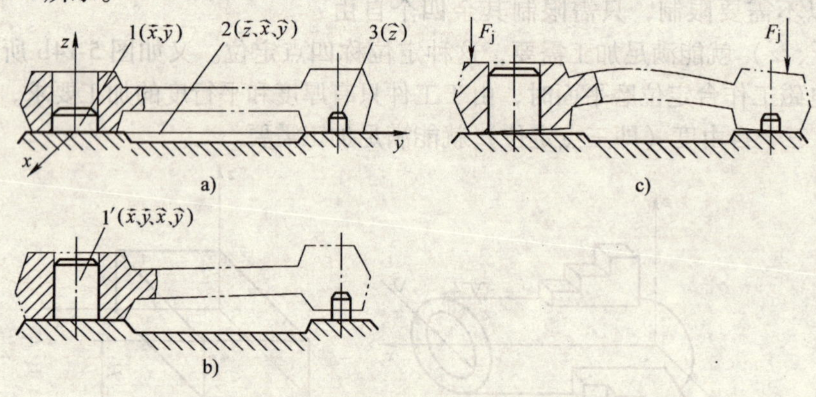

图 5-17　连杆定位分析

a）完全定位　b）过定位　c）过定位的不良后果

1—短圆柱销　1′—长圆柱销　2—平面支承　3—挡销

由以上分析可知，过定位可能会造成以下不良后果：工件定位不稳定；工件或定位元件产生变形甚至损坏；工件无法安装。这是由于工件上的定位基准与夹具上的定位表面均有几何形状误差，定位基准之间、定位表面之间也存在有位置误差，一旦出现过定位，就会使定位基准与定位表面接触不良甚至不能接触。因此，在确定工件定位方案时，一般不允许出现过定位。

实际生产中，在采取适当工艺措施的情况下，过定位是允许存在的，以提高工件的定位刚度，但必须解决好以下两个问题：一是重复限制自由度的支承之间，不能使工件的安装发生干涉；二是因过定位而引起的不良后果，在采取相应措施后仍应保证工件的加工要求。

如图 5-17 所示，若连杆大头孔与端面的垂直度误差很小，长销与台阶面的垂直度误差也很小，此时就可利用大头孔与长销的配合间隙来补偿这种较小的垂直度误差，并不致引起相互干涉仍能保证连杆端面与平面支承可靠接触，就不会产生图 5-17b 的定位不确定情况，也不会造成图 5-17c 夹紧后的严重变形，因而是允许采用的。采用这种方式定位由于整个端面接触，增强了切削时的刚度和定位稳定性，而且用长圆柱销定位大头孔，有利于保证被加工孔相对大头孔轴线的平行。

常用的处理过定位的方法有两种：一是适当提高定位基准之间以及定位元件工作表面之间的位置精度（但要考虑工艺的可行性、经济合理性），使产生的误差在允许的范围内。二是可以酌情改变重复定位元件的结构，借以降低或消除过定位的干扰作用。这种方法实质上已不是过定位了。

二、定位副的选择和要求

工件在夹具中定位时是通过一定的表面（定位基准）和定位元件相接触或配合来实现的，这些表面和定位元件合成为定位副。定位副的选择及其制造精度将直接影响工件的定位精度和夹具的工作效率以及制造、使用性能，故对定位副的选择须提出了必要的原则和要求。

1. 定位基准的选择

定位基准的选择是否合理，对保证工件加工后的尺寸精度、形位精度，对加工顺序的安排以及生产率的提高和生产成本的降低均起着决定性的作用。定位基准可分为粗基准与精基准两种。对毛坯进行机械加工时，第一道工序只能以毛坯表面作为定位基准，这种以毛坯表面作为定位基准的基准称为粗基准；以加工过的表面作定位基准的基准称为精基准。在加工中，首先使用的是粗基准，但在选择定位基准时，为了保证零件的加工精度，首先考虑的是选择精基准。即在拟订零件工艺过程时，首先利用合适的粗基准，加工出将要作为精基准的表面。

（1）粗基准的选择原则　选择粗基准时，主要考虑如何保证加工面都能分配到合理的加工余量，以及加工面与不加工面之间的位置尺寸和位置精度，同时还要为后续工序提供可靠的精基准。具体选择时一般遵循下列原则：

1）选用不加工的表面作粗基准。这样可以保证零件的加工表面与不加工表面之间的相互位置关系，并可能在一次装夹中加工出更多的表面。如图 5-18 所示，铸件毛坯孔 B 与外圆有偏心，若以不加工外圆面 A（见图 5-18a）为粗基准加工孔 B，加工时余量不均匀，但加工后的孔 B 与不加工的外圆面 A 基本同轴，较好的保证了壁厚均匀。若选择孔 B 作为粗基准加工时（见图 5-18b），加工余量均匀，但加工后内孔与外圆不同轴，壁厚不均匀。

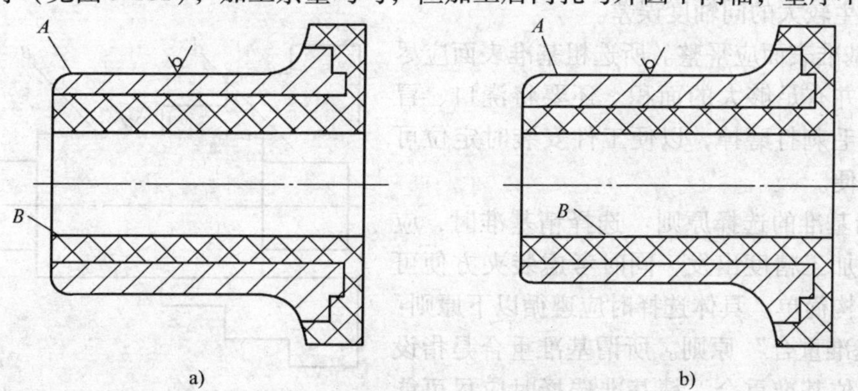

图 5-18　铸件粗基准的选择

应该说明的是，当零件上有多个不需要加工的表面时，应选择与需要加工表面中相对位置精度要求较高的表面作为粗基准。

2）合理分配加工余量。对有较多加工面的工件，选择粗基准时，应合理的分配各加工表面的加工余量。主要考虑以下两点：

一是应保证各主要加工表面都有足够的加工余量。为满足这个要求，应选择毛坯上精度高、余量小的表面作粗基准。图 5-19 所示的阶梯轴毛坯，大小两端的同轴度误差为 0 ~ 3mm，大端最小加工余量为 8mm，小端最小加工余量为 5mm。若以加工余量大的大端为粗基准先车小端，则小端可能会因加工余量不足而使工件报废。反之，以加工余量小的小端为粗基准先车大端，则大端的加工余量足够，经过加工的大端外圆与小端毛坯外圆基本同轴，再以加工过的大端外圆为精基准车小端外圆，小端的余量也就足够了。

二是应保证工件上最重要的表面（如机床导轨面和重要的内孔等）的加工余量均匀。此时应选择这些重要表面作粗基准。图 5-20 所示的车床床身、导轨表面是重要表面，加工时应选导轨表面作为粗基准加工床腿底面（见图 5-20a），然后以床腿底面为基准加工导轨平面（见图 5-20b）。

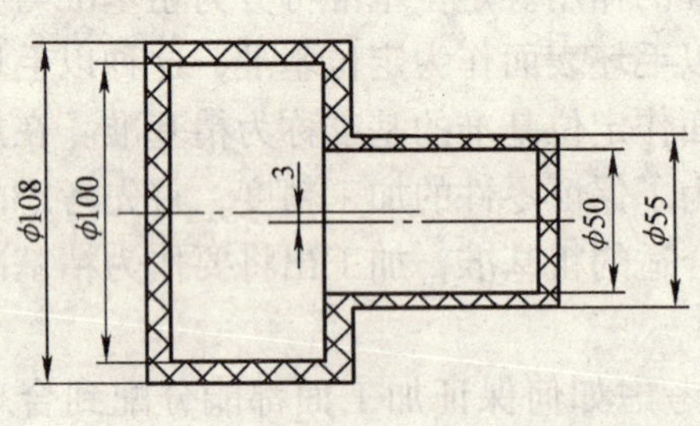

图 5-19 阶梯轴毛坯粗基准的选择

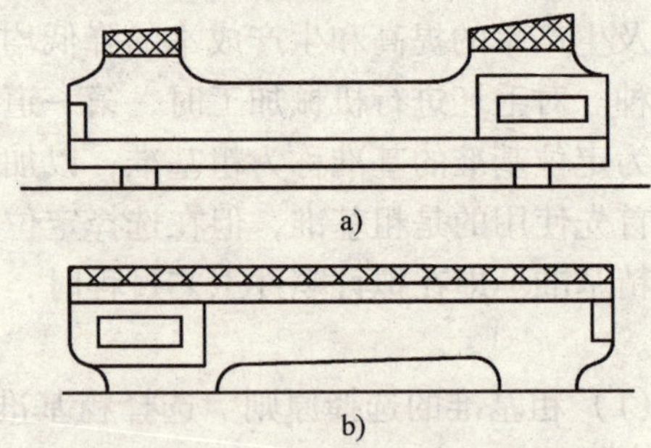

图 5-20 车床床身的粗基准选择

3）粗基准应避免重复使用。一般情况下，在同一尺寸方向上，粗基准只允许使用一次。因为粗基准表面粗糙，定位精度不高，若重复使用，在两次装夹中会使加工表面产生较大的位置误差，对于位置精度要求较高的表面，常常会造成超差而使零件报废。如图 5-21 所示小轴的加工中，如果重复使用毛坯 *B* 面定位，分别加工 *A* 和 *C* 面，必然会使 *A* 面与 *C* 面的轴线产生较大的同轴度误差。

4）粗基准表面应平整。所选粗基准表面应尽可能平整，并有足够大的面积。还要将浇口、冒口和飞边等毛刺打磨掉，以便工件安装时定位可靠，夹紧方便。

（2）精基准的选择原则　选择精基准时，应从保证零件加工精度出发，同时考虑装夹方便可靠，夹具结构简单。具体选择时应遵循以下原则：

1）“基准重合”原则。所谓基准重合是指设计基准和定位基准重合。精基准选择时应尽可能选用设计基准作为定位基准，以避免产生基准不

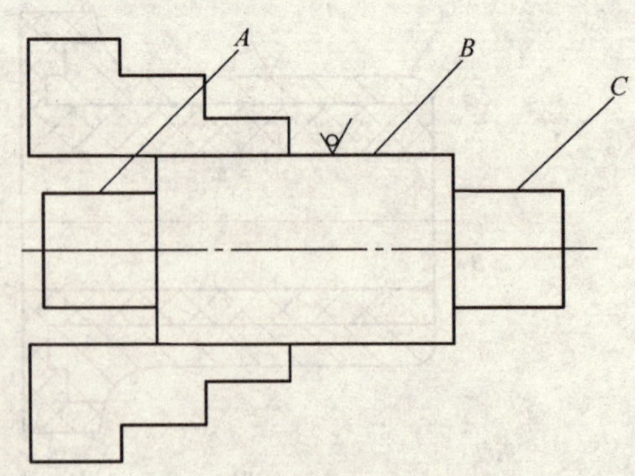

图 5-21 重复使用粗基准示例

A、*C*—加工面　*B*—毛坯面

重合误差。“基准重合”原则对于保证表面间的相互位置精度（如平行度、垂直度、同轴度等）亦完全适用。

2）“基准统一”原则。在工件的加工过程中尽可能地采用统一的定位基准称为“基准统一”原则，也称“基准同一”原则。例如，轴类零件加工时，一般总是先将两端面打好中心孔，其余工序都是以两中心孔为定位基准；齿轮的齿坯和齿形加工时，多采用内孔及基准端面为定位基准；箱体零件加工时，大多以一组平面或一面两孔作统一基准加工孔系和端面。

当零件上的加工表面很多，有多个设计基准时，若要遵循基准重合原则，就会有较多的定位基准，使夹具的种类多、结构差异大。为了尽量统一夹具的结构，缩短夹具的设计、制造周期，降低夹具的制造成本，可在工件上选一组精基准，或在工件上专门设计一组定位面，用它们定位来加工工件上尽可能多的表面，这也就遵循了基准统一原则。

当采用基准统一原则无法保证加工表面的位置精度时，若能考虑先采用基准统一原则进行粗、半精加工，最后采用基准重合原则进行精加工来保证表面间的位置精度。这样既保证了加工精度，又充分地利用了基准统一原则的优点。

3）“自为基准”原则。对某些要求加工余量小而均匀的精加工工序，可选择加工表面本身作为定位基准，这就是“自为基准”原则。如图 5-22 所示磨削一床身导轨面时，先用百分表找正工件的导轨面，然后加工导轨面，保证导轨表面被磨削的余量均匀。另外，浮动镗刀镗孔、浮动铰刀铰孔、拉刀拉孔、无心磨削、珩磨等加工方法都是“自为基准”的实例。

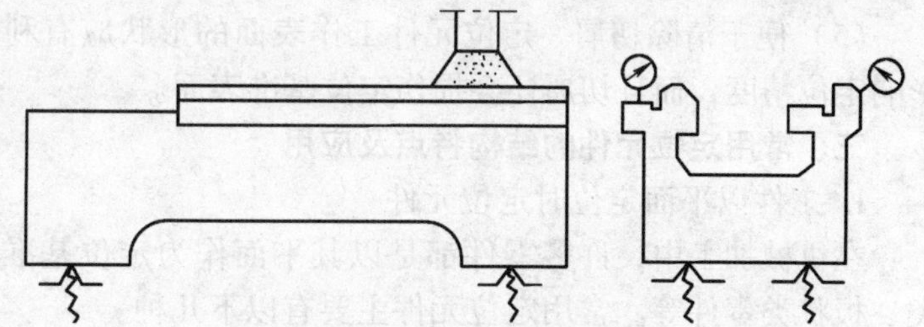

图 5-22　床身导轨面的磨削

用自为基准原则时，不能提高加工面的位置精度，只能提高加工面本身的精度。

4）“互为基准”原则。当零件的两个表面之间有相对位置精度要求时，为了使加工面获得均匀的加工余量和较高的相互位置精度，用其中任意一个表面作为定位基准来加工另一表面，这就是“互为基准”原则。例如，加工精密齿轮时，用高频淬火把齿面淬硬后需进行磨齿。因齿面淬硬层较薄，所以要求磨削余量小而均匀。为了保证加工要求，通常采用图 5-23 所示装夹方式，先以齿面为基准磨内孔，再以内孔为基准磨齿面，这样既保证齿面加工余量均匀，又使齿面与孔之间有较高的位置精度。

5）其他原则。应选择精度较高、定位方便、夹紧可靠、便于操作及夹具结构简单的表面作为精基准。另外，在一次安装中尽可能加工出有相互位置要求的所有表面，这样加工表面之间的相互位置精度只与机床精度有关，而与定位无关。有时为了使基准统一或定位可靠，操作方便，人为地制造出一种基准面，这些表面在零件使用中并不起作用，仅在加工中起定位作用，如顶尖孔、工艺凸台、工

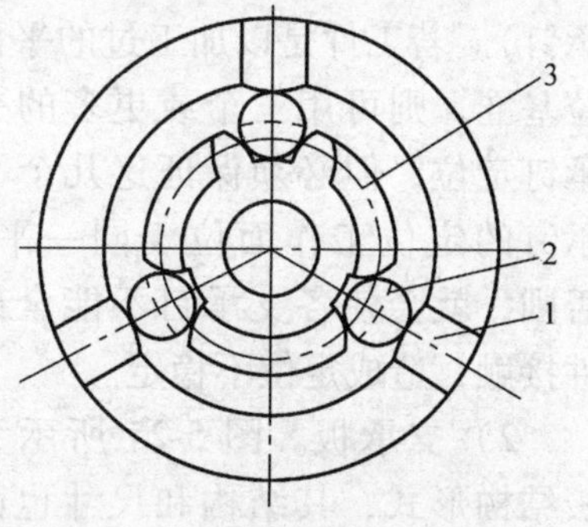

图 5-23　精密齿轮内孔的磨削
1—卡盘　2—滚柱　3—齿轮

艺孔等，这类基准称为辅助基准。

总之，无论是选择粗基准还是精基准，都首先要使工件定位稳定、安全可靠，然后再考虑夹具设计容易、结构简单、成本低廉等技术经济原则。在实际生产中，选择粗、精基准时，要想完全符合上述原则，是不可能的，往往会出现相互矛盾的情况。这时应从工件的整个加工全过程统一考虑，抓主要矛盾，确保选择出合理的加工方案。

2. 定位元件的基本要求

（1）足够的精度　由于工件的定位是通过定位副的接触或配合实现的，定位元件的工作表面精度直接影响工件的加工精度，因此，定位元件的工作表面应有足够的精度，以适应工件的加工要求。

（2）耐磨性好　工件的装卸会磨损定位元件工作表面，导致定位精度下降。为延长定位元件更换周期，提高夹具使用寿命，定位元件的工作表面应有较高的硬度和耐磨性。

（3）足够的强度和刚度　定位元件不仅限制工件的自由度，还有支承工件，承受夹紧力和切削力的作用，因此定位元件应有足够的强度和刚度，以免使用中变形或损坏。

（4）良好的结构工艺性　定位元件的结构应力求简单、合理，便于加工、装配和更换。通常标准化的定位元件有良好的工艺性，设计时应优先选用标准元件。

（5）便于清除切屑　定位元件工作表面的形状应有利于清除切屑，否则，会因切屑而影响定位精度，而且切屑还会损伤定位基准表面。

三、常用定位元件的结构特点及应用

1. 工件以平面定位时定位元件

在机械加工中，许多零件都是以其平面作为定位基准的，如箱体、机座、支架、圆盘类、板状类零件等。常用定位元件主要有以下几种。

（1）固定支承　在使用过程中固定支承是固定不变的，它有支承钉和支承板两种形式。

1）支承钉。图 5-24 所示为支承钉的结构形式，其结构和尺寸均已标准化（GB/T 2226—1991）。其中，A 型平头支承钉用于已加工过的平面（精基准）；B 型球头支承钉用于粗糙不平的毛坯表面（粗基准）定位；C 型锯齿头支承钉也用于粗基准面的定位，常用于侧面定位以增大摩擦力。

一个支承钉只限制 1 个自由度。因此，为保证定位稳定可靠，对于作为主要定位面的粗基准，一般必须采用三点支承方式（选用三个球头支承钉或三个锯齿头支承钉）。若工件是以加工过的平面为定位基准，则可用三个或更多的平头支承钉定位，但必须保证这几个平头支承钉的定位工作面位于同一平面内，否则，就会使各支承钉不能全部与工件接触，造成定位不稳定。

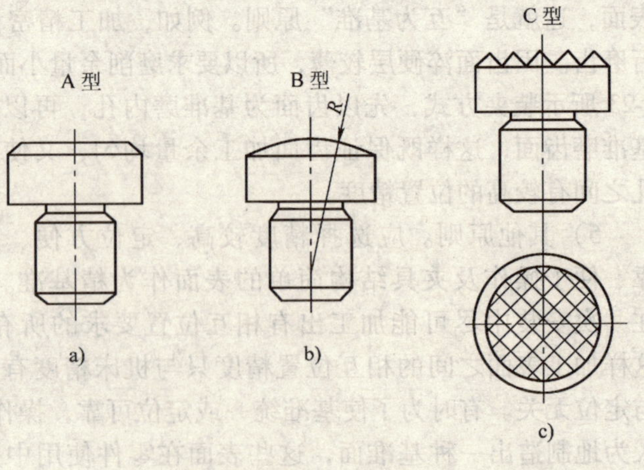

图 5-24　支承钉

2）支承板。图 5-25 所示为支承板结构形式，其结构和尺寸也已标准化（GB/T 2236—1991），主要用于精基准面的定位。其中，A 型支承板结构简单，制造方便，但切屑易堆聚在固定支承板的埋头螺钉坑中，不易清除，故适用于侧面及顶面定位；B型支承板因开有斜槽，容易清除切屑，但制造较麻烦，故适用于底面定位。支承板一般用2～3个M6～M12的螺钉紧固在夹具体上。

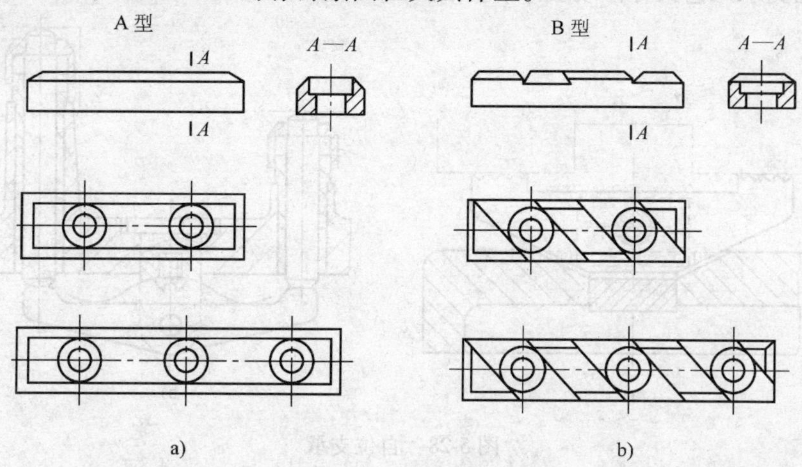

图5-25 支承板

（2）可调支承 顾名思义这种支承的高度是可以调节的。图5-26所示为几种常用的可调支承，其结构基本上都是螺钉螺母形式。图a是直接用手或板杆拧动圆柱头进行高度调节，适用于小型工件；图b、图c则需用扳手进行调节，用于较重的工件。

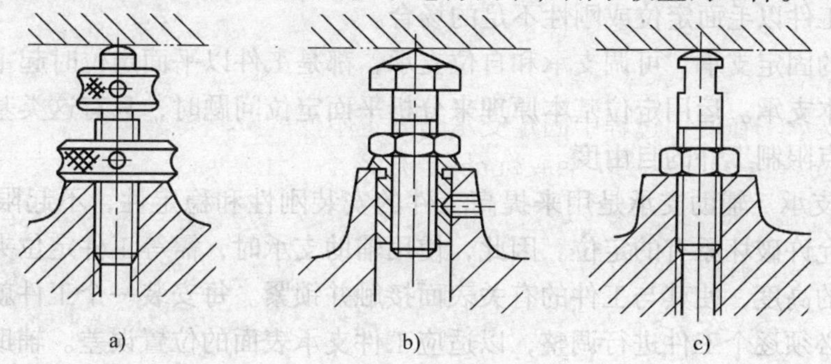

图5-26 可调支承

可调支承主要用于毛坯质量不高，以粗基准定位的场合。如图5-27所示，零件的毛坯为砂型铸件。首先以B面定位铣A面，再以A面定位镗两孔。铣A面时，若采用固定支承，由于定位基面B的尺寸和形状误差较大，铣削完A面后，A面与两毛坯孔（图中虚线）的距离尺寸H_1、H_2变化也大，致使镗孔时余量很不均匀，甚至余量不够。因此，可把固定支承改为可调支承，再根据每批毛坯的实际误差大小调整支承钉的高度，就可避免上述情况发生。

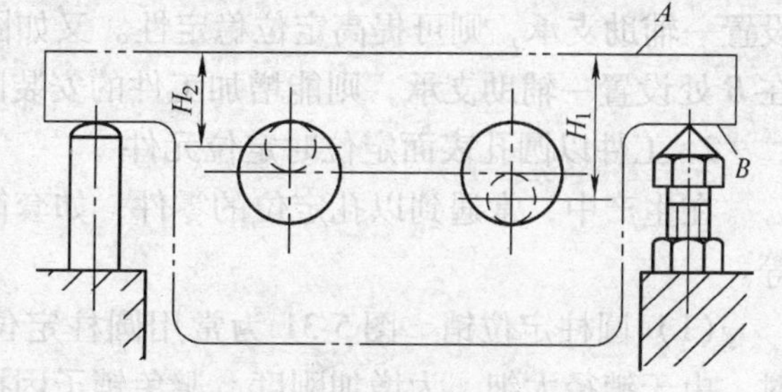

图5-27 可调支承的应用

应该注意，可调支承在一批工件加工前

调整一次，其高度一旦调节合适后，便须用锁紧螺母锁紧，以防止螺钉松动而使高度发生变化。在同一批工件加工中，其作用相当于固定支承。

(3) 自位支承　它又称浮动支承，如图5-28所示。

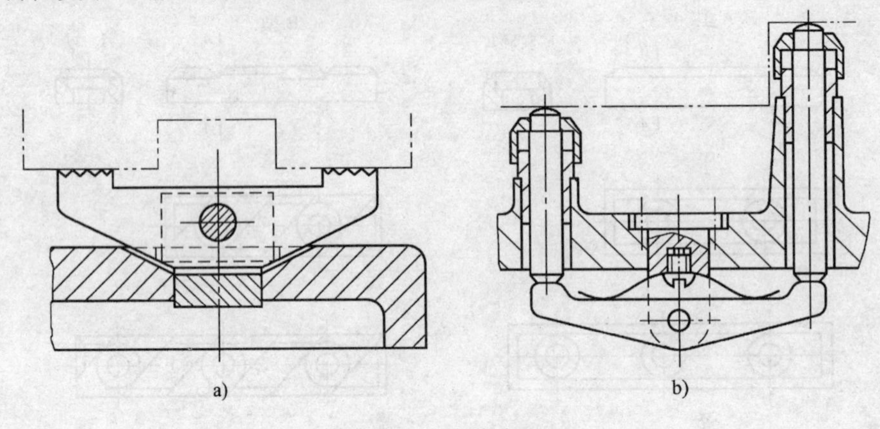

图5-28　自位支承

a) 摆动两点式　b) 摆动三点式

在工件定位过程中自位支承能自动调整位置，其结构均设计成活动或浮动的。浮动支承点的位置能随着工件定位基准位置的变化而自动调节。尽管每个自位支承与工件成两点或三点接触，但只起一个定位支承点的作用，只限制一个自由度，故可提高工件的安装刚性和稳定性，适用于工件以毛面定位或刚性不足的场合。

以上介绍的固定支承、可调支承和自位支承，都是工件以平面定位时起主要定位作用的支承，称为基本支承。运用定位基本原理来分析平面定位问题时，只有这类基本支承可以转化为定位支承点限制工件的自由度。

(4) 辅助支承　辅助支承是用来提高工件的安装刚性和稳定性，不起限制工件自由度的作用，也不允许破坏原有的定位。因此，使用辅助支承时，需等工件定位夹紧好以后，再调整辅助支承的高度，使其与工件的有关表面接触并锁紧。每安装一个工件就要调整一次辅助支承，也即必须逐个工件进行调整，以适应工件支承表面的位置误差。辅助支承可用可调支承代替。

如图5-29所示，当工件的重心越出基本支承所形成的稳定区域时，工件上重心所在的一端便会下垂，而使另一端向上翘起，于是使工件上的定位基准脱离定位元件。为了避免出现这种情况，当工件放在定位元件上并基本接近正确定位位置时，在工件重心所在部位下方设置一辅助支承，则可提高定位稳定性。又如图5-30所示，工件以平面*A*定位铣削上平面，在*B*处设置一辅助支承，则能增加工件的安装刚性。

2. 工件以圆孔表面定位时定位元件

在生产中，常遇到以孔定位的零件，如套筒、法兰盘等，常用定位元件为定位销和心轴等。

(1) 圆柱定位销　图5-31为常用圆柱定位销结构。当定位销定位部分直径小于10mm时，由于销径太细，为增加刚度，避免销子因撞击而折断或热处理时淬裂，通常将其根部倒出圆角*R*。这时在夹具体上安装定位销的部分应锪出沉孔，使定位销圆角部分沉入孔内而不影响定位，如图 5-31a 所示。大批量生产时，为了便于更换定位销，可采用图 5-31d 所示的带衬套结构。圆柱定位销的工作部分直径，通常根据加工要求和安装方便，按 g5、g6、f6、f7 制造，固定定位销是直接用过盈配合（H7/h6 或 H7/n6）压入夹具体孔中使用的。所有定位销的端部，均作成 15°大倒角，以便于工件顺利套入。

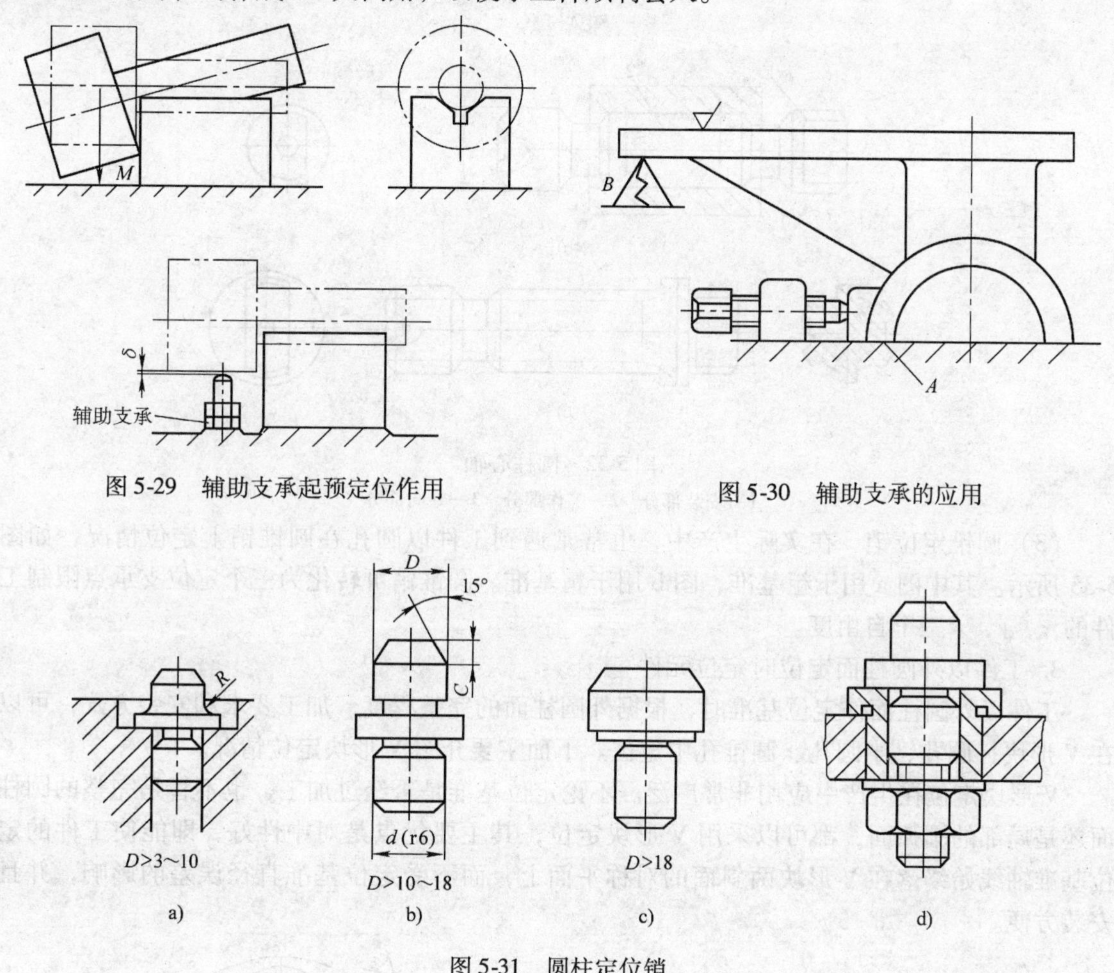

图 5-29　辅助支承起预定位作用

图 5-30　辅助支承的应用

图 5-31　圆柱定位销

此外，圆柱定位销有长、短之分。长定位销限制工件的四个自由度，短定位销限制工件的两个自由度。定位销的长短主要是根据定位销的定位工作面与基准孔接触的相对长度来区分的。

（2）圆柱定位心轴　它主要用在车、铣、磨、齿轮加工等机床上加工套筒和盘类零件。图 5-32 所示为常用几种圆柱心轴的结构形式。图 a 为间隙配合心轴，心轴定位工作部分一般按基孔制 h6、g6 或 f7 制造，因此它装卸工件较为方便，但定心精度不高；图 b 为过盈配合心轴，它由导向部分 3、工作部分 2、安装部分 1 组成。导向部分的作用是使工件迅速而正确地套入心轴。当工件孔的长度径比 $L/d>1$ 时，为了装卸工件容易，心轴的工作部分应稍带锥度。心轴上的凹槽是供车削端面时退刀用的。这种心轴制造简便且定心精度高，但装卸工件不便，易损伤工件定位孔，因此多用于定心精度要求较高的场合；图 c 是花键心轴，用于加工以花键孔为定位基准的工件。

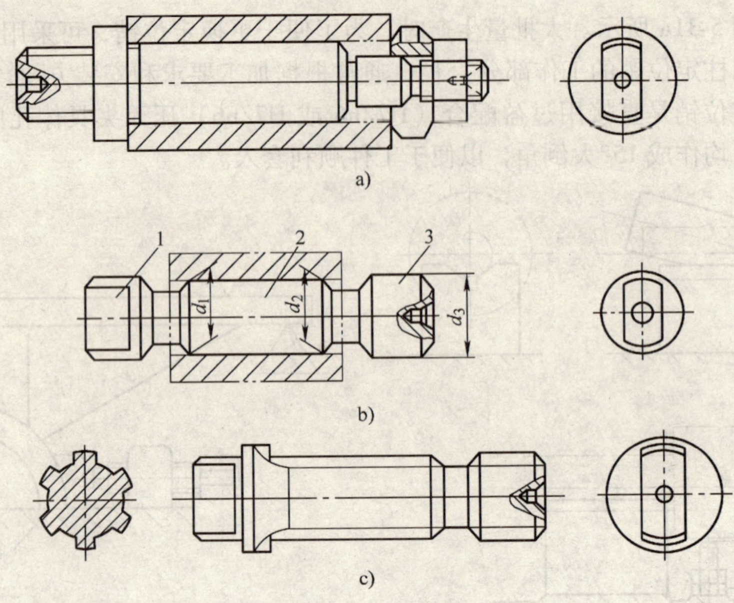

图 5-32　圆柱心轴

1—安装部分　2—工作部分　3—导向部分

（3）圆锥定位销　在实际生产中，也常常遇到工件以圆孔在圆锥销上定位情况，如图 5-33 所示。其中图 a 用于粗基准，图 b 用于精基准。圆锥销可转化为三个定位支承点限制工件的 $\vec{x}$、$\vec{y}$、$\vec{z}$ 三个自由度。

3. 工件以外圆柱面定位时定位元件

工件以外圆柱面作定位基准时，根据外圆柱面的完整程度、加工要求和安装方式，可以在 V 形块、圆孔、半圆孔、圆锥孔中定位。下面主要介绍 V 形块定位情况。

V 形块定位在生产中应用非常广泛。不论定位基准是否经过加工，也不管是完整的圆柱面还是局部的圆弧面，都可以采用 V 形块定位，其主要优点是对中性好，即能使工件的定位基准轴线始终落在 V 形块两斜面的对称平面上，而不受定位基准直径误差的影响，并且安装方便。

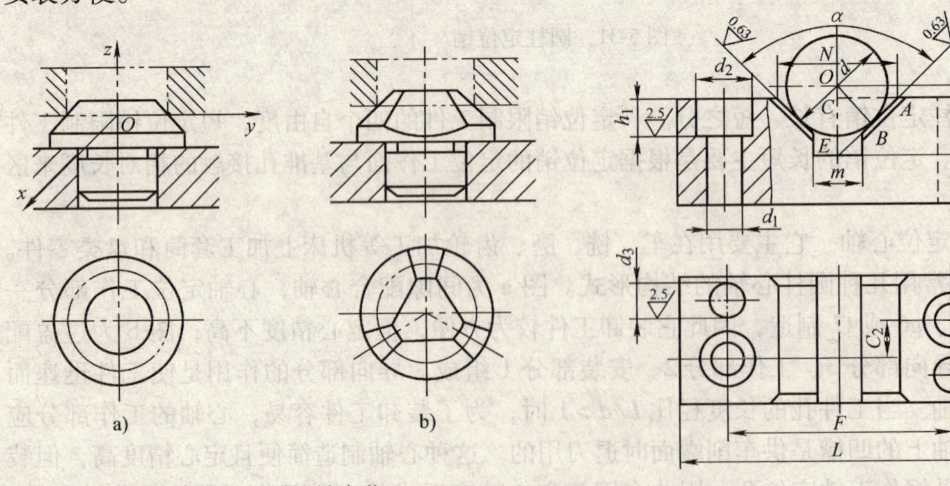

图 5-33　圆锥销定位　　　　图 5-34　V 形块的结构尺寸

V 形块的结构尺寸如图 5-34 所示。其两斜面间的夹角 α 有 60°、90°、120°三种，其中 90°V 形块使用最广泛，其结构和尺寸均已标准化，设计计算时可参阅夹具设计手册。V 形块在夹具中的安装尺寸 T 是 V 形块的主要设计参数。

图 5-35 所示为常用 V 形块结构。图 a 用于较短的精基准定位，图 b 用于基准面较长的精基准定位，图 c 用于较长的粗基准或阶梯轴的定位。如果定位基准直径和长度较大时，则 V 形块不必做成整体钢件，可采用图 d 示的铸铁底座镶淬硬支承板或硬质合金钢垫的 V 形块。V 形块上两斜面根部的凹槽是为加工两斜面时让刀用的。

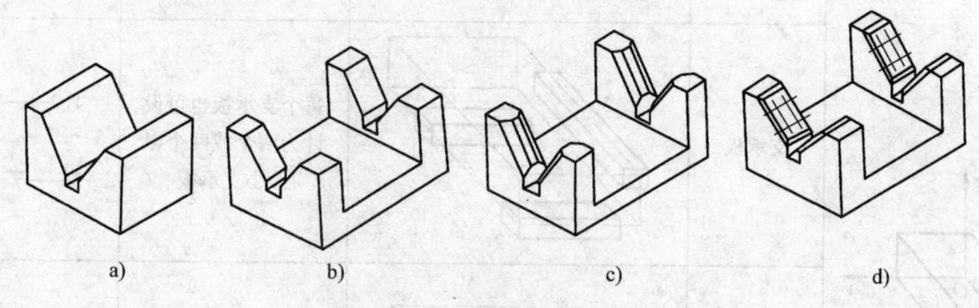

图 5-35　V 形块的典型结构

V 形块长、短是按照 V 形块量棒与 V 形块定位工作面的接触长度 L 和量棒直径 d 之比来区分。一般 $L/d \ll 1$ 时为短 V 形块，限制工件两个自由度；$L/d \gg 1$ 时为长 V 形块，限制工件四个自由度。

V 形块还有固定式和活动式之分。固定式 V 形块一般采用两个定位销和 2 ~ 4 个螺钉与夹具体连接。活动 V 形块原则上只限制一个自由度，它在可移动方向上对工件不起定位作用。活动 V 形块的应用如图 5-36 所示。图 5-36a 中的活动 V 形块只限制工件左右方向的移动自由度，同时还兼有夹紧作用。图 5-36b 中的活动 V 形块限制了工件绕左侧圆柱定位销轴线转动的自由度。

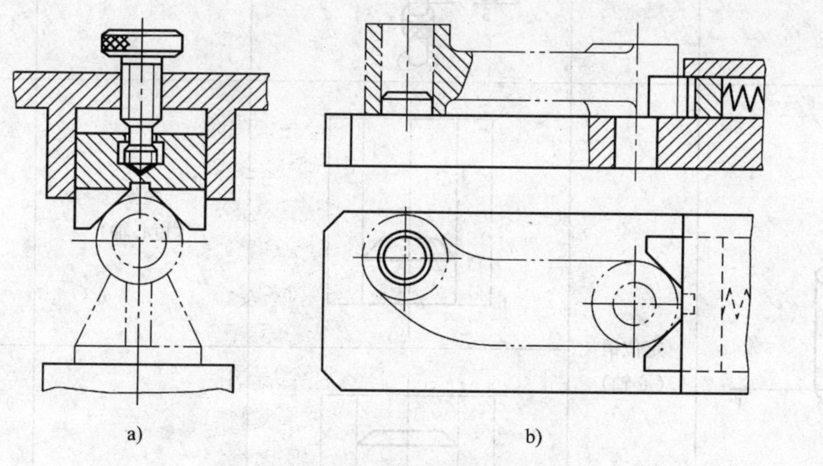

图 5-36　活动 V 形块的应用

为了便于大家正确运用六点定位原理分析定位问题，掌握常用定位元件的应用特点，我们列举了一些常用定位元件及其组合所能限制的自由度，见表 5-5。

表 5-5 常见定位元件所能限制的自由度

工件定位基准面	定位元件	定位方式简图	定位元件特点	限制的自由度
平面	支承钉			1、2、3——$\overrightarrow{z}$、$\overset{\frown}{x}$、$\overset{\frown}{y}$ 4、5——$\overrightarrow{y}$、$\overset{\frown}{z}$ 6——$\overrightarrow{x}$
	支承板		每个支承板也可设计为两个或两个以上小支承板	1、2——$\overrightarrow{z}$、$\overset{\frown}{x}$、$\overset{\frown}{y}$ 3——$\overrightarrow{y}$、$\overset{\frown}{z}$
	固定支承与浮动支承		1、3——固定支承 2——浮动支承	1、2——$\overrightarrow{z}$、$\overset{\frown}{x}$、$\overset{\frown}{y}$ 3——$\overrightarrow{y}$、$\overset{\frown}{z}$
	固定支承与辅助支承		1、2、3、4——固定支承 5——辅助支承	1、2、3——$\overrightarrow{z}$、$\overset{\frown}{x}$、$\overset{\frown}{y}$ 4——$\overrightarrow{y}$、$\overset{\frown}{z}$ 5——增强刚性，不限制自由度
圆孔	定位销（心轴）		短销（短心轴）	$\overrightarrow{x}$、$\overrightarrow{y}$
			长销（长心轴）	$\overrightarrow{x}$、$\overrightarrow{y}$、$\overset{\frown}{x}$、$\overset{\frown}{y}$

（续）

工件定位基准面	定位元件	定位方式简图	定位元件特点	限制的自由度
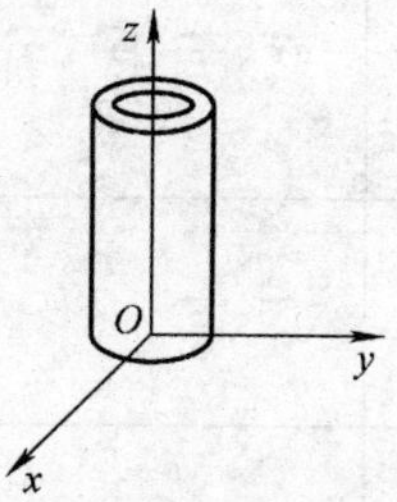 圆孔	锥销	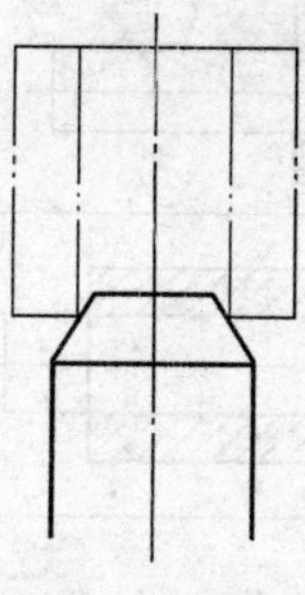	单锥销	$\vec{x}$、$\vec{y}$、$\vec{z}$
		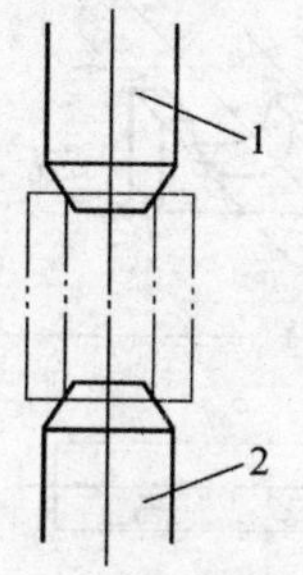	1——固定销 2——活动销	$\vec{x}$、$\vec{y}$、$\vec{z}$ $\overset{\frown}{x}$、$\overset{\frown}{y}$
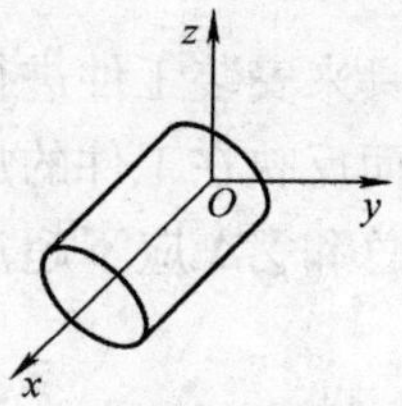 外圆柱面	支承板或支承钉	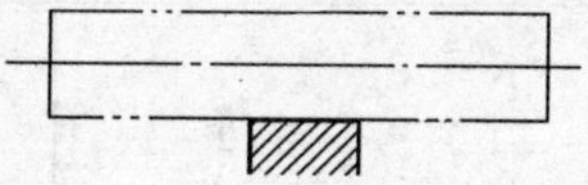	短支承板或支承钉	$\vec{z}$（或$\overset{\frown}{y}$）
		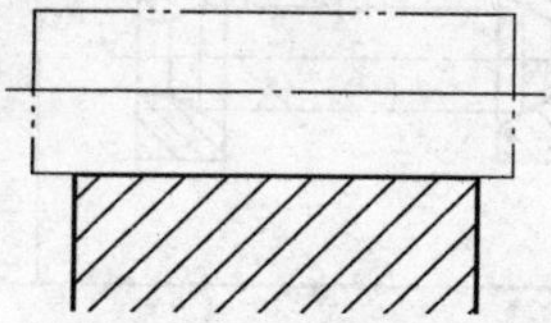	长支承板或两个支承钉	$\vec{z}$、$\overset{\frown}{y}$
	V形块	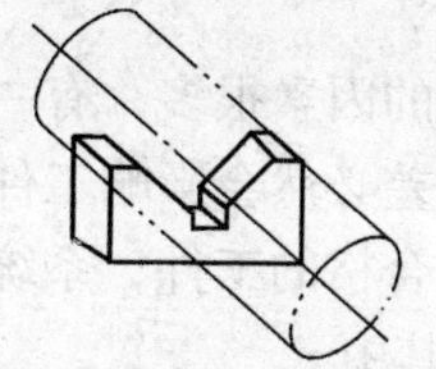	短V形块	$\vec{y}$、$\vec{z}$
		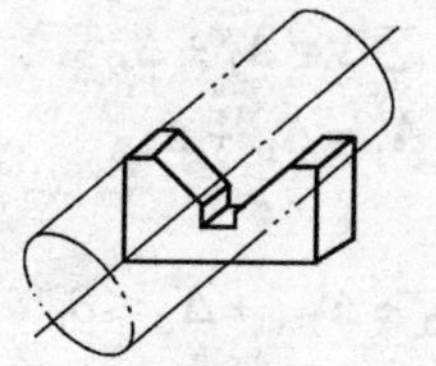	垂直运动的短活动V形块	$\vec{y}$、（或$\overset{\frown}{z}$）
		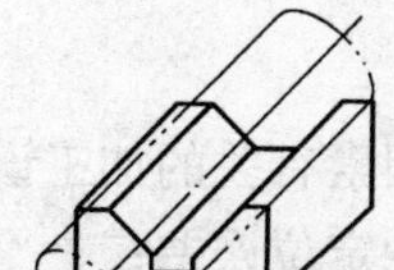	长V形块或两个短V形块	$\vec{y}$、$\vec{z}$、$\overset{\frown}{y}$、$\overset{\frown}{z}$

（续）

工件定位基准面	定位元件	定位方式简图	定位元件特点	限制的自由度
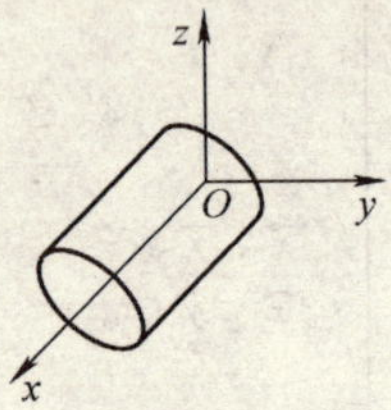 外圆柱面	定位套	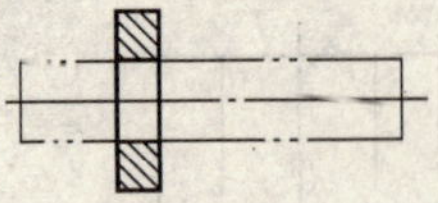	短套	$\vec{y}$、$\vec{z}$
		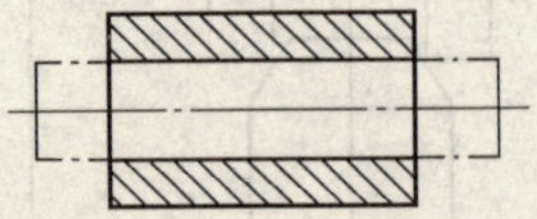	长套	$\vec{y}$、$\vec{z}$、$\overset{\frown}{y}$、$\overset{\frown}{z}$
	半圆孔	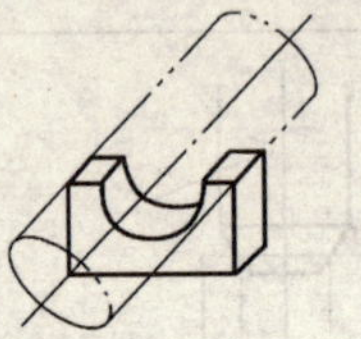	短半圆孔	$\vec{y}$、$\vec{z}$
			长半圆孔	$\vec{y}$、$\vec{z}$、$\overset{\frown}{y}$、$\overset{\frown}{z}$
	锥套	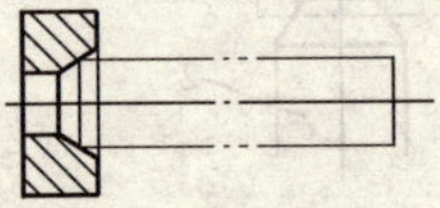	单锥套	$\vec{x}$、$\vec{y}$、$\vec{z}$
		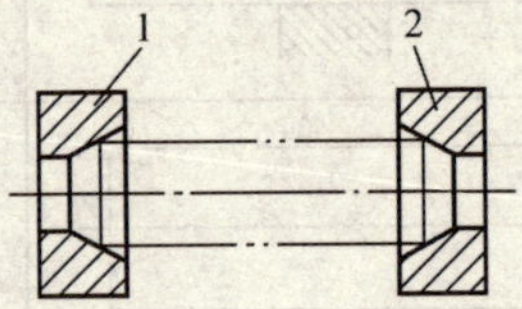 1 2	1——固定锥套 2——活动锥套	$\vec{x}$、$\vec{y}$、$\vec{z}$ $\overset{\frown}{y}$、$\overset{\frown}{z}$

四、定位误差的分析和计算

在机械加工过程中，产生加工误差的因素很多，有一项却是与采用夹具来安装工件进行加工有关。夹具设计与制造所造成的误差必然会影响工件的定位精度，从而反映在工件的加工精度上。为了使工艺系统能够加工出合格的工件，系统中各组成误差的总和$\sum\Delta$应不超过加工允差或位置公差δ_G，即$\sum\Delta\leqslant\delta_G$。其中

$$\sum\Delta=\Delta_J+\Delta_G$$

$$\Delta_J=\Delta_D+\Delta_{T\text{-}A}$$

从而有

$$\Delta_D+\Delta_{T\text{-}A}+\Delta_G\leqslant\delta_G \tag{5-2}$$

此式称为误差计算不等式。

式中 Δ_J——与夹具有关的加工误差；

Δ_G——除夹具外与工艺系统其他因素有关的加工误差；

Δ_D——工件在夹具中定位时产生的定位误差；

$\Delta_{T\text{-}A}$——夹具在机床上调整安装时产生的误差。

由此可见，在夹具设计与制造中，为了满足加工要求，要尽可能设法减少这些与夹具有关的加工误差。如果这部分误差所占比例很大，则留给补偿其他加工误差的比例就很小，结果不是降低了工件的加工精度，就是有可能造成超差而导致工件报废。下面只讨论定位误差问题。

如果一批工件在夹具中所采用的定位方式没有违犯六点定位原理，那么这种定位方式能否保证这一批工件加工后达到规定的加工技术要求，对于这个问题必须经过定量计算后才能确定。也就是说，六点定位原理只是对工件在夹具中的正确位置有一个定性分析，要使一批工件在夹具中加工后均能满足规定的工序精度要求，还必须对这一批工件在夹具中定位时的定位误差进行分析计算。

在根据经验或类比法初步确定工件的定位方案后，可假设误差计算不等式中的三项误差各占工件公差的三分之一，最后可根据实际情况进行调整。如果满足 $\Delta_D \leqslant \delta_G/3$，则合格；如果 $\Delta_D > \delta_G/3$，表明定位误差按绝对平均法所分得的允许误差已经超差，此时应按综合调整法相互调剂，使三项误差的总和不超过工序公差要求，或采取相应工艺措施解决超差问题。

1. 定位误差产生的原因

定位误差是指用调整法进行加工时，由于工件在夹具中定位所引起的一种误差。所谓调整法是指按规定的尺寸预先调整好机床、夹具、刀具、工件之间的正确位置再进行加工的方法。定位误差包括基准不重合误差和基准位移误差两项，现举例分析其产生的原因。

（1）基准不重合误差 Δ_B　即定位基准与工序基准不重合而引起的定位误差。

如图 5-37a 所示为铣削台阶面工序简图，图 5-37b 为其定位简图。要求保证尺寸 $L_1 \pm (T_1/2)$ 和 $H_1 \pm (T_{H_1}/2)$。由图 5-37a 可知，尺寸 L_1 的工序基准是 E 面，由图 5-37b 知其定位基准是 A 面，二者不重合。这样，对于一批工件而言，当刀具按定位基准 A 面调整好位置时，其中每个工件的 E 面位置却是随尺寸 $L_2 \pm (T_2/2)$ 变化而变化。由图 5-37b 可知，此时一批工件的 E 面位置可能发生的最大变动量为 ΔL_2，它便是尺寸 L_2 的公差，即 $\Delta L_2 = T_2 = L_{2\max} - L_{2\min}$。因此，在尺寸 L_1 中实际上附加了 ΔL_2 这样一个误差值，这个误差就是基准不重合误差 Δ_B，它将直接影响加工尺寸 L_1 的精度。

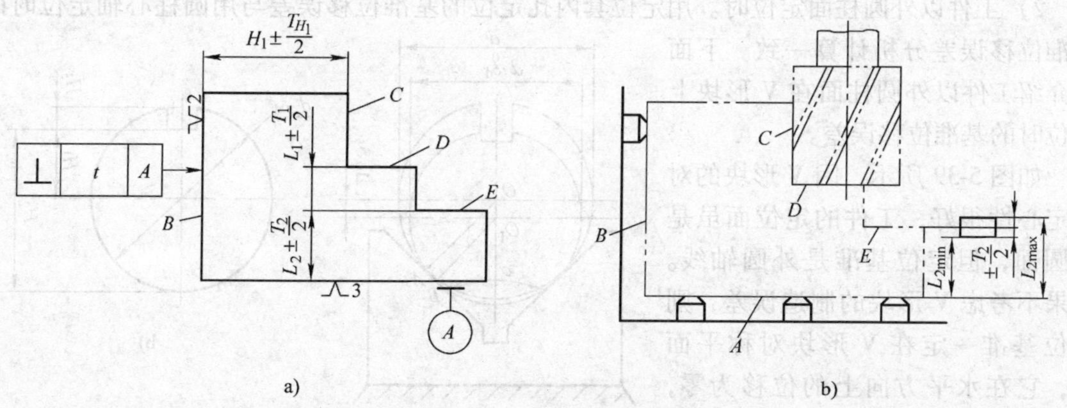

图 5-37　基准不重合误差示例

对尺寸 H_1 而言，其工序基准与定位基准均为 B 面，二者重合，不存在 Δ_B。

由此可知：如果工序基准与定位基准不重合，则两者之间必然存在一尺寸联系，这个尺寸的误差也就成为影响工序尺寸精度的附加误差，此附加误差就称为基准不重合误差。如果工序基准与定位基准重合，则二者之间不存在尺寸联系，因此也就不存在基准不重合误差。基准不重合误差只与基准的选择有关，故在夹具设计时应尽可能遵循“基准重合”原则。

（2）基准位移误差 Δ_Y　对于有些定位方式来说，即使基准重合，也会产生另一种形式的定位误差，即由于定位基准本身发生位移而引起的基准位移误差。

工件在夹具中定位时，由于定位副制造不准确及最小配合间隙的影响，定位基准本身在加工尺寸方向上会产生一定的位移量，从而导致各个工件的位置不一致，造成加工误差，我们把这种误差称为基准位移误差。

不同的定位方式，其基准位移误差的分析和计算方法也不同。下面作简单介绍。

1）工件以圆孔面定位。若定位元件与定位孔为间隙配合，如图 5-38 所示。由于配合间隙的影响，会使工件内孔的中心（定位基准）与定位心轴中心发生偏移，其最大偏移量（即最大配合间隙）就是基准位移误差。减小定位副的配合间隙，即可减小 Δ_Y 值，从而提高定位精度。基准位移误差方向是任意的，其大小可按下式计算

$$\Delta_Y = X_{max} = \delta_D + \delta_d + X_{min} \qquad (5\text{-}3)$$

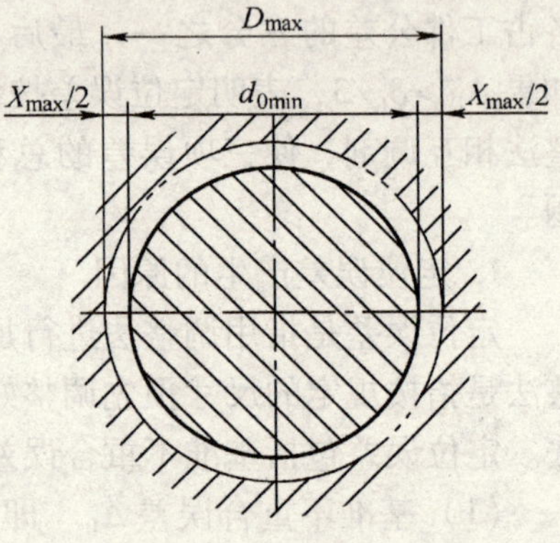

图 5-38　工件以内孔在心轴（或定位销）上定位

式中　X_{max}——定位副最大配合间隙；

δ_D——工件定位基准孔的直径公差；

δ_d——圆柱定位销或圆柱心轴的直径公差；

X_{min}——定位副所需最小间隙，由设计时确定。

若定位元件与定位孔为过盈配合，因不存在间隙，定位基准（内孔轴线）相对定位元件没有位置变化，即 $\Delta_Y = 0$，故可实现定心定位。过盈配合心轴定位精度高，但装卸工件不便，要配备压力机来装卸，装卸过程中会损伤定位孔的表面。

2）工件以外圆柱面定位时。用定位套内孔定位的基准位移误差与用圆柱心轴定位时的基准位移误差分析计算一致。下面仅介绍工件以外圆柱面在 V 形块上定位时的基准位移误差。

如图 5-39 所示，因 V 形块的对中定心性很好，工件的定位面虽是外圆面，但定位基准是外圆轴线。如果不考虑 V 形块的制造误差，则定位基准一定在 V 形块对称平面上，它在水平方向上的位移为零，但在垂直方向上，由于定位外圆面的直径有制造误差，引起定位基准

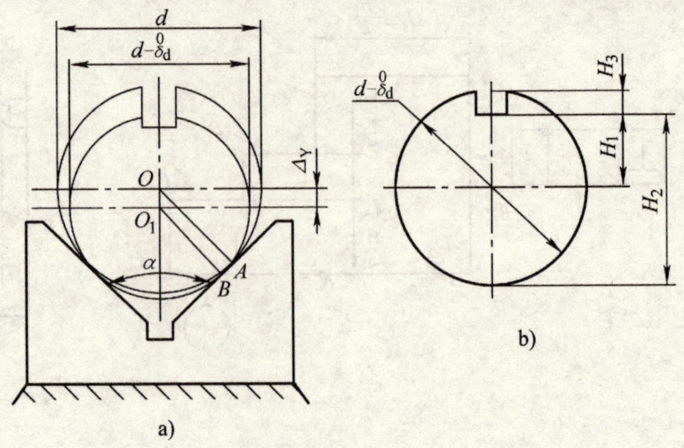

图 5-39　工件以外圆在 V 形块上定位铣键槽

相对定位元件发生位置变化，其最大变化量即为基准位移误差。可按下式计算

$$\Delta_Y = OO_1 = \frac{\delta_d}{2\sin(\alpha/2)} \tag{5-4}$$

式中　δ_d——工件定位基准的直径公差，单位为 mm；

α——V 形块两斜面夹角。

2. 定位误差的正确叠加

由上述分析可知，定位误差是由基准不重合误差 Δ_B 和基准位移误差 Δ_Y 两部分组成。

1）当 $\Delta_B=0$，$\Delta_Y\neq0$ 时，定位误差是由基准位移引起的，$\Delta_D=\Delta_Y$。

2）当 $\Delta_B\neq0$，$\Delta_Y=0$ 时，定位误差是由基准不重合引起的，$\Delta_D=\Delta_B$。

3）当 $\Delta_B\neq0$，$\Delta_Y\neq0$ 时，如果工序基准不在工件定位面上（造成基准不重合误差和基准位移误差的原因是相互独立的因素）时，则定位误差为两项之和，即 $\Delta_D=\Delta_Y+\Delta_B$；如果工序基准在工件定位面上（造成基准不重合误差、基准位移误差的原因是同一因素）时，则定位误差为

$$\Delta_D = \Delta_Y \pm \Delta_B \tag{5-5}$$

式中，“+”、“-”号的判定原则为：在力求使定位误差为最大（即极限位置法则）的可能条件下，当 Δ_Y 和 Δ_B 均引起工序尺寸作相同方向变化时取“+”号，反之则取“-”号。

下面以图 5-39b 所示的定位方案为例说明如下：

1）当工序尺寸为 H_1 时，因基准重合，$\Delta_B=0$，故有

$$\Delta_D(H_1) = \Delta_Y = \frac{\delta_d}{2\sin(\alpha/2)}$$

2）当工序尺寸为 H_2 时，因基准不重合，则

$$\Delta_B = \frac{\delta_d}{2}, \Delta_Y = \frac{\delta_d}{2\sin(\alpha/2)}$$

分析：当定位外圆直径由大变小时，定位基准下移，从而使工序基准也下移，也即 Δ_Y 使工序尺寸 H_2 增大；与此同时，假定定位基准不动，当定位外圆直径仍由大变小时（注意：定位外圆直径变化趋势要同前一致），工序基准上移，也即 Δ_B 使工序尺寸 H_2 减小。因 Δ_B、Δ_Y 引起工序尺寸 H_2 做反方向变化，故取“-”号，则有

$$\Delta_D(H_2) = \Delta_Y - \Delta_B = \frac{\delta_d}{2\sin(\alpha/2)} - \frac{\delta_d}{2}$$

3）当工序尺寸为 H_3 时，同理可知：

$$\Delta_D(H_3) = \Delta_Y + \Delta_B = \frac{\delta_d}{2\sin(\alpha/2)} + \frac{\delta_d}{2}$$

例 5-1　图 5-40 所示为一盘类零件钻削孔 ϕ_1 时的三种定位方案。试分别计算被加工孔的位置尺寸 L_1、L_2、L_3 的定位误差。

分析计算：

1）对图 5-40a 所示的定位方案，加工尺寸 $L_1\pm0.10$ 的工序基准为定位孔的轴线，定位基准也是该孔的轴线，二者重合，则 $\Delta_B=0$。

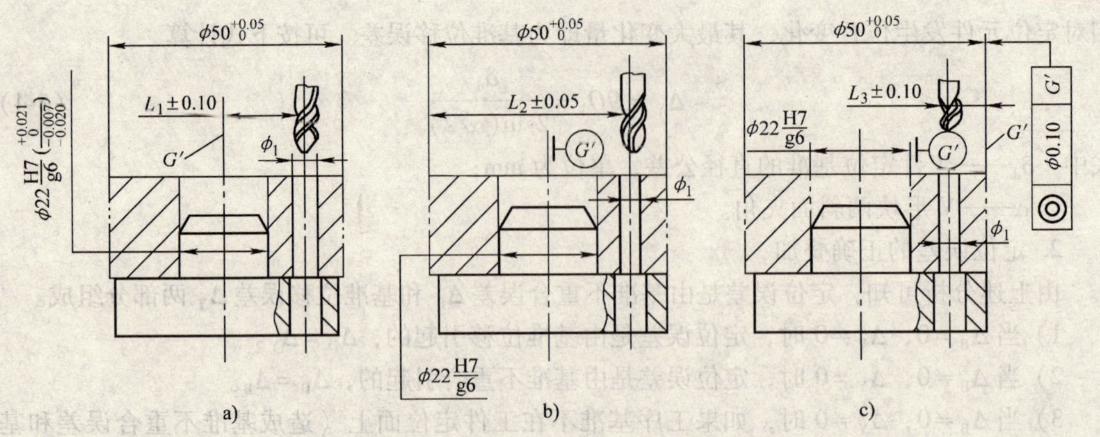

图 5-40　以短销定位时的定位误差分析计算

由于定位内孔与定位销之间的配合尺寸为 $\phi22H7/g6$（属于间隙配合），当在夹具上装夹这一批工件时，定位基准必然会发生相对位置变化，从而产生基准位移误差。

按式（5-3）求得

$$\Delta_Y = X_{max} = ES - ei = 0.021mm - (-0.02)mm = 0.041mm$$

也即

$$\Delta_D = \Delta_Y = 0.041mm$$

因

$$\Delta_D < \delta_G/3 = 0.20mm/3 = 0.067mm$$

则该定位方案合格。

2）对图 5-40b 所示的定位方案，加工尺寸 $L_2\pm0.05$ 的工序基准为外圆面的左素线，定位基准为孔的轴线，二者不重合，联系尺寸为（$50^{+0.05}_{0}/2$），则有 $\Delta_B = 0.05mm/2 = 0.025mm$。

同理，由于定位副之间存在配合间隙，其基准位移误差 $\Delta_Y = 0.041mm$。

因为基准不重合误差是由尺寸 $\phi50^{+0.05}_{0}mm$ 引起，而基准位移误差是由配合间隙引起的，二者为相互独立因素，则有

$$\Delta_D = \Delta_B + \Delta_Y = 0.025mm + 0.041mm = 0.066mm$$

因

$$\Delta_D > \delta_G/3 = 0.10mm/3 = 0.033mm$$

则该定位方案不合格。

3）对图 5-40c 所示的定位方案，加工尺寸 $L_3\pm0.10$ 的工序基准为外圆面的右素线，定位基准为孔的轴线，二者不重合，联系尺寸为[（$50^{+0.05}_{0}/2$）+（0 ± 0.05）]（注意同轴度的影响），故

$$\Delta_B = 0.025mm + 2\times0.05mm = 0.125mm$$

同理，基准位移误差 $\Delta_Y = 0.041mm$。

因工序基准不在工件定位面（内孔）上，则有

$$\Delta_D = \Delta_Y + \Delta_B = 0.125mm + 0.041mm = 0.166mm$$

因

$$\Delta_D > \delta_G/3 = 0.20\text{mm}/3 = 0.067\text{mm}$$

则该定位方案不合格。

讨论：在图5-40b和图5-40c方案中，因定位基准选择不当，均出现定位误差太大的情况，从而影响工序精度，定位方案不合理。实际上，尺寸 L_2 的定位误差占其工序公差的比例为 0.066/0.10 = 66%，尺寸 L_3 的定位误差占其工序公差的比例为 0.166/0.20 = 83%，所占比例过大，不能保证加工要求，需改进定位方案。

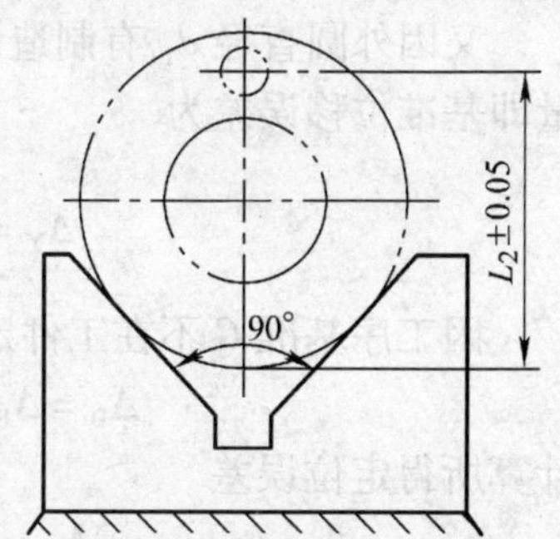

图5-41　以V形块定位时的定位误差分析计算

若改为图5-41所示以V形块定位的方案，此时，尺寸 L_2 ±0.05 的定位误差为

$$\Delta_D = \Delta_Y - \Delta_B = \frac{0.05\text{mm}}{2\sin(90°/2)} - \frac{0.05\text{mm}}{2}$$

$$= 0.035\text{mm} - 0.025\text{mm} = 0.01\text{mm}$$

只占加工公差0.10的10%。

此例说明，通过对定位误差的分析计算，可有效地比较不同定位方案的优缺点，从中选出合理的定位方案，以便进行夹具结构的设计。

分析计算定位误差时，必然会遇到定位误差占工序允差比例过大问题。究竟所占比例值多大才合适，要想确定这样一个值来分析、比较是很困难的。因为加工工序的要求各不相同，不同的加工方法所能达到的经济精度也各有差异。这就要求工艺设计人员有丰富的实际工艺经验知识，并按实际加工情况具体问题具体分析，根据从工序公差中扣除定位误差后余下的公差部分大小，来判断具体加工方法能否经济地保证精度要求。通常在分析定位方案时，一般推荐在正常加工条件下，定位误差占工序公差的1/3以内比较合适。

例5-2　如图5-42a所示的定位方案，以直径为 d_1 的外圆面在90°V形块上定位加工阶梯轴大端面上的小孔。已知 $d_1 = \phi20^{\ 0}_{-0.013}$ mm，$d_2 = \phi45^{\ 0}_{-0.016}$ mm，两外圆的同轴度公差为 $\phi0.02$mm。试分析计算工序尺寸 $H\pm0.20$mm 的定位误差，并分析其定位质量。

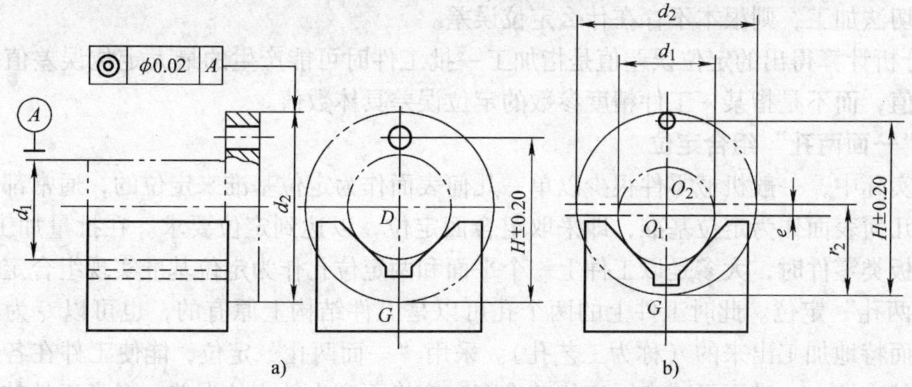

图5-42　台阶轴在V形块上定位

分析计算：为便于计算，画出如图5-42b所示简图。同轴度可标为 $e = 0\pm0.01$mm，$r_2 =$

$22.5_{-0.008}^{0}$mm。

由于工序尺寸 H 的工序基准为 d_2 外圆下素线 G，而定位基准为 d_1 外圆轴线 O_1，基准不重合，二者的联系尺寸为 e 及 r_2，故有

$$\Delta_B = 2 \times 0.01\text{mm} + 0.008\text{mm} = 0.028\text{mm}$$

又因外圆直径 d_1 有制造误差，引起定位基准相对定位元件发生位置变化，其最大变化量即基准位移误差为

$$\Delta_Y = \frac{\delta_{d_1}}{2\sin(\alpha/2)} = \frac{0.013\text{mm}}{2\sin(90°/2)} = 0.0092\text{mm}$$

因工序基准 G 不在工件定位面（d_1 外圆）上，故有

$$\Delta_D = \Delta_B + \Delta_Y = 0.028\text{mm} + 0.0092\text{mm} = 0.0372\text{mm}$$

计算所得定位误差

$$\Delta_D = 0.0372\text{mm} < (0.20 \times 2)\text{mm}/3 = 0.13\text{mm}$$

故此方案可行。

3. 定位误差分析计算应注意的问题

1）工件在夹具中定位时，不仅要限制工件的自由度，使工件在加工尺寸方向上有确定的位置，而且还必须尽量设法减少定位误差，保证有足够的定位精度。

2）工件以平面定位时，由于定位基准面的形状误差（如定位基准面的平行度误差、两基准面间的垂直度误差等），也会引起基准位移误差，但误差值一般较小，可忽略不计，即工件以平面定位时，一般只考虑基准不重合误差，而忽略基准位移误差。

3）定位误差就是工序基准相对于被加工面在加工尺寸方向上所产生的最大位移量。若工序基准的位移方向与加工方向不一致，则只要考虑工序基准在加工尺寸方向上的最大位移即可。

4）某一工序的定位方案可以对本工序所有加工精度参数产生不同的定位误差，因此应对所有尺寸精度参数逐个分析计算其定位误差。

5）定位误差主要发生在采用夹具装夹工件，并按调整法保证加工精度的情况下。如果按逐件试切法加工，则根本不存在什么定位误差。

6）分析计算得出的定位误差值是指加工一批工件时可能产生的最大定位误差值，它是一个界限值，而不是指某一工件精度参数的定位误差具体数值。

五、“一面两孔”组合定位

生产实际中，一般机械零件很少以单一几何表面作为定位基准来定位的，通常都是以两个以上的几何表面作为定位基准，即采取组合面定位，以达到定位要求。在批量加工箱体、杠杆、盖板类零件时，大多是以工件上一个平面和两定位孔作为定位基准实现组合定位，简称“一面两孔”定位。此时工件上的两个孔可以是工件结构上原有的，也可以专为工艺上定位需要而特地加工出来的（称为工艺孔）。采用“一面两孔”定位，能使工件在各道工序上的定位基准统一，进而可减少因定位基准多次变换而产生的定位误差，提高工件的加工精度。另外，还可减少夹具结构多样性，便于其设计和制造。

1. 采用“一面两孔”定位须解决的主要问题

“一面两孔”定位时，平面采用支承板定位，限制工件三个自由度；两孔采用圆柱定位销定位，各限制工件两个自由度。因两销连心线方向上的移动自由度被重复限制而出现了过

定位。

由于两定位销中心距和两定位孔中心距都在规定的公差范围内变化，孔心距与销心距很难完全相等，当一批工件以其两个孔定位装入夹具的定位销中时，就可能出现工件安装干涉甚至无法装入两销的严重情况。为此，采用“一面两孔”组合定位时，必须正确处理过定位，并要控制各定位元件对定位误差的综合影响。

2. 解决“一面两孔”定位问题的有效方法

“一面两孔”定位时，工件上两定位孔的定位元件通常采用一短圆柱销和一短削边销来增大连心线方向的间隙，补偿中心距的误差，消除过定位（削边销限制一个转动自由度）的影响。同时也因在垂直连心线方向上该销的直径并未减小，从而使工件的转角误差没有增大。这是解决“一面两孔”过定位问题的最有效的方法。

削边销已经标准化，其结构如图 5-43 所示。其中，A 型（又名菱形销）结构刚性好，应用广，主要用于定位销直径为 3 ~ 50mm 的场合；B 型结构简单，容易制造，但刚性差，主要用于销径大于 50mm 的场合。菱形销的结构设计不当会影响工件的定位精度。

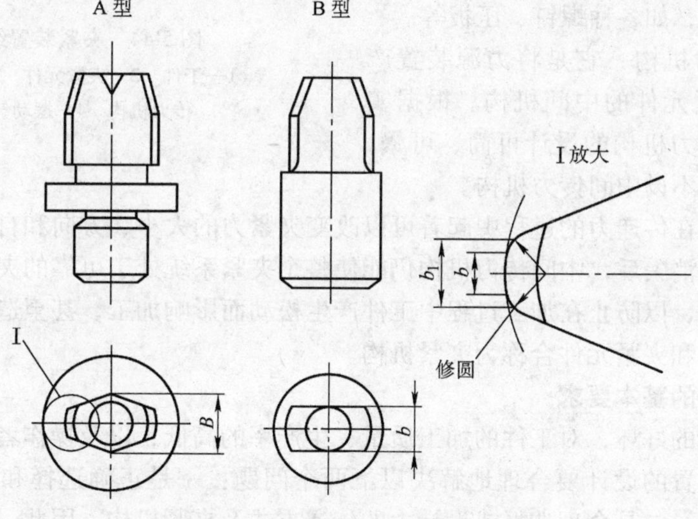

图 5-43　削边销的结构

两定位销中心距基本尺寸应等于工件两定位孔中心距的平均尺寸，其公差一般为两定位孔中心距公差的 1/3 ~ 1/5。圆柱销直径基本尺寸应等于与之配合的工件孔的最小极限尺寸，其公差带一般取 g6 或 h7。为使工件顺利装卸，需控制菱形销的宽度 B 和削边销的宽度 b，可查手册确定。

特别强调：在“一面两孔”定位时，削形销的安装应使其削边方向垂直于两销的连心线。

第四节　工件在夹具中的夹紧

机械加工前，工件通过夹具上定位装置获得正确加工位置后，还必须在夹具上设置一定的夹紧装置将工件可靠地夹牢，以保证工件在加工过程中不致因受到切削力、惯性力或重力等的作用而产生位置偏移或振动，并保持已经确定好的加工位置。也就是说，只解决定位问题，还不能保证加工的正常进行。如果工件不夹紧或夹而过紧，或夹而不紧，以及夹紧装置不合理等，均将影响工件的顺利加工。由此可见，工件在夹具中的夹紧问题，也是一个很重要的问题。把工件压紧夹牢的装置称为夹紧装置。

一、夹紧装置的组成

夹紧装置是夹具的重要组成部分，也是夹具设计的难点，尽管夹紧方式多种多样，但其组成却大体相同。一般夹紧装置主要由以下三个部分组成（见图5-44）：

（1）力源装置　即产生原始夹紧力的装置。通常是指机动夹紧时所用的气动、液动、电动等动力装置，如图5-44所示摆动气缸4。若力源来自人的力量，则称为手动夹紧。

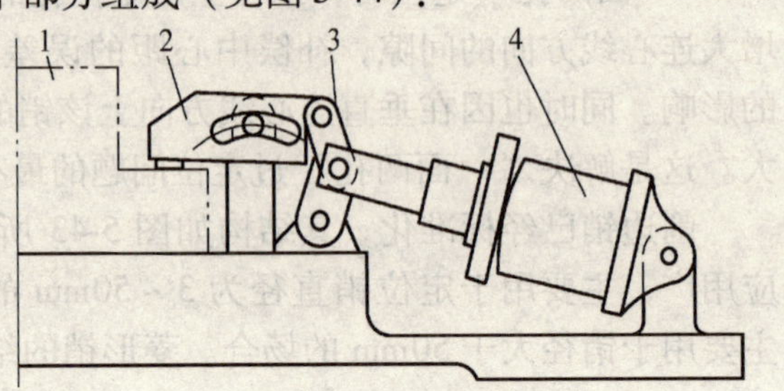

图5-44　夹紧装置组成
1—工件　2—夹紧元件　3—中间传力机构　4—摆动气缸

（2）夹紧元件　即直接夹紧工件的元件，它是夹紧装置的最终执行元件，与工件直接接触而将工件夹紧，如各种螺钉、压板等。

（3）中间传力机构　它是将力源装置产生的力传递给夹紧元件的中间机构。根据实际的需要，中间传力机构的设计可简、可繁，有的场合甚至可以不设中间传力机构。

中间传力机构在传递力的过程中起着可以改变夹紧力的大小、方向和自锁的作用。所谓自锁，就是在力源消失后，中间传力机构仍能使整个夹紧系统处于可靠的夹紧状态。手动夹紧必须有自锁功能，以防止在加工过程中工件产生松动而影响加工，甚至造成事故。

中间传力机构和夹紧元件合称为夹紧机构。

二、夹紧装置的基本要求

夹紧装置设计的好坏，对工件的加工质量、生产率的高低，以及操作者的劳动强度都有直接影响。夹紧装置的设计要合理地解决以下两个问题：一是正确选择和确定夹紧力的方向、作用点及大小；二是合理选择或设计力的传递方式及夹紧机构。因此，在设计夹紧装置时应满足下列基本要求：

1）夹紧作用准确、安全、可靠，不破坏工件的定位位置。

2）夹紧动作迅速，操作方便，安全省力。

3）夹紧力的大小要适当，既要保证工件在整个加工过程中位置稳定不变，又要保证工件不产生明显的变形或损伤工件表面。

4）结构工艺性好，便于制造、调整和维修。

三、夹紧力的确定

因夹紧装置是用来夹紧工件的，而要把工件夹紧，就必须对工件施以一定的夹紧力。所以，设计和选用夹紧装置的核心问题就是如何合理地确定夹紧力的方向、大小和作用点（称为夹紧力三要素）。夹紧力三要素的确定是一个综合性的问题，必须综合考虑工件的结构特点、加工要求、定位元件的结构及布置、切削力的方向和大小等因素。

1. 夹紧力方向的确定原则

夹紧力的方向主要和工件定位基准的配置情况，以及工件所受外力的作用方向等有关。

1）夹紧力的指向应有助于定位，而不破坏定位。由于工件在夹具中的位置是由定位元件来确定的，因此，只有使夹紧力方向朝向定位元件，才能可靠地保证工件与定位元件的密切接触，从而达到巩固定位之目的。很显然，应使夹紧力优先指向主要定位基准面。这是因为主定位基准面的面积较大，消除工件的自由度数目多，容易保证工件安装稳定，有利于保证加工精度。

如图5-45所示，在直角形工件上镗孔，由于工件上左端面与底面有垂直度误差，为保证被镗孔与左端面的垂直度要求，选左端面为主要定位基准面，以符合基准重合原则，同时夹紧力方向应垂直于主要定位基准面（即左端面）。若夹紧力指向底面 A（限制两个自由度），不仅装夹稳定性较差，而且因工件左端面与底面的垂直度误差，使被加工孔与左端面的垂直度要求也难以保证。

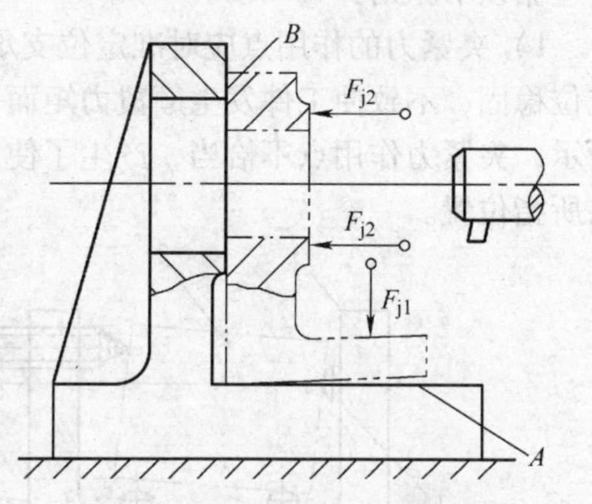

图5-45　夹紧力方向的选择

2）夹紧力的指向应有利于减小夹紧力，亦即夹紧力的方向应使所需的夹紧力最小。当夹紧力和切削力、工件重力的方向均相同时，加工过程中所需的夹紧力可最小。另外，夹紧力越小，工件的夹紧变形越小，夹紧装置紧凑，从而能简化夹紧装置的结构和便于操作，减少工人的劳动强度，提高生产率。

图5-46a所示夹紧力 F_j 与切削力方向相反，则夹紧力至少要大于切削力；而如图5-46b所示，夹紧力 F_j 与主切削力方向一致，此时切削力有帮助夹紧的作用，使得所需夹紧力较小。

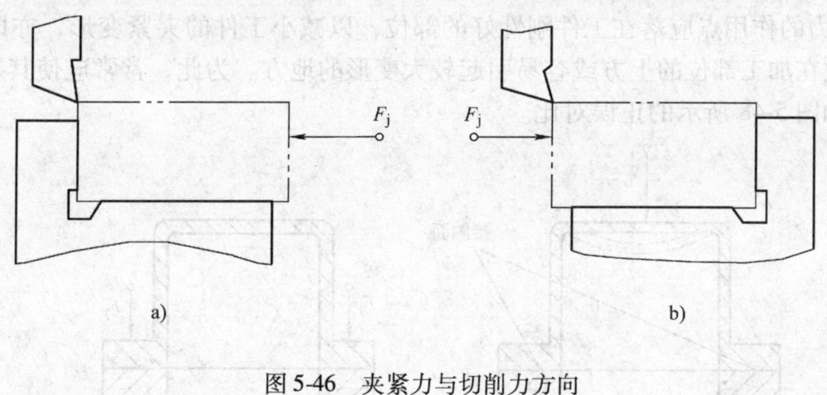

图5-46　夹紧力与切削力方向

3）夹紧力的指向应有利于增强夹紧系统的刚性，亦即夹紧力的方向应使工件变形小。由于工件在不同方向和部位的刚性是不同的，所以在不同的方向对工件施加夹紧时，产生的变形也不一样。这一点对刚性较差的工件夹紧尤为重要。值得注意的是，如果夹紧力指向主要定位基准时，工件容易产生变形而不能保证加工质量时，可以使夹紧力指向工件刚性较大的部位。例如，薄壁套筒工件的加工，由于其轴向刚度比径向刚度大，用卡爪径向夹紧易引起工件较大的变形。若沿轴向施加夹紧力，则变形情况就大为改善，从而减少加工误差，有利于加工过程的稳定性。

2. 夹紧力作用点的确定原则

在夹紧力方向确定好的前提下，还应确定作用点的位置。夹紧力作用点位置选择的是否恰当，将直接影响工件的夹紧效果。另外，正确选择夹紧力作用点对于促进工件定位可靠，防止发生夹紧变形，保证工件加工精度等方面都有很大影响。为此，在选择夹紧力作用点时应遵循以下原则：

1）夹紧力的作用点应对准定位支承或落在定位元件支承范围内，亦即着力点应能保持定位稳固，不致使工件发生颠覆力矩而引起工件产生位移或倾斜，导致定位破坏。如图5-47所示，夹紧力作用点不恰当，产生了使工件翻转的力矩，破坏了工件的定位，应改为图中箭头所指位置。

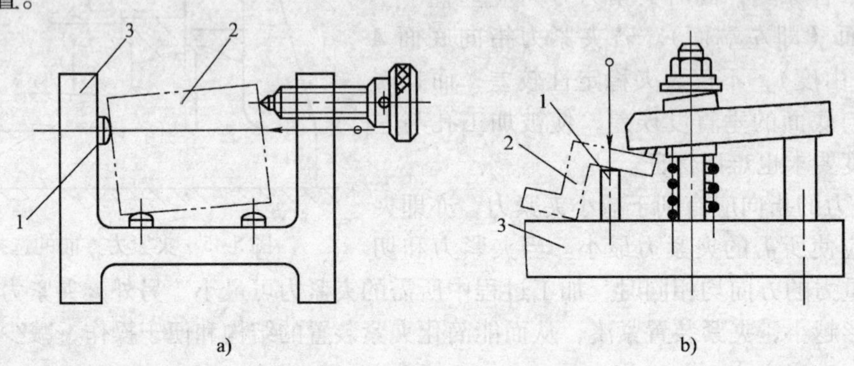

图5-47 夹紧力作用点的位置
1—定位元件 2—工件 3—夹具体

2）夹紧力的作用点应落在工件刚性好的部位，以减小工件的夹紧变形，亦即夹紧力作用点应避免放在加工部位的上方或容易引起较大变形的地方。为此，常常应使其靠近工件上肋或壁处，如图5-48所示的正误对比。

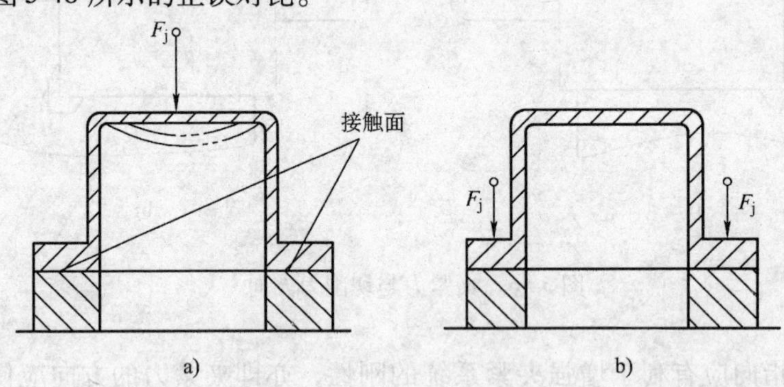

图5-48 夹紧力的作用点应落在工件刚性最好的部位
a）错误 b）正确

3）夹紧力作用点应尽量靠近被加工部位，以减小切削力绕夹紧力作用点的力矩，防止工件在加工中产生转动或位移，破坏定位。另外，夹紧力靠近加工表面，可提高加工部位的夹紧刚性，防止或减少工件产生振动。当着力点只能远离切削部位，造成刚性不足时，则可在尽量接近加工部位设置辅助支承和辅助夹紧机构，以防止加工时发生振动，影响加工质量。如图5-49所示的零件，在铣削A、B两端面时，由于主要夹紧力的作用点距加工面较远，所以在靠近加工表面的地方设置了辅助支承，增加了夹紧力F_j'，以提高工件的装夹刚性。

必须指出，在设计夹紧装置时，同时满足上述有关夹紧力的方向、作用点的选择原则，有时是很困难的，但应根据加工性质、工件的形状特点、重量和外力作用情况等因素，力求使主要矛盾得到解决。

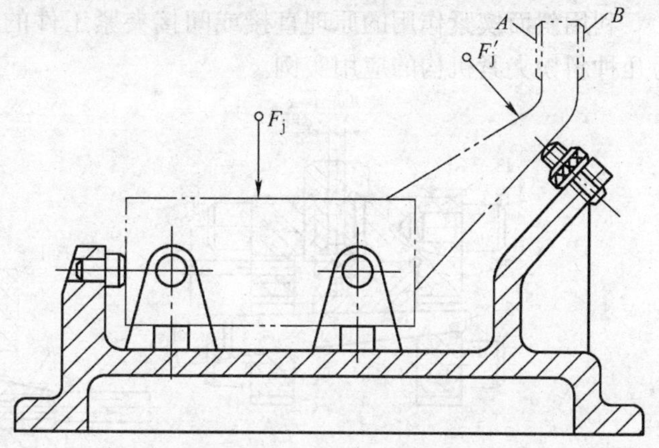

图5-49　辅助支承与辅助夹紧

3. 夹紧力大小的估算

夹紧力大小对于保证定位稳定、夹紧可靠、确定夹紧装置的结构尺寸等都有很大关系。夹紧力过小，则夹紧不稳定，在加工过程中工件仍会发生位移而破坏定位，轻则影响加工质量，重则造成生产事故；夹紧力过大，将会增大夹紧装置的结构尺寸，也会使夹紧变形增大，影响加工质量。所以，在夹紧力方向、作用点确定之后，还须确定切合实际、恰当的夹紧力大小。

在加工过程中，工件受到切削力、离心力、惯性力及重力的作用，理论上夹紧力的作用效果应与上述各力（矩）相平衡，但在不同条件下，这些作用力（矩）在平衡力系中对工件所起的作用并不相同。如常规切削加工中、小型工件时，起决定作用的因素是切削力（矩）。此外，切削力本身在加工过程中随切削过程的进行而变化，很难用准确的公式确定其大小；夹紧力大小还与工艺系统的刚度、夹紧机构的传动效率等有关，因此夹紧力的计算是一个很复杂的问题，一般只能作粗略的估算。

目前，大多采用切削原理实验公式粗略算出切削力（矩），再对夹紧力作简化估算。

估算夹紧力时，首先假设系统为刚性系统，切削过程处于稳定状态。常规情况下，为简化计算，只考虑切削力（矩）对夹紧的影响，切削力（矩）用切削原理的实验公式计算。对重型工件应计及工件重力对夹紧的影响；在工件高速运动的场合，必须计入惯性力，尤其在精加工时，惯性力常是影响夹紧力的主要因素。其次，分析并弄清对夹紧最不利的加工瞬时位置和情况，将此时所需的夹紧力定为最大值；根据此时受力情况列出其静力平衡方程式，即可解算出理论上的夹紧力F_j。最后按下式计算出实际需要的夹紧力。

$$F_{jK}=K\cdot F_j \tag{5-6}$$

式中　F_{jK}——实际需要的夹紧力，单位为N；

K——安全系数，一般取$K=1.5\sim3$，粗加工取大值，精加工取小值；

F_j——在最不利的条件下由静力平衡计算出的夹紧力，单位为N。

上述估算方法，对夹具设计来说，其准确程度是能满足要求的。

四、基本夹紧机构

由夹紧装置的组成中可以看出，不论采用何种力源（手动或机动）形式，所有外加的作用力转化为夹紧力都必须通过夹紧机构。因此，夹紧机构是夹紧装置中的一个很重要的组成部分。基本夹紧机构就是指夹具中最常用的斜楔夹紧机构、螺旋夹紧机构、圆偏心夹紧机构以及由它们组合而成的夹紧机构。

1. 斜楔夹紧机构

利用斜面楔紧作用的原理直接或间接夹紧工件的机构称为斜楔夹紧机构。图 5-50 所示为几种斜楔夹紧机构的应用实例。

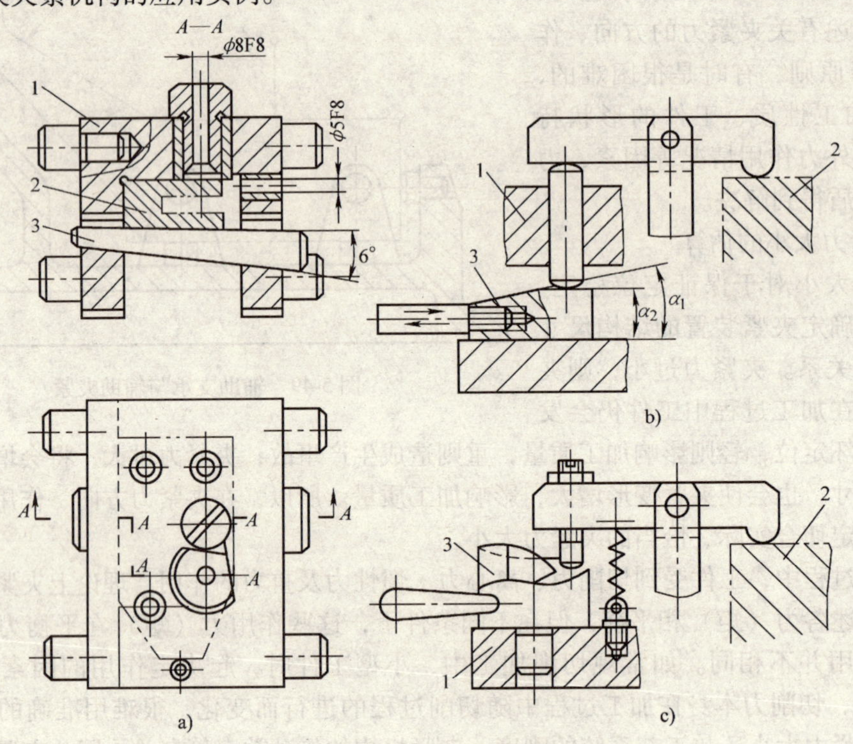

图 5-50 斜楔夹紧机构

1—夹具体 2—工件 3—斜楔

图 5-50a 所示为在工件上钻削相互垂直的 ϕ8mm 和 ϕ5mm 小孔。工件装入夹具后，用锤敲击斜楔大头，则楔块对工件产生夹紧力和对夹具体产生正压力，从而把工件夹紧。加工完毕后锤敲击小头即可松开工件。由于用斜楔直接夹紧工件，产生的夹紧力较小，且操作费时费力，故在实际生产中多数情况是将斜楔与其他机构联合使用。图 5-50b 是斜楔与滑柱组成的夹紧机构，图 5-50c 是由端面斜楔与压板组合而成的夹紧机构。

（1）夹紧力计算 斜楔在受原始作用力 F_Q 以后产生的夹紧力 F_j，可按力的平衡条件求出。取斜楔为受力平衡对象，斜楔夹紧时的受力情况如图 5-51a 所示。斜楔与工件相接触的一面受到工件对它的反力（即夹紧力）F_j 和摩擦力 F_1 的作用，而斜楔与夹具体相接触的一面受到夹具体给它的反力 F_N 和摩擦力 F_2 的作用。在此五个力的作用下，斜楔处于平衡状态。

根据静力平衡原理得

$$F_j' = F_j$$

$$F_Q = F_1 + F$$

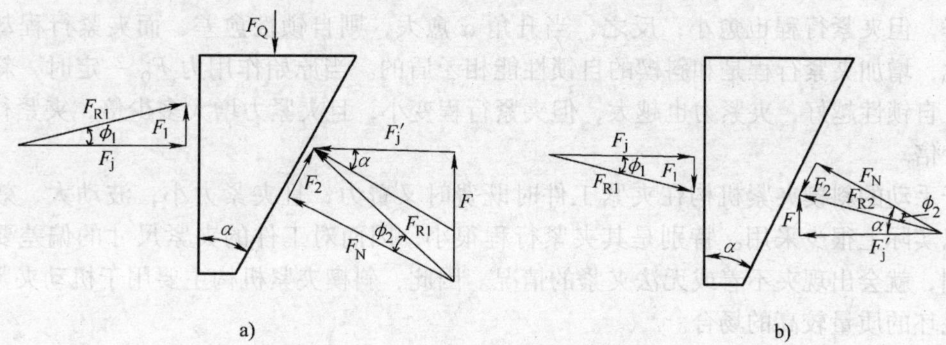

图 5-51 斜楔夹紧受力分析

因为 $F_1 = F_j \tan\phi_1$

$F = F_j \tan(\phi_2 + \alpha)$ （其中 α 为斜楔升角）

所以，斜楔夹紧力的近似计算公式为

$$F_j = \frac{F_Q}{\tan\phi_1 + \tan(\phi_2 + \alpha)} \tag{5-7}$$

通常取 $\phi_1 = \phi_2 = 4° \sim 6°$，$\alpha = 6° \sim 10°$。由于 ϕ_1、ϕ_2、α 均很小，上式可简化为

$$F_j = \frac{F_Q}{\tan(\alpha + 2\phi)} \tag{5-8}$$

此简化公式计算夹紧力的误差不超过7%，一般能满足夹具的设计要求。

（2）自锁条件 一般对夹具的夹紧机构都要求具有自锁性能。斜楔在外力 F_Q 消失或撤除后，摩擦力的方向应与斜楔企图退出松开方向相反。此时斜楔受力情况如图 5-51b 所示。F_N 和 F_2 可合并成合力 F_{R2}，再把它分解成水平分力 F_j' 和垂直分力 F。F 力有使斜楔松开的趋势，欲使斜楔具有自锁性能，必须有：$F_1 > F$

因为 $F_1 = F_j \tan\phi_1$

$$F = F_j' \tan(\alpha - \phi_2)$$

$$F_j = F_j'$$

所以 $\tan\phi_1 > \tan(\alpha - \phi_2)$

因 ϕ_1、ϕ_2、α 均为很小的正数，由极限知识可得到

$$\phi_1 > \alpha - \phi_2 \quad 或 \quad \alpha < \phi_1 + \phi_2 \tag{5-9}$$

即可得出斜楔夹紧的自锁条件：斜楔升角 α 必须小于两处摩擦角之和（$\phi_1 + \phi_2$）。

一般钢铁材料、光滑平面的摩擦系数 $f = 0.1 \sim 0.15$，摩擦角 $\phi \approx 6°$，因此，$\alpha < 12°$。但考虑到斜楔的实际工作条件，为了可靠起见，对于手动夹紧一般取 $\alpha = 6° \sim 8°$。因 $\tan 6° \approx 0.1 = 1/10$，故斜楔的斜度一般按 1:10 设计。在用气动或液压夹紧且不考虑自锁时，升角可取大些，一般 $\alpha = 15° \sim 30°$。

（3）工作特点 斜楔夹紧机构具有一定的增力作用。当给斜楔施加一个较小的外力 F_Q，工件可获得一个比 F_Q 大好几倍的夹紧力 F_j；而且当 F_Q 一定时，α 愈小，则增力作用愈大。因此，在以气动或液压作为力源的高效率机械化夹紧装置中，常用斜楔作为增力机构。

斜楔的夹紧行程一般很小，而且夹紧行程直接与斜楔的升角有关。当升角 α 愈小，自

锁性愈好，但夹紧行程也愈小；反之，当升角 α 愈大，则自锁性愈差，而夹紧行程却能增大。因此，增加夹紧行程是和斜楔的自锁性能相矛盾的。当原始作用力 F_Q 一定时，斜楔升角越小，自锁性越好，夹紧力也越大，但夹紧行程变小，且夹紧力增大多少倍，夹紧行程就缩小多少倍。

由于手动的斜楔夹紧机构在夹紧工件时既费时又费力，且夹紧力小，波动大，效率极低，所以实际上很少采用。特别是其夹紧行程很小，因而对工件的夹紧尺寸的偏差要求严格，否则，就会出现夹不着或无法夹紧的情况。因此，斜楔夹紧机构主要用于机动夹紧装置中，且毛坯的质量较高的场合。

2. 螺旋夹紧机构

采用螺旋直接夹紧或与其他元件（如垫圈、压板等）组合实现夹紧工件的机构，统称为螺旋夹紧机构。由于螺旋夹紧机构结构简单，制造容易，夹紧可靠，夹紧行程不受限制，特别是它具有增力大、自锁性能好两大特点，所以在手动夹紧装置中用得很广。其主要缺点是夹紧动作慢，辅助时间长，工作效率较低。因此，应尽可能采用一些快速螺旋夹紧机构以克服其缺点。

（1）单个螺旋夹紧机构　直接用螺钉、螺母夹紧工件的机构，称为单个螺旋夹紧机构，如图 5-52 所示。在图 5-52a 中，用螺钉头部直接夹紧工件，容易损伤受压表面，并在旋紧螺钉时易引起工件转动，因此常在螺钉头部安装一摆动压块（其结构已标准化），如图 5-52b 所示。由于该摆动压块只随螺钉前后移动，而不与螺钉一起转动，所以，在夹紧时不仅能使工件的夹压面保持良好的接触，而且不会带动工件旋转和损伤工件。

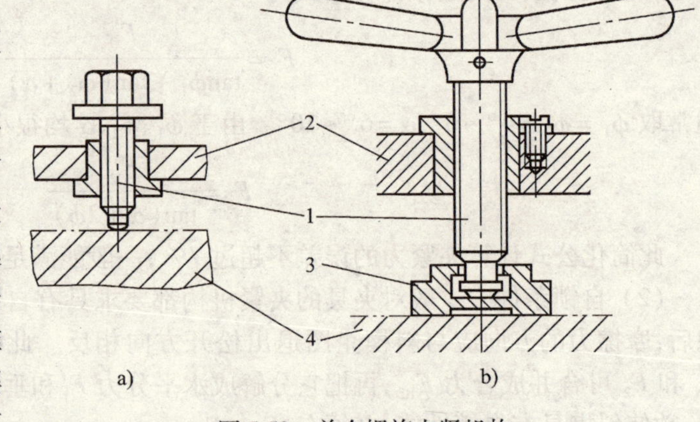

图 5-52　单个螺旋夹紧机构

1—螺钉、螺杆　2—螺母套　3—摆动压块　4—工件

（2）快速螺旋夹紧机构　为迅速夹紧工件，减少辅助时间，可采用各种快速接近或快速撤离工件的螺旋夹紧机构，如图 5-53 所示。其中，图 5-53a 为带有开口垫圈的螺母夹紧机构，螺母最大外径小于工件孔径，松开螺母取下开口垫圈，工件即可穿过螺母被取出；图 5-53b 为快卸螺母结构，螺孔内钻有光滑斜孔，其直径略大于螺纹公称直径，螺母旋出一段距离后，就可取下螺母；图 5-53c 是回转压板夹紧机构，旋松螺钉后，将回转压板逆时针转过适当角度，工件便可从上面取出。

（3）螺旋压板夹紧机构　该螺旋夹紧机构结构简单，夹紧力和夹紧行程都较大，而且还可以通过压板所形成的杠杆比加以调节，因此，在手动夹紧装置中应用极为广泛。

图 5-54 所示为常见的几种螺旋压板夹紧机构。图 5-54a 中螺旋压紧位于压板中间，螺母下使用一球面垫圈。压板尾部的支柱顶端也作成球面，以便在夹紧过程中，压板根据工件表面位置作少量偏转，件 2 为移动压板，该机构主要用于增大夹紧行程；图 5-54b 主要起改变夹紧力方向的作用，在适当调节力臂时，也可以实现增力或增大夹紧行程；图 5-54c 主要起增力作用。当夹具总体布局上位置受限，无法采用外形尺寸较大的螺旋压板夹紧机构时，可

用图 5-54d 所示的螺旋钩形压板机构（设计时可参考有关手册）。当工件的高度尺寸不同时，需要进行适当的调节，可采用图 5-54e 所示的万能自调式螺旋压板机构。

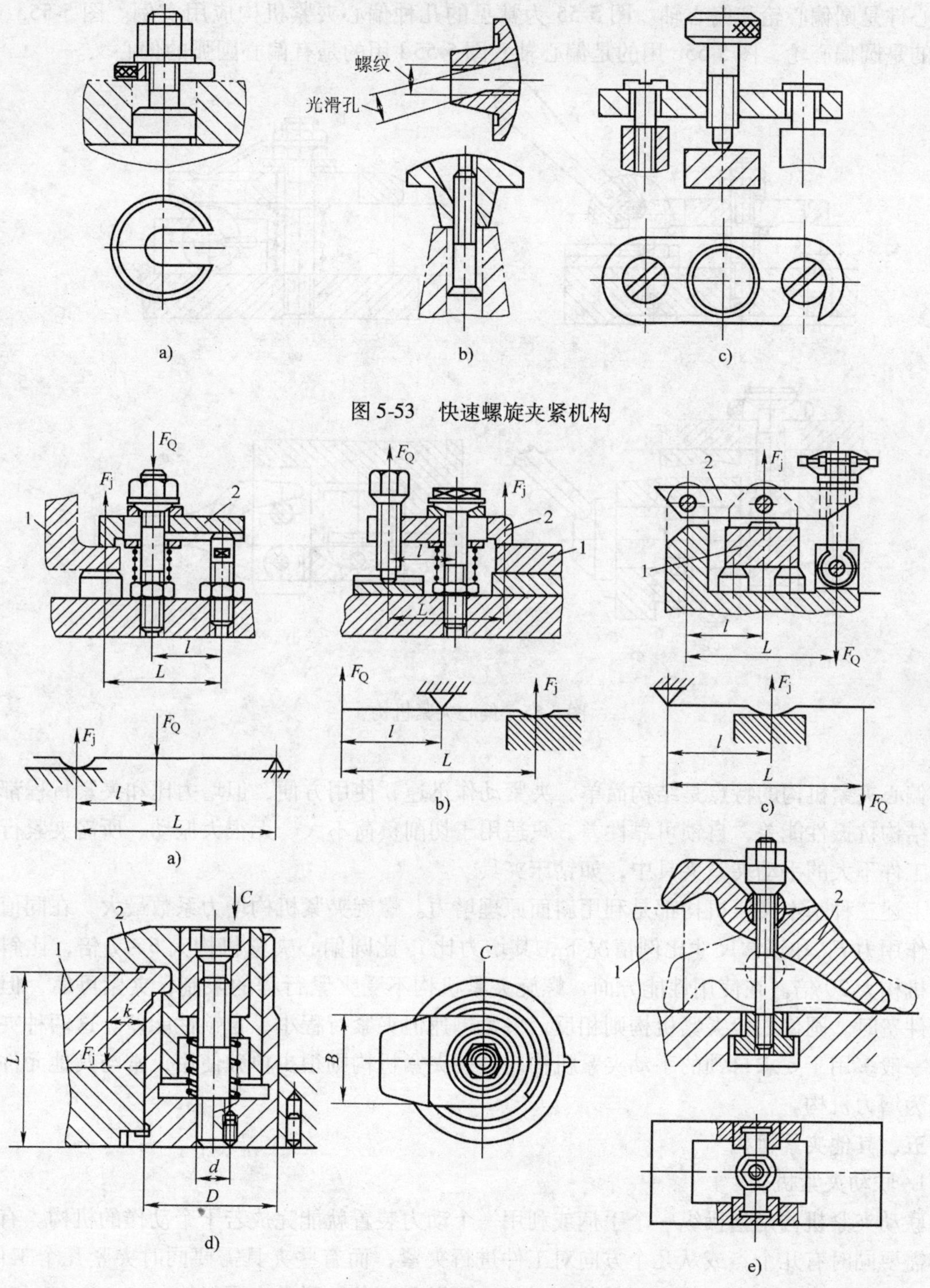

图 5-53　快速螺旋夹紧机构

图 5-54　螺旋压板夹紧机构

1—工件　2—压板

3. 偏心夹紧机构

用偏心件直接夹紧或与其他元件组合而实现夹紧工件的机构，称为偏心夹紧机构。常用的偏心件是圆偏心轮和偏心轴。图 5-55 为常见的几种偏心夹紧机构应用实例。图 5-55a、b 采用的是圆偏心轮，图 5-55c 用的是偏心轴，图 5-55d 用的是有偏心圆弧的偏心叉。

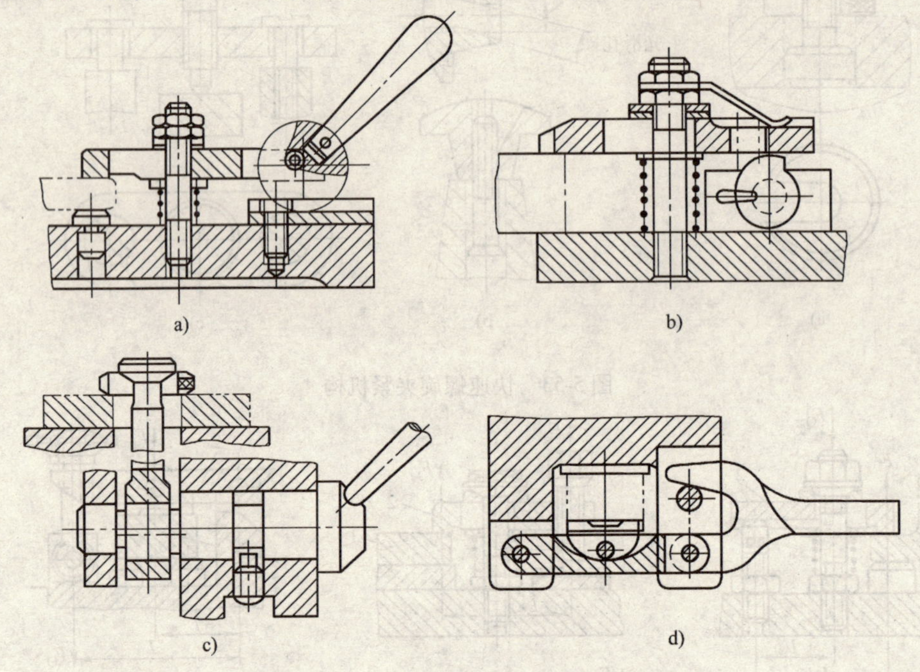

图 5-55　偏心夹紧机构

偏心夹紧机构的特点是结构简单，夹紧动作迅速，使用方便，但增力比和夹紧行程都不大，结构抗振性能差，自锁可靠性差。只适用于切削负荷不大、无很大振动、所需夹紧行程小、工件不大的手动夹紧夹具中，如钻床夹具。

上述三种基本夹紧机构都是利用斜面原理增力。螺旋夹紧机构增力系数最大，在同值的原始作用力 F_Q 和正常尺寸比例情况下，其增力比 i_p 比圆偏心夹紧机构大 6 ~7 倍，比斜楔夹紧机构大 20 倍。在使用性能方面，螺旋夹紧机构不受夹紧行程的限制，夹紧可靠，但夹紧工件费时。圆偏心轮夹紧机构则相反，夹紧迅速但夹紧行程小，自锁性能差。这两种夹紧方式一般多用于要求自锁的手动夹紧机构。斜楔夹紧机构则很少单独使用，常与其他元件组合成为增力机构。

五、其他夹紧机构

1. 联动夹紧机构

联动夹紧机构是指操纵一个手柄或利用一个动力装置就能完成若干个动作的机构。有些夹具需要同时有几个点或从几个方向对工件进行夹紧，而有些夹具需要同时夹紧几个工件。这时，为了提高生产率，减少工件装夹时间，可以采用各种联动夹紧机构。

图 5-56a 所示为双向浮动四点单件联动夹紧机构。由于摇臂 2 可以转动并与摆动压块 1、3 铰链联接，因此，当拧紧螺母 4 时，便可以从两个相互垂直的方向上实现四点联动夹紧。

图 5-56b 所示为复合式多件联动夹紧机构。浮动件为压板、摆动压块和球面垫圈。

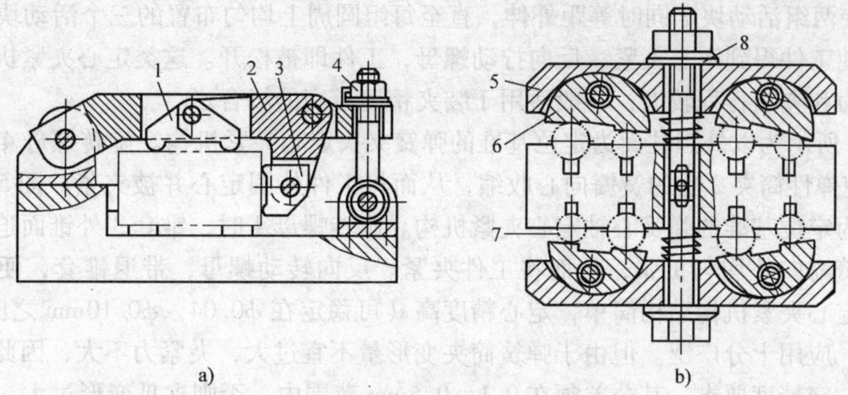

图 5-56　联动夹紧机构

1、3、6—摆动压块　2—摇臂　4—螺母　5—压板　7—工件　8—球面垫圈

2. 定心夹紧机构

在机械加工中，常遇到许多以轴线、对称中心为工序基准的工件，为了使定位基准与工序基准重合，就必须采用定心夹紧机构。定心夹紧机构是一种特殊夹紧机构，具有在实现定心、对中作用的同时并将工件夹紧的特点，即在夹紧过程中，能使工件相对于某一轴线或某一对称面保持对称性。定心夹紧机构中与工件定位基准相接触的元件，既是定位元件也是夹紧元件（称为工作元件），如常见的三爪自定心卡盘、弹簧筒夹等均属于定心夹紧机构。

定心夹紧机构之所以能实现准确定心和对中，就在于它利用了工作元件的等速移动或均匀弹性变形的方式，来消除定位副制造不准确误差或定位尺寸偏差对定心或对中的不利影响。使这些误差或偏差相对于所定中心的位置，能均匀对称地分配在工件的定位基准面上。

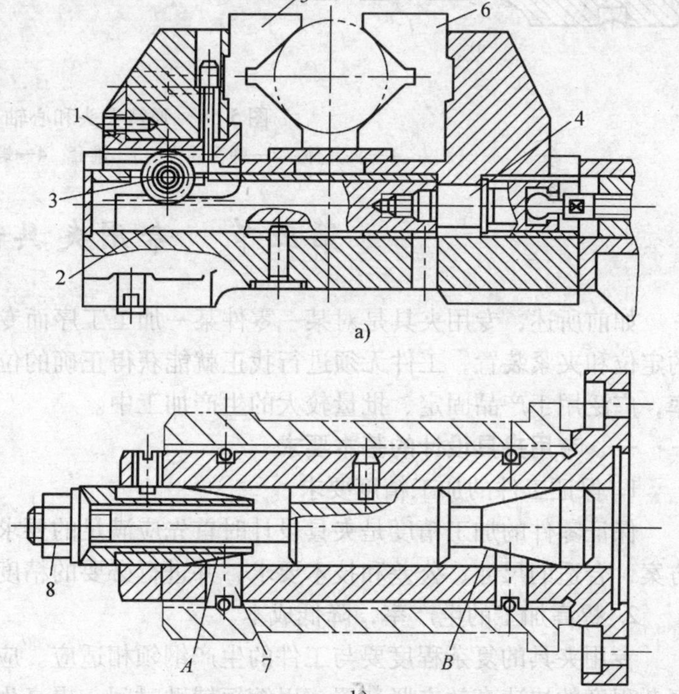

图 5-57　以等速移动原理工作的定心夹紧机构

a）虎钳式　b）斜楔式

1、2—齿条　3—齿轮　4—活塞杆　5、6—V 形块　7—活动块　8—螺母

图 5-57a 所示为齿条传动的虎钳式定心夹紧机构。齿条 1 和 2 分别与 V 形块 5 和气缸活塞杆 4 联接，齿轮 3 空套在固定轴上，当活塞杆左移时，两 V 形块对向移动，从而将工件定心并夹紧，

松开时，其移动相反。图 5-57b 所示为斜楔式定心夹紧心轴。拧动螺母 8 时，由于斜面 *A*、*B* 的作用，使两组活动块 7 同时等距外伸，直至每组圆周上均匀布置的三个活动块均与工件孔壁接触，使工件得到定心夹紧。反向拧动螺母，工件即被松开。这类定心夹紧机构，精度低，但夹紧力和夹紧行程较大，一般适用于装夹精度不高的场合。

图 5-58a 所示为以外圆柱面为定位基准的弹簧夹头定心夹紧机构。旋转螺母 4 时，锥套 3 内锥面迫使弹性筒夹 2 上的簧瓣向心收缩，从而将工件外圆定心并被夹紧。图 5-58b 为用于以工件孔为定位基准的弹簧心轴定心夹紧机构。旋转螺母 4 时，锥套 3 外锥面迫使弹性筒夹 2 的两端簧瓣向外均匀扩张，从而将工件夹紧。反向转动螺母，带退锥套，便可卸下工件。这两种定心夹紧机构结构简单，定心精度高（可稳定在 $\phi0.04 \sim \phi0.10$mm 之间），操作方便、迅速，应用十分广泛。但由于弹簧筒夹变形量不宜过大，夹紧力不大，因此对工件定位基准面有一定精度要求，其公差须在 0.1 ~ 0.5mm 范围内，否则夹爪变形过大，会导致夹爪与工件以及与外锥套的接触不良。

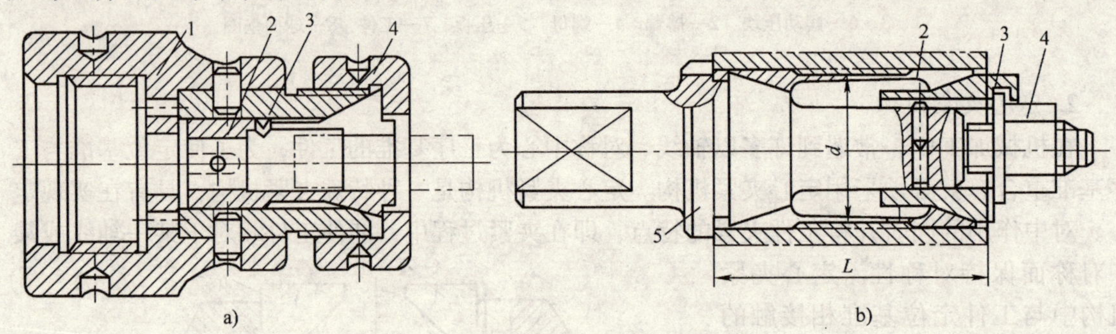

图 5-58　弹簧夹头和心轴

1—夹具体　2—弹性筒夹　3—锥套　4—螺母　5—心轴

第五节　专用夹具设计

如前所述，专用夹具是对某一零件某一加工工序而专门设计制造的。这类夹具上有专门的定位和夹紧装置，工件无须进行找正就能获得正确的位置，易获得较高的加工精度和生产率，广泛用于产品固定、批量较大的生产加工中。

一、专用夹具设计的基本要求

1. 保证工件的加工精度要求

保证零件的加工精度是夹具设计时首先应满足的要求。为此，专用夹具应有合理的定位方案，合适的尺寸、公差和技术要求，并进行必要的精度分析。

2. 提高加工的生产率，降低成本

专用夹具的复杂程度要与工件的生产纲领相适应。应根据工件生产批量的大小选用不同复杂程度的快速高效夹紧装置，以缩短辅助时间，提高生产率。同时尽可能采用标准件与标准结构，力求结构简单，制造容易，以降低夹具的制造成本。

3. 操作方便、省力和安全

在客观条件许可且又经济的前提下，尽可能采用气动、液压和气液等机械化夹紧装置，以减轻操作者的劳动强度。操作位置应正确符合操作工人的操作习惯，并注意操作安全。

4. 便于排屑

排屑问题是夹具设计中的一个重要问题。因为切屑积聚在夹具中，会破坏工件正确可靠地定位；切屑带来的大量热量会引起热变形，影响加工质量；清扫切屑又要花费一部分辅助时间。切屑积聚严重时，还会损坏刀具或造成工伤事故。因此，设计夹具时应考虑切屑的排除问题，必要时可设置排屑结构。

5. 有良好的工艺性

专用夹具的结构应简单、合理，便于加工、装配、检验和维修。专用夹具的制造属于单件生产。当夹具的最终精度由调整或修配保证时，夹具上应设置调整或修配结构，如适当的调整间隙、可修磨的垫片等。

总之，在设计时，针对具体设计的夹具，结合上述各项基本要求，最好提出几种设计方案进行综合分析和比较，以期达到高质、高效、低成本的综合经济效果，其中保证质量是最基本的要求。

二、专用夹具设计的步骤

在专用夹具的设计过程中，必须充分收集设计资料，明确设计任务，优选设计方案。整个设计过程，大体分为以下几个阶段进行。

1. 明确设计任务，收集研究有关资料

首先应分析研究被加工零件的零件图、工序图、工艺规程和设计任务书，了解工件的生产纲领、本工序的加工要求，以及前后工序的联系；然后了解所用机床、刀具的规格和安装尺寸，夹具制造车间的生产条件和技术现状，并收集好设计夹具的各种标准、工厂规定及有关夹具设计的参考资料。

2. 拟定夹具结构方案，绘制夹具草图

确定夹具的结构方案是夹具设计的关键一步。为使设计出的夹具先进、合理，常常需要拟定几种不同的结构方案，经分析比较后选择最佳方案。设计中需进行必要的计算，例如，工件加工精度分析、夹紧力的计算、部分夹具零件结构尺寸校核计算等。主要解决如下问题：

1）确定工件的定位方案，设计定位装置。

2）确定工件的夹紧方案，设计夹紧装置。

3）确定其他元件或装置的结构形式，如导向和对刀装置，分度装置和连接装置等。

4）确定夹具体的结构形式及夹具在机床上的安装方式。

5）在构思夹具结构方案的同时绘制出夹具结构草图，以检查方案的合理性和可行性。

3. 绘制夹具总装配图

结构方案经讨论审查后，便可正式绘制夹具装配图。夹具装配图应按国家标准绘制，图形比例应尽量取1:1，以便使绘出的图样具有良好的直观性。工件过大可用1:2或1:5，过小可用2:1。装配图的视图数应在能清楚地表示各零件相互关系的原则上尽量的少，主视图应尽可能按夹具面对操作者的方向绘制。总装配图应把夹具的工作原理、各种装置的结构及其相互关系表达清楚。夹具总装配图的绘制次序一般为：

1）用双点画线将工件的轮廓外形、定位基面、夹紧表面及加工表面绘制在各个视图的合适位置上。在总装配图中工件可看做透明体，它不遮挡后面的线条。被加工表面上的加工余量，可用网纹线或粗线表示。

2）按照工件的形状和位置，依次绘出定位装置、夹紧装置、其他装置和夹具体。

3）标注必要的尺寸、公差和技术要求。

4）编制夹具明细表及标题栏。

4. 绘制夹具零件图

为简化夹具设计和制造，应尽可能采用标准元件。标准的夹具零件及部件可按有关标准选择设计。夹具中的非标准零件应自行设计制造，为此必须绘制其零件图。非标准零件图的绘制应符合国家制图标准规定，其视图的选择应尽可能与零件在总图上的工作位置相一致。非标准零件的公差和技术要求应依据夹具总图的公差和技术要求，参照同类零件并考虑本单位的生产条件来决定。

在实际工作中，上述设计步骤并非一成不变，但它在一定程度上反映了设计夹具所要考虑的问题和设计经验，因此对于缺乏设计经验的人员来说，遵循一定的方法、步骤进行设计是很有益的。

三、夹具装配图上技术要求的制订

制订合理夹具总装配图上的技术要求，是夹具设计中的一项重要工作。因为它直接影响工件的加工精度，也关系到夹具制造的难易程度和经济效果。

1. 夹具总图上应标注的尺寸和公差

1）夹具最大轮廓尺寸。

2）影响工件定位精度的有关尺寸和公差，例如，定位元件与工件的配合尺寸和配合代号，各定位元件之间的位置尺寸和公差等。

3）影响刀具导向精度或对刀精度的有关尺寸和公差，例如，导向元件与刀具之间的配合尺寸和配合代号，各导向元件之间、导向元件与定位元件之间的位置尺寸和公差，或者对刀用塞尺的尺寸，对刀块工作表面到定位表面之间的位置尺寸和公差。

4）影响夹具安装精度的有关尺寸和公差，例如，夹具与机床工作台或主轴的连接尺寸及配合处的尺寸和配合代号，夹具安装基面与定位表面之间的位置尺寸和公差。

5）其他影响工件加工精度的尺寸和公差，主要指夹具内部各组成元件之间的配合尺寸和配合代号，如定位元件与夹具体之间、导向元件与衬套之间、衬套与夹具体之间的配合等。

2. 夹具装配图上应标注的技术要求

1）各定位元件的定位表面之间的相互位置精度要求。

2）定位元件的定位表面与夹具安装基面之间的相互位置精度要求。

3）定位元件的定位表面与导向元件工作表面之间的相互位置精度要求。

4）各导向元件的工作表面之间的位置精度要求。

5）定位元件的定位表面或导向元件工作表面与夹具找正基面之间的位置精度要求。

6）与保证夹具装配精度有关的或与检验方法有关的特殊的技术要求，如夹具的操作、平衡、安全、装配使用中的注意事项等，可用文字在夹具总图上加以说明。

3. 夹具装配图上公差与配合的确定

1）对于直接影响工件加工精度的夹具公差，如夹具装配图上应标注的第2）、3）、4）三类尺寸，其公差通常取工件相应尺寸公差或位置公差的1/2～1/5。

当工件精度要求较高，公差值较小时，宜取1/2～1/3；当工件精度要求低，公差值较大，生产批量较大时，宜取1/3～1/5，以便延长夹具的使用寿命，又不增加夹具制造的难度。当工件的加工尺寸为未注公差时，夹具上相应的尺寸公差值按IT9～IT11选取；当工件的位置要求为未注公差时，夹具上相应的位置公差值按IT7～IT9选取；夹具上主要角度公差一般取为工件相应角度公差的1/2～1/5，常取±10′，要求严的可取±5′～±1′；当工件上的角度为未注公差时，夹具上相应的角度公差值标为±3′～±10′。

2）对于直接影响工件加工精度的配合类别的确定，应根据配合公差（间隙或过盈）的大小，通过计算或类比确定，应尽量选用优先配合。

3）对于与工件加工精度无直接影响的夹具公差与配合，如定位元件与夹具体的配合尺寸公差，夹紧装置各组成零件间的配合尺寸公差等。其中位置尺寸一般按IT9～IT11选取，夹具的外形轮廓尺寸可不标注公差，按IT13确定。其他的形位公差数值、配合类别可参考有关夹具设计手册或机械设计手册确定。

四、专用夹具设计实例

设计任务书：试设计成批生产条件下，在Z525立式钻床上钻削图5-59所示拨叉零件上ϕ8.4mm螺纹底孔的钻床夹具。

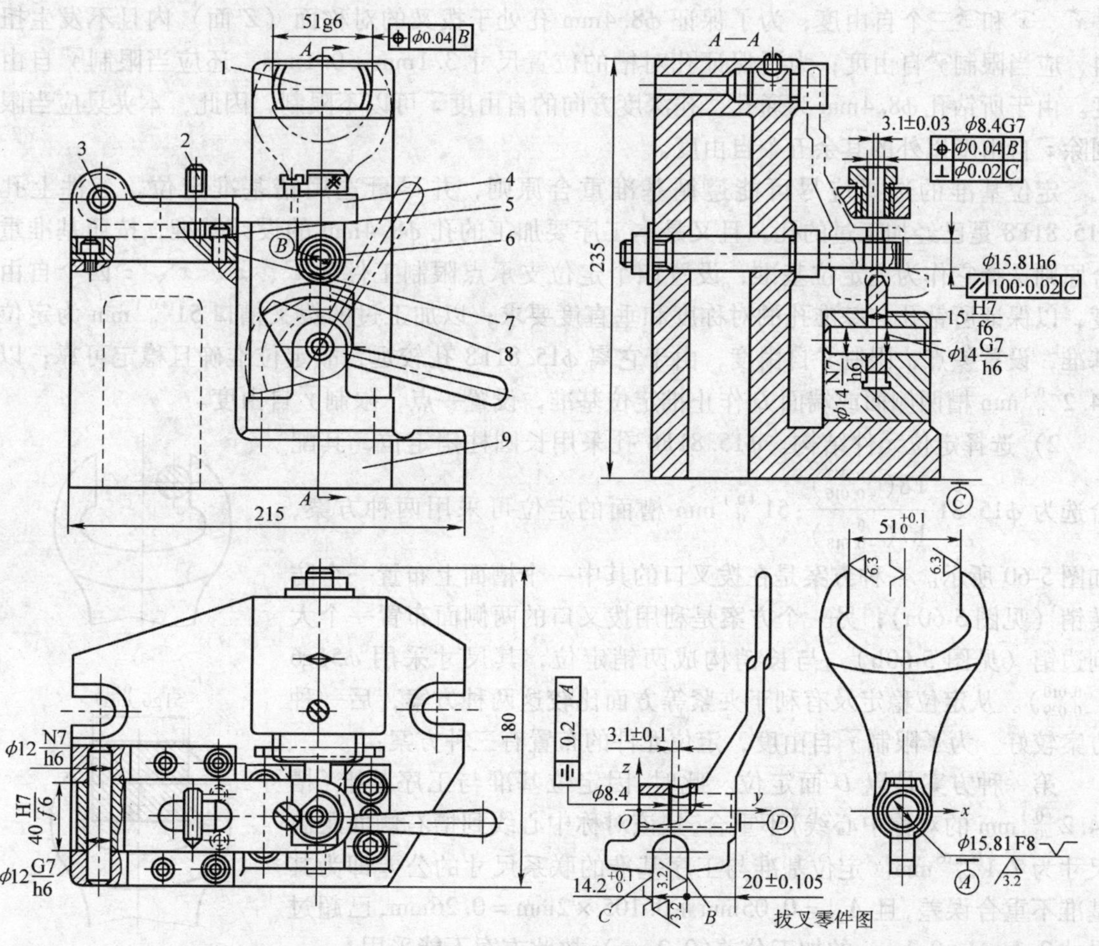

图5-59　拨叉钻孔夹具

1—防转扁销　2—锁紧螺钉　3—销轴　4—钻模板　5—支承钉　6—定位心轴　7—模板座　8—偏心轮　9—夹具体

1. 设计任务的分析

1）孔 $\phi8.4$mm 为自由尺寸，可一次钻削保证。该孔在轴线方向的设计基准是槽 $14.2^{+0.1}_{0}$mm 的对称中心线，要求距离为 3.1mm ± 0.1mm，该尺寸精度通过钻模是完全可以保证的；孔 $\phi8.4$mm 在径向方向的设计基准是孔 $\phi15.81$F8 的中心线，其对称度要求是 0.2mm，用夹具保证也可达到。

2）孔 $\phi15.81$F8、槽 $14.2^{+0.1}_{0}$mm 和拨叉口 $51^{+0.1}_{0}$mm 是前工序已完成的尺寸；本工序的后续工序是以 $\phi8.4$mm 孔为底孔攻螺纹 $M10$。

3）立钻 Z525 的最大钻孔直径为 $\phi25$mm，主轴端面到工作台的最大距离 H 为 700mm；工作台面尺寸为 375mm × 500mm，其空间尺寸完全能满足夹具的布置和加工范围的要求。

4）本工序为单一的孔加工，夹具可采用固定式。

2. 设计方案论证

（1）定位方案的选择

1）确定所需限制的自由度，选择定位基准并确定各基准面上支承点的分布。为了保证所钻孔 $\phi8.4$mm 对基准孔 $\phi15.81$F8 垂直，并对该孔中心线的对称度符合要求，应当限制工件 $\vec{x}$、$\overset{\frown}{x}$ 和 $\overset{\frown}{z}$ 三个自由度；为了保证 $\phi8.4$mm 孔处于拨叉的对称面（Z 面）内且不发生扭斜，应当限制 $\overset{\frown}{y}$ 自由度；为了保证孔对槽的位置尺寸 3.1mm ± 0.1mm，还应当限制 $\vec{y}$ 自由度。由于所钻孔 $\phi8.4$mm 为通孔，孔深度方向的自由度 $\vec{z}$ 可以不限制，因此，本夹具应当限制除 $\vec{z}$ 自由度以外的其余五个自由度。

定位基准的选择应尽可能遵循基准重合原则，并尽量选用精基准定位。工件上孔 $\phi15.81$F8 是已经加工过的孔，且又是本工序要加工的孔 $\phi8.4$mm 的设计基准，按照基准重合原则选择它作为主定位基准，设置四个定位支承点限制工件的 $\vec{x}$、$\vec{z}$、$\overset{\frown}{x}$、$\overset{\frown}{z}$ 四个自由度，以保证所钻孔与基准孔的对称度和垂直度要求；以加工过的拨叉槽口 $51^{+0.1}_{0}$mm 为定位基准，设置一点，限制 $\overset{\frown}{y}$ 自由度，由于它离 $\phi15.81$F8 孔较远，故定位准确且稳定可靠；以 $14.2^{+0.1}_{0}$mm 槽两侧面或端面 D 作止推定位基准，设置一点，限制 $\vec{y}$ 自由度。

2）选择定位元件结构。$\phi15.81$F8 孔采用长圆柱销定位，其配合选为 $\phi15.81\dfrac{\text{F8}\left(^{+0.043}_{+0.016}\right)}{\text{h7}\left(^{\ \ 0}_{-0.018}\right)}$；$51^{+0.1}_{0}$mm 槽面的定位可采用两种方案，如图 5-60 所示。一种方案是在拨叉口的其中一个槽面上布置一个防转销（见图 5-60a）；另一个方案是利用拨叉口的两侧面布置一个大削边销（见图 5-60b），与长销构成两销定位，其尺寸采用 $\phi51\text{g6}\left(^{-0.010}_{-0.029}\right)$。从定位稳定及有利于夹紧等方面比较这两种方案，后一种方案较好。为了限制 $\vec{y}$ 自由度，定位元件的布置有三种方案：

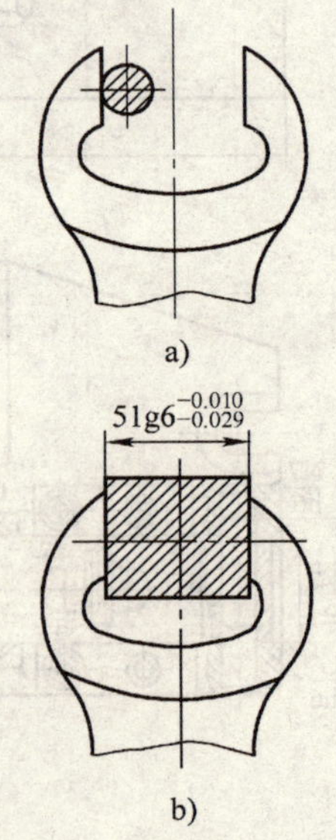

图 5-60 定位方案分析

第一种方案是以 D 面定位。此时，因定位基准与工序基准（槽 $14.2^{+0.1}_{0}$mm 的对称中心线）不重合，且该对称中心线到槽右侧面距离尺寸为 $7.1^{+0.05}_{0}$mm。定位基准与工序基准的联系尺寸的公差即为其基准不重合误差，且 Δ_{B1} = 0.05mm + 0.105 × 2mm = 0.26mm，已超过尺寸 3.1mm ± 0.1mm 的加工公差（0.2mm），故此方案不能采用。

第二种方案是以槽口两侧面中的任一面为定位基准，采用圆柱销单面定位。这时，由于工序基准是槽的对称中心线，仍属于基准

不重合，槽口尺寸变化所形成的基准不重合误差为

$$\Delta_{B2}=0.05\text{mm}<1/3\times0.2\text{mm}=0.067\text{mm}$$

此方案可用。

第三种方案是以槽口两侧面的对称平面为定位基准，采用具有对称结构的定位元件（可伸缩的锥形定位销或带有对称斜面的偏心轮等）定位，此时，定位基准与工序基准完全重合，定位间隙也可以消除，$\Delta_{B3}=0$。

比较上述三种方案，第一种方案不能保证加工精度；第二种方案具有结构简单、定位精度可以保证的优点；第三种方案定位误差为零，但结构比前两种方案复杂了些。但从大批量生产的条件来看，第三种方案虽然结构复杂一点，却又能完成夹紧的任务，因此第三种方案是较恰当的，如图5-61所示。

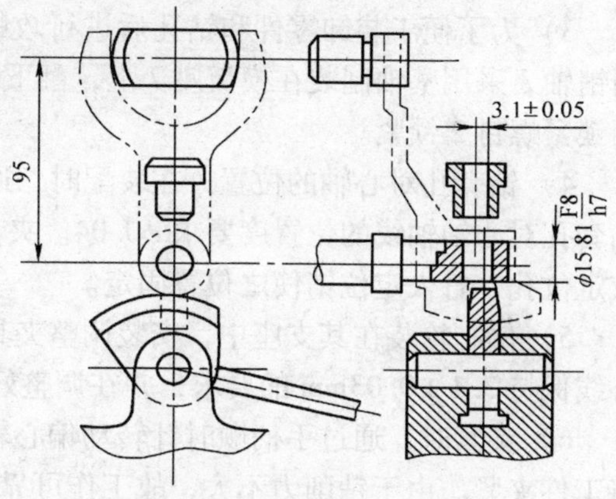

图5-61 定位、夹紧元件的布置

3）定位误差分析计算。影响对称度的定位误差为：

$$\Delta_D=D_{max}-d_{min}=(15.81+0.043)\text{mm}-(15.81-0.018)\text{mm}=0.061\text{mm}$$

此值小于工件相应尺寸公差的三分之一（1/3×0.2mm=0.066mm），能满足要求。

影响所钻孔是否在 Z 平面上的角度误差为：

$$\Delta_\alpha=\tan^{-1}\frac{X_{1max}+X_{2max}}{2L}=\tan^{-1}\frac{(0.1+0.029)+(0.043+0.018)}{2\times95}=3'26''$$

工件在任意方向偏转时，总角度误差为±3′26″。此值远小于自由公差（±50′）。

综上所述，本定位方案由于采用了圆偏心轮式定心夹紧装置，它兼有定心和夹紧的作用，故能保证槽面与偏心轮接触良好，基准位移误差较小；又因基准重合，故定位误差更小。而且操作也较方便、迅速，结构也不太复杂，故采用此定位方案较合理。

（2）夹紧机构的确定 当定位心轴水平放置时，在Z525立钻上钻 $\phi8.4$mm 孔的钻削力和扭矩均由定位心轴来承担。这时，工件的夹紧有以下两种方案：

1）在心轴轴向施加轴向力夹紧。此时可在心轴端部采用螺纹夹紧装置，夹紧力与切削力处于垂直状态。这种结构虽然简单，但装卸工件却比较麻烦。

2）在槽 $14.2^{+0.1}_{0}$ 中采用带对称斜面的偏心轮定位件夹紧，偏心轮转动时，对称斜面楔入槽中，斜面上的向上分力迫使工件中孔 $\phi15.81$F8 与定位心轴的下母线紧贴，而轴向分力又使斜面与槽紧贴，使工件在轴向被偏心轮固定，起到了既定位又夹紧的作用。

显然，第二种方案具有操作方便的优点。

3. 总体结构分析

按设计步骤，先在各视图部位用双点划线画出工件的外形，然后围绕工件布置定位、夹紧和导向元件（见图5-61），再进一步考虑零件的装卸、各部件结构单元的划分、加工时操作的方便性和结构工艺性的问题，使整个夹具形成一个整体。

图5-59为该夹具的总体结构设计装配图，从图中可看出，该夹具有如下特点：

1）夹具采用整体铸件结构，刚性较好。为保证铸件壁厚均匀将内腔掏空。为减少加工面，各部件的结合面处设置铸件凸台。

2）定位心轴6和定位防转扁销1均安装在夹具体的立柱上，并通过夹具体上的孔与底面的平行度，保证心轴与夹具底面的平行度。

3）为了便于装卸零件和钻孔后进行攻螺纹，夹具采用了铰链式钻模板结构。钻模板4用销轴3采用基轴制装在模板座7上，翻下时与支承钉5接触，以保证钻套的位置精度，并用锁紧螺钉2锁紧。

4）钻套孔对心轴的位置，在装配时，通过调整模板座来达到要求。在设计时，提出了钻套孔对心轴轴线的位置度要求 $\phi 0.04$。夹具调整达到此要求后，在模板座与夹具体上配钻铰定位孔、打入定位销使之位置固定。

5）偏心轮装在其支座中，安装调整夹具时，偏心轮的对称斜面的中心与夹具钻套孔中心线保持3.1±0.03mm的要求，并在调整好后打入定位销使之固定。

6）夹紧时，通过手柄顺时针转动偏心轮，使其对称斜面楔入工件槽内，在定位的同时将工件夹紧。由于钻削力不大，故工作可靠。

该夹具对工件定位考虑合理，且采用偏心轮使工件既定位又夹紧，简化了夹具结构，适用于成批生产。

本 章 小 结

1. 机械产品制造时，将原材料转变为成品的所有劳动过程，称为生产过程。在生产过程中，直接改变原材料或毛坯的形状、尺寸、性能以及相互位置关系，使之成为成品的过程，称为工艺过程。

2. 利用机械加工的方法，直接改变毛坯形状、尺寸和表面质量，使其变为机械零件的过程，称为机械加工工艺过程。它一般由一个或若干个工序组成，而工序又可分为安装、工位、工步和走刀等。

3. 工序是工艺过程的基本单元。划分工序的主要依据是工作地点（或设备）是否变动和工作是否连续。工步是指工序中加工表面、刀具和切削用量（不包括背吃刀量）都不变的情况下所连续完成的那一部分工序，它们中的任一因素改变后，一般就变成了另一个工步。一个工步可以包括一次或多次走刀。

4. 企业在计划期内应生产的产品产量和进度计划，称为生产纲领。根据生产纲领的大小和产品品种的多少，机械制造企业的生产可分为三种类型：单件生产、成批生产（小批、中批和大批）和大量生产。

5. 机床夹具是在机床上用于装夹工件的一种工艺装备，它能使工件相对于刀具或机床获得正确的位置，并在加工过程中不因外力的影响而变动。夹具能较容易、较稳定地保证加工精度，提高劳动生产率，扩大机床的工艺范围，减轻工人的劳动强度，保证生产安全。

6. 所谓基准就是零件上用来确定其他点、线、面的位置的那些点、线、面。基准按其作用可分为设计基准和工艺基准两大类。在制造零件或装配机器的生产过程中使用的基准称为工艺基准，它包括工序基准、定位基准、测量基准和装配基准等。在加工时，用来确定工件在夹具上的位置所依据的基准被称为定位基准。在工序图上用来确定加工面位置所依据的基准被称为工序基准。夹具设计时应尽量选择工序基准为定位基准。

7. 在机床上要确定工件的正确位置，就是要通过适当的定位元件限制工件的六个自由度。要使工件沿某方向的位置确定，就必须限制该方向的自由度。当工件的六个自由度全部被限定时，工件在夹具中的位置就被完全确定了，这就是工件的六点定位原理。

8. 工件在夹具上定位要解决两个问题：其一是要定位正确，即要按六点定位原理正确限制自由度；其二是要定位准确，即要使一批工件获得应该有的定位精度，以保证加工质量。在夹具设计时，定位方案的优劣应主要从这两个基本问题上进行考查。

9. 定位误差是用调整法加工时，由于工件在夹具中定位所引起的一种误差。产生的原因有两个：一是由于定位基准与工序基准不重合产生的基准不重合误差 Δ_B；二是由于定位副制造不准确而产生的基准位移误差 Δ_Y。

10. 夹紧力是设计夹紧装置的原始依据。夹紧力的方向、作用点应合理选择，夹紧力大小应正确估算。

思考题与习题

5-1　什么是生产过程、工艺过程和机械加工工艺过程？

5-2　什么是工序、安装、工位、工步和走刀？

5-3　什么叫生产纲领？单件生产和大量生产各有哪些主要工艺特点？

5-4　何谓基准、设计基准、工艺基准、测量基准和装配基准？试举例说明。

5-5　什么是定位？简述工件定位的基本原理。为什么说夹紧不等于定位？

5-6　为什么说六点定位原理只能解决工件的自由度的消除问题，即解决“定与不定”的矛盾，不能解决定位精度问题，即不能解决“准与不准”的矛盾？并举例说明。

5-7　何谓定位误差？在夹具中对一个工件进行试切法加工时，是否还有定位误差？

5-8　工件装夹在夹具中，凡是有六个定位支承点，即为完全定位，凡是超过六个定位支承点就是过定位，不超过六个定位支承点，就不会出现过定位。这种说法对吗？为什么？

5-9　欠定位和过定位是否都不允许存在？为什么？

5-10　什么是辅助支承？使用时应注意哪些问题？它与可调支承有何区别？举例说明辅助支承的应用。

5-11　什么是自位支承（浮动支承）？它与辅助支承的作用有何不同？

5-12　确定工件在夹具中应限制自由度数目的依据是什么？

5-13　试述一面两孔组合定位时，需要解决的主要问题是什么？其定位误差应如何计算？

5-14　试分析比较斜楔、螺旋、圆偏心三种基本夹紧机构的优缺点及其应用范围？

5-15　定心夹紧机构的实质是什么？适合于哪些场合？

5-16　专用夹具设计的基本要求、基本依据和设计的一般步骤是什么？

5-17　如图 5-62 所示零件，毛坯为 ϕ35mm 棒料，批量生产时其机械加工过程为：在锯床上切断下料，车一端面钻中心孔，调头车另一端面钻中心孔，在另一台车床上将整批工件螺纹一边都车至 ϕ30mm，调头再调换车刀车削整批工件的 ϕ18mm 外圆，又换一台车床车 ϕ20mm 外圆，在铣床上铣削两平面，转 90°后，铣削另外两平面，最后车螺纹，倒角。试分析其工艺过程的组成。

5-18　某机床厂年产 C6136A 型车床 350 台，已知机床主轴的备品率为 10%，废品率为 4%，试计算该主轴零件的年生产纲领，并说明它属于哪一种生产类型，其工艺过程有何特点？

5-19　分析图 5-63 所示各定位方案，并回答以下问题：（1）各定位元件所限制的自由度；（2）判断有无欠定位或过定位现象，为什么？

5-20　试分析图 5-64 中各工件需要限制的自由度。

5-21　图 5-65 所示为镗削 ϕ30H7 孔时的定位方案，试计算其定位误差。

5-22　图 5-66a 所示为工件铣槽工序简图，图 5-66b 所示为工件定位简图，试计算加工尺寸 $90_{-0.15}^{\ 0}$mm 的定位误差。

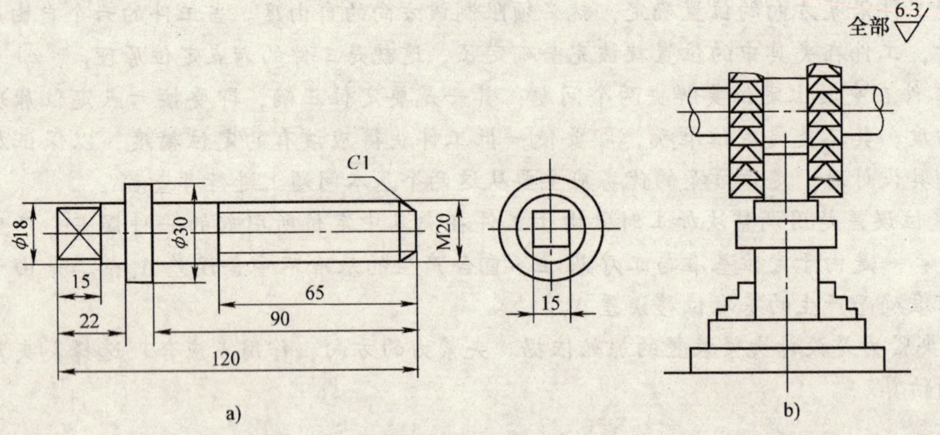

图 5-62 题 5-17 图

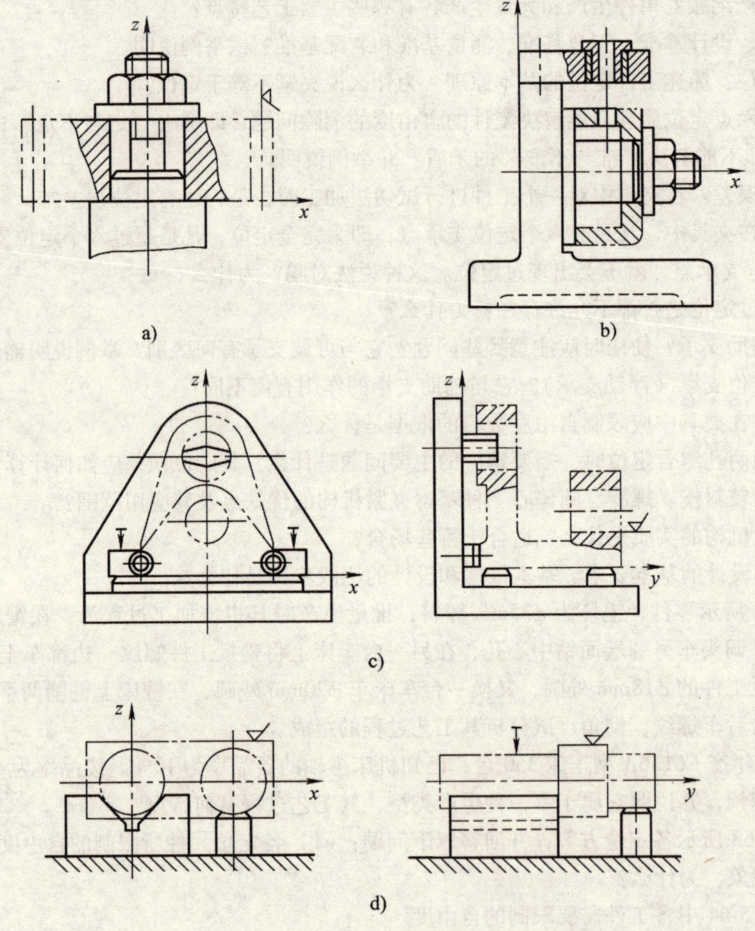

图 5-63 题 5-19 图

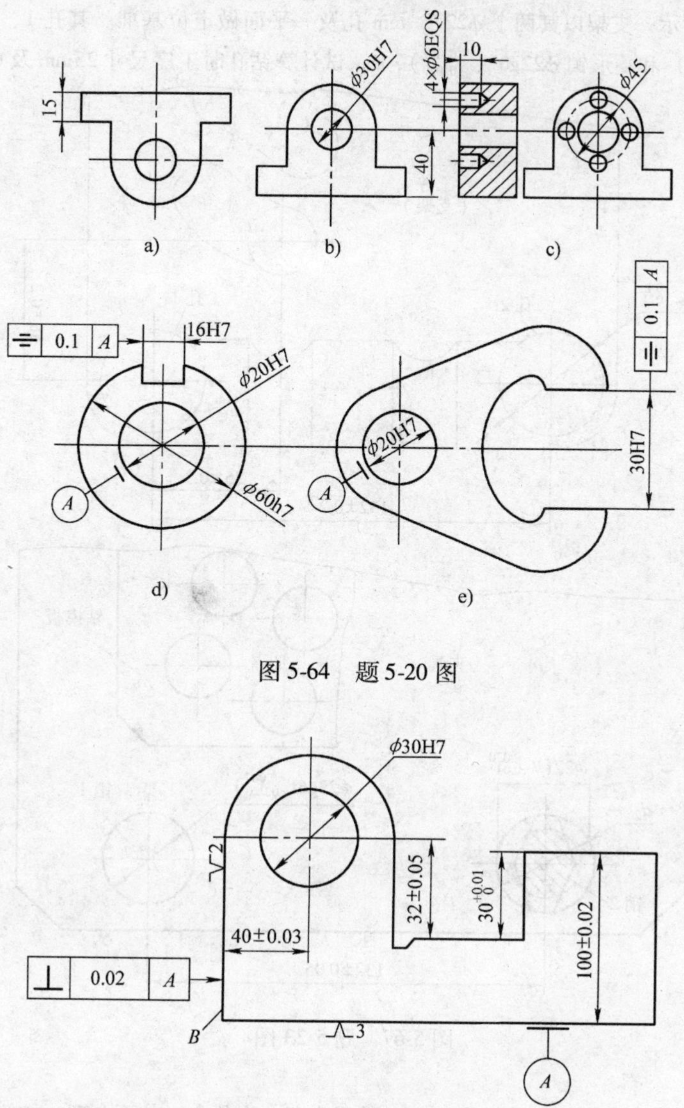

图 5-64　题 5-20 图

图 5-65　题 5-21 图

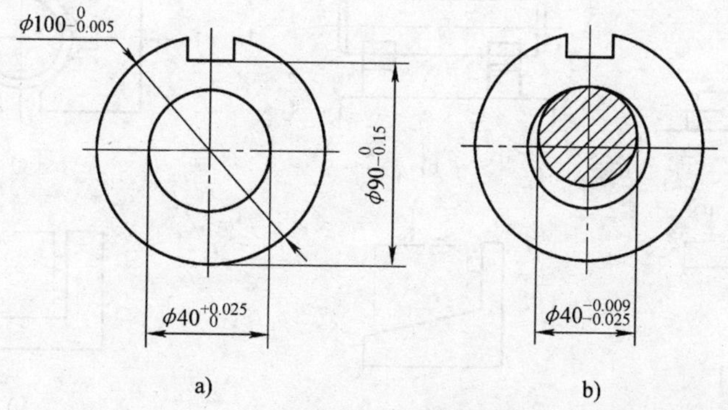

图 5-66　题 5-22 图

5-23 如图 5-67 所示，支架以其两个 $\phi22^{+0.1}_{0}$mm 孔及一平面做定位基准。其孔 1、孔 2 分别装在夹具的圆柱销 $\phi22f7\left(^{-0.02}_{-0.041}\right)$ 和菱形销 $\phi22g6\left(^{-0.007}_{-0.020}\right)$ 上，试计算钻孔时工序尺寸 25mm 及 68mm 定位误差。

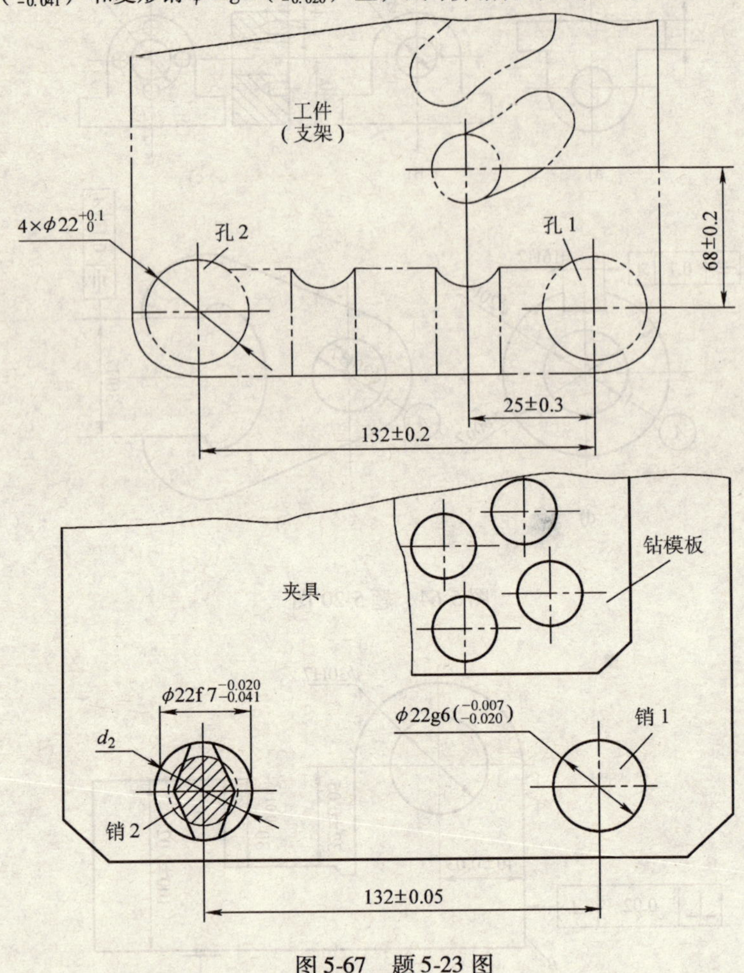

图 5-67 题 5-23 图

5-24 试分析图 5-68 中夹紧力的作用点与方向是否合理，为什么？若不合理，如何改进？

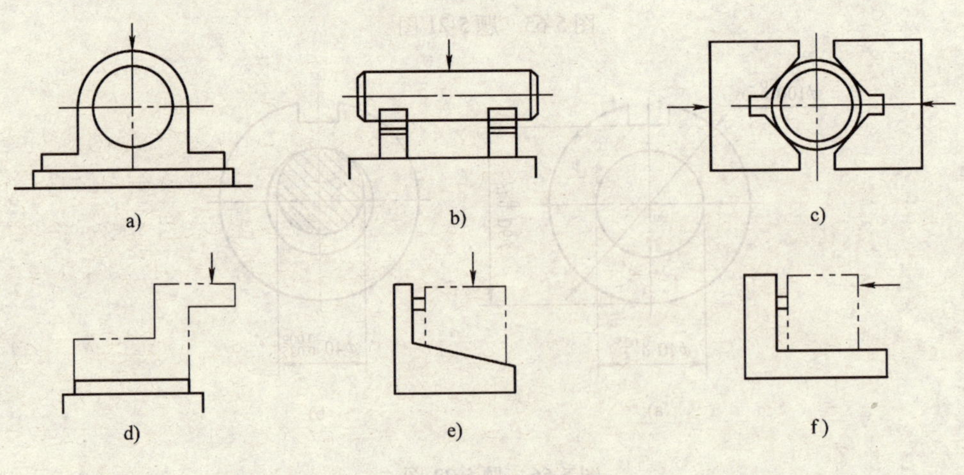

图 5-68 题 5-24 图

第六章　机械加工工艺规程的制订

【要点和目的】

本章着重讲述工艺规程的作用、制订原则和方法、工序尺寸的确定及尺寸链的计算等内容。

通过学习，了解机械加工工艺规程的概念、作用及内容，掌握制订机械加工工艺规程的原始资料及步骤，熟悉拟订工艺路线时应遵循的原则，掌握基准重合及基准不重合时工序尺寸及公差的确定方法，以及选择机床及其他工艺装备的原则。重点掌握毛坯的选择、拟订工艺路线的原则、工序尺寸及公差的确定方法。

第一节　概　述

一、机械加工工艺规程的作用

机械加工工艺规程是规定零件机械加工工艺过程和操作方法等的工艺文件。在许多情况下，工艺过程不是惟一的，但总会存在一个相对合理的方案。将比较合理的工艺过程确定下来，按规定的形式书写成工艺文件，经审批后作为指导生产的依据，即形成了机械加工工艺规程。其作用主要体现在以下三个方面。

1. 工艺规程是指导生产的主要技术文件，是现场生产的依据

工艺规程是在总结实践经验的基础上，依据科学理论和必要的工艺试验并考虑具体的生产条件而制定的，它是保证产品质量和正常生产秩序的指导性文件。同时，工艺规程也是处理生产问题的依据，如产品的质量问题，可按工艺规程来明确各生产单位的责任。

2. 工艺规程是生产组织和管理工作的基本依据

在产品投产前，可根据工艺规程进行原材料及毛坯供应、机械负荷调整、通用设备准备、专用工艺装备的设计和制造、生产作业计划的编排、劳动力的组织及生产成本的核算等工作。

3. 工艺规程是新建或扩建工厂和车间的基本资料

在新建或扩建工厂时，只有根据工艺规程和生产纲领，才能明确生产所需机床及其他设备的种类、数量和规格，确定工厂或车间的面积、机床的平面布置、生产工人的工种、等级、数量以及各辅助部门的安排等。

总之，工艺规程是工厂的主要技术文件之一，也是经过逐级审批确定下来的，有关人员必须严格执行。但工艺规程也不是一成不变的，广大工艺人员应根据生产实际情况，及时吸取国内外先进的工艺技术，对工艺规程不断进行改进和完善，以使其能更好地指导生产。

二、制订机械加工工艺规程的原则、原始资料及步骤

1. 制订工艺规程的原则

机械加工工艺规程制订的原则是优质、高产、低成本，即在保证产品质量的前提下，尽

可能地提高生产率和降低生产成本。在具体制订时，还应注意下列问题：

（1）技术上的先进性　在制订工艺规程时，要了解国内外本行业工艺技术的发展水平，通过必要的工艺试验，积极采用实用的先进工艺和工艺装备。

（2）经济上的合理性　在一定的生产条件下，可能会出现好几种能够保证零件技术要求的工艺方案。此时应通过核算或相互对比，选择经济上最合理的方案，使产品的能源、材料消耗和生产成本最低。

（3）有良好的劳动条件　在制订工艺规程时，要注意保证工人操作时有良好而安全的劳动条件。因此，在工艺方案上要注意采取机械化或自动化措施，以减轻工人繁重的体力劳动。

2. 制订工艺规程的原始资料

制订工艺规程的原始资料包括以下内容：

1）产品的全套装配图和零件图。

2）产品验收的质量标准。

3）产品的生产纲领和生产类型。

4）毛坯资料。它包括各种毛坯制造方法的技术经济特征；各种型材的品种和规格；毛坯图等。在无毛坯图的情况下，需要实地了解毛坯的形状、尺寸及机械性能等。

5）现场的生产条件。它主要包括毛坯的生产能力、技术水平或协作关系，现有加工设备及工艺装备的规格、性能、新旧程度及现有精度等级，操作工人的技术水平，辅助车间制造专用设备、专用工艺装备及改造设备的能力等。

6）各种有关手册、图册、标准等技术资料。

7）国内外新技术、工艺的应用与发展情况。

3. 制订工艺规程的步骤

1）计算零件的年生产纲领，确定生产类型。

2）分析零件图及产品装配图，对零件进行工艺分析，形成拟定工艺规程的总体思路。

3）确定毛坯的制造方法。

4）拟订工艺路线，选择定位基准，划定加工阶段。

5）确定各工序所用的设备及刀具、夹具、量具和辅助工具。

6）确定各工序的加工余量，计算工序尺寸及公差。

7）确定各工序切削用量及工时定额。

8）确定各主要工序的技术要求及检验方法。

9）编制工艺文件。

三、机械加工工艺规程的格式及内容

工艺规程的主要格式是几种卡片。将工艺规程的内容，填入一定格式的卡片，即成为生产准备和施工依据的工艺文件。目前，最常用的工艺规程卡片有下列三种。

1. 机械加工工艺过程卡片

这种卡片是以工序为单位，简要地列出了整个零件加工所经过的工艺路线（包括毛坯制造、机械加工、热处理和检验等）。它是制订其他工艺文件的基础，也是生产技术准备，编排作业计划和组织生产的依据。

在这种卡片中，由于工序的说明不够具体，故一般不直接指导工人操作，而多作为生产管理方面使用。但在单件小批生产中，由于通常不编制其他较详细的工艺文件，因而只能以这种卡片指导生产。机械加工工艺过程卡片的格式见表6-1。

表6-1 机械加工工艺过程卡片

（工厂名）	机械加工工艺过程卡片	产品型号		零(部)件图号		共 页
		产品名称		零(部)件名称		第 页

材料牌号		毛坯种类		毛坯外形尺寸		每毛坯件数		每台件数		备注	

	工序号	工序名称	工序内容	车间	工段	设备	工艺装备	工时 准终	工时 单件
插图									
描校									
底图号									
装订号									

										编制（日期）	审核（日期）	会签（日期）		
	标记	处数	更改文件号	签字	日期	标记	处数	更改文件号	签字	日期				

2. 机械加工工艺卡片

机械加工工艺卡片是以工序为单位，详细说明整个工艺过程的一种工艺文件。它是用来指导工人生产、帮助车间管理人员和技术人员掌握整个零件加工过程的一种主要技术文件，广泛用于成批生产的零件和重要零件的小批生产中。这种卡片的内容包括零件的材料、重量、毛坯的种类、工序号、工序名称、工序内容、工艺参数、操作要求以及采用的设备和工艺装备等。机械加工工艺卡片的格式见表6-2。

表 6-2 机械加工工艺卡片

<table>
<tr><td colspan="4" rowspan="2">(工厂名)</td><td colspan="3" rowspan="2">机械加工工艺卡片</td><td colspan="2">产品型号</td><td colspan="2"></td><td colspan="2">零(部)件图号</td><td colspan="2"></td><td>共 页</td></tr>
<tr><td colspan="2">产品名称</td><td colspan="2"></td><td colspan="2">零(部)件名称</td><td colspan="2"></td><td>第 页</td></tr>
<tr><td colspan="3">材料牌号</td><td></td><td>毛坯种类</td><td></td><td>毛坯外形尺寸</td><td></td><td colspan="2">每毛坯件数</td><td></td><td colspan="2">每台件数</td><td></td><td>备注</td><td></td></tr>
<tr><td rowspan="2"></td><td rowspan="2">工序号</td><td rowspan="2">安装号</td><td rowspan="2">工步号</td><td rowspan="2">工序内容</td><td colspan="4">切削用量</td><td rowspan="2">设备名称及编号</td><td colspan="3">工艺装备名称及编号</td><td rowspan="2">工人技术等级</td><td colspan="2">工时</td></tr>
<tr><td>背吃刀量/mm</td><td>切削速度/m·min^{-1}</td><td>每分钟转数或往复次数</td><td>进给量(mm/r)</td><td>夹具</td><td>刀具</td><td>量具</td><td>准终</td><td>单件</td></tr>
<tr><td></td><td></td><td></td><td></td><td></td><td></td><td></td><td></td><td></td><td></td><td></td><td></td><td></td><td></td><td></td><td></td></tr>
<tr><td></td><td></td><td></td><td></td><td></td><td></td><td></td><td></td><td></td><td></td><td></td><td></td><td></td><td></td><td></td><td></td></tr>
<tr><td></td><td></td><td></td><td></td><td></td><td></td><td></td><td></td><td></td><td></td><td></td><td></td><td></td><td></td><td></td><td></td></tr>
<tr><td></td><td></td><td></td><td></td><td></td><td></td><td></td><td></td><td></td><td></td><td></td><td></td><td></td><td></td><td></td><td></td></tr>
<tr><td>插图</td><td></td><td></td><td></td><td></td><td></td><td></td><td></td><td></td><td></td><td></td><td></td><td></td><td></td><td></td><td></td></tr>
<tr><td></td><td></td><td></td><td></td><td></td><td></td><td></td><td></td><td></td><td></td><td></td><td></td><td></td><td></td><td></td><td></td></tr>
<tr><td>描校</td><td></td><td></td><td></td><td></td><td></td><td></td><td></td><td></td><td></td><td></td><td></td><td></td><td></td><td></td><td></td></tr>
<tr><td></td><td></td><td></td><td></td><td></td><td></td><td></td><td></td><td></td><td></td><td></td><td></td><td></td><td></td><td></td><td></td></tr>
<tr><td>底图号</td><td></td><td></td><td></td><td></td><td></td><td></td><td></td><td></td><td></td><td></td><td></td><td></td><td></td><td></td><td></td></tr>
<tr><td></td><td></td><td></td><td></td><td></td><td></td><td></td><td></td><td></td><td></td><td></td><td></td><td></td><td></td><td></td><td></td></tr>
<tr><td>装订号</td><td></td><td></td><td></td><td></td><td></td><td></td><td></td><td></td><td></td><td></td><td></td><td></td><td></td><td></td><td></td></tr>
<tr><td></td><td></td><td></td><td></td><td></td><td></td><td></td><td></td><td></td><td></td><td></td><td></td><td></td><td></td><td></td><td></td></tr>
<tr><td></td><td></td><td></td><td></td><td></td><td></td><td></td><td></td><td></td><td></td><td></td><td colspan="2" rowspan="2">编制
(日期)</td><td rowspan="2">审核
(日期)</td><td rowspan="2">会签
(日期)</td><td rowspan="3"></td></tr>
<tr><td></td><td></td><td></td><td></td><td></td><td></td><td></td><td></td><td></td><td></td><td></td></tr>
<tr><td></td><td>标记</td><td>处数</td><td>更改文件号</td><td>签字</td><td>日期</td><td>标记</td><td>处数</td><td>更改文件号</td><td>签字</td><td>日期</td><td colspan="4"></td></tr>
</table>

3. 机械加工工序卡片

机械加工工序卡片是在工艺过程卡片或工艺卡片的基础上，按每道工序所编排的一种工艺文件。它更详细地说明了零件在各个工序的加工要求，是用来具体指导工人操作的工艺文件，多用于大批大量生产及重要零件的成批生产。在这种卡片上，要画出工序简图，注明该工序每一工步的内容、工艺参数、操作要求以及所使用的设备和工艺装备等。机械加工工序卡片的格式见表 6-3。

表 6-3　机械加工工序卡片

<table>
<tr><td rowspan="2">（工厂名）</td><td rowspan="2" colspan="2">机械加工工序卡片</td><td>产品型号</td><td></td><td>零(部)件图号</td><td></td><td>共　页</td></tr>
<tr><td>产品名称</td><td></td><td>零(部)件名称</td><td></td><td>第　页</td></tr>
<tr><td rowspan="12" colspan="4">（画工序图）</td><td>车间</td><td>工序号</td><td>工序名称</td><td>材料牌号</td></tr>
<tr><td></td><td></td><td></td><td></td></tr>
<tr><td>毛坯种类</td><td>毛坯外形尺寸</td><td>每坯件数</td><td>每台件数</td></tr>
<tr><td></td><td></td><td></td><td></td></tr>
<tr><td>设备名称</td><td>设备型号</td><td>设备编号</td><td>同时加工件数</td></tr>
<tr><td></td><td></td><td></td><td></td></tr>
<tr><td colspan="2">夹具编号</td><td>夹具名称</td><td>切削液</td></tr>
<tr><td colspan="2"></td><td></td><td></td></tr>
<tr><td colspan="2" rowspan="4"></td><td rowspan="4"></td><td>工序工时</td></tr>
<tr><td>准终　单件</td></tr>
<tr><td></td></tr>
<tr><td></td></tr>
</table>

<table>
<tr><td rowspan="2"></td><td rowspan="2">序号</td><td rowspan="2">工步内容</td><td rowspan="2">工艺装备</td><td rowspan="2">主轴转速/r·min⁻¹</td><td rowspan="2">切削速度/m·min⁻¹</td><td rowspan="2">进给量/mm·r⁻¹</td><td rowspan="2">背吃刀量/mm</td><td rowspan="2">走刀次数</td><td colspan="2">时间定额</td></tr>
<tr><td>机动</td><td>辅助</td></tr>
<tr><td>插图</td><td></td><td></td><td></td><td></td><td></td><td></td><td></td><td></td><td></td><td></td></tr>
<tr><td></td><td></td><td></td><td></td><td></td><td></td><td></td><td></td><td></td><td></td><td></td></tr>
<tr><td>描校</td><td></td><td></td><td></td><td></td><td></td><td></td><td></td><td></td><td></td><td></td></tr>
<tr><td></td><td></td><td></td><td></td><td></td><td></td><td></td><td></td><td></td><td></td><td></td></tr>
<tr><td>底图号</td><td></td><td></td><td></td><td></td><td></td><td></td><td></td><td></td><td></td><td></td></tr>
<tr><td></td><td></td><td></td><td></td><td></td><td></td><td></td><td></td><td></td><td></td><td></td></tr>
<tr><td>装订号</td><td></td><td></td><td></td><td></td><td></td><td></td><td></td><td></td><td></td><td></td></tr>
</table>

<table>
<tr><td rowspan="3"></td><td></td><td></td><td></td><td></td><td></td><td></td><td></td><td></td><td></td><td></td><td>编制（日期）</td><td>审核（日期）</td><td>会签（日期）</td><td rowspan="3"></td></tr>
<tr><td></td><td></td><td></td><td></td><td></td><td></td><td></td><td></td><td></td><td></td><td rowspan="2"></td><td rowspan="2"></td><td rowspan="2"></td></tr>
<tr><td>标记</td><td>处数</td><td>更改文件号</td><td>签字</td><td>日期</td><td>标记</td><td>处数</td><td>更改文件号</td><td>签字</td><td>日期</td></tr>
</table>

第二节　零件的工艺分析

在制订零件的机械加工工艺规程时，首先要对照产品装配图分析零件图，熟悉该产品的用途、性能及工作条件，明确零件在产品中的位置、作用及相关零件的位置关系；了解并研究各项技术要求制定的依据，找出其主要技术要求和技术关键，以便在拟订工艺规程时采用适当的措施加以保证。然后着重对零件进行结构分析和技术要求分析。

一、零件的技术要求分析

零件图样上的技术要求，既要满足设计要求，又要便于加工，而且齐全和合理。其技术要求包括下列几个方面：

1）加工表面的尺寸精度、形状精度和表面质量。

2）各加工表面之间的相互位置精度。

3）工件的热处理和其他要求，如动平衡、镀铬处理、未注圆角、去毛刺等。

分析零件的技术要求，应首先区分零件的主要表面和次要表面。主要表面是指零件与其他零件相配合的表面或直接参与机器工作过程的表面，其余表面称为次要表面。

分析零件的技术要求，还要结合零件在产品中的作用、装配关系、结构特点，审查技术要求是否合理。过高的技术要求，会使工艺过程复杂，加工困难，影响加工的生产率和经济性。如果发现不妥甚至遗漏或错误之处，应提出修改建议，与设计人员协商解决；如果要求合理，但现有生产条件难以实现，则应提出解决措施。

零件的尺寸精度、形状精度、位置精度和表面粗糙度的要求，对确定机械加工工艺方案和生产成本影响很大。因此，必须认真审查，以避免过高的要求使加工工艺复杂化和增加不必要的费用。

二、零件的结构工艺性分析

1. 零件的结构工艺性概念

所谓零件的结构工艺性，是指零件在满足使用要求的前提下，制造该零件的可行性和经济性。它包括零件的各个制造过程中的工艺性，有零件结构的铸造、锻造、冲压、焊接、热处理、切削加工等工艺性。由此可见，零件结构工艺性涉及面很广，具有综合性，必须全面综合地分析。所谓结构工艺性好，是指在现有工艺条件下，既能方便制造又有较低的制造成本。在制订机械加工工艺规程时，主要进行零件切削加工工艺性分析。

2. 零件的结构工艺性

对于零机械加工结构工艺性，主要从零件加工的难易性和加工成本两方面考虑。在满足使用要求的前提下，一般对零件的技术要求应尽量降低，同时对零件每一个加工表面的设计，应充分考虑其可加工性和加工的经济性，使其加工工艺路线简单，有利于提高生产效率，并尽可能使用标准刀具和通用工装等，以降低加工成本。此外，零件机械加工结构工艺性还要考虑以下要求：

1）设计的结构要有足够的加工空间，以保证刀具能够接近加工部位，留有必要的退刀槽和越程槽等。

2）设计的结构应便于加工，如应尽量避免使钻头在斜面上钻孔。

3）尽量减少加工面积，如对大平面或长孔，合理加设空刀面等。

4）从提高生产率的角度考虑，在结构设计中应尽量使零件上相似的结构要素（如退刀槽、键槽等）规格相同，并应使类似的加工面（如凸台面、键槽等）位于同一平面上或同一轴截面上，以减少换刀或安装次数及调整时间。

5）零件结构设计应便于加工时的定位与夹紧。

表6-4列出了部分零件切削加工结构工艺性对比的示例。

表 6-4 部分零件切削加工结构工艺性对比

序号	结构工艺		工艺性说明
	（A）工艺性不好的结构	（B）工艺性好的结构	
1			键槽的尺寸、方位相同，则可在一次装夹中加工出全部键槽，以提高生产率
2			结构 A 的加工不便引进刀具
3			结构 B 的底面接触面积小，加工量小，稳定性好
4			结构 B 有退刀槽，保证了加工的可能性，可减少刀具（砂轮）的磨损
5			加工结构 A 上的孔时钻头容易引偏

（续）

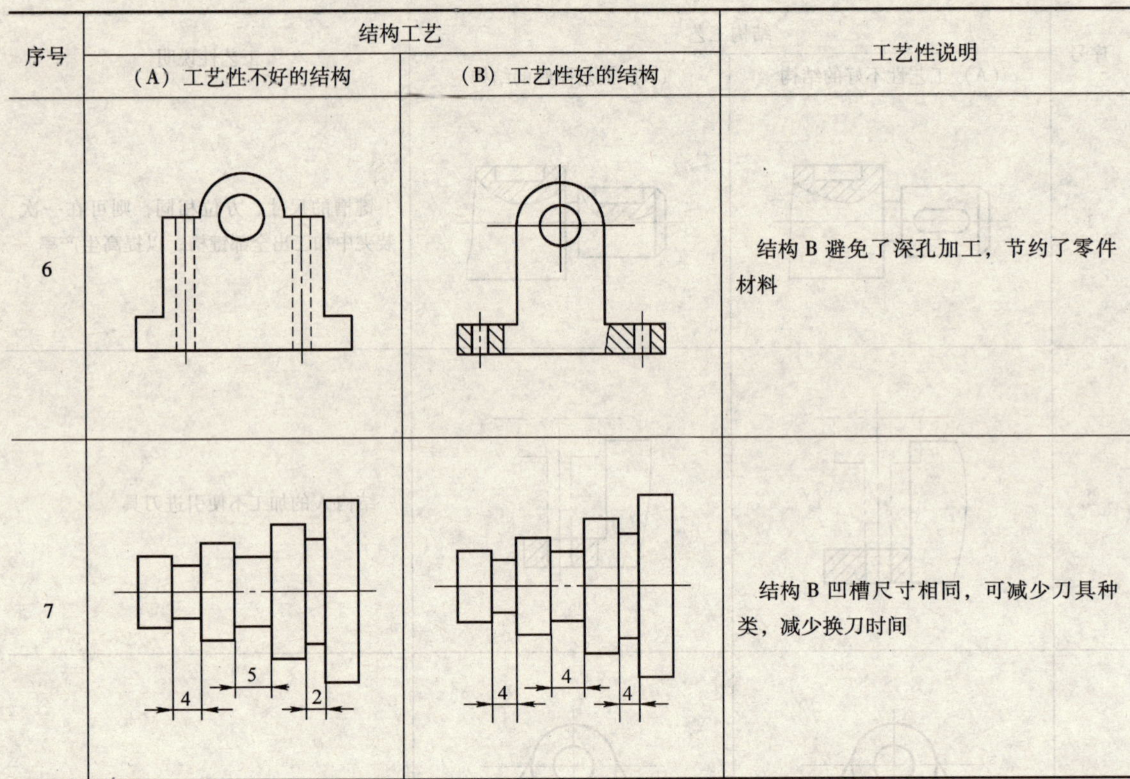

序号	结构工艺		工艺性说明
	（A）工艺性不好的结构	（B）工艺性好的结构	
6			结构 B 避免了深孔加工，节约了零件材料
7	4 5 2	4 4 4	结构 B 凹槽尺寸相同，可减少刀具种类，减少换刀时间

第三节　毛坯的选择

在制订工艺规程时，合理选择毛坯不仅影响到毛坯本身的制造工艺和费用，而且对零件机械加工工艺、生产率和经济性也有很大的影响。因此，选择毛坯时应从毛坯制造和机械加工两个方面综合考虑，以求得最佳效果。毛坯的选择主要包括毛坯种类和毛坯制造方法的选择。

一、毛坯的种类

1. 铸件

铸件毛坯的制造方法可分为砂型铸造、金属型铸造、精密铸造、压力铸造、离心铸造等。砂型铸造精度较低，金属型铸造精度较高。它们都适应于制造各种形状复杂的零件。

2. 锻件

机械强度要求高的钢制件，一般要用锻件毛坯。锻件分为自由锻件和模锻件。自由锻件毛坯精度较低，加工余量大，生产率低，零件的结构必须简单，适用于单件小批量生产的大型零件毛坯。模锻件毛坯精度较高，加工余量小，生产率高，适用于中批以上生产的中小型零件毛坯。

3. 轧制件

它主要包括热轧和冷轧圆钢、方钢、六角钢等型材。热轧毛坯精度较低，价格便宜，用于一般机器零件。冷拉毛坯精度较高，易于实现自动送料，但价格较贵，多用于制造毛坯精度要求较高的中小零件。

4. 焊接件

焊接件毛坯是将型材或板料等焊接成所需的毛坯。这种毛坯制造简便，生产周期短，节省材料，重量轻，但其抗振性较差，变形大，需经时效处理消除焊接应力后才能进行加工。

5. 其他毛坯

它主要指冲压件、粉末冶金、冷挤、塑料压制件等毛坯。

二、选择毛坯时应考虑的因素

在选择毛坯种类及制造方法时，应综合考虑下列因素。

1. 零件材料及其力学性能

零件的材料大致决定了毛坯的种类。例如，材料为铸铁和青铜的零件应选择铸件毛坯；钢质零件，当形状不复杂、力学性能要求不太高时可选型材；重要的钢质零件，为保证其力学性能，应选择锻件毛坯。

2. 零件的结构形状与外形尺寸

形状复杂的毛坯，一般用铸造方法制造。为防止浇注不足，薄壁零件不宜用砂型铸造；中小型零件可考虑用先进的铸造方法；大型零件可用砂型铸造。一般用途的阶梯轴，如各阶梯直径相差不大，可用圆棒料；如各阶梯直径相差较大，为减少材料消耗和机械加工的劳动量，则宜选择锻件毛坯。尺寸大的零件一般选择自由锻造；中小型零件可选择模锻件。

3. 生产类型

大量生产的零件应选择精度和生产率都比较高的毛坯制造方法，用于毛坯制造的昂贵费用可由材料消耗的减小和机械加工费用的降低来补偿。如铸件采用金属模机器造型或精密铸造；锻件采用模锻、精锻。零件批量较小时应选择精度和生产率较低的毛坯制造方法。

4. 现有生产条件

确定毛坯的种类及制造方法，必须考虑具体的生产条件，如毛坯制造的工艺水平、设备状况以及对外协作的可能性等。

5. 充分考虑利用新工艺、新技术的可能性

随着机械制造技术的发展，毛坯制造方面的新工艺、新技术的应用也发展很快。如精铸、精锻、冷挤压、粉末冶金和工程塑料等在机械中的应用日益增加，采用这些方法可大大减少机械加工工作量，有时甚至可以不再进行机械加工，其经济效益非常显著。

第四节　工艺路线的拟订

零件加工的工艺路线是指零件在生产过程中，由毛坯到成品所经过的工序的先后顺序。工艺路线的拟订是制订工艺规程的关键，其主要任务是选择各个表面的加工方案，确定各个表面加工的先后顺序，确定工序集中与分散程度以及选择设备与工艺装备等。

关于工艺路线的拟订，目前还没有一套普遍而完善的方法，而多是采用经过生产实践总结出的一些综合性原则。在应用这些原则时，要结合具体的生产类型及生产条件，尽可能多提出几种方案，通过分析对比，从中选择最佳方案。

一、加工方案的选择

为了完成某表面的加工，并达到其技术要求而采用的一系列加工方法的组合称为加工方

案。不同的加工表面所采用的加工方案不同，而同一加工表面，可能有许多加工方案可供选择。加工方案选择应满足加工质量、生产率和经济性各方面的要求。为了正确选择加工方案，应了解各加工方法的特点，掌握经济精度及经济粗糙度的概念。

1. 经济精度与经济粗糙度

加工过程中，影响加工精度的因素很多。每种加工方法在不同的工作条件下所能达到的加工精度是不同的。例如，在一定的设备条件下，操作精细，选择较低的进给量和背吃刀量，就能获得较高的加工精度和较小的表面粗糙度值。但是这必然会使生产率降低，生产成本增加。反之，提高了生产率，虽然成本降低，但会增大加工误差，降低加工精度。

所谓经济加工精度是指在车间正常加工条件下所能保证的加工精度。正常的加工条件是指采用符合质量的标准设备、工艺装备，操作者具有标准技术等级，不延长加工时间等。

经济粗糙度的概念类同于经济精度的概念。

各种加工方法所能达到的经济精度等级和经济粗糙度数值，以及各种典型的加工方案均已制成表格，在机械加工的各种手册中均能查到。表 6-5、表 6-6、表 6-7 中分别摘录了外圆、内孔和平面等典型表面的加工方案以及所能达到的经济精度等级和经济粗糙度数值，表 6-8 摘录了用各种加工方法加工平行孔系时的位置精度（用尺寸误差表示），供选用时参考。

表 6-5　外圆加工方案

序号	加工方案	经济精度（公差等级）	经济粗糙度 R_a/μm	适用范围
1	粗车	IT11 ~ IT13	12.5 ~ 50	适用于除淬火钢以外的各种金属
2	粗车→半精车	IT8 ~ IT10	3.2 ~ 6.3	
3	粗车→半精车→精车	IT7 ~ IT8	0.8 ~ 1.6	
4	粗车→半精车→精车→滚压（或抛光）	IT7 ~ IT8	0.025 ~ 0.2	
5	粗车→半精车→磨削	IT7 ~ IT8	0.4 ~ 0.8	主要用于淬火钢，也可用于未淬火钢，但不宜加工有色金属
6	粗车→半精车→粗磨→精磨	IT6 ~ IT7	0.1 ~ 0.4	
7	粗车→半精车→粗磨→精磨→超精加工	IT5	0.012 ~ 0.1（或 Rz0.1）	
8	粗车→半精车→精车→精细车	IT6 ~ IT7	0.025 ~ 0.4	主要用于要求较高的有色金属加工
9	粗车→半精车→粗磨→精磨→超精磨（或镜面磨）	IT5 以上	0.006 ~ 0.025（或 R_z0.05）	极高精度的外圆加工
10	粗车→半精车→粗磨→精磨→研磨	IT5 以上	0.006 ~ 0.1（或 R_z0.05）	

表 6-6　孔加工方案

序号	加工方案	经济精度（公差等级）	经济粗糙度 R_a/μm	适用范围
1	钻	IT11 ~ IT13	12.5	加工未淬火钢及铸铁的实心毛坯，也可用于加工有色金属。孔径小于 15 ~ 20mm
2	钻→铰	IT8 ~ IT10	1.6 ~ 6.3	
3	钻→粗铰→精铰	IT7 ~ IT8	0.8 ~ 1.6	

（续）

序号	加工方案	经济精度（公差等级）	经济粗糙度 $R_a/\mu m$	适用范围
4	钻→扩	IT10～IT11	6.3～12.5	加工未淬火钢及铸铁的实心毛坯，也可用于加工有色金属。孔径大于15～20mm
5	钻→扩→铰	IT8～IT9	1.6～3.2	
6	钻→扩→粗铰→精铰	IT7	0.8～1.6	
7	钻→扩→机铰→手铰	IT6～IT7	0.2～0.4	
8	钻→扩→拉	IT7～IT9	0.1～1.6	大批大量生产（精度由拉刀的精度而定）
9	粗镗（或扩孔）	IT11～IT13	6.3～12.5	除淬火钢外的各种材料，毛坯有铸出孔或锻出孔
10	粗镗（粗扩）→半精镗（精扩）	IT9～IT10	1.6～3.2	
11	粗镗（粗扩）→半精镗（精扩）→精镗（铰）	IT7～IT8	0.8～1.6	
12	粗镗（粗扩）→半精镗（精扩）→精镗→浮动镗刀精镗	IT6～IT7	0.4～0.8	
13	粗镗（扩）→半精镗→磨孔	IT7～IT8	0.2～0.8	主要用于淬火钢，也可用于未淬火钢，但不宜用于有色金属
14	粗镗（扩）→半精镗→粗磨→精磨	IT6～IT7	0.1～0.2	
15	粗镗→半精镗→精镗→精细镗（金刚镗）	IT6～IT7	0.05～0.4	主要用于精度要求高的有色金属加工
16	钻→（扩）→粗铰→精铰→珩磨；钻→（扩）→拉→珩磨；粗镗→半精镗→精镗→珩磨	IT6～IT7	0.025～0.2	精度要求很高的孔
17	以研磨代替上述方法中的珩磨	IT5～IT6	0.006～0.1	

表6-7　平面加工方案

序号	加工方案	经济精度（公差等级）	经济粗糙度 $R_a/\mu m$	适用范围
1	粗车	IT11～IT13	12.5～50	端面
2	粗车→半精车	IT8～IT10	3.2～6.3	
3	粗车→半精车→精车	IT7～IT8	0.8～1.6	
4	粗车→半精车→磨削	IT6～IT8	0.2～0.8	
5	粗刨（或粗铣）	IT11～IT13	6.3～25	一般不淬硬平面（端铣表面粗糙度 R_a 值较小）
6	粗刨（或粗铣）→精刨（或精铣）	IT8～IT10	1.6～6.3	
7	粗刨（或粗铣）→精刨（或精铣）→刮研	IT6～IT7	0.1～0.8	精度要求较高的不淬硬平面，批量较大时宜采用宽刃精刨方案
8	以宽刃精刨代替上述刮研	IT7	0.2～0.8	
9	粗刨（或粗铣）→精刨（或精铣）→磨削	IT7	0.2～0.8	精度要求高的淬硬平面或不淬硬平面
10	粗刨（或粗铣）→精刨（或精铣）→粗磨→精磨	IT6～IT7	0.025～0.4	
11	粗铣→拉	IT7～IT9	0.2～0.8	大量生产，较小的平面（精度视拉刀精度而定）
12	粗铣→精铣→磨削→研磨	IT5以上	0.006～0.1（或 R_z0.05）	高精度平面

表 6-8　平行孔系的位置精度（经济精度）

加工方法	工件的定位	两孔轴线间的距离误差或从孔轴线到平面的距离误差/mm	加工方法	工件的定位	两孔轴线间的距离误差或从孔轴线到平面的距离误差/mm
立钻或摇臂钻上钻孔	用钻模	0.1～0.2	卧式镗床上镗孔	用镗模	0.05～0.08
	按划线	1.0～3.0		按定位样板	0.08～0.2
立钻或摇臂钻上镗孔	用镗模	0.03～0.05		按定位器的指示读数	0.04～0.06
车床上镗孔	按划线	1.0～2.0		用块规	0.05～0.1
	用带有滑座的角尺	0.1～0.3		用内径规或用塞尺	0.05～0.25
坐标镗床上镗孔	用光学仪器	0.004～0.015		用程序控制的坐标装置	0.04～0.05
金刚镗床上镗孔	—	0.008～0.02		用游标尺	0.2～0.4
多轴组合机床上镗孔	用镗模	0.03～0.05		按划线	0.4～0.6

必须指出，经济精度和经济粗糙度并不是一成不变的。随着科学技术的发展，工艺技术的改进，经济精度会逐步提高，经济粗糙度数值也会逐步降低。

2. 选择加工方案时应考虑的因素

选择加工方案，一般是根据经验或查表来确定，再根据实际情况或工艺试验进行修改。从表 6-5～表 6-7 中的数据可知，满足同样精度要求的加工方案有若干种，所以选择加工方案时还要考虑下列因素：

（1）按经济精度和经济粗糙度选择加工方案　例如，加工精度为 IT7、表面粗糙度值 R_a 为 0.4μm 的外圆表面，通过“粗车→半精车→精车”方案是可以达到要求的，但不如“粗车→半精车→磨削”方案经济。

（2）工件材料的性质　例如，淬火钢的精加工要用磨削，而有色金属圆柱表面的精加工，为避免磨削时堵塞砂轮，则要选用包含高速精细车或精细镗的加工方案。

（3）工件的结构形状和尺寸大小　例如，对于加工精度要求为 IT7 的孔，采用镗削、铰削、拉削和磨削均可达到要求。但箱体上的孔，一般不宜选用拉孔或磨孔，而宜选择“粗镗→半精镗→精镗”或“钻→扩→铰”的方案，前者用于大孔加工，后者用于小孔加工。

（4）结合生产类型考虑生产率与经济性　大批量生产时，应采用高效率的先进工艺。例如，用拉削方法加工孔和平面，同时加工几个表面的组合铣削和磨削等。单件小批生产时，宜采用刨削、铣削平面和钻、扩、铰孔等加工方法，避免盲目地采用高效加工方法和专用设备而造成经济损失。

（5）现有生产条件　应该充分利用现有设备，确定加工方案时要注意合理安排设备负荷，同时要充分挖掘企业潜力，发挥操作者的创造性。

二、加工阶段的划分

当零件加工质量要求较高时，往往不可能在一两个工序中完成全部的加工工作，而必须划分几个阶段来进行加工。一般可分为粗加工、半精加工和精加工三个阶段。如果加工精度要求特别高、表面粗糙度值要求特别小时，还可增设光整加工和超精密加工阶段。

1. 各加工阶段的主要任务

粗加工阶段是要从毛坯上切除大部分加工余量，只能达到较低的加工精度和表面质量。

半精加工阶段是介于粗加工阶段和精加工阶段之间的切削加工过程。在此阶段中，应完成一些次要表面的加工，并为主要表面的精加工作准备。

精加工阶段的任务是使各主要表面达到规定的质量要求。

光整加工和超精密加工阶段的任务是，通过精密加工和光整加工方法，使精度要求特别高、表面粗糙度要求特别小的工件达到所要求的加工精度和表面粗糙度。

2. 划分加工阶段的原因

（1）保证加工质量　工件在粗加工时加工余量较大，会产生较大的切削力和切削热，同时也需要较大的夹紧力，在这些力和热的作用下，工件会产生较大的变形。而且经过粗加工后工件的内应力要重新分布，也会使工件发生变形。如果不分阶段而连续进行加工，就无法避免和修正上述原因所引起的加工误差。划分加工阶段后，粗加工造成的误差，通过半精加工和精加工可以得到修正，并逐步提高零件的加工精度和表面质量，保证了零件的加工要求。

（2）合理使用设备　粗加工要求功率大、刚性好、生产率高而精度要求不高的设备。精加工则要求精度较高的设备。划分加工阶段后就可以充分发挥粗精加工设备的特点，避免以粗干精或以精干粗，做到合理使用设备。

（3）便于安排热处理工序，使冷热加工配合得更好　对一些精密零件，粗加工后安排去除应力的时效处理，可以减小内应力变形对加工精度的影响；对于要求淬火的零件，在粗加工或半精加工后安排热处理，可便于前面工序的加工和在精加工中修正淬火变形，达到工件的加工精度要求。

（4）便于及时发现毛坯的缺陷　毛坯的各种缺陷，如气孔、砂眼、夹渣及加工余量不足等，往往在粗加工后即可发现，便于及时修补或决定是否报废，以免继续加工后造成工时和费用的浪费。

应当指出，工艺路线划分加工阶段是对整个工艺过程而言的，不能以某一表面或某一工序来判断。对于具体的工件，加工阶段的划分还应灵活掌握。对于加工精度要求不高，毛坯刚性好，精度高，加工余量较小的零件，就可少划分几个阶段或不划分加工阶段。对一些刚性好的重型零件，由于装夹吊运很费工时，往往不划分加工阶段，而在一次安装中完成粗、精加工。对有些定位基准面，在半精加工甚至在粗加工阶段就要完成而不能放在精加工阶段。

三、工序的集中与分散

在确定了工件上各表面的加工方法以后，安排加工工序的时候可以采取两种不同的原则，即工序集中和工序分散原则。工序集中就是将工件加工集中在少数几道工序内完成，每道工序加工内容较多。工序分散则是将工件的加工分散在较多的工序内进行，每道工序的内容很少，最少时每道工序仅包含一个工步。

在拟订零件加工的工艺路线时，确定工序集中或分散是很重要的，它决定了工艺路线的长短和各工序内容的多少，并与设备类型的选择有密切关系。

1. 工序集中的特点

1）在一次安装中可以完成零件多个表面的加工，可以较好地保证这些表面的相互位置精度，同时也减少了工件的装夹次数和辅助时间，并减少了工件在机床间的搬运工作量，有利于缩短生产周期。

2）可采用高效专用设备及工艺装备，生产率高。

3）可减少机床数量及其操作者，节省车间面积，简化生产计划和生产组织工作。

4）因采用了专用设备和工艺装备，使投资增大，调整和维修复杂，生产准备工作量大，产品转换费时。

2. 工序分散特点

1）机床设备及工艺装备简单，调整和维修方便，操作者容易掌握，生产准备工作量少，又易于平衡工序时间，易于产品更换。

2）可采用最合理的切削用量，减少基本时间。

3）工艺路线长，设备数量多，占用的生产面积大。

总之，工序集中与工序分散原则各有利弊，应根据生产类型、现有生产条件、企业能力、工件结构特点和技术要求等进行综合分析、择优选用。在一般情况下，单件小批量生产多采用工序集中；大批大量生产多用工序分散，或工序集中和工序分散二者兼有。但随着数控加工技术的发展，目前机械零件加工的发展趋势是倾向于工序集中。

四、工序顺序的安排

零件的机械加工工序通常包括切削加工工序、热处理工序和辅助工序。这些工序的顺序安排与加工质量、生产率和加工成本密切相关。因此，在拟订工艺路线时，要将三者统筹考虑，合理安排它们的顺序。

1. 机械加工工序的安排

（1）基准先行　选为精基准的表面，应安排在起始工序先进行加工，以便尽快为后续工序提供精基准。

（2）先粗后精　各主要表面的加工应按照先粗加工，再半精加工，最后精加工和光整加工的顺序分阶段进行，以逐步提高加工精度。

（3）先面后孔　对于箱体、支架和连杆等零件，应先加工平面后加工孔。这是因为，平面的轮廓平整，装夹比较稳定可靠。若先加工好平面，就能以平面定位加工孔，便于保证平面与孔的位置精度。另外，先加工好平面，对分布在平面上的孔的加工也带来方便，使刀具的初始切削条件能得到改善。

（4）先主后次　零件的加工应先考虑主要表面的加工，然后考虑次要表面的加工。次要表面可穿插在主要表面加工工序之间。所谓主要表面是指整个零件上加工精度要求高，表面粗糙度值要求小的装配基面、工作表面等。

2. 热处理工序的安排

1）为了使零件具有较好的切削性能而进行的预先热处理工序，如时效、正火、退火等，应安排在粗加工之前。

2）对于精度要求较高零件，有时在粗加工之后，甚至半精加工后还安排一次时效处理。

3）为了提高零件的综合性能而进行的热处理，如调质，应安排在粗加工之后半精加工之前进行。对于一些没有特别要求的零件，调质也常作为最终热处理。

4）为了得到高硬度、高耐磨性的表面而进行的渗碳、淬火等工序，一般应安排在半精加工之后、精加工之前。对于整体淬火的零件，则应在淬火之前，尽量将所有用金属刀具加工的表面都加工完，经淬火后，一般只能进行磨削加工。

5）为了提高零件硬度、耐磨性、疲劳强度和抗腐蚀性而进行的渗氮处理，由于渗氮层较薄，引起工件的变形极小，故应尽量靠后安排，一般安排在精加工或光整加工之前。

6）为了使表面耐磨、耐腐蚀或美观等而进行的热处理工序，如镀铬、镀锌、发兰等，一般安排在最后工序。

3. 辅助工序的安排

辅助工序主要包括检验、去毛刺、倒棱、清洗、防锈、退磁等。其中，检验工序是主要的辅助工序，是保证产品质量的重要措施之一。除了工序中自检外，在下列场合还要单独安排检验工序。

1）重要工序前后。

2）零件转换车间前后，特别是进行热处理的工序前后。

3）各加工阶段前后。在粗加工后精加工前；精加工后精密加工前。

4）零件全部加工完毕后。

第五节　加工余量的确定

零件加工的工艺路线确定以后，在进一步安排各个工序的具体内容时，应正确地确定各工序的工序尺寸。而确定工序尺寸，首先应确定加工余量。

一、加工余量的概念及其影响因素

为了达到零件上某一表面加工精度和表面质量要求，从零件表面上切除的金属层厚度，称为加工余量。加工余量分为总加工余量和工序加工余量。

1. 总加工余量和工序加工余量

工件从毛坯变为成品的整个加工过程中，被加工表面所切除金属层的总厚度称为该表面的总加工余量。在一道工序中从加工表面上切除的金属层厚度，称为工序加工余量。总加工余量与工序加工余量的关系为

$$Z_z = \sum_{i=1}^{n} Z_i$$

式中　Z_z——总加工余量；

Z_i——第 i 道工序的加工余量；

n——工序数目。

2. 公称加工余量、最大加工余量和最小加工余量

在制订工艺规程时，应根据各工序的性质来确定工序的加工余量，进而求出各工序的工序尺寸。由于在加工过程中各工序尺寸都有公差，所以实际切除的余量也是变化的。因此，加工余量又可分为公称加工余量、最大加工余量和最小加工余量。通常所说的加工余量是指公称加工余量，其值等于前后工序的基本工序尺寸之差（见图6-1），即

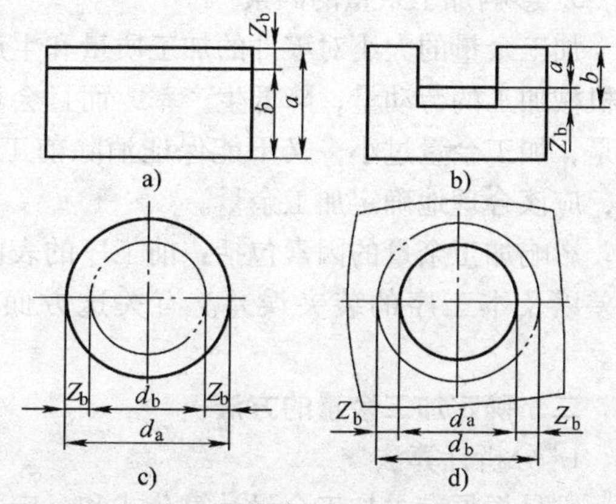

图6-1　加工余量

$$Z_b = |a - b|$$

式中　Z_b——本工序的加工余量；

a——前道工序的工序尺寸；

b——本工序的工序尺寸。

加工余量有双边余量和单边余量之分。平面的加工余量是单边余量，它等于实际切除的金属层厚度。对于外圆和孔等回转表面，其加工余量指双边余量，即以直径方向计算，实际切除的金属层为加工余量数值的一半。

对于外表面的单边余量　$Z_b = a - b$（见图 6-1a）

对于内表面的单边余量　$Z_b = b - a$（见图 6-1b）

对于轴　$2Z_b = d_a - d_b$（见图 6-1c）

对于孔　$2Z_b = d_b - d_a$（见图 6-1d）

工序尺寸的公差，一般是按照“单向入体原则”标注，将公差带偏置在零件表面有材料的一方，即被包容表面尺寸上偏差为零，也就是基本尺寸为最大极限尺寸（如轴）；包容面尺寸下偏差为零，也就是基本尺寸为最小极限尺寸（如孔）。而毛坯尺寸的公差，一般采用双向对称偏差形式标注。加工余量、工序尺寸及其公差的关系如图 6-2 所示。

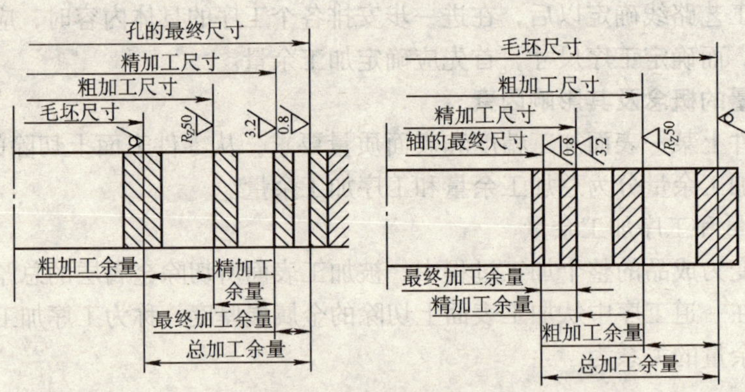

图 6-2　加工余量、工序尺寸及其公差的关系

3. 影响加工余量的因素

加工余量的大小对零件的加工质量和生产率均有较大的影响。加工余量过大，不仅会增加机械加工的劳动量，降低生产率，而且会增加材料、工具、电力的消耗，提高加工成本。但是，加工余量过小，又不能保证消除前工序的各种误差和表面缺陷，甚至产生废品。因此，应该合理地确定加工余量。

影响加工余量的因素包括：前工序的表面质量；前工序的工序尺寸公差；前工序的位置误差以及本工序的装夹误差。有关这方面的内容可查阅其他工艺类书籍，此处不做详述。

二、确定加工余量的方法

1. 分析计算法

它是根据有关加工余量计算公式和一定的试验资料，对影响加工余量的各项因素进行分析和综合计算来确定加工余量。用这种方法确定加工余量比较经济合理，但必须有比较全面和可靠的试验资料，且计算过程也比较复杂，目前较少使用。

2. 经验估算法

此法是根据工艺人员的实践经验来确定加工余量的方法。这种方法不太准确，通常为了避免加工余量过小而产生废品，经验估计的加工余量总是偏大，常用于单件小批生产。

3. 查表修正法

它是根据各工厂长期的生产实践与试验研究所积累的有关加工余量数据，制成各种表格并汇编成手册，确定加工余量时，查阅有关手册，再结合本厂的实际情况进行适当修正后确定。目前，此法应用较为普遍。

三、工序尺寸及其公差的确定

零件图上要求的设计尺寸和公差，一般都要经过多道工序加工才能达到。工序尺寸是零件加工过程中各个工序应达到的尺寸。每个工序的工序尺寸是不同的，是逐步向设计尺寸靠近的。在工艺规程中需要标注出这些工序尺寸，以作加工或检验的依据。

工序尺寸及其公差的确定方法有以下两种：

1）当定位基准与加工表面的设计基准或工序基准不重合时，就必须应用尺寸链的有关理论计算工序尺寸及其公差。

2）当定位基准与加工表面的设计基准或工序基准重合时，可利用各工序的加工余量推算各工序尺寸，根据各工序的加工性质查表确定工序尺寸公差。如内、外圆柱表面和某些平面的加工，其定位基准与设计基准（或工序基准）重合，同一表面经过多道工序加工才能达到图样的要求。这时，各工序的工序尺寸取决于各工序的加工余量；其公差则由该工序所采用加工方法的经济加工精度决定。计算顺序是由后逐工序向前推算，即由零件图的设计尺寸开始，一直推算到毛坯图的尺寸。举例说明如下。

例 6-1　某法兰盘零件上有一个圆柱孔，其直径为 $\phi60^{+0.03}_{0}$ mm，表面粗糙度值 R_a 为 0.8μm（见图 6-3）。毛坯是铸钢件，需淬火处理。其工艺路线见表 6-9。试确定工序尺寸及其公差。

解：（1）确定各工序的加工余量　根据各工序的加工性质，查工艺手册有关表格可得出它们各自的加工余量（见表 6-9 中的第 2 列）。

（2）计算工序尺寸　其顺序是由最后一道工序往前推算，每一工序的工序尺寸加上或减去本工序的加工余量就是前工序的工序尺寸。外表面取“+”号，内表面取“-”号。图样上规定的尺寸，就是最后工序的工序尺寸（计算结果见表 6-9 中的第 4 列）。

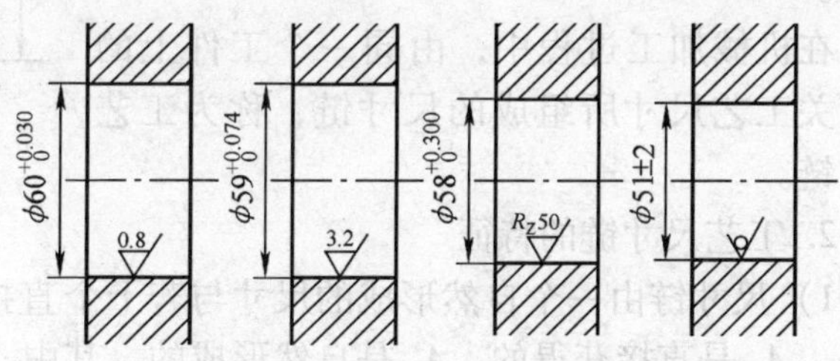

图 6-3　内孔工序尺寸计算

（3）确定各工序尺寸公差及表面粗糙度　最后磨孔工序的工序尺寸公差和表面粗糙度就是图样上所规定的孔径公差和表面粗糙度值。各中间工序的工序尺寸公差及表面粗糙度是根据其对应工序的加工性质，查有关经济加工精度的表格得到的（查得结果见表 6-9 第 3 列）。

（4）确定各工序的上、下偏差　查得各工序尺寸公差之后，按单向入体原则确定各工序尺寸的上、下偏差。对于孔，基本尺寸等于最小极限尺寸，上偏差取正值；对于轴，基本尺寸等于最大极限尺寸，下偏差取负值。对于毛坯尺寸的偏差，按双向对称偏差的形式标注。结果见表6-9第5列。

表6-9 工序尺寸及其公差的计算

1	2	3	4	5
工序名称	工序余量/mm	工序所能达到的精度等级	工序尺寸/mm	工序尺寸及其上下偏差/mm
磨孔	0.4	H7 ($^{+0.030}_{0}$)	60	$60^{+0.030}_{0}$
半精镗孔	1.6	H9 ($^{+0.074}_{0}$)	59.6	$59.6^{+0.074}_{0}$
粗镗孔	7	H12 ($^{+0.300}_{0}$)	58	$58^{+0.300}_{0}$
毛坯孔		±2	51	51 ±2

第六节 工艺尺寸链

如前所述，当定位基准与加工表面的设计基准或工序基准不重合时，就必须用尺寸链的有关理论计算工序尺寸及其公差。

一、工艺尺寸链的概念

1. 尺寸链定义

在机械装配或零件加工过程中，由相互连接的尺寸形成的封闭尺寸系统，称为尺寸链。如图6-4所示，以零件上的表面1定位加工表面2，得到尺寸A_1，仍以表面1定位加工表面3，保证尺寸A_2，于是$A_1 \to A_2 \to A_0$连接成了一个封闭的尺寸系统（见图6-4b），形成了尺寸链。

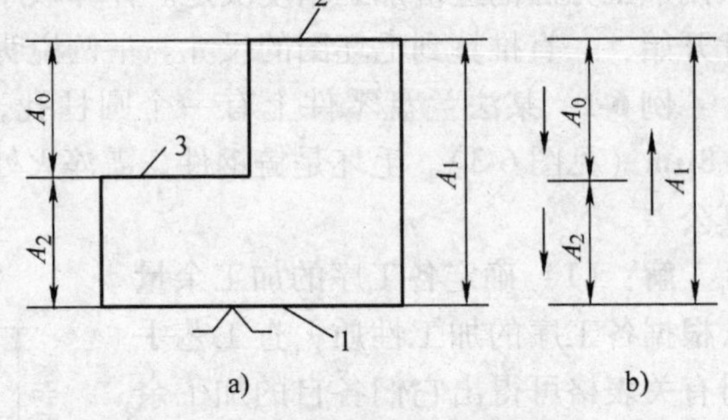

图6-4 加工尺寸链示例

在机械加工过程中，由同一个工件上的各有关工艺尺寸所组成的尺寸链，称为工艺尺寸链。

2. 工艺尺寸链的特征

1）尺寸链由一个自然形成的尺寸与若干个直接获得的尺寸所组成。如图6-4所示，尺寸A_1、A_2是直接获得的，A_0是自然形成的。其中，自然形成的尺寸的大小和精度受直接获得的尺寸的大小和精度的影响，并且，自然形成的尺寸的精度必然低于任何一个直接获得的尺寸的精度。

2）尺寸链必然是封闭的，且各尺寸按一定的顺序首尾相接。

3. 工艺尺寸链的组成

组成尺寸链的各个尺寸称为尺寸链的环，包括封闭环和组成环两种。图6-4中的A_1、A_2、A_0都是尺寸链的环。

1）封闭环 加工（或测量）过程中自然形成的环称为封闭环，如图6-4中的A_0。每个尺寸链只有一个封闭环。封闭环以下角标“0”表示。

2）组成环 加工（或测量）过程中直接获得的环称为组成环。尺寸链中，除封闭环之外的其他环都是组成环。按其对封闭环的影响情况不同，组成环又分为增环和减环。

①增环。若其他组成环不变，某组成环的变动引起封闭环随之同向变动，则该组成环称为增环（见图6-4中的A_1），用$\overrightarrow{A}$表示（在符号上加一个向右的箭头）。

②减环。若其他组成环不变，某组成环的变动引起封闭环随之反向变动，则该组成环称为减环（见图6-4中的A_2），用$\overleftarrow{A}$表示（在符号上加一个向左的箭头）。

所谓同向变动是指该组成环增大时封闭环也增大，该组成环减小时封闭环也减小；而反向变动是指该组成环增大时封闭环减小，该组成环减小时封闭环增大。

4. 增、减环的判定方法

为了正确地判定增环与减环，可在尺寸链图上，先给封闭环任意定出方向并画出箭头，然后沿此方向环绕尺寸链回路，顺次给每一个组成环画出相应方向的箭头。此时，凡箭头方向与封闭环相反的组成环为增环，相同的则为减环（见图6-5）。

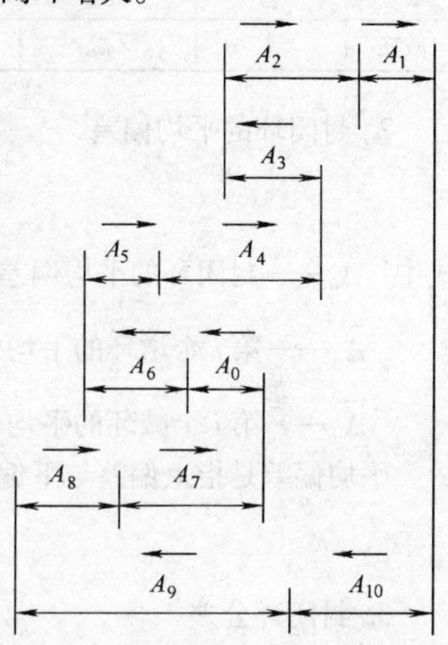

图6-5　增、减环的简易判别法

5. 工艺尺寸链的建立

建立工艺尺寸链，也就是确定尺寸链的封闭环和组成环的过程。

在工艺尺寸链中，封闭环是加工过程中自然形成的尺寸。所以，封闭环的判定，必须根据零件加工的具体方案，紧紧抓住“自然形成”或“间接保证”这一要领。组成环是工艺尺寸链中对封闭环有直接影响的那些环，它们要么是前工序已获得的尺寸，要么是本工序直接保证的尺寸。因此，确定组成环时必须把握“直接保证”、“直接获得”或“前序尺寸”这些特点。

例如，在图6-4所示零件加工中，若表面1和2已经加工，本工序以表面1定位按调整法加工表面3，以尺寸A_2调整刀具相对于工件的位置。因此，在由尺寸A_0、A_1、A_2形成的三环尺寸链中，A_1是前工序已获得的尺寸，是组成环；本工序加工表面3时，同时形成了A_2和A_0两个尺寸，其中A_2是调刀尺寸，肯定是直接保证的尺寸，因此是组成环。A_0是本工序加工表面3时自然形成的尺寸，因此是封闭环。

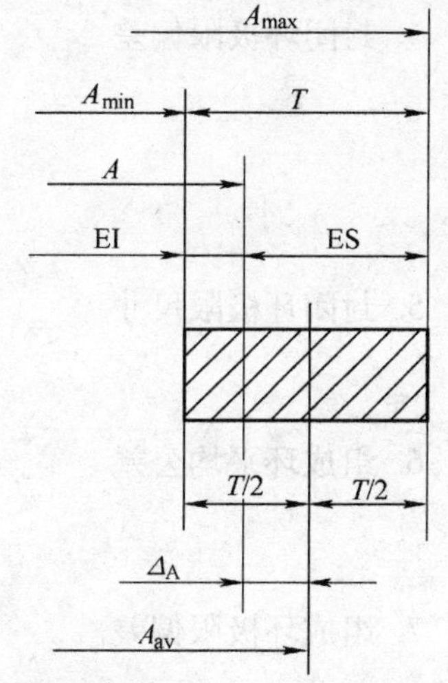

图6-6　各种尺寸和偏差的关系

二、工艺尺寸链的计算

工艺尺寸链的计算方法有两种：极值法和概率法。目前生产中多采用极值法计算，下面仅介绍极值法计算的基本公式。

图6-6为尺寸链计算中各种尺寸和偏差的关系。表6-10列出了尺寸链计算所用的符号。

1. 封闭环基本尺寸

$$A_0 = \sum_{i=1}^{p} \overrightarrow{A}_i - \sum_{i=1}^{q} \overleftarrow{A}_i \tag{6-1}$$

式中 p——增环数目；

q——减环数目。

表 6-10 尺寸链计算所用的符号

环名	符号名称							
	基本尺寸	最大极限尺寸	最小极限尺寸	上偏差	下偏差	公差	平均尺寸	平均偏差
封闭环	A_0	$A_{0\max}$	$A_{0\min}$	ES_0	EI_0	T_0	A_{0av}	Δ_0
增环	$\overrightarrow{A}_i$	$\overrightarrow{A}_{i\max}$	$\overrightarrow{A}_{i\min}$	ES_i	EI_i	T_i	$\overrightarrow{A}_{iav}$	$\overrightarrow{\Delta}_i$
减环	$\overleftarrow{A}_i$	$\overleftarrow{A}_{i\max}$	$\overleftarrow{A}_{i\min}$	ES_i	EI_i	T_i	$\overleftarrow{A}_{iav}$	$\overleftarrow{\Delta}_i$

2. 封闭环的平均偏差

$$\Delta_0 = \sum_{i=1}^{p} \overrightarrow{\Delta}_i - \sum_{i=1}^{q} \overleftarrow{\Delta}_i \tag{6-2}$$

式中 Δ_0——封闭环的平均偏差；

$\overrightarrow{\Delta}_i$——第 i 个增环的平均偏差；

$\overleftarrow{\Delta}_i$——第 i 个减环的平均偏差。

平均偏差是指上偏差与下偏差的平均值。

$$\Delta = \frac{ES + EI}{2} \tag{6-3}$$

3. 封闭环公差

$$T_0 = \sum_{i=1}^{p+q} T_i \tag{6-4}$$

4. 封闭环极限偏差

$$ES_0 = \Delta_0 + \frac{1}{2}T_0 \tag{6-5}$$

$$EI_0 = \Delta_0 - \frac{1}{2}T_0 \tag{6-6}$$

5. 封闭环极限尺寸

$$A_{0\max} = A_0 + ES_0 \tag{6-7}$$

$$A_{0\min} = A_0 + EI_0 \tag{6-8}$$

6. 组成环平均公差

$$T_{avi} = \frac{T_0}{p + q} \tag{6-9}$$

7. 组成环极限偏差

$$ES_i = \Delta_i + \frac{1}{2}T_i \tag{6-10}$$

$$EI_i = \Delta_i - \frac{1}{2}T_i \tag{6-11}$$

8. 组成环极限尺寸

$$A_{i\max} = A_i + ES_i \tag{6-12}$$

$$A_{i\min} = A_i + EI_i \tag{6-13}$$

三、工艺尺寸链的应用

1. 测量基准与设计基准不重合时的尺寸换算

在零件加工中，有时会遇到一些表面在加工之后，按设计尺寸不便直接测量的情况，因此需要在零件上另选一易于测量的表面作为测量基准，以间接保证设计尺寸的要求。此时即需要进行工艺尺寸链换算。

例 6-2 如图 6-7 所示零件，车削大孔时要求保证尺寸（6 ±0.1）mm，但该尺寸不便直接测量，只好通过测量尺寸 L 来间接保证，试求工序尺寸 L 及其极限偏差。

分析求解：在车削大孔时，同时获得了（6 ±0.1）mm 和 L 两个尺寸。但尺寸 L 是在加工时通过测量孔深直接保证的尺寸，而（6 ±0.1）mm 则是在直接保证尺寸 L 的同时自然形成的尺寸，至于（26 ±0.05）mm 和 $36_{-0.05}^{\ 0}$mm 两尺寸，是前工序获得的尺寸。

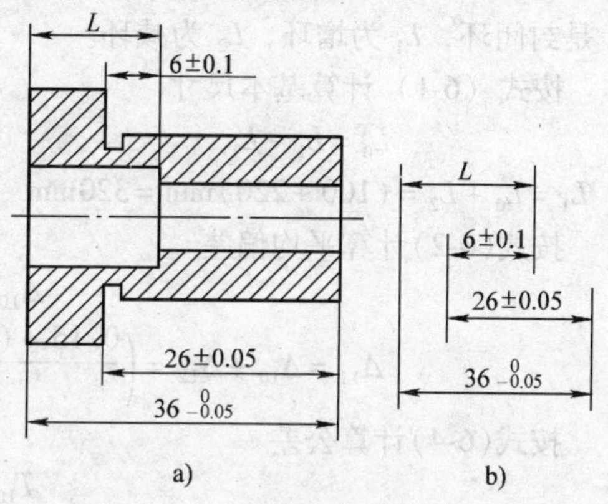

图 6-7 测量基准与设计基准不重合时的尺寸换算

建立尺寸链如图 6-7b 所示。通过上述分析可知，尺寸（6 ±0.1）mm 为封闭环，其他三个尺寸都是组成环。通过画箭头的方法不难判断，尺寸 L、（26 ±0.05）mm 为增环，尺寸 $36_{-0.05}^{\ 0}$mm 为减环。

按式（6-1）计算基本尺寸

$$6 = L + 26 - 36$$
$$L = 16\text{mm}$$

按式(6-2)计算平均偏差

$$\frac{0.1 + (-0.1)}{2} = \Delta_L + \frac{0.05 + (-0.05)}{2} - \frac{0 + (-0.05)}{2}$$
$$\Delta_L = -0.025\text{mm}$$

按式(6-4)计算公差

$$0.1 - (-0.1) = T_L + [0.05 - (-0.05)] + [0 - (-0.05)]$$
$$T_L = 0.05\text{mm}$$

按式(6-10)、式(6-11)计算极限偏差

$$ES_L = \Delta_L + \frac{1}{2}T_L = \left(-0.025 + \frac{1}{2}\times 0.05\right)\text{mm} = 0\text{mm}$$

$$EI_L = \Delta_L - \frac{1}{2}T_L = \left(-0.025 - \frac{1}{2}\times 0.05\right)\text{mm} = -0.05\text{mm}$$

因而 $$L = 16_{-0.05}^{\ 0}\text{mm}$$

2. 定位基准与设计基准不重合时的尺寸换算

零件加工中，加工表面的定位基准与设计基准不重合时，也需要进行尺寸换算以求得工序尺寸及其公差。

例 6-3　如图 6-8 所示零件，表面 M 和 N 均已加工，本工序拟以 N 面定位，采用调整法镗孔 O，试计算调刀尺寸 L_1。

分析求解：在镗孔时，同时获得了 L_1 和 L_0 两个尺寸。但 L_1 是调刀尺寸，是由夹具直接保证的，而 L_0 则是镗孔时自然形成的尺寸。另一尺寸 L_2 是前工序获得的尺寸。

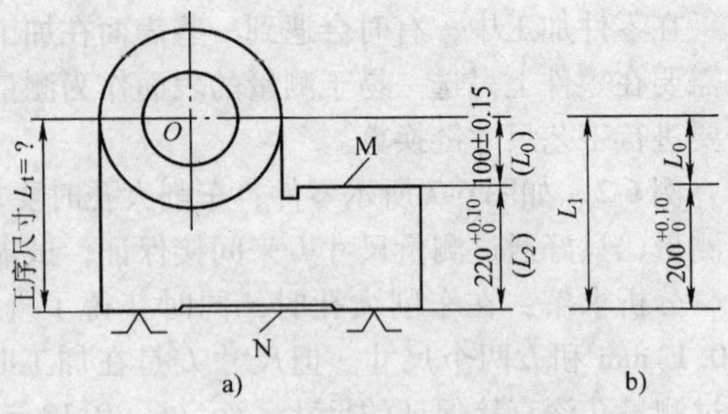

图 6-8　定位基准与设计基准不重合时的尺寸换算

建立如图 6-8b 所示的尺寸链。很显然，L_0 是封闭环，L_1 为增环，L_2 为减环。

按式（6-1）计算基本尺寸

$$L_0 = L_1 - L_2$$

$$L_1 = L_0 + L_2 = (100 + 220)\text{mm} = 320\text{mm}$$

按式(6-2)计算平均偏差

$$\Delta_{L0} = \Delta_{L1} - \Delta_{L2}$$

$$\Delta_{L1} = \Delta_{L0} + \Delta_{L2} = \left(\frac{0.15 + (-0.15)}{2} + \frac{0.10 + 0}{2}\right)\text{mm} = 0.05\text{mm}$$

按式(6-4)计算公差

$$T_{L0} = T_{L1} + T_{L2}$$

$$T_{L1} = T_{L0} - T_{L2} = \{[0.15 - (-0.15)] - (0.10 - 0)\}\text{mm} = 0.2\text{mm}$$

按式(6-10)、式(6-11)计算极限偏差

$$ES_{L1} = \Delta_{L1} + \frac{1}{2}T_{L1} = \left(0.05 + \frac{1}{2} \times 0.2\right)\text{mm} = 0.15\text{mm}$$

$$EI_{L1} = \Delta_{L1} - \frac{1}{2}T_{L1} = \left(0.05 - \frac{1}{2} \times 0.2\right)\text{mm} = -0.05\text{mm}$$

因而　　$L_1 = 320^{+0.15}_{-0.05}\text{mm}$

3. 中间工序的工序尺寸换算

在零件加工中，有些加工表面的定位基准或测量基准是一些尚需继续加工的表面。当加工这些表面时，不仅要保证本工序对该加工表面的尺寸要求，同时还要保证原加工表面的要求，即一次加工后要同时保证两个尺寸的要求，此时，即需进行工序尺寸的换算。

例 6-4　图 6-9 所示为一齿轮内孔的简图。内孔尺寸为 $\phi85^{+0.035}_{0}$mm，键槽的深度尺寸为 $90.4^{+0.2}_{0}$mm。内孔及键槽的加工顺序如下：

1）精镗孔至 $\phi84.8^{+0.07}_{0}$mm。

2）插键槽深至尺寸 A_3（通过尺寸换算求得）。

3）热处理。

4）磨内孔至尺寸 $\phi85^{+0.035}_{0}$mm，同时保证键槽深度尺寸 $90.4^{+0.2}_{0}$mm。

分析求解：根据以上加工顺序可以看出，磨孔后必须保证内孔尺寸，还要同时保证键槽的深度。为此，必须计算出镗孔后的键槽深度工序尺寸 A_3。按半径尺寸画出尺寸链简图（见图 6-9b），其中精镗孔后的半径 $A_2 = 42.4^{+0.035}_{0}$mm、磨孔后的半径 $A_1 = 42.5^{+0.0175}_{0}$mm 以及键槽加工的深度尺寸 A_3 都是直接获得的，为组成环。磨孔后所得的键槽深度尺寸 $A_0 = 90.4^{+0.2}_{0}$mm 是自然形成的，为封闭环。

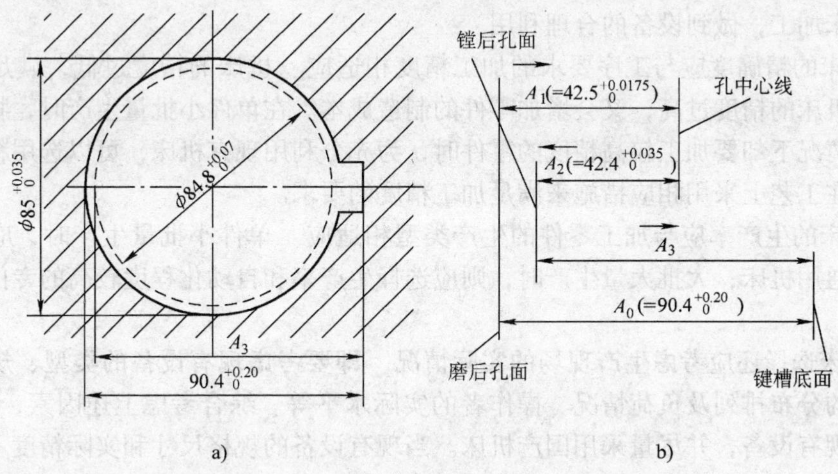

图 6-9　内孔与键槽加工尺寸换算

按式（6-1）计算基本尺寸

$$A_0 = A_3 + A_1 - A_2$$

$$A_3 = A_0 + A_2 - A_1 = 90.4\text{mm} + 42.4\text{mm} - 42.5\text{mm} = 90.3\text{mm}$$

按式（6-2）计算平均偏差

$$\Delta_0 = \Delta_3 + \Delta_1 - \Delta_2$$

$$\Delta_3 = \Delta_0 + \Delta_2 - \Delta_1 = \frac{0.2+0}{2}\text{mm} + \frac{0.035+0}{2}\text{mm} - \frac{0.0175+0}{2}\text{mm} = 0.10875\text{mm}$$

按式（6-4）计算公差

$$T_0 = T_1 + T_2 + T_3$$

$$T_3 = T_0 - T_1 - T_2 = 0.2\text{mm} - 0.0175\text{mm} - 0.035\text{mm} = 0.1475\text{mm}$$

按式（6-10）、式（6-11）计算上、下偏差

$$\text{ES}_{A3} = \Delta_3 + \frac{1}{2}T_3 = \left(0.10875 + \frac{1}{2}\times 0.1475\right)\text{mm} = 0.1825\text{mm}$$

$$\text{EI}_{A3} = \Delta_3 - \frac{1}{2}T_3 = \left(0.10875 - \frac{1}{2}\times 0.1475\right)\text{mm} = 0.035\text{mm}$$

最后得出插键槽的工序尺寸为

$$A_3 = 90.3^{+0.1825}_{+0.035}\text{mm}$$

第七节　机床与工艺装备的确定

制订机械加工工艺规程时，正确选择各工序所用机床设备、工艺设备的名称与型号是满足零件的质量要求、提高生产率、降低生产成本的一项重要措施。

一、机床的选择

机床是加工工件的主要生产工具，选择时应注意下述问题。

（1）机床主要规格尺寸与加工零件的外廓尺寸相适应　小工件选用小机床加工，大工件选用大机床加工，做到设备的合理利用。

（2）机床的精确度应与工序要求的加工精度相适应　机床的精度过低，满足不了加工质量要求；机床的精度过高，又会增加零件的制造成本。在单件小批量生产时，特别是在无高精度设备情况下却要加工较高精度的零件时，为充分利用现有机床，可以选用精度低一些的机床，而在工艺上采用相应措施来满足加工精度的要求。

（3）机床的生产率应与加工零件的生产类型相适应　单件小批量生产时，应选择工艺范围较广的通用机床；大批大量生产时，则应选择生产率和自动化程度较高的专门化或专用机床。

（4）机床选择还应考虑生产现场的实际情况　即要考虑现有设备的类型、规格及实际精度、设备的分布排列及负荷情况、操作者的实际水平等。综合考虑上述因素，在选择时，应充分利用现有设备，并尽量采用国产机床。当现有设备的规格尺寸和实际精度不能满足零件的设计要求时，应优先考虑采用新技术、新工艺进行设备改造，实施“以小干大”、“以粗干精”等行之有效的办法。

二、工艺装备的选择

工艺装备选择是否合理，直接影响到工件的加工精度、生产率和经济性。因此，要结合生产类型、具体的加工条件、工件的加工技术要求和结构特点等合理选择工艺装备。

1. 夹具的选择

单件小批量生产时,应尽量选择通用夹具,如各种卡盘、平口钳和回转台等。如条件具备,可选用组合夹具,以提高生产率。大批大量生产时,应选择生产率和自动化程度高的专用夹具。多品种中小批量生产可选用可调夹具或成组夹具。夹具的精度应与工件的加工精度相适应。

2. 刀具的选择

一般应选择标准刀具，必要时可选择各种高生产率的复合刀具及其他一些专用刀具。刀具的类型、规格及精度应与工件的加工要求相适应。

3. 量具的选择

单件小批量生产应选用通用量具，如游标卡尺、千分尺、千分表等。大批大量生产应尽量选用效率较高的专用量具，如各种极限量规、专用检验夹具和测量仪器等。所选量具的量程和精度要求要与工件的尺寸和精度相适应。

第八节　工艺规程设计实例

下面以汽车底盘传动轴上的万向节滑动叉零件为例，说明设计零件工艺规程的一般过程。

一、零件的工艺分析

1. 零件的作用

图 6-10 所示的零件是汽车底盘传动轴上的万向节滑动叉，位于传动轴的端部，它的主要作用是传递转矩，使汽车获得前进的动力；二是汽车前后轮在上、下位置变化时，让传动轴自动调节长短。零件的叉头部位上有两个 $\phi39^{+0.027}_{-0.010}$mm 的孔，用以安装滚针轴承并与十字轴相连，起万向联轴节的作用，$\phi50^{+0.05}_{0}$ mm 花键孔可与传动轴一端的花键部分相配合，用于传递转矩。

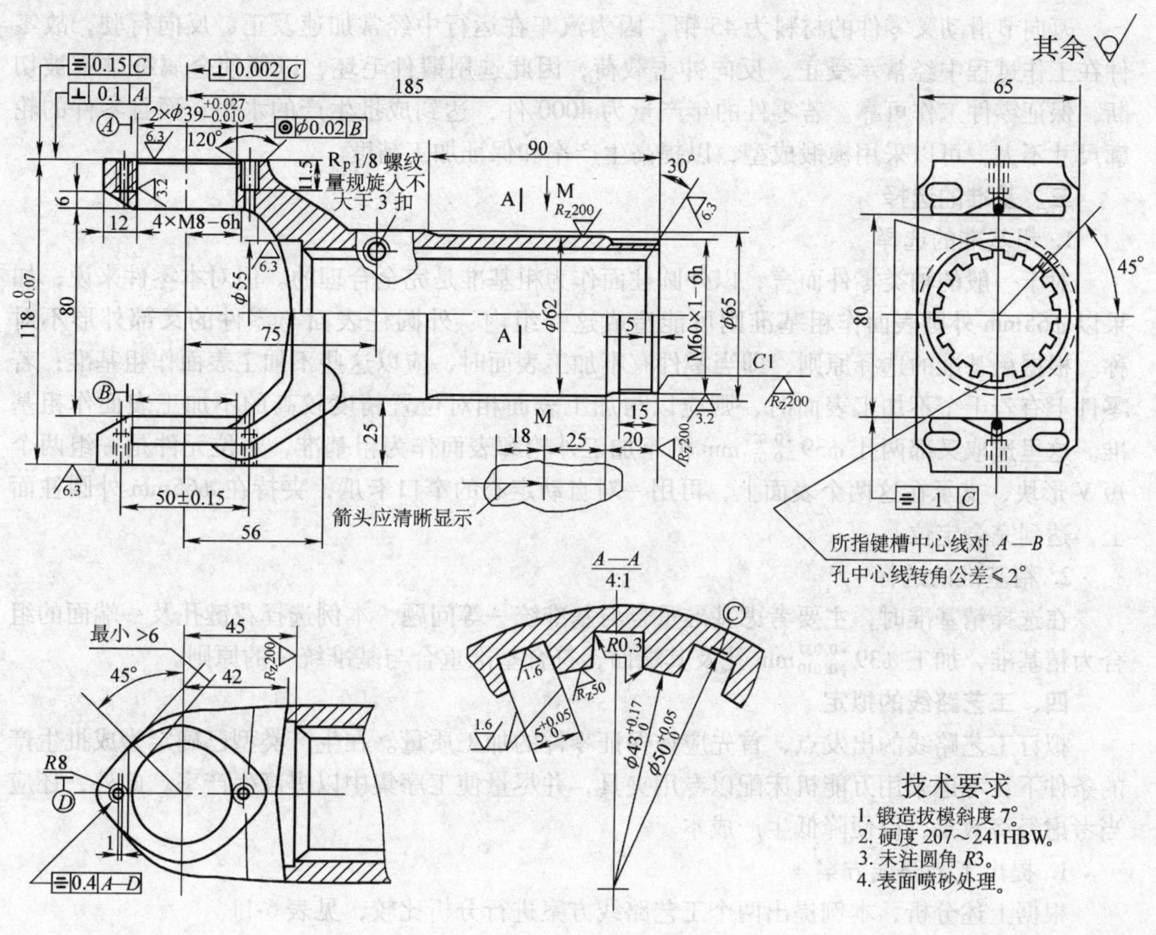

图 6-10　万向节滑动叉零件图

2. 零件的工艺分析

由图 6-10 可看出，该零件有两组加工表面，而这两组加工表面之间有一定位置要求。

（1）以 $\phi39$mm 孔为主的加工表面　这一组加工表面包括两个 $\phi39^{+0.027}_{-0.010}$mm 的孔及其倒角、相距为 $118^{\ 0}_{-0.07}$mm 的两个平面（两个平面与两个 $\phi39^{+0.027}_{-0.010}$mm 的孔垂直）、平面上四个 M8 的螺孔。其中，主要加工表面为两个 $\phi39^{+0.027}_{-0.010}$mm 的孔。

（2）以 $\phi50$mm 花键孔为主的加工表面　这一组加工表面包括 $\phi50^{+0.05}_{\ 0}$ mm 的孔面、16 个齿的花键孔、$\phi55$mm 的阶梯孔、$\phi65$mm 的外圆柱表面和 M60 ×1 的外螺纹表面。

上述两组加工表面之间的主要位置精度要求为：

$\phi50^{+0.05}_{\ 0}$ mm 花键孔与 $\phi39^{+0.027}_{-0.010}$mm 两孔中心连线的垂直度公差为 0.2mm；$\phi39$mm 两孔外端面与孔的垂直度公差为 0.1mm；花键槽宽中心线与 $\phi39$mm 孔中心线偏转角度公差为 2°。

由以上分析可知，对于这两组加工表面而言，可以先加工其中一组表面，然后用专用夹具对另一组表面进行加工，以保证它们之间的位置精度要求。

二、毛坯的确定

万向节滑动叉零件的材料为45钢，因为汽车在运行中经常加速及正、反向行驶，故零件在工作过程中经常承受正、反向冲击载荷，因此选用锻件毛坯，以便使金属纤维不被切断，保证零件工作可靠。若零件的年产量为4000件，达到成批生产的水平，而且零件的轮廓尺寸不大，可以采用模锻成型，以提高生产率和保证加工精度。

三、基准的选择

1. 粗基准的选择

对于一般的轴类零件而言，以外圆柱面作为粗基准是完全合理的。但对本零件来说，如果以 $\phi65$mm 外圆表面作粗基准则可能造成这一组内、外圆柱表面与零件的叉部外形不对称。根据粗基准的选择原则，即当零件有不加工表面时，应以这些不加工表面作粗基准；若零件上有若干个不加工表面时，则应以与加工表面相对位置精度较高的不加工表面作粗基准。这里选取叉部两孔 $\phi39^{+0.027}_{-0.010}$mm 的不加工外轮廓表面作为粗基准，定位元件是一组两个短V形块，支承在这两个表面上，再用一对自动定心的窄口卡爪，夹持在 $\phi65$mm 外圆柱面上，达到完全定位。

2. 精基准的选择

在选择精基准时，主要考虑基准重合与基准统一等问题，本例选择花键孔及一端面的组合为精基准，加工 $\phi39^{+0.027}_{-0.010}$mm 孔及其端面，符合基准重合与基准统一的原则。

四、工艺路线的拟定

拟订工艺路线的出发点，首先应该保证零件的加工质量。在生产类型已确定为成批生产的条件下，考虑采用万能机床配以专用夹具，并尽量使工序集中以提高生产率。此外，还应当考虑经济效果，以便降低生产成本。

1. 提出工艺路线方案

根据上述分析，本例提出两个工艺路线方案进行分析比较，见表6-11。

表6-11 工艺路线的两个方案

方案 Ⅰ	方案 Ⅱ
(1) 车端面及外圆柱面 $\phi62$mm、$\phi60$mm，车螺纹 M60×1，倒角	(1) 粗铣 $\phi39$mm 两孔端面
(2) 钻、扩花键底孔 $\phi43$mm，镗趾口 $\phi55$mm	(2) 钻 $\phi39$mm 两孔（留余量）
(3) 花键孔倒角 5×60°	(3) 粗镗 $\phi39$mm 两孔（留余量）
(4) 钻 $R_p1/8$ 底孔	(4) 精镗 $\phi39$mm 两孔，倒角
(5) 拉花键孔	(5) 车端面及外圆柱面 $\phi62$mm、$\phi60$mm，车螺纹 M60×1，倒角
(6) 粗铣 $\phi39$mm 两孔端面	(6) 钻、扩花键底孔 $\phi43$mm、镗趾口 $\phi55$mm
(7) 钻、扩、粗铰、精铰两个 $\phi39$mm 孔至图样尺寸，并锪倒角	(7) 花键孔倒角 5×60°
(8) 磨 $\phi39$mm 两孔端面，保证尺寸 $118^{\ 0}_{-0.07}$mm	(8) 钻 $R_p1/8$ 底孔
(9) 钻 M8 底孔至 $\phi6.7$mm，倒角 120°	(9) 拉花键孔
(10) 攻螺纹 M8、$R_p1/8$	(10) 磨 $\phi39$mm 两孔端面，保证尺寸 $118^{\ 0}_{-0.07}$mm
(11) 冲箭头	(11) 钻 M8 底孔至 $\phi6.7$mm，倒角 120°
(12) 检验	(12) 攻螺纹 M8、$R_p1/8$
	(13) 冲箭头
	(14) 检验

2. 工艺方案的分析与比较

方案Ⅰ是先加工以花键孔为中心的一组表面，然后以此为基准加工 ϕ39mm 两孔；而方案Ⅱ则与此相反，先加工 ϕ39mm 两孔，然后再以此两孔为基准加工花键孔及其外表面。经过比较不难看出，方案Ⅰ的位置精度较易保证，并且定位夹紧都比较方便。不过，方案Ⅰ中的工序（7）虽然代替了方案Ⅱ中的工序（2）、（3）、（4），减少了装夹次数，但是在一道工序中要完成这么多的工作是较困难的，一般只能选用专门设计的组合机床或转塔车床。然而，在成批生产中，应尽量不采用组合机床；而目前转塔车床只适于粗加工，因此用来加工 ϕ39mm 两孔不易保证加工精度。既然这两种方案都不适宜，因此决定根据方案Ⅱ中的工序（2）、（3）、（4）来修改方案Ⅰ中的工序（7），使其变为两道工序，即：（7）钻、扩 ϕ39mm 两孔及倒角 $C2$；（8）粗、精镗 ϕ39mm 两孔。其余的工序按方案Ⅰ执行不变，因此，最后的工艺路线确定如下：

1）车端面及外圆柱面 ϕ62mm、ϕ60mm，车螺纹 M60×1。此时以两个叉耳外轮廓及 ϕ65mm 外圆柱表面为粗基准，选用 CA6140 车床和专用夹具进行加工。

2）钻、扩花键底孔至 ϕ43mm，镗趾口 ϕ55mm。此时以 ϕ62mm 外圆柱面为基准，选用 CA6140 车床进行加工。

3）将花键孔倒角 5×60°。此时选用 CA6140 车床和专用夹具进行加工。

4）钻锥螺纹 R_p1/8 底孔。此时以花键底孔及叉部外轮廓定位。选用 Z5125 立式钻床及专用钻模进行加工。这里安排钻 R_p1/8 底孔主要是为下道工序拉花键孔准备定位基准。

5）拉花键孔。此时利用花键底孔、ϕ55mm 端面及 R_p1/8 锥螺纹底孔定位，选用 L6120 拉床进行加工。

6）粗铣 ϕ39mm 两孔端面。此时以花键孔定位，选用 X6132 铣床进行加工。

7）钻、扩 ϕ39mm 两孔及倒角 $C2$。此时以花键孔及其端面定位，选用 Z5135 立式钻床进行加工。

8）粗、精镗 ϕ39mm 两孔。此时选用 T740 型卧式金刚镗床及专用夹具进行加工，以花键孔及其端面定位。

9）磨 ϕ39mm 两孔端面，保证尺寸 $118_{-0.07}^{\ 0}$mm。此时以 ϕ39mm 孔及花键孔定位。选用 M7130 平面磨床及专用夹具进行加工。

10）钻叉部四个 M8 螺纹底孔至 ϕ6.7mm 并倒角 120°。此时以花键孔及 ϕ39mm 孔定位，选用 Z4112-2 台式钻床及专用夹具进行加工。

11）攻螺纹 4×M8 及 R_p1/8。

12）冲箭头。

13）检验。

五、确定加工余量及工序尺寸

万向节滑动叉零件的材料为 45 钢、硬度 207～241HBW，采用模锻毛坯，毛坯的精度等级为 3 级，重量约为 6kg。根据上述原始资料及加工工艺，分别对各表面的机械加工余量、工序尺寸及毛坯尺寸确定如下：

（1）外圆表面（ϕ62mm 及 M60×1）　考虑其加工长度为 90mm 和与其连接的非加工外圆表面直径为 ϕ65mm，为简化模锻毛坯的外形，现直接取其外圆表面直径为 ϕ65mm。ϕ62mm 表面的公差为一般公差，即线性尺寸的未注公差，表面粗糙度值为 R_z200μm，只要求粗加工，直径余量 $2Z=3\text{mm}$ 已能满足加工要求。

(2) 外圆表面沿轴线长度方向的加工余量（M60 ×1 端面） 长度余量及公差取 2.5^{+2}_{-1}mm（查手册所得），模锻斜度取 7°（图样要求）。

(3) 两孔 $\phi39^{+0.027}_{-0.010}\text{mm}$（叉部） 毛坯为实心，两孔精度要求介于 IT7 ~ IT8 之间。参照手册确定余量及工序尺寸为：

精镗	$\phi39^{+0.027}_{-0.010}\text{mm}$	$2Z=0.1\text{mm}$
粗镗	$\phi38.9^{+0.05}_{0}\text{mm}$	$2Z=0.2\text{mm}$
扩孔	$\phi38.7\text{mm}$	$2Z=1.7\text{mm}$
二次扩钻	$\phi37\text{mm}$	$2Z=12\text{mm}$
钻孔	$\phi25\text{mm}$	$2Z=25\text{mm}$

(4) 花键孔（$16\times50^{+0.05}_{0}\times43^{+0.17}_{0}\times5^{+0.05}_{0}$） 用拉削加工花键孔，查手册得

扩孔	$\phi43^{+0.05}_{0}\text{mm}$	$2Z=2\text{mm}$
二次扩钻	$\phi41\text{mm}$	$2Z=16\text{mm}$
钻孔	$\phi25\text{mm}$	$2Z=25\text{mm}$

花键小径拉削时的加工余量为孔的公差 $2Z=T=0.17\text{mm}$。

(5) $\phi39^{+0.027}_{-0.010}\text{mm}$ 两孔的外端面（加工余量的计算长度为 $118^{\ 0}_{-0.07}\text{mm}$） 由手册查得

磨端面	$118^{\ 0}_{-0.07}\text{mm}$	$2Z=0.40\text{mm}$
粗铣端面	$118.4^{\ 0}_{-0.22}\text{mm}$	$2Z=5\text{mm}$
模锻斜度	7°（图样要求）	

六、确定切削用量、时间定额、填写工艺文件（略）

第九节 机械加工的生产率

制订工艺规程的根本任务在于保证产品质量的前提下，提高劳动生产率和降低成本，即做到高产、优质、低消耗。要达到这一目的，制订工艺规程时，还必须对工艺过程认真开展技术经济分析，有效地采取提高机械加工生产率的工艺措施。

一、机械加工时间定额的组成

时间定额是指在一定的生产条件下规定完成单件产品或某道工序所消耗的时间。它是进行生产的计划与组织、成本核算和考核工人完成任务情况的主要依据，是说明劳动生产率高低的指标，在新建或扩建工厂时，它是计算所需设备和工人数量的依据。

单件时间定额是指完成工件一道工序的时间定额，它包括以下几部分：

(1) 基本时间 T_j 基本时间是指直接改变生产对象的尺寸、形状、相对位置、表面质量或材料性质等工作所消耗的时间。对于机械加工来说，是指从工件上切去加工余量和对工件进行热处理所耗费的时间，包括刀具的切入和切出时间。

(2) 辅助时间 T_f 辅助时间是指在每道工序中为实现工艺过程所进行的各种辅助动作所消耗的时间。它主要包括装卸工件、操作机床、改变切削用量、试切和测量工件尺寸等消耗的时间。

(3) 工作地服务时间 T_{fw} 工作地服务时间是指工人在工作时为照管工作地点和保持正常工作状所消耗的时间。它主要包括调整和更换刀具、修整砂轮、刃磨刀具、擦拭及润滑机

床、清理切屑等所消耗的时间。一般占机动时间的2～7%。

（4）休息和自然需要时间 T_x　休息和自然需要时间是指工人在工作班内为恢复体力和满足生理需求所消耗的时间。一般占机动时间和辅助时间之和的2%左右。

（5）准备和终结时间 T_z　准备和终结时间是指在成批生产中，每加工一批零件的开始和终了所做准备工作和结束工作所消耗的时间。它主要包括：熟悉图样和工艺文件，领取毛坯和工装，安装刀具、夹具，调整机床设备，一批工件加工结束后拆卸和归还工艺装备，收拾工艺文件，送交成品等的时间。

准备终结时间对一批零件只消耗一次，零件的批量 N 越大，分摊到每个零件的这部分间 T_z/N 就越少。

批量生产时的时间定额 T_a 就是上述各时间之和，即 $T_a = T_j + T_f + T_{fw} + T_x + T_z/N$

对于大量生产，由于 N 的数值很大，T_z/N 可以忽略不计。在单件小批生产中常采用经验估算法来确定时间定额。

在制定机械加工工艺规程时，应对各工序的时间定额进行科学的分析计算，也可用实测法对时间定额进行校验。制定出的时间定额，应填写在技术文件的相应栏目中，作为生产组织和管理的重要依据。

通常，工艺部门只负责新产品投产前的一次性时间定额的确定。产品正式投产后，时间定额由企业劳动工资部门负责制订。一般企业平均定额完成率不得高于130%。

二、提高机械加工生产率的途径

劳动生产率是指工人在单位时间内生产的合格产品的数量，或者指制造单件产品所消耗的劳动时间。劳动生产率一般通过时间定额来衡量，缩减时间定额就可以提高劳动生产率。

在不同类型的生产中，提高生产率的侧重点不同。在大批大量生产中，由于自动化程度高，基本时间占的比重大，所以应在缩短基本加工时间上多下功夫；而在单件小批生产中，辅助时间占的比重大，重点应在缩短辅助加工时间上采取措施。

1. 缩减时间定额

（1）缩减基本时间　以车削为例，基本时间可用下式计算：

$$T_j = \frac{L}{nf} \cdot \frac{Z}{a_p} = \frac{\pi DL}{1000vf} \cdot \frac{Z}{a_p}$$

式中　L——切削长度，单位为mm；

n——工件转速，单位为r/min；

D——切削直径，单位为mm；

Z——加工余量，单位为mm；

v——切削速度，单位为m/min；

f——进给量，单位为mm/r；

a_p——背吃刀量，单位为mm。

由上可见，缩短 T_j 的具体方法有以下几种：

1）提高切削用量。切削用量的提高可以使 T_j 缩短，但增大了切削中的切削力、切削热、工艺系统变形等，所以要求机床有足够的功率和刚度，并要求刀具有足够的耐用度。

2）减少工件切削长度。采用多刀加工，使每把刀切削长度缩短，或使用宽砂轮采用横磨法磨削等均可减少切削长度，缩短 T_j。

3）多件加工。在条件许可时采用多件同时加工，可减少刀具的切入、切出时间，缩短 T_j。

4）精化毛坯。如采用精铸、精锻毛坯可以减少加工余量，缩短 T_j。

（2）缩短辅助时间　主要方法有：

1）采用先进高效夹具。如液压、气动夹具及半自动夹具，可以大大减少装卸工件时间。

2）多工位加工。在多个工位上加工工件，并可在不影响加工的情况下装卸工件，使基本时间与辅助时间重合。

3）自动检测。采用自动检测装置，减少停机测量工件的时间。

（3）缩短工作地服务时间　这主要通过缩短刀具调整和更换所需的时间、提高刀具及砂轮的耐用度等办法，如采用各种快换刀夹、自动换刀装置、刀具微调装置及采用不重磨硬质合金刀片等。

（4）缩短准备与终结时间　应尽量扩大零件的生产批量，使分摊到每个零件上的准备与终结时间减少。对于中小批量的生产可通过采用成组技术以及零件的通用化、标准化、产品系列化来减少零件的准备与终结时间。

2. 采用先进工艺方法

采用先进的工艺方法是提高劳动生产率的有效手段。

1）采用先进、高效、自动化机床、专用机床、数控机床和加工中心等可以有效地提高劳动生产率。

2）采用少、无切屑新工艺，如冷挤压、滚压、冷轧等来提高劳动生产率。

3）对某些特硬、特脆、特韧材料及复杂型面采用电解加工、电火花加工、线切割等特种加工方法可大大提高劳动生产率。

4）改进加工方法，如以拉削代替镗、铰孔，用精刨、精磨代替刮研等均可提高劳动生产率。

此外，通过改进产品的结构设计、改善零件的结构工艺性，改善生产的组织和管理，采用先进的生产组织形式（如流水线、自动线）和先进的生产模式，合理制定生产计划，合理调配设备和劳动力等都可以提高劳动生产率。

本章小结

1. 机械加工工艺规程是规定零件机械加工工艺过程和操作方法等的工艺文件，它是机械制造厂最主要的技术文件，其表现形式是三种卡片：机械加工工艺过程卡片、机械加工工艺卡片和机械加工工序卡片。

2. 在不同的加工条件下，零件的加工方案是多种多样的，制订工艺规程的原则是保证产品制造做到优质、高产、低消耗，即在保证产品质量的前提下，尽可能地提高生产率和降低生产成本。

3. 机械零件常用毛坯的种类有铸件、锻件、焊接件、轧制件等，各种毛坯有不同的应用场合，选择毛坯时应注意具体问题具体分析，结合零件结构形状、尺寸、功用、生产类型等。

4. 工艺路线是零件加工的工艺流程，为了保证零件的加工质量及生产率与经济性，拟订工艺路线时应考虑划分加工阶段，应确定是采用工序集中还是工序分散的原则。机械加工的发展越来越趋向于工序集中。

5. 确定工序具体内容是制订工艺规程的重要环节，工序尺寸及其公差确定是保证零件加工质量的技术保障。当定位基准和工序基准重合时，要用加工余量计算工序尺寸，而当定位基准和工序基准不重合时，则要用工艺尺寸链的原理计算工序尺寸。

6. 劳动生产率是指工人在单位时间内生产的合格产品的数量，或者指制造单件产品所消耗的劳动时间。要提高劳动生产率，应从生产的组织和管理以及采用有关技术措施等方面综合考虑。

7. 每一个零件的加工，可以有多个方案。在这些方案中，要选择出既能保证加工技术要求，又具有良好的经济效果的方案，就要对它们进行技术经济分析，择优选用。

思考题与习题

6-1　试述工艺规程的作用及制订工艺规程的基本原则。

6-2　机械加工中常用的毛坯有哪些种类？选择毛坯时应注意哪些问题？

6-3　工艺过程通常划分哪些加工阶段？各加工阶段的主要任务是什么？

6-4　机械加工工艺过程划分加工阶段的原因是什么？

6-5　什么是工序集中和工序分散？各有何特点？

6-6　试述零件在机械加工过程中安排热处理工序的目的及其安排顺序。

6-7　如图 6-11 所示零件，镗孔 D 以前，表面 A、B、C 均已加工，镗孔 D 时，为了使工件装夹方便，选择表面 A 为定位基准。试确定采用调整法加工时，镗削孔 D 工序的工序尺寸。

6-8　如图 6-12 所示零件，除 ϕ16H7 孔外各表面均已加工，现以 K 面定位加工 ϕ16H7 孔。试计算其工序尺寸及上下偏差。

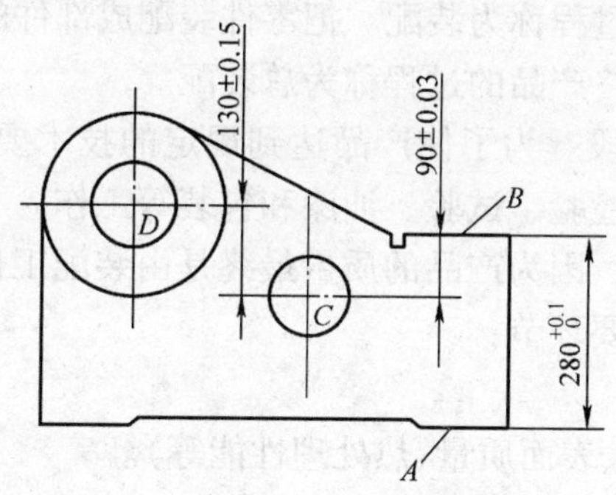

图 6-11　题 6-7 图

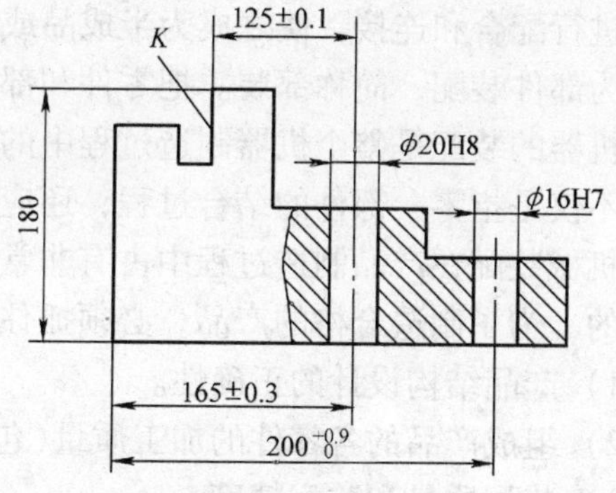

图 6-12　题 6-8 图

第七章 机械装配工艺基础

【要点和目的】

本章主要介绍机械装配工艺及其与机械加工工艺的关系，讲述保证装配精度的几种工艺方法以及装配工艺规程的制定原则。

通过学习，了解机械装配的概念、装配精度及其与零件精度间的关系；掌握保证装配精度的方法、装配的组织形式以及影响装配精度的因素；了解装配尺寸链的概念；掌握装配尺寸链的建立和计算方法；掌握装配工艺规程的制定方法。

第一节 概 述

装配是整个机械制造过程的后期工作。机器的各种零部件只有经过正确的装配，才能达到产品的质量要求。怎样将零件装配成机器，零件精度和产品精度的关系，以及达到装配精度的方法，都是装配工艺所要解决的问题。

一、装配的概念

零件是构成机器(或产品)的最小单元。将若干个零件结合在一起，成为机器的某一部分，称为部件。直接进入机器(或产品)装配的部件称为组件。

任何机械产品都是由许多零件、组件和部件组成。按规定的技术要求，将零件、组件和部件进行配合和连接，使之成为半成品或成品的工艺过程称为装配。把零件装配成部件的过程称为部件装配，简称部装。把零件和部件装配成最终产品的过程称为总装配。

机器的装配是整个机器制造过程中的最后一个阶段。为了使产品达到规定的技术要求，装配不仅是指零、部件的结合过程，还应包括调整、检验、试验、油漆和包装等工作。

机械装配在产品制造过程中占有非常重要的地位，因为产品的质量最终是由装配工作来保证的。为了制造合格的产品，必须抓住以下三个主要环节：

1）产品结构设计的正确性。

2）组成产品的各零件的加工质量(包括加工精度、表面质量、热处理性能等)。

3）装配质量和装配精度。

产品结构设计的正确性是保证产品质量的先决条件，零件的加工质量是产品质量的基础，而产品的质量最终是通过装配工艺保证的。因为装配过程并不是将合格零件简单地连接起来的过程，而是根据各级部装和总装的技术要求，通过校正、调整、平衡、配作以及反复检验来保证产品质量的复杂过程。若装配不当，即使零件的制造质量都合格，也不一定装配出合格的产品；反之，当零件的质量不十分良好，但只要在装配中采取合适的工艺措施，也能使产品达到或基本达到规定的要求。

二、装配工作的基本内容

1. 清洗

机械产品一般都比较精细，其精度要求都是在毫米级以下的。任何微小的赃物、杂质都会影响到产品的装配质量，尤其是对于轴承、密封件、精密器件、相互接触或相互配合的表面以及有特殊清洗要求的零件，稍有杂物就会影响到产品的质量。所以，装配前要对零件进行清洗，去除零件表面的油污及机械杂质。

零件清洗的方法有擦洗、浸洗、喷洗和超声波清洗等。清洗液一般用煤油、汽油、碱液及各种化学清洗液。清洗工艺的要点就是根据工件的清洗要求、工件材料、生产批量的大小以及油污、杂质的性质和粘附情况等正确选择清洗方法、清洗液，以及清洗时的温度、压力、时间等参数。此外，还应注意使清洗过的零件具有一定的中间防锈能力。

2. 刮削

为在装配过程中达到高精度配合要求，常对有关零件进行刮削。刮削能提高其尺寸、形状、位置和接触精度，但劳动强度大，因此，常采用机械加工来代替，如精磨、精刨代刮等。

3. 平衡

对于转速高、运转平稳性要求高的机器(如精密磨床、内燃机、电动机等)，为了防止在使用过程中因旋转件质量不平衡产生的离心惯性力而引起振动，装配时必须对有关旋转零件进行平衡，必要时还要对整机进行平衡。

平衡的方法分静平衡和动平衡。对于长度比直径小很多的圆盘类零件(如飞轮,带轮等)一般只需进行静平衡，即在静力平衡下确定其不平衡量和位置，并在一个平面内予以消除。而对于长度较大旋转体零件(如鼓状轴类零件、汽轮机转子、电机转子等)，因材质不均而引起的静力不平衡和力偶不平衡必须进行动平衡予以消除。通常可用以下方法消除不平衡。

(1) 配重法　用螺纹联接、补焊、胶接等方法加配质量。

(2) 减重法　用钻、铣、磨、锉、刮等方法去除不平衡质量。

(3) 调节法　在预制的平衡槽内改变平衡块的位置和数量。

4. 零、部件的连接

装配过程中有大量的连接工作，连接的方式一般有两种。

(1) 可拆连接　相互连接的零件拆卸时不损坏任何零件，且拆卸后能重新装配。常见的有螺纹连接、键连接、销钉连接及间隙配合连接等。

(2) 不可拆连接　零件相互连接后是不可拆卸的，若要拆卸则会损坏某些零件。常见的有焊接、铆接和过盈配合连接等。

5. 校正、调整与配作

为了保证部装和总装的精度，在批量不大的情况下，常需进行校正、调整与配作工作。校正是指产品中相关零部件相互位置的找正、找平，并通过各种调整方法以达到装配精度。校正必须重视基准，校正的基准面力求与加工和装配基准面相一致。

调整是指相关零部件相互位置的具体调节工作。通过相关零部件位置的调整来保证其位置精度或某些运动副的间隙。

配作是指以已加工工件为基准，加工与其相配的另一工件，或将两个(或两个以上)工件组合在一起进行加工的方法，如配钻、配铰、配刮及配磨等。配作和校正调整工作是结合进行的，在装配过程中，为消除加工和装配时产生和累积的误差，在利用校正工艺进行测量和调整之后，才能进行配作。

6. 产品验收及试验

机械产品装配完成后，应根据有关技术标准和规定的技术要求，对其进行全面的检验和必要的试验，合格后才准予出厂。

另外，产品验收合格后还应对产品进行油漆和包装，因为外观和包装的完美是促进产品销售的一个重要措施。

三、装配工作的形式

装配工作组织得好与坏对装配效率的高低、装配周期的长短均有较大影响，应根据产品的结构特点、装配要求、批量大小等因素合理确定装配的组织形式和方法。

1. 装配的组织形式

(1) 固定式装配　产品的装配是固定在一个或几个组内完成，装配时工作地点不变，产品位置也不变。它又分集中装配和分散装配两种形式。

集中装配是部装和总装均由一个工人或一组工人在一个工作地点上完成。这种装配形式对工人技术水平要求较高，装配周期长，适用于装配精度较高的单件小批生产的产品或新产品试制。

分散装配是把产品装配分为部装和总装，分配给个人或各小组以平行作业的组织形式来完成。这种装配形式装配工人密度增加，生产周期短，效率高，用于成批生产或较复杂的大型机器的装配。

固定式装配具有产品装配周期较长、占用生产面积大、对装配工人的技术水平要求高等特点，适用于中小批量以下的生产，或质量、体积较大，装配时不便移动的重型机器。

(2) 移动式装配　被装配产品用连续或间歇传送的工具运载，顺次经过各装配工作地

点，以完成全部装配工作。每个装配工作地点的工人只完成一定工序的装配任务，全部装配由各工序共同完成。它也有自由移动装配和强制移动装配两种形式。

自由移动装配时产品的移动速度无严格要求，即自由节奏、间歇移动进行装配。它适用于修配、调整量较多的装配。

强制移动装配时产品移动速度有严格要求，即按一定的速度连续移动进行装配。每道装配工序都必须在规定的时间内完成，否则，整个装配工作将无法正常进行，如汽车在自动线上的装配。

移动式装配的特点是装配过程划分得较细，每个工作地点重复完成固定的工序，可大量采用专用设备及工装，生产率高，质量易保证，对工人技术水平要求不高，但工人劳动强度较大，主要适用于大批大量生产。

2. 装配工序的集中与分散

装配工序的集中与分散是拟定装配工艺路线，划分装配单元时考虑的主要问题，应根据产品的生产规模、现场生产条件、装配方法及组织形式等合理运用。

大批大量生产(如汽车、拖拉机生产)时，装配工序多采用分散原则，以达到高度的均衡性和严格的节奏性。可采用高效的工艺装备，建立移动式流水线或自动装配线。

单件小批量生产，装配时工艺灵活性较大，设备通用，组织形式以固定式为主，装配工序宜采用集中原则。

成批生产介于二者之间，可根据产品结构、现场生产条件、装配方法等合理选择工序集中或分散，或部分集中部分分散。

第二节　装配精度

一、装配精度的概念

装配精度是产品设计时根据使用性能要求规定的、装配时必须保证的质量指标，可根据机器的工作性能来确定。装配精度一般包括零部件间的尺寸精度、位置精度、相对运动精度和接触精度。

（1）零部件间的尺寸精度　零部件间的尺寸精度包括距离精度和配合精度。距离精度是零部件之间的相对距离尺寸要求，如卧式车床主轴和尾座上两顶尖中心的等高度属此项精度。配合精度是配合面间的间隙或过盈要求。

（2）零部件间的位置精度　零部件间的位置精度包括平行度、垂直度、同轴度及各种跳动等。如卧式车床主轴轴线对床身导轨的平行度等，就属于位置精度。

（3）零部件间的相对运动精度　零部件间的相对运动精度是指有相对运动的零部件间在运动方向和运动位置上的精度。运动方向上的精度是指零部件间相对运动的直线度、平行度、垂直度等。例如，卧式车床床鞍移动在水平面内的直线度。运动位置上的精度是指传动精度，例如，车床车削螺纹时的主轴与刀架移动的相对运动精度等。

（4）接触精度　接触精度是指相互配合表面、接触表面间接触面积的大小和接触点的分布情况，如齿轮啮合面、锥体与锥孔配合面及导轨副之间均有接触精度要求。

不难看出，上述各装配精度之间存在一定的关系，如接触精度是尺寸精度和位置精度的基础，而位置精度又是相对运动精度的基础。

二、装配精度与零件精度的关系

机器及其部件都是由零件组合而成，零件的加工精度特别是关键零件的加工精度，对装配精度有很大影响。装配精度有时与一个零件的精度有关，有时则同时与几个零件有关。

如图 7-1 所示，在卧式车床装配中，要满足尾座移动对溜板移动的平行度要求，主要取决于床身上溜板移动的导轨 A 与尾座移动的导轨 B 的平行度以及导轨面间的接触精度。

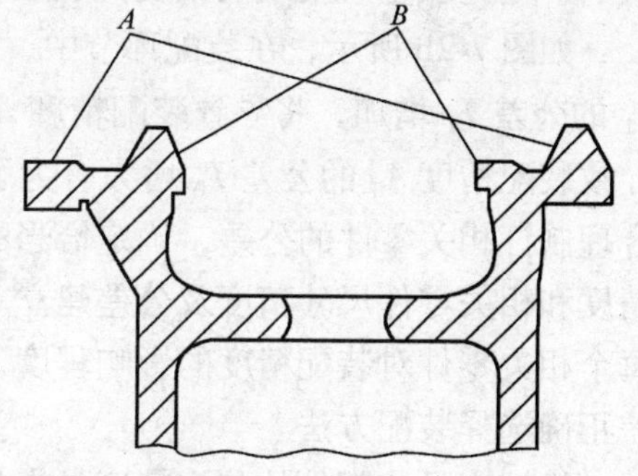

图 7-1　床身导轨简图
A—溜板移动导轨　B—尾座移动导轨

一般而言，多数的装配精度是和它相关的若干个零、部件的加工精度有关，所以应合理地规定和控制这些相关零、部件的加工精度，在加工条件允许时，使它们的加工误差累积起来仍能满足装配精度的要求。但是，当遇到有些要求较高的装配精度时，如果完全靠相关零件的加工精度来直接保证，则零件的加工精度将会很高，给加工带来较大的困难。如图 7-2a 所示，卧式车床床头和尾座两顶尖的等高度（A_0）要求很高（约 0.06mm），而要使主轴箱 1、尾座 2、底板 3 的有关尺寸 A_1、A_3、A_2 的累积误差不大于 0.06mm 却很难保证，也很不经济。此时，可通过装配时适当地修配底板 3 来保证装配精度。这样做，虽然增加了装配的劳动量，但从整个产品制造的全局分析，仍是经济可行的。

由此可见，产品的装配精度和零件的加工精度有密切的关系，零件的加工精度是保证装

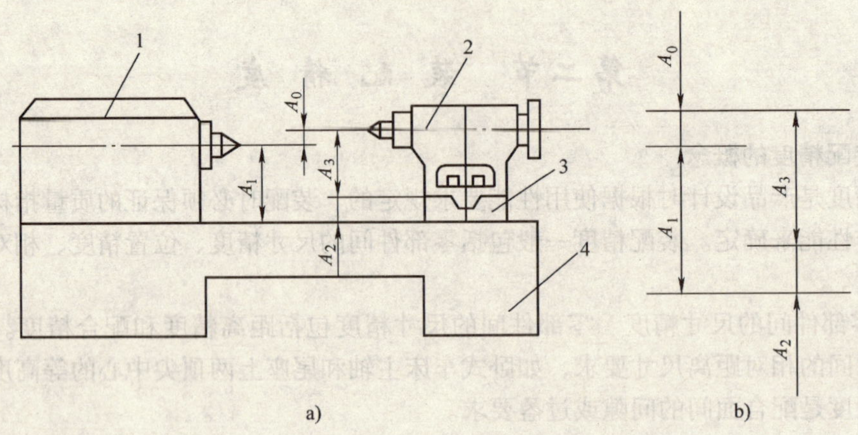

图 7-2 床头箱主轴与尾座套筒中心线等高示意图
1—主轴箱 2—尾座 3—底板 4—床身

配精度的基础，但装配精度并不完全取决于零件的加工精度。装配精度的保证，应从产品的结构、机械加工和装配方法等方面进行综合考虑。故将尺寸链的基本原理应用到装配中，建立装配尺寸链和解算装配尺寸链是进行综合分析的有效手段。

第三节 装配尺寸链

一、装配尺寸链的概念

在产品或部件的装配中，由相关零部件的有关尺寸(表面或中心线间距离)或相互位置关系(平行度、垂直度或同轴度)所组成的尺寸链称为装配尺寸链。

如图 7-2b 所示，在装配环节中，每个相关零件的尺寸公差对装配精度的影响是不同的。A_1 的公差 T_1 增加，将导致装配精度 A_0 的公差 T_0 减小，而 A_2、A_3 的公差 T_2、T_3 增加，将导致装配精度 A_0 的公差 T_0 增大。为了正确和定量地分析每个相关零件对装配精度的影响，合理制订相关零件的公差，确定恰当的装配方法，需要将尺寸链原理应用到装配中，把装配精度和相关零件尺寸精度及公差建立一个首尾相接的封闭尺寸链，从尺寸链的计算中，找出每个相关零件对装配精度的影响程度，合理确定相关零件的制造公差，并根据零件的制造公差正确选择装配方法。

机械产品或部件的装配精度是由相关零件的加工精度与合理的装配方法共同保证的。应用装配尺寸链原理可以方便地研究装配精度和零件精度关系，从而使产品的质量能够在结构设计和制造工艺上最合理最经济地得到保证。

装配尺寸链的基本特征依然是尺寸(或相互位置关系)组合的封闭形式。装配尺寸链的封闭环同样不具有独立变化的特性，它是装配后间接形成的，多为产品或部件的装配精度指标。装配尺寸链的组成环是对装配精度有直接影响的相关零件上的尺寸或相互位置关系，根据每个组成环对封闭环的影响不同，又可分为增环和减环。如图 7-2b 示的装配尺寸链中，装配精度 A_0 是封闭环，相关零件 A_1、A_2 及 A_3 是组成环。由于 A_2、A_3 增大，封闭环 A_0 也增大，所以 A_2、A_3 是增环；A_1 增大，A_0 减小，则 A_1 是减环。

二、装配尺寸链的形式

装配尺寸链按照各环的几何特性和所处的空间位置，可分为线性尺寸链、角度尺寸链、平面尺寸链和空间尺寸链。其中最常见的是前两种形式。

线性尺寸链是由相关零件上互相平行的直线尺寸（距离尺寸）所组成的尺寸链。如图7-2b所示，它所涉及的都是距离尺寸的精度问题。这种尺寸链最典型，求解也最方便，其他类型的尺寸链都可转化为线性尺寸链来求解。

角度尺寸链是由相关零件上或零件间的位置关系（//、⊥、◎等）组成的尺寸链，它所涉及的都是相互位置精度问题。如图7-3所示的装配关系中，铣床主轴轴线相对工作台台面的平行度要求 α_0 为封闭环。分析铣床结构后知道，影响上述装配精度的有关零件的有工作台、转台、床鞍、升降台和床身等。其相应的组成环为

α_1——工作台面对其导轨面的平行度；

α_2——转台导轨面对其下支承平面的平行度；

α_3——床鞍上平面对其下导轨面的平行度；

α_4——升降台水平导轨对床身导轨的垂直度；

α_5——主轴回转轴线对床身导轨的垂直度。

它们所组成的尺寸链就是角度尺寸链。这种尺寸链的特点是其组成环的基本尺寸为零。

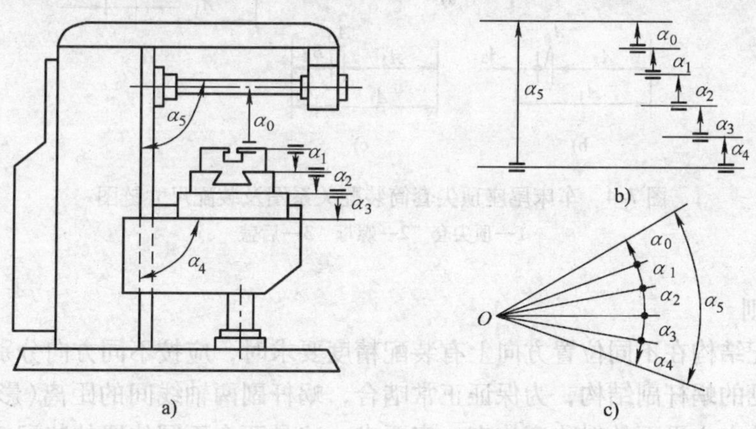

图7-3 角度装配尺寸链示例

三、装配尺寸链的建立

装配尺寸链的建立就是在产品或部件装配图上，根据装配精度的要求，找出与该项精度有关的零件及有关的尺寸，最后画出相应的尺寸链图。建立装配尺寸链是解决装配精度问题的第一步，只有建立的装配尺寸链正确，求解尺寸链才有意义。机器上的装配零件很多，究竟哪些零件对装配精度有影响，哪些零件对装配精度影响很小或无影响？因此，查找相关零件是建立装配尺寸链的关键。建立装配尺寸链应注意以下基本原则。

1. 封闭原则

尺寸链的封闭环和组成环一定要构成一个封闭的环链，在查找组成环时，从封闭环出发寻找相关零件，一定要回到封闭环。

2. 环数最少（最短路线）原则

由尺寸链的基本原理可知，封闭环的公差等于各组成环公差之和。当封闭环公差一定

时，组成环环数少，分配到各组成环的公差就大，便于按照经济精度加工零件，也便于实现装配精度要求。因此，装配尺寸链应力求组成环最少，且每个相关零件只能有一个尺寸列入尺寸链，即一件一环原则。要使组成环最少，就要注意相关零件的判别，保留对装配精度有影响的零件，舍弃对装配精度影响很小或无影响的零件，或将几个零件合并成部件，求解出合并的尺寸及公差再列入装配尺寸。

例如，在图 7-4 所示尾座套筒装配时，要求后盖 3 装入后，螺母 2 在尾座套筒内的轴向窜动不大于某一数值。如果按图 7-4c 所示建立尺寸链，发现后盖 3 有两个尺寸 B_1 和 B_2 作为装配尺寸链中的组成环，这不符合一件一环的原则。这时应先解决 B_1 和 B_2 的工艺尺寸链，把 B_1、B_2、A_3 建立工艺尺寸链，A_3 作为封闭环，所得的封闭环尺寸 A_3 再进入装配尺寸链，如图 7-4b 示。

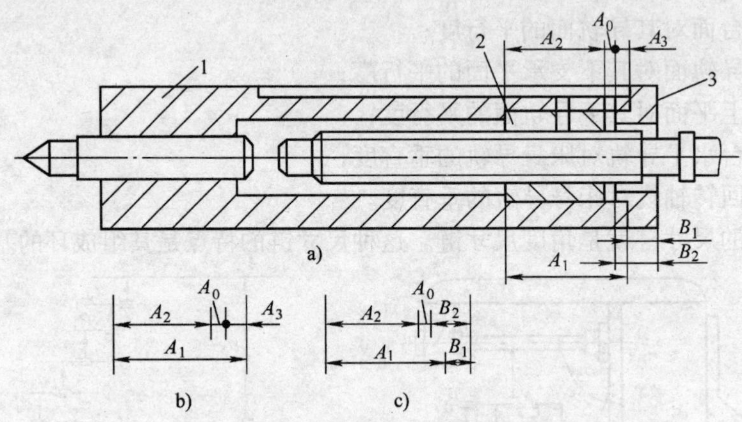

图 7-4 车床尾座顶尖套筒装配关系图及装配尺寸链图

1—顶尖套 2—螺母 3—后盖

3. 精确原则

当同一装配结构在不同位置方向上有装配精度要求时，应按不同方向分别建立装配尺寸链。例如，常见的蜗杆副结构，为保证正常啮合，蜗杆副两轴线间的距离(影响啮合间隙)、蜗杆轴线与蜗轮中心平面的对称度均有一定要求，这是两个不同位置的装配精度，因此需要在两个不同方向分别建立装配尺寸链。

下面以图 7-5 所示的轴系部件在箱体两滑动轴承上的装配为例，说明装配尺寸链建立的方法和步骤。

（1）确定封闭环　建立装配尺寸链，首先要正确确定封闭环，一般产品或部件的装配精度就是封闭环。轴系部件上的零件如图 7-5 所示，为避免轴端与滑动轴承端面的摩擦，在轴向要保证适当的间隙 A_0。间隙 A_0 就是轴系部件轴向尺寸的装配精度。间隙 A_0 的大小与大齿轮、齿轮轴、垫圈、左、右轴承等零件有关。选择间隙 A_0 为封闭环，因为它是装配环节中最后形成的尺寸。

（2）查找组成环　为了迅速而正确地查明各组成环，必须分析产品或部件的结构，了解各个零件连接的具体情况。查找组成环就是找出与封闭环相关的零件及相关尺寸。方法是从封闭环出发，按逆时针或顺时针方向依次寻找相邻零件，直至返回到封闭环，形成封闭环链。但并不是所有的相邻零件都是组成环，因此还要进行判别。如图 7-5 所示，从间隙 A_0

向右查找，其相邻零件是右轴承、箱盖、传动箱体、左轴承、大齿轮、齿轮轴和垫圈，共 7 个零件，通过判断，箱盖对间隙大小并无影响，应舍去，剩余 6 个零件，其对应的相关尺寸为 A_1、A_2、A_3、A_4、A_5、A_6，符合一件一环原则。

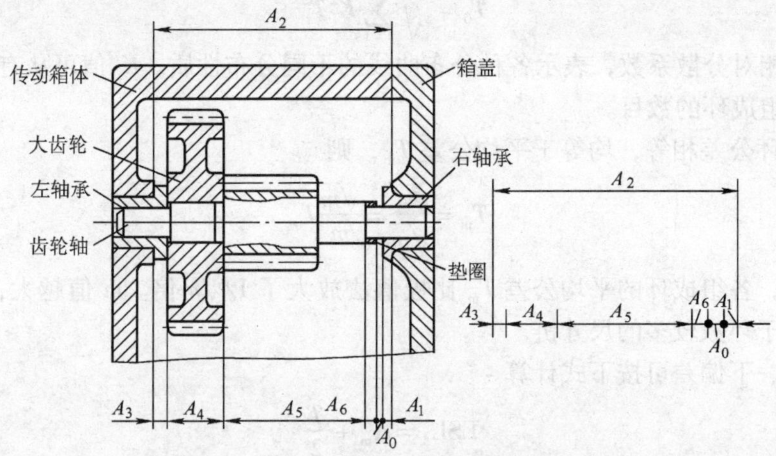

图 7-5　轴系部件在箱体两滑动轴承上的装配

（3）画出装配尺寸链图　根据找出的封闭环和组成环，按零件的邻接关系即可画出装配尺寸链图，并判断组成环的性质。对于多环组成的尺寸链，由于不能直观地判断某一组成环对封闭环的影响是增大还是减小，可用箭头方向判断组成环的性质。具体方法为：

任意选定封闭环的箭头方向，沿着封闭环，依次标出组成环的箭头方向，最后返回封闭环。凡是箭头方向和封闭环的箭头方向相反的组成环即为增环；凡是箭头方向和封闭环的箭头方向相同的组成环即为减环。本例中，选封闭环 A_0 箭头方向为逆时针旋转，沿着封闭环，依次标出各组成环的箭头方向，最后返回到封闭环，组成环 A_2 箭头方向和 A_0 相反，是增环；A_1、A_3、A_4、A_5、A_6 箭头方向和 A_0 相同，均为减环。判定了各环的性质，下一步就可运用尺寸链原理进行计算了。

四、装配尺寸链的计算

装配尺寸链的计算方法也有极值法和概率法。

极值法的解算公式与工艺尺寸链中相同，在此不详述。极值法考虑了最坏的情况，因而能确保装配精度 100% 合格。

但当封闭环公差较小而组成环较多时，此法分配给每个组成环的公差很小，因而造成零件加工困难或成本太高。由概率论的知识可知，在正常的生产条件下加工出来的一批零件中，绝大多数零件的尺寸都出现在其平均尺寸左右，只有极少数零件的尺寸出现在其极限值附近。而且一个尺寸链中的每个零件的尺寸都正好处在极限尺寸的可能性更小。所以，当装配精度高，组成环的数目较多时，应按概率论的原理来计算尺寸链。

1. 计算公式

根据概率论的原理可知，在装配尺寸链中，若各组成环尺寸符合正态分布，则装配后形成的封闭环也符合正态分布。在各环均是正态分布的前提下，且组成环的数目为 m，则有

$$T_0 = \sqrt{\sum_{i=1}^{m} T_i^2} \tag{7-1}$$

上式表明：当各组成环尺寸符合正态分布时，封闭环的公差 T_0 等于各组成环公差的平方和的平方根。当各组成环尺寸不符合正态分布时，有

$$T_0 = \sqrt{\sum_{i=1}^{m} K_i^2 T_i^2} \tag{7-2}$$

式中　K_i——相对分散系数，表示各种分布曲线的不同分布性质。K_i 值可从有关资料查取；

m——组成环的数目。

若各组成环公差相等，均等于平均公差 T_m，则

$$T_m = \frac{T_0}{\sqrt{m}} = \frac{\sqrt{m}}{m} T_0 \tag{7-3}$$

由此可知，各组成环的平均公差 T_m 比极值法放大了 $1/\sqrt{m}$ 倍。m 值越大，T_m 越小。可见概率法适用于环数较多的尺寸链。

各环的上、下偏差可按下式计算

$$\mathrm{ESL_A} = \Delta_m + \frac{T}{2} \tag{7-4}$$

$$\mathrm{EIL_A} = \Delta_m - \frac{T}{2} \tag{7-5}$$

式中，Δ_m 为平均偏差，单位为 mm。

2. 计算示例

例 7-1　如图 7-6 所示的双联转子泵装配简图，要求轴向装配间隙为 0.05～0.15mm，已知各组成环尺寸为：$A_1 = 41\text{mm}$，$A_2 = A_4 = 17\text{mm}$，$A_3 = 7\text{mm}$。请分别按“极值法”和“概率法”确定各组成环尺寸的公差和上、下偏差。

解：(1) 建立装配尺寸链　从图 7-6 中可看出，壳体、左内外转子、隔板、右内外转子(内、外转子的厚度尺寸相同，可看作是一个零件)的轴向尺寸 $A_1 \sim A_4$ 与装配间隙要求 A_0(封闭环)已构成封闭图形，故轴向尺寸 A_5 对此项装配间隙无影响。所以，该装配尺寸链就是由 A_0 与 A_1、A_2、A_3、A_4 构成。

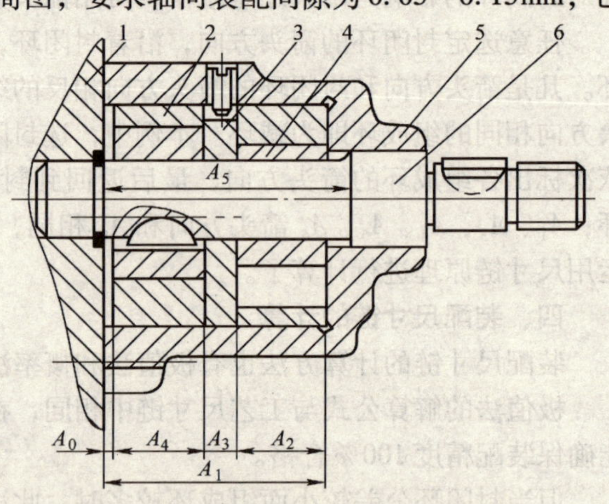

图 7-6　双联转子泵装配简图及其装配尺寸链

1—机体　2—外转子　3—隔板

4—内转子　5—壳体　6—轴

(2) 用极值法计算

1) 计算封闭环的基本尺寸。由尺寸链关系很容易计算出

$$A_0 = A_1 - A_2 - A_3 - A_4 = 41 - 17 - 7 - 17 = 0$$

所以

$$A_0 = 0^{+0.15}_{+0.05}\text{mm}$$

$$T_0 = 0.15\text{mm} - 0.05\text{mm} = 0.1\text{mm}$$

2) 计算各组成环的平均公差。极值法的关键就是要使各环尺寸公差之间满足公式

$$T_0 = \sum_{i=1}^{m} T_i$$

所以可求得　$$T_m = \frac{T_0}{m} = \frac{0.1}{4}\text{mm} = 0.025\text{mm}$$

3）选协调环，分配公差，确定上、下偏差。由于一条尺寸链有多个未知数，所以计算时需要先选择一个容易加工的尺寸作为“协调环”，留待最后计算，然后根据各环平均公差的大小并适当考虑各环尺寸大小、加工难易程度等情况制定其余各环的公差，并按“入体”方向标注其偏差。从图7-6可看出，隔板结构简单，容易加工，故选隔板尺寸 A_3 作为协调环；A_1 尺寸较大，又是内表面，较难加工，应多给些公差，所以取 $T_1 = 0.05\text{mm}$；A_2、A_4 尺寸相同，结构也相同，公差也应相同，所以取 $T_2 = T_4 = 0.02\text{mm}$。

由　$$T_0 = T_1 + T_2 + T_3 + T_4$$

得　$$T_3 = T_0 - T_1 - T_2 - T_4 = (0.1 - 0.05 - 2 \times 0.02)\text{mm} = 0.01\text{mm}$$

再按“入体”方向，得出

$$A_1 = 41^{+0.05}_{\ 0}\text{mm}$$

$$A_2 = A_4 = 17^{\ 0}_{-0.02}\text{mm}$$

4）A_3 的上、下偏差计算。

由　$$ESA_0 = ESA_1 - EIA_2 - EIA_3 - EIA_4$$

得　$$EIA_3 = ESA_1 - EIA_2 - EIA_4 - ESA_0 = [0.05 - (-0.02) - (0.02) - (+0.15)]\text{mm} = -0.06\text{mm}$$

再由　$$EIA_0 = EIA_1 - ESA_2 - ESA_3 - ESA_4$$

得　$$ESA_3 = EIA_1 - ESA_2 - ESA_4 - EIA_0 = [0 - 0 - 0 - (+0.05)]\text{mm} = -0.05\text{mm}$$

所以　$$A_3 = 7^{-0.05}_{-0.06}\text{mm}。$$

（3）用概率法计算

1）计算封闭环的基本尺寸。同上计算。

2）各组成环的平均公差。概率法的关键就是要使各环尺寸公差之间的关系满足式(7-1)，所以，由式(7-3)得

$$T_m = \frac{T_0}{\sqrt{m}} = \frac{0.1}{\sqrt{4}}\text{mm} = 0.05\text{mm}$$

3）选协调环，分配公差，确定偏差　同样道理，选 A_3 为协调环。

取 $T_1 = 0.08\text{mm}$，$A_1 = 41^{+0.08}_{\ 0}\text{mm}$；$T_2 = T_4 = 0.04\text{mm}$；$A_2 = A_4 = 17^{\ 0}_{-0.04}\text{mm}$。由式(7-1)得

$$T_0 = \sqrt{T_1^2 + T_2^2 + T_3^2 + T_4^2}$$

所以　$$T_3 = \sqrt{T_0^2 - T_1^2 - T_2^2 - T_4^2} = \sqrt{0.1^2 - 0.08^2 - 2 \times 0.04^2}\text{mm} = 0.02\text{mm}$$

4）A_3 的上、下偏差计算。先计算各环的平均偏差。

$$\Delta_{m0} = \frac{+0.15 + 0.05}{2}\text{mm} = +0.1\text{mm}$$

$$\Delta_{m1} = \frac{+0.08 + 0}{2}\text{mm} = +0.04\text{mm}$$

$$\Delta_{m2} = \Delta_{m4} = \frac{0 + (-0.04)}{2}\text{mm} = -0.02\text{mm}$$

因为　$$\Delta_{m0} = \Delta_{m1} - \Delta_{m2} - \Delta_{m3} - \Delta_{m4}$$

所以　$$\Delta_{m3} = \Delta_{m1} - \Delta_{m2} - \Delta_{m4} - \Delta_{m0} = 0.04\text{mm} - 2 \times (-0.02)\text{mm} - 0.1\text{mm} = -0.02\text{mm}$$

然后计算 A_3 的上、下偏差。

由式(7-4)和式(7-5)可得

$$ESA_3 = \Delta_{m3} + \frac{T_3}{2} = -0.02\text{mm} + \frac{0.02}{2}\text{mm} = -0.01\text{mm}$$

$$EIA_3 = \Delta_{m3} - \frac{T_3}{2} = -0.02\text{mm} - \frac{0.02}{2}\text{mm} = -0.03\text{mm}$$

所以 $$A_3 = 7^{-0.01}_{-0.03}\text{mm}$$

由此例题可知，封闭环公差一定时，组成环数越多，分配给每个环的公差越少。所以建立尺寸链时要遵循“最短路线原则”。与极值法相比较，用概率法计算可使各组成环得到较多的公差，因而有利于降低零件的加工成本。但概率法只能保证99.73%的合格率，即每装1000台产品，可能有3台产品不合格而需要重装。

第四节　保证产品装配精度的方法

由于产品的精度最终要靠装配工艺来保证，因此，用什么方法能够以最快的速度、最小的装配工作量和较低的成本达到较高的装配精度要求，是装配工艺的核心问题。在生产实践中，人们根据不同的产品结构、不同的生产类型和不同的装配要求创造了许多巧妙的装配方法，归纳起来有四种：互换法、选配法、修配法和调整法。

一、互换法

互换法即零件具有互换性，装配时各相关零件不用经过任何选择、调整、修配，装上后就能达到装配精度要求。若日后使用过程中某零件磨损或损坏，再买一个新的同类零件更换上去即可正常使用。这种方法的实质就是直接靠零件的制造质量来保证装配精度。

根据装配尺寸链的计算方法不同，互换法又分为“完全互换法”和“不完全互换法”。

1. 完全互换法

若在确定各相关零件的尺寸公差和偏差时用极值法解装配尺寸链，就可保证按此法计算出的尺寸偏差制造出来的每个零件装上后都能达到装配精度要求，因此称为完全互换法。其优点是装配操作简单、容易，对工人水平要求不高，装配生产率高；装配时间定额稳定，易于组织装配流水线和自动线；方便企业间的协作和用户维修。缺点是对零件的加工精度要求较高，增加了加工成本。当组成环较多而装配精度要求又较高时，会使零件的加工困难甚至不可能实现。

完全互换法常用于装配精度不高的尺寸链，或装配精度虽较高但组成环很少的尺寸链中。在汽车、拖拉机、轴承、缝纫机、自行车及轻工家用产品中应用最为广泛。

完全互换法装配尺寸链的计算公式和方法与前面工艺尺寸链的计算公式和方法相同。

2. 不完全互换法

若在确定各相关零件的尺寸公差和偏差时用概率法解装配尺寸链，就可保证按此法计算出的尺寸偏差制造出来的绝大部分零件装上后都能达到装配精度要求，只有0.27%的可能出现不合格的情况，因此称为不完全互换法。此法具有完全互换法的全部优点，同时还能使零件的加工难度降低，从而降低了加工成本。虽不能保证100%合格，但只要采取适当措施确保加工过程稳定，不合格的数量是很少的，不会造成大量返工，因此对装配工作影响不大。

不完全互换法用于大批量生产中装配精度较高而组成环又较多的场合。

例 7-2　图 7-7 为齿轮与某轴的装配关系，轴固定不动，齿轮在轴上回转，要求保证装配后齿轮与挡圈的轴向间隙为 0.1 ~ 0.35mm。已知 $A_1 = 30\text{mm}$，$A_2 = 5\text{mm}$，$A_3 = 43\text{mm}$，$A_4 = 3_{-0.05}^{\ 0}\text{mm}$（标准件），$A_5 = 5\text{mm}$。现采用不完全互换法装配，试确定各组成环的公差和上下偏差。

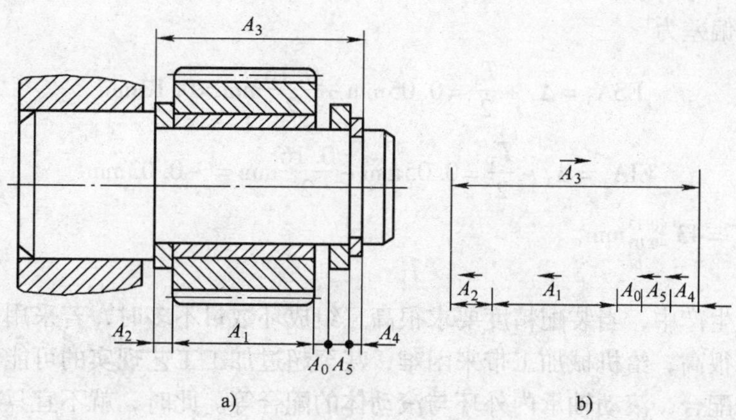

图 7-7　齿轮与轴的装配关系

解：采用概率法计算其装配尺寸链。

1）画装配尺寸链图，校验各环基本尺寸，并确定封闭环的尺寸。根据题意，要保证的轴向间隙是最后获得的尺寸，确定为封闭环，即 $A_0 = 0_{+0.01}^{+0.35}\text{mm}$，$T_0 = 0.25\text{mm}$。相关尺寸 A_1、A_2、A_3、A_4、A_5 是组成环，建立装配尺寸链如图 7-7b 所示。用箭头方向判定组成环性质，其中，A_3 箭头方向和封闭环 A_0 箭头方向相反，是增环；其余各组成环箭头方向和封闭环箭头方向相同，是减环。

封闭环的基本尺寸为

$$A_0 = A_3 - (A_1 + A_2 + A_4 + A_5) = [43 - (30 + 5 + 3 + 5)]\text{mm} = 0$$

由此可知，组成环的基本尺寸的已定数值无误。

2）确定各组成环公差和极限偏差。假设该产品在大批大量生产条件下，工艺过程稳定，组成环尺寸趋近于正态分布，则各组成环的平均公差为

$$T_m = \frac{T_0}{\sqrt{m}} = \frac{0.25}{\sqrt{5}} \approx 0.11\text{mm}$$

A_3 环为一轴类零件，与其他组成环相比较难加工，故选择 A_3 为协调环。根据各组成环基本尺寸大小与零件加工难易程度，以平均公差 T_m 为基础，从严选取各组成环公差，即 $T_1 = 0.14\text{mm}$；$T_2 = 0.08\text{mm}$；$T_4 = 0.05\text{mm}$（标准件）；$T_5 = 0.08\text{mm}$。

按单向入体原则确定组成环的上、下偏差，即 $A_1 = 30_{-0.14}^{\ 0}\text{mm}$；$A_2 = A_5 = 5_{-0.08}^{\ 0}\text{mm}$；$A_4 = 3_{-0.05}^{\ 0}\text{mm}$（标准件）。

3）计算协调环公差和极限偏差。

$$\begin{aligned} T_3 &= \sqrt{T_0^2 - (T_1^2 + T_2^2 + T_4^2 + T_5^2)} \\ &= \sqrt{0.25^2 - (0.14^2 + 0.08^2 + 0.05^2 + 0.08^2)}\text{mm} = 0.16\text{mm} \end{aligned}$$

协调环的中间偏差为

$$\Delta_0 = \sum_{i=1}^{m} \overrightarrow{\Delta}_i - \sum_{i=k+1}^{m} \overleftarrow{\Delta}_i = \Delta_3 - (\Delta_1 + \Delta_2 + \Delta_4 + \Delta_5)$$

即

$$\Delta_3 = \Delta_0 + (\Delta_1 + \Delta_2 + \Delta_4 + \Delta_5) = 0.225\text{mm} + (-0.07 - 0.04 - 0.025 - 0.04)\text{mm} = 0.05\text{mm}$$

协调环的上、下偏差为

$$\text{ESA}_3 = \Delta_3 + \frac{T_3}{2} = 0.05\text{mm} + \frac{0.16}{2}\text{mm} = 0.13\text{mm}$$

$$\text{EIA}_3 = \Delta_3 - \frac{T_3}{2} = 0.05\text{mm} - \frac{0.16}{2}\text{mm} = -0.03\text{mm}$$

所以，协调环 $A_3 = 43^{+0.13}_{-0.03}\text{mm}$。

二、选配法

在大批大量生产中，当装配精度要求很高且组成环数目不多时，若采用互换法装配，将对零件精度要求很高，给机械加工带来困难，甚至超过加工工艺现实的可能性，例如：内燃机活塞与缸套的配合，滚动轴承内外环与滚动体的配合等。此时，就不宜只提高零件的加工精度，而应采用选配法来保证装配精度。

选配法是先将配合副中的各零件（组成环）的公差适当放大到经济可行的程度，即按经济精度加工，然后再通过选择合适的零件进行装配的方法来保证装配精度。有以下三种形式：

1. 直接选配法

装配工人从待装零件中，凭经验选择合适的互配零件装配，以满足装配精度要求的方法。如：发动机活塞和活塞环的装配常采用这种方法。装配时，工人将活塞环装入活塞环槽内，凭手感判断其间隙是否合适，如不合适，重新挑选活塞环，直至合适为止。直接选配法的特点是装配简单，装配质量和生产率取决于工人的技术水平。此方法适用于装配零件（组成环）数目较少的产品，不适用于节拍较严的装配组织形式。

2. 分组装配法

它是指在成批或大量生产中，将产品中各配合副的零件按实测尺寸分组，装配时按组进行互换装配，以达到装配精度的方法。例如，滚动轴承的装配、活塞与活塞销的装配均用此法。

图 7-8a 所示为汽车发动机活塞销与活塞销孔的配合连接情况，用分组法装配。要求在冷态时活塞销孔与活塞销的装配过盈量为 0.0025～0.0075mm，即封闭环 $A_0 = 0^{+0.0075}_{+0.0025}\text{mm}$，$T_0 = 0.005\text{mm}$（配合公差仅为 0.005mm）。

若采用完全互换法装配，活塞销和销孔的公差（按"等公差分配"）只有 0.0025mm。如果此配合选用基轴制，则活塞销外径尺寸 $d = \phi 28^{\ 0}_{-0.0025}\text{mm}$，销孔 $D = \phi 28^{-0.0050}_{-0.0075}\text{mm}$，这样高的制造精度难以保证，故生产中采用分组装配法。将销和销孔的公差在同方向上放大四倍，即得到活塞销直径 $d = \phi 28^{\ 0}_{-0.01}\text{mm}$，销孔直径 $D = \phi 28^{-0.005}_{-0.015}\text{mm}$，这样活塞销可在无心磨床上、销孔可在金刚镗床上加工。加工后用精密量具测量销和销孔的实际尺寸，按实测尺寸将活塞和活塞销分成四组，分别涂上不同颜色加以区分，以便同组进行装配。活塞销与活塞孔的分组尺寸见表 7-1。

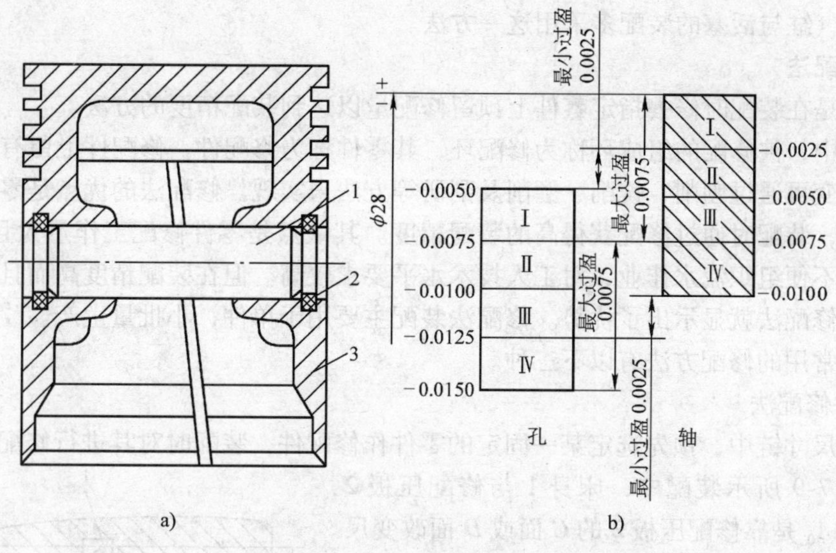

图 7-8 活塞与活塞销的配合

1—活塞销 2—挡圈 3—活塞

表 7-1 活塞销与活塞销孔直径分组 （单位：mm）

组 别	标志颜色	活塞销直径 $d=\phi28_{-0.0100}^{\ 0}$	活塞孔直径 $D=\phi28_{-0.0150}^{-0.0050}$	配合情况	
				最小过盈	最大过盈
Ⅰ	红色	$\phi28_{-0.0025}^{\ 0}$	$\phi28_{-0.0075}^{-0.0050}$	0.0025	0.0075
Ⅱ	白色	$\phi28_{-0.0050}^{-0.0025}$	$\phi28_{-0.0100}^{-0.0075}$		
Ⅲ	黄色	$\phi28_{-0.0075}^{-0.0050}$	$\phi28_{-0.0125}^{-0.0100}$		
Ⅳ	绿色	$\phi28_{-0.0100}^{-0.0075}$	$\phi28_{-0.0150}^{-0.0125}$		

由表 7-7 和图 7-8b 可以看出，各组的公差和配合性质与原装配要求相同，满足了装配精度。分组装配法的关键是保证分组后各对应的配合性质和配合精度保持与原来要求相同，同时还要保证对应组相配件的数量配套。因此，实施组装配法应满足下列条件：

1）相配件的公差应相等，公差增大的方向要相同，增大的倍数要等于分组数。

2）分组数不宜过多(一般 3~5 组)，只要零件加工精度能较容易获得即可。否则将增加零件测量和分组的工作量，并使零件的储存、运输及装配工作复杂化。

3）应采取措施使配合件的尺寸分布为正态分布，以防止因同组相配件数量不配套而造成部分零件积压浪费。

由以上可知，分组装配法虽然增加了测量、分组的工作量，但降低了零件的加工精度要求，从而降低了加工成本。分组装配法适用于配合精度要求很高、组成环(相配零件)数目少(一般只有两三个)的大批大量生产场合，多用于孔轴配合的情况。

3. 复合选配法

它是上述两种方法的结合，即零件先测量分组，再在组内选配。其实质仍是直接选配法，只是通过分组缩小了选配范围，提高了选配速度，能满足一定的装配节拍要求。此外，该方法具有相配零件公差可以不相等，公差放大倍数可以不相同，装配质量高等优点，例如，发动机气缸与活塞的装配多采用这一方法。

三、修配法

修配法是在装配时修去指定零件上预留修配量以达到装配精度的方法。

在装配中，被修配的组成环称为修配环，其零件称为修配件。修配件上留有修配量，修配尺寸的改变可通过刨削、铣削、磨削及刮研等方法来实现。修配法的优点是零件只需按经济精度加工，装配时通过修配获得高的装配精度。其缺点是零件修配工作量大且不能互换，生产率低，不便组织流水作业，对工人技术水平要求较高。但在装配精度高而且组成环数目多时，采用修配法就显示出了优势。修配法装配主要用于单件，小批量生产。

生产中常用的修配方法有以下三种。

1. 单件修配法

在多环尺寸链中，预先选定某一固定的零件作修配件，装配时对其进行修配以保证装配精度。如图7-9所示装配中，床身1与修配压板2之间的间隙A_0是靠修配压板2的C面或D面改变尺寸A_2来保证的，A_2为修配环。装配时经过反复试装、测量、拆卸和修配C面（或D面），最后保证装配间隙A_0的要求。

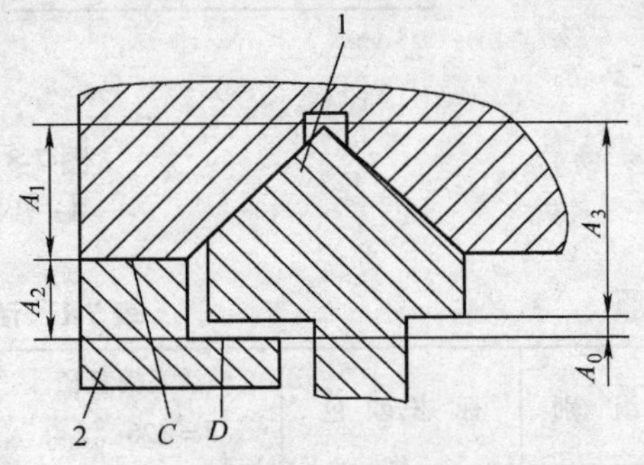

图7-9　机床导轨间隙装配关系

1—床身　2—修配压板

2. 合并修配法

此法是将两个或多个零件合并在一起当做一个修配环进行修配加工。合并加工的尺寸可看作一个组成环，这样减少了组成环的数目，扩大了组成环的公差，有利于减少修配量。例如，卧式车床的尾座装配，为了减少总装时对尾座底板的刮研量，一般先把尾座和底板的配合平面加工好，并配刮横向小导轨，然后再将二者装配为一体，以底板的底面为定位基准，镗尾座的套筒孔，直接控制尾座套筒孔至底板底面的尺寸，这样一来组成环A_2和A_3合并成一个环$A_{2,3}$（见图7-2），使加工精度容易保证，而且可以给底板底面留较小的刮研量（0.2mm左右）。

合并加工修配法虽有上述优点，但此方法要求合并的零件对号入座（配对加工），给加工、装配、组织生产带来了不便，因此多用于单件小批生产。

3. 自身加工修配法

这也称“就地加工”修配法。在机床制造中，由于机床本身具有切削加工的能力，装配时可自己加工自己来保证某些装配精度，即自身加工修配法。如牛头刨床、龙门刨床及龙门铣床总装时，自刨或自铣自己的工作台面，以保证工作台面和滑枕或导轨面平行度要求。

四、调整法

调整法是指在装配时用改变产品中可调整件的相对位置或选用合适的调整件以达到装配精度的方法。该装配法与修配法相似，各组成环可以按经济精度加工，由此而引起的封闭环累积误差，在装配时通过调整某一零件位置或更换某一不同尺寸的组成环（调节环）来补偿，达到规定的装配精度。调整法通常采用极值法计算。根据调整方法的不同，调整法分为以下三种。

1. 可动调整法

它是通过改变调整零件的位置来保证装配精度。常用的调整件有螺栓、楔铁、挡环等。

这种方法调整过程中不需拆卸零件，调整方便，能获得较高的装配精度。同时，当产品在使用过程中因某些零件的磨损而使装配精度下降时，可通过适当的调整来恢复原来的精度。因此，可动调整法在实际生产中应用较广，主要用于成批及大量生产场合。

图 7-10 为一可动调整的装配实例。图 7-10a 是通过调整套筒 7 的轴向位置来保证它与齿轮轴向间隙 Δ 的要求。图 7-10b 是用螺钉调整镶条 6 的位置来保证燕尾导轨副的配合间隙；图 7-10c 是用调整螺钉使楔块 3 上、下移动来调整丝杠和螺母的轴向间隙。

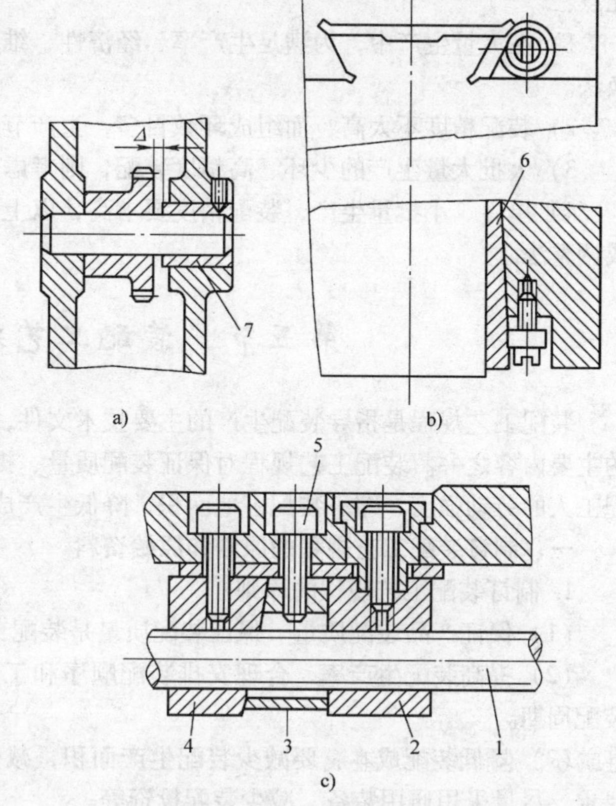

图 7-10　可动调整法应用示例

1—丝杠　2、4—螺母　3—楔块　5—螺钉　6—镶条　7—套筒

2. 固定调整法

该方法是在装配尺寸链中选定一个或加入一个零件作为调节环，调节环是按一定尺寸间隔分级制成的一组零件，根据需要，选用某一尺寸级别的零件进行装配，从而保证装配精度的装配方法。常用的调节件有垫圈，垫片，轴套等。

图 7-11 为固定调整法实例。装配时根据装配尺寸链中封闭环 A_0 的要求，选择不同厚度的垫圈，来满足装配精度的需要。调节件预先按一定尺寸间隔制做，如 3.1，3.2，3.3，…，4.0mm 等，以供装配时选用。固定调整法装配适应于成批和大批大量生产，而且封闭环要求较严的多环尺寸链中。

3. 误差抵消调整法

在装配过程中通过调整相关零件之间的相互位置，利用误差的矢量特性，使其互相抵消，以保证封闭环精度的装配方法。

采用误差抵消调整法，在装配前需测出相关零部件误差的大小和方向，增加了辅助时间，对工人技术水平要求也较高，但这种装配方法可获得较高的装配精度，一般用在批量不大的机床装配中。

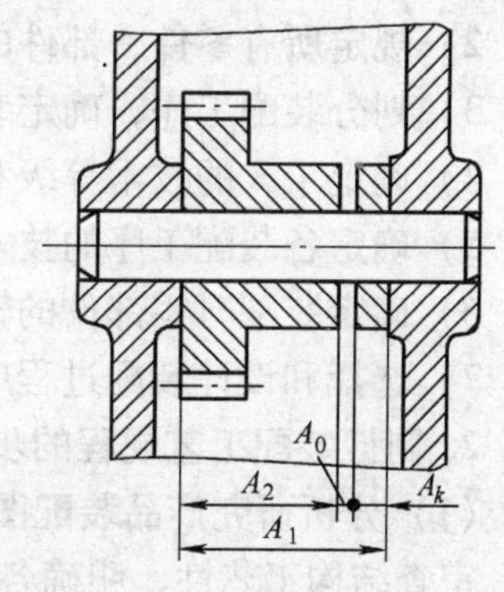

图 7-11　固定调整法应用示例

五、装配方法的选择

产品或部件的装配方法，通常在产品设计阶段即应确定。只有在装配方法确定后，再通过尺寸链的解算，才能合理地确定各个零件的加工精度。即使同一装配精度要求的同一产品，由于生产规模和生产条件等的差异，装配方法也有所不同。故选择装配方法时，应考虑产品的装配精度（封闭环要

求)、结构特点(组成环数目)、生产纲领及现场生产条件等因素。具体选择时可参考以下几点:

1) 在大量生产中，为满足生产率、经济性、维修方便和互换性要求，优先选择完全互换法。

2) 装配精度不太高，而组成环数目多，生产节奏不严格时，可选用不完全互换法。

3) 大批大量生产的少环、高精度装配，则考虑采用选配法。

4) 单件、小批量生产，装配精度要求高，以上方法使零件加工困难时，可选用修配法或调整法。

第五节 装配工艺规程的制订

装配工艺规程是指导装配生产的主要技术文件，制订装配工艺规程是生产技术准备工作的主要内容之一。装配工艺规程对保证装配质量、提高装配生产率、缩短装配周期、减轻装配工人的劳动强度、缩小装配占地面积、降低生产成本等都有重要的影响。

一、制订装配工艺规程的原则和原始资料

1. 制订装配工艺规程的原则

(1) 保证产品装配质量　保证装配质量是装配工作的首要任务。

(2) 提高装配生产率　合理安排装配顺序和工序，尽量减少钳工装配的工作量，缩短装配周期。

(3) 降低装配成本　要减少装配生产面积，减少工人的数量和降低对工人技术等级的要求，尽量采用通用装备，减少装配投资等。

2. 制订装配工艺规程的原始资料

1) 产品的总装图和部件装配图，以及主要零件图。

2) 产品验收技术条件，即产品质量标准和验收依据。

3) 产品的生产纲领。

4) 现有生产条件。

二、制订装配工艺规程的内容及步骤

1. 制订装配工艺规程的主要工作内容

1) 划分装配单元，明确装配方法。

2) 规定所有零件、部件的装配顺序。

3) 划分装配工序，确定装配工序内容。

4) 确定工人的技术等级和时间定额。

5) 确定各装配工序的技术要求、质量检验方法和工具。

6) 确定装配时零部件的输送方法及需要的设备、工具。

7) 选择和设计装配过程中所需的工具、夹具和专用设备。

2. 制订装配工艺规程的步骤

(1) 分析研究产品装配图及验收技术条件　审查图样的完整性、正确性，了解产品结构，审查结构工艺性，明确各零部件之间的装配关系；分析产品装配的技术要求和检查验收方法，明确装配中的关键技术问题。

（2）确定装配方法与组织形式　装配方法及组织形式的确定主要取决于产品结构特点（尺寸和重量等）和生产纲领，以及装配技术要求和现场生产条件。

（3）划分装配单元，确定装配顺序

1）划分装配单元是制订工艺规程中最重要的一环，对于大批大量生产、结构复杂的产品尤为重要。只有合理地将产品分解为可进行独立装配的单元后，才能合理安排装配顺序和划分装配工序，以便组织平行或流水作业。

2）选择装配基准件至关重要。每个装配单元，都要选定某一零件或比它低一级的组件作为装配基准件。装配基准件通常应为产品的基体或主干零部件，应有较大的体积和重量，有足够的支承面，以满足陆续装入零件或部件时的稳定性要求。如床身零件是床身组件的装配基准零件，床身组件是机床产品的装配基准组件。

3）确定装配顺序，绘制装配系统图。装配顺序是由产品结构和装配组织形式决定的。产品的装配总是从基准件开始，从零件到部件，从内到外，从下到上，以不影响下道工序为原则，并以装配系统图的形式表示出来。

当结构比较简单、组成产品的零部件较少时，可以只绘制产品装配系统图；否则，需分别绘制各装配单元的装配系统图。装配单元系统图如图 7-12 所示。

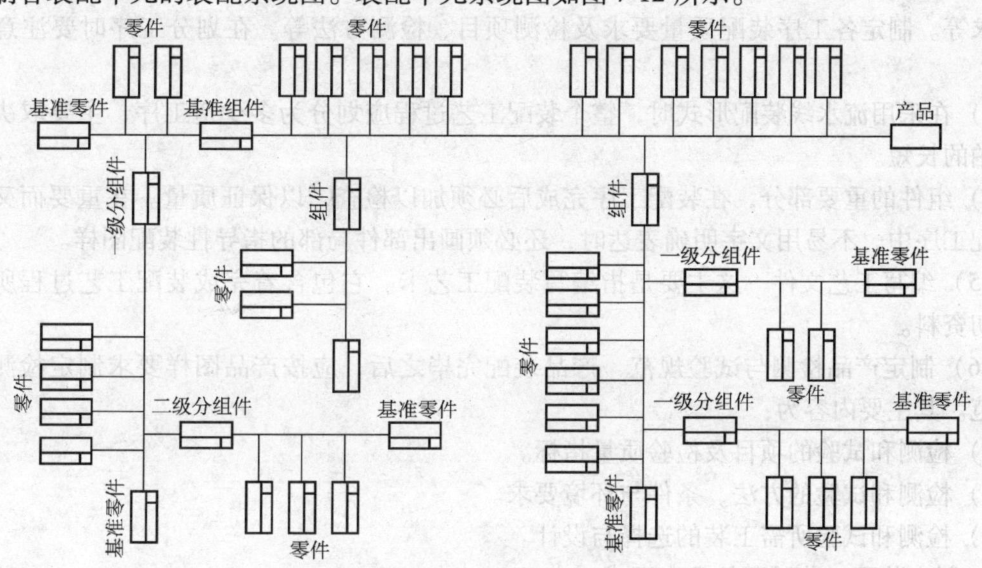

图 7-12　装配单元系统图

图中每一零件、分组件或组件都用长方格表示，长方格上方注明装配单元、组件、零件的名称，左下方填写装配单元的编号，右下方填写数量。装配单元的编号必须和装配图及零件明细表中的编号一致。

绘制装配单元系统图时，先画出一条横线，左端画出代表基准件的长方格，右端画出代表部件或产品的长方格。然后按装配顺序由左至右，将代表直接装到基准件上的零件或组件的长方格从横线中引出，零件画在横线上面，组件画在横线下面。如果装在基准件上的组件不再是单独的装配单元，则在该装配单元系统图上应把组件的装配顺序表达清楚。具体画法是：在代表直接装在基准件的组件长方格下画一条竖线，线的下端画出代表该组件装配的基准件长方格，然后按装配顺序，将代表直接装在该组件上的零件或下一级组件的长方格从竖线上引出，零件画在竖线的左边，组件画在竖线的右边。

如果装配过程中，需要进行一些必要的配作加工，如焊接、配刮、配钻、攻螺纹等，可在装配工艺系统图上加以注明，如图7-13所示。

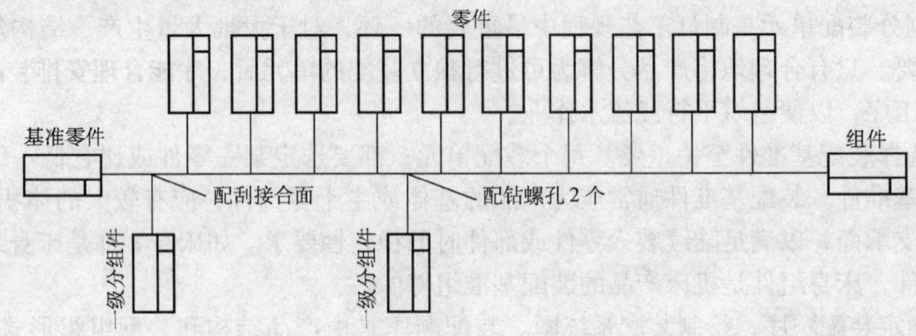

图7-13 装配工艺系统图

（4）划分装配工序 确定工序内容、设备、工装及时间定额；制定各工序装配操作范围和规范，如过盈配合的压入方法、温差法装配的装配温度、紧固螺栓连接的旋转扭矩、配作要求等。制定各工序装配质量要求及检测项目、检测方法等。在划分工序时要注意以下两点：

1）在采用流水线装配形式时，整个装配工艺过程应划分为多少道工序，主要取决于装配节拍的长短。

2）组件的重要部分，在装配工序完成后必须加以检查，以保证质量。在重要而又复杂的装配工序中，不易用文字明确表达时，还必须画出部件局部的指导性装配图样。

（5）编写工艺文件 这主要是指编写装配工艺卡。它包含着完成装配工艺过程所必须的一切资料。

（6）制定产品检测与试验规范 产品装配完毕之后，应按产品图样要求制定检测与试验规范。其主要内容为：

1）检测和试验的项目及检验质量指标。

2）检测和试验的方法、条件与环境要求。

3）检测和试验所需工装的选择与设计。

3. 制定装配工艺过程的几点要求

1）“预处理工序”先行，如零件的清洗、倒角、去毛刺、油漆等工序要安排在前。

2）“先下后上”，即先装处于机器下部的零部件，再装处于机器上部的零部件，使机器在整个装配过程中其重心始终处于稳定状态。

3）“先内后外”，可使先装部分不会成为后续作业的障碍。

4）“先难后易”，即先装难于装配的零部件。因为，开始装配时活动空间较大，便于安装、调整、检测及机器的翻转。

5）“先重大后轻小”，即先安装体积、重量较大的零部件，后安装体积、重量较小的零部件。

6）“先精密后一般”，即先将影响整台机器精度的零部件安装、调试好，再装一般要求的零部件。

7）安排必要的检验工序，特别是对产品质量和性能有影响的工序，在它的后面一定要安排检验工序，检验合格后方可进行后续的装配。

8）电线、液压油管，润滑油管的安装工序应合理串插在整个装配过程中，不能疏忽。

本 章 小 结

1. 任何机械产品都是由许多零件、组件和部件组成。按规定的技术要求，将零件、组件和部件进行配合和连接，使之成为半成品或成品的工艺过程称为装配。装配是整个机器制造过程中的最后一个阶段。

2. 装配的工作内容包括：清洗、刮削、平衡、零部件的连接、校正、调整和配作，以及验收、试验和油漆、包装等。

3. 装配精度是产品装配时必须保证的质量指标。一般包括零部件间的尺寸精度、位置精度、相对运动精度和接触精度。零件的加工精度特别是关键零件的加工精度，对装配精度有很大影响。

4. 建立装配尺寸链是解决装配精度问题的第一步，只有建立的装配尺寸链正确，求解尺寸链才有意义。而查找相关零件是建立装配尺寸链的关键。建立装配尺寸链时应遵循“封闭原则”、“环数最少(最短路线)原则”和“精确原则”。

5. 装配尺寸链的计算方法有极值法和概率法。极值法计算装配尺寸链可以保证100%的装配合格率，但概率法只能保证99.73%的装配合格率。一般当装配精度高，组成环的数目较多时，应按概率论的原理(即概率法)来计算尺寸链。

6. 保证产品装配精度的方法，主要有互换法、选配法、修配法和调整法四种。互换法是直接靠零件的制造质量来保证装配精度的，它有完全互换法(用极值法计算尺寸链)和不完全互换法(用概率法计算尺寸链)两种形式，其中完全互换法常用于装配精度不高的尺寸链，或装配精度虽较高但组成环很少的尺寸链中；不完全互换法用于大批量生产中装配精度较高而组成环又较多的场合。选配法是先将配合副中的各零件按经济精度加工，然后再通过选择合适的零件进行装配的方法来保证装配精度。修配法是在装配时修去指定零件上预留修配量以达到装配精度的方法。调整法是指在装配时用改变产品中可调整件的相对位置或选用合适的调整件以达到装配精度的方法。

思考题与习题

7-1 什么叫装配？装配工作的基本内容有哪些？

7-2 举例说明装配精度与零件精度的关系。

7-3 装配的生产组织形式有哪几种？各有何特点？

7-4 保证产品装配精度的方法有哪几种？各有何特点？如何选择？

7-5 影响装配精度的因素有哪些？确定装配顺序时应考虑哪些原则？

7-6 图 7-14 所示蜗轮蜗杆机构，装配精度要求蜗杆中心线与蜗轮中心线重合，允许的误差为 0 ~ 0.05mm，只许蜗杆偏左。已知各组成环尺寸为：$A_1 = 120$mm，$A_2 = 50$mm，$A_3 = 130$mm，$A_4 = 40$mm。请分别用极值法和概率法确定各有关尺寸的公差和上、下偏差。

7-7 如图7-15 所示的齿轮箱部件，根据使用，要求齿轮轴肩与轴承端面间的轴向间隙应在 1 ~ 1.75mm 范围内。已知各零件的基本尺寸为：$A_1 = 101$mm，$A_2 = 50$mm，$A_3 = A_5 = 50$mm，$A_4 = 140$mm。

（1）试确定当采用完全互换法装配时，各组成环尺寸的公差及偏差。

（2）试确定当采用不完全互换法装配时，各组成环尺寸的公差及偏差。

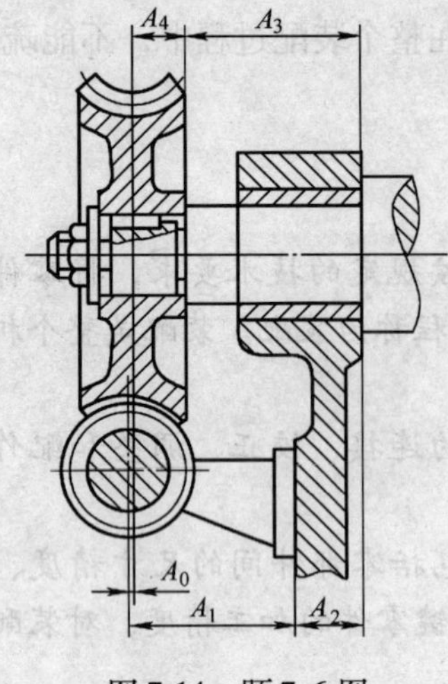

图 7-14　题 7-6 图

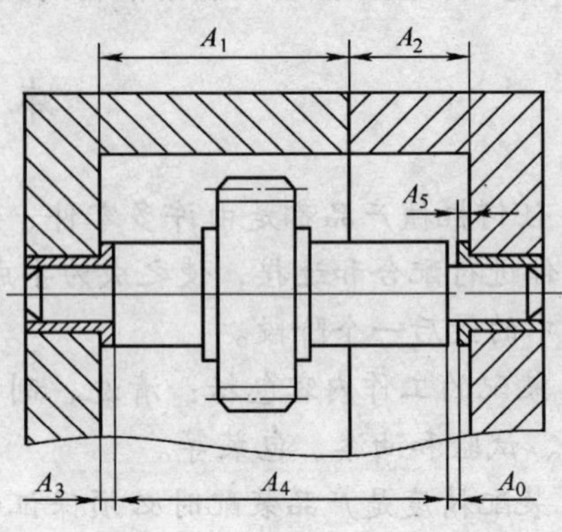

图 7-15　题 7-7 图

第三篇

典型零件加工及加工质量分析

将金属材料加工成机械零件是机械制造中的主要环节，金属材料的加工一般分为热加工、冷加工(即切削加工)和特种加工。在实际生产中，要完成某一机械零件的切削加工，通常需要铸、锻、车、铣、刨、磨、钳、热处理等诸多工种的协同配合。

从零件的结构特征上看，可以将零件分为轴类零件、套筒类零件、盘类零件、叉架类零件、箱体类零件及齿轮零件，各类零件有各自的加工特点。本篇将通过对几个典型零件的切削加工过程分析，让读者了解和掌握不同类型零件的加工工艺特点，熟悉常用金属切削加工方法、加工设备、加工范围、加工特点及应用。另外，对机械加工质量分析方法和先进制造技术也进行必要的阐述。

第八章　轴类零件的加工

【要点和目的】

轴类零件是最常用的机械零件之一，它的机械加工具有一定的代表性。主要加工表面是外圆面和端平面。本章将介绍轴类零件加工的各种工艺方法和工艺装备。

通过学习，掌握轴类零件的功用和结构特点，了解轴类零件的精度要求和材料、毛坯及热处理等基本知识；熟练掌握轴类零件外圆表面的车削加工、磨削加工及精密加工工艺方法、工装设备；熟悉常用车刀的种类和用途，了解磨削工具的性能和特点。

第一节　概　述

一、轴类零件的功用及结构特点

轴类零件是机器中的主要零件之一，它的主要功用是支承传动零件(如齿轮、带轮等)、传递转矩、承受载荷，以及保证装在轴上的零件(包括刀具)具有一定的回转精度。

常见轴的种类如图 8-1 所示。从轴类零件的结构特征来看，它们都是长度(L)大于直径(d)的旋转体零件。若 $L/d\leqslant12$，通常称为刚性轴；若 $L/d>12$ 则称为挠性轴。

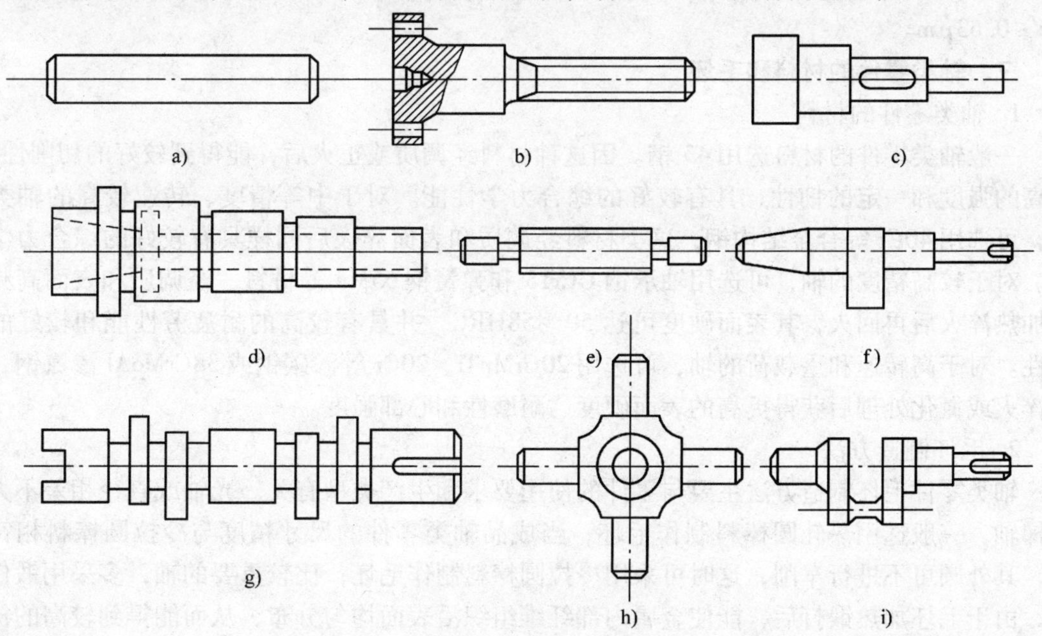

图 8-1　轴的种类

a）光轴　b）半轴　c）阶梯轴　d）空心轴　e）花键轴　f）偏心轴　g）凸轮轴　h）十字轴　i）曲轴

轴类零件结构上具有许多外圆面，以及轴肩、螺纹、键槽、螺纹退刀槽和砂轮越程槽等表面。外圆用于安装轴承、齿轮、带轮等旋转零件；轴肩用于轴上零件和轴本身的轴向定位；螺纹用于安装各种锁紧螺母和高速螺母；螺纹退刀槽供加工螺纹时退刀用；砂轮越程槽则是为了能完整地磨削出外圆和端面；键槽是用来安装键，以传递转矩。

二、轴类零件的技术要求

轴类零件通常是由其轴颈支承在机器或箱体上，实现运动和动力的传递。根据其功用及工作条件的不同，轴类零件的技术要求通常包括以下几个方面：

1. 加工精度

（1）尺寸精度　轴类零件的尺寸精度主要指轴的直径尺寸精度。轴上支承轴颈和配合轴颈(装配传动件的轴颈)的直径尺寸精度是轴的主要技术要求之一，它将影响轴的回转精度和配合精度。通常轴径直径尺寸精度为IT6～IT9级，精密的轴径尺寸精度可达IT5级。

（2）形状精度　轴类零件是用两个轴颈支承在轴承上，这两个轴颈称为支承轴颈，也是轴的装配基准。一般对支承轴颈的形状精度(如圆度、圆柱度等)也要提出要求。一般轴的形状精度应控制在直径公差之内，精密轴颈的形状精度应控制直径公差的1/2～1/5之内。

（3）位置精度　为保证轴上传动件的传动精度，必须规定支承轴颈与配合轴颈的位置精度。通常以配合轴颈相对于支承轴颈的径向圆跳动(一般为0.01～0.03mm，最高可达0.001～0.005mm)或同轴度来保证。

2. 表面粗糙度

根据机器的精密程度和运转速度的高低不同，轴类零件表面粗糙度的要求也不相同。一般情况下，支承轴颈的表面粗糙度 R_a 值为0.63～0.16μm；配合轴颈的表面粗糙度 R_a 值为2.5～0.63μm。

三、轴类零件的材料和毛坯

1. 轴类零件的材料

一般轴类零件的材料选用45钢。因这种材料经调质或正火后，能得到较好的切削性能、较高的强度和一定的韧性，具有较好的综合力学性能。对于中等精度、转速较高的轴类零件，可选用40Cr等合金结构钢，这类材料经调质和表面淬火后同样具有较好的综合力学性能。对于较高精度的轴，可选用轴承钢GCr15和弹簧钢65Mn等材料，经调质和表面高频感应加热淬火后再回火，其表面硬度可达50～58HRC，并具有较高的耐疲劳性能和较好的耐磨性。对于高转速和重载荷的轴，可选用20CrMnTi、20Cr等渗碳钢或38CrMoAl渗氮钢，经过淬火或氮化处理后获得更高的表面硬度、耐磨性和心部强度。

2. 毛坯制造方法

轴类零件毛坯制造方法主要与零件的使用要求和生产类型有关。光轴或直径相差不大的阶梯轴，一般选用热轧圆棒料制作毛坯；当成品轴类零件的尺寸精度与冷拉圆棒料相符合时，其外圆可不进行车削，这时可采用冷拉圆棒料制作毛坯；比较重要的轴，多采用锻件毛坯，由于毛坯加热锻打后，能使金属内部纤维组织沿表面均匀分布，从而能得到较高的机械强度；对于某些大型、结构复杂的轴(如曲轴等)可采用铸件毛坯。

四、轴类零件加工的主要工艺问题

1. 定位基准的选择

轴类零件加工时最常用的定位基准是中心孔，其次是外圆表面。轴线是轴上各外圆表面的设计基准，以轴两端的中心孔作精基准符合基准重合原则和基准统一原则，加工后的各外圆表面可以获得很高的位置精度。作为主要精基准的中心孔必须有足够高的精度和足够的支承力，因此，中心孔结构尺寸的大小应与两端轴颈尺寸大小相适应，锥角应准确，两端中心孔轴线应重合，并在加工过程中始终保持洁净。另外，只要有可能，就尽量采用顶尖孔作为定位基准。

带孔的轴在加工孔时常采用外圆作为定位基准。粗加工或不能用两端顶尖孔（如加工主轴锥孔）定位时，为提高工件加工时工艺系统的刚度，可用外圆表面定位或用外圆表面和一端中心孔作定位基准。在加工带通孔的轴的外圆时，可使用带中心孔的锥堵或锥套心轴装夹。

2. 加工顺序的安排

按照先粗后精的原则，将粗、精加工分开进行。先完成各表面的粗加工，再完成半精加工和精加工，而主要表面的精加工则放在最后进行。轴是回转体，各外圆表面的粗、半精加工一般采用车削，精加工采用磨削，有些精密轴类零件的轴颈表面还需要进行精密加工。

粗加工外圆表面时，应先加工大直径外圆，再加工小直径外圆，以免因直径差距增大而使小直径处的刚度下降，成为极易引起弯曲变形和振动的薄弱环节。

轴上的花键、键槽、螺纹等表面的加工，一般都安排在外圆半精加工以后、精加工以前进行。

3. 热处理工序的安排

结构尺寸不大的中碳钢普通轴类锻件，一般在切削加工前进行正火或退火处理。对于重要的轴类零件（如机床主轴），则必须根据需要，正确、合理地安排好各种热处理，以保证轴的力学性能及加工精度要求，并改善工件的切削性能。

一般在毛坯锻造后安排正火处理，达到消除锻造应力、改善切削性能的目的；粗加工后安排调质处理，以提高零件的综合力学性能，并作为需要表面淬火或氮化处理的零件的预备热处理；轴上有相对运动的轴颈和经常拆卸的表面时，需要进行表面淬火处理，安排在精加工前。

4. 细长轴车削的工艺特点

1）细长轴刚性很差，车削时装夹不当，很容易因切削力及重力的作用而发生弯曲变形，产生振动，从而影响加工精度和表面粗糙度。

2）细长轴的热扩散性能差，在切削热作用下，会产生相当大的线膨胀。如果轴的两端为固定支承，则工件会因伸长而顶弯。

3）由于轴较长，一次进给时间长，刀具磨损大，从而影响零件的几何形状精度。

4）车细长轴时，由于使用跟刀架，若支承工件的两个支承块对零件压力不适当，会影响加工精度。

通常车削细长轴时采用“反向进给法”，即改变进给方向，使床鞍由主轴箱向尾座移动，工件受拉力，弹性弯曲变形大大减小，提高了加工精度。这是加工细长轴零件的先进车削法。

第二节　外圆表面车削加工

轴类零件是一种典型回转体零件，其主要的加工面是外圆表面，且基本是在车床上完成的。车削加工就是利用车床、通用夹具或专用夹具及车刀完成对回转体零件的切削过程，并改变毛坯的形状和尺寸，形成图样要求的零件。车床上可加工带有回转表面（如内、外圆柱面和圆锥面，以及特形面和各种螺纹面等）的各种不同形状的工件。因此，车削加工在机械制造业中占有非常重要的地位和作用。

一、车削加工特点和主要工作

1. 车削加工的特点

车削是回转体零件表面的主要加工方法之一，其主要特征是零件回转表面的定位基准必须与车床主轴回转中心同轴。因此，无论何种工件上的回转表面加工，都可以用车削的方法经过一定的调整而完成。车削既可以加工有色金属，又可加工黑色金属，尤其适用于有色金属的加工；车削既可进行粗加工，又可进行精加工。一般情况下，轴类零件的回转表面因其长径比相差很大，大多在卧式车床上完成切削加工的。车削加工与其他切削加工方法比较有以下主要特点：

1）车削加工时，由于加工过程为连续切削，基本上无冲击现象，刀杆的悬伸长度很短，刚性好，可采用很高的切削用量。因此，车削过程平稳，生产率高，并具备高速切削和强力切削的重要条件。

2）车削加工易于保证各加工表面的精度。车削时，工件是绕某一固定轴旋转，各表面具有同一的回转轴线。因此，各加工表面的位置精度容易控制和保证。车削加工尺寸精度可达 IT10 ~ IT7，表面粗糙度值 R_a 为 6.3 ~ 1.6μm。另外，车削加工能对不宜进行磨削加工的有色金属采用金刚石车刀进行精密车削，精度可达 IT6 ~ IT5，表面粗糙度值 $R_a < 0.4\mu m$。

3）车削加工所用刀具为各种车刀，其结构简单，制造、刃磨和装拆都较方便，便于根据具体情况选用合理的几何角度，有利于保证加工质量，提高生产率；另外，车削加工所用夹具多为机床附件，大大降低了加工成本。

4）车削加工适用性强，应用广泛。

5）车削塑性材料时，产生的切屑连绵不断。因此，排屑、断屑问题突出，在合理选择刀具几何形状和切削用量时，应考虑断屑问题。

2. 车削加工的主要工作

车削加工的范围很广，最基本的车削内容有钻中心孔、车外圆、车端面、钻孔、车孔、铰孔、切槽、车螺纹、滚花、车锥面、车成形面、攻螺纹等，如图 8-2 所示。

二、常用车床种类及结构特点

车床的种类很多，按其结构和用途，主要可分为以下几类：卧式车床和落地式车床，立式车床，转塔车床，单轴、多轴自动和半自动车床，仿行车床和多刀车床，数控车床和车削加工中心，以及各种专门化车床（如凸轮轴车床、曲轴车床及铲齿车床）等。此外，在大批大量生产的工厂中还有各种各样的专用车床。在所有的车床类机床中，以卧式车床应用最广。

1. CA6140 型卧式车床

（1）工艺范围及结构特点　CA6140 型卧式车床是加工工艺范围很广的万能性车床，适用于加工各种轴类、套类和盘类零件上的回转表面。该车床的主轴（卡盘）回转中心线平行于水平面，所使用的卡盘直径小，且结构较复杂，自动化程度低，故适用于单件、小批量生

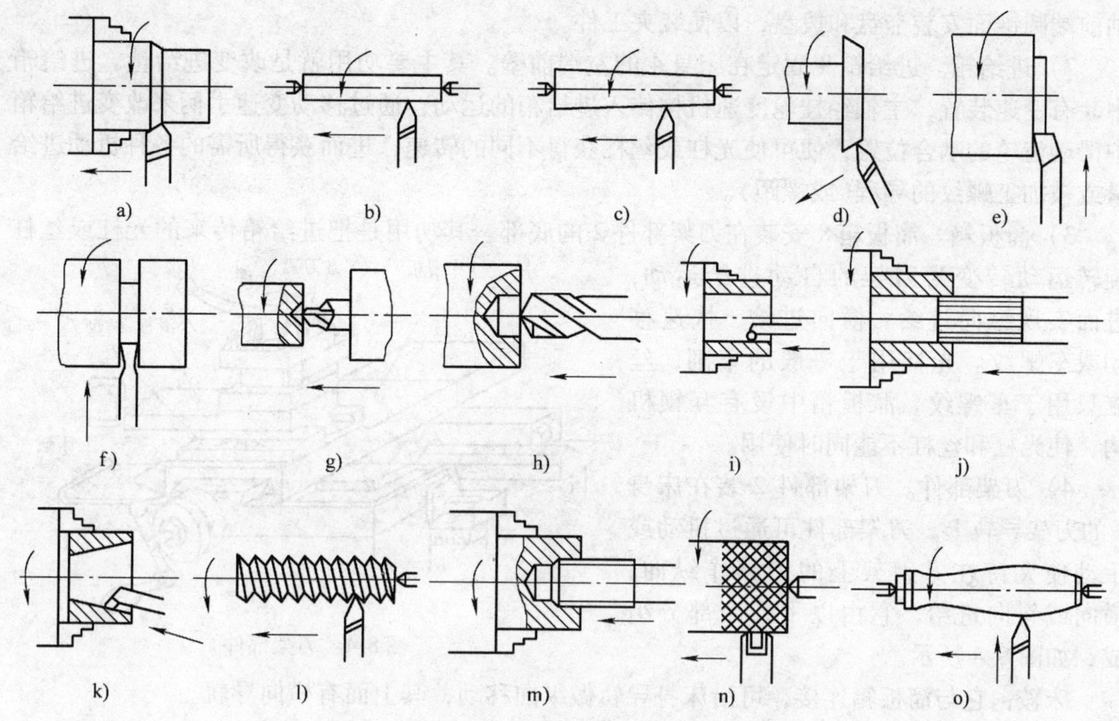

图 8-2　车削加工基本内容

a）车外圆　b）车细长轴　c）车圆锥　d）车短锥　e）车端面
f）切断　g）钻中心孔　h）钻孔　i）车孔　j）铰孔　k）车锥孔
l）车螺纹　m）攻丝　n）滚花　o）车成形面

产，在工具车间和修配车间使用较多，它属于普通精度级机床。

CA6140 型卧式车床的主要技术参数：床身上最大工件回转直径为 400mm（机床主参数）；刀架上最大工件回转直径为 210mm；可以车削米制螺纹 44 种（$P = 1\text{mm} \sim 192\text{mm}$），英制螺纹 20 种（$\alpha = 2$ 牙/英寸 ~24 牙/英寸），模数螺纹 39 种（$m = 0.25 \sim 48\text{mm}$）；主轴正转转速 24 级，反转转速 12 级；主电动机功率为 7.5kW。

（2）主要组成部件　CA6140 型卧式车床的外形见图 8-3。主要组成部件及其功用为：

1）主轴箱。主轴箱 1 固定在床身 4 的左上部，其功用是支承并传动主轴，使主轴带动工件按照规定的转速旋转，以实现主运动；主轴是空心的，便于穿过长的工件；在主轴的前端可以利用锥孔安装顶尖，也可利用主

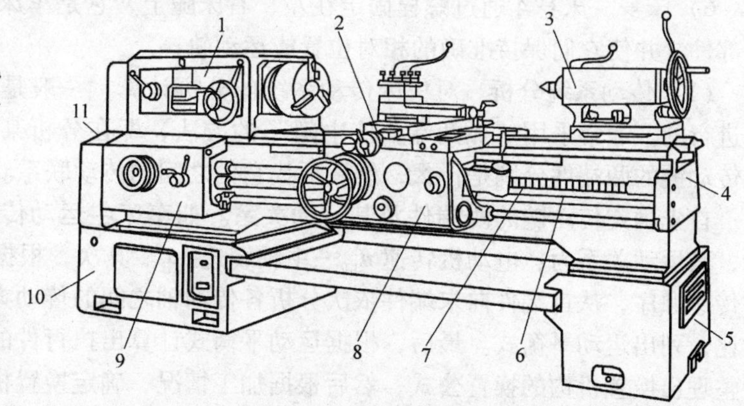

图 8-3　CA6140 型卧式车床外形

1—主轴箱　2—刀架　3—尾座　4—床身　5、10—床腿　6—光杠
7—丝杠　8—溜板箱　9—进给箱　11—挂轮变速机构

轴前端圆锥面安装卡盘和拨盘，以便装夹工件。

2）进给箱。进给箱9固定在床身4的左端前壁。其主要功用就是改变进给量。进给箱中装有变速装置，主轴经挂轮变速机构传入进给箱的运动，通过移动变速手柄来改变进给箱中滑动齿轮的啮合位置，便可使光杠或丝杠获得不同的转速，进而获得所需的各种机动进给量或被加工螺纹的导程(或螺距)。

3）溜板箱。溜板箱8安装在刀架部件2的底部。其功用是把进给箱传来的光杠或丝杠旋转运动转变为刀架的自动进给运动，进而实现纵向进给、横向进给、快速移动或车螺纹。光杠用于一般的车削，丝杠只用于车螺纹。溜板箱中设有互锁机构，使光杠和丝杠不能同时使用。

4）刀架部件。刀架部件2装在床身4的刀架导轨上。刀架部件可通过机动或手动使夹持在方刀架上的刀具作纵向、横向或斜向进给。它由以下几个部分组成，如图8-4所示。

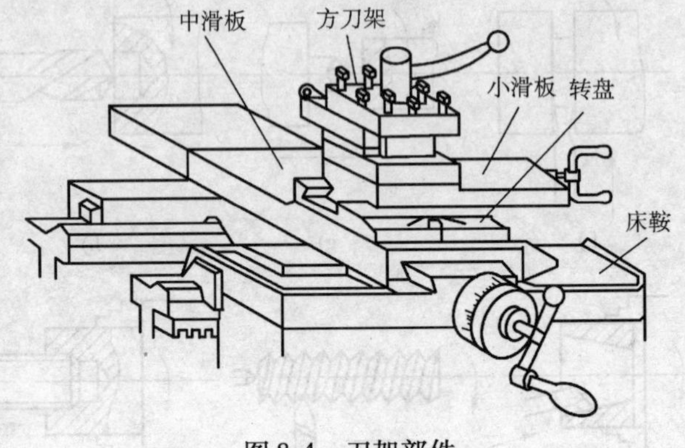

图8-4 刀架部件

床鞍：它与溜板箱连接，可沿床身导轨做纵向移动，其上面有横向导轨。

中滑板：可沿床鞍上的导轨做横向移动。

转盘：它与中滑板用螺钉紧固，松开螺钉便可在水平面内扳转任意角度。

小滑板：它可沿转盘上面的导轨做短距离移动。当将转盘偏转若干角度后，可使小滑板做斜向进给，以便车锥面。

方刀架：它固定在小滑板上，可同时装夹4把车刀。松开锁紧手柄，即可转动方刀架，把所需车刀更换到工作位置上。

5）尾座。尾座3安装在床身4右端的尾座导轨上。其功用是用于安装后顶尖以支持工件，或安装钻头、铰刀等刀具进行孔加工。转动手轮，可调整尾座套筒伸缩距离，并且尾座还可沿床身导轨推移至所需位置，以适应不同工件加工的要求。

6）床身。床身4通过螺栓固定在左、右床腿上，它是车床的基本支承件，用以支承其他部件，并使它们保持准确的相对位置或运动轨迹。

（3）传动系统分析　对机床传动系统的分析计算，一般是通过对各个运动的传动链分别进行的。通常采用“抓两端，连中间”的方法，即在分析某一条传动链时，首先要清楚此传动链的两端件分别是什么，然后再找它们之间的传动联系。具体步骤如下：

首先确定传动链的两端件及其运动关系。如车床主运动传动链的两端件为电动机—主轴，其运动关系为：电动机转速 $n_{电}$—主轴转速 $n_{主}$。其次，根据两端件的运动关系，按照运动传递顺序，从首端件向末端件依次分析各传动轴之间的传动方式和运动传递关系，确定传动比，列出运动平衡式。最后，根据运动平衡式计算出执行件的转速、进给量或位移量；或者整理出换置机构的换置公式，然后根据加工情况，确定换置机构的传动比或挂轮变速机构中挂轮的齿数。

CA6140型卧式车床的传动系统见图8-5。整个传动系统由主运动传动链、车螺纹传动链、纵向进给传动链、横向进给传动链及快速移动传动链组成。

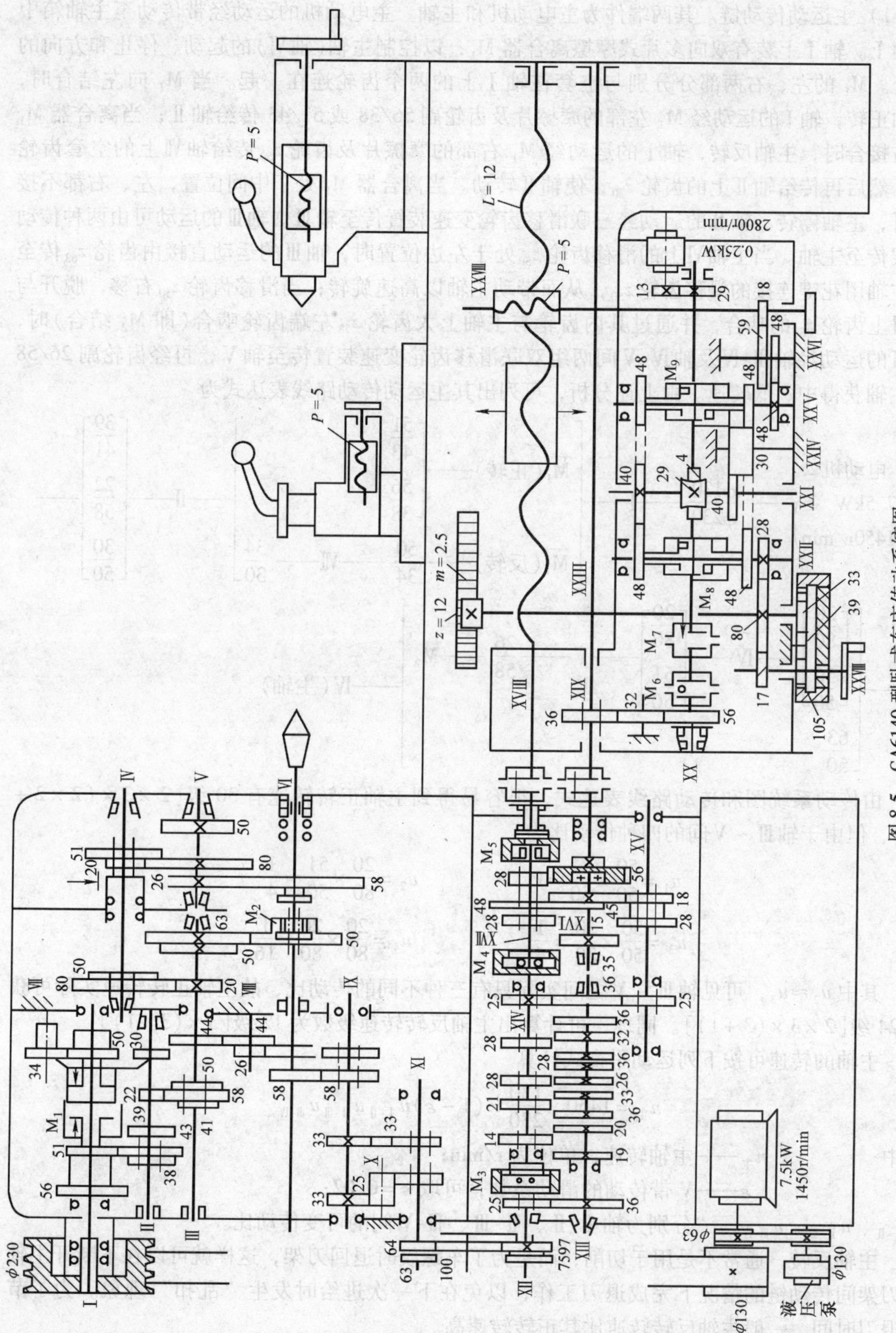

图 8-5　CA6140 型卧式车床传动系统图

1）主运动传动链。其两端件为主电动机和主轴。主电动机的运动经带传动至主轴箱中的轴Ⅰ。轴Ⅰ上装有双向多片式摩擦离合器 M_1，以控制主轴(轴Ⅵ)的起动、停止和方向的改变。M_1 的左、右两部分分别与空套在轴Ⅰ上的两个齿轮连在一起。当 M_1 向左结合时，主轴正转，轴Ⅰ的运动经 M_1 左部的摩擦片及齿轮副 56/38 或 51/43 传给轴Ⅱ；当离合器 M_1 向右接合时，主轴反转，轴Ⅰ的运动经 M_1 右部的摩擦片及齿轮 z_{50} 传给轴Ⅶ上的空套齿轮 z_{34}，然后再传给轴Ⅱ上的齿轮 z_{30}，使轴Ⅱ转动。当离合器 M_1 处于中间位置，左、右都不接合时，主轴停转。轴Ⅱ的运动经三联滑移齿轮变速装置传至轴Ⅲ。轴Ⅲ的运动可由两种传动路线传至主轴。当主轴Ⅵ上的滑移齿轮 z_{50} 处于左边位置时，轴Ⅲ的运动直接由齿轮 z_{63} 传至与主轴用花键连接的滑移齿轮 z_{50}，从而带动主轴以高速旋转；当滑移齿轮 z_{50} 右移，脱开与轴Ⅲ上齿轮 z_{63} 的啮合，并通过其内齿轮与主轴上大齿轮 z_{58} 左端齿轮啮合(即 M_2 结合)时，轴Ⅲ的运动经轴Ⅲ-Ⅳ及轴Ⅳ-Ⅴ间两组双联滑移齿轮变速装置传至轴Ⅴ，再经齿轮副 26/58 使主轴获得中、低转速。由上述分析，可列出其主运动传动路线表达式为

$$\text{电动机}\begin{pmatrix}7.5\mathrm{kW}\\1450\mathrm{r/min}\end{pmatrix}—\frac{\phi130}{\phi230}—\mathrm{I}—\begin{bmatrix}\overleftarrow{M_1}(\text{正转})—\begin{bmatrix}\dfrac{51}{43}\\[2pt]\dfrac{56}{38}\end{bmatrix}\\ \overrightarrow{M_1}(\text{反转})—\dfrac{50}{34}—\mathrm{VII}—\dfrac{34}{30}\end{bmatrix}—\mathrm{II}—\begin{bmatrix}\dfrac{39}{41}\\[2pt]\dfrac{22}{58}\\[2pt]\dfrac{30}{50}\end{bmatrix}—$$

$$\mathrm{III}—\begin{bmatrix}\begin{bmatrix}\dfrac{20}{80}\\[2pt]\dfrac{50}{50}\end{bmatrix}—\mathrm{IV}—\begin{bmatrix}\dfrac{20}{80}\\[2pt]\dfrac{51}{50}\end{bmatrix}—\mathrm{V}—\dfrac{26}{58}—M_2\\ \dfrac{63}{50}\end{bmatrix}—\mathrm{IV}(\text{主轴})$$

由传动系统图和传动路线表达式，很容易得到主轴正转转速有 30 级[2×3×(2×2+1)]，但由于轴Ⅲ~Ⅴ间的四种传动比为

$$u_1=\frac{50}{50}\times\frac{51}{50}\approx1\qquad u_2=\frac{20}{80}\times\frac{51}{50}\approx\frac{1}{4}$$

$$u_3=\frac{50}{50}\times\frac{20}{80}=\frac{1}{4}\qquad u_4=\frac{20}{80}\times\frac{20}{80}=\frac{1}{16}$$

其中 $u_2\approx u_3$，可见轴Ⅲ~Ⅴ之间实际只有三种不同的传动比，故主轴正转转速实际可获得 24 级[2×3×(3+1)]。同理，可计算出主轴反转转速级数为 12 级[3×(3+1)]。

主轴的转速可按下列运动平衡式计算

$$n_{\text{主}}=1450\times\frac{130}{230}\times(1-\varepsilon)u_{\mathrm{I}\text{-}\mathrm{II}}u_{\mathrm{II}\text{-}\mathrm{III}}u_{\mathrm{III}\text{-}\mathrm{IV}}$$

式中　$n_{\text{主}}$——主轴转速，单位为 r/min；

ε——V 带传动的滑动系数，可取 $\varepsilon=0.02$；

$u_{\mathrm{I}\text{-}\mathrm{II}}$、$u_{\mathrm{II}\text{-}\mathrm{III}}$、$u_{\mathrm{III}\text{-}\mathrm{IV}}$——分别为轴Ⅰ-Ⅱ、Ⅱ-Ⅲ、Ⅲ-Ⅵ间的可变传动比。

主轴反转，通常不是用于切削，而是为了车螺纹时退回刀架，这样就可以在不断开主轴和刀架间传动链的情况下完成退刀工作，以免在下一次进给时发生“乱扣”现象。为了节省退刀时间，一般主轴反转转速比其正转转速高。

2）车螺纹传动链。CA6140 型卧式车床可车削米制、模数制、英制和径节制四种标准螺纹，另外，还可加工大导程螺纹、非标准螺纹及较精密螺纹。它既可车削右旋螺纹，也可以车削左旋螺纹。车削螺纹时，刀架通过车螺纹传动链得到运动，其两端件主轴和刀架之间必须保持严格运动关系，即主轴旋转一周，刀具移动一个被加工螺纹的导程。下面以米制螺纹为例，来说明其传动路线。米制螺纹是应用最广泛的一种螺纹，在国家标准中规定了标准螺距值。

车米制螺纹时，进给箱中的离合器 M_3 和 M_4 脱开，M_5 接合（见图 8-5），运动由主轴Ⅵ经齿轮副 58/58、轴Ⅸ-Ⅺ间换向机构 33/33$\left(\text{或}\frac{33}{25}\times\frac{25}{33}\right)$、挂轮变速组$\frac{63}{100}\times\frac{100}{75}$，再经齿轮副$\frac{25}{36}$、轴ⅩⅢ-ⅩⅣ间滑移齿轮变速机构（基本螺距机构）、齿轮副$\frac{25}{36}\times\frac{36}{25}$、轴ⅩⅤ-ⅩⅦ间的两组滑移齿轮变速机构（增倍机构）及离合器 M_5 传至丝杠ⅩⅧ，丝杠通过开合螺母将运动传至溜板箱，带动刀架纵向进给。

车削米制螺纹进给运动的传动路线表达式为

$$\text{主轴Ⅵ}——\frac{58}{58}——\text{Ⅸ}——\begin{bmatrix}\frac{33}{33}\text{（右旋螺纹）}\\ \frac{33}{25}\times\frac{25}{33}\text{（左旋螺纹）}\end{bmatrix}——\text{Ⅺ}——\frac{63}{100}\times\frac{100}{75}——\text{Ⅻ}——\frac{25}{36}$$

$$——\text{ⅩⅢ}——u_{\text{ⅩⅢ-ⅩⅣ}}——\text{ⅩⅣ}——\frac{25}{36}\times\frac{36}{25}——\text{ⅩⅤ}——u_{\text{ⅩⅤ-ⅩⅦ}}——\text{ⅩⅦ}——M_5——\text{ⅩⅧ（丝杠）}——\text{刀架}$$

被加工螺纹导程可按下列运动平衡式计算

$$P_h = kP = 1_{\text{主轴}}\times\frac{58}{58}\times\frac{33}{33}\times\frac{63}{100}\times\frac{100}{75}\times\frac{25}{36}\times u_{\text{ⅩⅢ-ⅩⅣ}}\times\frac{25}{36}\times\frac{36}{25}\times u_{\text{ⅩⅤ-ⅩⅦ}}\times P_{h\text{丝}}$$

式中　P_h——螺纹的导程，单位为 mm；

P——螺纹的螺距，单位为 mm；

$P_{h\text{丝}}$——机床丝杠的导程，单位为 mm。CA6140 型车床使用单头、螺距为 12mm 的丝杠，故 $P_{h\text{丝}}=12\text{mm}$；

k——螺纹线数；

$u_{\text{ⅩⅢ-ⅩⅣ}}$、$u_{\text{ⅩⅤ-ⅩⅦ}}$——分别为轴ⅩⅢ-ⅩⅣ、ⅩⅤ-ⅩⅦ间的可换传动比。

由此可见，要加工不同导程的米制螺纹，关键是调整车螺纹传动链中换置机构的传动比。

3）纵向与横向进给传动链。CA6140 型卧式车床作机动进给时，从主轴Ⅵ至进给箱中轴ⅩⅦ的传动路线与车削螺纹时的传动路线相同。轴ⅩⅦ上的滑移齿轮 z_{28} 处于左位，使 M_5 脱开，从而切断进给箱与丝杠的联系。运动由齿轮副 28/56 及联轴节传至光杠ⅩⅨ，再由光杠通过溜板箱中的传动机构，分别传至齿轮齿条机构或横向进给丝杠ⅩⅩⅦ，使刀架作纵向或横向机动进给。

4）刀架的快速移动。刀架的快速移动是为了减轻工人的劳动强度和缩短辅助时间。刀架的纵、横向快速移动由装在溜板箱右侧的快速电动机（0.25kW，2800r/min）传动。快速电动机的运动由齿轮副 13/29 传至轴ⅩⅩ，然后沿与机动工作进给相同的路线，传至纵向进给齿轮齿条副或横向进给丝杠，获得刀架在纵向或横向的快速移动。为了节省辅助时间及简化操作，在刀架快速移动过程中，不必脱开进给运动传动链，由轴XX左端的超越离合器 M_6 来保证快速移动与工作进给不发生运动干涉。

2. 其他车床

为了满足零件加工的需要以及提高切削加工的生产率，除卧式车床外，尚有转塔、立式、多刀、自动和半自动车床等。尽管车床有各种不同的外形和结构，但其基本原理是相同的。下面仅介绍转塔车床、立式车床、数控车床的主要特点。

(1) 转塔车床　对于外形复杂的盘类和套类零件成批加工，用转塔车床(见图8-6)加工较为合适。它与卧式车床不同之处是有一个可转动的六角形转塔刀架，代替了卧式车床上的尾架。这些六角形转塔刀架和方刀架上可同时安装钻头、铰刀、板牙及车刀等，刀具是按零件加工顺序安装的。六角形转塔刀架每转60°，便更换一组刀具，而且与方刀架的刀具可同时对工件进行加工。此外，机床上还有可控制尺寸的定程装置，节省了很多工件度量的时间，因此生产率高。

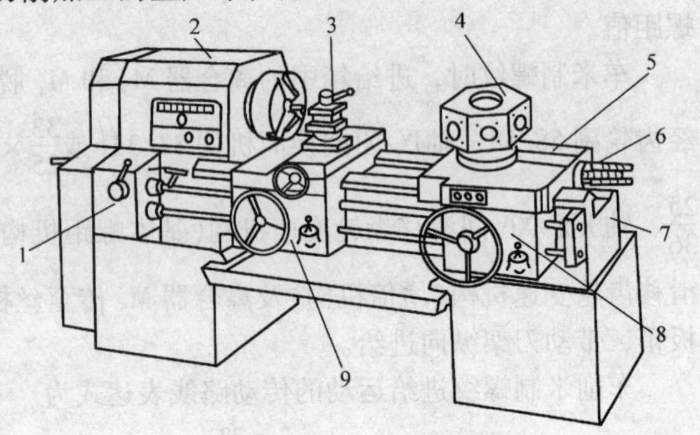

图8-6　转塔车床外观图

1—进给箱　2—主轴箱　3—前刀架　4—转塔刀架
5—纵向溜板　6—定程装置　7—床身
8—转塔刀架溜板箱　9—前刀架溜板箱

(2) 立式车床　立式车床一般用于加工笨重的大型盘状零件及外形不规则的大型零件。图8-7所示为单柱立式车床外形图。工作台2及装夹在其上的工件由安装在底座1内的垂直主轴带动而实现主运动。立柱3的垂直导轨上装有横梁5和侧刀架7，在横梁的水平导轨上装有垂直刀架。侧刀架可沿立柱导轨作垂向进给，还可沿刀架滑座的导轨作横向进给，主要用于车外圆、端面、沟槽和倒角，垂直刀架可在横梁导轨上移动作横向进给，还可沿刀架滑座的导轨作垂直进给，以车削外圆、端面、沟槽等表面。若将垂直刀架滑座扳转一定角度，刀架还可作斜向进给，以加工内外圆锥面。垂直刀架上通常装有一个五角形转塔刀架，安装车刀及各种孔加工刀具，以扩大机床的工艺范围。

立式车床结构布局上的主要特点是主轴垂直布置，并有一直径很大的圆形工作台，供安装工件之用，工作台面处于水平位置，因而对笨重工件的装夹、找正较方便。两个刀架可以分别或同时进行切削，生产效率较高。由于工件及工作台的重量由床身导轨或推力轴承承受，大大减少了主轴及其轴承的载荷，因此能长期保持其工作精度。

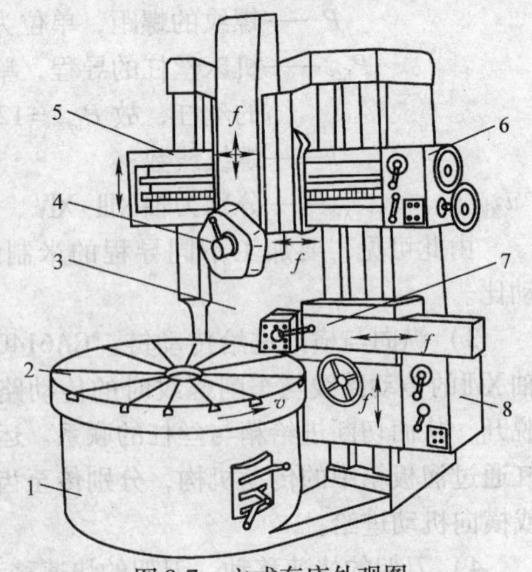

图8-7　立式车床外观图

1—底座　2—工作台　3—立柱　4—垂直刀架
5—横梁　6—垂直进给箱
7—侧刀架　8—侧刀架进给箱

(3) 数控车床　数控车床是以电脑为控制中心，操作者按照加工零件的工艺要求编制输入相应的加工程序，由电脑按指令操作车床做出相应动作来完成加工任务。数控车床的主运动、刀架的纵、横向进给运动及其他如辅助运动，均通过编程由数控装置控制伺服电动机自动完成。

在数控车床上能够完成很多卧式车床上难以完成或者根本不能加工的复杂表面零件的加工。利用数控车床加工，可以获得很高的加工精度，而且产品质量稳定，与卧式车床相比较，可提高生产率2~3倍，尤其对某些复杂零件的加工，生产率可提高十几倍甚至几十倍，大大减轻了工人的劳动强度。

数控车床适合于精度要求较高、形状复杂的阶梯轴类、盘类和套类零件的加工。对多品种小批量或单件生产均可获得较高的技术经济效益。

三、车刀的种类、结构及使用

1. 车刀结构类型及适用场合

车刀是金属切削加工中使用最广的刀具，车刀按结构形式可分为整体式车刀、焊接式车刀、机夹式车刀和可转位式车刀四大类，如图8-8所示。

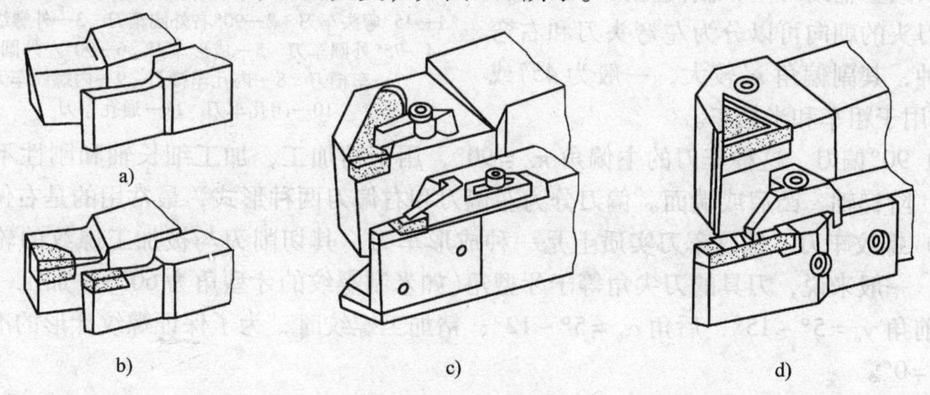

图8-8　车刀结构
a）整体式　b）焊接式　c）机夹式　d）可转位式

(1) 整体式车刀　整体式车刀用整体高速钢制造，刃口可磨得较锋利，刀杆截面形状大都为正方形或矩形，使用时其切削刃和切削角度可根据不同用途进行修磨，主要用于成形车刀和螺纹车刀。

(2) 焊接式车刀　它是将一定形状的硬质合金刀片，用铜或其他焊料焊接在普通碳钢（通常为45钢、55钢）刀杆的刀槽内，再经刃磨而制成的。该车刀结构简单、紧凑、刚性好，使用灵活，用于各类车刀特别是小刀具。

(3) 机夹式车刀　它是将标准硬质合金刀片用机械夹固的方法安装在刀杆上。刀片夹固方法可归类为上压式和侧压式两种。机夹式车刀避免了焊接产生的应力和裂纹等缺陷，刀杆利用率高。刀片可集中刃磨获得所需参数，使用灵活方便，主要用于外圆、端面、镗孔、切断、螺纹车刀等。

(4) 可转位式车刀　它又称机夹不重磨车刀。它是采用机械夹固方法，将可转位刀片夹紧、固定在刀杆上的一种车刀。可转位刀片的每一条边都可以用作切削刃，一个切削刃用钝后，可以转动刀片改用另一个新切削刃工作，直到刀片上所有切削口均已用钝，刀片便可报废，不需要重磨。可转位式车刀避免了焊接刀的缺点，刀片可快速转位，生产率高，断屑稳定，可使用涂层刀片，应用广泛，特别适合在自动线、数控机床上加工使用。

2. 车刀的用途

车刀按照用途不同，可分为以下8类，如图8-9所示。

（1）直头车刀　它只用于车削外圆柱面，有右偏直头外圆车刀（切削刃在左边，进给方向向左）和左偏直头外圆车刀（切削刃在右边，进给方向向右）两种形式。一般直头外圆车刀的主偏角 $\kappa_\gamma=45°\sim75°$，副偏角 $\kappa'_\gamma=10°\sim15°$。

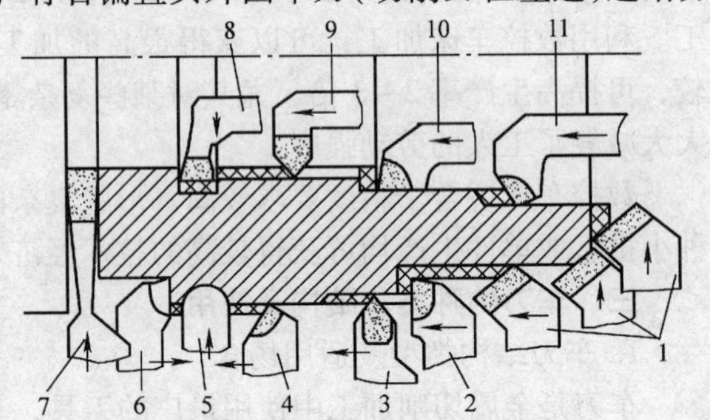

图8-9　车刀按用途分类

1—45°弯头车刀　2—90°右外圆车刀　3—外螺纹车刀　4—75°外圆车刀　5—成形车刀　6—90°左外圆车刀　7—车槽刀　8—内孔车槽刀　9—内螺纹车刀　10—闭孔车刀　11—通孔车刀

（2）弯头车刀　这是一种多用途的车刀，既可加工外圆柱面，也可加工端面，还能加工内、外倒角。用这种车刀完成上述工作时，不需要换刀，也不需要转动刀架，因此，可以减少辅助时间，提高生产率。这种车刀按刀头的朝向可以分为左弯头刀和右弯头刀两种，其副偏角 κ'_γ 较大，一般为45°或30°，常用于粗车和半精车。

（3）90°偏刀　这种车刀的主偏角 $\kappa_\gamma=90°$，用于精加工，加工细长轴和刚性不好的轴类零件、阶梯轴、凸肩或端面。偏刀分为左偏刀和右偏刀两种形式，最常用的是右偏刀。

（4）螺纹车刀　螺纹车刀实质上是一种成形车刀，其切削刃与被加工螺纹的轮廓母线相符合。一般来说，刀具的刀尖角等于牙型角（如米制螺纹的牙型角为60°）。加工一般螺纹时它的前角 $\gamma_o=5°\sim15°$，后角 $\alpha_o=5°\sim12°$；精加工螺纹时，为了保证螺纹牙形的准确，取前角 $\gamma_o=0°$。

（5）端面车刀　它只用于加工工件的端平面，一般由工件外圆向中心推进，加工带孔的工件端面时也可由中心向外圆进给。

（6）内孔车刀　这是一种在车床上加工内孔的刀具。它有通孔车刀、闭孔（不通孔）车刀、车内槽车刀三种形式。一般通孔车刀主偏角 $\kappa_\gamma=45°\sim75°$，副偏角 $\kappa'_\gamma=20°\sim45°$；盲孔车刀主偏角 $\kappa_\gamma\geqslant90°$，加工同样直径的圆柱面时，车孔刀的后角比外圆车刀的后角大。

（7）车槽、切断刀　它主要用来切断工件或加工零件上的圆环形沟槽（退刀槽等）。这种车刀的刀头窄而长，有一个主切削刃和两个副切削刃，副偏角 $\kappa'_\gamma=1°\sim2°$。切削钢料时，前角 $\gamma_o=10°\sim20°$，切削铸铁时，前角 $\gamma_o=3°\sim10°$。

（8）成形车刀　这是一种加工回转成形面的车刀，其主切削刃与回转成形面的轮廓母线完全一致。

3. 车刀的安装与刃磨

车刀安装在方刀架上时，刀尖要与工件中心回转中心高度一致，否则会改变车刀应有的静态几何角度；车刀放置要正确，以免影响主、副偏角；刀头伸出不宜太长，避免产生不必要的振动而影响加工精度和表面粗糙度；要正确选用刀垫片，并夹牢刀具，刀垫片尽可能做到“以少代多，以厚代薄”。

车刀的刃磨分为机械刃磨和手工刃磨。机械刃磨的质量和效率高，通常采用工具磨床完成，主要用于刃磨复杂刀具。手工刃磨一般只用于刃磨精度不高的简单刀具，高速钢车刀和焊接车刀常采用手工刃磨，其刃磨质量完全取决于操作者的经验和技术素质。

（1）车刀刃磨的步骤　手工刃磨车刀的大致步骤如下，如图 8-10 所示。

1）磨主后面，同时磨出主偏角及主后角，如图 8-10a 所示。

2）磨副后面，同时磨出副偏角及副后角，如图 8-10b 所示。

3）磨前面，同时磨出前角，如图 8-10c 所示。

4）在主切削刃与副切削刃之间磨刀尖圆弧，以提高刀尖强度和改善散热条件，如图 8-10d所示。

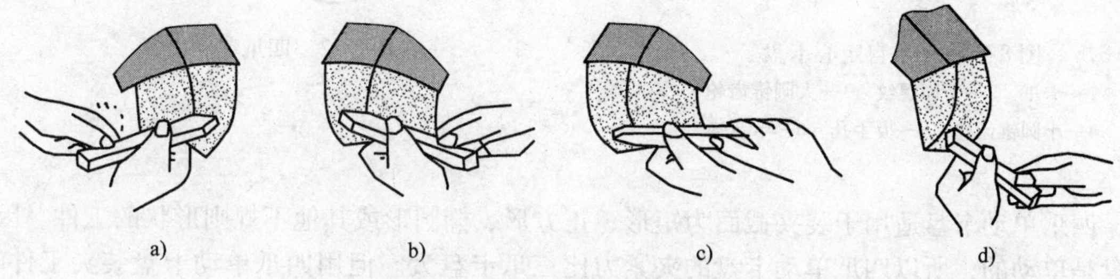

图 8-10　车切削刃磨的步骤

（2）车刀刃磨应注意的事项　刃磨刀具前，应先检查砂轮有无裂纹，砂轮轴螺母是否拧紧，并经试转后使用，以免砂轮碎裂或飞出伤人；刃磨刀具时不能用力过大，否则会使手打滑而触及砂轮面，造成工伤事故；磨刀时最好戴防护眼镜，以免砂铄和铁屑飞入眼中；磨刀时不要正对砂轮的旋转方向站立，以防意外。

四、工件装夹与车床附件

在车床上对工件装夹，大多是采用机床附件来完成的。工件在车床上的装夹速度和精度，直接影响生产率和加工质量。工件形状、尺寸大小和加工数量不同，采用的装夹方法也不相同。下面以卧式车床加工为例，介绍常用车削加工附件。

1. 三爪自定心卡盘

三爪自定心卡盘的结构原理如图 8-11 所示。它是通过连接盘(也称法兰盘)安装在车床主轴上的。卡盘体 6 内有一个大圆锥齿轮 3 与三个均部的小圆锥齿轮 4 相啮合，将扳手插入任何一个小圆锥齿轮的扳手孔 5 种转动，都可以带动大圆锥齿轮回转，大圆锥齿轮背面的平面螺纹 2 与三个爪卡背面的平面螺纹相啮合。当平面螺纹转动时，就带动三个卡爪作同步径向移动。三爪自定心卡盘的卡爪有正爪和反爪之分，也有一副卡爪可正反通用。反爪是用来装夹较大直径的工件。安装卡爪时要注意每个卡爪要与卡盘上的槽相对应。

三爪自定心卡盘装夹工件时，能自动定心对中，一般不需找正，安装工件简单迅速。但其夹紧力较小，所以只适合装夹中小型的圆形、正三角形或正六边形等截面的工件，不能装夹不规则形状和大型工件。

2. 四爪单动卡盘

四爪单动卡盘的结构原理如图 8-12 所示。四个对称分布的卡爪互不相关，均可独立移动。每个卡爪的背面有一半圆柱内螺纹与丝杠(螺杆)啮合，当扳手方头插入丝杠方孔转动丝杠时，与它啮合的卡爪就单独移动，以适应工件形状的需要。卡盘也是通过连接盘安装在车床主轴上的。

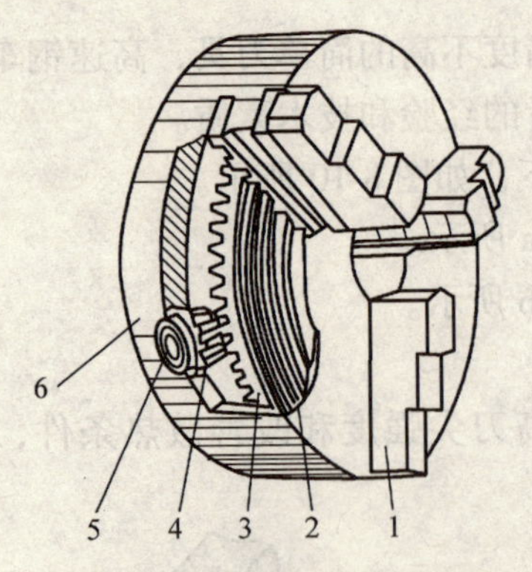

图 8-11　三爪自定心卡盘

1—卡爪　2—平面螺纹　3—大圆锥齿轮
4—小圆锥齿轮　5—扳手孔　6—卡盘体

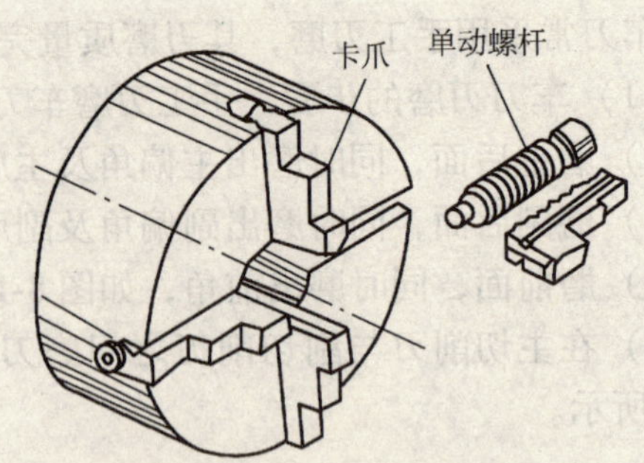

图 8-12　四爪单动卡盘

四爪单动卡盘适用于装夹截面为矩形、正方形、椭圆形或其他不规则形状的工件。因其卡盘是单动的，所以四爪单动卡盘的夹紧力比三爪卡盘大。但用四爪单动卡盘装夹工件时，必须通过找正方法，来保证工件加工回转中心与车床主轴一致，因此，安装费时费力，对工人的技术水平要求较高。目前，在单件小批量生产和大件生产中应用较多。

3. 花盘

花盘是安装在车床主轴上的一个大圆盘，盘面上有许多长短不等的径向导槽和 T 型槽，用以穿放角铁、压块、螺栓、螺母、垫块和平衡铁等。在车削形状不规则或形状复杂的工件时，三爪、四爪卡盘或顶尖都无法装夹，必须用花盘进行装夹(见图 8-13)。工件可用螺栓直接安装在花盘上，也可以把辅助支承角铁(弯板)用螺钉牢固夹持在花盘上，工件则安装在弯板上。安装时，按工件的划线痕进行找正，对于不规则的工件，应加平衡块予以平衡，以免因重心偏移而使加工过程产生振动，甚至出现意外事故。

当被加工表面的回转轴线与基准面垂直时，可以将工件直接安装在花盘的工作平面上；当被加工表面的回转轴线与基准面平行时，可以借助角铁来固定工件，如图 8-14 所示应用实例。通常在花盘上安装的工件形状是比较特别的，工件上应该有一个较大的平面(基准平面)能与花盘的工作平面贴合或间接贴合。

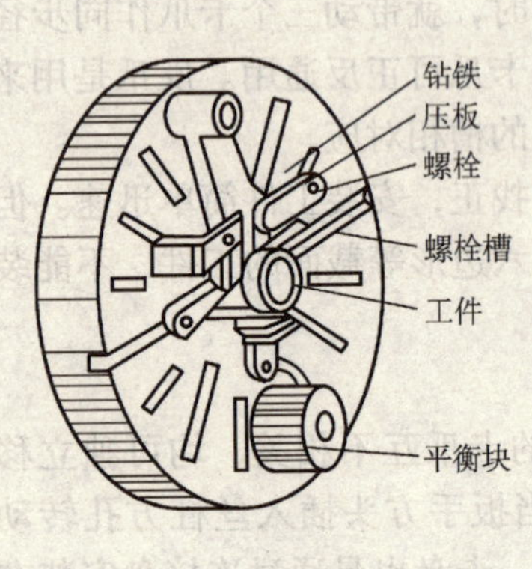

图 8-13　花盘

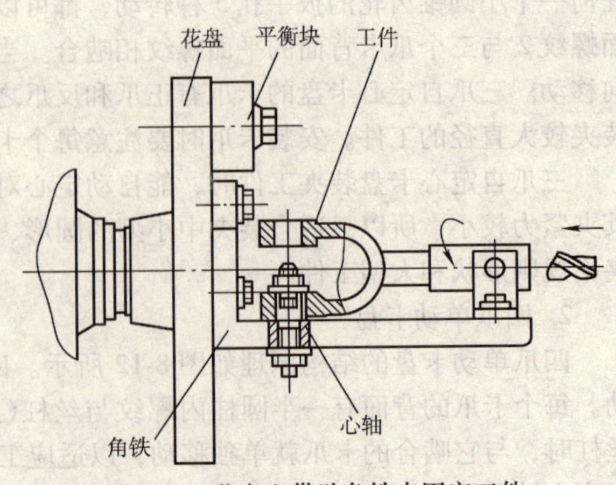

图 8-14　花盘上借助角铁来固定工件

4. 中心架和跟刀架

当加工细长轴（$L/d>15$）类工件时，工件在自重、离心力和切削力的作用下，往往容易产生弯区变形、振动，无法保证加工精度，甚至难以进行加工。为防止上述现象发生，需要附加辅助支承装夹工件，即中心架或跟刀架，如图 8-15 所示。使用这两种附件时，在工件的支承部位都必须预先车出光滑的定位用圆柱面。

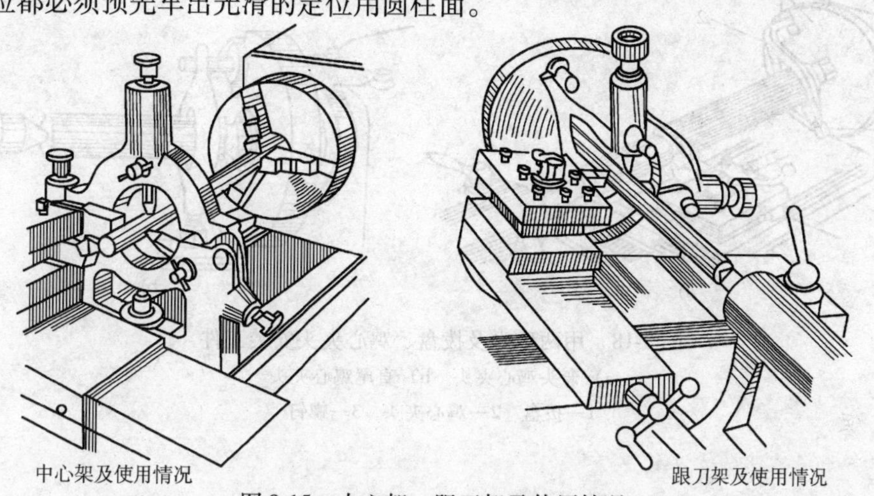

图 8-15　中心架、跟刀架及使用情况

中心架的底部用螺钉和压板固定在床身上，三个径向布置支承柱可以单独调节，支承柱支承在工件已车好的光滑圆柱面上，调节支承柱时应使工件轴线与回转轴线重合，且使支承柱与工件接触松紧适当，否则钻中心孔时会折断中心钻，车孔时会产生锥度，两轴线偏斜严重时，会造成工件从支承柱内摔落的事故。使用中心架能有效地增加细长轴工件的刚度，从而提高工件的加工精度。

跟刀架固定在车床床鞍上，并跟车刀一起移动。跟刀架一般只有两个支承柱，第三个支承柱由车刀来代替。跟刀架的支承柱在工件上的支承部位，一般是车刀刚车出的部位。因此，每次进给前必须重新调节支承柱，并保持松紧适当的接触。使用跟刀架加工细长轴类工件时，可增加工件的刚度，防止工件弯曲变形。

5. 顶尖及拨盘、鸡心夹头

在车床上加工实心（$4<L/d<15$）轴类零件时，经常使用顶尖装夹工件，且不需找正，定心精度较高。使用顶尖装夹工件，必须先在工件两端面上钻出中心孔。

在使用双顶尖安装工件时，前、后顶尖是不能带动工件旋转的，必须借助拨盘和鸡心夹头来传递动力。拨盘安装在主轴上，鸡心夹头安装在工件上，如图 8-16 和图 8-17 所示。前

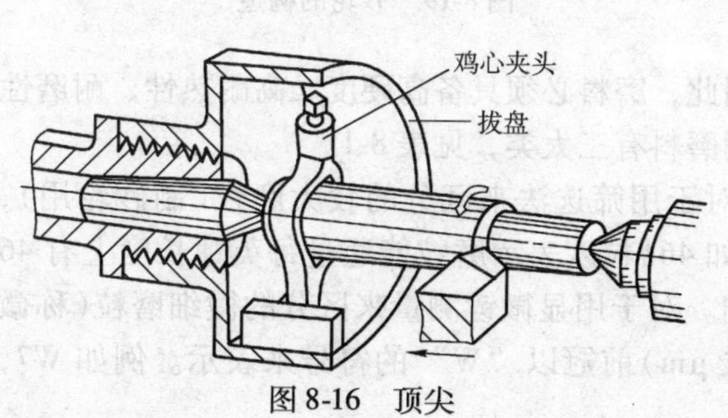

图 8-16　顶尖

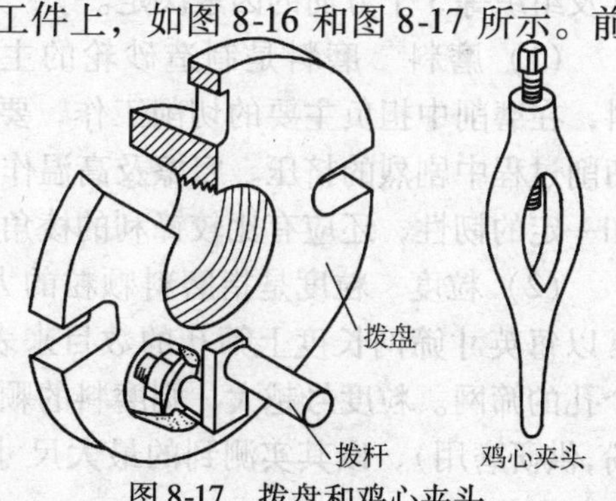

图 8-17　拨盘和鸡心夹头

顶尖(也称死顶尖)与工件之间没有相互运动，一起转动。后顶尖(称为活顶尖)与工件之间有相对运动，为保证后顶尖的使用寿命，应对其进行淬火处理，提高它的耐磨性。图 8-18 所示为使用用两顶尖及拨盘、鸡心夹头安装工件情况。

图 8-18 用两顶尖及拨盘、鸡心夹头安装工件
a) 弯头鸡心夹头 b) 直尾鸡心夹头
1—拨盘 2—鸡心夹头 3—螺钉

第三节 外圆表面磨削加工

有些性能要求较高的轴类零件外圆表面，往往是通过磨削加工来保证其精度。所谓磨削加工，就是在磨床上利用砂轮或其他磨具，以较高的线速度对工件进行的一种精加工方法。

一、磨削工具

砂轮是磨削加工的主要工具，它是由很多磨粒用粘结材料结合在一起经烧结而成的多孔体，如图 8-19 所示。磨粒、结合剂和孔隙构成砂轮的三要素。随着磨料、结合剂制造工艺的不同，砂轮特性差别很大，对磨削加工的精度及生产率等有着重要的影响，必须根据具体情况选用。

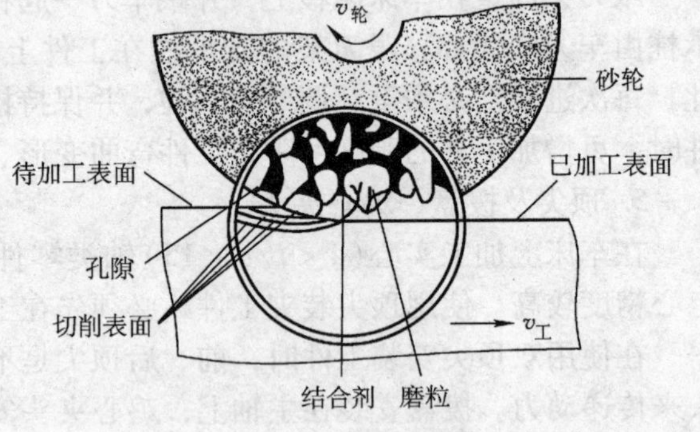

图 8-19 砂轮的构造

1. 砂轮的特性

砂轮的特性由磨料、粒度、结合剂、硬度及组织等 5 个方面的因素决定。

(1) 磨料　磨料是制造砂轮的主要原料，在磨削中担负主要的切削工作，要经受切削过程中剧烈的挤压、摩擦及高温作用。因此，磨料必须具备高硬度、高耐热性、耐磨性和一定的韧性，还应有比较锋利的棱角。常用磨料有三大类，见表 8-1。

(2) 粒度　粒度是指磨料颗粒的大小。对于用筛选法来区分的较大磨粒(制砂轮用)，常以每英寸筛网长度上筛孔的数目来表示。如 46#粒度表示磨粒能通过每英寸长度上有 46 个孔的筛网。粒度号越大，则磨料的颗粒越细。对于用显微镜测量来区分的微细磨粒(称微粉,供研磨用)，以其实测到的最大尺寸(单位 μm)前冠以“W”的符号来表示。例如 W7，即表示此种微粉的最大尺寸为7μm。粒度号越小，则微粉的颗粒越细。常用砂轮粒度号及其使用范围见表8-2。

表8-1　常用磨料的性能与用途

系　别	名　称	代号	性　能	适合磨削的材料
氧化物系	棕刚玉	A	棕褐色，硬度高，韧性大，价格便宜	碳钢、合金钢、铸铁
	白刚玉	WA	白色，硬度比A高，韧性比A差	淬火钢、高速钢
碳化物系	黑碳化硅	C	黑色带光泽，硬度比WA高、性脆而锋利，导热性较好	铸铁、黄铜、非金属材料
	绿碳化硅	GC	绿色带光泽，硬度及脆性比C高，有良好的导热性	硬质合金、宝石、陶瓷
超硬磨料	人造金刚石	MBD	乳白色或淡黄、黑色，硬度高，耐热性较差	硬质合金、宝石、光学玻璃、半导体材料等
	立方氮化硼	CBN	黑色或淡白色，硬度仅次于MBD，耐磨性高、发热小	高钒高速钢、不锈钢、耐热钢

表8-2　砂轮粒度号及使用范围

类　别	粒　度　号	颗粒尺寸/μm	适　用　范　围
磨粒	12#、14#、16#	2000~1000	粗磨、荒磨、打磨毛刺
	20#、24#、30#、36#	1000~400	磨钢锭、打磨铸件毛刺、切断钢坯等
	46#、54#、60#	400~250	内圆、外圆、平面、无心磨、工具磨等
	70#、80#	250~160	内圆、外圆、平面、无心磨、工具磨等半精磨、精磨
	100#、120#、150#、180#、240#	160~50	半精磨、精磨、珩磨、成形磨、工具磨等
微粉	W40、W28、W20	50~14	精磨、超精磨、珩磨、螺纹磨、镜面磨等
	W14~更细	14~2.5	精磨、超精磨、镜面磨、研磨、抛光等

磨料粒度选择的原则：粗磨时以提高生产率为主要目标，应选小的粒度号，一般为36#~60#；精磨时以减小表面粗糙度值为主要目标，应选大的粒度号，一般为80#~120#。工件材料塑性大或磨削接触面积大时，为避免砂轮孔隙堵塞，应选小粒度号；反之则应选大的粒度号。成型磨削时，为保持砂轮轮廓的精度，宜用大粒度号。

（3）结合剂　结合剂的作用是将磨料黏合成具有一定强度和各种形状及尺寸的砂轮。结合剂的性能决定了砂轮的强度、耐冲击性、耐腐蚀性、耐热性和使用寿命。此外，它对磨削温度、磨削表面质量也有一定的影响。结合剂的种类、代号、性能与使用范围见表8-3。

表 8-3 常用结合剂的性能及其使用范围

结合剂	代 号	性 能	适 用 范 围
陶瓷	V	耐热、耐蚀，气孔率大、易保持廓形，弹性差	最常用，适用于各类磨削加工
树脂	B	强度较 V 高，弹性好，耐热性差	适用于高速磨削，切断，开槽等
橡胶	R	强度较 B 高，弹性更好，气孔率小，耐热性差	适用于高速磨削，开槽及作无心磨导轮
青铜	J	强度最高，导电性好，磨耗少，自锐性差	适用于金刚石砂轮

(4) 硬度 所谓砂轮的硬度是指磨粒在磨削力作用下从砂轮表面脱落的难易程度。如磨粒容易脱落，表明砂轮硬度低，反之则表明砂轮硬度高。砂轮的硬度与磨粒的硬度是两个不同的概念，硬度相同的磨粒，可以制成不同硬度的砂轮。

砂轮的硬度对磨削质量、磨削效率和砂轮损耗都有很大的影响。如果砂轮太硬，磨粒磨钝后仍然不能脱落，磨削效率很低，工作表面很粗糙并可能被烧伤。如果砂轮太软，磨粒磨钝从砂轮上脱落，砂轮损耗大，形状不易保持，影响工件质量。因此，应合理选择砂轮硬度。一般来说，磨削较硬的材料时，应选用较软的砂轮；磨削较软的材料时，应选用较硬的砂轮。磨削有色金属时，应选用较软砂轮，以免切屑堵塞砂轮；在精磨和成形磨削时，应选用较硬砂轮。砂轮的硬度分级见表 8-4。

表 8-4 砂轮的硬度分级

等级	超软			软			中软		中		中硬			硬		超硬
代号	D	E	F	G	H	J	K	L	M	N	P	Q	R	S	T	Y

(5) 组织 砂轮的总体积是由磨粒、结合剂和孔隙构成的，这三部分体积的比例关系，在工程中称为砂轮的组织。磨粒在砂轮总体积中所占比例愈大，孔隙愈小，砂轮的组织愈紧密，反之，则组织疏松。砂轮组织号是根据磨粒在砂轮中占有的体积百分数(即磨粒率)来确定的。砂轮组织号见表 8-5。砂轮组织号大，组织疏松，砂轮不容易被磨屑堵塞，切削液和空气能带入磨削区域，可降低磨削区域的温度，减少工件因发热而引起的变形和烧伤，也可以提高磨削效率。但组织号大，不容易保持砂轮的轮廓形状，会降低成形磨削的精度，磨出的表面也比较粗糙。

表 8-5 砂轮的组织号

组织号	0	1	2	3	4	5	6	7	8	9	10	11	12	13	14
磨粒率(%)	62	60	58	56	54	52	50	48	46	44	42	40	38	36	34

2. 砂轮的形状和标志

为了适应在不同类型磨床上磨削各种形状和尺寸工件的需要，砂轮有许多种形状和尺寸。常用砂轮的形状、代号及主要用途见表 8-6。

表 8-6 常用砂轮的形状、代号及主要用途

砂轮名称	代号	断面形状	主要用途
平形砂轮	1		磨外圆、内孔、平面及刃磨刀具
薄片砂轮	41	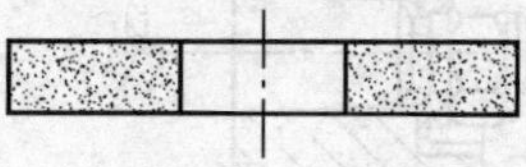	切断、磨槽
筒形砂轮	2	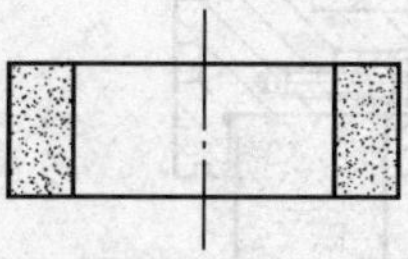	端磨平面
碗形砂轮	11	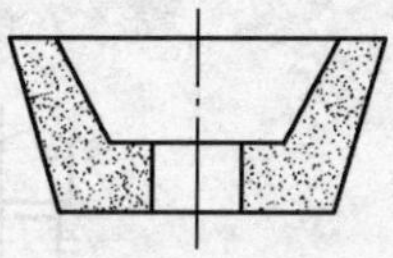	磨机床导轨、刃磨刀具
碟形一号砂轮	12a	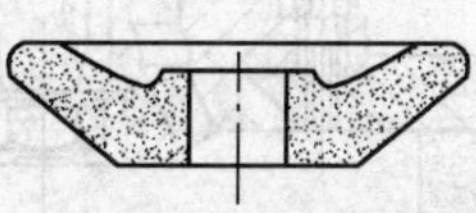	刃磨刀具(铣刀、铰刀、拉刀)、磨齿轮
双斜边砂轮	4	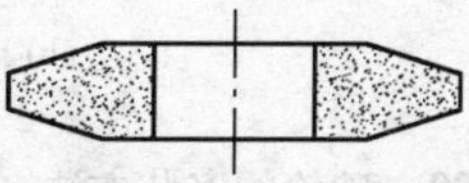	磨齿轮及螺纹
杯形砂轮	6	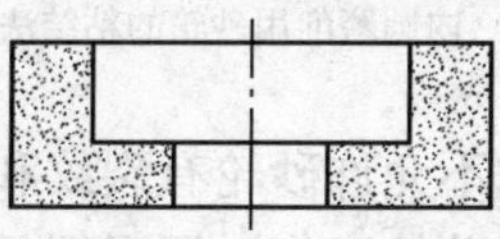	端磨平面、刃磨刀具

砂轮的标志印在砂轮的端面上，其顺序由左向右分别表示：形状、尺寸、磨料、粒度号、硬度、组织号、结合剂、最高线速度。

例如，砂轮 1—300 × 50 × 65—WA60M5—V—30m/s，其含义为平形砂轮，外径为300mm，厚度为50mm，内径为65mm，磨料为白刚玉，粒度号为60，硬度为中1，组织号为5，结合剂为陶瓷，允许的最高工作线速度为30m/s。

3. 砂轮的安装、平衡与修整

(1) 砂轮的安装 由于砂轮工作时的转速很高，而砂轮的质地又较脆，因此，必须正确地安装砂轮，以免砂轮碎裂飞出，造成严重的设备事故和人身伤害。安装砂轮时，应根据砂轮形状、尺寸的不同而采用不同的安装方法，如图 8-20 所示。

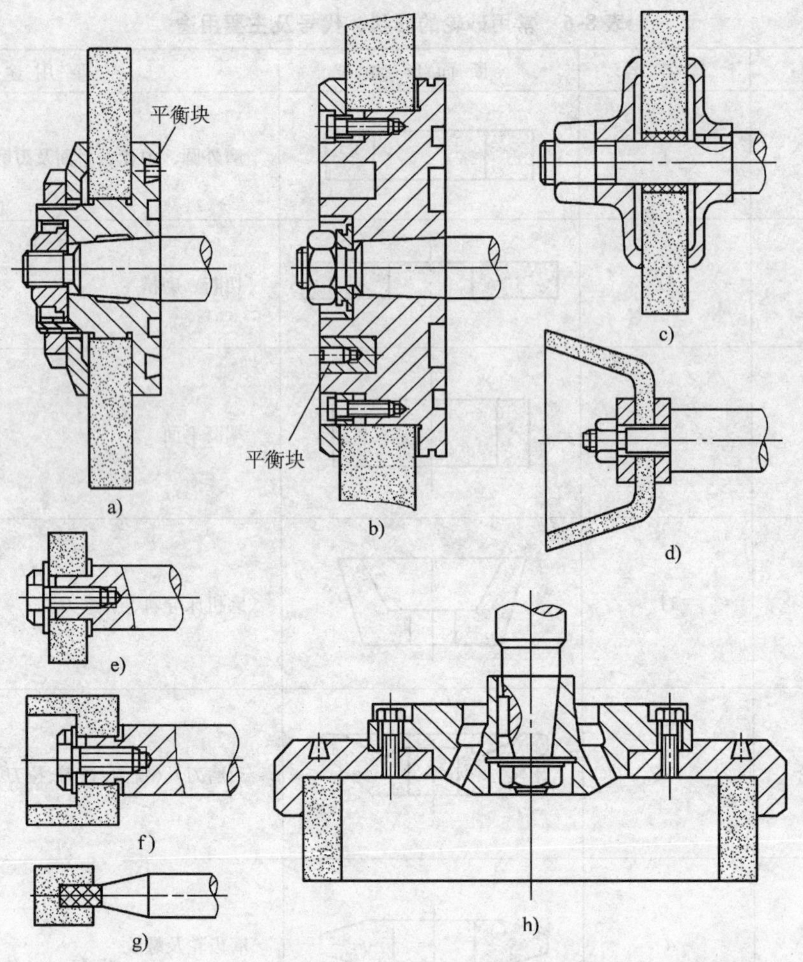

图 8-20 砂轮的安装方法

a)、b) 用台阶法兰盘安装砂轮 c) 用平面法兰盘安装砂轮 d) 用螺母垫圈安装砂轮
e)、f) 内圆磨削用砂轮的安装 g) 内圆磨削用砂轮的粘结法安装 h) 筒形砂轮的安装

砂轮安装前须仔细检查砂轮外形，不允许砂轮有裂纹和损伤。装拆砂轮时必须注意压紧螺母的螺旋方向。在磨床上，为了防止砂轮工作时压紧螺母在磨削力的作用下自动松开，砂轮轴端螺旋方向规定：逆着砂轮旋转方向拧螺母是旋紧，顺着砂轮旋转方向转动螺母为松开。

（2）砂轮的平衡 砂轮的重心与旋转中心不重合称为砂轮的不平衡。通常直径在150mm以上的砂轮都要做精平衡调整，以保证砂轮平稳的工作。在高速旋转时，砂轮的不平衡会使主轴振动，从而影响加工质量，严重时甚至使砂轮碎裂，造成事故。所以砂轮安装后，首先需对砂轮进行平衡调整。通常是通过调整砂轮法兰盘上环形槽内平衡块的位置来实现的，如图 8-21 所示。

（3）砂轮的修整 新砂轮或使用过一段时间后，磨粒逐渐变钝，砂轮工作表面孔隙被磨屑堵塞，最后使砂轮失去切削能力。因此砂轮工作一段时间后必须进行修整，以便使磨钝的磨粒脱落，恢复砂轮的切削能力和外形精度。修整砂轮的常用工具是金刚石笔。修理砂轮时，金刚石笔相对砂轮的位置如图 8-22 所示，以避免笔尖扎入砂轮，同时也可保持笔尖的锋利。

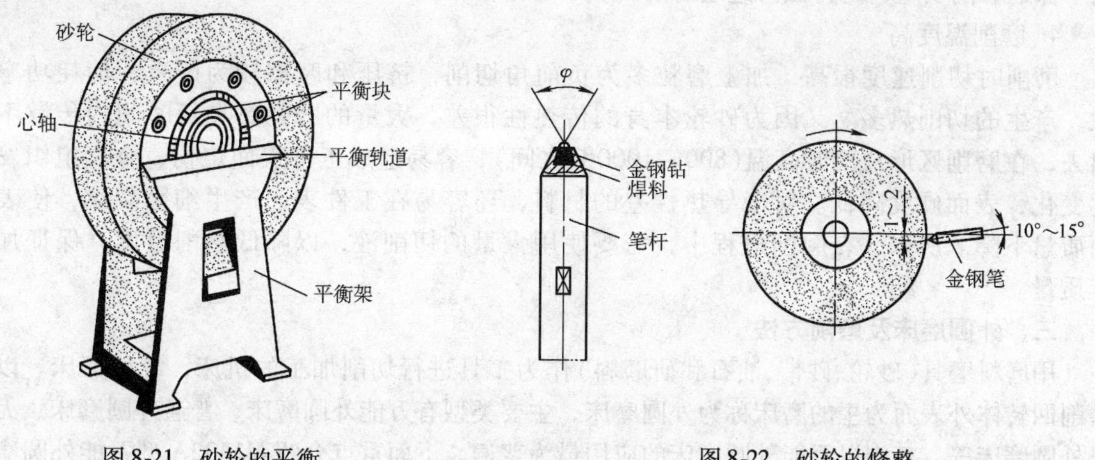

图 8-21　砂轮的平衡　　图 8-22　砂轮的修整

二、磨削加工特点及工艺范围

磨削加工是应用最为广泛的精加工方法之一，它可达到的经济精度为 IT8 ~ IT5，表面粗糙度 R_a 值为 1.25 ~ 0.32μm。磨削加工工艺范围广，它能完成外圆、内孔、平面、螺纹、花键、齿轮、导轨和成形面等表面的加工。与车削、铣削等加工比较，磨削加工具有以下特点：

1. 磨削精度高，表面粗糙度值小

砂轮表面磨粒的外露部分形成参差分布的棱角，每一棱角相当于具有负前角的微小刀刃，砂轮高速旋转时，起切削作用的每一个磨粒都从工件表面下去除一层极薄的金属。因此，工件表面残留面积小，磨削后精度高，表面粗糙度值小。

由于磨削的加工余量不多，背吃刀量小，因此磨削力较小，这不仅减少了工件在切削力作用下产生的变形，而且因所需夹紧力小也减少了工件的夹紧变形，因此，磨削后能得到较高的精度。此外，磨床是一种精密机床，其刚度性和稳定性都较好，并具有获得极小背吃刀量的微量进给机构，这也保证了精密加工的实现。

2. 磨削是加工淬火钢等特硬材料的基本方法

经过淬火后的零件，几乎只能用磨削来进行精加工。由于淬火后工件硬度提高，用一般的切削刀具进行切削已无能为力，但砂轮中磨粒的硬度很高，热稳定性很好，因而，砂轮不仅能磨削一般材料（如未淬火钢、铸铁和有色金属等），而且还可以磨削用其他刀具难以加工甚至不能加工的材料，如淬火钢、硬质合金等。

3. 砂轮具有“自锐”作用

一般刀具的切削刃，如果磨钝或损坏，则切削不能继续进行，必须重磨或换刀。而磨削加工时，磨粒在高速、高压、高温的作用下，将逐渐磨损而变得圆钝。圆钝的磨粒切削能力下降，因而作用在磨粒上的力将不断增大。当此力超过磨粒强度极限时，磨粒就会破碎而产生新的、较为锋利的棱角，代替旧的圆钝磨粒进行磨削；若此力超过砂轮结合剂的粘结强度时，圆钝的磨粒就会从砂轮表面脱落，露出一层新鲜锋利的磨粒，继续进行磨削。砂轮这种自行保持其自身锋锐的性能，称为砂轮的“自锐性”。砂轮的“自锐”作用是其他切削刀具所没有的。由于砂轮的“自锐性”，使得磨粒都能以较为锋利的刃口对工件进行切削，这有利于保证磨削质量，也为强力连续磨削提供了理论依据。

4. 磨削温度高

磨削时切削速度很高，加上磨粒多为负前角切削，挤压和摩擦较为严重，消耗功率大，产生的切削热多。又因为砂轮本身的传热性很差，大量的磨削热在短时间内传散不出去，在磨削区形成瞬时高温(800～1000℃之间)，容易造成工件表面烧伤，金相组织发生变化，表面硬度降低。对于导热性差的材料，还容易在工件表面产生细微裂纹，使表面质量下降。所以，在磨削过程中，需要使用大量的切削液，以降低磨削温度，保证加工质量。

三、外圆磨床及磨削方法

用磨料磨具(砂轮、砂带、油石和研磨料)作为工具进行切削加工的机床，统称磨床。以磨削回转体外表面为主的磨床称为外圆磨床，主要类型有万能外圆磨床、普通外圆磨床、无心外圆磨床等，其中以万能外圆磨床的应用最为普遍。下面重点介绍 M1432A 型万能外圆磨床的结构组成、切削运动、磨削方法及应用。

1. 万能外圆磨床

M1432A 型万能外圆磨床是普通精度级万能外圆磨床。它主要用于磨削 IT7～IT6 级精度的圆柱形、圆锥形的外圆和内孔表面，还可磨削阶梯轴的轴肩和尺寸不大的端平面等。磨削表面粗糙度 R_a 值一般可达 0.8～0.2μm。M1432A 型万能外圆磨床的通用性较好，但磨削效率不高，适用于单件小批生产，常用于工具车间和机修车间。

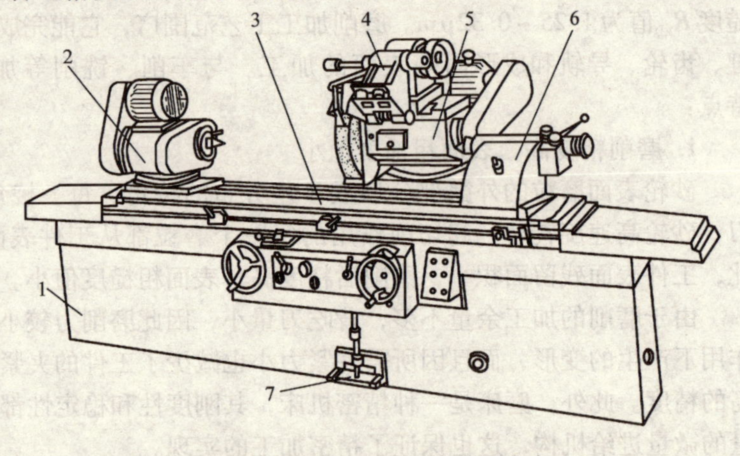

图 8-23 M1432A 型万能外圆磨床

1—床身 2—头架 3—工作台 4—内磨装置 5—砂轮架 6—尾座 7—脚踏操纵板

(1) 机床的组成及主要技术规格 图 8-23 所示为 M1432A 型万能外圆磨床的外形图，其主要组成部分如下。

1) 床身。床身 1 是磨床的支承部件，其上装有砂轮架、头架、尾座及工作台等部件，使它们在工作时保持准确的相对位置，床身的内部用作液压油的油池。

2) 头架。头架 2 用于安装和夹持工件，并带动工件旋转完成圆周进给运动。头架可在水平面内逆时针方向转动(调整范围为 0°～90°)，以加工锥度较大的圆锥面。

3) 工作台。工作台 3 装在床身顶面前部的纵向导轨上，台面上装有头架 2 和尾座 6，被加工工件支承在头架和尾座顶尖上，或用头架上的卡盘夹持。工作台由液压传动沿床身导轨往复移动，使工件实现纵向进给运动。工作台由上下两层组成。上工作台可相对于下工作台在水平面内转动很小的角度(±10°)，用以磨削锥度较小的圆锥面。

4) 砂轮架。砂轮架 5 安装在床身顶面后部的横向导轨上，用于支承并传动高速旋转的砂轮主轴。当需要磨削短圆锥时，砂轮架可在水平面内 ±30°范围调整位置。

5）内磨装置。内磨装置 4 装在砂轮架上，主要由支架和内圆磨具两部分组成。内圆磨具是磨内孔用的砂轮主轴部件，它做成独立部件，安装在支架的孔中，可以很方便地进行更换。通常每台万能外圆磨床都备有几套尺寸与极限转速不同的内圆磨具，供磨削不同直径的内孔时选用。

6）尾座。尾座 6 和头架的前顶尖一起支承工件。尾座在工作台上可左右移动调整位置，以适应装夹不同长度工件的需要。

M1432A 型万能外圆磨床的主参数是最大磨削直径。外圆磨削直径为 $\phi 8 \sim \phi 320$mm，最大外圆磨削长度有 1000mm、1500mm、2000mm 三种规格；内孔磨削直径为 $\phi 30 \sim \phi 100$mm，最大内孔磨削长度为 125mm；外圆磨削砂轮主轴的转速为 1670r/min；内圆磨削砂轮主轴的转速有 10000r/min 和 15000r/min 两级。

（2）磨削方法及所需运动　图 8-24 为 M1432A 型万能外圆磨床几种典型加工示意图。其基本磨削方法有两种：纵向磨削法（纵磨法）和切入磨削法（切入磨法）。

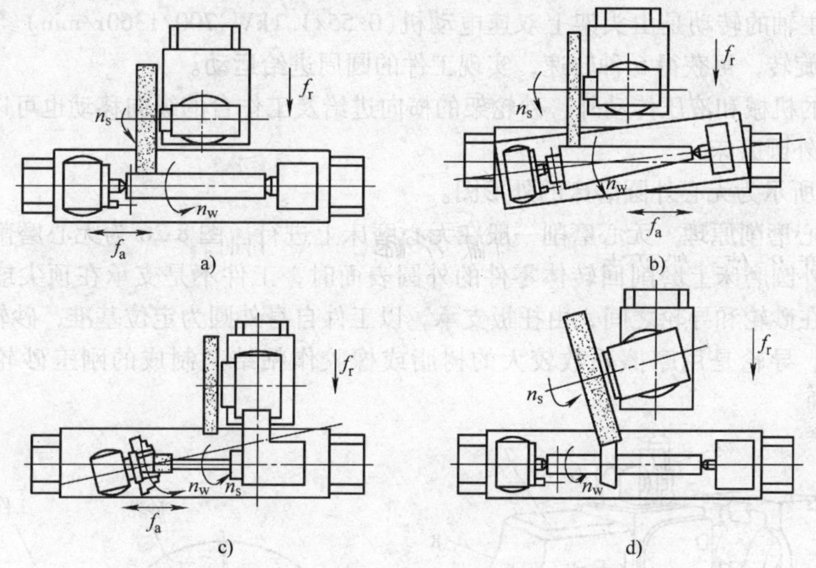

图 8-24　M1432A 型万能外圆磨床典型加工示意图

a）纵磨法磨外圆柱面　b）扳转工作台用纵磨法磨长圆锥面
c）扳转头架用纵磨法磨内圆锥面　d）扳转砂轮架用切入磨法磨短圆锥面

1）纵向磨削法。即工作台作纵向往复运动的磨削方法。磨削时共需三个表面成形运动：砂轮的旋转主运动 n_s；工件的纵向进给运动 f_a；工件的圆周进给运动 n_w。每单次行程或每往复行程终了时，砂轮还需作周期性的横向进给 f_r，从而逐渐磨去工件径向的全部磨削余量。这种磨削方法精度高，表面粗糙度值小，生产率低，适用于单件小批量生产及零件的精磨。

2）切入磨削法。即用宽砂轮进行横向切入磨削的方法。磨削时只需两个表面成形运动：砂轮的旋转主运动 n_s；工件的圆周进给运动 n_w。因砂轮宽度比工件的磨削宽度大，工件不需作纵向进给运动，但砂轮要以缓慢的速度连续或断续地沿工件径向作横向进给运动 f_r，直至磨到工件尺寸要求为止。由于切入磨削法砂轮宽度大，一次行程就可完成磨削过程，所以磨削效率高。但磨削过程中砂轮与工件的接触面积大，磨削力大，磨削热集中，磨削温度高，势必会影响工件的表面质量，所以加工时必须考虑充分的冷却。切入磨削法主要用于批量生产，适合磨削刚性好的工件上较短的外圆表面。

M1432A 型万能外圆磨床，除有上述表面成型运动和砂轮架的横向进给运动 f_r 外，还有砂轮架的快进、快退以及尾座套筒的伸缩运动等。

(3) 磨床的传动 M1432A 型万能外圆磨床有机械传动和液压传动两个系统。

液压传动具有传动平稳、无爬行，无级调速方便，易实现自动化，换向精度高等优点，所以在磨床的工作台驱动、横向快退及切入进给等方面广泛采用液压传动。M1432A 型万能外圆磨床工作台的纵向往复运动、砂轮架的快进、快退和周期性自动切入进给、尾座套筒的伸缩运动均采用液压传动。

砂轮主轴的旋转运动(主运动)、工件的圆周进给运动则为机械传动。其中外圆磨削砂轮是由主电动机(4kW,1440r/min)经 V 带轮直接传动旋转，实现主运动；内圆磨具砂轮是由内圆磨具电动机(1. 1kW,2840r/min)经可更换的平带轮传动旋转，可得到两种转速，实现主运动；头架主轴的转动是由头架上双速电动机(0. 55/1. 1kW,700/1360r/min)经三级 V 形带(塔轮)传动旋转，可获得 6 种转速，实现工件的圆周进给运动。

除上述的机械和液压传动外，砂轮架的横向进给及工作台的纵向移动也可以手动操纵。

2. 无心外圆磨床

图 8-25 所示为无心外圆磨床的外形图。

(1) 无心磨削原理 无心磨削一般在无心磨床上进行。图 8-26 为无心磨削的原理示意图。在无心外圆磨床上磨削回转体零件的外圆表面时，工件不是支承在顶尖或夹持在卡盘上，而是放在砂轮和导轮之间，由托板支承，以工件自身外圆为定位基准，砂轮和导轮的旋转方向相同。导轮是用摩擦系数较大的树脂或橡胶作粘结剂制成的刚玉砂轮，它无切削能力。

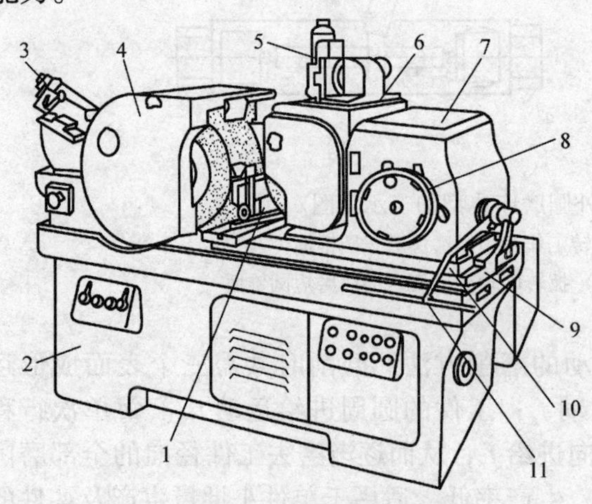

图 8-25 无心外圆磨床

1—支座 2—床身 3—砂轮修整器 4—砂轮架 5—导轮修整器 6—转动体 7—座架 8—微量进给手柄 9—回转底座 10—滑板 11—快速进给手柄

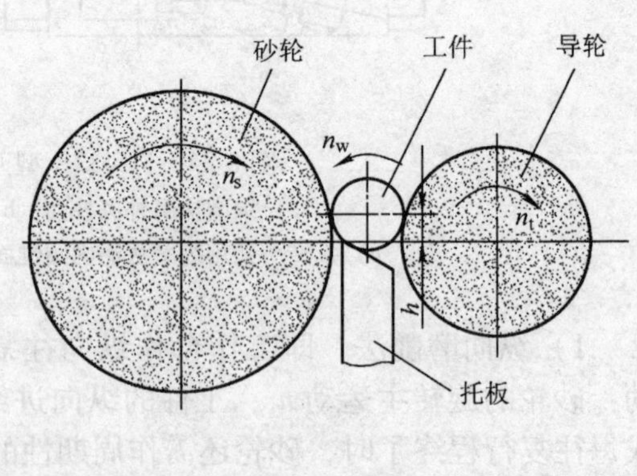

图 8-26 无心外圆磨削原理

当砂轮以转速 n_s 旋转时，工件就有与砂轮相同的线速度回转的趋势，但是由于受到导轮摩擦力对工件的制约作用，结果使工件以接近于导轮线速度（导轮线速度远低于砂轮）回转。从而在砂轮和工件之间形成很大的相对速度，由此而产生磨削作用。改变导轮的转速，便可以调整工件的圆周进给速度。

无心磨削时，工件的中心必须高于导轮和砂轮的中心连线（即具有 h 距离），使工件与砂轮、导轮间的接触点不在工件同一直径上，从而使工件上某些凸起表面在多次转动中能逐次磨圆。实践证明：h 越大，越易获得较高圆度，磨圆过程也越快。但 h 也不能太大，否则导轮对工件的向上垂直分力可能引起工件跳动，从而影响加工质量。一般 h 取工件直径的（0.15～0.25）倍。

（2）无心磨削方法　无心外圆磨削方法主要有纵磨法（贯穿法）和横磨法（切入法）两种，如图8-27所示。纵磨削法加工时，一件接一件地连续对工件进行磨削，生产率高，它适用于磨削不带凸台的圆柱形工件，磨削表面长度可大于或小于砂轮宽度。横磨法工件无轴向运动，导轮做横向进给运动，它适用于磨削有阶梯的工件或成形回转体表面，但磨削表面长度不能大于砂轮宽度。

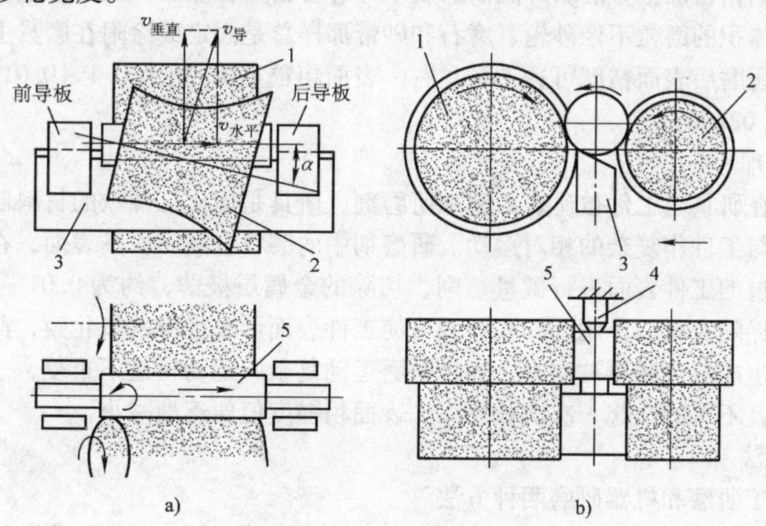

图8-27　无心磨削方法

a）纵磨法　b）横磨法

1—磨削砂轮　2—导轮　3—托板　4—挡块　5—工件

（3）无心磨削特点　在无心外圆磨床上磨削外圆表面时，工件不需钻中心孔，装夹工件省时省力，可连续磨削；由于有导轮和托板沿全长支承工件，因而刚度差的工件也可用较大的切削用量进行磨削，所以无心外圆磨削生产率较高。

由于工件定位面为外圆表面，消除了中心孔误差，消除了外圆磨床工作台运动方向与前后顶尖连线的不平行以及顶尖的径向圆跳动等误差的影响，所以磨削出来的尺寸精度和几何精度都比较高，表面粗糙度值也较小。

但无心外圆磨床调整费时，只适于成批及大量生产中。又因工件的支承与传动特点，只能用来加工尺寸较小，形状比较简单的工件。此外，无心磨床不能磨削不连续的外圆表面（如带有长的键槽），也不能保证被加工面与其他面间的位置精度。

3. 普通外圆磨床

普通外圆磨床和万能外圆磨床在结构上的区别是：普通外圆磨床的砂轮架和头架都不能绕垂直轴线调整角度，主轴头架也不能转动，没有内圆磨具。因此，普通外圆磨床的工艺范围较窄，只能磨外圆柱面和锥度较小的锥面。但由于主要部件的结构层次少、刚性好，它可采用较大的切削用量，因此生产率较高。

第四节　外圆表面精密加工

精密加工是指在一定发展时期，加工精度和表面质量达到较高程度的加工工艺。当前，精密加工是指零件的加工精度为 1 ~ 0.1μm，表面粗糙度 R_a 值为 0.1 ~ 0.008μm 的加工技术。外圆表面的精密加工主要有研磨、超精加工、抛光和滚压加工等。

一、研磨加工

研磨是外圆表面最常用的光整加工方法。它是利用研磨工具和研磨剂，从工件上研去一层极薄表面层的精密加工方法。外圆研磨属于一种自由磨粒加工。在研磨过程中，那些直接参与去除工件体积的磨粒不像砂轮、磨石和砂带那样总是固定或涂附在磨具上，而是处于自由游离状态。研磨后表面精度可达 IT5 左右，表面粗糙度 R_a 值为 0.1 ~ 0.01μm，研磨余量约为 0.005 ~ 0.02mm。

1. 研磨原理

研磨时，在研具与工件被研表面间加研磨剂，研具是用比工件软的材料制成的。在一定压力下，研具与工件作复杂的相对运动。研磨剂中的磨料会嵌入研具表面，在相对运动中对已经精细加工过的工件表面进行微量切削，切除的金属层极薄，约为 0.01 ~ 0.1μm。此外，研磨过程中还伴随有化学作用，即研磨剂可使工件表面形成很薄的氧化膜，凸起的氧化膜被磨粒刮掉，再生成氧化膜再被刮去，加之研磨运动复杂，运动轨迹不重复，工件表面便会得到均匀地加工，不平的凸起一次次被切除，表面粗糙度值便逐渐减小。

2. 研磨方法

研磨有手工研磨和机器研磨两种方法。

（1）手工研磨　研磨外圆时，工件夹持在车床卡盘上或用顶尖支承作低速回转，研具套在工件上，在研具和工件之间加入研磨剂，然后用手推动研具作往返运动。外圆研具如图 8-28 所示。图 8-28a 粗研套孔内有油槽，可储存研磨剂，图 8-28b 精研套无油槽。研具往复运动速度常选 20 ~ 70m/min 为宜。

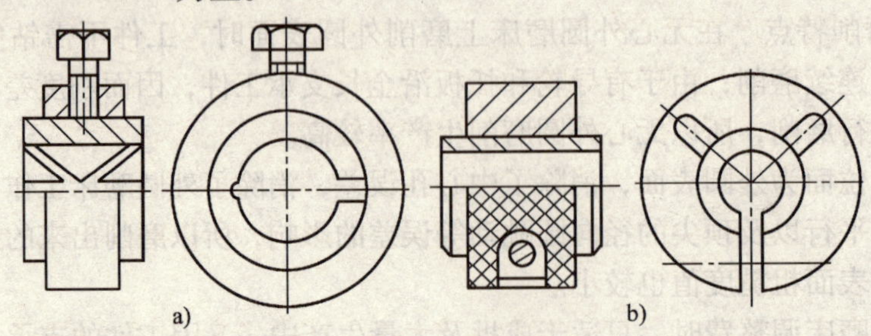

图 8-28　外圆研具

a）粗研具　b）精研具

(2) 机器研磨　机器研磨是在专用研磨机上进行的，生产率高，适用于大批大量生产。可以单面研磨，也可以双面研磨。另外，机器研磨不仅可以研磨外圆柱面，还适用于内圆柱面、平面、球面、半球面等表面的研磨。

3. 研磨剂和研具

研磨剂由磨料、研磨液和表面活性物质等混合而成。磨料起主要切削作用，应具有较高的硬度和高耐磨性，常用的磨料有刚玉 Al_2O_3、碳化硅、金刚石、软磨料（氧化铁、氧化铬）。磨粒要有适当的锐利性，在加工中破碎后仍能保持一定的锋刃；磨粒的尺寸要大致相近，使加工中尽可能有均一工作磨粒，精研时磨料粒度为 W14～W5。研磨液有煤油、汽油、机油、植物油、酒精等，其主要起润滑冷却作用，并使磨料在研具表面上均匀散布，承受一部分研磨压力，以减少磨粒破碎。表面活性物质附着在工件表面，使其生成一层相当薄的易于切除的软化膜，以提高研磨效率，常用的表面活性物质有油酸、硬脂酸等。

研磨工具简称研具，它是用于涂敷或嵌入磨料并使其磨粒发挥切削作用的工具。研具一般是采用比工件材料硬度低的材料制作，而且其硬度一致性好，组织均匀，无杂质、异物、裂纹和缺陷。其结构要合理，并具有较高的几何精度，耐磨性好，散热性好。应用最广泛的研具材料是硬度为 120～160HBW 的铸铁，也有的使用 10、20 低碳钢、黄铜、青铜、木材等。

4. 研磨特点

研磨一般在低速下进行，研磨过程塑性变形小，切削热少，所以能获得较高的加工质量。研磨过的表面，耐磨性、耐腐蚀性良好。研磨可提高工件表面形状精度和尺寸精度，但不能提高位置精度。研磨所用设备及工具简单，加工材料适应范围广（钢、铸铁、非金属等材料均可研磨）。研磨劳动量大，生产率低。所以研磨适用于多品种小批量的产品零件加工。值得注意的是，研磨的质量很大程度上取决于前道工序的加工质量。

二、超精加工

超精加工是用极细磨料的油石，以恒定压力（5～20MPa）和复杂相对运动对工件进行微量切削，以减小表面粗糙度为主要目的的精密加工方法。

图 8-29 所示为外圆表面的超精加工。工件以较低的速度做旋转运动，油石一方面以 12～25Hz 的频率、1～3mm 的振幅做往复振动，一方面以 0.1～0.15mm/r 的进给量做纵向进给运动。油石对工件表面的压力，靠调节上面的压力弹簧来实现。在油石与工件之间注入具有一定粘度的切削液，以清除屑末和形成油膜。加工时，油石上每一油粒均在工件上刻划出极细微且纵横交错不重复的痕迹，切除工件表面上的微观凸峰。随着凸峰逐渐降低，油石与工件的接触面积逐渐加大，压强随之减小，切削作用相应减弱。当压力小于油膜表面张力时，油石与工件即被油膜分开，切削作用自行停止。

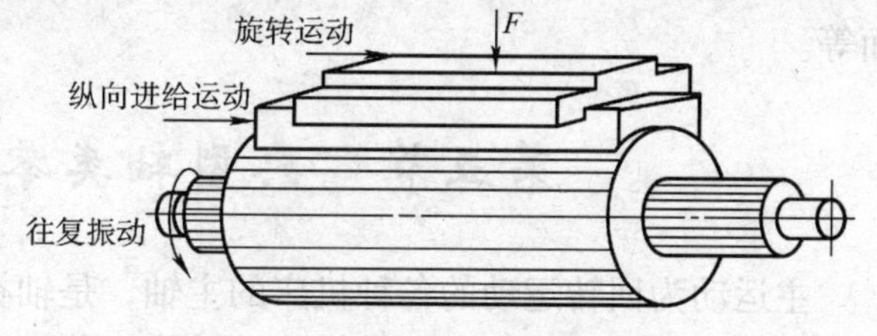

图 8-29　外圆表面的超精加工

超精加工只能切除微观凸峰，一般不留加工余量或只留很小加工余量（0.003～0.01mm）。超精加工后 R_a 值可达 0.1～0.01μm，可使零件配合表面间的实际接触面积大为增加。但超精加工一般不能提高尺寸精度、形状精度和位置精度，工件这方面的要求应由前工序保证。超精加工设备简单，操作方便，经济性好，生产率很高，越来越广泛地应用在精密加工中。常用于大批量生产中加工曲轴、凸轮轴的轴颈外圆等场合。

三、滚压加工

滚压是冷压加工方法之一，属于无切屑加工。它是利用硬度比工件高的滚压工具(滚轮或滚珠)对金属材质表面在常温下施加压力，使受压点产生弹性和塑性变形，从而达到改变工件的表面性能、形状尺寸的目的。外圆表面的滚压加工一般在卧式车床上完成的。图 8-30 所示为滚压加工示意图。

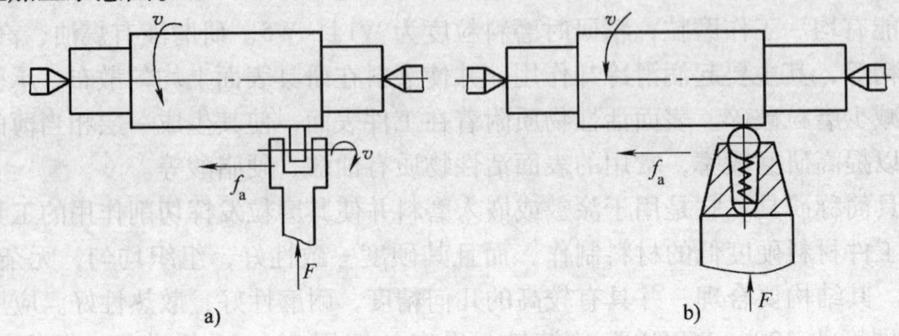

图 8-30　滚压加工示意图

a）滚轮滚压　b）滚珠滚压

滚压加工与切削加工相比较有许多优点，因而常常取代切削加工，成为精密加工方法之一。其特点如下：

1）滚压前工件加工表面粗糙度 R_a 值不大于 5μm，表面要求清洁，外圆直径方向的余量为 0.02 ~ 0.03mm。

2）滚压后的形状精度和位置精度主要取决于前道工序。

3）滚压的工件材料一般是塑性材料，并且材料组织要均匀。铸铁件一般不适合滚压加工。

4）滚压加工生产率高，工艺范围广，不仅可以加工外圆表面，也可以加工内孔、端面等。

第五节　典型轴类零件加工工艺分析

主运动为回转运动的各种机床的主轴，是轴类零件中最有代表性的零件。主轴上通常有内、外圆柱面和圆锥面，以及螺纹、键槽、花键、横向孔、沟槽、凸缘等不同形式的几何表面。主轴的精度要求高，加工难度大，如果对主轴加工中的一些重要问题(如基准的选择、工艺路线的拟订等)能作出正确的分析和解决，则其他轴类零件的加工问题就能迎刃而解。本节以 CA6140 型卧式车床的主轴加工为例分析如下。图 8-31 为 CA6140 车床主轴简图。

一、主轴的功用及技术要求

主轴的加工质量对机床的工作精度有很大影响。主轴是车床的关键零件之一，其前端直接与夹具(卡盘、顶尖等)相联接，用以夹持并带动工件旋转完成表面成形运动。为保证机床的加工精度，使主轴能承受一定的弯矩和扭矩，要求主轴有很高的回转精度，有足够的刚性、耐磨性和抗振性。

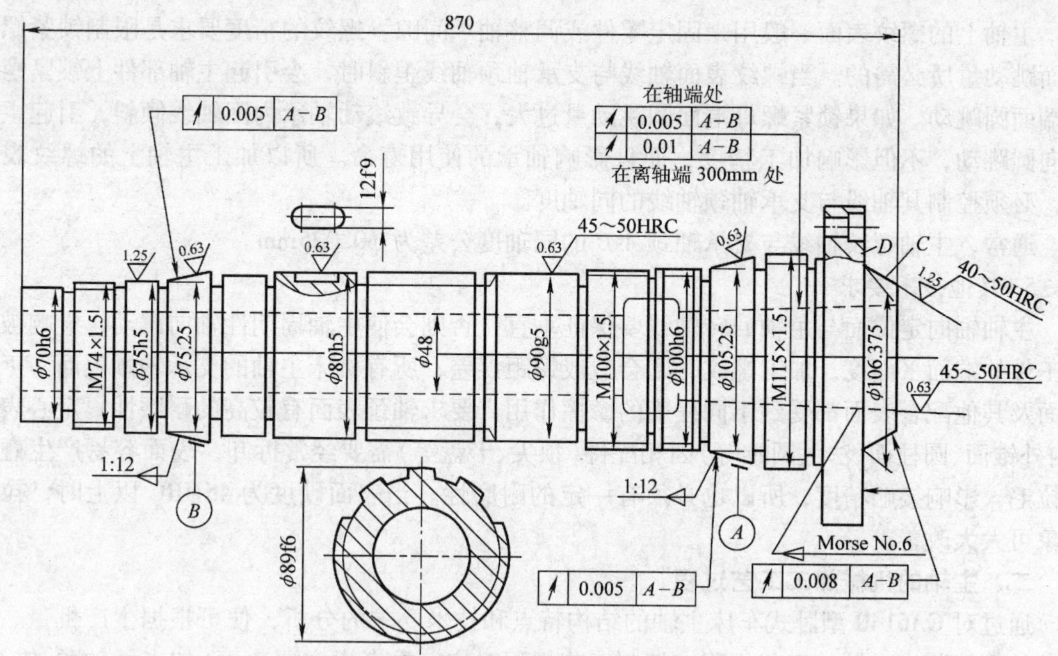

图 8-31　CA6140 型卧式车床主轴简图

1. 主轴支承轴颈的技术要求

主轴的两支承轴颈(*A* 和 *B* 处)与相应轴承的内孔配合，是主轴部件的装配基准，主轴上各重要表面均以支承轴颈为设计基准，因此，它的制造精度将直接影响到主轴的回转精度，必须有严格的位置精度要求。

通常轴颈的尺寸精度按 IT5 级制造，两支承轴颈的圆度公差为 0. 005mm，两支承轴颈的径向跳动公差为 0. 005mm，表面粗糙度 R_a 值为 0. 4μm。另外，为了使轴承内圈能涨大以便调整轴承间隙，支承轴颈采用锥面结构。

2. 主轴工作表面的技术要求

主轴前端锥孔是用来安装顶尖或刀具锥柄的，前端短圆锥面和端面是安装卡盘或花盘的。这些安装夹具或刀具的定心表面均是主轴的工作表面。显然，前端锥孔的中心线必须与支承轴颈中心线严格同轴，否则会使工件产生圆度、同轴度误差；短圆锥面必须与支承轴颈同轴，端面必须与主轴回转中心垂直，以保证卡盘的定心精度。

通常，锥孔对支承轴颈 *A-B* 的径向圆跳动公差：近轴端为 0. 005mm，距轴端 300mm 处为 0. 01mm，其表面粗糙度 R_a 值为 0. 4μm；短圆锥面对支承轴颈 *A*、*B* 的径向圆跳动公差为 0. 008mm，端面对支承轴颈中心的端面圆跳动公差为 0. 008mm，表面粗糙度 R_a 值为 0. 8μm。

3. 空套齿轮轴颈的技术要求

空套齿轮轴颈是主轴与齿轮孔相配合的表面，它对支承轴颈应有一定的同轴度要求，否则会引起主轴传动齿轮啮合不良。当主轴转速很高时，还会产生振动和噪声，使工件外圆产生振纹，尤其是精车时，这种影响更为明显。

通常，空套齿轮轴颈对支承轴颈 *A-B* 的径向圆跳动公差为 0. 015mm。

4. 螺纹的技术要求

主轴上的螺纹表面一般用来固定零件或调整轴承间隙。螺纹的精度要求是限制锁紧螺母端面跳动量所必需的。当螺纹表面轴线与支承轴颈轴线歪斜时，会引起主轴部件上锁紧螺母的端面圆跳动。如果锁紧螺母端面圆跳动量过大，会导致滚动轴承内圈轴线倾斜，引起主轴径向圆跳动，不但影响加工精度，而且影响轴承的使用寿命。所以加工主轴上的螺纹表面时，必须控制其轴线与支承轴颈轴线的同轴度。

通常，主轴螺纹轴线与支承轴颈 *A-B* 的同轴度公差为 ϕ0. 025mm。

5. 其他技术要求

主轴轴向定位面与主轴回转轴线要保证垂直，否则会使主轴周期性轴向窜动，影响被加工工件的端面平面度，加工螺纹时则会造成螺距误差；所有机床主轴的支承轴颈表面、工作表面及其他配合表面都受到不同程度的摩擦作用，要求轴颈表面有较高的耐磨性；定心表面(内外锥面、圆柱面、法兰圆锥等)因相配件(顶尖、卡盘等)需要经常拆卸，表面容易产生碰伤和拉毛，影响接触精度，所以也必须有一定的耐磨性。当表面硬度为 45HRC 以上时，拉毛现象可大大改善。

二、主轴的机械加工工艺过程

通过对 CA6140 型卧式车床主轴的结构特点和技术要求的分析，便可根据生产批量、设备条件等编制出主轴的工艺规程。编制工艺规程时应着重考虑主要表面(如支承轴颈、锥孔、短锥面及端面等)和加工比较困难的表面(如深孔)的工艺措施，正确选择定位基准，合理安排工序。表 8-7 为单件小批生产 CA6140 型卧式车床主轴的加工工艺过程。

表 8-7　CA6140 型卧式车床主轴单件小批生产加工工艺过程

序号	工序内容	定位基准	设备
1	自由锻毛坯		
2	正火		
3	划两端面加工线(总长 870mm)		
4	铣两端面(按划线找正)	外圆	端面铣床
5	划两端中心孔的位置		
6	钻两端中心孔(按划线找正中心)	外圆	卧式车床
7	粗车外圆	中心孔	卧式车床
8	调质		
9	车大头外圆、端面及台阶，调头车小头各部外圆	中心孔顶一端，夹另一端	卧式车床
10	钻 ϕ48mm 通孔(用加长麻花钻加工)	夹一端，托另一端支承轴颈	卧式车床
11	车大头锥孔、外短锥及端面(配 Morse No. 6 锥堵)，调头车小头孔(配 1:12 锥堵)	夹一端，托另一端支承轴颈	卧式车床
12	划大头端面各孔		
13	钻大头端面孔及攻螺纹(按划线找正)		
14	表面淬火		
15	精车外圆并车槽	中心孔顶一端夹另一端	卧式车床
16	精磨 ϕ75h5、ϕ90g5、ϕ100h6 外圆	两锥堵中心孔	外圆磨床

（续）

序号	工 序 内 容	定 位 基 准	设　备
17	磨小头内锥孔（重配 1∶12 锥堵），调头粗磨大头锥孔（重配 Morse No. 6 锥堵）	夹一端，托另一端支承轴颈	内圆磨床
18	粗、精铣花键	两锥堵中心孔	卧式铣床
19	铣 12f 9 键槽	φ80h5 车 M115 × 1.5 处外圆	万能铣床
20	车大头内侧、车三处螺纹（配螺母）	两锥堵中心孔	卧式车床
21	精磨各外圆及两端面	两锥堵中心孔	外圆磨床
22	粗磨两处 1∶12 外锥面	两锥堵中心孔	外圆磨床
23	精磨两处 1∶12 外锥面、*D* 端面及短锥面 *C*	两锥堵中心孔	外圆磨床
24	精磨 Morse No. 6 内锥孔	夹小头托大头支承轴颈	锥孔磨床
25	按图样要求全部检验		

三、加工工艺过程分析

1. 毛坯的选择

主轴是机床的重要零件，其加工质量直接影响机床的工作精度和使用寿命。主轴结构为多台阶空心轴，外圆直径的尺寸差别很大。因此，使用锻造毛坯不仅能改善和提高主轴的力学性能，而且可以节省材料，减少切削工作量。本例主轴加工为单件小批量生产，因此采用自由锻造毛坯。

2. 定位基准的确定

主轴主要表面的加工顺序，在很大程度上取决于定位基准的选择。主轴加工时一般多以外圆为粗基准，以轴两端的中心孔（顶尖孔）为精基准。

1）粗车时，切削力大，采用“一夹一顶”，即用外圆表面和一端中心孔作定位基准。

2）在通孔加工后，原来的顶尖孔消失，为了仍能用顶尖孔定位，采用带顶尖孔的锥堵或锥套心轴作为定位基准。图 8-32 所示为锥堵和锥套心轴的结构。

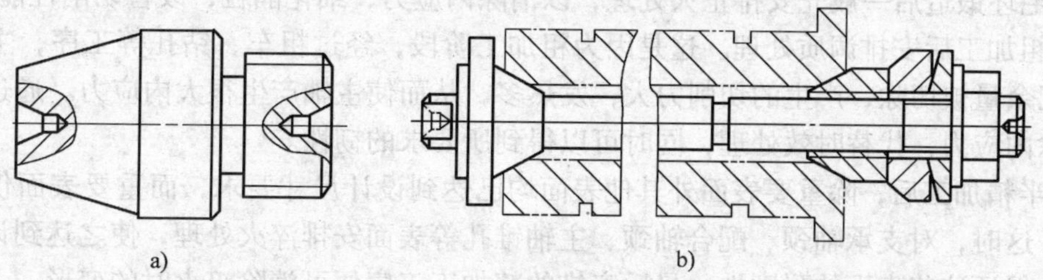

图 8-32　锥堵与锥套心轴

a）锥堵　b）锥套心轴

当主轴孔的锥度较大（如铣床主轴）时，可用锥套心轴；当主轴锥孔的锥度较小（如 CA6140 机床主轴）时，可采用锥堵。

必须注意，使用的锥套心轴和锥堵应具有较高的精度并尽量减少其安装次数。锥堵和锥套心轴上的中心孔既是其本身制造的定位基准，又是主轴外圆精加工的基准，因此，必须保证锥堵或锥套心轴上的锥面与中心孔有较高的同轴度。若为中小批生产，工件在锥堵上安装后一般中途不更换。若外圆和锥孔需反复多次互为基准进行加工，则在重装锥堵或心轴时，必须按外圆找正或重新修磨中心孔。

3. 加工阶段和工序的安排

加工顺序的安排是依据“基面先行、先粗后精、先主后次”的原则进行。对主轴零件一般是在准备好中心孔后，先加工外圆，再加工内孔，并注意粗、精加工分开进行。

在CA6140型卧式车床主轴加工工艺中，粗加工、半精加工及精加工阶段的划分大体以热处理为界。调质处理前为粗加工，淬火处理前为半精加工，淬火后为精加工。这样把各阶段分开后，保证了主要表面的精加工最后进行，不致因其他表面加工时产生的应力影响到主要表面的精度。在安排工序顺序时，还应注意以下几点：

1）外圆加工顺序安排要照顾主轴本身的刚度，先加工大直径后再加工小直径，以免一开始就降低主轴刚度。

2）就基准统一而言，希望始终以顶尖孔定位，避免使用锥堵，因此，深孔加工应安排在最后。但深孔加工是粗加工工序，要切除大量金属，加工过程中会引起主轴变形，所以本例中把深孔加工安排在粗车外圆之后。

3）花键和键槽加工应安排在精车之后、粗磨之前。若在精车之前就铣出键槽，将会造成断续车削，既影响质量又易损坏刀具，而且也难以控制键槽的尺寸精度。但这些表面也不宜安排在主要表面最终加工工序之后进行，以防在反复运输中，碰伤主要表面。

4）因主轴的螺纹对支承轴颈有一定的同轴度要求，故在淬火之后的精加工阶段加工螺纹，以免受半精加工所产生的应力以及热处理变形的影响。

5）主轴是加工要求很高的零件，需安排多次检验工序。一般安排在各加工阶段前后，以及重要工序前后和花费工时较多的工序前后，总检验放在最后。必要时还应安排探伤工序。

4. 热处理工序的安排

在主轴加工的整个工艺过程中，应安排足够的热处理工序，以保证其力学性能和加工精度要求，并改善工件切削加工性能。

1）毛坯锻造后一般先安排正火处理，以消除内应力，细化晶粒，改善切削性能。

2）粗加工后安排调质处理。这是因为粗加工阶段，经过粗车、钻孔等工序，主轴的大部分加工余量被切除，产生的切削力大，发热多，从而使主轴产生很大内应力。通过调质处理可消除内应力，代替时效处理，同时可以得到所要求的韧性。

3）半精加工后，除重要表面外其他表面均已达到设计尺寸要求，而重要表面仅剩精加工余量，这时，对支承轴颈、配合轴颈、主轴锥孔等表面安排淬火处理，使之达到设计的硬度要求，保证这些表面的耐磨性。最后安排的精加工工序便可消除淬火时的变形。

5. 主轴深孔的加工

一般把长度与直径之比大于5的孔称为深孔。深孔加工因刀具细而长，刚性差，钻头易引偏，加之排屑困难、冷却困难、钻头散热条件差等原因，使得它比一般的孔更难加工。

在单件小批量生产中，深孔加工一般是在卧式车床上用接长的麻花钻加工（如本例）。在加工过程中需多次退出钻头，以便排出切屑和冷却工件及钻头。在批量生产时，采用深孔钻床及深孔钻头，可获得较好的加工质量并有较高的生产率。钻出的深孔一般都要经过精加工才能达到要求的精度和表面粗糙度。精加工深孔方法主要是镗削和铰削。由于刀具细长，目前多采用拉镗和拉铰方法，使刀杆只受拉力而不受压力。这些加工一般也在深孔钻床上进行。

6. 主轴顶尖孔的修磨

因热处理、切削力、重力等影响，常常会损坏顶尖孔的精度，因此，在热处理工序之后和磨削加工之前，对顶尖孔要进行修磨，以消除误差。常用的顶尖孔修磨方法有以下三种：在车床或钻床上用铸铁顶尖研磨；在车床上先用金刚石钻修整顶尖形状，再用油石或橡胶砂轮夹持在车床卡盘上研磨；用硬质合金顶尖刮研。

7. 主轴外圆表面的车削加工

车削主轴各外圆表面时，通常分为粗车、半精车、精车三个步骤。粗车的目的是切除大部分余量；半精车是修整预备热处理后的变形；精车则进一步使主轴在磨削加工前各表面具有一定的同轴度和合理的磨削余量。因此，提高生产率是车外圆表面时的主要问题之一。

在不同的生产条件下采用不同的机械设备进行外圆车削。单件小批量生产时，采用卧式车床；成批生产时，多采用带有液压仿形刀架的车床或液压仿形车床；大批大量生产则采用液压仿形车床或多刀半自动车床。

本章小结

1. 轴类零件是机器中应用广泛的一种零件，用于支承传动零件，并传递转矩和承受载荷。轴类零件的精度、材料以及热处理对于整台机器的性能、使用寿命有很大的影响。

2. 细长轴刚性很差，车削时装夹不当，很容易因切削力及重力的作用而发生弯曲变形，产生振动，从而影响加工精度和表面粗糙度。加工时常使用跟刀架和中心架，或采用“反向进给法”提高其加工精度。

3. 轴类零件加工时最常用的定位基准是中心孔。作为主要精基准的中心孔必须有足够高的精度和足够的支承力，并在加工过程中始终保持洁净。

4. 粗加工轴类零件的外圆表面时，应先加工大直径外圆，再加工小直径外圆，以免因直径差距增大而使小直径处的刚度下降，成为极易引起弯曲变形和振动的薄弱环节。轴上的花键、键槽、螺纹等表面的加工，一般都安排在外圆半精加工以后、精加工以前进行。

5. CA6140 型卧式车床是加工工艺范围很广的万能性车床，适用于加工各种轴类、套类和盘类零件上的回转表面。在单件、小批量生产场合及工具车间、修配车间被广泛使用。

6. 最基本的外圆磨削加工方法包括纵向磨削法和横向磨削法。

7. 砂轮是磨削加工工具，其特性主要包括磨料、粒度、硬度、结合剂、组织和形状尺寸。圆钝的磨粒会从砂轮表面脱落，露出一层新鲜锋利的磨粒，继续进行磨削，砂轮这种自行保持其自身锋锐的性能，称为砂轮的“自锐性”。砂轮“自锐”作用是其他切削刀具所没有的。

8. 精密加工是加工精度和表面质量达到很高程度的加工工艺。外圆表面的精密加工主要有研磨加工、超精加工和滚压加工。研磨加工有手工研磨和机械研磨两种；超精加工是以恒定压力和复杂运对工件进行微量切削的精密加工方法；滚压加工是以压力使工件塑性变形，减小工件表面粗糙度的加工方法。

思考题与习题

8-1 对轴类零件的技术要求有哪些？编制轴类零件的工艺过程时要考虑哪些因素？

8-2 车床主轴毛坯常用的材料有哪几种？对于不同的毛坯材料在加工各个阶段应如何安排热处理工序？这些热处理工序起什么作用？

8-3 顶尖孔在主轴加工过程中起什么作用？为什么要对顶尖孔进行修磨？

8-4 提高外圆表面车削生产率的主要措施有哪些？

8-5 磨削与其他切削加工相比较有何特点？为什么磨削能获得很高的尺寸精度和较小的表面粗糙度？

8-6 砂轮的特性参数包括哪些？应怎么选择？

8-7 磨削外圆常用的方法有哪些？如何选用？

8-8 砂轮在磨削过程中有自锐性，为什么还需要修整？

8-9 无心磨削有何特点？无心磨削时如何提高工件的圆度？

8-10 说明研磨为什么不能提高孔与其他表面的位置精度？

8-11 M1432A 机床工件头架主轴在工作时是否转动？为什么？

8-12 主轴加工时，采用哪些表面为粗基准和精基准？为什么？安排主轴加工顺序时，应注意哪些问题？

第九章　箱体类零件的加工

【要点和目的】

箱体类零件的加工工艺比较复杂，其加工的主要表面是平面和孔系面。本章主要讲述箱体类零件的结构特点及结构工艺性分析、平面和孔的各种加工工艺方法及其工艺装备。

通过学习，了解箱体类零件的功用、结构特点及毛坯制作方法；掌握箱体类零件的结构工艺性及加工时的主要工艺问题；熟悉平面和孔的各种加工方法、特点、应用范围及其工艺装备等。

第一节　概　　述

一、箱体类零件的功用和结构特点

箱体类零件是各类机器的基础零件，它将机器和部件中的轴、套、齿轮等有关零件连接成一个整体，并保持正确的相互位置，以传递转矩或改变转速来完成规定的运动。因此，箱体类零件的加工质量直接影响机器的工作精度、使用性能和寿命。

箱体类零件的种类很多，按其功用不同，可分为主轴箱、变速箱、操纵箱、进给箱等，图 9-1 所示为几种常见箱体类零件的结构简图。由图可知，箱体类零件尽管形状各异、尺寸不一，但其结构上均有以下主要特点。

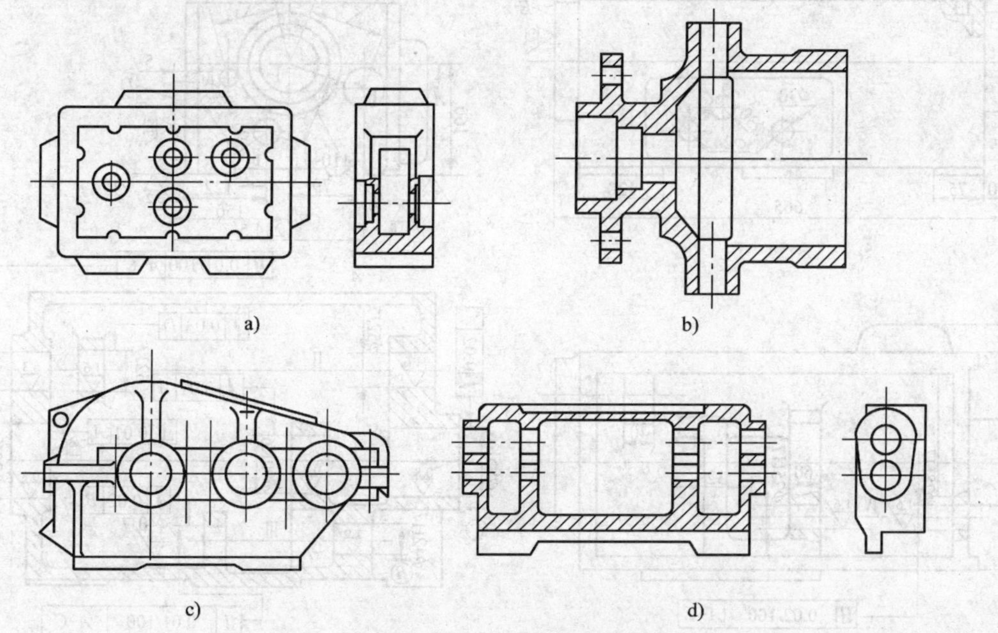

图 9-1　几种常见的箱体类零件结构简图

a）组合机床主轴箱　b）泵壳　c）减速器箱　d）车床进给箱

1. 结构复杂

箱体通常作为装配的基础件，在它上面安装的零件或部件愈多，箱体的形状愈复杂，因为安装时要有定位面、定位孔，还要有固定用的螺钉孔等；为了支承零部件，需要有足够的刚度，为此其结构常采用较复杂的截面形状和加强肋等；为了储存润滑油，需要具有一定形状的空腔；另外，还要有观察孔、放油孔，以及考虑吊装搬运方便而设置的吊钩、凸耳等。

2. 体积较大

箱体内要安装和容纳有关零部件，因此它必须有足够大的内腔体积。

3. 壁薄易变形

为了减轻箱体的质量，结构设计上多为薄壁结构。因此，在铸造、焊接和切削加工过程中往往会产生较大内应力，引起箱体变形，即使在搬运过程中，因方法不当也会引起其变形。

4. 有精度要求较高的平面和孔系

箱体类零件结构上有装配基准面、安装轴承的支承孔系。它们在尺寸精度、形状和位置精度等方面都有较高要求，且要求表面粗糙度值较小，这些会直接影响箱体的装配精度及使用性能。

一般来说，箱体类零件不但需要加工的部位多，而且加工难度也较大。箱体类零件的主要加工表面为平面和孔。

二、箱体类零件的技术要求

箱体类零件中机床主轴箱的精度要求较高，结构复杂，具有代表性。下面以图9-2所示某车床主轴箱为例，分析归纳出箱体类零件精度要求。

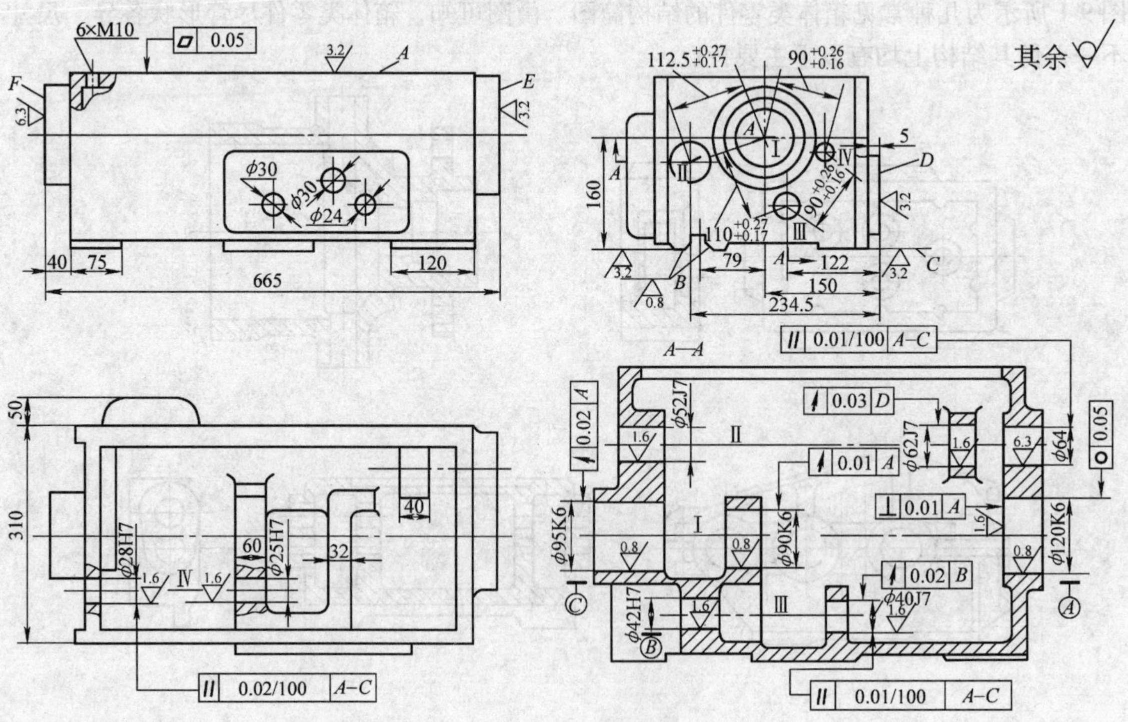

图9-2 车床主轴箱简图

1. 孔径精度

支承孔的直径尺寸误差和几何形状误差会造成轴承与孔的配合不良。孔径过大，不但降低了支承刚度，且易产生振动和噪声；孔径过小，会使配合过紧，轴承将因外圈变形而不能正常运转。若装轴承的孔不圆，也会使轴承外圈变形引起主轴径向圆跳动。

因此，箱体类零件对支承孔的精度要求是很高的。通常主轴孔的尺寸公差等级为 IT6，其余孔为 IT6 ~ IT7。孔的几何形状精度未作规定的，一般控制在尺寸公差范围内。

2. 孔和孔的位置精度

同一轴线上各孔的同轴度误差和孔端面对轴线的垂直度误差，会使轴和轴承装配到箱体内出现歪斜，从而造成主轴径向跳动和轴向窜动，也加剧了轴承磨损。孔系之间的平行度误差，会影响齿轮的啮合质量。一般同轴上各孔的同轴度公差约为最小孔尺寸公差的一半。

3. 孔和平面的位置精度

一般都要规定主要孔和主轴箱安装基面的平行度要求，它们决定了主轴和床身导轨的相互位置关系。这项精度是在总装时通过刮研来达到的。为减少刮研工作量，一般都要规定主轴轴线对安装基面的平行度公差。在垂直和水平两个方向上，只允许主轴前端向上和向前偏。

4. 主要平面的精度

装配基面的平面度误差影响主轴箱与床身连接时的接触刚度，并且加工过程中常以此作定位基面，因而它也会影响孔的加工精度。所以，通常规定其底面和导向面必须平直和相互垂直。主轴箱顶面的平面度要求是为了保证箱盖的密封性，防止工作时润滑油泄出。通常这些平面度、垂直度公差等级为 5 级。

5. 表面粗糙度

重要孔和主要平面的粗糙度会影响联接面的配合性质或接触刚度，其具体要求一般用 R_a 值来评价。通常主轴孔面的 R_a 值为 0.4μm，其他各纵向孔 R_a 值为 1.6μm，孔的内端面 R_a 值为 3.2μm，装配基面和定位基面 R_a 值为 2.5 ~ 0.63μm，其他平面的 R_a 值为 10 ~ 2.5μm。

三、箱体零件的材料和毛坯

1. 箱体零件的材料

箱体材料一般选用 HT200 ~ 400 的各种牌号的灰铸铁，最常用的为 HT200。这是因为灰铸铁不仅成本低，而且具有较高的耐磨性、可铸性、可切削性和阻尼特性。对一些要求较高的箱体，如镗床的主轴箱、坐标镗床的箱体，可采用耐磨合金铸铁、高磷铸铁，以提高铸件质量。对负荷大的主轴箱也可采用铸钢件。

2. 毛坯制造方法

箱体毛坯制造方法有两种，一种是铸造，另一种是焊接。

1）对于金属切削机床的箱体，由于形状较为复杂，而铸铁具有成形容易、可加工性良好且吸振性好、成本低等优点，所以一般都采用铸造。

2）对于动力机械中的某些箱体及减速器壳体等，除要求结构紧凑、形状复杂外，还要求体积小、质量轻等特点，所以可采用铝合金压铸。压力铸造毛坯因制造质量好，不易产生缩孔而得到广泛应用。

3）对于承受重载和冲击的工程机械、锻压机床的一些箱体，可采用铸钢或钢板焊接。

对某些简易箱体，为了缩短毛坯制造周期，也常常采用钢板焊接而成。但焊接件的残余应力较难消除干净。

毛坯的加工余量与生产批量、毛坯尺寸、结构、精度和铸造方法等因素有关。另外，在毛坯铸造时，应防止砂眼和气孔的产生，应使箱体零件的壁厚尽量均匀，以减少毛坯制造时产生的残余应力。

四、箱体类零件的结构工艺性

箱体类零件的结构工艺性对实现机械加工优质、高产、低成本具有重要意义。

1. 箱体的基本孔

箱体类零件上孔较多，一般分为通孔、阶梯孔、不通孔、交叉孔等几类。

1）通孔工艺性最好，通孔中又以孔长 L 与孔径 D 之比 $L/D \leqslant 1 \sim 1.5$ 的短圆柱孔工艺性为最好，而 $L/D > 5$ 的深孔工艺性最差。

2）阶梯孔的工艺性与“孔径比”有关。孔径相差越小则工艺性越好；孔径相差越大，且其中最小的孔径又很小，则工艺性越差。

3）相贯通的交叉孔的工艺性较差，如图 9-3a 所示的 $\phi100^{+0.035}_{0}$ mm 孔与 $\phi70^{+0.03}_{0}$ mm 孔贯通相交，在加工主轴孔时，刀具走到贯通部分时，由于刀具径向受力不均，孔的轴线就会偏移。为此可采取如图 9-3b 所示，$\phi70$mm 孔不铸通，加工 $\phi100^{+0.035}_{0}$ mm 主孔后再加工 $\phi65$mm 孔即可。

4）不通孔的工艺性最差，因为在精铰或精镗不通孔时，刀具送进后难以控制，加工情况不便于观察。此外，不通孔的内端面的加工也特别困难，故应尽量避免。

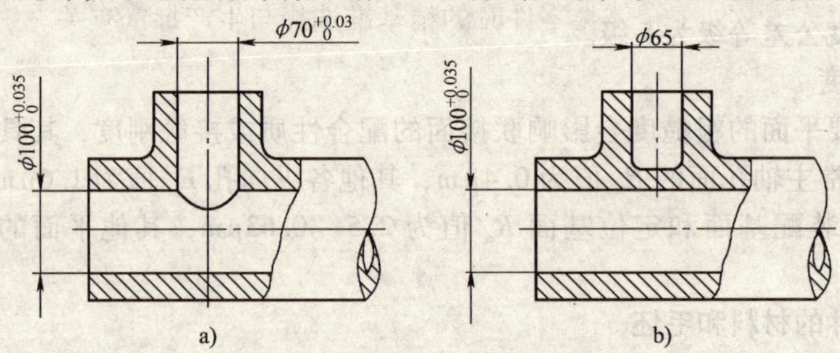

图 9-3 交叉孔的工艺性
a）交叉孔 b）交叉孔毛坯

2. 箱体上孔系布置

同一轴线上孔径大小向一个方向递减，便于镗孔时镗杆从一端伸入，逐个加工或同时加工同轴线上几个孔，以保证较高的同轴度和生产率。单件小批量生产时一般采用这种分布形式，如图 9-4a 所示。

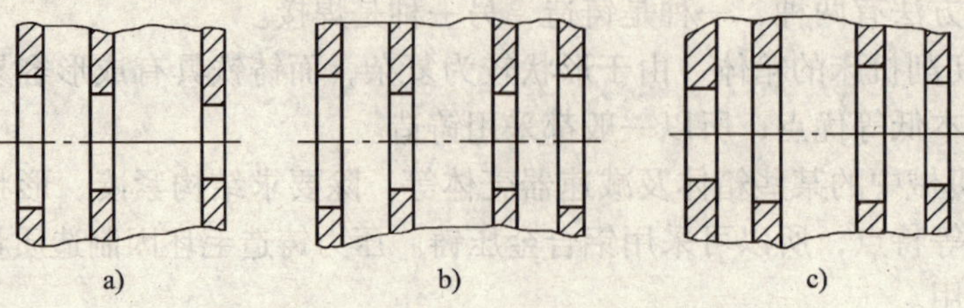

图 9-4 同轴孔径的排列方式

同孔径大小从两边向中间递减，加工时便于采用组合机床从两边同时加工，镗杆刚度好，适合大批量生产，如图9-4b所示。

同轴线上的孔，其直径的分布形式应尽量避免中间壁上的孔径大于外壁的孔径。因为加工这种孔时，要将刀杆伸进箱体后装刀和对刀，结构工艺性差，如图9-4c所示。

3. 箱体上平面及其他表面工艺要求

为便于加工、装配和检验，箱体的装配基面尺寸应尽量大，形状应尽量简单。箱体的外壁上凸台应尽可能在同一平面上（见图9-5），以便可在一次走刀中加工出来。

箱体上的紧固孔和螺纹孔的尺寸规格应尽量一致，以减少刀具数量和换刀次数。

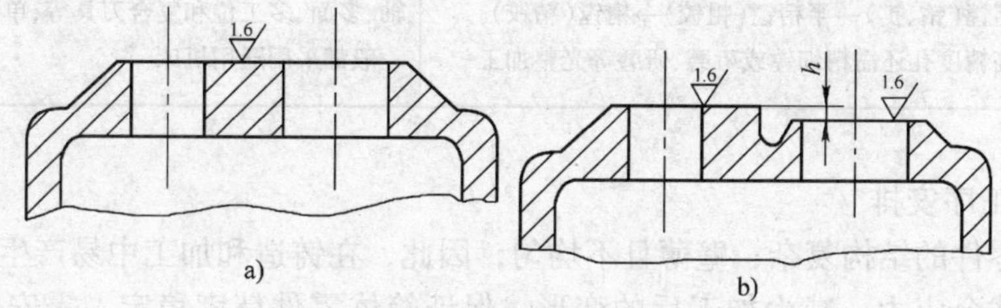

图9-5　孔外端面凸台的结构工艺性

a）工艺性好　b）工艺性差

五、箱体类零件加工的主要工艺问题

1. 定位基准的选择

（1）精基准的选择　加工箱体类零件时的精基准选择与生产批量有关。

单件小批生产时，用装配基准作为定位基准。机床床头箱的装配基准一般为箱体底面导轨面，而此导轨面既是床头箱的装配基准，又是主轴孔的设计基准，并与箱体的两端面、侧面以及各主要纵向支承轴承孔在位置上有直接联系，故符合基准重合原则，装夹误差小。

批量大时，采用顶面及两个销孔（一面两孔）作为定位基准。因加工时箱体口朝下，中间导向支承架可以紧固在夹具体上，提高了夹具刚度，有利于保证各支承孔加工的位置精度，而且工件装卸方便，减少了辅助时间，提高了生产效率。但因此时主轴箱顶面不是设计基准，故存在基准不重合误差。

（2）粗基准的选择　箱体类零件加工时的粗基准一般都选择重要孔（如主轴孔）。生产批量不同，粗加工时箱体的装夹方式也不同。通常，中小批量生产时，因毛坯精度低，一般采用划线找正；大批大量生产时，毛坯精度高，可直接以主轴孔定位，采用专用夹具装夹。

2. 加工顺序的安排

箱体类零件的加工一般均按“先面后孔”的顺序进行，即先加工面，再以加工好的平面定位加工孔。这是因为箱体类零件上孔的精度要求高，加工难度大，先以孔为粗基准加工好平面，再以平面为精基准加工孔，即能为孔的加工提供稳定可靠的精基准，同时可以使孔的加工余量较为均匀。另外，箱体类零件上的孔均布在零件的各个表面上，先加工好平面，钻孔时钻头不易引偏，扩孔或铰孔时刀具不易崩刃。

3. 加工阶段的划分

如前所述，箱体类零件的结构复杂、壁厚不均匀、刚性不好，而加工精度要求又高，因此，箱体类零件上重要加工表面都要划分粗、精两个加工阶段。一般箱体类零件主要平面和支承孔加工方法和工艺路线安排见表 9-1。

表 9-1 箱体类零件上平面和孔的加工工艺路线

加工面	工艺路线拟定方案	工艺装备使用
平　面	粗刨→精刨 粗刨→半精刨→磨削 粗铣→精铣或粗铣→磨削(可分粗磨和精磨)	生产批量大时,采用组合铣和组合磨来对零件各平面进行多刃、多面同时铣削或磨削。刨削多用于小批生产,铣削用于中批生产
支承孔	粗镗(扩)→精镗(铰) 粗镗(钻、扩)→半精镗(粗铰)→精镗(精铰) 高精度孔还需精细镗或珩磨、研磨等光整加工	加工孔系的批量较大时,可在组合机床上采用多轴、多面、多工位和复合刀具等;单件小批量生产时,一般都采用通用机床

4. 热处理工序安排

由于箱体零件的结构复杂，壁薄且不均匀，因此，在铸造和加工中易产生较大的残余应力。为了消除残余应力，减少加工后的变形，保证箱体零件精度稳定，需安排人工时效处理。

普通精度的箱体零件，一般在铸造之后安排一次人工时效处理。对一些高精度或形状特别复杂的箱体零件，在粗加工之后还要安排一次人工时效处理，以消除粗加工所造成的残余应力。有些精度要求不高的箱体零件毛坯，有时不安排时效处理，而是利用粗、精加工工序间的停放和运输时间，使之得到自然时效处理。

第二节 平面加工方法

平面是箱体类零件的主要加工表面，零件上常见的直槽、T 形槽、V 形槽、燕尾槽、平键槽等沟槽均可以看做是平面（有时也是曲面）的不同组合。常见的平面加工方法有刨削、铣削和磨削三种，对于大批量生产时也可以采用拉削加工。其中，刨削和铣削常用于平面的粗加工和半精加工，而磨削则用做平面的精加工。

一、铣削加工

1. 铣削加工特点和主要工作

铣削加工是目前应用最广泛的切削加工方法之一，它是在铣床上使用旋转多刃刀具（铣刀）对工件进行切削加工的方法。铣削主要适用于平面、台阶、沟槽、成形表面和切断等加工，它也是非回转体零件上平面、沟槽加工最基本的方法。

铣削加工时，铣刀的旋转是主运动，工件或铣刀沿坐标方向的直线运动或回转运动是进给运动。铣削加工的主要特点是用多刃刀具来进行切削，故铣削加工生产率高，加工范围广，加工精度较高。此外，还可以进行孔加工和分度等工作。铣削后平面的尺寸公差等级可达 IT9 ~ IT8，表面粗糙度 R_a 值可达 3.2 ~ 1.6μm。图 9-6 所示为铣削加工的主要内容。

2. 铣床的种类及结构特点

铣床的种类很多，主要有升降台式铣床、龙门铣床、工具铣床、数控铣床等。对于单件小批量生产的中小型零件，以卧式和立式升降台铣床最为常用。在切削加工中，铣床的工作量仅次于车床。

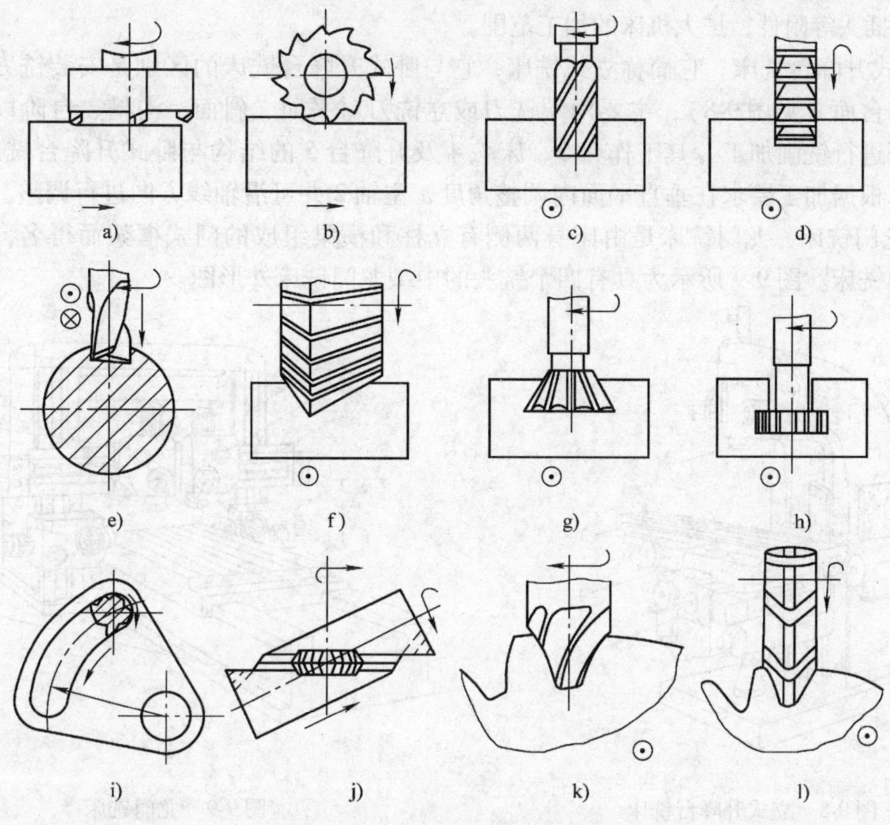

图9-6　铣削加工的主要内容

a）端铣平面　b）周铣平面　c）立铣刀铣直槽　d）三面刃铣刀铣直槽　e）铣槽刀铣键槽　f）铣角度槽　g）铣燕尾槽　h）铣T形槽　i）在圆形工作台上用立铣刀铣圆弧槽　j）铣螺旋槽　k）指状铣刀铣成形面　l）盘状铣刀铣成形面

（1）升降台式铣床　这种铣床的工作台安装在垂直升降台上，使工作台可在相互垂直的三个方向上调整位置或完成进给运动，升降台结构刚性差，工作台上不能安装过重的工件，故该类铣床只适宜于加工中小型工件。它有以下三种类型：

1）卧式升降台铣床。该铣床上安装铣刀刀杆的主轴水平布置（见图9-7），可用圆柱铣刀、盘铣刀、成形铣刀和组合铣刀等加工平面、具有直导线的曲面和各种沟槽。

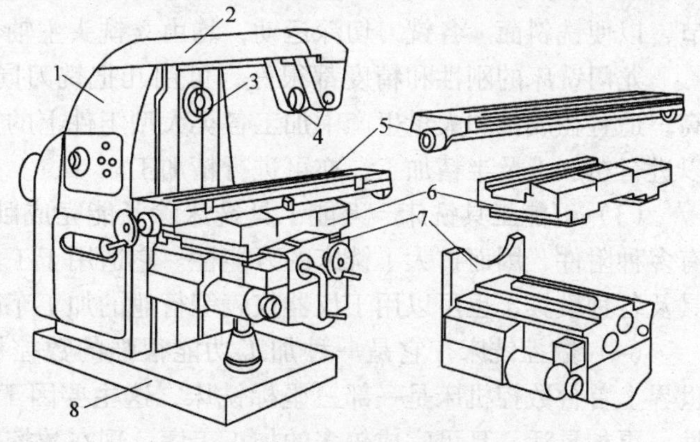

图9-7　卧式升降台铣床

1—床身　2—悬梁　3—主轴　4—刀杆支架　5—工作台　6—床鞍　7—升降台　8—底座

2）卧式万能升降台铣床。其结构与卧式升降台铣床基本相同，只是在工作台面上增加了回转盘（见图9-10），使工作台可绕回转盘轴线作±45°范围的偏转，改变工作台移动方向，从而可加工斜槽、螺旋槽等。此外，还可换用立式铣头、插头等附件，扩大机床的加工范围。

3）立式升降台铣床。它简称立式铣床，它与卧式升降台铣床的区别是安装铣刀的主轴垂直于工作台面（见图9-8），主要用端铣刀或立铣刀对平面、斜面、沟槽、台阶以及封闭轮廓表面等进行铣削加工。其工作台3、床鞍4及升降台5的结构与卧式升降台铣床相同。立铣头1可根据加工要求在垂直平面内调整角度，主轴2并可沿轴线方向进行调整。

（2）龙门铣床　龙门铣床是由床身两侧有立柱和横梁组成的门式框架而得名，属于大型高效通用铣床。图9-9所示为具有四个铣头的中型龙门铣床外形图。

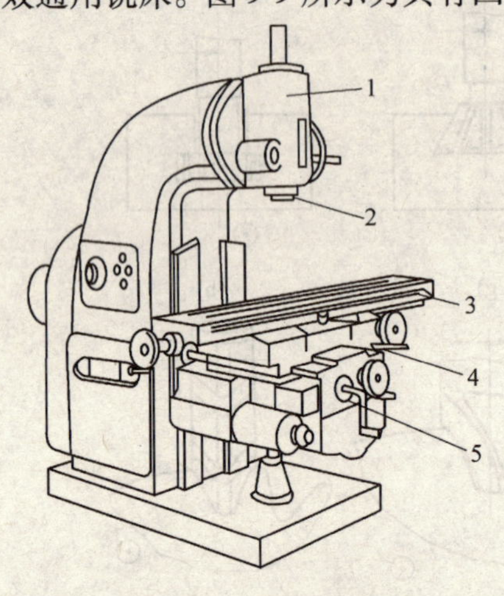

图9-8　立式升降台铣床

1—立铣头　2—主轴　3—工作台　4—床鞍　5—升降台

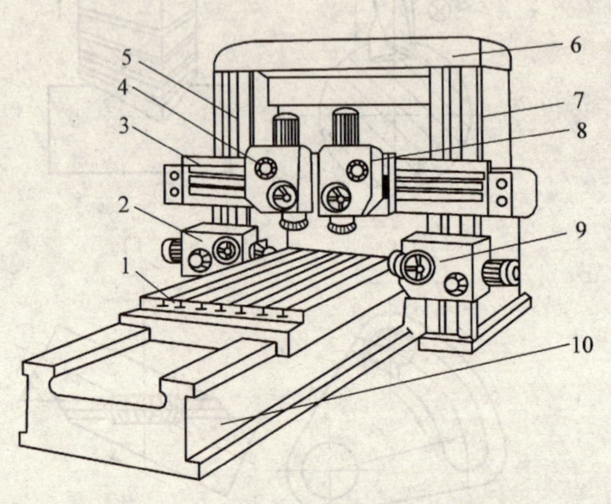

图9-9　龙门铣床

1—工作台　2、9—水平铣头　3—横梁　4、8—垂直铣头　5、7—立柱　6—顶梁　10—床身

加工时，工件固定在工作台1上作纵向进给运动，在立柱和横梁上都装有立铣头，每个铣头都是独立的部件，由各自电动机驱动主轴作主运动。横梁3上两个垂直铣头4及8，可在横梁上沿水平方向调整位置。横梁本身可沿立柱导轨调整在垂直方向上的位置。立柱上的两个水平铣头2及9则可沿垂直方向调整位置。有些龙门铣床上的立铣头主轴可以作倾斜调节，以便铣斜面。各铣刀切深运动，均由立铣头主轴套筒带动铣刀主轴沿轴向移动来实现。

龙门铣床的刚性和精度都很好，可用几把铣刀同时铣削，所以生产率和加工精度都较高，适宜在成批和大量生产中加工各类大型工件上的平面、沟槽等。另外，龙门铣床不仅可以进行粗加工及半精加工，亦可进行精加工。

（3）万能工具铣床　万能工具铣床除了能完成卧式铣床和立式铣床的加工外，并配备有多种附件，因而扩大了铣床的万能性。它适用于工具车间用来加工夹具零件、各种切削刀具及各种模具，也可以用于仪器仪表等行业的加工车间，加工形状复杂的零件。

（4）数控铣床　它是一种加工功能很强的数控机床，在数控加工中占据了重要地位。世界上首台数控机床是一部三坐标铣床，这主要因于铣床具有 X、Y、Z 三轴向可移动的特性，更加灵活，且可完成较多的加工工序。现在数控铣床已全面向多轴化发展。目前，迅速发展的加工中心和柔性制造单元也是在数控铣床和数控镗床的基础上产生的。

立式数控铣床适于加工箱体、箱盖、平面凸轮、形状复杂的平面或立体零件，以及模具的内、外型腔等。卧式数控铣床适于加工复杂的箱体类零件、泵体、阀体、壳体等。多坐标联动的卧式加工中心（即多工序自动换刀铣镗床）用于加工各种复杂的曲线、曲面、叶轮等。

3. 典型铣床结构及操作

X6132 型万能升降台铣床是目前应用很广的一种通用机床，其外观图如图 9-10 所示。

(1) 主要部件及其作用 X6132 型万能升降台铣床主要由以下几部分组成：

1) 床身。用来安装和连接铣床其他部件。床身正面有垂直导轨，可引导升降台上、下移动；床身顶部有燕尾形水平导轨，用以安装横梁，并按需要引导横梁水平移动；床身内部装有主轴和主轴变速机构。

2) 主轴。它是一根空心轴，其前端有锥度为 7:24 的圆锥孔，用以插入铣刀刀杆。电动机输出的回转运动和动力，经主轴变速机构驱动主轴连同铣刀一起回转，实现主运动。

3) 横梁。它可沿床身顶面的燕尾形导轨移动，按需要调节其伸出长度。横梁上可安装挂架，以支承刀杆的另一端。

4) 挂架。用以支承刀杆的另一端，增强铣刀杆的刚性。

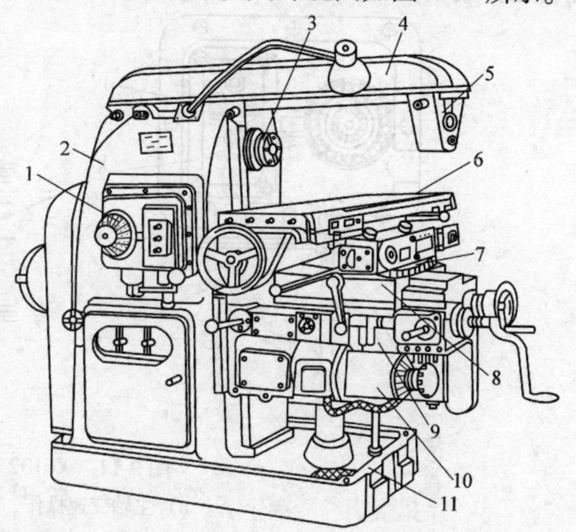

图 9-10 X6132 型卧式万能升降台铣床

1—主轴变速机构 2—床身 3—主轴 4—横梁 5—刀杆支承 6—工作台 7—回转盘 8—横向溜板 9—升降台 10—进给变速机构 11—底座

5) 工作台。用以安装工件和需用的铣床夹具。工作台可沿转盘上的导轨纵向移动，带动台面上的工件实现纵向进给运动。

6) 转盘。它可在横向溜板上转动，以便工作台能在水平面内斜置一个角度（±45°），来实现斜向进给。

7) 横向溜板。它位于升降台的水平导轨上，可带动工作台一起横向移动，实现横向进给。

8) 升降台。它可沿床身垂直导轨上、下移动，用以调整工作台的高低位置。升降台内部装有进给用的电动机和进给变速机构。

(2) 铣床运动及主要参数 主电动机的回转运动，经主轴变速机构传递到主轴，使主轴回转（主轴转速范围 30～1500r/min，共 18 级）作主运动。进给运动即工件的纵向、横向和垂直方向的移动。进给电动机的回转运动，经进给变速机构，分别传递给三个方向的进给丝杠，获得工作台的纵向运动、横向溜板的横向运动和升降台的垂直方向运动。

X6132 型万能升降台铣床工作台最大宽度尺寸（即主参数）为 320mm，工作台最大纵向行程为 700mm，横向溜板最大横向行程为 255mm，升降台最大升降行程为 320mm，工作台最大承重 500kg，主电动机功率为 7.5kW。

(3) 主要部件的操作方法

1) 主轴变速操作。如图 9-11a 所示，变速时，把变速手柄 3 向下压，再将手柄向外转出，然后转动转速盘 2 将所需的转速对准指示箭头 1，最后把变速手柄 3 向下压后推回到原位即可。变速时，为防止齿轮相碰，应待主轴停稳后再进行，严禁主轴转动时变速。

2）进给变速操作。如图 9-11b 所示，变换进给速度时，先用双手将蘑菇形手柄 1 向外拉出，再转动手柄，使转数盘 2 上所需的进给速度对准箭头 1，然后将手柄推回原位。允许在机床开动情况下变速，但在机床进给工作时不允许变速。

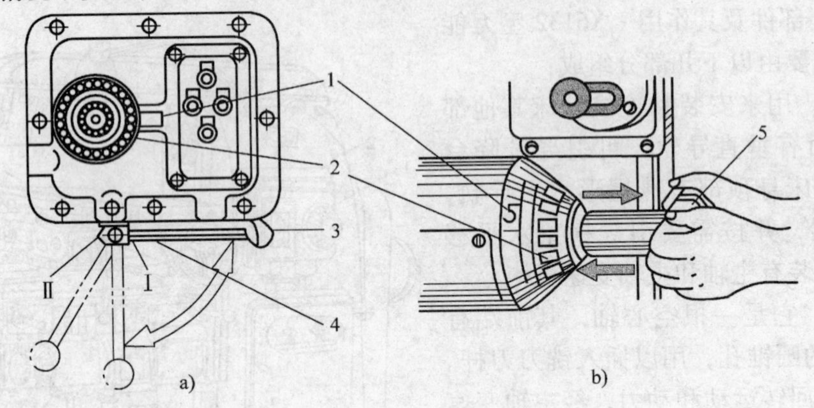

图 9-11 X6132 铣床变速操作

a）主轴变速操作 b）进给变速操作

1—指示箭头 2—转数盘 3—变速手柄 4—压块 5—蘑菇形手柄

3）工作台手动操作。工作台纵向、横向与垂直三个方向的手动进给，可分别通过三个手动进给手轮来实现。操作时，应轴向稍稍用力，以将手柄与进给丝杠接通。手动进给时，手轮每转一转，工作台进给 6mm；手轮每转一格，工作台进给 0.05mm。进给时，应注意进给丝杠与螺母之间的间隙。同时，进给完毕时应将手柄往外拉，使离合器与丝杠脱开，以防止快速移动时手柄转动伤人。

4）工作台机动操作。工作台纵向机动进给（见图 9-12a）手柄有左、中、右三个位置，其中，左、右位置实现纵向向左或向右机动进给，手柄在中间位置时纵向机动进给停止。工作台横向、垂直机动进给（见图 9-12b）由球铰式手柄操纵，共五个位置，分别表示向上、向下、向前、向后进给与停止。当手柄向上扳时，工作台向上进给，反之向下；当手柄向前扳时，工作台横向向里进给，反之向外；手柄在中间位置时，进给停止。

图 9-12 X6132 型铣床机动进给操作

a）纵向机动进给操作 b）横向、垂直机动进给操作

5）工作台紧固手柄操作。无论是手动、机动进给，为减少振动，保证加工精度，对暂时不使用的工作台进给方向上应予以紧固，工作完毕应松开。纵向工作台的紧固，可通过工作台侧面两个紧固螺钉来调整，用8mm内六角扳手插入螺钉孔中扳紧即可；横向工作台的紧固，由左、右各一个紧固手柄控制。紧固时，将手柄向下推；松开时，手柄向上提。升降工作台的紧固，只需将工作台垂直紧固手柄向下推即可，向上扳即松开。

4. 铣刀的种类和用途

铣刀是刀齿分布在旋转表面上或端面上的多刃刀具，由于参加切削的齿数多、切削刃长，并能采用较高的切削速度，故铣削生产率较高。但铣削是断续切削，刀齿切入和切出都会产生振动冲击，容屑和排屑条件差，刀具磨损较快，表面粗糙度值大。常见铣刀的种类及应用范围见表9-2。

表9-2　铣刀的种类及应用范围

铣刀种类	结构简图	特征说明	用途
圆柱铣刀	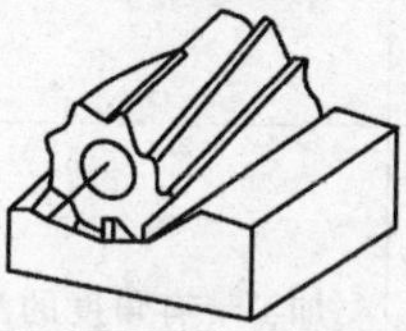	主要用高速钢制造，也可镶焊螺旋形硬质合金刀片；仅在圆柱面上有切削刃，没有副切削刃	主要用于卧式铣床上粗、精加工平面
面铣刀	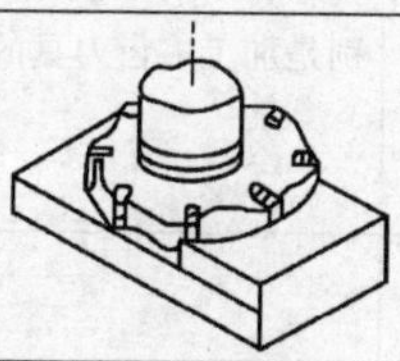	主要采用硬质合金刀齿，主切削刃分布在圆锥表面或圆柱表面上，端切削刃为副切削刃	粗、半精加工和精加工各种平面
槽铣刀	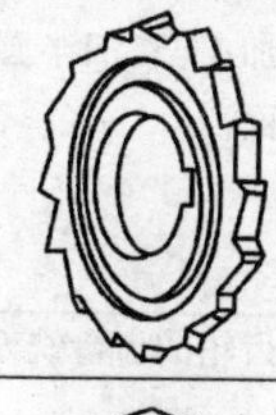	主切削刃在圆柱表面上，两侧端面也参加部分切削，为副切削刃	加工浅槽
两面刃铣刀	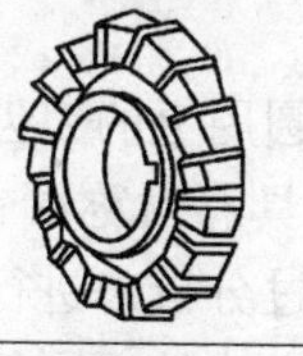	除圆柱表面有刀齿外，在一侧端面上也有刀齿	加工台阶面
三面刃铣刀	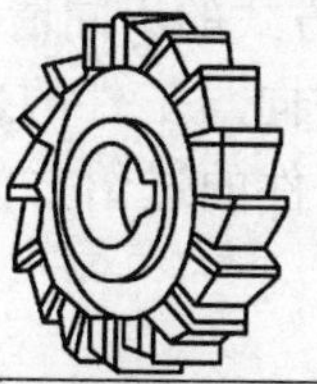	圆柱表面和两侧面上均有切削刃（圆柱刀刃担负主要切削工作）	主要用于卧式铣床上切槽和加工台阶面
锯片铣刀	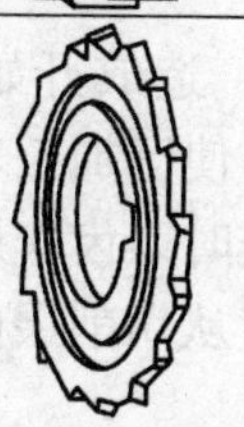	实际上是薄片的槽铣刀，只是齿数更多，对几何参数的合理性要求较高	主要用于卧式铣床上加工窄槽和切断工件

（续）

铣刀种类	结构简图	特征说明	用途
立铣刀	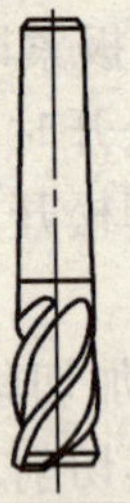	圆柱面上的刀刃是主切削刃，端面上是副切削刃；铣槽时槽宽有扩张，故应使铣刀直径比槽宽略小（0.1mm以内）	主要用于立式铣床上加工沟槽面，粗、半精加工平面、台阶面，加工各种模具表面
键槽铣刀		有两个刃瓣，可以轴向进给，然后沿键槽方向铣出键槽全长，重磨时只磨端刃	主要用来加工轴上的平键键槽、半圆键键槽，常用于立式铣床
角度铣刀	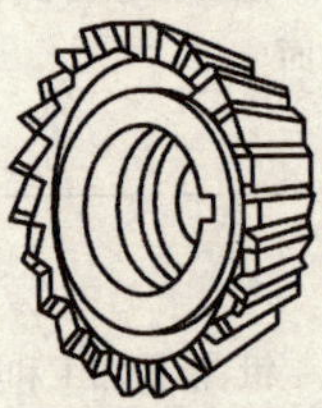	大小端直径相差悬殊较大时，会使小端刀齿过密，容屑空间小，故常在小端将刀齿间隔去掉，以增大容屑空间	加工带有角度的沟槽和小斜面，特别是加工多齿刀具的容屑槽
成形铣刀	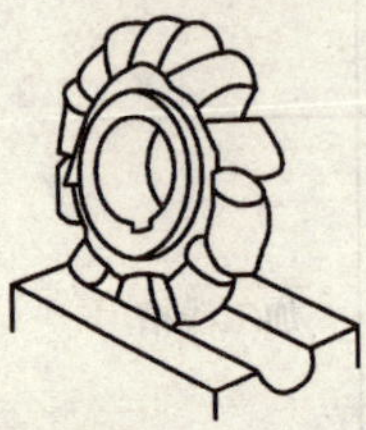	刀齿廓形根据被加工工件廓形确定	加工凸、凹半圆面、圆角，各种成形表面
另外，还有T形槽铣刀、燕尾槽铣刀、加工圆弧形状的半圆铣刀、加工齿轮的齿盘铣刀等			

5. 铣削加工方式

平面铣削有圆周铣和端铣两种方式。圆周铣是用圆柱铣刀圆周上的刀齿进行切削，有逆铣和顺铣两种方式。端铣是用端铣刀端面上的刀齿进行切削，具有对称端铣和不对称逆铣、不对称顺铣三种切削方式。对逆铣和顺铣两种方式的选择要通过分析来进行。现以采用圆柱铣刀，工作台作纵向进给进行平面铣削为例，说明这两种铣削方式的不同情况。

（1）逆铣和顺铣的概念　铣削时，铣刀旋转切入工件的方向与工件的进给方向相反时称为逆铣，如图9-13a所示；而铣刀旋转切入工件的方向与工件的进给方向一致则称为顺铣，如图9-13b所示。

（2）逆铣和顺铣的特点

逆铣时，切削厚度由零逐渐增大。铣刀刃口有一钝圆半径，造成开始切削时前角为负值，刀齿在工件过渡表面上要挤压、滑行一段后才能切入工件，使已加工表面产生严重冷硬层，加剧了刀齿的磨损，同时使工件表面粗糙不平。此外，逆铣时刀齿作用于工件的垂直分力朝上，有抬起工件的趋势，对工件夹紧是不利的。逆铣时刀齿从切削层内部开始工作，当工件表面有硬皮时，对刀齿没有直接影响。

顺铣时，刀齿的切削厚度从最大开始，避免了挤压、滑行现象，并且垂直分力朝下压向工作台，有利于工件的夹紧，可提高铣刀耐用度和加工表面质量。与逆铣相反，顺铣加工要求工件表面没有硬皮，否则刀齿很易磨损。

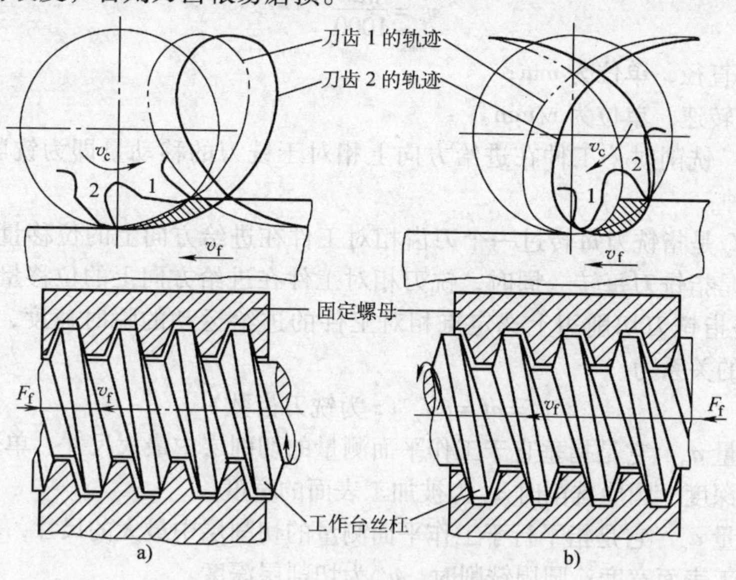

图 9-13　周铣的铣削方式

a）逆铣　b）顺铣

铣床工作台的纵向进给运动一般由丝杠和螺母来实现，螺母固定不动，丝杠转动并带动工作台一起移动。逆铣时，纵向进给力 F_f 与纵向进给方向 v_f 相反，丝杠与螺母间的传动面始终贴紧，故工作台进给速度均匀，铣削过程较平稳。而顺铣时，F_f 与 v_f 进给方向相同，本来是螺母螺纹表面推动丝杠（工作台）前进的运动形式，可能变成由铣刀带动工作台前进的运动形式，由于丝杠螺母间有间隙，且当 F_f 超过工作台摩擦力时，会使工作台带动丝杠窜动，造成进给不均，甚至还会打刀。因此，在不能消除螺纹间隙的铣床上，只能采用逆铣。但在铣削力小的精铣时，采用加大导轨摩擦力的方法，使摩擦阻力大于铣削进给分力，就可以采用顺铣。生产中，大多采用逆铣。

6. 铣削用量

铣削用量是由铣削速度 v_c、进给量 f、背吃刀量 a_p（又称铣削深度）和侧吃刀量 a_e（又称铣削宽度）四要素组成，如图 9-14 所示。

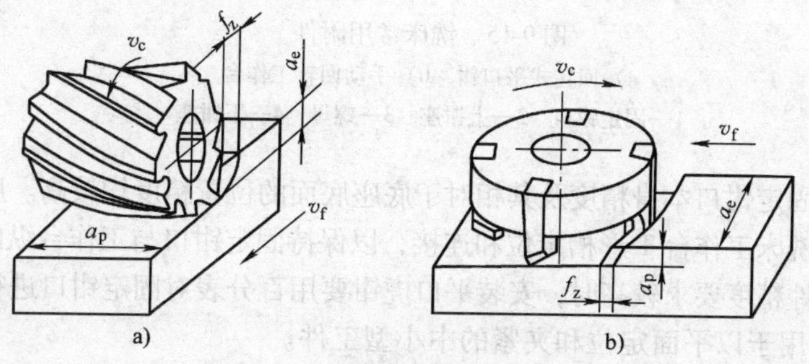

图 9-14　铣削用量

a）圆周铣削　b）端铣

（1）铣削速度 v_c　铣削速度是指铣刀切削刃上最大直径处的线速度，单位为 m/min（或 m/s），其计算公式为

$$v_c = \frac{\pi dn}{1000}$$

式中　d——铣刀直径，单位为 mm；

n——铣刀转速，单位为 r/min。

（2）进给量　铣削时，工件在进给方向上相对于铣刀的移动量即为铣削时的进给量。其表示形式有三种：

每齿进给量 f_z 是指铣刀每转过一个刀齿相对工件在进给方向上的位移量，单位为 mm/z。每转进给量 f 是指铣刀每转一周时，铣刀相对工件在进给方向上的位移量，单位为 mm/r。进给速度 v_f 是指铣刀切削刃上选定点相对工件的进给运动的瞬时速度，单位为（mm/min）。它们三者的关系为

$$v_f = nf = nzf_z \text{（}z\text{ 为铣刀齿数）}$$

（3）背吃刀量 a_p　它是指垂直于工作平面测量的切削层中最大尺寸，单位为 mm。端铣时，a_p 为切削层深度，圆周铣削时 a_p 为被加工表面的宽度。

（4）侧吃刀量 a_e　它是指平行于工作平面测量的切削层中最大的尺寸，单位为 mm。端铣时，a_e 为被加工表面宽度；圆周铣削时，a_e 为切削层深度。

7. 铣削加工附件

在铣床上配以相应的附件可扩大它的加工范围，提高工作效率。铣床常用的附件有平口钳、回转工作盘、立铣头、万能铣头及万能分度头等。

（1）平口钳　机用平口钳有固定式和回转式两种，二者结构基本相同，但回转式平口钳（见图 9-15a）底座设置有转盘，可绕其轴线在 360°范围内任意扳转。

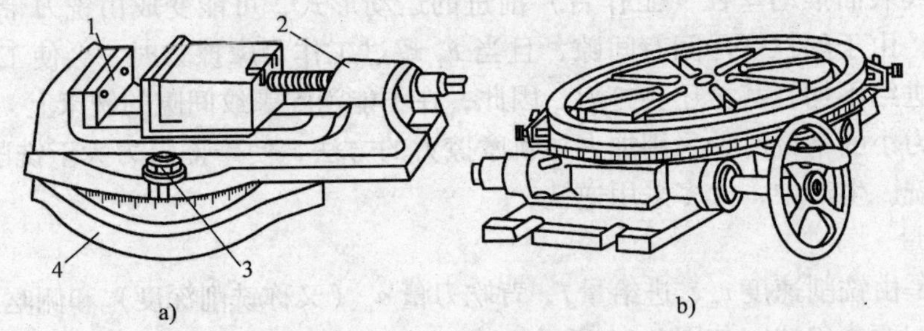

图 9-15　铣床常用附件

a）回转式平口钳　b）手动回转工作台

1—固定钳口　2—上钳座　3—螺母　4—下钳座

机用平口钳的固定钳口本身精度及其相对于底座底面的位置精度均较高。底座下面带有两个定位健，用于在铣床工作台 T 形槽定位和连接，以保持固定钳口与工作台纵向进给方向垂直或平行。当加工工件精度要求较高时，安装平口虎钳要用百分表对固定钳口进行校正。

机用平口钳适用于以平面定位和夹紧的中小型工件。

（2）回转工作台　它又称圆转台，分手动进给和机动进给两种，以手动进给式应用较多，如图 9-15b 所示。按工作台外圆直径不同，回转工作台有 200mm、250mm、320mm、

400mm、500mm 等规格。直径大于 250mm 的回转台均为机动进给式。机动式回转工作台的结构与手动式基本相同，主要差别在于其传动轴通过万向联轴器与铣床传动装置连接，实现机动回转。

回转工作台除了能带动安装在它上面的工件旋转外，还可完成分度工作。回转工作台主要用于中小型工件的分度和回转曲面的加工，如铣削工件上的圆弧形状、圆弧形槽、多边形工件，以及有分度要求的槽或孔等。

（3）立铣头　如图 9-16 所示，立铣头安装于卧式铣床主轴端，由铣床主轴以 1∶1 传动比驱动立铣头主轴回转，使卧式铣床起到立式铣床的功用，从而扩大了卧式铣床的工艺范围。立铣头的铣刀轴能在垂直平面内左、右偏转 90°，且其转速与铣床主轴相同。

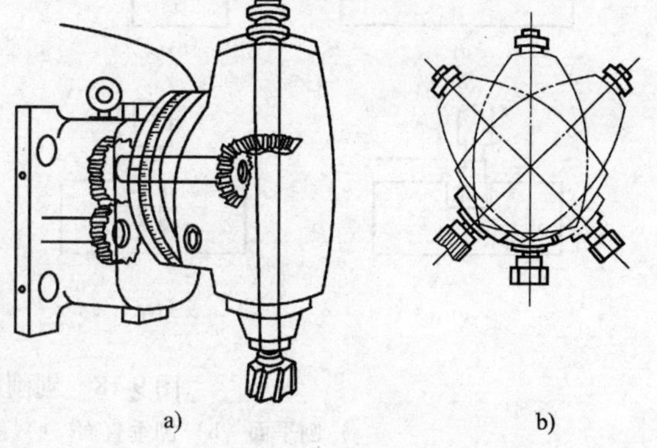

图 9-16　立铣头

万能铣头与立铣头的区别是增加了一个可转动的壳体，它与铣头壳体的轴线互成 90°的角度，因此，铣头主轴可以实现空间转动，从而实现各种方向的加工。

（4）万能分度头　万能分度头是铣床的重要精密附件，用于多边形工件、花键、齿式离合器、齿轮等的圆周分度和螺旋槽的加工。万能分度头的外形如图 9-17 所示。位于分度头前端的主轴 4 上有螺纹，可安装卡盘，主轴标准锥孔插入顶尖 3，用以装夹工件。转动手柄 1，可通过分度头内部的传动机构，带动主轴转动。手柄在分度盘 2 孔圈上转过的圈数与孔数，应根据工件所需的等分度要求，通过计算确定。万能分度头的主轴可随回转体 5 一起回转一定角度，以满足将工件倾斜一定角度并进行分度的需要。

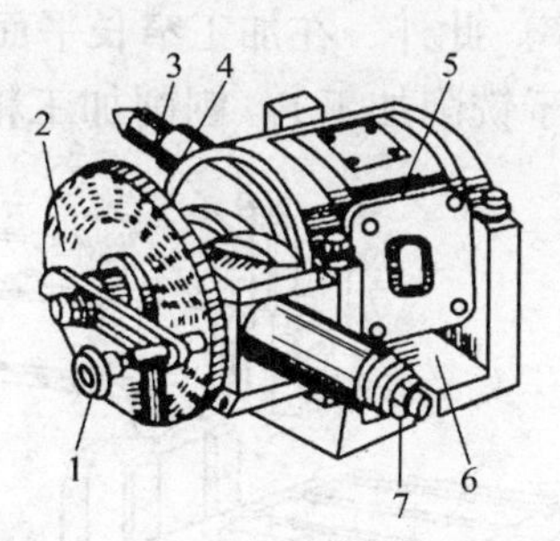

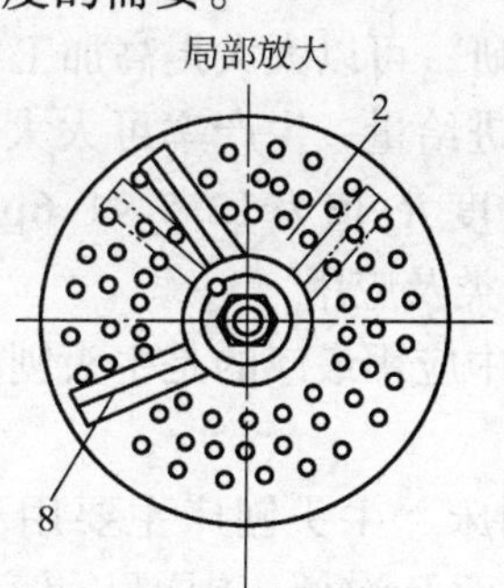

图 9-17　万能分度头

1—手柄　2—分度盘　3—顶尖　4—主轴　5—回转体　6—基座　7—侧轴　8—分度叉

二、刨削加工

1. 刨削加工特点和主要工作

刨削是平面加工的基本方法之一，它是在刨床上用刨刀对工件做直线往复运动的切削加工方法。刨削加工主要用于平面、沟槽、斜面和成形面等的加工。其主要工作如图 9-18 所示。

刨削加工的主运动是刨刀（或工件）所作的直线往复运动，进给运动是工件（或刀具）沿垂直于主运动方向所作的间歇运动。

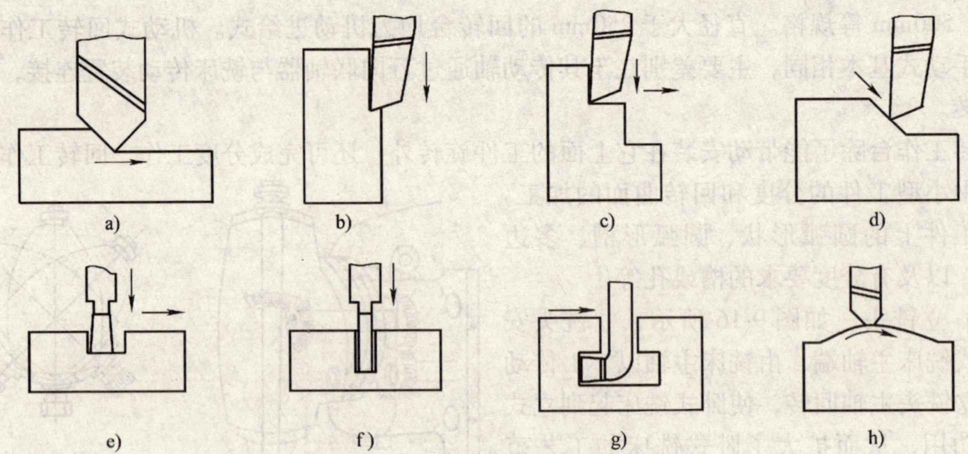

图 9-18　刨削加工的基本内容

a）刨平面　b）刨垂直面　c）刨台阶面　d）刨斜面　e）刨直槽　f）切断　g）刨 T 形槽　h）刨成形面

刨削加工是单程切削加工。刨刀前进时切下切屑的行程称为工作行程，返程时刀具不进行切削，称为空行程。为了避免损伤工件已加工表面和减缓刀具的磨损，返程时刨刀需抬起让刀。由于刨床的主运动在换向时会产生较大的惯性力，限制了主运动的速度不能太高，因此刨削加工生产率低。但刨床结构简单，万能性好，价格低廉，使用方便，加之刨刀为单刃刀具，其结构也简单，刃磨方便，故在单件小批量生产和维修中刨削加工仍然被广泛应用。因刨削是间歇切削，速度低，回程时刀具能得到冷却，所以刨削加工一般不加切削液。

刨削加工主要用于粗加工和半精加工，在精度高、刚性好的龙门刨床上，利用宽刃刨刀作细刨以代替刮研，可以大大提高加工精度和生产率。此外，在加工窄长平面时，采用宽刃刨刀，选用大的进给量，生产率可大大提高（不低于铣削加工）。刨削加工精度一般为 IT9 ~IT7，表面粗糙度 R_a 值为 12.5 ~1.6μm。

2. 刨床的种类及应用

刨床类机床中应用最广的是牛头刨床和龙门刨床。

（1）牛头刨床　牛头刨床主要用于加工中、小型工件表面及沟槽，刨削长度一般较短，适用于单件加工和小批量生产。因刨削加工过程中有冲击和振动，所以，刨削加工较难达到很高的加工精度。牛头刨床的外观及主要组成如图 9-19 所示。

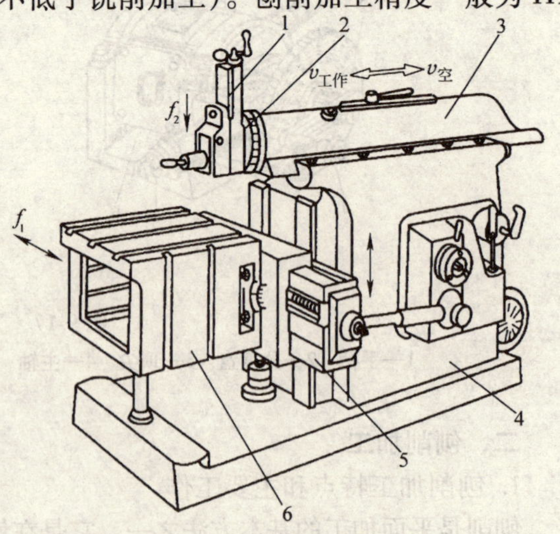

图 9-19　B6065 型牛头刨床

1—刀架　2—转盘　3—滑枕　4—床身　5—横梁　6—工作台

牛头刨床因滑枕 3 和刀架 1 形似牛头而得名。装有刀架 1 的滑枕 3 可沿床身导轨在水平方向做往复直线运动，使刀具实现主运动。工件可直接安装在工作台 6 上，也可安装在工作台上的夹具（如虎钳等）中。加工水平面时，工作台 6 带动工件沿横梁 5 做间歇的横向进给运动 f_1，横梁 5 能沿床身 4 的竖直导轨上、下移动，以适应不同工件的加工需要。刀架 1 可沿刀架座上的导轨上、下移动，以调整刨削深度。加工斜面时，可以调整转盘 2 的角度（可左右回转 60°），使刀架沿倾斜方向进给。当加工垂直平面时，用手动使刀架 1 做垂直方向的进给运动 f_2。床身 4 内装有曲柄摇杆机构和实现主运动变速机构。

（2）龙门刨床　龙门刨床主要用于加工大型或重型零件上的各种平面、沟槽和各种导轨面。工件的长度可达十几米甚至更长，也可在工作台上一次装夹多个中、小型零件进行多件加工，还可以用多把刨刀同时刨削，大大提高了生产率。大型龙门刨床往往还附有铣头和磨头等部件，以便使工件在一次装夹中完成刨、铣、磨等工作。龙门刨床与普通牛头刨床相比，其形体大，结构复杂，刚性好，行程大，加工精度也比较高。

图 9-20 为 B2010A 型龙门刨床的外形。工件装夹在工作台上，工作台沿床身的水平导轨带动工件作直线往复的主运动。床身 10 的两侧固定有左、右立柱 3 和 7，两立柱顶端用顶梁 4 连接，形成结构刚性较好的龙门框架。横梁 2 上装有两个垂直刀架 5 和 6，可沿横梁导轨作水平方向的进给运动。横梁 2 可沿左、右立柱的导轨上下移动，以调整垂直刀架的位置，加工时由夹紧机构夹紧在两个立柱上。左、右立柱上分别装有左、右侧刀架 1 和 8，可分别沿立柱导轨作垂直进给运动，以加工侧面。

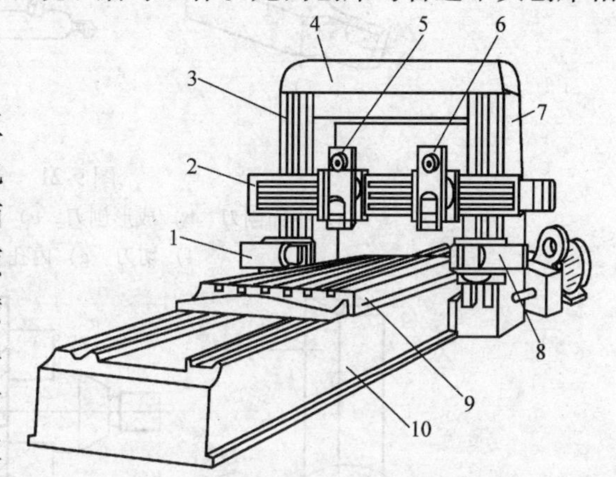

图 9-20　B2010A 型龙门刨床
1、8—侧刀架　2—横梁　3、7—立柱　4—顶梁
5、6—垂直刀架　9—工作台　10—床身

刨削加工时，返程不切削，为避免刀具碰伤工件表面，龙门刨床刀架夹持刀具的部分设有返程自动让刀装置，通常均为电磁式。

龙门刨床的主参数是最大刨削宽度。B2010A 型龙门刨床的最大刨削宽度为 1000mm。

3. 刨刀的种类、用途和结构特点

常用刨刀有平面刨刀、偏刀、角度偏刀、切刀、弯切刀、内孔刨刀、宽刃精刨刀和成形刨刀等，如图 9-21 所示。其中平面刨刀用于刨削水平面；偏刀用于刨削垂直面、台阶面和外斜面等；角度刨刀用于刨削燕尾槽；切刀用于切断和切槽；弯切刀用于刨削 T 形槽。

刨刀由刀头和刀杆两部分组成，如图 9-22a 示。刀头用于切削工件，刀杆固定在刀架上并支承刀头工作。刨刀刀杆的结构形式常见的有两种，如图 9-22b、c 所示。直头刨刀制造简单，但在切削力作用下易产生“啃刀”现象，从而损坏工件表面。弯头刨刀在切削时，刀杆能产生弯曲变形，使刀尖向后上方运动，避免了上述缺点，故得到了广泛的应用。

刨刀在工作时承受较大的冲击载荷，为了保证刀杆具有足够的强度和刚度，以及切削刃不致崩掉，刨刀的结构具有以下特点：

1）刀杆的端面尺寸比较大（即刀杆比较粗），一般为车刀刀杆的 1.25～1.5 倍。

2）刃倾角比较大，以保护刀尖和提高切削平稳性，如硬质合金面刨刀 λ_s 取 10°～30°。

3）在工艺系统刚性许可时，选择较大的刀尖圆弧半径和较小的主偏角。

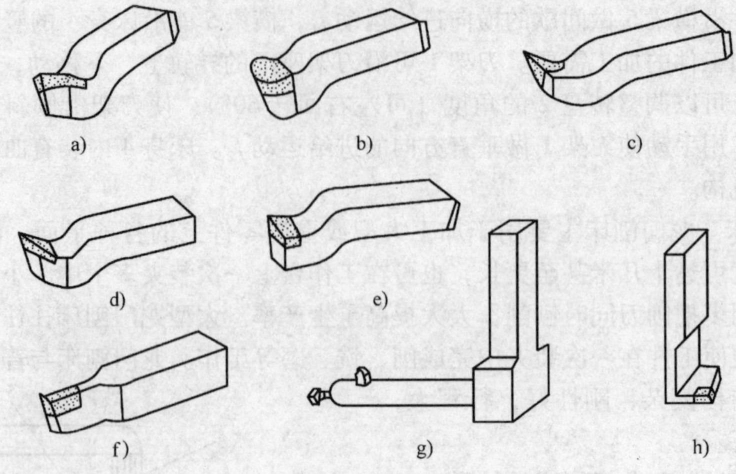

图 9-21 常用刨刀

a）平面刨刀 b）成形刨刀 c）角度偏刀 d）偏刀 e）宽刃刀

f）切刀 g）内孔刨刀 h）弯切刀

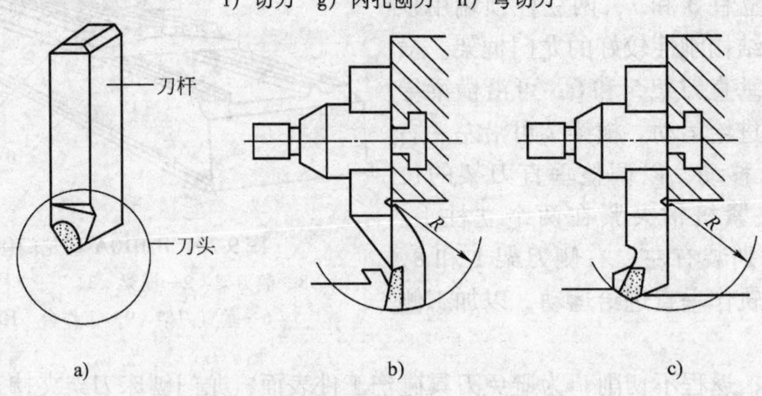

图 9-22 刨刀的结构及刀杆形状

a）结构组成 b）直头刨刀 c）弯头刨刀

三、平面磨削及其精密加工

1. 平面磨削工艺特点及应用

平面磨削主要在平面磨床上进行。平面磨削时，对于形状简单的铁磁性材料工件，采用电磁吸盘装夹工件，操作简单方便，能同时装夹多个工件，而且能保证定位面与加工面的平行度要求。对于形状复杂或非铁磁性材料的工件，可采用精密平口虎钳或专用夹具装夹，然后用电磁吸盘或真空吸盘吸牢。

平面磨削与其他磨削方法一样，加工后可获得高的加工精度、小的表面粗糙度值。所以，平面磨削是平面精加工的主要方法之一。平面磨削一般是在铣削、刨削的基础上进行，主要用于中小型零件高精度的表面及淬火钢等硬度较高的材料表面的加工。磨削后表面粗糙度 R_a 值为 0.8 ~ 0.2μm，两平面间的尺寸公差等级可达 IT6 ~ IT5，平面度精度可达 0.01 ~ 0.03mm/m。

2. 平面磨床及磨削方式

根据磨削方式和结构布局的不同，平面磨床主要有卧轴矩台式和卧轴圆台式、立轴圆台式和立轴矩台式4种类型，目前，生产中应用最广的是卧轴矩台和立轴矩台两种平面磨床。

平面磨床的磨削方式有圆周磨和端面磨两种，如图9-23所示。其中图9-23a、b所示的磨床是用砂轮周边进行磨削，砂轮主轴为水平布置（卧式）；图9-23c、d所示的磨床是用砂轮端面进行磨削，砂轮主轴为竖起旋转。

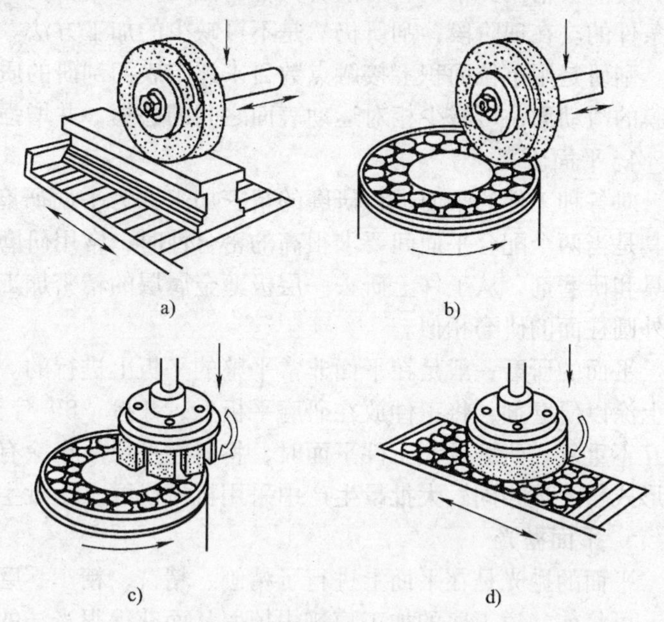

图9-23　平面磨床加工示意图

a）卧轴矩台平面磨床磨削　b）卧轴圆台平面磨床磨削
c）立轴矩台平面磨床磨削　d）立轴矩台平面磨床磨削

圆周磨时，砂轮与工件的接触面积小，磨削力小，磨削热小，排屑和冷却条件好，且砂轮磨损均匀，所以加工精度较高。但因砂轮主轴呈悬臂状态，刚性差，不能采用较大的磨削用量，生产效率低，故常用于精密和磨削较薄的工件。

端面磨时，砂轮与工件的接触面积大，同时参加磨削的磨粒多，另外磨床工作时主轴受压力，刚性较好，允许采用较大的磨削用量，故生产率高。但是，在磨削过程中，磨削力大，磨削热多，冷却条件差，排屑不畅，造成工件的热变形较大，且砂轮端面沿径向各点的线速度不等，使砂轮磨损不均匀。所以这种磨削方式的加工精度不高，故多用于粗磨。

图9-24所示为卧轴矩台平面磨床外形图。其砂轮主轴通常是用内连式异步电动机带动的。往往电动机轴就是主轴，电动机的定子就装在砂轮架3的壳体内。砂轮架3可沿滑座4的燕尾导轨做间歇的横向进给运动（手动或液动）。滑座4和砂轮架3一起可沿立柱5的导轨间歇的竖起切入运动（手动）。工作台2沿床身1的纵向往复运动（液压传动）。工件用电磁吸盘式夹具装夹在工作台2上。该磨床除了用砂轮的周边磨削水平面外，还可用砂轮的端面磨削沟槽、台阶等垂直侧平面，故特别适用于多品种生产的机械加工、维修和工具车间等。

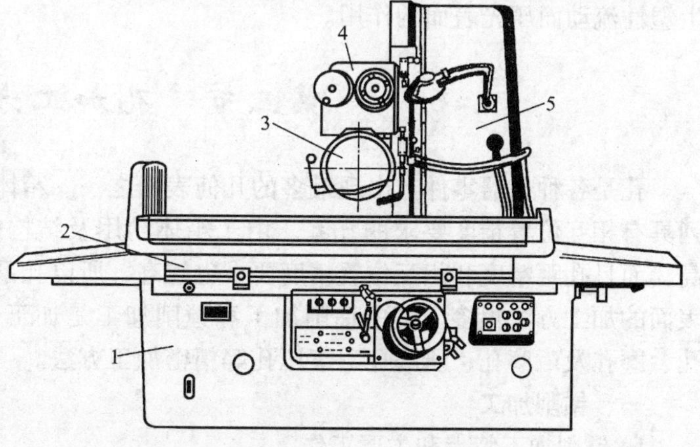

图9-24　卧轴矩台平面磨床

1—床身　2—工作台　3—砂轮架　4—滑座　5—立柱

3. 平面刮研

刮研是靠手工操作，利用刮刀

对已加工的未淬硬工件表面切除一层很薄的金属，达到所要求的精度和表面粗糙度值的一种光整加工方法。其加工精度可达 IT7，表面粗糙度 R_a 值为 1.25 ~ 0.04μm。因刮研生产率低，逐渐被精刨、精铣和磨削所代替。但是，特别精密的配合表面还是要用刮研来保证其技术条件的。在现阶段，刮研仍然是不可缺少的加工方法。

刮研是用单位面积上接触点数目来评定表面刮研的质量。经过刮研的表面能形成具有润滑膜的滑动面，可减少相对运动表面之间的磨损，并增强零件结合面间的接触强度。

4. 平面研磨

对各种工件的平面进行研磨的精密加工称为平面研磨。多用于中小型工件的最终加工，尤其是当两个配合平面间要求很高的密合性时，常用研磨法加工。如前所述，研磨是用研磨工具和研磨剂，从工件上研去一层极薄金属层的精密加工方法。平面的研磨机理、工艺特点与外圆柱面的研磨相似。

平面的研磨一般是在平面非常平整的平板上进行的。研磨较小工件的平面时，在研磨平板上涂以研磨剂，将工件放在研磨平板上，并按“8”字形推磨，使每一个磨粒的运动轨迹都互不重复。研磨较大工件平面时，将研磨平尺放在涂有研磨剂的工件平面上进行研磨。运动形式与上述相同。大批量生产中采用机械研磨，小批生产中采用手工研磨。

5. 平面抛光

平面的抛光是在平面上进行了精刨、精铣、精车、磨削后进行的表面光整加工。经抛光后，可将前一道工序的加工痕迹去掉，从而获得很光洁的表面。抛光一般仅能减小表面粗糙度值，而不能提高原有的加工精度。

抛光是利用机械、化学或电化学的作用，使工件获得光亮、平整表面的加工手段。抛光所用的工具是在圆周上粘着涂有细磨料层的弹性轮或砂布，弹性轮材料用得最多的是毛毡轮，也可用帆布轮、棉花轮等。抛光材料可以是在轮上粘结几层磨料（氧化铬或氧化铁），粘结剂一般为动物皮胶、干酪素胶和水玻璃等，也可用按一定化学成分配制的抛光膏。

抛光一般可分为两个阶段进行。首先是“抛磨”，用粘有硬质磨料的弹性轮进行；然后是“光抛”，用含有软质磨料的弹性轮进行。抛光剂中含有活性物质，故抛光不仅有机械作用，还有化学作用。在机械作用中除了用磨料切削外，还有使工件表面凸峰在力的作用下产生塑性流动而压光表面的作用。

第三节　孔加工方法

孔是各种机器零件上出现最多的几何表面之一。箱体类零件上孔表面很多，其中有一系列具有相互位置精度要求的孔系。由于箱体功用及结构需要，这些孔往往本身精度要求较高，而且孔距精度和相互位置精度要求也较高，所以孔系加工是箱体类零件加工的关键。孔表面的加工方法很多，其中钻削加工和镗削加工是加工孔的重要方法。除此之外，还有拉孔、磨孔及珩磨孔、研磨孔、滚压孔等精密加工方法。

一、钻削加工

1. 钻削加工特点和主要工作

钻削加工是最常用的孔加工工艺方法。它是在钻床上用钻头或扩孔钻等刀具来加工孔的。在钻床上钻削加工的主要工作，如图 9-25 所示。

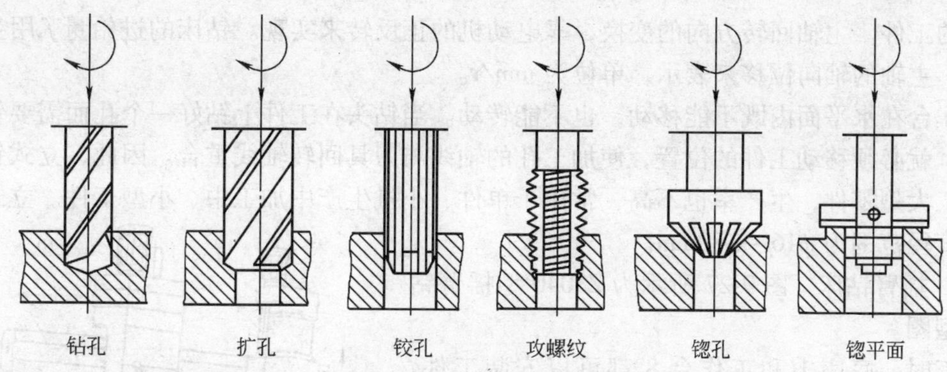

图 9-25　钻削加工主要工作

钻孔是在实体材料上用钻头一次加工孔的工序，钻孔加工的孔精度低，表面较粗糙；对已有的孔（铸孔、锻孔、预钻孔等）用扩孔钻头再进行扩大，以提高其精度，减小表面粗糙度值的工序称为扩孔；锪孔是在钻孔孔口表面上加工出倒棱、平面或沉孔的工序，它属于扩孔范围；铰孔是利用铰刀对孔进行半精加工和精加工的工序。因此，钻孔是一种粗加工方法，对精度要求不高的孔，可作为终加工方法，如螺栓孔、润滑油通道孔等。对于精度要求较高的孔，由钻孔进行预加工后再进行扩孔、铰孔或镗孔。

钻削加工的主要特点：

1）钻头刚性和定心作用均较差，因而容易导致钻孔时的孔轴线歪斜和钻头扭断现象。

2）易出现孔径扩大现象。这不仅与钻头引偏有关，还与钻头的刃磨质量有关。钻头的两个主切削刃应磨得对称一致，否则钻出的孔径就会大于钻头直径，产生扩张量。

3）钻削加工是一种半封闭式切削，由于切屑较宽且切屑变形大，容屑槽尺寸又受到限制，所以排屑困难，已加工表面质量不高。

4）切削热不易传散。钻削时，高温切屑不能及时排出，切削液又难以注入到切削区，因此，切削温度较高，刀具磨损加快，这就限制了切削用量的提高和生产率的提高。

由上述特点可知，钻孔的加工质量较差，尺寸精度一般为IT13～IT11，表面粗糙度 R_a 值为 50～12.5μm。钻孔的直径一般不大于80mm。

2. 钻床的种类及结构特点

钻床的主要功用是钻孔和扩孔，也可以用来铰孔、攻螺纹、锪沉头孔及锪凸台端面等。钻床的主要类型有台式钻床、立式钻床、摇臂钻床、深孔钻床等。其中应用最广泛的是立式钻床和摇臂钻床。钻床的主参数是最大钻孔直径。

（1）立式钻床　图 9-26 所示为最大钻孔直径是 35mm 的 Z5135 型立式钻床。

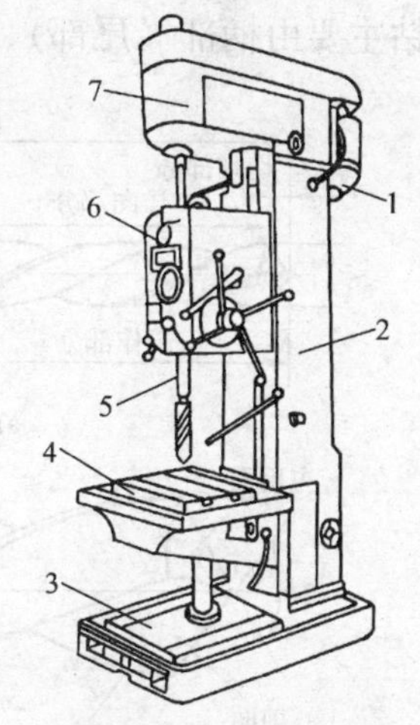

图 9-26　Z5132 型立式钻床
1—电动机　2—立柱　3—底座　4—工作台　5—主轴　6—进给箱　7—主轴箱

加工时，工件直接或利用夹具安装在工作台 4 上，主轴 5 既旋转（由电动机经主轴箱 7 传动）又做轴向进给运动。进给箱 6、工作台 4 可沿立柱 2 的导轨调整上下位置，以适应加工不同高度的工件。主轴回转方向的变换，靠电动机的正反转来实现。钻床的进给量f用主轴转一转时，主轴的轴向位移来表示，单位为mm/r。

工作台在水平面内既不能移动，也不能转动。当钻头在工件上钻好一个孔而需要钻第二个孔时，就必须移动工件的位置，使加工孔的轴线与刀具回转轴线重合。因此，立式钻床不适宜加工大型零件，生产率也不高，常用于单件、小批生产中加工中、小型工件。立式钻床的钻孔直径范围为$\phi16\sim\phi80$mm。

（2）摇臂钻床　图9-27所示为Z3040型摇臂钻床的外型图。

加工时，底座1和工作台8都可以安装工件。主轴7的旋转和轴向进给运动是由电动机10通过主轴箱6来实现的。主轴箱6可在摇臂5的水平导轨上移动，摇臂借助电动机9及丝杠4的传动，可沿外立柱3上下移动。内立柱2固定在底座1上，外立柱3可绕内立柱做任意角度的回转，使摇臂5随它一起摆动，因此主轴7很容易地被调整到所需的加工位置上，这就为在单件、小批生产中，加工大而重的工件上的孔带来很大的方便。摇臂钻床（基本型）上钻孔直径范围为$\phi25\sim\phi125$mm。

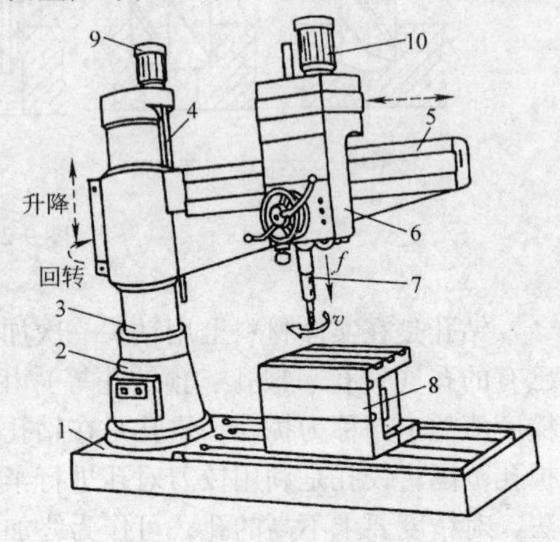

图9-27　Z3040型摇臂钻床

1—底座　2—内立柱　3—外立柱　4—摇臂升降丝杠　5—摇臂　6—主轴箱　7—主轴　8—工作台　9、10—电动机

为使钻削时机床有足够的刚性，并使主轴箱的位置不变，当主轴箱在空间的位置调整好后，应对立柱、摇臂和主轴箱快速锁紧。

3. 麻花钻的结构组成及其作用

麻花钻头即标准麻花钻，是迄今最广泛应用的孔加工刀具，一般由高速钢制成。标准麻花钻主要由柄部（尾部）、颈部和工作部分组成，如图9-28所示。

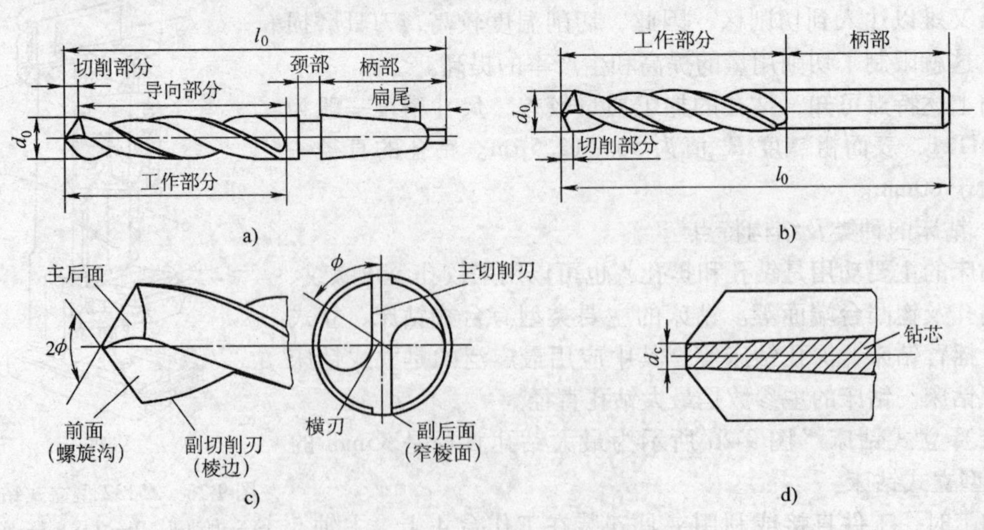

图9-28　麻花钻的结构组成

a）莫氏锥柄麻花钻　b）直柄麻花钻　c）切削部分组成　d）钻芯直径

（1）柄部　它是钻头的夹持部分，用于传递动力，有直柄和锥柄两种。锥柄可传递较大的转矩，它能直接插入主轴锥孔或通过锥套插入主轴锥孔中连接。而直柄传递的转矩较小，它是利用钻夹头装在主轴上连接的。通常，直径大于12mm钻头用莫氏锥柄，直径小于12mm的小钻头多用圆柱直柄。锥柄钻头后端的扁尾用于传递转矩，并通过它可方便地拆卸钻头。

（2）颈部　工作部分和柄部之间的连接部分，磨柄部时退砂轮之用。钻头标记也打印在此处。为制造方便，直柄麻花钻一般不制有颈部，如图9-28b所示。

（3）工作部分　它是钻头的主要部分，分为切削部分和导向部分。

切削部分担负主要的切削工作。它有两个刀齿（刃瓣），每个刀齿可看作是一把外圆车刀。因此，麻花钻有两个前面、两个后面、两个副后面、两个主切削刃、两个副切削刃和一个横刃。其中前面为螺旋槽面，后面随刃磨方法不同可分为圆锥面或其他表面，副后面即刃带棱面，可近似认为是圆柱面。前、后面相交形成主切削刃，两后面在钻芯处相交形成横刃，前面与刃带相交的棱边称为副切削刃。标准麻花钻的两主切削刃呈直线且对称，横刃近似为直线，副切削刃是一条螺旋线。横刃是麻花钻所特有而其他刀具所没有的。横刃上有很大的负前角，会造成很大的轴向力，恶化了切削条件。麻花钻两主切削刃之间的夹角称为顶角（2ϕ），一般为118°。

导向部分有两条对称的棱边（棱带）和螺旋槽，是切削部分的备磨部分。其中较窄的棱边起导向和修光孔壁的作用，较深的螺旋槽（容屑槽）用来进行排屑和输送切削液。为了减少导向部分与孔壁的摩擦，其外径磨有倒锥。为了提高钻头的刚度，工作部分两刃瓣间必须有一个钻芯（钻芯直径 $d_c \approx 0.125 d_o$），且钻芯向钻柄方向做成正锥体。

钻孔时，孔的尺寸是由麻花钻的尺寸来保证的。钻出孔的直径比钻头实际尺寸略有增大。

4. 扩孔、锪孔及其刀具

（1）扩孔　扩孔是在钻床上用扩孔钻对已有的孔进行扩大，为铰孔或磨孔作准备。扩孔后的精度可达到IT11～IT10，表面粗糙度 R_a 值为6.3～3.2μm。

扩孔钻结构如图9-29所示。扩孔钻按刀具切削部分材料不同分为高速钢和硬质合金两种。高速钢扩孔钻有整体直柄（用于较小的孔）、整体锥柄（用于较大的孔，如图9-29a所示）和套式（用于更大的孔，如图9-29b所示）三种，在小批量生产时，常用麻花钻改制。硬质合金扩孔钻除了有直柄、锥柄、套式（硬质合金刀片采用焊接或镶齿的形式固定在刀体上，如图9-29c所示）等形式外，对于大直径的扩孔钻，常采用机夹可转位形式。

与麻花钻相比较，扩孔钻的齿数较多（3～4齿），钻芯直径大，刀体刚性和强度高，没有横刃，工作时导向性好，因而对预制孔的形状误差有一定的修正能力。另外，扩孔钻主切削刃较短，因而切屑不宽，不存在分屑、排屑的困难。故扩孔的加工质量优于钻孔。

扩孔钻作为终加工孔使用时，其直径应等于扩孔后孔的基本尺寸，作为铰孔前使用时，其直径应等于铰后孔的基本尺寸减去铰削余量。

（2）锪孔　锪孔是指在已加工的孔上加工各种埋头螺钉沉头座、锥孔和凸台端面等。锪孔加工时用的刀具统称为锪钻。锪钻大多用高速钢制造，只有在加工端面凸台的大直径端面时，锪钻才用硬质合金制造，并采用装配式结构。

常用的锪钻外形及应用如图9-30所示。其中图9-30a所示为锪圆柱形沉头孔，图9-30b、

c 所示为锪圆锥形沉头孔（锥角 2ϕ 有 60°、90°、120°三种），图 9-30d 所示为锪孔端面的凸台平面。锪钻上带有定位导柱 d_1，用来保证被锪孔或端面与原来孔的同轴度或垂直度。

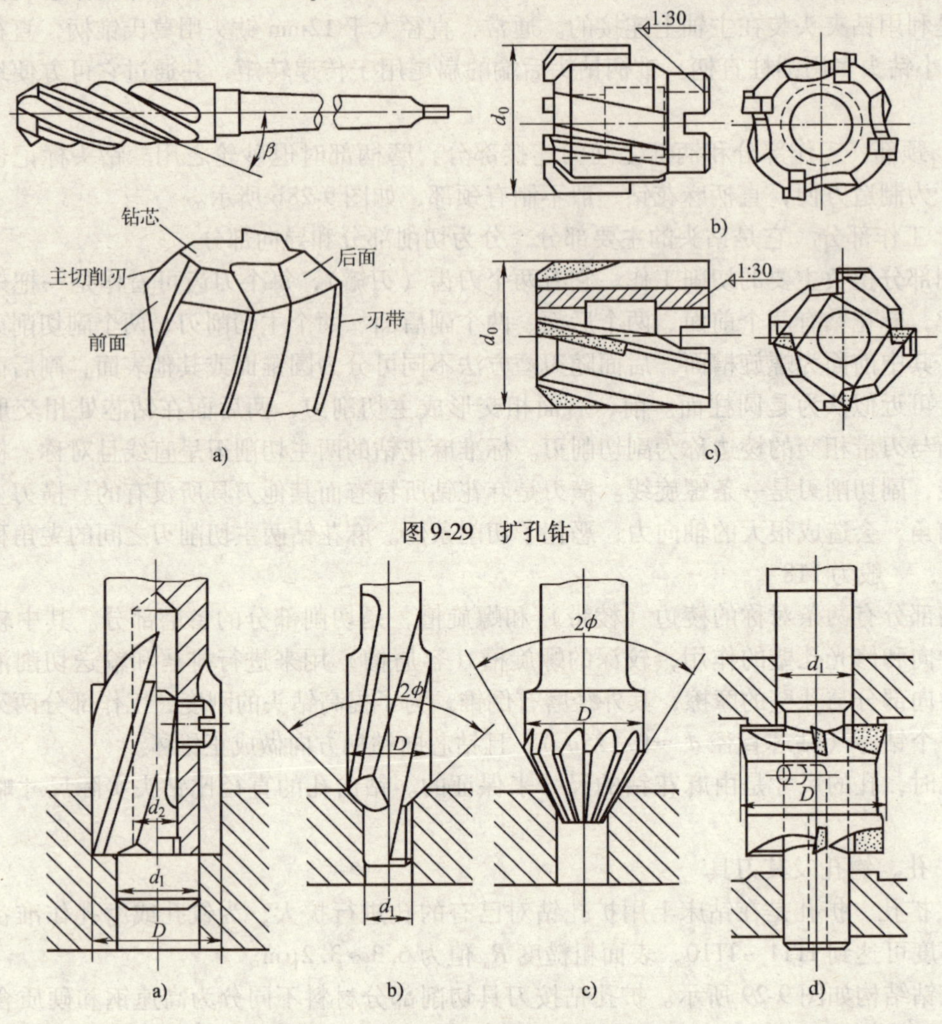

图 9-29 扩孔钻

图 9-30 锪钻及应用

a）带导柱平底锪钻 b）带导柱锥面锪钻 c）不带导柱锥面锪钻 d）端面锪钻

5. 铰孔和铰刀

铰孔是用铰刀从工件孔壁上切除微量金属层，以提高其尺寸精度和减小表面粗糙度值。它适用于中、小直径孔的半精加工及精加工，也可用于磨孔或研孔前的预加工。由于铰削时加工余量小，所以铰孔后其尺寸公差等级一般可达 IT9 ~ IT7，表面粗糙度值 R_a 为 1.6 ~ 0.4μm。铰削不适合加工淬火钢和硬度太高的材料。铰刀是定尺寸刀具，只能加工一种直径和对应公差等级的孔，孔形受到一定限制，大直径孔、非标准孔、台阶孔及不通孔均不适宜于铰削加工。在铰孔之前，工件应经过钻孔、扩（镗）孔等加工。

铰孔是精加工，必须合理使用切削液。使用高速钢铰刀在钢料上铰孔时，一般使用乳化液润滑、冷却，使用硬质合金铰刀用机油或乳化液作切削液；在铸铁上铰孔一般不加切削液。

必须指出，一般钻、扩、铰加工只能保证孔本身的精度，而不易保证孔相互间的位置精度。如工件上有较高的孔间位置要求时，应采用钻模或镗削方法加工。

铰刀是一种精度较高的多刃刀具，按使用方法不同，铰刀分为手用铰刀和机用铰刀。图9-31所示为常用铰刀外形。手用铰刀多为直柄，铰削直径范围为1～50mm，手用铰刀的工作部分较长，切削锥角2ϕ较小，导向作用好，可以防止手工铰孔时铰刀歪斜。机用铰刀多为锥柄，铰削直径范围为10～80mm。机用铰刀可安装在钻床、车床、铣床和镗床上铰孔。

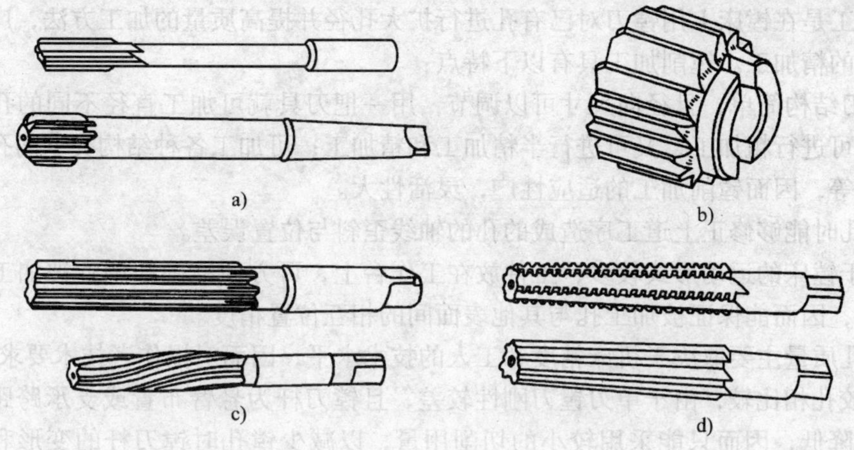

图9-31　铰刀类型

a）机用直柄和锥柄铰刀　b）机用套式铰刀　c）手用直槽与螺旋槽铰刀　d）锥孔用粗铰刀与精铰刀

铰刀的结构组成如图9-32所示。铰刀的工作部分由引导锥、切削部分、校准部分组成。引导锥的作用是使铰刀容易进入孔中。铰刀的每个刀齿相当于一把有修光刃的车刀。切削部分呈锥形，担负主要的切削工作。校准部分用于矫正孔径、修光孔壁和导向，其后半段具有很小的倒锥，以减少与孔壁之间的摩擦和防止铰削后孔径扩大。圆柱部分刀齿有刃带（宽度$b_{a1}=0.2\sim0.4$mm），刃带与刀齿前面的交线为副切削刃，副切削刃的副偏角等于0°（修光刃），所以铰刀加工孔的表面粗糙度很小。

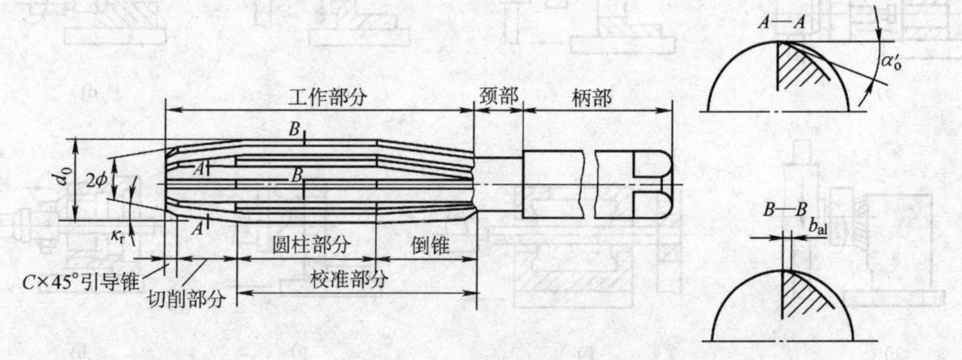

图9-32　铰刀的结构

铰刀一般有6～12个刀齿，刃带与刀齿数相同。切削槽浅，刀芯粗壮，因此，铰刀的刚度和导向性比扩孔钻要高得多。

铰刀的切削锥角 2ϕ 相当于麻花钻的锋角。手用铰刀的半锥角 ϕ 为 0.5°~1.5°，机用铰刀的半锥角为 5°~15°。铰削塑性、韧性材料时，ϕ 取较大值；铰削脆性材料时，则 ϕ 取较小值。铰刀的前角一般为 0°，加工韧性材料的粗铰刀，前角可取 5°~15°。切削部分的后角一般为 5°~8°，校准部分的后角为 0°。

二、镗削加工

1. 镗削加工特点和主要工作

镗削加工是在镗床上用镗刀对已有孔进行扩大孔径并提高质量的加工方法，广泛用于对较大直径孔的精加工。镗削加工具有以下特点：

1）镗刀结构简单，且径向尺寸可以调节，用一把刀具就可加工直径不同的孔；在一次安装中，既可进行粗加工，又可进行半精加工和精加工；可加工各种结构类型的孔，如不通孔、阶梯孔等，因而镗削加工的适应性广，灵活性大。

2）镗孔时能够修正上道工序造成的孔的轴线歪斜与位置误差。

3）由于镗床的运动形式较多，工件放在工作台上，可方便准确地调整被加工孔与刀具的相对位置，因而能保证被加工孔与其他表面间的相互位置精度。

4）镗孔质量主要取决于机床精度和工人的技术水平，因而对操作者技术要求较高。

5）与铰孔相比较，由于单刃镗刀刚性较差，且镗刀杆为悬臂布置或支承跨距较大，使切削稳定性降低，因而只能采用较小的切削用量，以减少镗孔时镗刀杆的变形和振动，同时，参与切削的主切削刃只有一个，因而生产率较低，且不易保证稳定的加工精度。

6）不适宜进行细长孔的加工。

综上所述，镗削特别适合于单件小批生产中对复杂的大型工件（如机座、箱体、支架等）上的孔系进行加工。这些孔除了有较高的尺寸精度要求外，还有较高的相对位置精度要求。镗孔精度一般为 IT9~IT7 级，孔距精度可达 0.015mm，表面粗糙度 R_a 值为 1.6~0.8μm。此外，对于直径较大的孔（直径大于 80mm）、内成形表面、孔内环槽等，镗孔是惟一合适的加工方法。图 9-33 所示为镗削加工的基本内容。

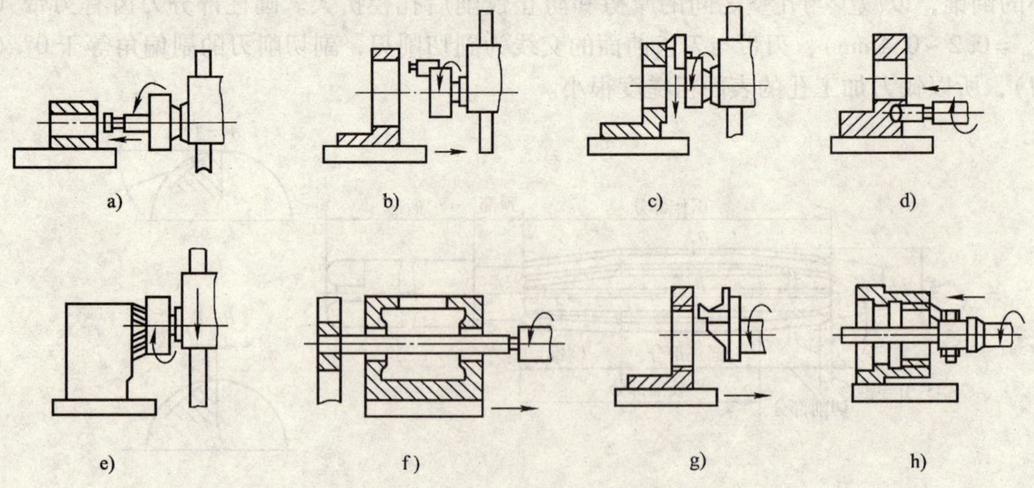

图 9-33 镗削加工的基本内容

a）主轴进给镗小孔 b）工作台进给镗大孔 c）刀架进给镗端面 d）主轴进给钻孔 e）主轴箱垂直进给铣端面 f）工作台进给镗同轴孔 g）工作台进给镗螺纹 h）主轴进给镗螺纹

2. 镗床

镗床是一种主要用镗刀加工有预制孔的工件的机床。镗削时，工件装在工作台上，镗刀安装在镗轴上并做旋转主运动，进给运动由镗轴的轴向移动或工作台的移动来完成。镗孔的尺寸精度及位置精度均比钻孔高。根据用途，镗床可分为卧式铣镗床、坐标镗床、金刚镗床、落地镗床以及数控铣镗床等。

(1) 卧式铣镗床　图 9-34 所示为卧式铣镗床的外形图，它主要由主轴箱、前后立柱、平旋盘、工作台、床身等组成。

主轴箱上装有主轴（镗杆）3 和平旋盘 4。主轴水平布置可作旋转运动（主运动），也可沿其轴线方向移动（进给运动）。主轴前端有莫氏 5 号锥孔，用来安装刀具、镗杆和刀夹。平旋盘上有 4 ~ 6 条 T 形槽，用以安装刀夹来完成平面的加工。主轴箱可沿前立柱导轨垂直移动；工作台可旋转并可实现纵、横向进给。前立柱 2 用以支承主轴箱并可引导主轴箱的上升或下降。在用长的镗杆横越工作台镗孔时，后立柱 10 上有后支架 9 可支承镗杆尾端。该后支架可沿后立柱上的导轨升降，以便对镗杆的高低位置进行调节。工作台 5 上面可安装工件，它可由下滑座 7 或上滑座 6 带动作纵向或横向进给运动。工作台还可绕上滑座的圆导轨在水平面内回转所需角度，以便适应互成一定角度的孔或平面的加工。

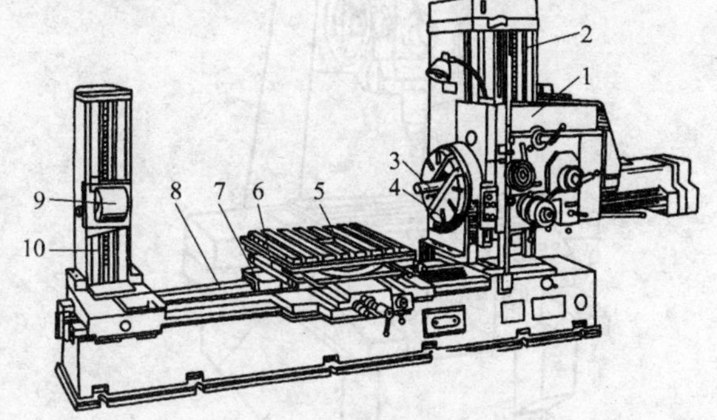

图 9-34　卧式铣镗床

1—主轴箱　2—前立柱　3—镗杆　4—平旋盘　5—工作台　6—上滑座　7—下滑座　8—床身　9—后支架　10—后立柱

在卧式铣镗床上除镗孔外，还可钻、扩、铰孔，车削内外螺纹，攻螺纹，车外圆柱面和端面，以及用端铣刀或圆柱铣刀铣平面等。如果再利用特殊附件和夹具，其工艺范围还可扩大。工件在一次装夹的情况下，即可完成多种表面的加工，这对于加工大而重的工件是特别有利的。但卧式铣镗床结构复杂，生产率一般又较低，故在大批量生产中加工箱体零件时多采用组合机床和专用机床。卧式铣镗床的主参数是主轴直径。

(2) 坐标镗床　它是指具有精密坐标定位装置的镗床，是一种用途较为广泛的精密机床，主要用于镗削尺寸、形状及位置精度要求比较高的孔系，还能进行钻孔、扩孔、铰孔、锪端面、切槽、铣削等工作。此外，在坐标镗床上还能进行精密刻度、样板的精密划线、孔间距及直线尺寸的精密测量等。它不仅适用于在工具车间加工精密钻模、镗模及量具等，而且也适用于在生产车间成批地加工孔距精度要求较高的箱体及其他类零件。

坐标镗床有立式和卧式之分。立式坐标镗床适于加工孔轴线与安装基面（底面）垂直的孔系和铣削顶面；卧式坐标镗床适于加工与安装基面平行的孔系和铣削侧面。立式坐标镗床还有单柱和双柱两种形式。

立式单柱坐标镗床如图 9-35 所示。工件固定在工作台 1 上，坐标位置的确定分别由工作台 1 沿床鞍 5 的导轨做纵向（X 向）移动和床鞍 5 沿床身 6 的导轨做横向（Y 向）移动来实现。这类镗床的工作台三面敞开，操作方便，但主轴箱悬伸安装，机床尺寸大时，将影响其刚度，因此，单柱式坐标镗床一般为中、小型机床（工作台工作面宽小于 630mm）。

立式双柱坐标镗床如图 9-36 所示。两个立柱、顶梁和床身呈龙门框架结构。两个坐标方向的移动，分别由主轴箱 4 沿横梁 2 的导轨做横向移动和工作台 1 沿床身 6 的导轨做纵向移动来实现。工作台和床身之间的环节比单柱式的要少，所以刚度较高。大、中型坐标镗床多采用此种布局。

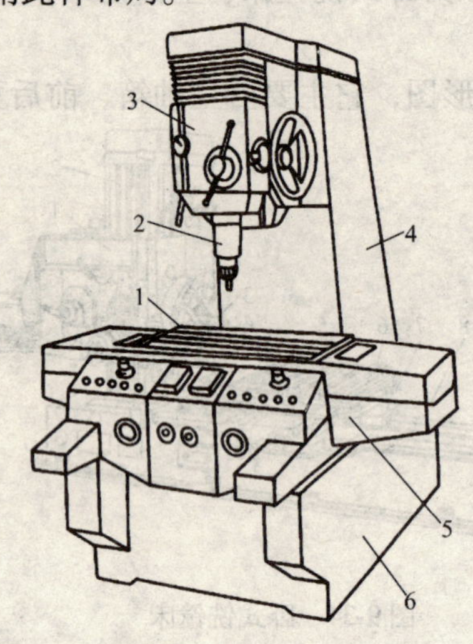

图 9-35 立式单柱坐标镗床
1—工作台 2—主轴 3—主轴箱
4—立柱 5—床鞍 6—床身

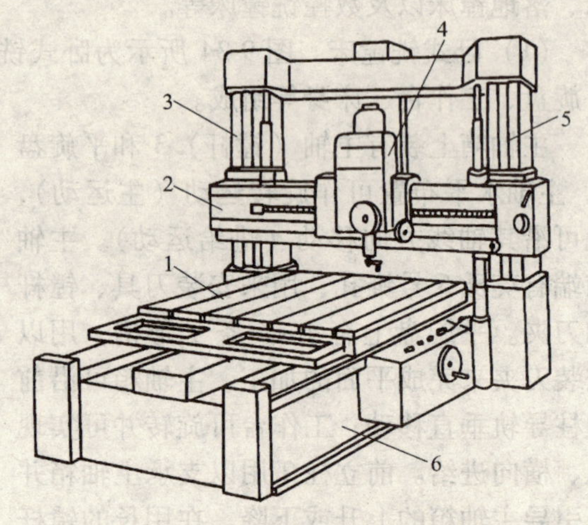

图 9-36 立式双柱坐标镗床
1—工作台 2—横梁 3、5—立柱
4—主轴箱 6—床身

卧式坐标镗床如图 9-37 所示。主轴水平布置，两个坐标方向的移动分别由横向滑座 1 沿床身 6 的导轨做横向（X 向）移动和主轴箱 5 沿立柱 4 的导轨做上下（Y 向）移动来实现。回转工作台 3 可以在水平面内回转一定角度，以进行精密分度。

（3）精镗床（也称金刚镗床） 精镗床是一种高速精密镗床，它因采用金刚石镗刀而得名。现除了采用金刚石刀具外，还广泛使用硬质合金、陶瓷刀具等。该机床的特点是切削速度很高，而切深和进给量很小，因此，可加工出高精度（圆度为 0.003～0.005mm）和小的表面粗糙度值（R_a 为 0.16～1.25μm）的工件。精镗床主要用于成批或大量生产中加工中小型零件的精密孔，如轴瓦、活塞、连杆等。

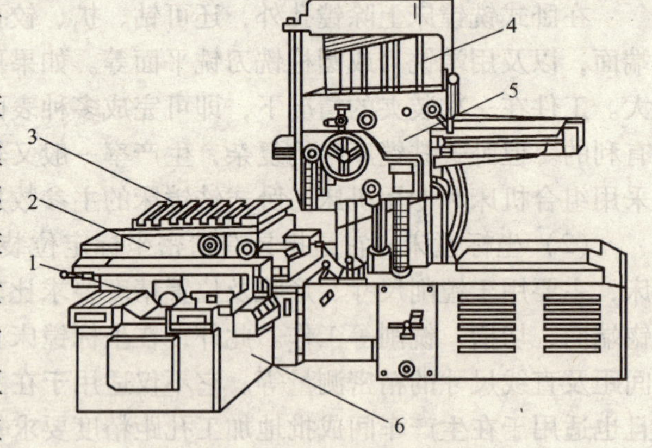

图 9-37 卧式坐标镗床
1—横向滑座 2—纵向滑座 3—回转工作台
4—立柱 5—主轴箱 6—床身

精镗床按其布局形式分为单面、双面和多面式。图 9-38 所示为单面卧式精镗床外形图。机床主轴箱固定在床身上，主轴高速旋转带动镗刀作主运动。工件通过夹具固定在工作台上，工作台沿床身导轨做平稳的纵向进给运动。工作台一般采用液压传动，可实现半自动循环。

3. 镗刀

镗刀是由镗刀头和镗刀杆及相应的夹紧装置组成，镗刀头是镗刀的切削部分，其结构和几何参数与车刀相似。镗刀的种类很多，按切削刃数量可分为单刃镗刀、双刃镗刀和多刃镗刀；按刀具材料不同分为高速钢镗刀、硬质合金镗刀、立方氮化硼镗刀。

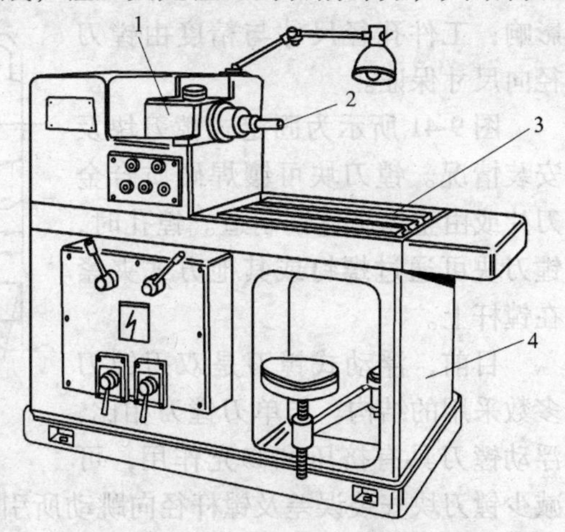

图 9-38　单面卧式精镗床外形图

1—主轴箱　2—主轴　3—工作台　4—床身

（1）单刃镗刀　这类镗刀的刀柄和切削部分做成一体，切削部分以采用硬质合金为主。其结构如图 9-39 所示。它只有一个切削刃，结构紧凑简单，体积小，制造容易，应用较广，可以镗削各类小孔、不通孔和台阶孔。若装在万能刀架或平旋盘滑座上，可以镗削直径较大的孔、端面等。但单刃镗刀刚性差，切削时易引起振动，所以镗刀的主偏角选得较大，以减小径向力。镗孔径的大小要靠调整刀具的悬伸长度来保证，调整麻烦，效率低，只能用于单件小批生产。

在镗床上精镗孔时，为了便于调整镗刀尺寸，可采用微调镗刀（见图 9-40）。带有精密螺纹的圆柱形镗刀头装入镗刀杆中，导向键起导向作用。带刻度的调整螺帽与镗刀头螺纹紧密配合，并以镗杆的圆锥面定位。拉紧螺钉通过垫圈将镗刀头固定在镗杆孔中。

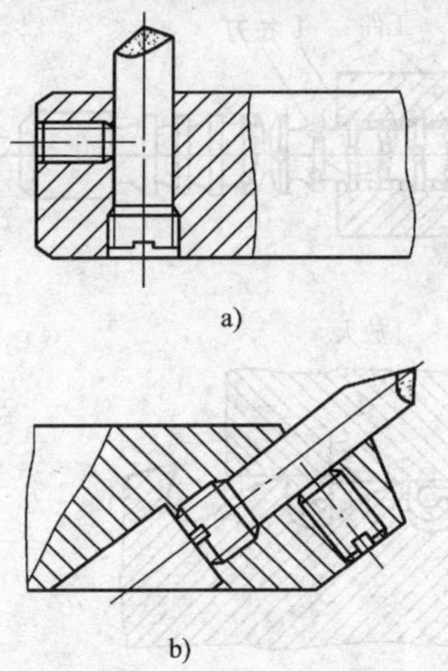

图 9-39　单刃镗刀

a）通孔镗刀　b）不通孔镗刀

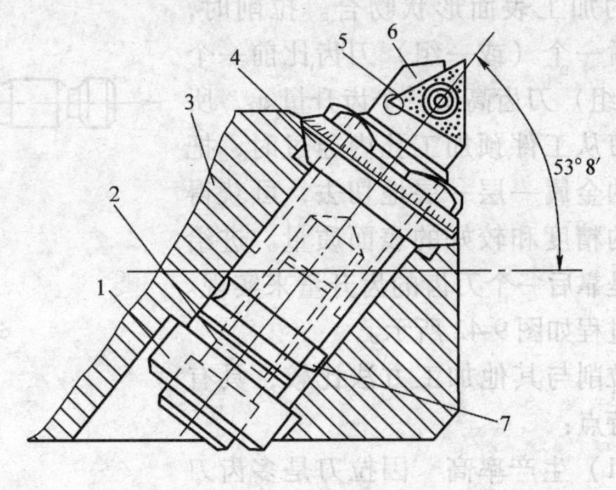

图 9-40　微调镗刀

1—垫圈　2—拉紧螺钉　3—镗刀杆　4—调整螺帽　5—刀片　6—镗刀头　7—导向键

镗不通孔时，镗刀头与镗杆轴线倾斜 53°8′，镗刀头上螺纹螺距为 0.5mm，螺帽刻线为 40 格。螺帽每转一格，镗刀在径向的移动量为

$$\Delta R = 0.5(\sin 53°8')\text{mm}/40 = 0.01\text{mm}$$

镗通孔时，刀头若垂直于刀杆轴线安装，可用螺帽刻度为 50 格。当螺帽转一格，镗刀在径向的移动量为

$$\Delta R = 0.5\text{mm}/50 = 0.01\text{mm}$$

（2）双刃镗刀　镗削大直径的孔可选双刃镗刀。双刃镗刀分固定式镗刀块和浮动式镗刀。双刃镗刀的两个切削刃对称地分布在镗刀杆轴线的两侧，可消除径向力对镗刀杆变形的影响；工件孔径尺寸与精度由镗刀径向尺寸保证。

图9-41所示为固定式镗刀块及安装情况。镗刀块可镶焊硬质合金刀片或由整体高速钢制造。镗孔时，镗刀块可通过螺钉或其他方式夹紧在镗杆上。

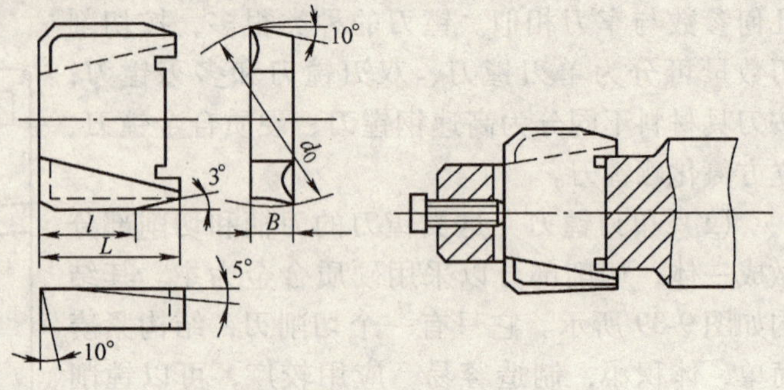

图9-41　固定式镗刀块及安装

目前，浮动式镗刀是双刃镗刀多数采用的结构。与单刃镗刀相比，浮动镗刀具有挤压和修光作用，可减少镗刀块安装误差及镗杆径向跳动所引起的加工误差；它两端对称的切削刃同时参加切削，每转进给量可提高一倍左右，生产效率高；这种镗刀头部可以在较大范围内进行调整，且调整方便，最大镗孔直径可达1000mm。

三、拉削加工

拉削加工就是用拉刀在拉床上对工件表面进行切削加工的方法。

1. 拉削加工特点

拉刀与工件之间的相对运动是主运动（一般为直线运动）。拉刀是多齿刀具，其齿形与工件的加工表面形状吻合。拉削时，由于后一个（或一组）刀齿比前一个（或一组）刀齿高出一个齿升量 a_f，所以拉刀从工件预加工孔内通过时，把多余的金属一层一层地切去，可获得较高的精度和较好的表面质量。进给运动是靠后一个刀齿的齿升量来实现。拉削过程如图9-42所示。

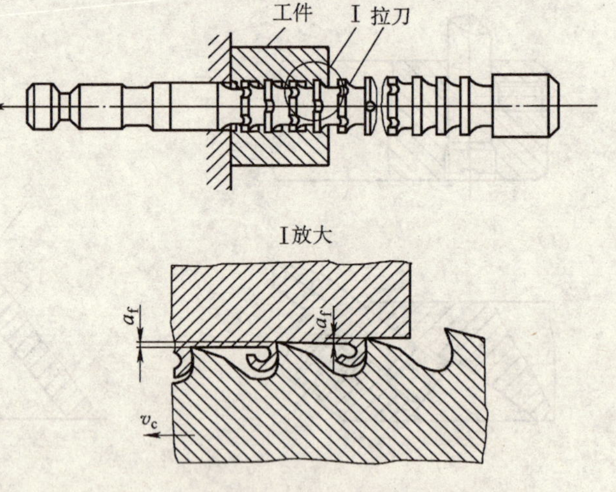

图9-42　拉削过程

拉削与其他加工方法比较，具有以下特点：

（1）生产率高　因拉刀是多齿刀具，同时参加切削的齿数多，切削刃长度大，一次行程可完成粗、半精和精加工，因此生产率高。在加工形状复杂的表面时，效果更加显著。

（2）拉削的工件精度和表面质量好　由于拉削时切削速度很低（一般 v_c = 1 ~ 8m/min），拉削过程平稳，切削厚度小，因此加工质量好。拉削的加工精度等级为IT8 ~ IT7，表面粗糙度 R_a 值不大于0.8μm。

（3）拉刀使用寿命长　由于拉削速度低，而且每个刀齿实际参加切削的时间很短，因此，切削刃磨损的慢，延长了其使用寿命。

（4）拉削运动简单　拉削只有主运动，进给运动由拉刀的齿升量完成，所以拉床的结构很简单。但是，拉刀的结构复杂，制造困难，成本高。而且每拉削一种表面需要一种拉刀。所以，拉削主要应用在成批、大量生产场合加工各种形状的贯通的内、外平面及成形表面等。它特别适用于成形内表面的加工。图9-43所示为拉削的典型表面。

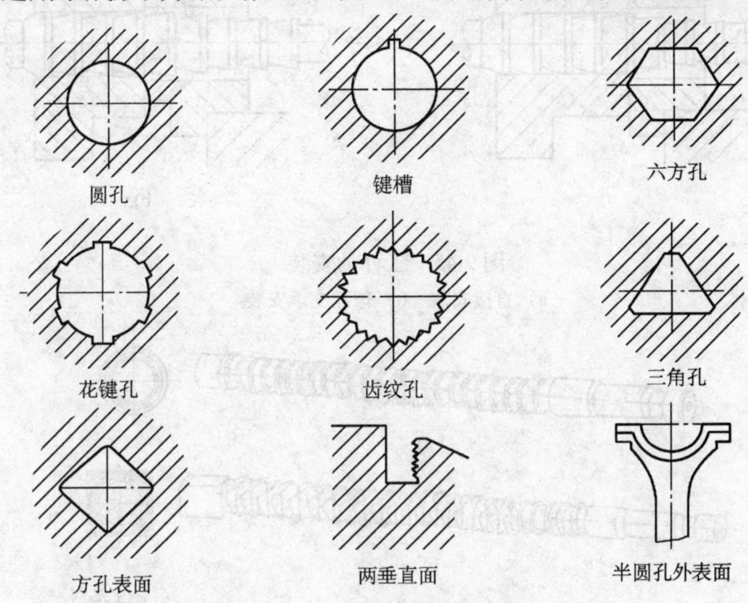

图9-43　拉削的典型表面形状

2. 拉床

拉床按其加工表面所处的位置不同，可分为内表面拉床（内拉床）和外表面拉床（外拉床）。按拉床的结构和布局形式，又可分为立式拉床、卧式拉床和连续式拉床等。拉床所需的拉力较大，且为了使拉削运动平稳，实现无级调速，拉床一般采用液压传动。

图9-44所示为卧式拉床的外形图。在床身1的内部有水平安装的液压缸2，通过活塞杆带动拉刀作水平移动，实现拉削的主运动。工件支承座3是工件的安装基准。拉削时，工件可以其端面紧靠在支承座上（见图9-45a），也可以采用球面垫圈安装（见图9-45b）。护送夹头5及滚柱4用以支承拉刀。

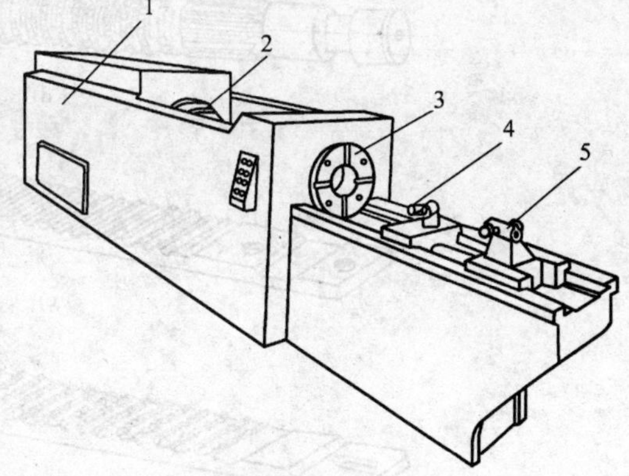

图9-44　卧式内拉床

1—床身　2—液压缸　3—支承座　4—滚柱　5—护送夹头

3. 拉刀

拉刀的种类很多，根据加工表面位置不同，拉刀可分为内拉刀与外拉刀两类。常用的内拉刀和外拉刀，如图9-46所示。

下面以圆孔拉刀为例，介绍拉刀的组成及其作用，如图9-47所示。

（1）柄部　与拉床连接，传递动力和运动。

（2）颈部　它是柄部与过渡锥的连接部分，也是打标记的位置。

（3）过渡锥　引导拉刀逐渐进入工件预制孔中。

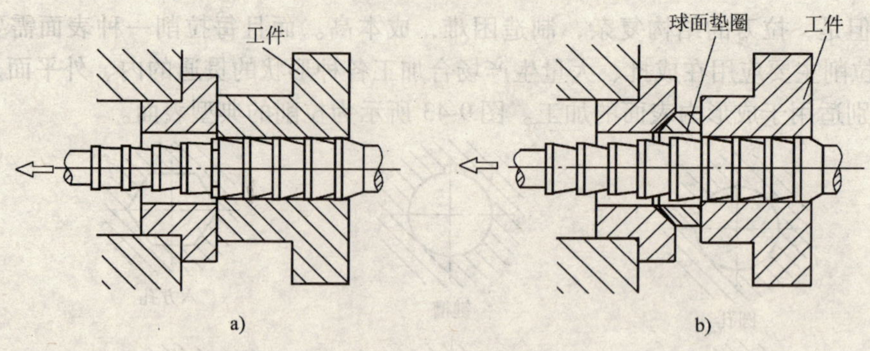

图 9-45 工件的安装

a）直接安装 b）球面支承安装

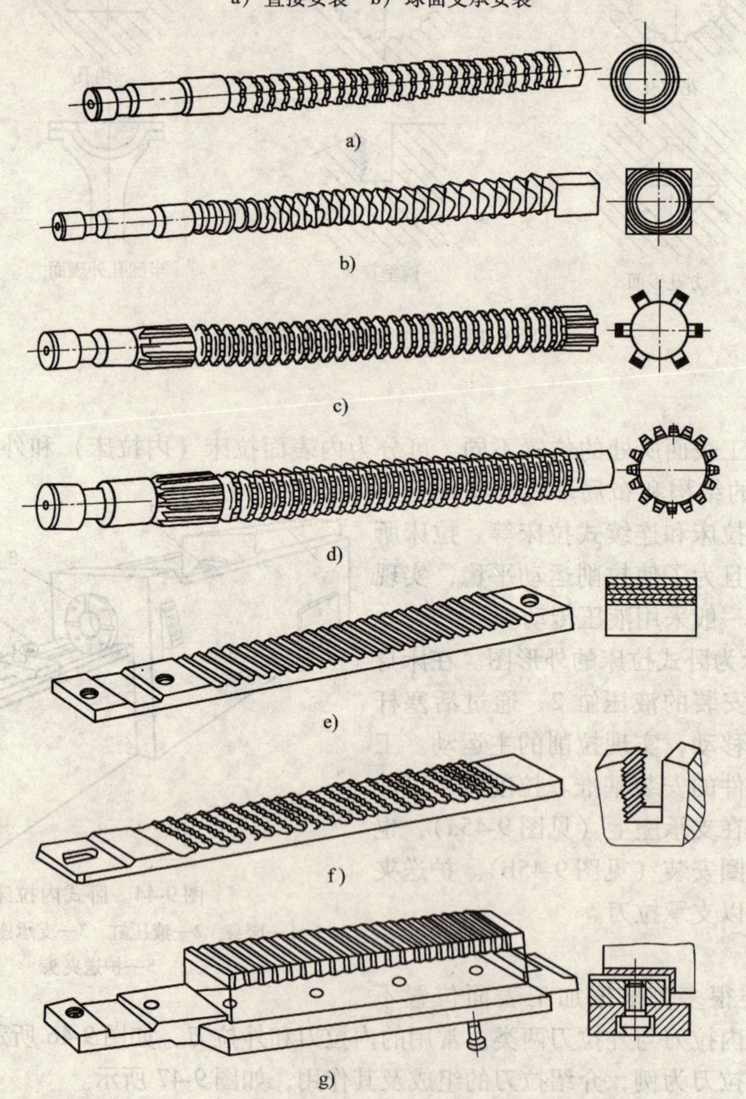

图 9-46 拉刀的类型

a）圆孔拉刀 b）方孔拉刀 c）花键拉刀 d）渐开线齿拉刀 e）平面拉刀 f）齿槽拉刀 g）直角拉刀

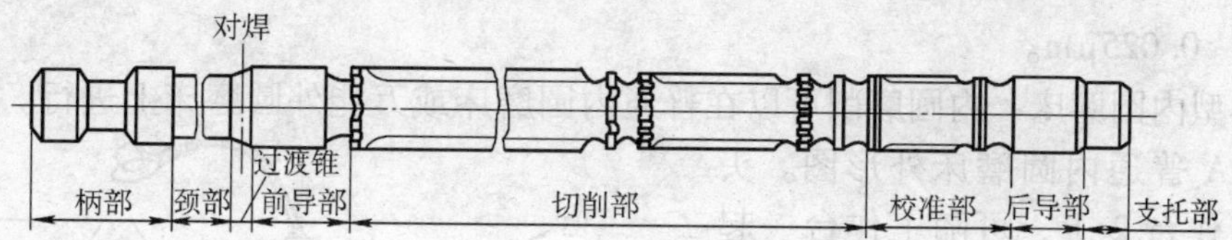

图 9-47 圆孔拉刀结构

(4) 前导部 引导拉刀进入将要切削的正确位置，防止拉刀歪斜，起导向和定心作用。

(5) 切削部 担负全部余量切除工作。它由粗切齿、过渡齿和精切齿组成，各齿直径依此递增。

(6) 校准部 由几个直径都相同的校准齿组成，起修光和校准作用，并作为精切齿的后备齿。

(7) 后导部 用于保持拉刀最后的正确位置，防止刀齿切离工件时因下垂而损坏已加工表面或刀齿。

(8) 支托部 对于又长又重的拉刀可起承托作用，防止拉刀下垂。

四、内孔磨削及其精密加工

1. 磨削内孔

(1) 磨削特点 在内圆磨床（或万能外圆磨床）上用砂轮（或其他磨具）对工件内表面进行切削加工的方法称为磨孔。对于淬硬零件中的孔加工，磨削是主要的加工方法。由于内圆磨削的工作条件比外圆磨削差，故内圆磨削时有以下特点：

1) 磨孔时，所用砂轮直径受被加工孔径的限制，一般为工件孔径的 0.5 ~ 0.9 倍。因砂轮直径小，磨耗快，磨削时需要经常修整和更换砂轮，增加了辅助时间。

2) 因砂轮直径小，转速又受内圆磨床主轴转速的限制（一般为 10000 ~ 20000r/min），磨孔时砂轮圆周速度一般达不到 30 ~ 35m/s，因此磨削表面质量比外圆磨削差，生产率也不高。

3) 砂轮轴的直径受到孔径和长度的限制，且又悬臂安装，故内圆磨削时刚性差，易产生弯曲变形和砂轮轴的偏移，从而影响加工精度和表面质量。

4) 内圆磨削时，砂轮直径小，转速却比外圆磨削高得多，因此单位时间内每一磨粒参加磨削的次数比外圆磨削高，而且砂轮与孔的接触面积大，单位面积压力小，砂粒不易脱落，砂轮显得硬，工件易发生烧伤，故应选用较软的砂轮。

5) 内圆磨削处于半封闭状态，冷却条件差，磨削热量较大，切削液不易进入磨削区，排屑较困难，磨屑易积集在磨粒间的空隙中，容易堵塞砂轮，影响砂轮的切削性能。

6) 磨削时，砂轮与孔的接触长度经常改变。当砂轮有一部分超出孔外时，其接触长度较短，切削力较小，砂轮主轴所产生的位移量比磨削孔的中部时为小，此时被磨去的金属层较多，从而形成“喇叭口”。为了减小或消除其误差，加工时应控制砂轮超出孔外的长度不大于 1/2 ~ 1/3 砂轮宽度。

7) 内圆磨削时，零件内表面的磨削精度等级一般可达 IT7 ~ IT6，表面粗糙度 R_a 值为 0.8 ~ 0.2μm。若采用高精度内圆磨削工艺，尺寸精度可控制在 0.005mm 以内，表面粗糙度

R_a 值为0.1～0.025μm。

（2）典型内圆磨床　内圆磨削可以在普通内圆磨床或万能外圆磨床上进行。图9-48所示为M2110A普通内圆磨床外形图。头架3装在工作台2上，可随工作台一起沿床身1的导轨作纵向往复运动。头架还可水平偏转一定角度，以磨削锥孔。头架主轴由电动机经带传动带动工件旋转，作圆周进给运动。砂轮架4上装有磨削内孔的砂轮主轴，由电动机经带传动，砂轮架沿滑鞍5的导轨作周期性的横向进给（液动或手动）。工作台每完成一次纵向往复运动，砂轮架作一次间歇的横向进给。该磨床的主参数为最大磨削孔径为100mm。

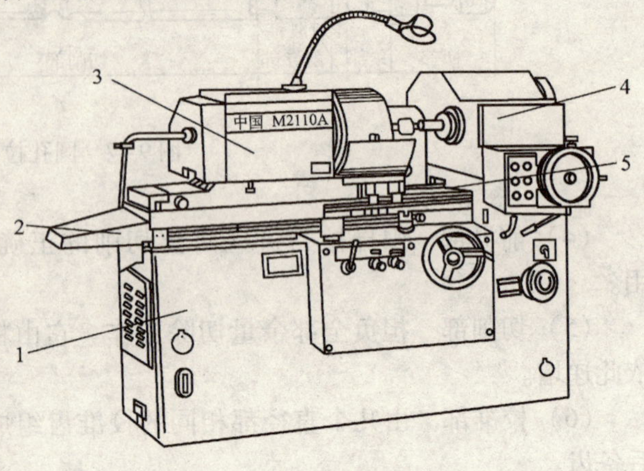

图9-48　普通内圆磨床
1—床身　2—工作台　3—头架　4—砂轮架　5—滑鞍

普通内圆磨床用于磨削各种圆柱孔（包括通孔、不通孔、阶梯孔和断续表面的孔）和圆锥孔，也可磨削端面、成形内表面。常用磨削方式有纵向磨削法和径向磨削法，如图9-49所示。

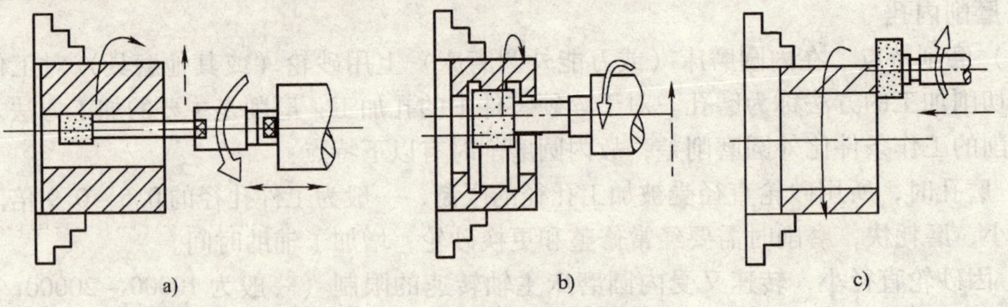

图9-49　普通内圆磨床的磨削方法
a）纵磨法磨削内孔　b）径向法磨内孔　c）磨端面

2. 精细镗孔

精细镗与镗孔方法基本相同。由于最初是使用金刚石作为刀具材料，所以又称为金刚镗。精细镗孔被广泛应用于不宜用内圆磨削加工的各种结构零件的精密孔，例如发动机的气缸套孔、连杆孔等。使用的设备常为精度高、刚性好、传动平稳，具有高转速的金刚镗床。采用的刀具是颗粒细而耐磨的金刚石或硬质合金，采用微调镗刀头精密镗孔。

精细镗时，由于加工余量小，切削速度高，切削力很小，这就保证了加工过程中工艺系统弹性变形小，故可获得较高的加工精度和表面质量。孔径精度可达IT5级，表面粗糙度 R_a 值可达0.4～0.2μm。孔径在15～100mm范围内，尺寸误差可保持在5～8μm以内，还能获得较高的孔轴心线的位置精度。当要求表面粗糙度 R_a 值小于0.08μm时，必须使用金刚石刀具。金刚石刀具主要适用于铜、铝等有色金属及其合金的精密加工。

3. 珩磨和研磨孔

（1）珩磨　珩磨是用珩磨头对孔进行精密加工的工艺方法。珩磨能获得很高的尺寸精度和形状精度，珩磨孔的尺寸精度可达到IT6，圆度和圆柱度可达0.003～0.005mm，表面粗糙度R_a值可达0.2～0.025μm。珩磨生产率高，应用范围广，可加工铸铁、淬硬或不淬硬的钢件，但不宜加工易堵塞油石的韧性金属。另外，珩磨加工不能修正孔的相互位置误差，因此，珩磨需要在磨削或精镗的基础上进行，以保证其位置精度。珩磨加工孔径为ϕ15～ϕ500mm，也可加工$L/D>10$以上的深孔。因此，珩磨工艺广泛用于汽车、拖拉机和轴承制造业中的大量生产，也适用于各类机械制造中的批量生产。如珩磨缸套、连杆孔、液压阀体孔，以及珩磨汽车制动分泵、总泵缸孔等。

珩磨是一种低速磨削，与磨削原理基本相同。珩磨时，珩磨头上的砂条（油石）在一定压力下，与工件加工表面之间产生复杂的相对运动，珩磨头上的磨粒起切削、刮擦和挤压作用，从加工表面上切下极薄的金属层。

珩磨时，珩磨头的油石具有三种运动：旋转运动、往复运动和施加压力的径向运动，如图9-50a所示。旋转和往复运动是其主要运动，这两种运动的组合，使油石上磨粒在孔表面上的切削轨迹形成交叉而又不相重复的网纹，如图9-50b所示。因此，这种加工方式易获得较细的加工表面。

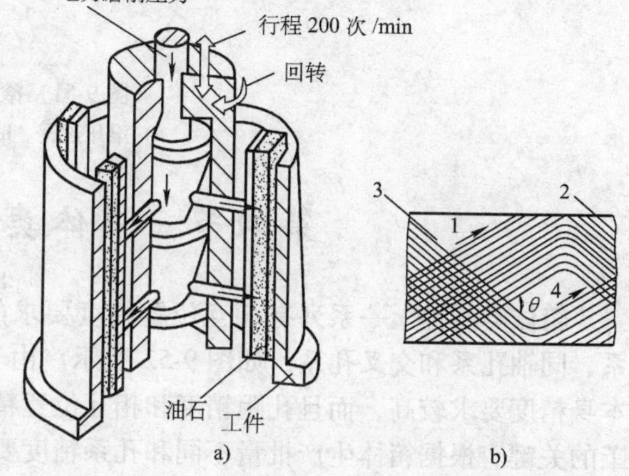

图9-50　珩磨的成形运动及其切削轨迹
a）成形运动　b）一根油石在双行程中的切削轨迹
1、2、3、4—纹痕形成的顺序　θ—网纹交叉角

（2）研磨　研磨也是孔常用的一种光整加工方法，需在精镗、精铰或精磨后进行。研磨孔的原理与研磨外圆相同，研磨方法二者恰恰相反。内孔研磨是将工件套在研磨棒上进行的。研磨棒的外径应比工件内径小0.01～0.025mm。研磨具有以下主要特点：

1）研具采用比工件软的材料（铸铁、铜、青铜、巴氏合金及硬木等）制成。研磨时，部分磨粒悬浮于工件与研具之间，还有部分磨粒则嵌入研具的表面层，工件与研具作相对运动，磨料就在工件表面上切除很薄的一层金属（主要是上道工序留下的凸峰）。

2）研磨工艺不仅是用磨粒加工金属，同时还有化学作用。磨料混合液（或研磨膏）使工件表面形成氧化层，使之易于被磨料所切除，因而大大加速了研磨过程的进行。

3）研磨时研具和工件的相对运动是较复杂的，因此，每一磨粒不会在工件表面上重复自己的运动轨迹，这样就有可能均匀地切除工件表面的凸峰。

4）因为研磨是在低速低压下进行的，所以研磨后精度可达IT6级以上，表面粗糙度R_a值小于0.16μm。但研磨不能校正孔的位置误差，孔的位置精度只能由上一道工序保证。

5）手工研磨工作量大，生产率低；对机床设备的精度条件要求不高；金属材料和非金属材料都可进行研磨。

4. 滚压内孔

内孔滚压原理与外圆滚压相同。由于滚压加工生产率高，常以之代替珩磨加工。内孔滚压后，精度在0.01mm以内，表面粗糙度R_a值为0.16μm或更细。滚压加工对材料的疏密、软硬均匀性非常敏感，材质不均会严重影响滚压质量。滚压加工能强化表面，提高加工表面硬度和耐磨性。滚压可以在普通机床上利用滚压装置进行，不需专用设备，所以在生产中应用较多。图 9-51 为滚压加工示意图。

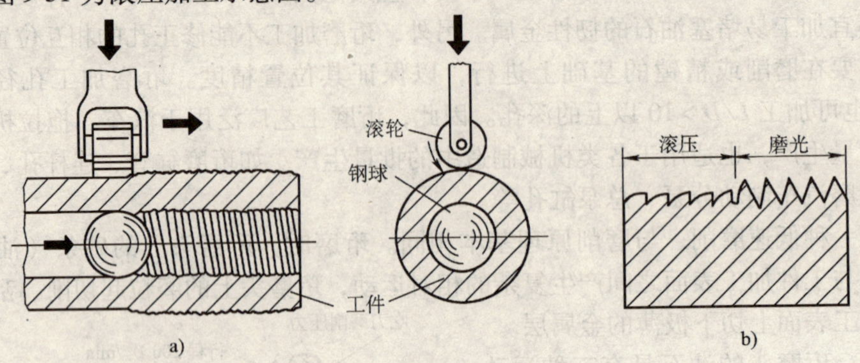

图 9-51　滚压加工

a）滚压过程　b）滚压表面

第四节　箱体类零件孔系加工

箱体类零件上一系列有相互位置精度要求的孔的组合，称为孔系。孔系可分为平行孔系、同轴孔系和交叉孔系，如图 9-52 所示。由于箱体的功用及结构需要，箱体上的孔往往本身精度要求较高，而且孔距精度和相互位置精度也较高，所以，孔系加工是箱体类零件加工的关键。根据箱体生产批量不同和孔系精度要求不同，孔系加工所用的方法也不同。

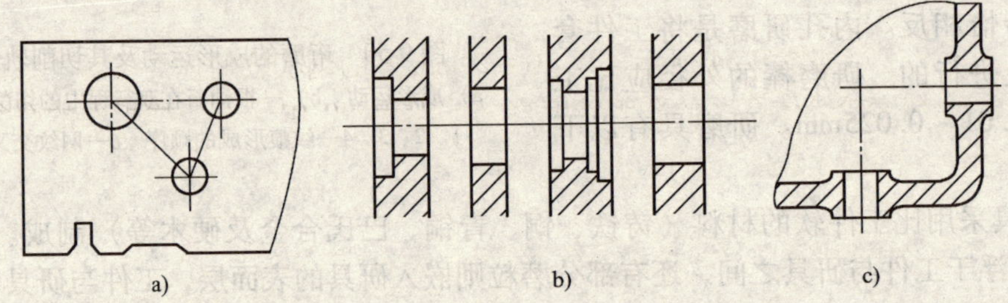

图 9-52　孔系分类

a）平行孔系　b）同轴孔系　c）交叉孔系

一、平行孔系的加工

平行孔系加工的主要技术要求是保证孔的加工精度，保证各平行孔轴心线之间以及轴心线与基面之间的尺寸精度和位置精度。下面主要介绍生产中保证孔距精度的方法。

1. 找正法

找正法是工人在通用机床上利用辅助工具来找正要加工孔的正确位置的一种方法。这种方法效率低，一般只适用于单件小批量生产。

（1）划线找正法　加工前根据图样要求在毛坯上划出各孔的加工位置线，然后按划线找正和加工。划线和找正时间较长，生产率低，而且加工出来的孔距精度也较低，一般为 ±0.3mm左右。为了提高划线找正的精度，往往结合试切法进行，即先按划线找正镗出一个孔，再按划线将机床主轴调至第二个孔中心，试镗出一个比图样尺寸小的孔，测量两孔的实际中心距，若不符合图样要求，则根据测量结果重新调整主轴的位置，再进行试镗、测量、调整，如此反复几次，直至达到要求的孔距尺寸。这种方法操作难度较大，生产率低，孔距精度不高，适用于单件小批生产中孔距要求不高的孔系加工。

（2）心轴和块规找正法　如图9-53a所示，镗第一排孔时将精密心轴插入镗床主轴孔内（或直接利用镗床主轴），然后根据孔和定位基准的距离组合一定尺寸的块规来校正主轴位置。校正时，用塞尺测量块规与心轴之间的间隙，以避免块规与心轴直接接触而损伤块规。镗第二排孔时，分别在机床主轴和已加工孔中插入心轴，采用同样方法来确定主轴轴线的位置，如图9-53b所示。这种找正法的孔距精度可达到±0.03mm。

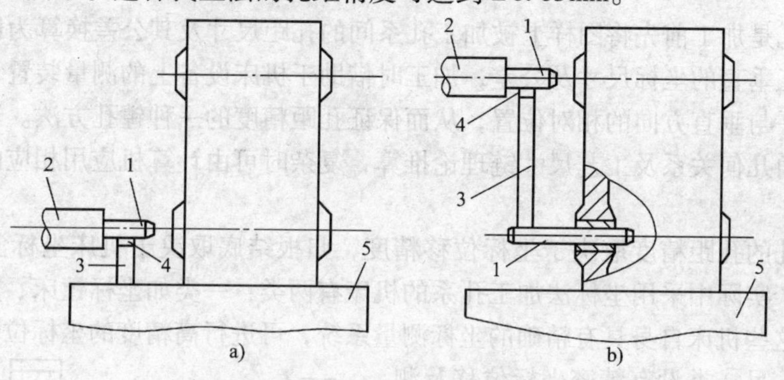

图9-53　心轴和块规找正

1—心轴　2—镗床主轴　3—块规　4—塞尺　5—镗床工作台

（3）样板找正法　如图9-54所示，用10~20mm厚的钢板按箱体的孔系关系制造样板1，样板上的孔距精度较箱体孔系的孔距精度高（一般为±0.01mm），样板上的孔径较工件孔径大，以便镗杆通过。样板上孔径尺寸精度不高，但有较高的形状精度和较小的表面粗糙度值。使用时将样板准确地装到工件上（垂直于各孔的端面），在机床主轴上装一个千分表2，按样板逐个找正主轴位置，换上镗刀即可加工。此方法找正迅速，不易出错，孔距精度可达±0.05mm，且样板成本低（仅为镗模成本的1/7~1/9），常用于小批量大型箱体的加工。

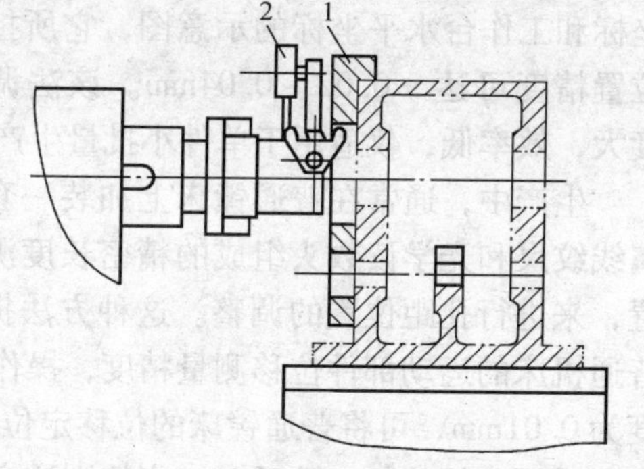

图9-54　样本找正法

1—样板　2—千分表

2. 镗模法

镗模法加工孔系是用镗模板上的孔系保证工件上孔系位置精度的一种方法，在中批、大批量生产中被广泛采用。镗孔时，工件装夹在具有镗模板的夹具（镗模）上，镗杆被支承在镗模的导向套里，由导套引导镗刀杆在工件的正确位置上镗孔。当用两个或两个以上的支架引导镗杆时，镗杆与机床主轴大多采用浮动连接，这时机床主轴的回转精度对加工精度影响很小，孔距精度主要取决于镗模的制造精度。图9-55所示为镗杆与机床主轴浮动连接的一种结构形式。

用镗模法加工孔系时，工艺系统的刚性大大提高，有利于多刀同时切削，定位夹紧迅速，节省了找正、调整等辅助时间，生产效率高。当然，由于镗模自身存在制造误差，导套与镗杆之间存在间隙与磨损，所以孔系的加工精度不可能很高。孔距精度一般为 ±0.05mm，同轴度和平行度可达 0.02 ~0.05mm。另外，镗模精度高，制造成本高，周期长，因此，镗模法主要适合于批量生产的中小型零件上孔系的加工。

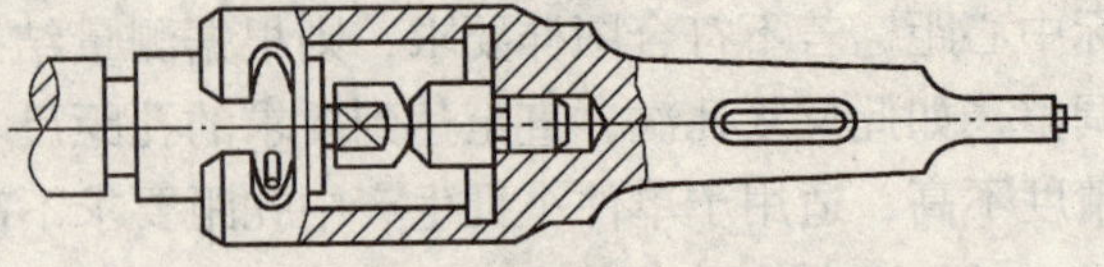

图 9-55 镗杆与机床主轴浮动连接的结构形式

3. 坐标法

坐标法镗孔是加工前先将图样上被加工孔系间的孔距尺寸及其公差换算为以机床主轴中心为原点的相互垂直的坐标尺寸及公差，加工时借助于机床设备上的测量装置，调整机床主轴与工件在水平与垂直方向的相对位置，从而保证孔距精度的一种镗孔方法。进行尺寸换算时，可利用三角几何关系及工艺尺寸链理论推算，复杂时可由计算机应用相应的坐标转换计算程序完成。

坐标法镗孔的孔距精度取决于坐标位移精度，归根结底取决于机床坐标测量装置的精度。目前，生产实际中采用坐标法加工孔系的机床有两类：一类如坐标镗床、数控镗铣床或加工中心等。这些机床自身具有精确的坐标测量系统，可进行高精度的坐标位移、定位及测量等坐标控制；另一类没有精密坐标位移及测量装置，如普通镗床等。用前一类机床加工孔系，孔距精度主要由机床本身的坐标控制精度决定。用后一类机床加工孔系，往往采用相应的工艺措施以保证坐标位移精度。图 9-56 为在普通镗床上用百分表 1 和块规 2 调整主轴垂直坐标和工作台水平坐标的示意图，它所控制的位置精度可达 ±0.02 ~0.04mm。该法调整难度大，效率低，仅适用于单件小批量生产中。

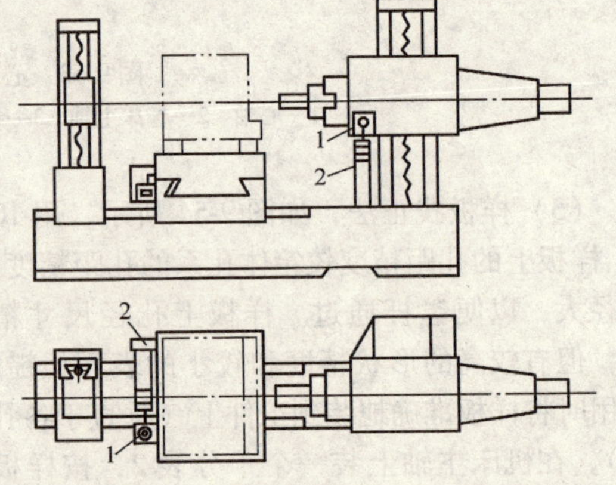

图 9-56 在普通镗床上用坐标法加工孔系

1—百分表 2—块规

生产中，通常在普通镗床上加装一套由金属线纹尺和光学读数头组成的精密长度测量装置，来进行孔距位置的调整。这种方法提高了普通机床的运动部件位移测量精度，操作方便，精度较高，应用广泛。光学读数头的读数精度为 0.01mm，可将普通镗床的位移定位精度提高到 ±0.02mm 左右。

采用坐标法加工孔系时，应特别注意基准孔和镗孔顺序的选择，否则，坐标尺寸的累积误差会影响孔距精度。基准孔应选择本身尺寸精度高、表面粗糙度值小的孔，以使在加工过程中可方便地校验其坐标尺寸。有孔距精度要求的两孔应连在一起加工以减少累积误差；加工中尽可能使工作台向一个方向移动，避免工作台往复移动由进给机构的间隙造成累积误差。

二、同轴孔系的加工

同轴孔系的加工主要是保证各孔的同轴度要求。在批量生产中，同轴孔系的同轴度几乎都由镗模保证。在单件小批生产中，同轴度精度的保证可采用如下工艺方法。

1. 利用已加工孔作支承导向

如图9-57所示，当加工箱壁距离较近的同轴孔时，箱体前壁上的孔加工好后，在孔内装一导向套，支承和引导镗杆加工后壁上的孔，以保证两孔的同轴度要求。

2. 利用镗床后立柱上的导向套支承导向

这种方法是采用镗杆两端支承，刚性好，但调整麻烦，镗杆较长，往往用于大型箱体的加工。

3. 采用调头镗

当箱体的箱壁上的同轴孔相距较远时，采用调头镗较为合适。加工时，工件一次装夹完，镗好一端的孔后，将镗床工作台回转180°，再镗另一端的孔。考虑到调整工作台回转后会带来误差，所以实际加工中一般用工艺基面校正，具体方法如下：

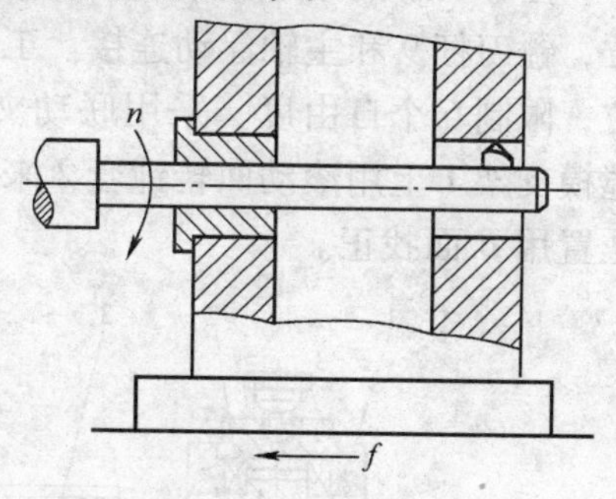

图9-57　利用已加工孔作支承导向

镗孔前用装在镗杆上的百分表对箱体上与所镗孔轴线平行的工艺基面进行校正，使其和镗杆轴线平行，如图9-58a所示。当加工完*A*壁上的孔后，工作台回转180°，并用镗杆上的百分表沿此工艺基面重新校正，如图9-58b所示。校正时使镗杆轴线与*A*壁上的孔轴线重合，再镗*B*壁上的孔。

三、垂直孔系的加工

箱体上垂直孔系的加工主要是控制有关孔的垂直度误差。成批生产中多采用镗模法，垂直度精度由镗模保证。单件小批量生产时，垂直度一般靠普通镗床工作台上的90°对准装置（挡块）来保证，但对准精度低，还要借助心轴与百分表找正，如图9-59所示。在已加工好的孔中插入心轴，然后将工作台旋转90°，移动工作台用百分表找正。

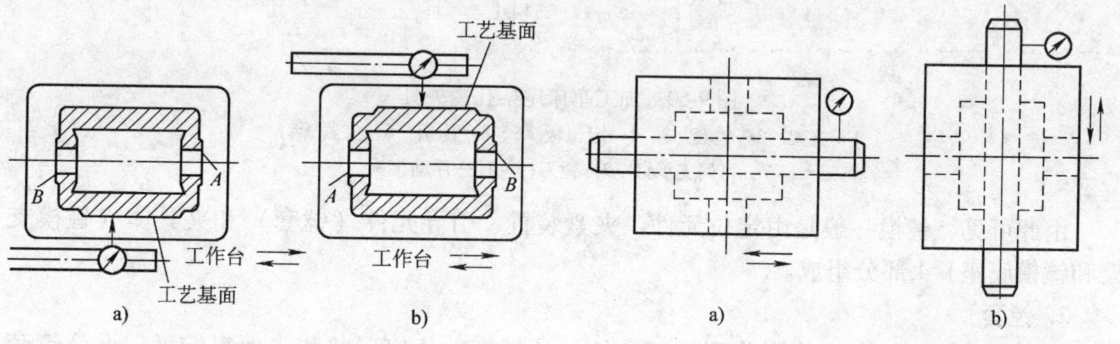

图9-58　调头镗对工件的校正
a）第一工位　b）第二工位

图9-59　找正法加工垂直孔
a）第一工位　b）第二工位

四、镗床夹具（镗模）

在机械加工中，许多产品的关键零件——机座、箱体等，往往需要进行精密孔系的加工。这些孔系不但要求孔的尺寸和形状精度高，而且各孔间及孔与其他基准面之间的相互位置精度也较高，用一般的办法加工很难保证。为此，工程技术人员设计了各种专用镗孔夹具（镗模），来解决孔系的加工问题。采用镗模后，镗孔精度基本上不受机床精度的影响，对于缺乏高精度镗床的中、小型工厂尤为必要，在大批量生产中还可采用多轴联动镗床通过专用镗模同时镗孔，大大提高了生产效率。

1. 镗模的结构组成

图 9-60 所示为加工车床尾架孔用的镗模。镗模的两个支承分别设置在刀具的前方和后方，镗刀杆 9 和主轴浮动连接。工件以底面、槽及侧面在定位板 3、4 及可调支承钉 7 上定位，限制 6 个自由度。采用联动夹紧机构，拧紧夹紧螺钉 6，压板 5、8 同时将工件夹紧。镗模支架 1 上用滚动回转镗套 2 来支承和引导镗杆。镗模以底面 *A* 安装在机床工作台上，其位置用 *B* 面找正。

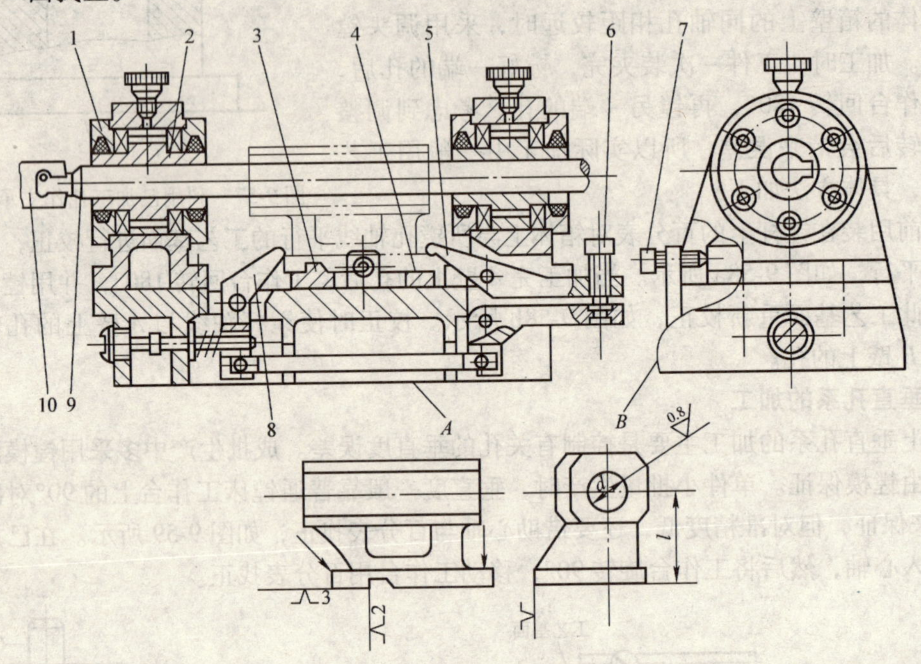

图 9-60　加工车床尾架孔镗夹具

1—支架　2—镗套　3、4—定位板　5、8—压板　6—夹紧螺钉
7—可调支承钉　9—镗刀杆　10—浮动接头

由此可见，镗模一般是由定位元件、夹紧装置、引导元件（镗套）和夹具体（镗模支架和镗模底座）4 部分组成。

2. 镗套

镗套的结构和精度直接影响到加工孔的尺寸精度、几何形状和表面粗糙度。设计镗套时，可按加工要求和情况选用标准镗套，特殊情况则可自行设计。

（1）镗套的分类及结构　一般镗孔用的镗套，主要有固定式和回转式两类。

1）固定式镗套。它和一般钻套的结构基本相似。它固定在镗模支架上，不随镗杆一起转动，镗杆与镗套之间有相对运动，存在摩擦。固定式镗套具有外形尺寸小，结构紧凑，制造简单，容易保证镗套中心位置的准确等优点。固定式镗套只适用于低速加工，否则镗杆与镗套间容易因相对运动发热过高而咬死，或者造成镗杆迅速磨损。

图 9-61 为标准固定镗套结构。A 型无润滑装置，需在镗杆上滴润滑油；B 型自带润滑油杯，只需定时在油杯中注油，就可保持润滑，因而使用方便，润滑性能好。固定式镗套结构已标准化，设计时可参阅国标 GB/T 2266—1991。

2）回转式镗套。在镗孔过程中能随镗杆一起转动，镗杆与镗套之间只有相对移动而无相对转动。在高速镗孔时，可以避免镗杆与镗套发热咬死，从而改善了镗杆的磨损情况。在立式镗模中，若采用上、下镗套双面导向，为了避免因切屑落入下镗套内而使镗杆卡住，下镗套多采用回转式镗套。

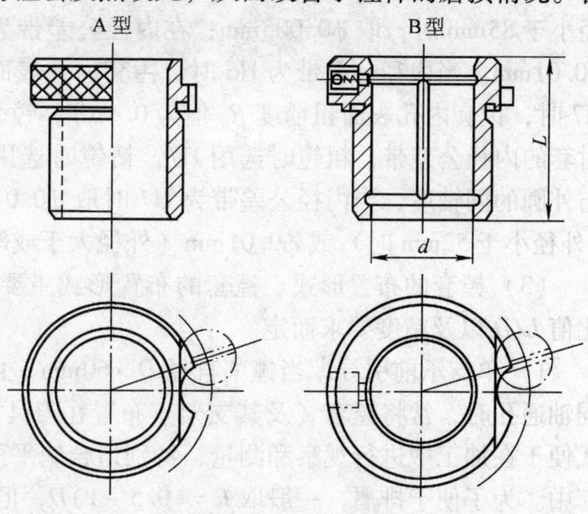

图 9-61　固定镗套

由于回转式镗套要随镗杆一起转动，所以镗套必须另用轴承支承。按所用轴承型式的不同，回转式镗套又分为滑动镗套和滚动镗套两类，如图 9-62 所示。

滑动镗套是由滑动轴承来支承。滑动镗套中开有键槽，镗杆上的键通过键槽带动镗套回转。滑动镗套的径向尺寸小，减振性好，承载能力比滚动镗套大，适用于孔心距较小而孔径却很大的孔系加工，有利于减小被镗孔的表面粗糙度。但若润滑不够充分或镗杆的径向切削负荷不均衡，则易使镗套和轴承咬死。另外，滑动镗套的工作速度不能过高。

滚动镗套是由滚动轴承来支承。根据需要，镗套内孔上也可相应地开出键槽或引刀槽。采用滚动轴承支承镗杆后，使设计、制造和维修均简化方便，可以大大提高镗杆转速，润滑要求比滑动镗套低，可在润滑不充分时，取代滑动镗套。但滚动镗套结构尺寸较大，不适用孔心距很小的镗模。另外，其回转精度也受滚动轴承精度的限制，一般比滑动模套要略低。

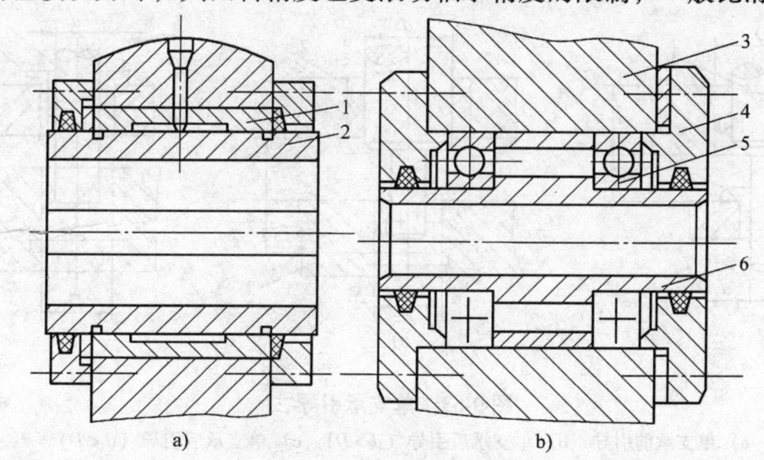

图 9-62　回转式镗套

a）滑动镗套　b）滚动镗套

1—轴承套　2、6—镗套　3—支架　4—轴承端盖　5—滚动轴承

（2）镗套材料与主要技术条件　标准镗套的材料与主要技术条件可参阅有关设计资料。非标准固定式镗套设计时，镗套的材料选用渗碳钢（20 钢、20Cr 钢），渗碳深度为 0.8 ~ 1.2mm，淬火硬度为 55 ~ 60HRC。一般情况，镗套的硬度应比镗杆低。

镗套内径的公差带取 H6 或 H7，镗套外径的公差带取 g6（粗镗）或 g5（精镗）。镗套内孔与外圆的同轴度，在内径公差带为 H7 时，取 ϕ0.01mm；在内径公差带为 H6 时，且外径小于 85mm 时，取 ϕ0.005mm；在内径公差带为 H6 时，且外径大于或等于 85mm 时，取 ϕ0.01mm。当内径公差带为 H6 时，镗套内孔表面粗糙度 R_a 值为 0.2μm；当内径公差带为 H7 时，镗套内孔表面粗糙度 R_a 值为 0.4μm，镗套外圆表面粗糙度 R_a 值为 0.4μm。镗套用衬套的内径公差带，粗镗时选用 H7，精镗时选用 H6；衬套的外径公差带为 n6。衬套内孔与外圆的同轴度，当内径公差带为 H7 时取 ϕ0.01mm，当内径公差带为 H6 时取 ϕ0.005mm（外径小于 52mm 时）或 ϕ0.01mm（外径大于或等于 52mm 时）。

（3）镗套的布置形式　镗套的布置形式主要是根据被加工孔的直径 D、孔长与孔径的比值 L/D 以及精度要求而定。

1）单支承前引导。当镗削直径 $D>60$mm，且 $L/D<1$ 的通孔或小型箱体上单向排列的同轴通孔时，常将镗套（及其支架）布置在刀具加工部位的前方，如图 9-63a 所示。这种方式便于在加工中进行观察和测量，特别适合锪平面或攻螺纹的工序，其缺点是切屑易带入镗套中。为了便于排屑，一般取 $h=(0.5\sim1)D$，但 h 不应小于 20mm。

2）单支承后引导。当 $D<60$mm 时，常将镗套布置在刀具加工部位的后方（即主轴和工件之间）。当加工 $L<D$ 的通孔或小型箱体的不通孔时，应采用如图 9-63b 所示的布置方式（$d>D$），这种方式刀杆刚性很大，加工精度高，且用于立镗时无切屑落入镗套。当加工 $L>(1\sim1.25)D$ 的通孔和不通孔时，应采用如图 9-63c 所示的布置方式（$d<D$），这种方式使刀具与镗套的垂直距离 h 大大减少，提高了刀具的刚度。镗套的长度（相当于钻套高度）H 常根据镗杆导向部分的直径 d 来选取，一般取 $H=(2\sim3)d$。h 可参考钻模的情况确定，在卧式镗床、组合机床上使用时常取 $h=60\sim100$mm。

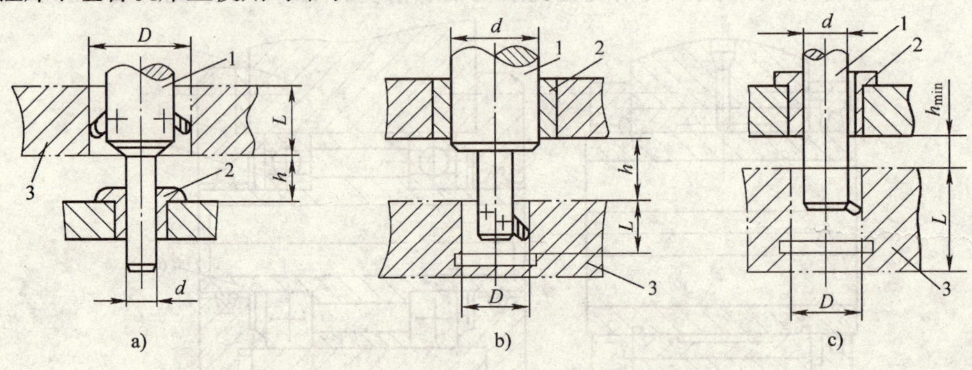

图 9-63　单支承引导

a）单支承前引导　b）单支承后引导（$d>D$）　c）单支承后引导（$d<D$）

1—镗杆　2—镗套　3—工件

3）双支承前、后引导。导向支架分别装在工件两侧，如图 9-64a 所示。当镗削长度 $L>1.5D$ 的通孔且孔径较大，或排列在同一轴线上的几个孔，并且其位置精度也要求较高时，宜采用双支承前、后引导。这种引导方式的缺点是镗杆较长，刚性差，更换刀具不方便。

4）双支承后引导。当在某些情况下，因条件限制不能使用前、后双引导时，可在刀具后方布置两个镗套，如图 9-64b 所示。这种布置方式装卸工件方便，更换镗杆容易，便于观察和测量，较多应用于大批生产中。由于镗杆在受切削力时呈悬臂状，为了提高刀具的刚度，一般镗杆外伸端应满足 $L_1 < 5d$。

不论单面双支承还是双面单支承，布置的两镗套一定要同轴，且镗杆与机床主轴之间应采用浮动连接。

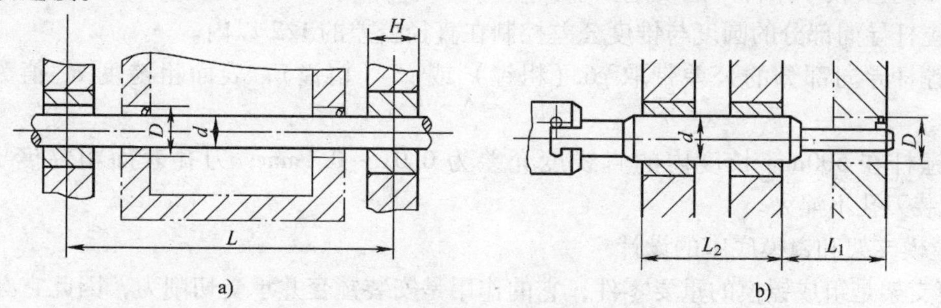

图 9-64　双支承引导

a）双支承前、后引导　b）双支承后引导

3. 镗杆

图 9-65 为用于固定式镗套的镗杆导向部分的结构。当镗杆导向部分直径 $d < 50$mm 时，镗杆常采用整体式结构（见图 9-65a、b、c）。当直径 $d > 50$mm 时，常采用图 9-65d 所示的镶条式结构，镶条应采用耐磨材料如铜或钢制作。镶条磨损后可在底部加垫片，重新修磨使用。

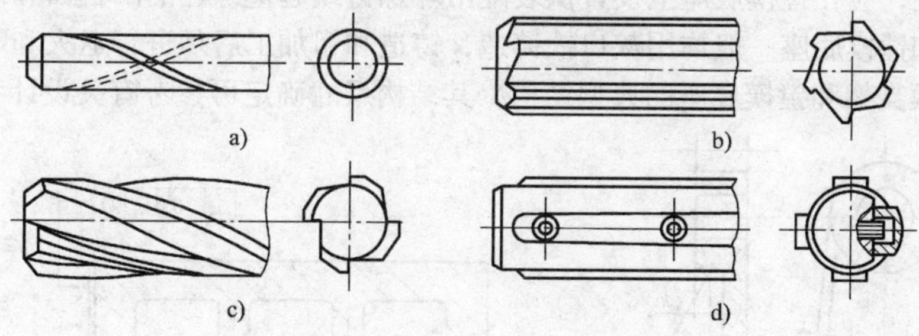

图 9-65　镗杆导向部分结构

设计镗杆时，应考虑镗杆的刚度和镗孔时应有的容屑空间。镗孔直径 D、镗杆直径 d、镗刀截面 $B \times B$ 之间的关系，一般按

$$d = (0.6 \sim 0.8)D \qquad \frac{D-d}{2} = (1 \sim 1.5)B$$

考虑，或参照表 9-3 选取。

表 9-3　镗杆直径 d、镗刀截面 $B \times B$ 与被镗孔直径 D 的关系

D/mm	30 ~ 40	40 ~ 50	50 ~ 70	70 ~ 90	90 ~ 110
d/mm	20 ~ 30	30 ~ 40	40 ~ 50	50 ~ 65	65 ~ 90
$B \times B$/mm × mm	10 × 10	10 × 10	12 × 12	16 × 16	16 × 16　20 × 20

注：表中所列镗杆直径的范围，在加工小孔时取大值；在加工大孔时，若导向好，切削负荷小则可取小值；一般取中间值；若导向不良，切削负荷大时则可取大值。

镗杆的轴向尺寸，应按镗孔系统图上的有关尺寸确定。镗杆的材料通常采用 20 钢、20Cr 钢，大直径的镗杆，还可采用 45 钢、40Cr 钢或 65Mn 钢等。

镗杆的主要技术条件一般规定如下：

1）镗杆导向部分的圆度与锥度公差控制在直径公差的 1/2 以内。

2）镗杆导向部分的公差带取 g6（粗镗）或 g5（精镗），表面粗糙度 R_a 值为 0.8 ~ 0.4μm。

3）镗杆在 500mm 长度内的直线度允差为 0.01 ~ 0.1mm；刀孔表面粗糙度 R_a 值为 1.6μm，装刀孔不淬火。

4. 镗模支架和镗模底座的设计

镗模支架是组成镗模的重要零件，它的作用是安装镗套并承受切削力，因此它必须有足够的刚度和稳定性，有较大的安装基面和必要的加强肋，以防止加工中受力时产生振动和变形。为了保持支架上镗套的位置精度，设计中不允许在支架上设置夹紧机构或承受夹紧反力。镗模支架与底座的连接，一般采用螺钉紧固的结构。在镗模装配时，调整好支架正确位置后要用两个对定销定位。

镗模底座是安装镗模其他所有零件的基础件，并承受加工中的切削力和夹紧的反作用力，因此底座要有足够的强度和刚度。镗模底座上应设置找正基面，以找正镗模在机床上的正确工作位置。找正基面与镗套轴线的平行度为 0.01/300mm。为减少加工面积和刮研劳动量，镗模底座上安装各零、部件的结合面应做成高为 5mm 的凸台面。考虑镗模在装配和使用中搬运的方便，应在镗模底座上设置供装配吊环螺钉或起重螺栓的凸台面和螺孔。

镗模支架和镗模底座一般均用灰口铁铸造，铸造和粗加工后须进行退火和时效处理。图 9-66 所示为镗模支架和镗模底座的典型结构，其结构尺寸确定可参考有关设计手册。

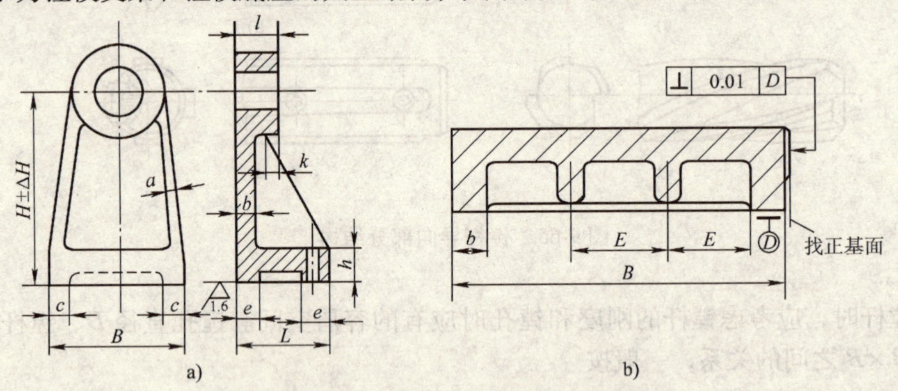

图 9-66 镗模支架和底座典型结构

a）支架 b）底座

第五节 典型箱体类零件加工工艺分析

车床主轴箱是整体式箱体中结构较为复杂、要求又高的一种箱体，其加工难度较大。下面以图 9-2 所示某车床主轴箱为例来分析箱体零件的加工工艺过程。

一、主轴箱的加工工艺过程

通过对图 9-2 所示车床主轴箱的结构工艺性和技术要求的分析，我们在制定箱体加工工艺过程时，依据其生产批量和工厂所具备的条件，应重点考虑如何保证孔的自身精度及孔与孔之间、孔与平面之间的相互位置精度，尤其要注意重要孔与重要的基准平面（常作为装配基准、定位基准）之间的关系，正确选择定位基准，合理的安排工序。表9-4所示为大批量生产该主轴箱的加工工艺过程。

表9-4　主轴箱体的工艺过程（大批量生产）

序号	工序内容	定位基准	序号	工序内容	定位基准
1	铸造毛坯，清砂		9	粗镗各纵向孔	顶面 A 及两工艺孔
2	人工时效处理		10	精镗各纵向孔	顶面 A 及两工艺孔
3	油底漆		11	精镗主轴孔 Ⅰ	顶面 A 及两工艺孔
4	粗铣顶面 A	Ⅰ孔与Ⅱ孔	12	加工横向孔及各面上的次要孔	
5	钻、扩、铰 $2\times\phi8H7$ 工艺孔（将 $6\times M10mm$ 先钻至 $\phi7.8mm$，再将其中两个孔扩钻、铰削至 $\phi8H7$）	顶面 A 及外形	13	磨 B、C 导轨面及前面 D	顶面 A 及两工艺孔
6	粗铣两端面 E、F 及前面 D	顶面 A 及两个工艺孔	14	将 $2\times\phi8H7$ 及 $4\times\phi7.8mm$ 均扩钻至 $\phi8.5mm$，攻 $6\times M10mm$	
7	粗、半精铣导轨面 B、C	顶面 A 及两工艺孔	15	清洗、去毛刺、倒角	
8	粗磨顶面 A	导轨面 B、C	16	检验	

二、主轴箱加工工艺分析

1. 拟订加工工艺过程的基本原则

从表9-4中可看出，该主轴箱加工工艺过程遵循了“先面后孔”、“加工阶段粗、精分开”，以及“工序间合理安排热处理”的工序原则。该主轴箱顶面 A 是加工支承孔系时的精基准，工序安排时，先以铸造孔Ⅰ和Ⅱ加工出顶面 A，再以 A 面定位加工各孔，这样既有利于保证了孔的加工要求，同时可以使孔的加工余量均匀。另外，由于该主轴箱结构复杂，壁厚不均匀，刚性差，加工难度大。因此，毛坯铸造完后先安排了时效去应力处理，同时对主轴箱上的重要加工表面（如顶面 A、导轨面 B、C 以及各纵向孔面等）都安排了粗、精加工两个阶段，以减少应力和变形的影响，确保其精度要求。

2. 粗基准的选择

箱体类零件一般都选择重要孔（如本例中主轴孔Ⅰ）为粗基准。但生产批量不同，实现以主轴孔为粗基准的工件装夹方式是不同的。以图9-2主轴箱为例分析如下：

1）中小批量生产时，由于毛坯精度较低，一般采用划线找正装夹工件。如图9-67a所示，首先将主轴箱体用千斤顶安放在平台上，调整千斤顶使主轴孔Ⅰ、A 面与台面基本平行，D 面与台面基本垂直。根据毛坯的主轴孔划出主轴孔水平线Ⅰ—Ⅰ（注意：在四个面上均要划出）作为第一校正线。划此线时，应根据图样要求，检查所有加工部位在水平方向是否均有加工余量，若有的加工部位无加工余量，则需要重新调整Ⅰ—Ⅰ线的位置，作必要的纠正，直到所有的加工部位均有加工余量，才能将Ⅰ—Ⅰ线最终确定下来。Ⅰ—Ⅰ线确定之后，即可画出 A 面和 C 面的加工线。然后将箱体翻转90°，如图9-67b所示，将 D 面一端置于三个千斤顶上，调整千斤顶使Ⅰ—Ⅰ线与台面垂直（用大角尺在两个方向上校正），根据毛坯的主轴孔并考虑各加工部位在垂直方向的加工余量，按照上述同样的方法划出主轴孔的垂直轴线Ⅱ—Ⅱ作为第二校正线（也在四个面上均画出）。依据Ⅱ—Ⅱ线画出 D 面加工线。再将箱体翻转 90°，如图 9-67c 所示，将 E 面一端至于三个千斤顶上，使Ⅰ—Ⅰ线、Ⅱ—Ⅱ线与台面垂直。根据凸台高度尺寸，先画出 F 面，再画出 E 面加工线。

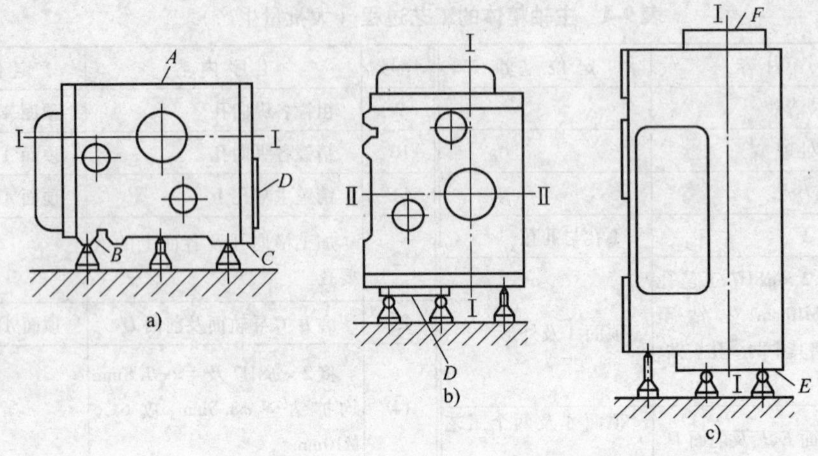

图 9-67　以主轴孔为粗基准时划线找正

2）大批大量生产时，毛坯精度较高，可直接以主轴孔在如图 9-68 所示的夹具上定位装夹。

先将工件放在 1、3、5 预支承上，并使箱体侧面紧靠支架 4，端面紧靠挡销 6，进行工件预定位。然后操纵手柄 9，将液压控制的两个短轴 7 伸入主轴孔中。每个短轴上有三个活动支柱 8，分别顶住主轴孔的毛面，将工件抬起，离开 1、3、5 各支承面，使主轴孔轴线与两短轴轴线重合，此时主轴孔即为定位粗基准。为了限制工件绕两短轴 7 转动自由度，在工件抬起后，调节两可调支承 12，辅以简单找正后，使顶面基本成水平。再用螺杆 11 调整辅助支承 2，使其与箱体底面接触，增加了工艺系统刚度。最后操纵手柄 10，将液压控制的两个夹紧块 13 伸入箱体两端相应孔内压紧工件，即可进行加工。

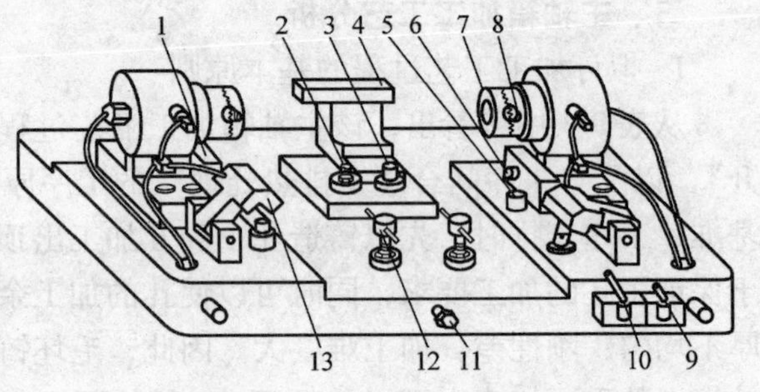

图 9-68　以主轴孔为粗基准铣顶面的夹具

1、3、5—预支承　2—辅助支承　4—支架　6—挡销　7—短轴　8—活动支柱　9、10—操纵手柄　11—螺杆　12—可调支承　13—夹紧块

3. 精基准的选择

主轴箱体加工时，精基准的选择也与生产批量大小有关。在单件小批生产时，用装配基面作定位精基准。如图 9-2 所示主轴箱，在单件小批量加工孔系时，常以其底面导轨 B、C 面为精基准，这样不仅定位稳定可靠，而且消除了主轴孔加工时的基准不重合误差。

在大批量生产时，多采用“一面两孔”作为定位基准。如本例大批量生产主轴箱时便是以顶面 A 和其上两工艺孔为精基准加工各主要面及纵向孔系的，如图 9-69 所示。这种定位方式的不足之处在于定位基准与设计基准不重合，存在基准不重合误差。

实际生产中，一面两孔的定位方式在各种箱体类零件加工中应用十分广泛。因为这种定位方式定位稳定可靠，在一次安装中可以加工除定位面以外的其余5个面上的孔或平面，也可以作为从粗加工到精加工的大部分工序的定位基准，实现“基准统一”。此外，这种定位方式夹紧方便，工件的夹紧变形小，易于实现自动定位和自动夹紧，至于存在的基准不重合误差问题，可通过其他工艺措施去解决。因此，在组合机床与自动生产线上加工箱体类零件时，大多采用这种定位方式。

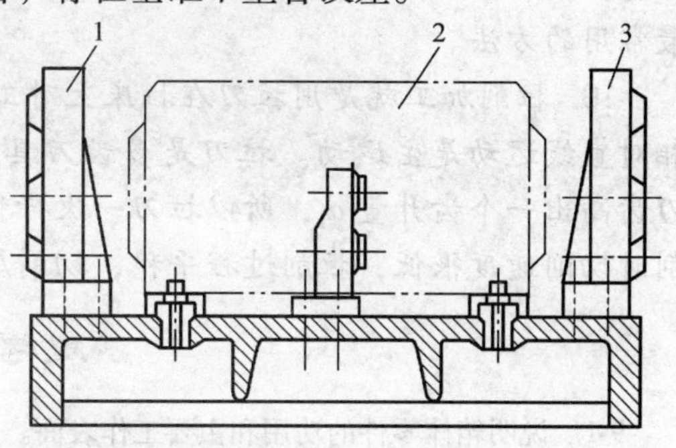

图9-69　主轴箱以一面两孔定位
1、3—夹具　2—主轴箱

本 章 小 结

1. 箱体类零件是各类机器的基础零件，其加工质量直接影响机器的工作精度、使用性能和寿命。箱体类零件的结构复杂、体积较大、壁薄易变形，且有精度要求较高的平面和孔系。

2. 箱体类零件加工时的粗基准一般都选择重要孔（如主轴孔）。单件小批生产时，用装配基准（一般为箱体底面导轨面）作为精基准；批量大时，采用顶面及两个销孔（一面两孔）作为定位精基准。

3. 箱体类零件的加工一般均按“先面后孔”的顺序进行，且因箱体类零件的结构复杂，壁厚不均匀，刚性不好，所以箱体类零件上重要加工表面都要划分粗、精两个加工阶段。

4. 平面是箱体类零件的主要加工表面，常见的平面加工方法有刨削、铣削和磨削三种，对于大批量生产时也可以采用拉削加工。其中，刨削和铣削常用做平面的粗加工和半精加工，而磨削则用做平面的精加工。

5. 铣削是目前应用最广泛的切削加工方法之一，是在铣床上使用旋转多刃刀具（铣刀）对工件进行切削加工的方法。主要适用于平面、台阶、沟槽、成形表面和切断等加工。它也是非回转体零件上平面、沟槽加工最基本的方法。

6. 平面的圆周铣削分为逆铣和顺铣两种方式。逆铣时，切削厚度由零逐渐增大，刀齿在工件过渡表面上要挤压、滑行一段后才能切入工件，使已加工表面产生严重冷硬层，加剧了刀齿的磨损，同时使工件表面粗糙不平。顺铣时，刀齿的切削厚度从最大开始，避免了挤压、滑行现象，加工表面质量好。但使用顺铣法加工时，要消除铣床丝杠螺母之间的间隙。

7. 刨削是平面加工的基本方法之一，它是在刨床上用刨刀对工件做直线往复运动的切削加工方法，主要用于加工平面、沟槽、斜面和成形面等。但刨削加工是单程切削加工，生产率低。刨削是间歇切削，速度低，回程时刀具能得到冷却，所以一般不加切削液。

8. 平面磨削主要在平面磨床上进行。与其他磨削方法一样，平面磨削后可获得高加工精度、小的表面粗糙度值。磨削平面一般在平面铣削或刨削加工基础上进行。它主要用于中小型零件高精度表面及淬火钢等硬度较高的材料表面的加工。

9. 孔表面的加工方法很多，其中钻削加工和镗削加工是加工孔的重要方法。除此之外，还有拉孔、磨孔及珩磨孔、研磨孔、滚压孔等精密加工方法。钻削加工是孔加工工艺方法中最常用的方法。

10. 拉削加工就是用拉刀在拉床上对工件表面进行切削加工的方法。拉刀与工件之间的相对直线运动是主运动。拉刀是多齿刀具，其后一个（或一组）刀齿比前一个（或一组）刀齿高出一个齿升量 a_f，所以拉刀一次行程可完成粗、半精和精加工，生产率高。又由于拉削时切削速度很低，拉削过程平稳，切削厚度小，因此，加工质量好。

思考题与习题

9-1 说明箱体零件的功用和主要工作表面。

9-2 如何安排箱体类零件的加工顺序？一般应遵循哪些原则？

9-3 选择箱体类零件的粗、精基准时应考虑哪些问题？

9-4 孔系有哪几种？其加工方法有哪些？

9-5 铣削加工可完成哪些工作？铣削加工有何特点？

9-6 什么是顺铣和逆铣？试比较其优缺点并说明使用场合。

9-7 能否在 X6132 型铣床上进行顺铣加工？

9-8 刨削加工有何特点？说明其应用范围。

9-9 钻床可以进行哪些加工？

9-10 钻孔、扩孔与铰孔有什么区别？

9-11 钻床和镗床在加工工艺上有什么不同？

9-12 编制如图 9-70 所示箱体零件的机械加工工艺规程，重点说明其内孔加工方案。生产类型为中批生产，材料为 HT200 铸铁。

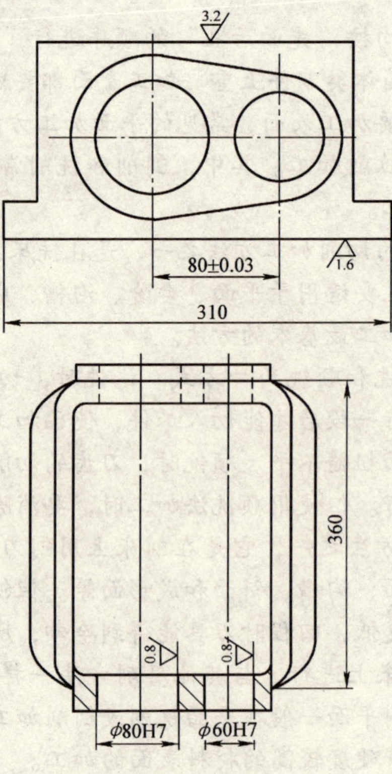

图 9-70 题 9-12 图

第十章　圆柱齿轮的加工

【要点和目的】

通过本章学习，掌握圆柱齿轮的功用、结构特点，了解圆柱齿轮传动的精度要求和常用齿轮的材料、毛坯及热处理等基本知识；熟练掌握圆柱齿轮的齿形加工方法、齿坯加工方法及其特点；深刻理解展成法加工齿形的原理，掌握滚齿和插齿加工齿形的特点、应用场合；了解圆柱齿轮齿形的精加工方法；掌握圆柱齿轮的加工工艺过程。

第一节　概　述

一、圆柱齿轮的功用及结构特点

齿轮是机械传动中的重要零件，具有平均传动比较准确、传动力大、效率高、结构紧凑、可靠性好等优点，应用极为广泛，其功用是按一定的速比传递运动和动力。随着科学技术的发展，对齿轮的传动精度和圆周速度等方面的要求越来越高，因此，齿轮加工在机械制造业中占有重要的地位。

常用的齿轮有圆柱齿轮、锥齿轮、蜗杆蜗轮等，其中圆柱齿轮应用最广。齿轮齿面的表面形状有渐开线、摆线、圆弧表面等。其中，渐开线表面圆柱齿轮是最常用的齿轮。图 10-1 所示为常见齿轮种类。

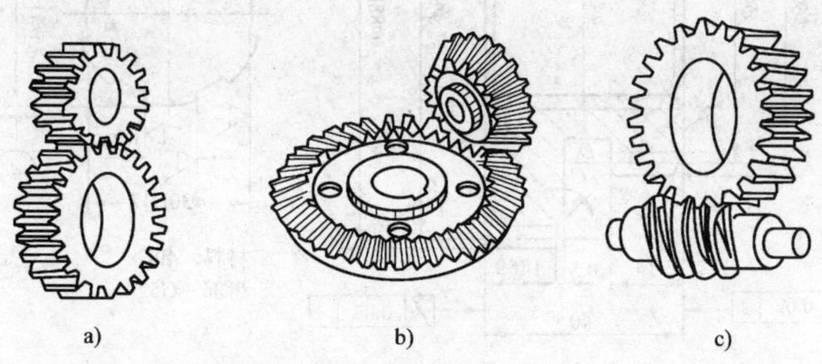

图 10-1　常见齿轮种类

a）圆柱齿轮　b）锥齿轮　c）蜗杆蜗轮

齿轮的结构因其要求不同而具有各种不同的形状，但从工艺角度来看，齿轮均由齿圈（或轮齿）和轮体两部分组成。按照齿圈上轮齿的分布形式，齿轮可分为直齿齿轮、斜齿齿轮、人字齿齿轮等；按照轮体的结构形式，齿轮可大致分为盘形齿轮、套筒类齿轮、轴类齿轮和齿条等（见图 10-2），其中带孔的盘形齿轮在实际生产中应用最广。

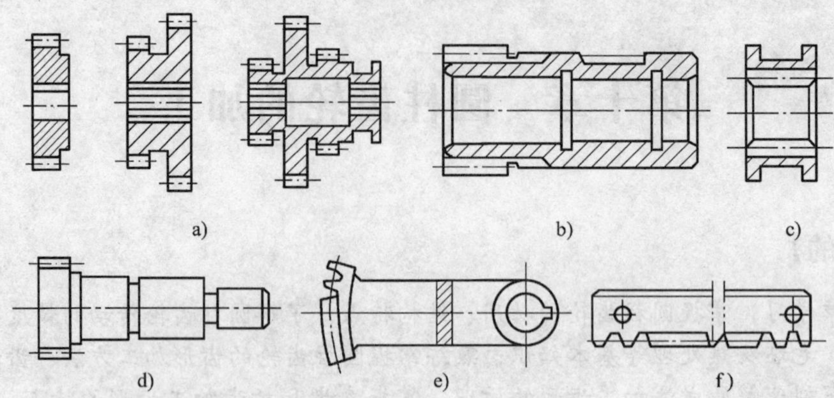

图 10-2 圆柱齿轮的结构形式

a）盘形齿轮 b）套筒类齿轮 c）内齿轮 d）轴类齿轮 e）扇形齿轮 f）齿条

齿轮的主要加工面是齿圈（即轮齿），内孔（或支撑轴颈）为设计基准和装配基准，基准孔常带键槽或花键孔。

二、圆柱齿轮的技术要求

在齿轮加工中，圆柱齿轮的技术要求是以控制其相关加工偏差来控制的。图 10-3 所示为一双联齿轮零件图，表 10-1 为该齿轮的技术要求。

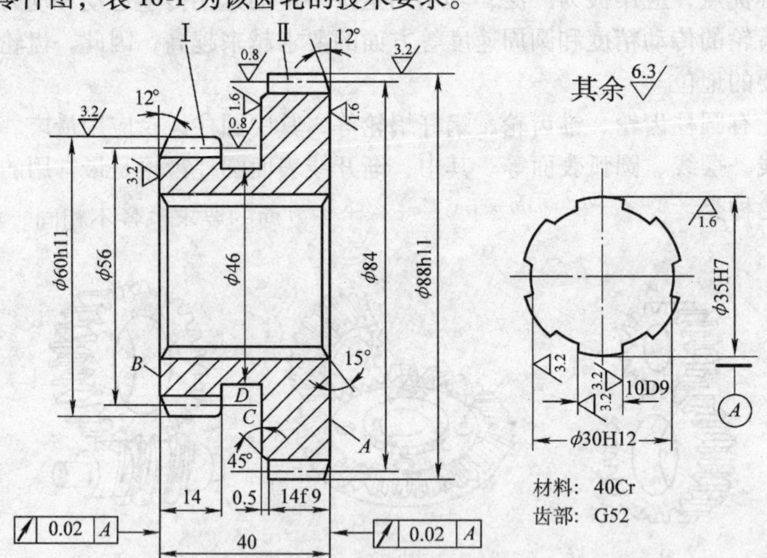

图 10-3 双联齿轮零件图

表 10-1 双联齿轮的技术要求

齿号	模数/mm	齿数	精度等级	径向综合总偏差 F_i''/mm	齿距累积总偏差 F_p/mm	齿廓总偏差 F_α/mm	单个齿距偏差 $\pm f_{pt}$/mm	一齿径向综合偏差 f_i''/mm	螺旋线总偏差 F_β/mm	跨齿数
Ⅰ	2	28	7GB/T10095. 1	0. 043	0. 037	0. 012	±0. 011	0. 013	0. 017	4
Ⅱ	2	42	7GB/T10095. 2	0. 043	0. 037	0. 012	±0. 011	0. 013	0. 017	5

注：Ⅰ和Ⅱ齿圈的齿距累积总偏差 F_p、齿廓总偏差 F_α、单个齿距偏差 f_{pt}、螺旋线总偏差 F_β 等检验项目均为 7 级，按 7GB/T10095. 1—2008 检验；而径向综合总偏差 F_i'' 和一齿径向综合偏差 f_i'' 也为 7 级，按 7GB/T 10095. 2—2008 检验。

1. 圆柱齿轮传动的精度要求

齿轮传动精度的高低，直接影响到整个设备的工作性能、承载能力及使用寿命。为了满足齿轮的使用性能，对齿轮传动提出以下4项精度要求：

（1）传递运动的准确性　它就是要求齿轮在一转范围内，实际速比相对于理论速比的变动量应限制在允许的范围内，以保证从动齿轮与主动齿轮的运动准确协调。

齿轮加工中，齿距累积总偏差 F_p、径向综合总偏差 F''_i、切向综合总偏差 F'_i、齿距累积偏差 F_{pk}、径向跳动 F_r 等是影响齿轮传动准确性的主要原因。其中齿距累积总偏差、径向综合总偏差是必检项目，均不能超出各自的允许值，以保证齿轮传递运动的准确性。

（2）传动的平稳性　它就是要求齿轮在一齿范围内，瞬时速比的变动量限制在允许的范围内，以减小齿轮传动中的冲击、振动和噪声，保证传动平稳。

影响齿轮传动平稳性的主要原因有齿廓总偏差 F_α、一齿径向综合偏差 f''_i、单个齿距偏差 f_{pt}、以及一齿切向综合偏差 f'_i 和齿廓形状偏差 $f_{f\alpha}$ 等，其中前三项是必检项目。所以，为保证齿轮传动平稳性，本例技术要求中提出了该齿轮加工时对应的这三项偏差的允许值。

（3）载荷分布的均匀性　它就是要求齿轮啮合时，齿面接触良好，使齿面上的载荷分布均匀，避免载荷集中于局部齿面，使齿面磨损加剧，影响齿轮的使用寿命。

影响齿轮载荷分布均匀的主要原因有螺旋线总偏差 F_β、螺旋线形状偏差 $f_{f\beta}$、螺旋线倾斜偏差 $f_{H\beta}$ 等，其中螺旋总偏差 F_β 是必检项目。所以，为保证齿轮传动平稳性，本例技术要求中提出Ⅰ号和Ⅱ号齿圈螺旋线总偏差的允许值为0.017mm。

（4）齿侧间隙的合理性　齿轮啮合时，一对轮齿的非工作齿面间应留有一定的间隙（即齿侧间隙），以便存储润滑油、补偿齿轮受力后的弹塑性变形，受热变形以及制造和安装中产生的误差，以防止齿轮在传动中出现卡死和烧伤，保证齿轮正常运转。

由于齿轮传动的用途和工作条件不同，对上述4方面的要求也各不相同。精密机床的分度齿轮和测量仪器的读数装置中的齿轮传动，无线电设备的调谐装置、控制系统中的齿轮传动，其特点是传动功率小、模数小和转速低，主要要求传递运动要准确。机床、汽车、飞机的变速齿轮和汽轮机的减速齿轮，其特点是圆周速度高，传递功率大，主要要求传动平稳，振动小，噪声小。矿山机械、起重机械和轧钢机等低速动力齿轮，其特点是载荷大，传动功率大，转速低，主要要求啮合齿面接触良好，载荷分布均匀。高速或重载齿轮的变形大，要求较大的侧隙；而分度和读数齿轮，要求正反转空程小，所以侧隙要小。

2. 渐开线圆柱齿轮的精度等级

国家质检总局于2008年3月31日发布GB/T 10095.1—2008及GB/T 10095.2—2008渐开线圆柱齿轮精度的新标准，要求在2008年9月1日起实施，并宣布原GB/T 10095.1—2001及GB/T 10095.2—2001同时废止。

在新标准中，对单个齿轮轮齿同侧齿面偏差规定了0~12共13个精度等级，其中0级是最高的精度等级，而12级是最低的精度等级。0~2级目前一般单位尚不能制造，称为有待发展的展望级；3~5级为高精度等级；6~8级为中等精度等级，使用最广；9级为较低精度等级；10~12级为低精度等级。另外，对单个齿轮的径向综合偏差规定了4~12共9个精度等级，其中4级最高，12级最低。

据资料介绍，在齿轮精度为5~8级的范围内，如圆柱齿轮的精度提高一级，则价格要提高60%~80%左右。因此，齿轮精度等级的选择应考虑齿轮传动的用途、使用要求、工作条件以及其他技术要求。在满足使用要求的前提下，应尽量选择较低精度等级。表 10-2 给出了各精度等级圆柱齿轮的适用范围和切齿方法，供参考。

表 10-2 圆柱齿轮精度的适用范围

精度等级	工作条件与适用范围	圆周速度 m/s		齿面的最后加工
		直齿	斜齿	
3	用于最平稳且无噪声的极高速下工作的齿轮；特别精密的分度机构齿轮；特别精密机械中的齿轮；控制机构齿轮；检测 5、6 级的测量齿轮	>50	>75	特精密的磨齿和珩齿用精密滚刀滚齿或单边剃齿后的大多数不经淬火的齿轮
4	用于精密分度机构的齿轮；特别精密机械中的齿轮；高速透平齿轮；控制机构齿轮；检测 7 级的测量齿轮	>40	>70	精密磨齿；大多数用精密滚刀滚齿和珩齿或单边剃齿
5	用于高平稳且低噪声的高速传动中的齿轮；精密机构中的齿轮；透平传动的齿轮；检测 8、9 级的测量齿轮。重要的航空、船用齿轮箱齿轮	>20	>40	精密磨齿；大多数用精密滚刀加工，进而研齿或剃齿
6	用于高速下平稳工作、需要高效率及低噪声的齿轮；航空、汽车用齿轮；读数装置中的精密齿轮；机床传动链齿轮；机床传动齿轮	到 15	到 30	精密磨齿或剃齿
7	在高速和适度功率或大功率及适当速度下工作的齿轮；机床变速箱进给齿轮；高速减速器的齿轮；起重机齿轮；汽车以及读数装置中的齿轮	到 10	到 15	无需热处理的齿轮，用精确刀具加工；对于淬硬齿轮必须精整加工磨齿、研齿、珩齿
8	一般机器中无特殊精度要求的齿轮；机床变速齿轮；汽车制造业中的不重要齿轮；冶金、起重、机械齿轮通用减速器的齿轮；农业机械中的重要齿轮	到 6	到 10	滚、插齿均可，不用磨齿；必要时剃齿或研齿
9	用于无精度要求的粗糙工作的齿轮；因结构上考虑受载低于计算载荷的传动用齿轮；重载、低速不重要工作机械的传力齿轮；农机齿轮	到 2	到 4	不需要特殊的精加工工序

三、圆柱齿轮的材料、热处理与毛坯

1. 齿轮材料与热处理

（1）材料的选择 不同的齿轮材料对齿轮的加工性能和使用寿命都有直接的影响。一般讲，对于低速、重载的传力齿轮，有冲击载荷的传力齿轮的齿面受压产生塑性变形或磨损，且轮齿容易折断，应选用机械强度、硬度等综合力学性能好的材料（如 20CrMnTi），经渗碳淬火，芯部具有良好的韧性，齿面硬度可达 56～62HRC；线速度高的传力齿轮，齿面易产生疲劳点蚀，所以齿面硬度要高，可用 38CrMoAlA 渗氮钢，这种材料经渗氮处理后表面可得到一层硬度很高的渗氮层，而且热处理变形小；非传力齿轮可以用非淬火钢、铸铁、夹布胶木或尼龙等材料。

（2）齿轮的热处理 齿轮加工中，可以根据不同的目的安排下述两种热处理工序。

1）毛坯热处理。在齿坯加工前、后安排预先热处理（通常为正火或调质），主要目的是消除锻造及粗加工引起的残余应力，改善材料的切削性能和提高综合力学性能。

2）齿面热处理。齿形加工后，为提高齿面的硬度和耐磨性，常进行渗碳淬火、高频感应加热淬火、碳氮共渗或渗氮等表面热处理工序。

2. 齿轮毛坯

齿轮的毛坯形式主要有棒料、锻件和铸件三种。齿轮毛坯的选择决定于齿轮的材料、结构形状、尺寸大小、使用条件以及生产批量等多种因素。

对于钢制齿轮，除了尺寸较小且不太重要的齿轮直接采用轧制棒料外，一般均采用锻造毛坯。生产批量较小或尺寸较大的采用自由锻造，生产批量较大的中小齿轮采用模锻。

对于直径很大且结构比较复杂、不便锻造的齿轮，可采用铸钢毛坯。铸钢齿轮的晶粒较粗，力学性能较差，且加工性能不好，故加工前应先经过正火处理，消除内应力和硬度的不均匀性，以改善加工性能。

四、圆柱齿轮的齿坯加工

1. 齿坯精度

齿坯是制造齿轮用的工件。齿坯的尺寸偏差、形位误差和表面粗糙度等几何参数误差不仅直接影响齿轮的加工质量和检验精度，还影响齿轮副的接触精度和运行的平稳性。因此，应尽量控制齿坯精度以保证齿轮的加工质量。齿坯加工中，主要要求保证的是基准孔（或轴颈）的尺寸精度和形状精度以及基准端面相对于基准孔（或轴颈）的位置精度。

在新标准中没有规定齿坯的尺寸公差，可依据旧标准参照表 10-3 选取。齿坯各基准面的表面粗糙度值在齿轮新标准中也没有规定，可参照表 10-4 选用。

表 10-3　齿坯尺寸公差和形状公差数值（摘自 GB/T 10095—1988）

齿轮精度等级		6	7	8	9
孔	尺寸公差	IT6	IT7		IT8
	形状公差	6	7		8
轴	尺寸公差	IT5	IT6		IT7
	形状公差	5	6		7
顶圆直径公差		IT8			IT9

注：当顶圆不作测量齿厚的基准时，其尺寸公差按 IT11 给定，但不大于 0.1mm。

表 10-4　齿轮各面的表面粗糙度（R_a）推荐值　（单位：μm）

	5	6	7		8	9	
轮齿齿面	0.32~0.63	0.63~1.25	1.25	2.5	5(2.5)	5	10
齿面加工方法	磨齿	磨或珩	剃或珩	精滚精插	插或滚齿	滚齿	铣齿
齿轮基准孔	0.32~0.63	1.25	1.25~2.5		3	5	
齿轮轴基准轴颈	0.32	0.63	1.25			2.5	
齿轮基准端面	2.5~5	2.5~5	2.5~5			5	
齿轮顶圆	1.25~2.5	5(6.3)	5(6.3)				

2. 齿坯加工方案的选择

对于轴类齿轮和套类齿轮的齿坯，不论其生产批量大小，均以中心孔作为齿坯加工、齿形加工和检验的基准。齿坯加工和一般轴、套类零件基本相同。

对于盘类齿轮，如何解决孔、端面、轮齿内外圆表面的几何精度，对保证齿形加工精度具有重大影响。

下面主要讨论盘类齿轮齿坯的加工过程。盘类齿轮齿坯的加工工艺方案主要取决于齿轮的轮体结构和生产类型。

1）对大批量加工中等尺寸的齿坯，多采用“钻→拉→多刀车”的工艺方案，即先以毛坯外圆及端面定位进行钻孔或扩孔；再进行拉孔；最后，以孔定位在多刀半自动车床（或数控车床）上粗、精车外圆、端面、切槽及倒角等。这种工艺方案由于采用高效机床，可以组成流水线或自动线，因此生产率高。

2）对成批生产的齿坯加工，常采用“车→拉→车”的工艺方案，即先以毛坯外圆或轮毂定位，精车外圆、端面和内孔；再以端面支承拉孔（或花键孔）；最后，以孔定位精车外圆及端面等。这种方案可由卧式车床或转塔车床及拉床实现。它的特点是加工质量稳定，生产效率较高。当齿坯孔有台阶面或槽时，可以充分利用转塔车床上的多刀来进行多工位加工，在转塔车床上一次完成齿坯的加工。

图 10-4a 所示为在转塔车床上加工齿坯的示意图，在一次安装下加工出孔与端面，然后在另一台机床（见图 10-4b）上利用已加工过的孔和端面，用内胀心轴定位夹紧工件进行多刀切削或单刀切削。通常，为保证齿轮精度，应尽可能在一次安装下切出全部齿形用的基准面。

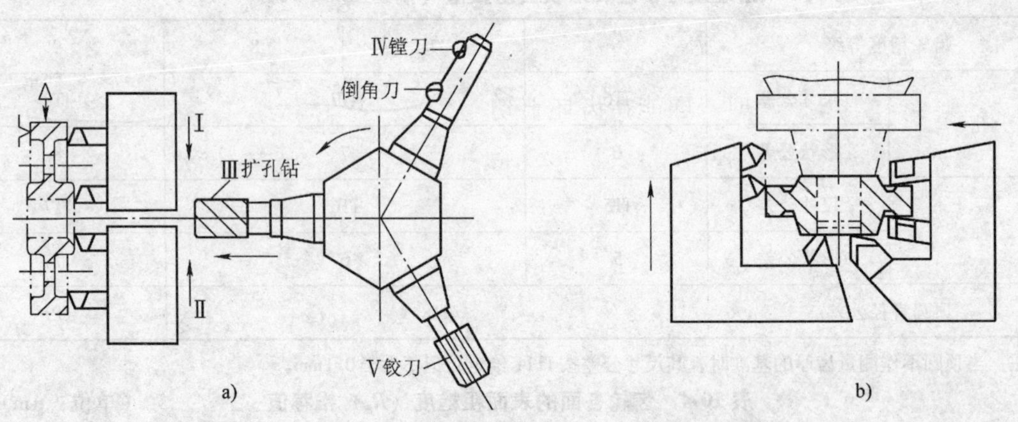

图 10-4 齿坯的加工

a）在转塔车床上加工齿坯 b）多刀切削齿坯

第二节 圆柱齿轮齿形加工原理

一、齿轮表面成形方法及其成形运动

齿轮加工机床在切削轮齿表面时，必须保证刀具和工件之间必要的相对运动。这些运动即为齿轮加工机床的成形运动。成形运动是机床最基本的运动，除成形运动外，还需要辅助运动。齿轮加工机床的辅助运动包括分度、切入、快进、快退等操纵及控制。

渐开线直齿圆柱齿轮的齿面成形方法如图 10-5 所示，其轮齿表面由渐开线 1 沿直线 2 运动而成形，渐开线 1 和直线 2 就是成形表面（齿轮轮齿）的两根发生线——母线和导线。

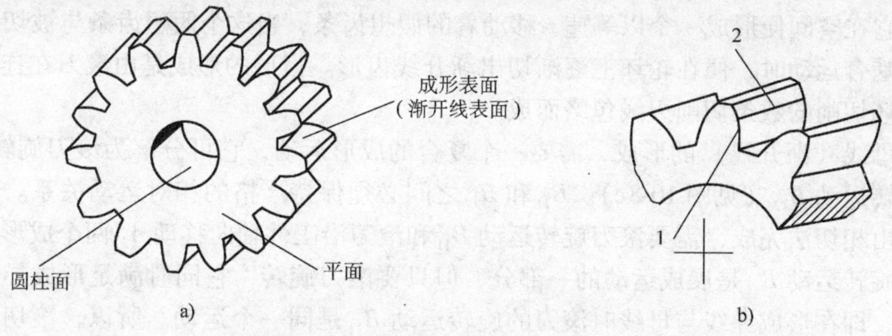

图 10-5 直齿圆柱齿轮及齿面成形和成形表面

a）直齿圆柱齿轮 b）直齿圆柱齿轮齿面成形及成形表面

1—渐开线 2—直线

要使被加工表面成形，必须通过刀具与工件间的相对运动形成这两根发生线。由于所用的切削刃形状不同，形成发生线的方法也不相同，常用的有成形法和展成法两种。

1. 成形法

成形法加工齿轮所采用的刀具为成形刀具，如图 10-6 所示。其切削刃形状 1 与被切齿轮齿槽的截面形状相同，即与发生线中的母线 2 形状吻合，因而当刀具旋转时，即能在齿坯上切出渐开线，当刀具与工件相互移动时，即能使渐开线沿导线移动而加工出整个齿的齿槽。

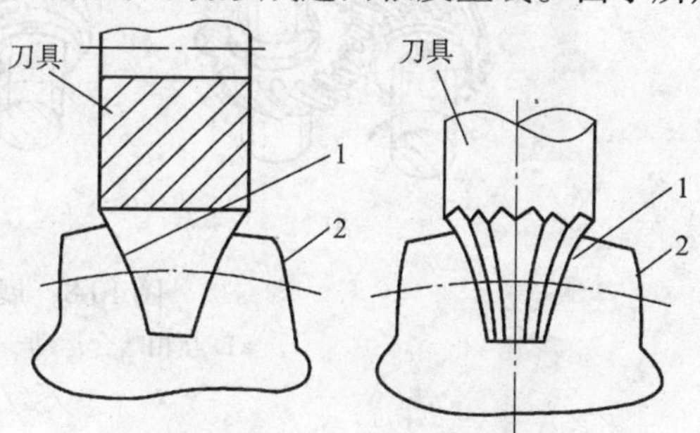

图 10-6 成形法加工齿轮

1—切削刃形状 2—直线

2. 展成法

如图 10-7 所示，刀具的刀刃形状为一条切削线 1，它与需要形成的发生线 2（图中为渐开线）不相吻合，所形成的发生线 2 是切削线 1 的包络线。因此，要得到发生线 2 需要刀具移动 A 和工件旋转运动 B。A 和 B 两个运动之间需保持严格的运动关系，它们彼此不能独立，共同组成一个复合的运动，这个运动称为展成运动。

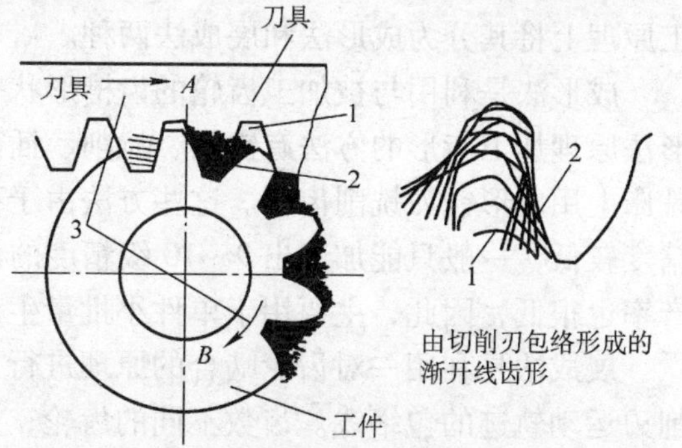

图 10-7 展成法形成渐开线齿形

1—切削线 2—发生线 3—展成运动

展成法加工齿轮就是利用齿轮的啮合原理进行的，即把齿轮啮合副中的一个制成刀具，另一个则作为工件，并强制刀具和工件作严格的啮合运动而展成切出齿廓。下面以滚齿加工为例进一步说明。

在滚齿机上滚齿加工的过程，相当于一对交错轴斜齿轮互相啮合运动的过程，如图 10-8a 所示，只是其中一个交错轴斜齿轮齿数极少，且分度圆上的螺旋升角也很小，所以它成为蜗杆形状，如图 10-8b 所示。再将蜗杆开槽并铲背、淬火、刃磨便成为齿轮滚刀，如图 10-8c 所示。一般蜗杆的法向截面形状近似齿条形状，因此，当齿轮滚刀按给定的切削速度旋转时，它在空间便形成一个以等速 v 移动着的假想齿条，当这个假想齿条与被切齿轮按一定速比作啮合运动时，便在轮坯上逐渐切出渐开线齿形。齿形的形成是由滚刀在连续旋转中依次对齿坯切削的数条切削刃线包络而成。

齿轮母线（渐开线）的形成，需要一个复合的成形运动，它可分解为滚刀旋转运动 B_{11} 和齿坯旋转运动 B_{12}（见图 10-8c）。B_{11} 和 B_{12} 之间必须保持严格的相对运动关系。齿轮导线的形成，由相切法完成，需要滚刀旋转运动 B_{11} 和滚刀沿工件轴向移动 A_2 两个成形运动。

滚刀旋转运动 B_{11} 是展成运动的一部分，但只要滚刀旋转，它同时满足形成导线相对运动的要求，即在形成导线与母线时滚刀的旋转运动 B_{11} 是同一个运动。所以，滚切直齿圆柱齿轮时，成形运动数实际上只有两个，即展成运动（B_{11}、B_{12}）和滚刀沿轴向的移动 A_2。

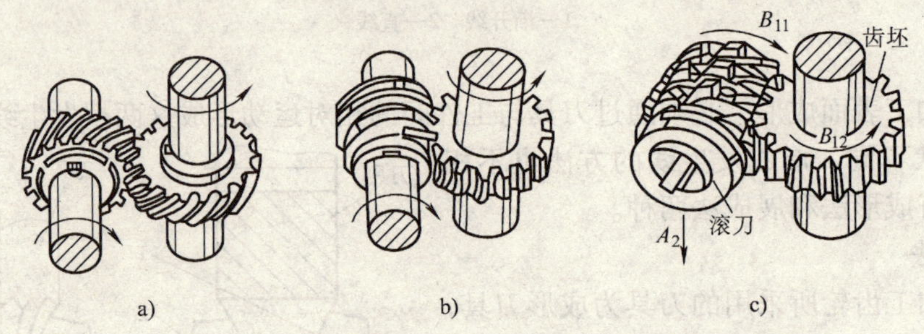

图 10-8 展成法滚切齿轮原理
a）互相啮合运动 b）蜗杆形状 c）齿轮滚刀

由上述可知，形成齿形表面所需的成形运动数目，就是形成母线及导线所需要的成形运动数的总和。

二、齿形加工方法及特点

一个齿轮的加工过程是由若干工序组成的，为了获得符合精度要求的齿轮，整个加工过程都是围绕着齿形加工工序服务的。齿轮加工的关键是齿形加工。齿形加工方法很多，从加工原理上将其分为成形法和展成法两种。

成形法是利用与被加工齿轮的齿槽形状一致的刀具，在齿坯上加工出齿面的方法。用成形法原理加工齿形的方法有铣削、拉削、插削及成形法磨削等，其中最常用的方法是在普通铣床上用成形铣刀铣削齿形。这些方法由于存在分度误差及刀具的制造安装误差，所以加工精度较低，一般只能加工出 9 ~ 10 级精度的齿轮。此外，加工过程中需多次不连续分度，生产率也很低，因此，主要用于单件小批量生产及修配工作中加工精度不高的齿轮。

展成法是利用一对齿轮啮合的原理进行加工。用这种方法加工出来的齿形轮廓是刀具切削刃运动轨迹的包络线。齿数不同的齿轮，只要模数和压力角相等，都可以用同一把刀具来加工。用展成原理加工齿形的方法主要有滚齿、插齿、剃齿、珩齿和磨齿等方法，其中剃齿、珩齿、磨齿等属于齿形精加工方法。展成法的加工精度和生产率都较高，刀具通用性好，所以在生产中应用十分广泛。

常见齿形加工方法的加工特点、加工精度及应用范围见表 10-5。

表10-5 常见的齿形加工方法

齿形加工方法		加工精度等级	表面粗糙度 $R_a/\mu m$	加工特点及适用范围	加工示意图
成形法	铣齿	9~10	3.2~6.3	用盘状或指状铣刀加工,分度头分度,加工精度和生产效率均较低。常用于加工各种直齿、斜齿和人字齿圆柱齿轮	
	成形磨齿	5~6	0.2~0.8	加工精度高,适用于大批量生产,宜磨削内齿轮和齿数极少的齿轮	a) 磨外齿轮 b) 磨内齿轮
展成法	滚齿	6~10	0.8~1.6	生产效率较高,通用性大,适用于加工直齿、斜齿外啮合圆柱齿轮和蜗轮	
	插齿	7~9	0.8~1.6	生产效率较高,通用性大,适用于加工内外啮合齿轮(包括阶梯齿轮)、扇形齿轮、齿条等	
	剃齿	5~7	0.8~1.6	生产率高,主要用于滚齿、插齿后,淬火前的齿形精加工	a) 珩轮 b) 珩齿切削速度
	珩齿	6~7	0.4~1.6	多用于经过剃齿和高频淬火后,齿形的精加工,宜于批量生产	

（续）

齿形加工方法		加工精度等级	表面粗糙度 $R_a/\mu m$	加工特点及适用范围	加工示意图
展成法	磨齿	3～7	0.2～0.8	加工精度高，但生产率较低，加工成本高，多用于齿形淬硬后的精密加工，适用于单件小批生产	

第三节　圆柱齿轮的齿形加工

一、齿形的铣削加工

成形法铣齿一般在普通铣床上进行。铣削直齿圆柱齿轮是铣削工作主要内容之一，也是铣斜齿轮和锥齿轮的基础。

图 10-9 是直齿圆柱齿轮铣削的状况，铣削时工件安装在分度头上，铣刀对工件进行切削加工，工作台带动工件作直线进给运动，加工完一个齿槽后将工件分度转过一个齿，再加工另一个齿槽，依次加工出所有齿形。铣削斜齿圆柱齿轮必须在万能铣床上进行，并要将工作台偏转一个角度 β，使它等于齿轮的螺旋角，工件在随工作台进给的同时，由分度头带动作附加旋转以形成螺旋齿槽。

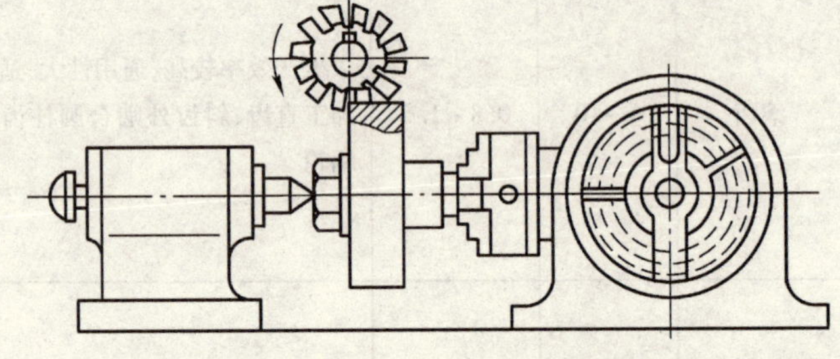

图 10-9　直齿圆柱齿轮的铣削

常用的齿轮铣刀有盘状齿轮铣刀和指状齿轮铣刀，如图 10-10 所示。其中，指状齿轮铣刀用于加工大模数（$m=8\sim100$mm）的直齿、斜齿圆柱齿轮，特别是人字齿轮。盘状齿轮铣刀已经标准化，主要适用于加工中小模数（$m<8$mm）的直齿、斜齿圆柱齿轮。

用盘状齿轮铣刀加工齿轮时，齿轮的齿廓精度是由铣刀切削刃形状来保证的，而渐开线齿廓是由齿轮的模数和齿数决定的。同一模数的齿轮，齿数不同时齿廓曲线也不同。因此，要加工出准确的齿轮齿形，对不同模

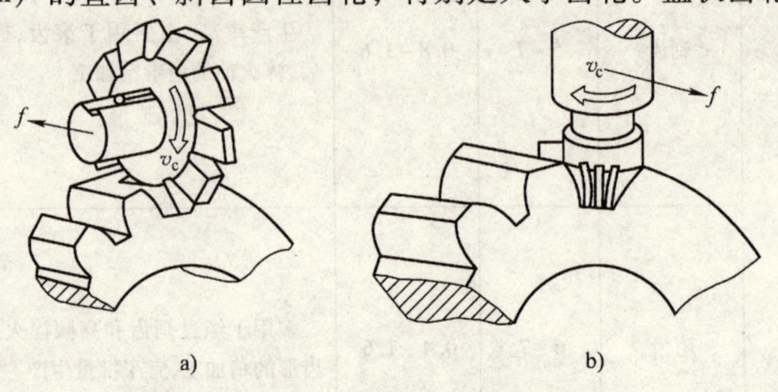

图 10-10　直齿圆柱齿轮的成形铣削

a）盘状齿轮铣刀铣削　b）指状齿轮铣刀铣削

数和齿数组合的齿轮，就需要备有数量很大的齿形不同的齿轮铣刀，这样做显然是行不通的。为了减少刀具数量，在实际生产中，是将同一模数的齿轮铣刀，按其所加工的齿数通常制成8把一套（精确的为15把一套），每种铣刀用于加工一定齿数范围的一组齿轮。表10-6所示为8把一套的盘状齿轮铣刀刀号及加工齿数范围。例如 $m=2\text{mm}$ 的齿轮有8把铣刀，$m=3\text{mm}$ 的齿轮也有8把铣刀，依次类推。如果齿轮的模数是3mm，齿数为24，则应用 $m=3\text{mm}$ 的铣刀中的4号铣刀来加工。

表10-6　8把一套的盘状齿轮铣刀刀号及加工齿数范围

刀号	1	2	3	4	5	6	7	8
加工齿数范围	12～13	14～16	17～20	21～25	26～34	35～54	55～134	135以上

标准齿轮铣刀的模数、压力角和加工的齿数范围都标记在铣刀的端面上。由于每种刀号的齿轮铣刀的刀齿形状均按加工齿数范围中最少齿数的齿形设计，因此，加工该范围内其他齿数的齿轮时，就会产生一定的齿廓总偏差。

二、齿形的滚齿加工

1. 滚齿加工特点

滚齿是齿形加工中生产率较高、应用广泛的一种加工方法。滚齿的通用性较好，用一把滚刀即可加工模数相同而齿数不同的直齿轮或斜齿轮（但不能加工内齿轮和相距很近的多联齿轮），滚齿还可用于加工蜗轮。滚齿的加工尺寸范围也较大，从仪器仪表中的小模数齿轮到矿山和化工机械中的大型齿轮都广泛采用滚齿加工。

滚齿既可用于齿形的粗加工和半精加工，也可用于精加工。当采用AA级齿轮滚刀和高精度的滚齿机时，可直接加工出7级精度以上（最高可达4级）的齿轮。如前所述，滚齿加工时齿面是由滚刀刀齿包络而成的，但由于参加切削的刀齿数有限，因此工件齿面的表面质量不高。为提高加工精度和齿面质量，宜将粗、精滚齿分开。在滚齿机上滚切齿轮，根据齿轮模数大小及精度可一次切削至所需齿深，也可分几次切削，应按切削用量选择原则合理地分配粗切和精切的背吃刀量 a_p。精滚的加工余量一般为0.5～1mm，且应取较高的切削速度和较小的进给量。

滚齿加工时，工件和滚刀的安装十分重要，必须引起充分重视。另外，滚齿加工采用展成原理，解决了成形法铣齿时齿轮铣刀数量多的问题，以及由于刀号分组而产生的加工齿廓总偏差和间断分度造成的齿距偏差，精度显然比铣齿高。滚齿加工是连续分度，连续切削，无空行程，加工生产率高。

2. 滚齿加工运动

如前所述，滚齿是应用一对螺旋圆柱齿轮的啮合原理进行加工的。滚齿过程如图10-11所示，它包含如下主要运动：

（1）切削运动 $n_{刀}$　滚刀旋转运动即滚齿的切削运动。

（2）分齿运动 $n_{工}$　分齿运动是为了保证滚刀转速与工件转速之间的正确啮合关系。滚齿时，滚刀的转速与齿坯的转速必须严格符合如下关系：

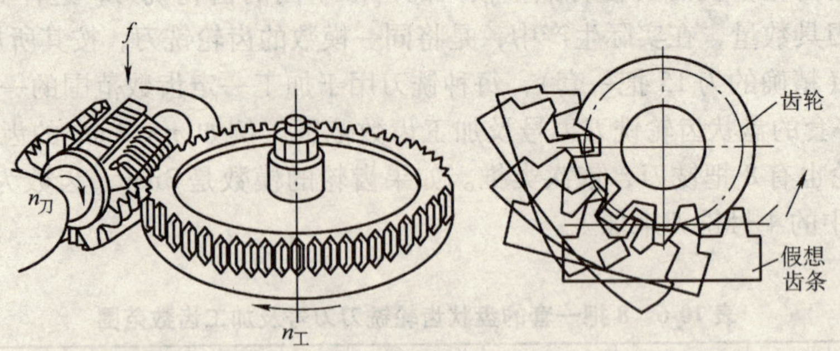

图 10-11　滚齿加工过程

$$\frac{n_刀}{n_工}=\frac{z_工}{K}$$

式中　$n_刀$，$n_工$——分别为滚刀和工件的转速，单位为 r/mm；

$z_工$——工件的齿数；

K——滚刀的头数。

（3）垂直进给运动　为切出要求的齿宽必须使滚刀沿着工件轴线方向做垂直进给运动。

分齿运动传动链是形成渐开线齿形的传动链，成为展成运动传动链。其中滚刀的旋转运动是滚齿加工的主运动，工件旋转运动是圆周进给运动。

3. 滚齿加工机床

图 10-12 所示为 Y3150E 型滚齿机的外形图。立柱 2 固定在床身 1 上，刀架滑板 3 可沿立柱导轨上下移动。刀架体 5 安装在刀架滑板 3 上，可绕自己的水平轴线转位。滚刀安装在刀杆 4 上，做旋转运动。工件安装在工作台 9 的心轴 7 上，随工作台一起转动。后立柱 8 和工作台 9 一起装在床鞍 10 上，可沿机床水平导轨移动，用于调整工件的径向位置或径向进给运动。

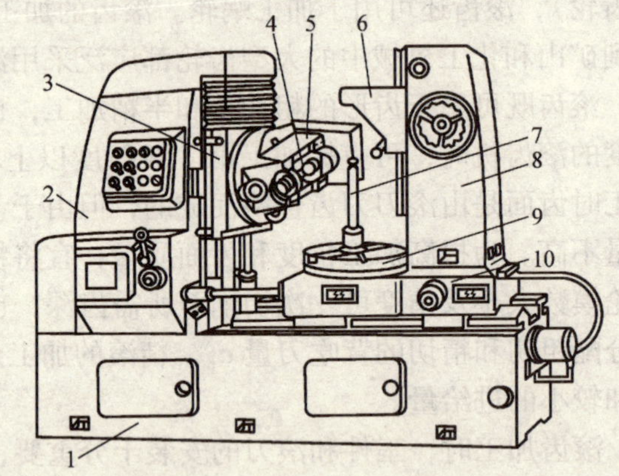

图 10-12　Y3150E 型滚齿机

1—床身　2—立柱　3—刀架滑板　4—刀杆　5—刀架体　6—支架　7—心轴　8—后立柱　9—工作台　10—床鞍

Y3150E 型国产滚齿机的主要技术参数为：最大加工直径为 500mm；最大加工模数为 8mm；滚刀至工作台最小中心距为 30mm；最少加工齿数为 6 个；主轴转速范围为 40～250r/min，共 9 级；主电机功率 4kW。

4. 滚齿加工刀具

滚齿加工所用刀具称为齿轮滚刀。从滚齿原理可知，齿轮滚刀相当于一个螺旋角很大的斜齿圆柱齿轮。由于齿数很少（通常 $z=1$），轮齿很长，可以绕轴几圈，因而成为蜗杆形状，如图 10-13 所示。为了形成切削刃和前、后面，需在这个蜗杆沿其长度方向开出若干个容屑槽。由此把蜗杆螺纹分割成很多较短的刀齿，并产生了前面 2 和切削刃 5。通过铲齿的方法铲出顶刃后面 3 及侧刃后面 4，形成后角。但是，滚刀的左、右侧切削刃必须落在螺旋面 1 上，这个螺旋面所构成的蜗杆称为齿轮滚刀的基本蜗杆。根据基本蜗杆螺旋面的旋向不同，滚刀可分为右旋滚刀和左旋滚刀。

滚刀的基本蜗杆有渐开线蜗杆、阿基米德蜗杆和法向直廓蜗杆三种。螺旋面是渐开线的蜗杆称为渐开线蜗杆。渐开线蜗杆制成的滚刀理论上可以加工正确的渐开线齿轮，但由于其制造困难，生产中很少使用。阿基米德蜗杆的螺纹齿侧表面是阿基米德螺旋面，它与渐开线蜗杆非常近似，只是它的轴向截面内的齿形是直线。这种滚刀便于制造、刃磨、测量，生产中常用阿基米德蜗杆代替渐开线蜗杆做成滚刀来加工齿轮。法向直廓蜗杆滚刀加工精度较低，生产中采用不多，一般只用于粗加工、大模数和多头滚刀。

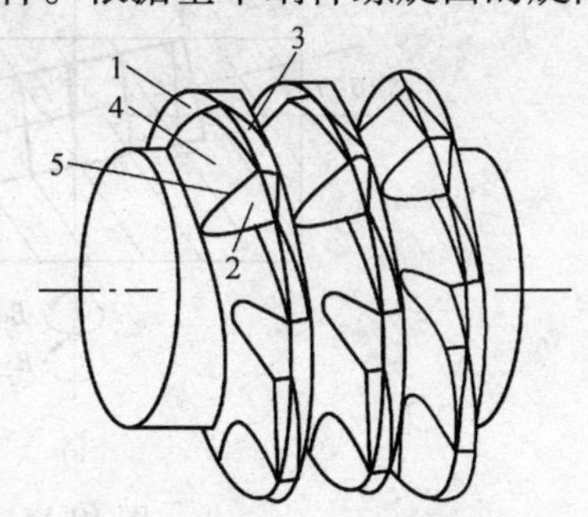

图 10-13　滚刀基本蜗杆

1—蜗杆螺旋面　2—前面　3—顶刃后面　4—侧刃后面　5—切削刃

国家标准规定，齿轮滚刀的精度等级分为 AA 级、A 级、B 级和 C 级。加工时应按齿轮要求的精度选用相应的齿轮滚刀，见表 10-7。

表 10-7　滚刀精度等级与可加工齿轮精度等级的关系（GB/T 6084—1985）

滚刀精度等级	AA 级	A 级	B 级	C 级
可加工齿轮精度等级	6 ~ 7	7 ~ 8	8 ~ 9	9 ~ 10

5. 齿轮滚刀的使用与安装

（1）滚刀的正确选用　选用标准齿轮滚刀时，其模数、齿形角应与被加工齿轮的模数、压力角相同。按齿轮要求的精度等级选用相应滚刀的精度等级。凡使用精度较低的滚刀能满足加工要求时，应尽量不用高精度的滚刀，以免造成浪费。

（2）滚刀的正确安装　滚刀安装得正确与否，将决定被切削齿轮加工精度的高低，因此安装滚刀是一项十分重要的工作。

滚齿时，为了切出准确的齿形，滚刀与工件的相对位置关系应符合交错轴斜齿轮啮合的相互位置关系，即滚刀的螺旋线的方向应与被加工齿轮的齿向相同。这一点无论对直齿圆柱齿轮还是对斜齿圆柱齿轮都是一样的。因此，在滚刀安装时，应将滚刀轴线与被切齿轮端面安装成一定角度，称为安装角 δ。

图 10-14 所示为加工直齿圆柱齿轮时的滚刀安装角调整示意图。这时安装角等于滚刀的螺旋升角。滚刀的旋向不同，转角的方向也不同。

图 10-15 所示为加工斜齿圆柱齿轮时的滚刀安装角调整示意图。这时安装角由滚刀螺旋升角和工件螺旋角决定。当两者旋向相同时，安装角为工件螺旋角与滚刀螺旋升角之差；反之为二者之和。

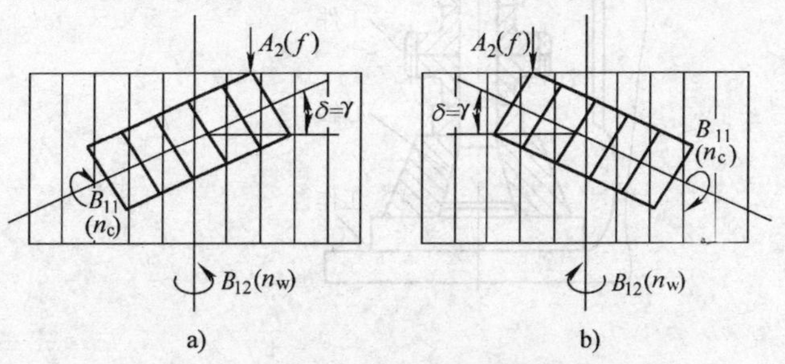

图 10-14　加工直齿圆柱齿轮时滚刀的安装角

a）右旋滚刀　b）左旋滚刀

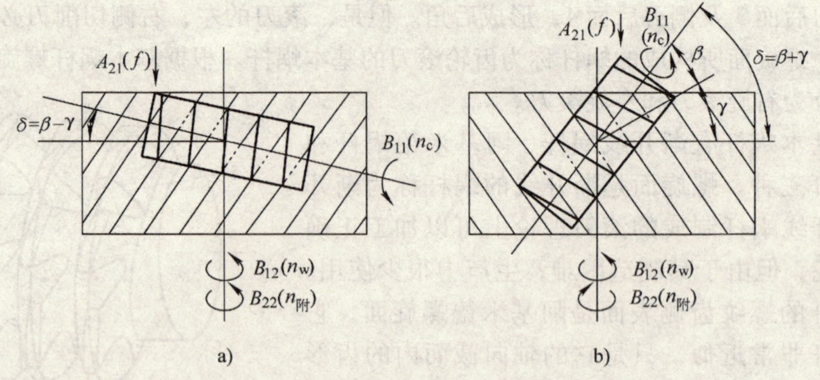

图 10-15 加工斜齿圆柱齿轮时滚刀的安装角

a）右旋滚刀 b）左旋滚刀

（3）滚刀的适时窜位 滚刀在切齿过程中，由于各刀齿的负荷不均匀，使各齿的磨损也不均匀。为了使每个刀齿磨损均匀，延长滚刀寿命，应使滚刀在切削一定数量的齿轮后，沿轴线移动一定距离。通常可采用手工窜刀，例如，用调整滚刀刀杆上垫圈的厚度来实现滚刀轴向窜位。

（4）滚刀的及时重磨 滚齿时，当发现齿轮齿面粗糙度值大于 $R_a3.2\mu m$，或有光斑、声音不正常，或在精加工齿轮时滚刀刀齿后刀面磨损量超过 0.2 ~ 0.5mm，粗切齿超过 0.8 ~ 1.0mm 时，就应重磨滚刀。特别强调：重磨滚刀时，应使切削刃仍处于基本蜗杆螺旋面上。如果滚刀重磨不正确，会使滚刀丧失原有的精度。

6. 齿坯的正确装夹

齿坯的装夹精度和安装歪斜对齿轮的加工精度影响很大，在安装齿坯时应高度重视。在滚齿机上加工圆柱齿轮时，齿坯的定位方式有两种。

1）以齿坯的内孔和端面作为定位基准，如图 10-16 所示。齿坯的内孔套在专用的心轴上，端面靠紧支承元件，然后用螺母压紧。心轴可随齿坯基准孔的大小而更换。使用该装夹方式滚齿时，因心轴与机床工作台回转中心不重合，或齿坯内孔与心轴间有间隙，安装时偏向一边，或基准端面定位不好，夹紧后内孔相对工作台产生偏差，从而使切齿时产生齿轮的径向综合偏差。为提高定心精度，可采用精密可胀心轴以消除配合间隙。这种装夹方式生产

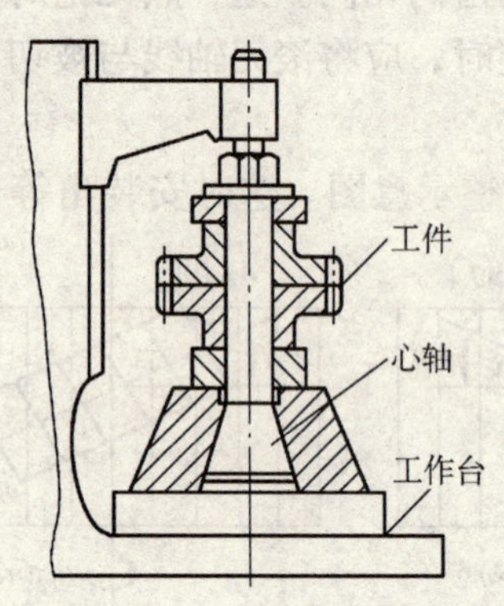

图 10-16 滚齿加工齿坯的安装

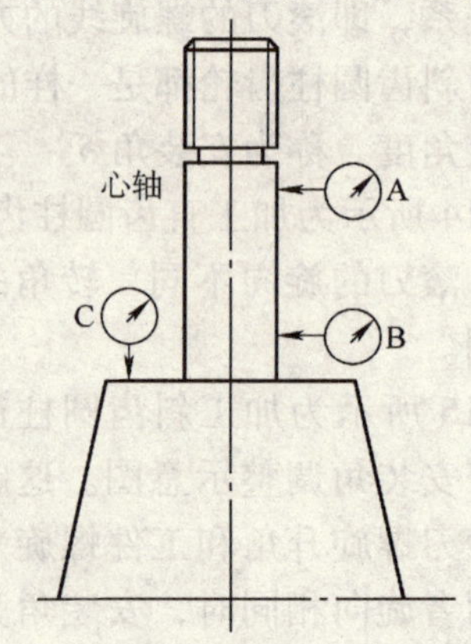

图 10-17 滚齿加工心轴找正

效率高，但要求具有较高的齿坯精度和专用的心轴，故适合于大量生产，并且在安装专用心轴时，应根据有关要求，按图 10-17 所示部位检查 A、B、C 三点的跳动量。

2）以外圆和端面定位，找正方法如图 10-18 所示，采用这种方法每个齿坯均需要找正，故适用于单件小批生产。加工精度取决于齿坯本身精度及找正的程度。

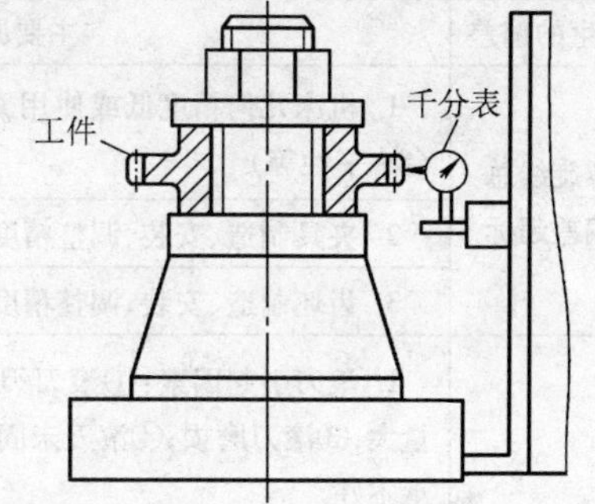

图 10-18　外圆找正

7. 滚齿的加工精度分析

影响滚齿加工精度的因素很多，表 10-8 列举了滚齿加工中的齿圈产生偏差的原因以及应采取的相应措施。

表 10-8　滚齿时齿圈产生偏差主要原因及应采取的措施

<table>
<tr><th>序号</th><th>产生的偏差</th><th colspan="2">主要原因</th><th>采取的措施</th></tr>
<tr><td rowspan="3">1</td><td rowspan="3">径向综合偏差超标</td><td colspan="2">1. 齿坯几何偏心或安装偏心造成</td><td>1. 提高齿坯基准面精度要求
2. 提高夹具定位面精度
3. 提高调整技术水平</td></tr>
<tr><td colspan="2">2. 用顶尖装夹定位时，顶尖与机床中心偏差</td><td>更换顶尖或重新装顶尖，细心找正</td></tr>
<tr><td colspan="2">3. 用顶尖定位时，因顶尖或顶尖孔制造不良，使定位面接触不好造成偏心</td><td>提高顶尖及顶尖孔制造质量，并在加工过程中保护顶尖孔</td></tr>
<tr><td rowspan="5">2</td><td rowspan="5">齿廓总偏差超标</td><td>齿顶变肥或变瘦，且左右齿形对称</td><td>1. 滚刀齿形角误差
2. 前面刃磨产生较大的前角</td><td>更换滚刀或重磨前面</td></tr>
<tr><td>一边齿顶变肥，另一边齿顶变瘦，齿形不对称</td><td>1. 刃磨时产生导轨误差或直槽滚刀非轴向性误差
2. 滚刀对中不好</td><td>1. 误差较小时，重调刀架转角
2. 重新调整滚刀刀齿，使它和齿坯中心对中</td></tr>
<tr><td>齿面上个别点凸出或凹进</td><td>滚刀容屑槽槽距误差</td><td>重磨滚刀前面</td></tr>
<tr><td>齿形面误差近似正弦分布的短周期误差</td><td>1. 刀杆径向跳动过大
2. 滚刀与刀轴间隙大
3. 滚刀分度圆柱对内孔轴线径向跳动误差</td><td>1. 找正刀杆径向跳动
2. 找正滚刀径向跳动
3. 重磨滚刀前面</td></tr>
<tr><td>齿形一侧齿顶多切，另一侧齿根多切呈正弦分布</td><td>1. 滚刀刀杆轴向窜动
2. 滚刀端面与孔轴心线不垂直
3. 垫圈两端面不平行</td><td>1. 防止刀杆轴线窜动
2. 找正滚刀偏摆，转动滚刀或刀杆垫圈或垫薄纸
3. 重磨垫圈两端面</td></tr>
<tr><td>3</td><td>单个齿距偏差超标</td><td colspan="2">1. 滚刀轴线齿距误差
2. 滚刀齿形角误差
3. 机床蜗杆副调节差过大</td><td>1. 提高滚刀铲磨精度（齿距齿形角）
2. 更换滚刀或重磨前面
3. 精化滚齿机或更换蜗杆副</td></tr>
</table>

（续）

序号	产生的偏差	主要原因	采取的措施
4	螺旋线总偏差超标	1. 机床几何精度低或使用磨损（立柱、导轨、顶尖、工作台水平性等）	定期检修几何精度
		2. 夹具制造、安装、调整精度低	提高夹具的制造和安装精度
		3. 齿坯制造、安装、调整精度低	提高齿坯精度
5	表面粗糙度值过大	1. 滚刀引起因素：①滚刀刃磨质量差；②滚刀径向跳动量大；③滚刀磨损；④滚刀未固紧，产生振动；⑤辅助轴承支承不好	①选用合格滚刀或重新刃磨；②重新校正滚刀；③刃磨滚刀；④固紧滚刀；⑤调整间隙
		2. 切削用量选择不当	合理选择切削用量
		3. 切屑挤压引起	增加切削液的流量或采用顺铣法加工
		4. 齿坯刚性不好或没有夹紧，加工时产生振动	选用小的切削用量或夹紧齿坯，提高齿坯刚性
		5. 机床有间隙：工作台蜗轮副有间隙；滚刀轴向窜动和径向跳动大；刀架导轨与轨架间有间隙；进给丝杠有间隙	检修机床，消除间隙

三、齿形的插齿加工

1. 插齿原理及所需的运动

和滚齿加工一样，插齿也是利用展成原理来加工齿轮的，如图 10-19a 所示。插齿相当于一对轴线平行的圆柱齿轮啮合，插齿刀实质上是一个端面磨有前角，齿顶及齿侧均磨有后角的齿轮。插齿时，插齿刀沿齿坯轴线方向作直线往复运动，同时还与工件作无间隙的啮合运动，刀具每往复一次仅切出工件齿槽的很小一部分，经插齿刀多次切削，其切削刃一系列连续位置的包络线就切出了工件的齿槽形状，如图 10-19b 所示。

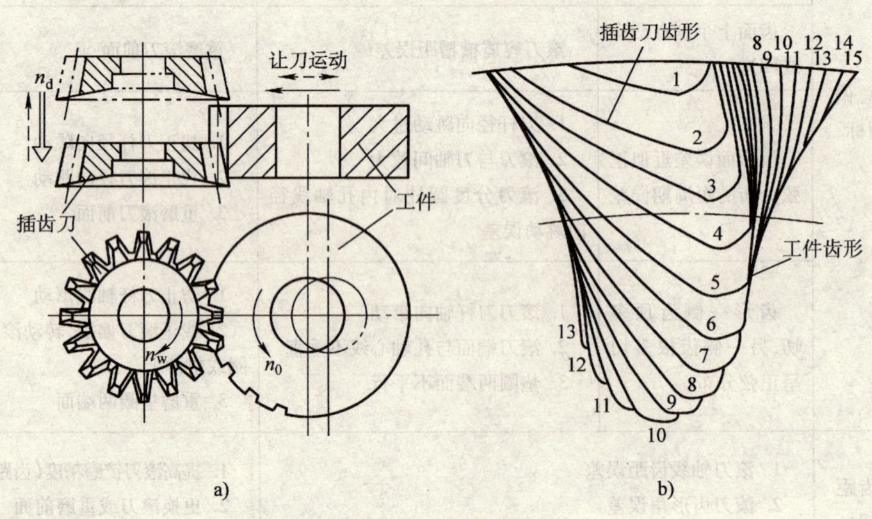

图 10-19　插齿原理

插齿加工过程中包含以下主要运动：

（1）主运动　即插齿刀的上、下往复直线运动。刀具向下运动是工作行程，向上运动是空行程。

（2）展成运动（分齿运动）　即插齿刀与工件（齿坯）之间严格保持的一对齿轮的啮合运动。要求插齿刀每转过一个齿，工件也必须转过一个齿。

（3）圆周进给运动　即插齿刀的回转运动，插齿刀每往复行程一次，回转一个角度，其转动的快慢直接影响生产率、刀具负荷和切削过程所形成的包络线密度。圆周进给量用插齿刀每往复行程中刀具在分度圆上转过的弧长表示。

（4）径向进给运动　为了逐渐切至工件的全齿深，插齿刀必须要有径向进给。径向进给量是插齿刀每往复一次径向移动的距离，当达到全齿深后，机床便自动停止径向进给运动，然后工件再旋转一整转，才能加工出全部完整的齿面。

（5）让刀运动　为了避免插齿刀在回程时擦伤已加工表面和减少刀具磨损，刀具和工件之间应让开一段距离，而在插齿刀重新开始向下工作行程时，应立即恢复到原位，以便刀具向下切削工件。这种让开和恢复原位的运动称为让刀运动。由于工作台的惯量大，让刀的往复频度较高，容易引起振动，不利于切削速度的提高，而主轴的惯量小，因此大尺寸和一般型号插齿机都是通过刀具主轴座的摆动来实现让刀运动的，这样可以减小让刀产生的振动。

2. 插齿加工工艺特点

与滚齿加工相比较，插齿加工具有以下特点：

1）插齿齿形精度比滚齿高。如前所述，制造齿轮滚刀时用近似造形的阿基米德蜗杆替代渐开线基本蜗杆，存在造形误差。而插齿刀的齿形比较简单，可通过高精度磨齿机磨削获得精确的渐开线齿形，所以插齿可以获得较高的齿形精度。

2）插齿加工后获得的表面粗糙度值比滚齿小。插齿时，插齿刀是沿轮齿的全长连续地切下切屑，而滚齿时，滚刀切削刃每次只在轮齿长度方向切出一小段齿廓，整个齿长是由滚刀多次断续切削而成。所以，插齿加工获得的表面粗糙度值较小。

3）插齿的运动精度比滚齿差。插齿机的传动链比滚齿机多了一个刀具蜗杆副，即多了一部分传动误差，另外，插齿刀的一个刀齿相应切削工件的一个齿槽，因此，插齿刀本身制造时的齿距累积偏差必然会反映到工件上；而滚齿时，因为工件的每一个齿槽都是由滚刀相同的2～3圈刀齿加工出来的，故滚刀的齿距累积偏差不影响被加工齿轮的齿距精度，所以插齿加工的公法线长度变动较滚齿大，其运动精度比滚齿差。

4）插齿的螺旋线总偏差比滚齿大。插齿时的螺旋线总偏差主要决定于插齿机主轴回转轴线与工作台回转轴线的平行度。由于插齿刀工作时往复运动的频率高，使得主轴与套筒之间的磨损大，因此插齿的螺旋线总偏差比滚齿大。

所以，就加工精度来说，对运动精度要求不高的齿轮，可直接用插齿来进行齿形精加工，而对于运动精度要求较高的齿轮和剃前齿轮（剃齿不能提高运动精度），则用滚齿较为有利。

5）插齿的生产率一般比滚齿低。加工模数较大的齿轮时，插齿速度要受到插齿刀主轴往复运动惯性和机床刚性的制约；切削过程又有空程的时间损失，故生产率不如滚齿高。只有在加工小模数、多齿数并且齿宽较窄的齿轮时，插齿的生产率才比滚齿高。

6）插齿既可用于齿形的粗加工，也可用于精加工。插齿不宜加工斜圆柱齿轮，更不能加工蜗轮。插齿主要用来加工带有台肩以及空刀槽很窄的双联或多联齿轮、无空刀槽的人字齿齿轮及内齿轮等。

四、齿形的精加工

对于6级精度以上的齿轮，或者淬火后的硬齿面的加工，往往需要在滚齿、插齿之后经热处理再进行精加工。常用的齿形精加工方法有剃齿、珩齿、磨齿三种。

1. 剃齿加工

剃齿是对未经淬硬的圆柱齿轮齿形进行精加工的方法之一。剃齿精度一般可达6~7级，表面粗糙度值为R_a0.8~1.5μm。剃齿的生产率很高，剃削一个中等尺寸的齿轮通常为2~4min。因此，剃齿广泛用于成批和大量生产中未经淬火的精度较高的齿轮加工。剃齿可以加工直齿、斜齿圆柱齿轮，也可以加工多联齿轮。

剃齿是根据一对螺旋角不等的斜齿轮的啮合原理加工齿形的。加工时，剃齿刀与被切齿轮的轴线空间错一个角度。如图10-20a所示，剃齿刀1实质上是一个高精度的斜齿轮，并且在齿面上沿齿向开了很多切削刃槽，如图10-20b所示。剃齿刀1为主动轮，而被切齿轮为从动轮2，其加工过程就是剃齿刀带动工件作双面无侧隙的对滚，并对剃齿刀和工件施加一定压力。在对滚过程中，二者沿齿向和齿形方向均产生相对滑移，利用剃齿刀沿齿向开出的锯齿刀槽沿工件齿向切去一层很薄的金属，如图10-20c所示。在工件的齿面方向因剃齿刀无切削刃槽，虽有相对滑动，但却不起切削作用。

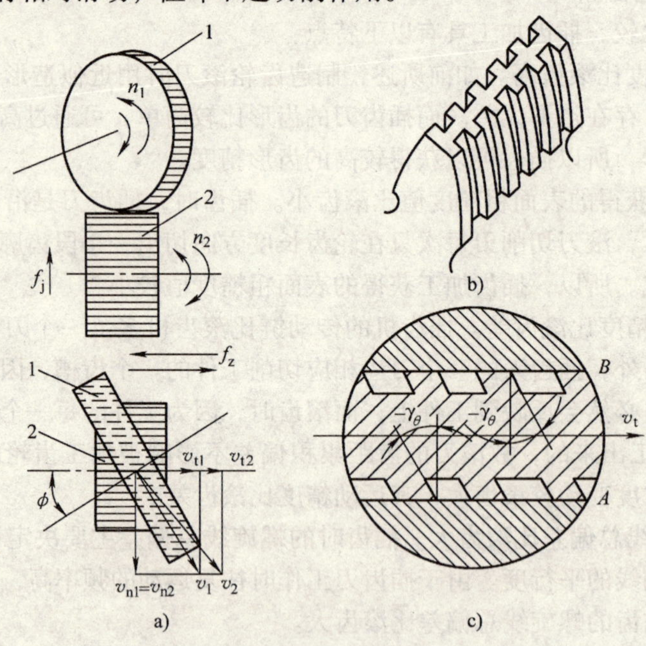

图10-20　剃齿原理及剃齿运动示意图

1—剃齿刀　2—工件

剃齿过程应具备以下运动：剃齿刀的正反转运动n_1；工件沿轴向的往复运动f_z；工件每往复一次后的径向进给运动f_j。

剃齿是一种利用剃齿刀与被剃齿轮作自由啮合进行展成加工的方法。剃齿刀与被剃齿轮之间没有强制性的啮合运动，所以剃齿对齿轮切向综合偏差的修正能力差，齿轮的运动精度提高不多。但对工作平稳性精度和接触精度都有较大的提高，并且能显著地改善齿轮表面的粗糙度。剃齿精度受剃齿前齿轮精度的影响，剃齿一般只能使齿轮精度提高一个等级。梯齿加工不能修正切向综合偏差。

2. 珩齿加工

珩齿是对淬硬齿形进行精加工的一种方法。它主要用于去除热处理后齿面上的氧化皮，减小轮齿表面粗糙度值，从而降低齿轮传动的噪声。

珩齿的运动关系及所用机床和剃齿相同，也是一对交错轴齿轮的啮合传动，所不同的是珩齿所用刀具（珩轮）是一个含有磨料的塑料斜齿轮。珩齿时，珩轮与齿轮在“自由啮合”过程中，靠齿面间的压力和相对滑动，由磨料进行切削，参看表 10-5 插图。珩轮是由轮体和齿圈构成，轮体多为钢质，齿圈部分是用磨料（氧化铝、碳化硅）、结合剂（环氧树脂）和固化剂（乙二醇）浇注而成的斜齿。

珩齿与剃齿相比较，珩齿加工有以下特点：

1）齿面质量好。珩齿速度一般为 1 ~ 3m/s，远远低于磨削，但大于剃齿切削。因此，珩磨过程实际上是低速磨削、研磨和抛光的综合过程，且齿面不会产生烧伤和裂纹。

2）齿面的表面粗糙度值减小。珩轮齿面上均匀密布着磨粒，珩齿后齿面切痕很细，且产生交叉网纹，使齿面粗糙度值明显减小。

3）珩齿修正偏差能力低。珩齿与剃齿同属齿轮自由啮合，但因珩轮本身有一定弹性，不能在珩齿过程中强行切除偏差部分的金属，所以珩齿修正偏差能力不如剃齿。正因如此，为了保证齿轮的精度要求，必须提高珩齿前的加工精度和减少热处理变形。一般珩齿前多采用剃齿。

3. 磨齿加工

磨齿是现有齿形加工方法中加工精度最高的一种方法。磨齿精度可达 3 级，表面粗糙度 R_a 值 0.8 ~ 0.2μm，磨齿对磨前齿轮误差或热处理变形具有较强的修正能力，但磨齿后齿轮的齿形、齿距和齿间仍会产生一些偏差。对于硬齿面的高精度齿轮，磨齿是目前惟一能够采用的工艺。磨齿最大的缺点是生产率低，加工成本较高。

磨齿和切齿一样有成形法和展成法两大类。成形法是一种用成形砂轮磨齿的方法，生产率比展成法高，但由于砂轮修整比较费时，砂轮磨损后会产生齿廓偏差等原因使它的使用受到限制，但成形法是磨内齿的惟一方法。

生产中多采用展成法磨齿。它是将砂轮的工作面构成假想齿条的单侧或双侧表面，在砂轮与工件啮合运动中，砂轮的磨削平面包络出齿轮的渐开线齿面。根据所用砂轮形状的不同，常采用以下几种磨齿机：大平面砂轮磨齿机、碟形双砂轮磨齿机、锥面砂轮磨齿机和蜗杆砂轮磨齿机。其中，大平面砂轮磨齿机的精度最高，可达 3 级精度，但效率较低，而蜗杆砂轮磨齿机的效率最高，加工齿轮的精度为 6 级。

第四节　典型圆柱齿轮加工工艺分析

圆柱齿轮加工的主要工艺问题，一是齿形加工精度，它是整个齿轮加工的核心，齿形加工精度直接影响齿轮的传动精度要求，因此，必须合理选择齿形加工方法；二是齿形加工前的齿坯加工精度，它对齿轮加工、检验和安装精度影响很大，在一定的加工条件下，控制齿坯的加工精度是保证和提高齿轮加工精度的一项极有效的措施，因此必须十分重视齿坯加工。

圆柱齿轮加工工艺路线是根据齿轮材质和热处理要求、齿轮结构及尺寸大小、精度要求、生产批量和车间设备条件等而定。一般可归纳成如下的工艺路线：毛坯制造→齿坯热处理→齿坯加工→齿形加工→齿圈热处理→齿轮定位表面精加工→齿圈的精整加工。

下面以图 10-3 所示的双联齿轮加工为例分析其加工工艺过程。

一、齿轮结构分析及加工要求

该齿轮为一双联圆柱齿轮，结构呈筒状，内孔为花键孔。加工批量为中批生产，齿轮精度等级为 7 级，齿廓表面粗糙度 R_a 值为 0.8μm，材料为 40Gr，齿部热处理要求为 G52，其他技术要求见表 10-1。

二、齿轮加工工艺过程拟定

根据上述分析可拟定出该双联齿轮的加工工艺过程，见表 10-9。

表 10-9 双联齿轮加工工艺过程

序号	工序内容	定位基准	序号	工序内容	定位基准
1	毛坯锻造		10	倒角（Ⅰ、Ⅱ齿圆 12°牙角）	花键孔及端面
2	正火		11	钳工去毛刺	
3	粗车外圆及端面，留余量 1.5 ~ 2mm，钻镗花键底孔至尺寸 ϕ30H12	外圆及端面	12	剃齿（$z=42$），公法线长度至尺寸上限	花键孔及 A 面
4	拉花键孔	ϕ30H12 及 A 面			
5	钳工去毛刺		13	剃齿（$z=28$），公法线长度至尺寸上限	花键孔及 A 面
6	上心轴，精车外圆、端面及槽至要求尺寸	花键孔及 A 面	14	齿部高频感应加热淬火：G52	
7	检验				
8	滚齿（$z=42$）。留剃余量 0.07 ~ 0.10mm	花键孔及 A 面	15	推孔	花键孔及 A 面
			16	珩齿（Ⅰ、Ⅱ）至尺寸要求	花键孔及 A 面
9	插齿（$z=28$），留剃余量 0.04 ~ 0.06mm	花键孔及 A 面	17	总检入库	

三、齿轮加工工艺过程分析

由上述齿轮工艺规程可知，该双联齿轮加工工艺过程大致有以下 4 个阶段：

第一阶段是齿坯的机械加工阶段。由于齿轮的传动精度主要决定于齿形精度和齿距分布均匀性，而这与切齿时采用的定位基准（孔和端面）的精度有着直接的关系，所以，这个阶段主要是为下一阶段加工齿形准备精基准，使齿轮的内孔和端面的精度基本达到规定技术要求。除了加工出基准外，对于齿形以外的次要表面的加工，也应尽量在这一阶段的后期完成。

第二阶段是齿形的加工。对于不需要淬火的齿轮，一般来说这个阶段也就是齿轮的最后加工阶段，经过这个阶段就应当加工出完全符合图样要求的齿轮来。对于需要淬硬的齿轮，必须在这个阶段中加工出能满足齿形的最后精加工所要求的齿形精度，所以这个阶段的加工是保证齿轮加工精度的关键阶段，应予以特别注意。

第三阶段是热处理阶段。它主要是对齿面的淬火处理，使齿面达到规定的硬度要求。

第四阶段是齿形的精加工。这个阶段的目的，在于修正齿轮经过淬火后所引起的齿形变形，进一步提高齿形精度和减小表面粗糙度值，使之达到最终精度要求。在这个阶段中首先应对定位基准面（孔和端面）进行修整，因为淬火以后齿轮的内孔和端面均会产生变形，如直接采用这样的孔和端面作为基准进行齿形精加工，是很难达到齿轮精度要求的。以修整过的基准面定位进行齿形精加工，可以使定位准确可靠，余量分布也比较均匀，以便达到精加工的目的。下面就齿轮加工时几个主要工艺问题说明如下。

1. 定位基准选择

齿轮定位基准的选择常因齿轮的结构形状不同而有所差异。但一般情况下，为保证齿轮的加工精度，应根据“基准重合”原则，选择齿轮的设计基准、装配基准和测量基准为定位基准，且尽可能在整个加工过程中保持“基准统一”。

轴类齿轮的齿形加工一般选择中心孔定位，某些大模数的轴类齿轮多选择轴颈和一端面定位。盘类齿轮的齿形加工可采用以下两种定位基准：

1）内孔和端面定位，符合“基准重合”原则。采用专用心轴，定位精度较高，生产率高，故广泛用于成批生产中。为保证内孔的尺寸精度和基准端面的跳动要求，应尽量在一次安装中同时加工内孔和基准端面。

2）外圆和端面定位，不符合“基准重合”原则。用端面作轴向定位，以外圆为找正基准，不需专用心轴，生产率较低，故适用于单件小批生产。为保证齿轮的加工质量，必须严格控制齿坯外圆对内孔的径向圆跳动。

2. 齿形加工方案选择

齿形加工方案的选择，主要取决于齿轮的精度等级、生产批量和齿轮的热处理方法等。

1）8 级或 8 级以下精度的齿轮加工方案。对于不淬硬的齿轮，用滚齿或插齿即可满足加工要求；对于淬硬齿轮，可采用“滚（或插）齿→齿端加工→齿面热处理→修正内孔”的加工方案，但热处理前的齿形加工精度应比图样要求提高一级。

2）6～7 级之间精度的齿轮加工方案。①“剃-珩齿”方案，即滚（或插）齿→齿端加工→剃齿→齿面热处理→修正基准→珩齿。②“磨齿”方案，即滚（或插）齿→齿端加工→齿面热处理（渗碳淬火）→修正基准→磨齿。

“剃-珩齿”方案生产率高，广泛用于 7 级精度齿轮的成批生产中（本例采用了此方案）。“磨齿”方案生产率低，一般用于 6 级精度以上或虽低于 6 级但淬火后变形较大的齿轮。5 级精度以上的齿轮一般应取磨齿方案。

3. 齿端加工方式

齿端加工必须安排在齿形淬火之前，通常多在滚（插）齿之后进行。齿轮的齿端加工方式有倒圆、倒尖、倒棱和去毛刺等，如图 10-21 所示。倒圆、倒尖、倒棱后的齿轮，沿轴向移动时容易进入啮合，所以滑移齿轮常进行齿端倒圆。倒棱

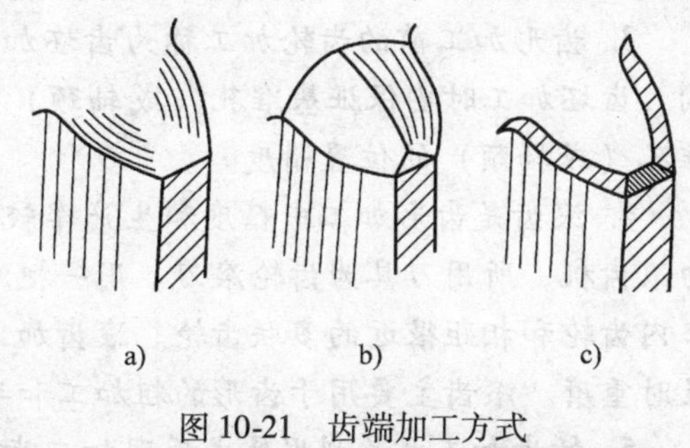

图 10-21 齿端加工方式
a）倒圆 b）倒尖 c）倒棱

可去除齿端的锐边，这些锐边经渗碳淬火后很脆，在齿轮传动中易崩裂。

齿端加工一般在齿轮倒角机上进行，其中齿端倒圆应用最多。图 10-22 所示为用指状铣刀倒圆的原理图。铣刀在高速旋转的同时沿圆弧作往复摆动，加工一个齿端后工件沿径向退出，分度后再送进加工下一个齿端。

4. 精基准的修整

齿轮淬火后基准孔常产生变形，孔直径可缩小 0.01 ~ 0.05mm。为确保齿形精加工质量，必须对基准孔修整。修整的方法：一般采用磨孔或推孔。

对批量生产的外径定心的花键孔齿轮，通常采用花键推刀修整孔。推孔时要防止推刀歪斜。有的工厂采用加长推刀前导引部分来防止推刀歪斜，取得了较好效果。

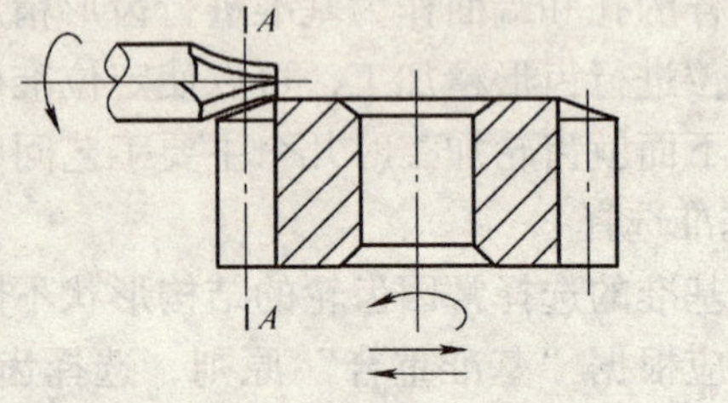

图 10-22 齿端倒圆

对圆柱孔齿轮的修整，可采用推孔或磨孔，推孔生产率高，常用于内孔未淬硬的齿轮；磨孔精度高，但生产率低，对整体淬火齿轮和内孔较大、齿厚较薄的齿轮，均以磨孔为宜。

磨孔时应以齿轮分度圆定心（参见图 5-23），这样可使磨孔后齿圈径向圆跳动较小，对以后进行磨齿或珩齿有利。为提高生产率，有的工厂以金刚镗代替磨孔也取得了较好的效果。采用磨孔（或镗孔）修整基准孔时，齿坯加工时内孔应留加工余量；采用推孔修整时，一般可不留加工余量。

本 章 小 结

1. 齿轮是机械传动中应用极为广泛的传动零件之一，其功用是按照一定的速比传递运动和动力。齿轮的制造精度对整个机器的工作性能、承载能力及使用寿命都有很大的影响。根据其使用条件，齿轮传动应传动准确、工作平稳、齿面接触均匀，并留必要的齿侧间隙。

2. 齿轮加工的关键是齿形加工。按照加工原理的不同，齿轮的齿形加工有成形法和展成法两种。其中，成形法是利用与被加工齿轮的齿槽形状一致的刀具在齿坯上加工出齿形的，一般用于单件小批量生产和机修工作中；展成法是利用一对齿轮啮合或齿轮与齿条啮合原理，使其中一个作为刀具，在啮合过程中加工出齿形的，在生产实际中应用比较广泛。

3. 齿形加工前的齿轮加工称为齿坯加工。齿坯的精度对齿轮的加工精度有着重要的影响。齿坯加工时要保证基准孔（或轴颈）的尺寸精度和形状精度，以及基准端面相对于基准孔（或轴颈）的位置精度。

4. 滚齿是齿形加工中精度和生产率较高、应用较广的一种加工方法。滚齿加工的设备为滚齿机，所用刀具为齿轮滚刀。用一把滚刀可加工同一模数的任意齿数的齿轮，但不能加工内齿轮和相距很近的多联齿轮。滚齿加工时，滚刀应正确的选用和安装，并要适时窜位和及时重磨。滚齿主要用于齿形的粗加工和半精加工。

5. 插齿加工也是利用展成原理加工齿形的。加工时插齿机床必须具备主运动、展成运动、径向进给运动、圆周进给运动和让刀运动。插齿既可用于齿形的粗加工，也可用于精加工。插齿主要适宜于加工内齿轮、无空刀槽的人字齿轮，但不能加工蜗轮。插齿的齿形精度比滚齿高，插齿后齿面的粗糙度值比滚齿小，但插齿的运动精度比滚齿差，螺旋线偏差比滚齿大，生产率比滚齿低。插齿多用于中、小模数齿轮的加工。

6. 对于6级精度以上的齿轮，或者淬火后的硬齿面的加工，常常要在滚齿或插齿之后，并经热处理再进行齿形的精加工。常用的齿形精加工方法有剃齿、珩齿和磨齿。其中，剃齿是对未经淬硬的圆柱齿轮齿形进行精加工的方法之一；珩齿和磨齿是对淬硬齿形进行精加工的方法；磨齿还是现有齿形加工中精度最高的一种齿形加工方法。

思考题与习题

10-1　常用的齿形加工方法有哪些？选择齿形加工方案的依据是什么？

10-2　齿轮传动的基本要求有哪些？

10-3　加工模数 $m=3$mm 的直齿圆柱齿轮，齿数 $z_1=21$，$z_2=25$，应选何种刀号的盘形齿轮铣刀？在相同的切削条件下，哪个齿轮的加工精度高？为什么？

10-4　滚齿和插齿各有何特点？

10-5　滚齿时应如何安装滚刀？

10-6　试比较剃齿、珩齿及磨齿的加工原理、工艺特点及适用场合？

10-7　为什么剃齿的加工精度高于滚齿和插齿？

10-8　磨齿之所以有很高的加工精度，除了磨削加工固有的特点外，还有哪些原因？

10-9　圆柱齿轮的加工工艺过程有哪几个阶段？其中毛坯热处理与齿面热处理各起什么作用？应安排在工艺过程的哪一个阶段？

第十一章 机械加工质量分析

【要点和目的】

机器的质量取决于零件的加工质量和机器的装配质量，其中零件的加工质量包含零件的加工精度和表面质量两大部分。本章将介绍零件的加工质量的基本概念和基本理论知识。

通过本章学习，掌握机械加工质量的含义及其内容；掌握工件加工误差与工艺系统原始误差的关系；了解各种原始误差的成因及其影响；熟悉影响加工表面粗糙度的因素；了解机械加工中振动的类型及其影响；重点掌握工艺系统受力变形对加工精度的影响以及保证和提高加工精度的方法和途径、减小表面粗糙度的工艺措施等。

第一节 概 述

一、机械加工质量

在机械加工中，零件的加工质量直接影响其互换性。机械加工质量是一个比较笼统的概念，若按对零件使用性能的影响来分，机械加工质量包括机械加工精度和机械加工表面质量。也就是说，评定零件的加工质量有两类指标，一类是加工精度指标，一类是表面质量指标。前者反映的是零件加工后表面的几何参数的精确程度，后者反映的是零件加工后表面层的完整程度。因此，如果说零件的加工质量好，则不但指其加工精度高，也说明其表面质量较好。

二、加工精度与加工误差

机械加工精度是指加工后零件表面的实际尺寸、形状、位置三种几何参数与理想几何参数的符合程度。零件实际几何参数与理想几何参数的偏离程度称为加工误差。机械加工精度是评定零件加工质量的第一类指标。

加工精度与加工误差都是评定加工表面几何参数的术语，加工精度用公差等级衡量，等级值越小，其精度越高。按零件上几何参数的不同，加工精度又分为尺寸精度、形状精度和位置精度。零件的加工精度越高，其加工误差就越小，反之亦然。

应当指出，任何加工方法所得到的实际参数都不会绝对准确，都会产生加工误差。但是，从零件使用要求来看，只要加工误差在零件图样要求的公差范围内，就认为保证了加工精度。

一个完整的机械加工工艺系统包括机床、夹具、刀具和工件 4 个部分。在加工过程中，工艺系统会产生各种误差，使得刀具和工件在切削运动过程中的相互位置发生改变，从而影响零件的加工精度。这些误差与工艺系统本身的结构状况和切削过程有关，通常称其为工艺系统的原始误差。因此可以说，原始误差是指使工件产生加工误差的工艺系统各环节所固有的误差。原始误差是“因”，是根据；加工误差是“果”，是表现。原始误差主要包括：

1）加工原理误差（也称方法误差）。

2）工艺系统的几何误差。它包括机床的几何误差、调整误差、刀具和夹具的制造误差、工件的安装误差以及工艺系统磨损所引起的误差。

3）工艺系统受力变形所引起的误差。

4）工艺系统受热变形所引起的误差。

5）工件内应力引起的误差。

以上这些误差，有些是在加工前就已存在的（如加工原理误差、机床的几何误差、调整误差等），有些则是在加工过程中产生的（如工艺系统受力变形所引起的误差、工艺系统受热变形所引起的误差等）。但工艺系统磨损所引起的误差是在加工前和加工中都会表现出来的，工件内应力引起的误差则贯穿于整个加工过程的始终。

三、获得机械加工精度的方法

工件规定的加工精度包括尺寸精度、形状精度和相互位置精度等三个方面。

1. 尺寸精度的获得方法

(1) 试切法　通过使刀具逐渐逼近并准确达到加工尺寸的一种方法，即通过试切→测量→调整刀具→再试切→再测量，反复进行，直至加工出符合规定的尺寸。这种方法效率低，同时要求操作者有较高的技术水平，在单件小批生产中常用此法。

(2) 调整法　它是指在加工前预先调整好刀具与工件的相对位置，在一批零件加工中始终保持相对位置不变，从而保证尺寸精度的一种方法。其加工精度在很大程度上取决于调整精度。调整法生产效率高，适用于成批和大量生产。

(3) 定尺寸刀具法　此法是指用具有一定尺寸和形状的刀具加工，以刀具相应尺寸而得到规定尺寸精度，如钻孔、扩孔、铰孔、拉孔、攻螺纹等。加工精度与刀具的制造精度关系很大。这种方法操作方便，生产率较高，加工精度较稳定。

(4) 自动控制法　这种方法是用测量装置、进给装置和控制系统完成一个自动加工的循环过程，使加工中的测量、补偿调整和切削等一系列工作自动完成，例如，自动机床和数控机床加工。自动控制法加工的质量稳定，生产率高，能适应多品种生产，是机械制造的发展方向和计算机辅助制造的基础。

2. 形状精度的获得方法

零件形状精度主要由机床、刀具及切削运动来保证，主要有以下三种方法。

(1) 轨迹法　轨迹法是指依靠刀具与工件的相对运动轨迹获得加工表面形状的方法。刀尖的运动轨迹取决于刀具和工件的相对成形运动。形状精度取决于成形运动的精度。普通车削、铣削、刨削和磨削等均属于此法。

(2) 成形法　用成形刀具对工件进行加工的方法称为成形法。成形刀具替代一个成形运动，用成形法获得的形状精度取决于成形刀具的形状精度。用成形车刀加工成形表面、用成形铣刀铣齿和用花键拉刀拉花键槽等均属于此法。

(3) 展成法　刀具的切削刃与工件加工表面连续保持一定的相互位置和相互运动关系时，切削刃的一系列包络线构成了加工表面的形状，这种加工方法称为展成法。它所获得的精度取决于切削刃的形状和展成运动的精度等。滚齿、插齿、滚花键等均属此法。

3. 相互位置精度的获得方法

零件的相互位置精度主要由机床和夹具精度以及工件的正确安装来保证。例如，在车床上车削工件端面时，其端面与轴心线的垂直度决定于中滑板进给方向与主轴回转轴线的垂直度。在平面上钻孔，孔中心线对平面的垂直度，决定于钻头进给方向与工作台或夹具定位面的垂直度。

第二节 机械加工精度

前已述及，工艺系统的原始误差是工件产生加工误差的主要原因，因此，要寻求影响加工精度的因素，就应分析工艺系统的原始误差。本节主要讨论工艺系统原始误差的成因、原始误差对加工精度的影响以及提高和保证加工精度的措施。

一、加工原理误差

加工原理误差是由于采用了近似的成形运动或近似的切削刃轮廓进行加工所产生的误差。在生产中，完全精确的加工原理常常很难实现，或者加工效率低，或者使机床或刀具的结构极为复杂，难以制造。有时由于连接环节多，使机床传动链中的误差增加，致使机床刚度和制造精度很难保证。

例如，用齿轮滚刀切削渐开线齿轮时，滚刀应为一渐开线蜗杆。而实际上为了使滚刀制造方便，采用阿基米德基本蜗杆或法向直廓基本蜗杆代替渐开线蜗杆，从而在加工原理上产生了误差。另外，由于滚刀切削刃数有限，齿形是由各个刀齿轨迹的包络线所形成，所切出的齿形实际上是一条近似渐开线的折线而不是光滑的渐开线。又如用模数铣刀成形铣削齿轮，对于每种模数的齿轮，不论齿数多少，通常只用一套（共 8 把）铣刀来加工，由于每把铣刀是按照该种模数的一种齿数设计制造的，因而加工其他齿数的齿轮时齿形就有了误差。

再如车削模数蜗杆时，由于蜗杆的螺距等于蜗轮的齿距 πm，其中 m 为模数，而 π 是一个无理数，但是车床交换齿轮的齿数是整数值。因此，在选择交换齿轮时，只能将 π 化为近似的分数值计算，因而产生了由刀具相对工件的成形运动不准确而引起的加工原理误差。

即使是在数控加工中，当刀具相对于工件的运动轨迹为斜线或圆弧时，根据插补原理，实际的运动轨迹也是由折线逼近的，从而产生了加工原理误差。

采用近似的成形运动或近似的切削刃轮廓虽然会带来加工原理误差，但往往可简化机床或刀具的结构，反而能得到较高的加工精度。因此，只要其误差不超过规定的精度要求，在生产中仍能得到广泛的应用。

二、工艺系统的几何误差

1. 机床的几何误差

机床的几何误差包括主轴回转运动误差、导轨导向误差和传动链传动误差等。

（1）主轴回转运动误差 它是指主轴的实际回转轴线相对其理想回转轴线的漂移量。机床主轴部件是用来装夹工件或刀具，并将运动和动力传给工件或刀具的重要零部件，主轴回转误差将直接影响被加工工件的形状精度和位置精度。

理论上，主轴回转时，其回转轴线的空间位置是固定不变的，即瞬时速度为零。但由于主轴部件在加工、装配过程中的各种误差和回转时的受力、受热等因素，使主轴在每一瞬时回转轴线的空间位置处于变动状态，造成轴线漂移，形成回转误差。

主轴的回转运动误差有三种表现形式：轴向窜动、径向跳动和角度摆动。它们对加工精度的影响如下：

1）轴向窜动。对内、外圆柱面车削或镗孔影响不大。主要影响端面形状和轴向尺寸精度。车削螺纹时，使导程产生误差。

2）径向跳动。车削内、外圆柱面时，假设通过刀尖的工件表面法线方向为 Y 方向，如图 11-1 所示。当主轴在 Y 方向有径向跳动误差时，它以 1∶1的比例转化为加工误差。可使工件直径产生尺寸误差、横截面产生圆度误差、圆柱面产生圆柱度误差等，对工件的加工精度影响较大，因此将该方向（Y 方向）称为误差敏感方向。

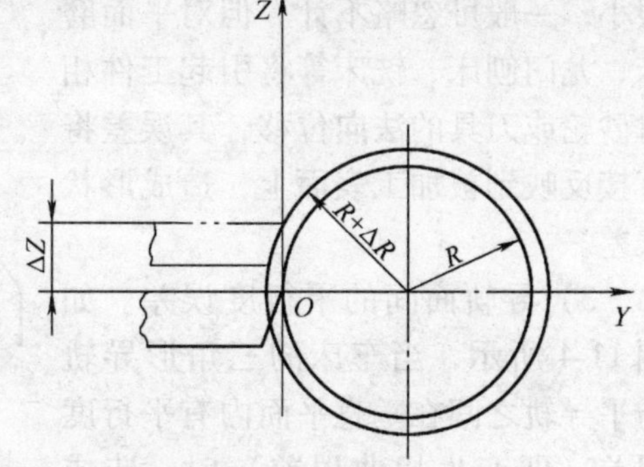

图 11-1　误差敏感方向

当主轴在 Z 方向有径向跳动误差时，由图 11-1 可得出：$(R+\Delta R)^2=\Delta Z^2+R^2$。展开并略去微小量 ΔR^2，得：$\Delta R\approx\Delta Z^2/(2R)$，即工件的半径误差 ΔR 为跳动量 ΔZ 的“二次小量”，此时 ΔR 很小，可忽略不计。因此，将该方向（即 Z 方向）称为非误差敏感方向。

3）角度摆动。对于车削和镗削来说，主轴的角度摆动将使工件产生圆度和圆柱度误差。

影响主轴回转精度的主要因素是主轴的制造误差、轴承间隙、与轴承相配合的零件（主轴、箱体孔等）的精度及主轴系统的径向不等刚度和热变形等。主轴转速对主轴回转精度也有一定的影响。

（2）导轨导向误差　从以下几种情况来分别讨论。

1）导轨在水平面内的直线度误差。由于车床的误差敏感方向在水平面（见图 11-2 中的 Y 方向），所以这项误差对加工精度影响极大，导轨误差为 ΔY，使刀尖在水平面内（即被加工表面的法线方向）产生位移 ΔY，从而造成工件半径上的误差 $\Delta R=\Delta Y$。当车削长圆柱面时，则会产生圆柱度误差（鞍形或鼓形）。

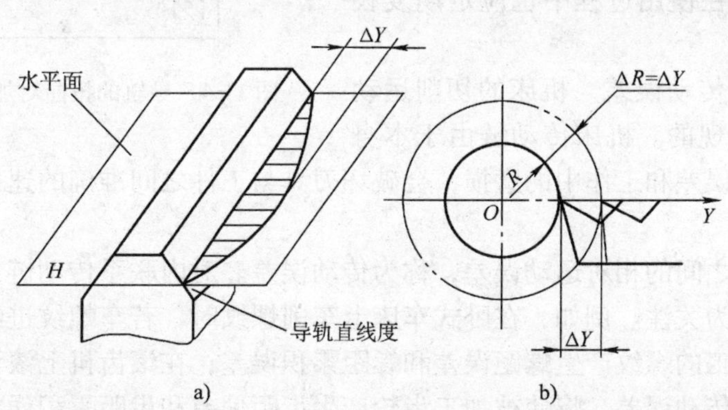

图 11-2　车床导轨在水平面内直线度误差引起的加工误差

2）导轨在垂直面内的直线度误差。如图 11-3 所示，导轨在 Z 方向存在直线度误差 ΔZ，使车刀在被加工表面的切线方向产生位移，造成半径上的误差 $\Delta R=(\Delta Z)^2/2R$，显然 ΔR 远远小于 ΔZ，由此可知，导轨在垂直平面内的直线度误差对加工精度影响很小，一般可忽略不计。但对平面磨床、龙门刨床、铣床等将引起工件相对砂轮或刀具的法向位移，其误差将直接反映到被加工表面上，造成形状误差。

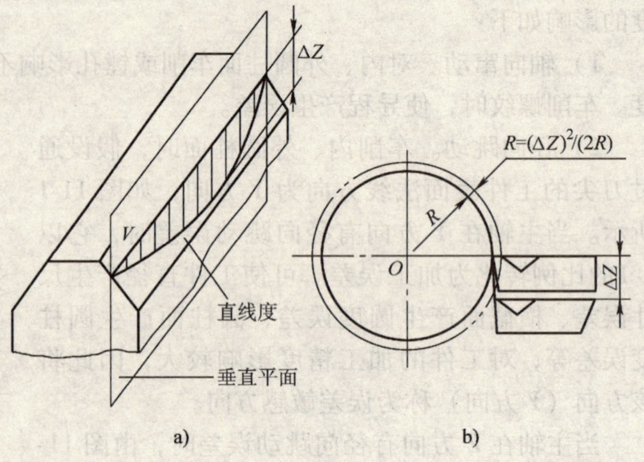

图 11-3　导轨在垂直面内的直线度误差引起的加工误差

3）导轨面间的平行度误差。如图 11-4 所示，当车床的三角形导轨与平导轨之间在垂直平面内有平行度误差（即产生扭曲误差）时，造成两导轨产生高度差 ΔX，使刀架倾斜摆动，工件半径方向产生误差 ΔY，刀架沿床身导轨做纵向进给运动时，刀尖的运动轨迹是一条空间曲线，使工件产生圆柱度误差。

由图示几何关系可求出 $\Delta R=\Delta Y\approx(H/B)\Delta X$。一般车床的 $H/B\approx2/3$，外圆磨床 $H\approx B$，故 ΔX 对加工精度的影响不容忽视。由于沿导轨全长上 ΔX 的不同，将使工件产生圆柱度误差。

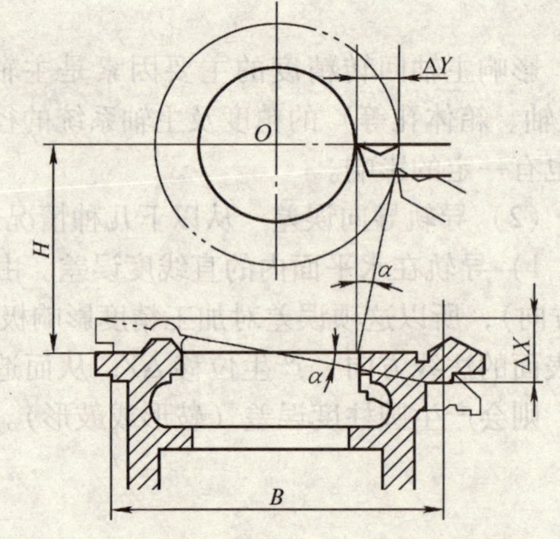

图 11-4　导轨的扭曲对加工精度的影响

此外，机床的安装对导轨精度影响较大，尤其是床身较长的机床，因床身刚度较差，因自重引起基础下沉而造成导轨变形。因此，机床在安装时应有良好的基础，并严格进行几何精度检验和校正，在使用过程中也应定期复校和调整。

（3）传动链的传动误差　机床的切削运动是通过传动链来实现的。机床传动链由于本身的制造误差、装配误差和工作中的磨损，会破坏刀具与工件之间准确的速比关系，从而影响工件的加工精度。

传动链两端件之间的相对运动误差，称为传动误差。对内联系传动链，其传动误差对加工精度的影响要尤为关注。例如，在卧式车床上车削螺纹时，若车螺纹进给运动传动链有传动误差，将使所加工的螺纹产生螺距误差和螺距累积误差；在滚齿机上滚切圆柱齿轮时，若展成运动传动链有传动误差，将使被加工齿轮产生齿距偏差和齿距累积误差。

2. 刀具和夹具的误差

（1）刀具的误差　按照加工表面的成形方式不同，将刀具分为定尺寸刀具（钻头、铰刀、拉刀等）、成形刀具（如成形车刀、模数铣刀等）和一般刀具（如车刀、铣刀、镗刀等）。

用定尺寸刀具加工时，刀具的制造误差直接影响工件的尺寸精度，刀具安装不当也会影响工件的加工精度。用成形刀具加工时，刀具的形状误差直接影响工件的形状精度。一般刀具的制造误差对加工精度没有直接影响，但当采用调整法加工时，刀具的磨损会引起工件尺寸和形状的改变。为了减小刀具磨损对加工精度的影响，应根据工件的材料和加工要求，合理地选择刀具材料、切削用量和冷却润滑方式。

（2）夹具的误差　夹具的误差包括定位误差、各元件的制造误差、装配误差、在机床上安装的误差、对刀误差和磨损等。

夹具的误差直接影响加工表面的位置精度和尺寸精度。在设计夹具时，凡影响工件精度的尺寸应严格控制，一般可取工件上相应尺寸或位置公差的1/2～1/5。

3. 调整误差

在工艺系统中，工件与刀具在机床上的相对位置精度，是通过调整机床、夹具、刀具和工件等来保证。要对工件进行检验测量，再根据测量结果对刀具、夹具、机床进行调整。因此，凡是影响检测精度的因素，诸如检测仪器的制造误差、测量方法及测量力和测量温度等都会影响调整精度。

在试切法加工中，影响调整误差的主要因素是测量误差和进给系统精度。在低速微量进给中，进给系统常会出现“爬行”现象，其结果使刀具的实际进给量比刻度盘的数值要偏大或偏小，造成加工误差。

在调整法加工中，广泛应用行程挡块、靠模及凸轮机构来保证加工精度。这些机构的制造精度和刚度，以及与其配合使用的离合器、控制阀等的灵敏度是影响调整误差的主要因素。当用样板或样件调整时，调整精度取决于样板或样件的制造、安装和对刀精度。

三、工艺系统受力变形引起的误差

1. 工艺系统刚度的概念

工艺系统是一个弹性系统，在加工过程中由于切削力、夹紧力、传动力、惯性力以及重力等的作用，会产生弹性变形，从而破坏了已经调整好的刀具与工件的准确位置，产生加工误差。工艺系统抵抗变形的能力越大，工件的加工精度越高。通常用刚度的概念来表达工艺系统抵抗变形的能力。

由力学知识可知，作用力 F（静载）与由它所引起的在作用力方向上产生的变形量 Y 的比值称为静刚度 K（简称刚度），即

$$K=\frac{F}{Y} \tag{11-1}$$

式中　K——静刚度，单位为N/mm；

F——作用力，单位为N；

Y——沿作用力 F 方向的变形量，单位为mm。

在各种外力作用下，工艺系统各部分在各受力方向上都将产生相应的变形。工艺系统的受力变形，主要应研究误差敏感方向的位移，即通过刀尖的加工表面的法线方向的位移。因此，工艺系统刚度 F_{Xt} 定义为：工件和刀具的法向切削分为 F_Y(N)与在总切削力的作用下，在该方向上的相对位移 Y_{Xt}(mm)的比值，即

$$K_{Xt}=\frac{F_Y}{Y_{Xt}}$$

由于工艺系统总变形量 Y_{Xt} 等于各组成部分变形量之和，即 $Y_{Xt}=Y_{jc}+Y_{dj}+Y_{jj}+Y_g$，而 $K_{jc}=\dfrac{F_Y}{Y_{jc}}$，$K_{dj}=\dfrac{F_Y}{Y_{dj}}$，$K_{jj}=\dfrac{F_Y}{Y_{jj}}$，$K_g=\dfrac{F_Y}{Y_g}$

式中 Y_{Xt}——工艺系统总的变形量，单位为 mm；

K_{Xt}——工艺系统的刚度，单位为 N/mm；

Y_{jc}——机床变形量，单位为 mm；

K_{jc}——机床刚度，单位为 N/mm；

Y_{dj}——刀架的变形量，单位为 mm；

K_{dj}——刀架的刚度，单位为 N/mm；

Y_{jj}——夹具的变形量，单位为 mm；

K_{jj}——夹具的刚度，单位为 N/mm；

Y_g——工件的变形量，单位为 mm；

K_g——工件的刚度，单位为 N/mm。

所以，工艺系统刚度的一般表达式为

$$K_{Xt}=\frac{F_Y}{Y_{Xt}}=\frac{F_Y}{Y_{jc}+Y_{dj}+Y_{jj}+Y_g}=\frac{1}{\dfrac{1}{K_{jc}}+\dfrac{1}{K_{dj}}+\dfrac{1}{K_{jj}}+\dfrac{1}{K_g}} \tag{11-2}$$

因此，当知道工艺系统的各个组成部分的刚度后，即可求出系统刚度。但部件刚度问题比较复杂，迄今没有合适的计算方法，只能用实验的方法加以测定。

2. 影响机床部件刚度的因素

（1）接触面间的接触变形　经机械加工后的零件表面在相互接触时，实际接触面积只是名义接触面积的一小部分，如图 11-5 所示。在外力作用下，这些接触点产生了较大的接触应力，引起接触变形，其中既有表面层的弹性变形，也有局部的塑性变形，接触表面的塑性变形是造成残余变形的原因。

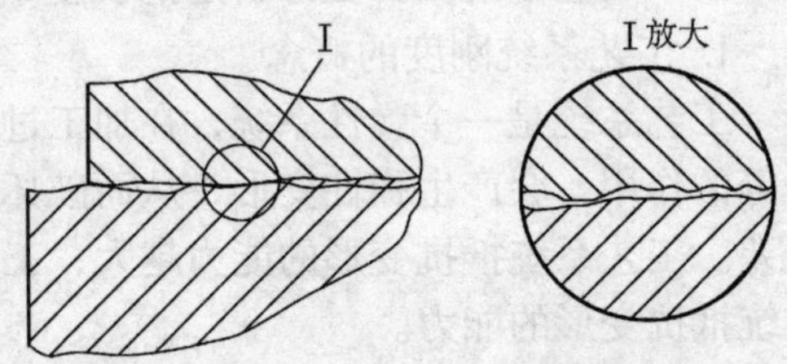

图 11-5　表面间的接触情况

（2）薄弱零件的变形　机床部件中薄弱零件对部件刚度的影响很大。如机床导轨中常用的镶条，由于其结构长而薄，刚性差，加工时难以保证平直，以至装配后接触不良，在外力作用下变形较大，使部件刚度大大降低。

（3）间隙和摩擦的影响　零件接触面间的间隙对接触刚度的影响主要表现在加工中载荷方向经常改变的镗床、铣床上。因为当载荷方向改变时，间隙所引起的位移破坏原来刀具与加工表面间的准确位置。当载荷是单向的，加工时工件始终靠向一边时，间隙的影响较小。

零件接触面间的摩擦力对接触刚度的影响在载荷变动时较为显著。如在加载时，由于摩擦力抵消一部分作用力，会阻止变形的增加；卸载时，摩擦力阻止变形的恢复。由于变形的不均匀增减，进而引起加工误差。

3. 工艺系统受力变形引起的加工误差

（1）切削力作用点位置变化引起的误差　如图 11-6a 所示，在车床两顶尖间车削短而粗的光轴时，由于工件和刀具的变形很小，可忽略不计，则工艺系统的总位移取决于床头、尾座（包括顶尖）和刀架的位移。

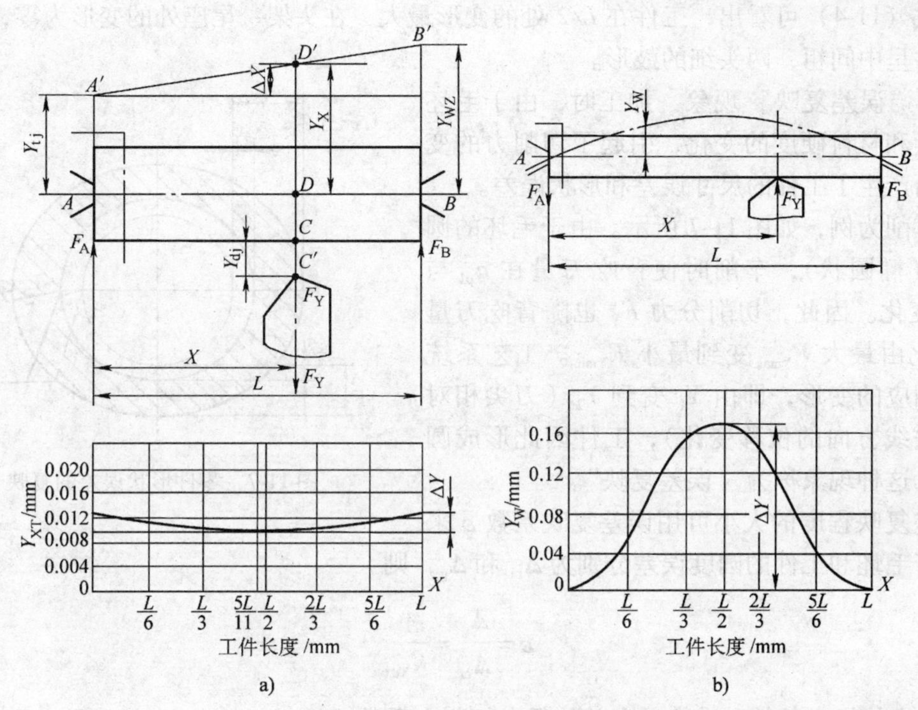

图 11-6　工艺系统变形随力作用点变化而变化

a）车短轴　b）车细长轴

当加工中车刀处于图示位置时，在切削分力 F_Y 的作用下，头架由 A 点位移到 A'，尾座由 B 点位移到 B'，刀架由 C 点位移到 C'，它们的位移量分别用 Y_{tj}、Y_{WZ} 和 Y_{dj} 表示。而工件轴线 AB 位移到 $A'B'$，刀具切削点处工件轴线的位移用 Y_X 表示。并假设头架、尾座和刀架的刚度分别为 K_{tj}、K_{WZ} 和 K_{dj}。由力学知识可推导出工艺系统的总变形量为

$$Y_{Xt} = Y_X + Y_{dj} = F_Y\left[\frac{1}{K_{dj}} + \frac{1}{K_{tj}}\left(\frac{L-X}{L}\right)^2 + \frac{1}{K_{WZ}}\left(\frac{X}{L}\right)^2\right] \tag{11-3}$$

由上式可看出，工艺系统的变形是 X 的函数。因此，随着车刀位置（即切削力位置）的变化，工艺系统的变形也是变化的。变形大的地方，背吃刀量较小；变形小的地方，背吃刀量较大，加工出的工件呈两头粗、中间细的鞍形。其全长上的最大半径与最小半径之差即为圆柱度误差。

如图 11-6b 所示，在两顶尖间车削细长轴时，由于工件刚度很低，机床、夹具、刀具在切削力作用下的变形可忽略不计，则工艺系统的位移完全取决于工件的变形，加工中车刀处于图示位置时，工件的轴线产生弯曲变形。根据力学的计算公式，其切削点的变形量为

$$Y_w = \frac{F_Y}{3EI} \cdot \frac{(L-X)^2X^2}{L} \tag{11-4}$$

式中E和I分别为工件材料的弹性模量和截面惯性矩。

由式（11-4）可看出，工件在$L/2$处的变形最大，在头架、尾座处的变形为零，故加工出的工件呈中间粗，两头细的鼓形。

（2）“误差复映”现象　加工时，由于毛坯加工余量和材料硬度的变化，引起了切削力的变化，因而产生了工件的尺寸误差和形状误差。

以车削为例，如图11-7所示。由于毛坯的圆度误差（椭圆状），车削时使背吃刀量在a_{p1}与a_{p2}之间变化。因此，切削分力F_Y也随背吃刀量a_p的变化由最大F_{Ymax}变到最小F_{Ymin}。工艺系统将产生相应的变形，即由Y_1变到Y_2（刀尖相对工件在法线方向的位移变化），工件因此形成圆度误差，这种现象称为“误差复映”。

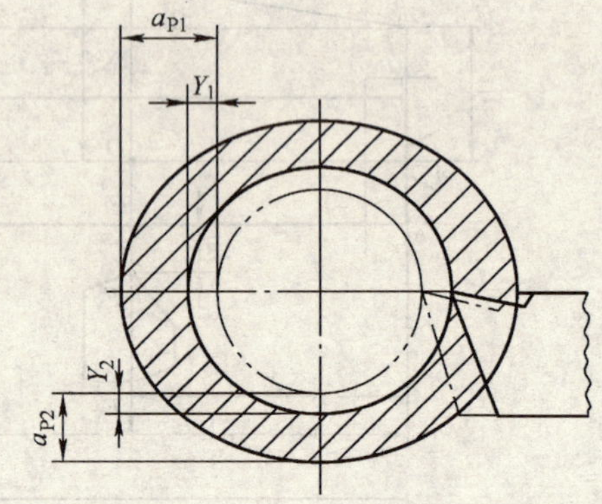

图11-7　零件形状误差的复映

误差复映程度的大小可用误差复映系数ε来表示。若毛坯和工件的圆度误差分别为Δ_m和Δ_g，则

$$\varepsilon = \frac{\Delta_g}{\Delta_m} = \frac{A}{K_{Xt}}$$

式中，A为与加工条件和进给量有关的径向切削力系数。

由于工艺系统具有一定的刚度，所以误差复映系数ε总是小于1。它定量地反映了毛坯误差经过加工后减少的程度，它与工艺系统刚度成反比，与径向切削力系数A成正比。要减小工件的复映误差，可增加工艺系统刚度或减小径向切削力系数A。

当毛坯误差较大，一次进给不能满足加工精度要求时，需要多次进给来消除Δ_m复映到工件上误差。设各次进给复映系数分别为ε_1、ε_2、…、ε_n，则第n次进给后工件的误差Δ_{gn}为

$$\Delta_{gn} = \varepsilon_1\varepsilon_2\cdots\varepsilon_n\Delta_m$$

由于ε总是小于1，经过几次进给后，Δ_{gn}已降至很小。一般IT7级精度要求的工件，经过2~3次进给后，可使复映误差减小到公差允许值的范围内。

（3）其他作用力引起的加工误差　在加工过程中，工艺系统除受切削力的影响外，其他作用力的影响也不容忽视。

1）惯性力引起的加工误差。切削加工中，由于高速旋转零部件（包括夹具、工件和刀具等）的不平衡而产生离心力，在每一转中不断改变方向，使工艺系统的受力变形发生变化，从而引起加工误差。如图11-8所示，车削一个不平衡工件，离心力F与切削力F_Y方向相反时，将工件推向刀具，使背吃刀量增加。当F与F_Y同向时，工件被拉离刀具，背吃刀量减小，结果造成工件的圆度误差。

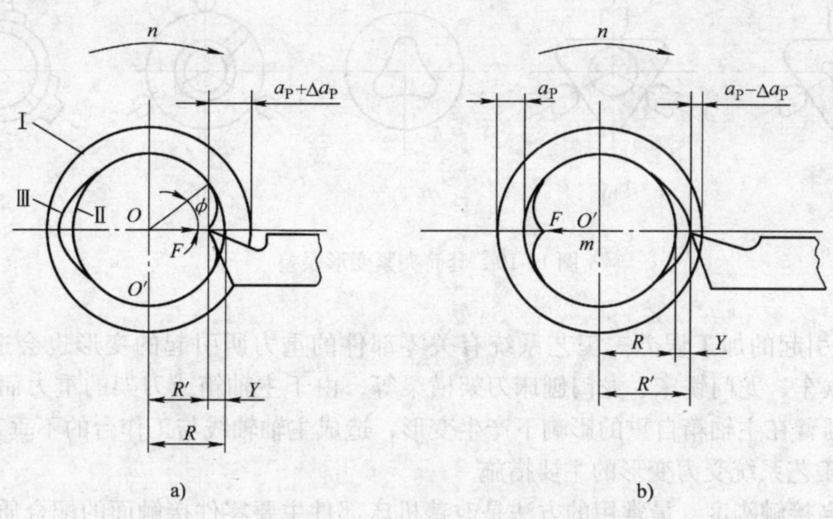

图 11-8　惯性力引起的加工误差

a）F 与 F_Y 反向时　b）F 与 F_Y 同向时

生产中遇到这种情况时，可在不平衡质量的反向配置平衡块，使两者的离心力相互抵消，必要时还须降低转速，以减小离心力对加工精度的影响。

2）传动力引起的加工误差。在车床或磨床上加工轴类零件时，常用单爪拨盘带动工件旋转。如图 11-9 所示，在拨盘的每一转中，传动力方向是变化的，有时与切削力 F_Y 同向，有时反向。因此，造成了与惯性力相似的加工误差。为此，加工精密零件时应改用双爪拨盘或柔性联接装置带动工件转动。

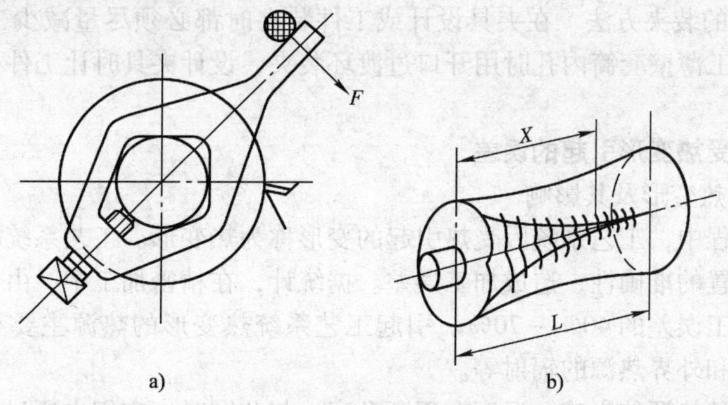

图 11-9　传动力产生的加工误差

3）夹紧力引起的加工误差。当加工刚性较差的工件时，若夹紧不当，会引起工件变形而产生形状误差。如图 11-10 所示，用三爪自定心卡盘夹持薄壁套筒车削孔面。夹紧后工件呈三棱形（见图 11-10a），车出的孔为正圆（见图 11-10b），但松夹后套筒的弹性变形恢复，孔就成了三棱形（见图 11-10c）。为了减少加工误差，应使夹紧力均匀分布，可以在夹紧时增加一个开口过渡环（见图 11-10d）或采用专用卡爪（见图 11-10e）。

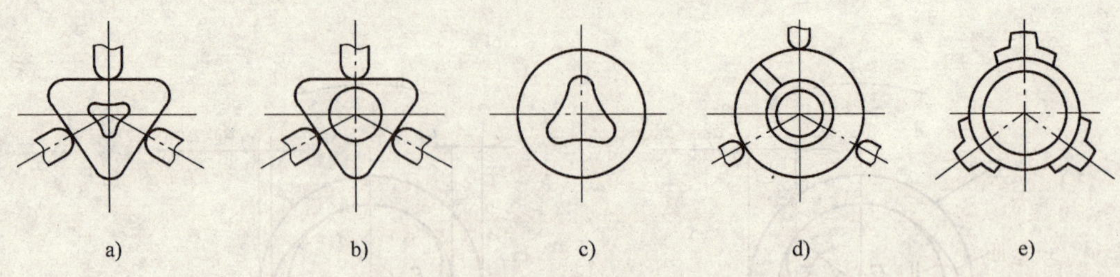

图 11-10　套筒夹紧变形误差

4）重力引起的加工误差。工艺系统有关零部件的重力所引起的变形也会造成加工误差。如大型立车、龙门铣床、龙门刨床刀架横梁等，由于主轴箱或刀架的重力而产生变形。摇臂钻床的摇臂在主轴箱自重的影响下产生变形，造成主轴轴线与工作台的不垂直。

4. 减小工艺系统受力变形的主要措施

（1）提高接触刚度　最常用的方法是改善机床部件主要零件接触面的配合质量。例如，对机床导轨及装配基面进行刮研；提高顶尖锥体同主轴和尾座套筒锥孔的接触质量，多次修研加工精密零件用的中心孔等。通过刮研可改善配合表面的粗糙度和形状精度，使实际接触面积增加，从而有效提高接触刚度。

提高接触刚度的另一措施是在接触面间预加载荷，这样可消除配合面间的间隙，增加接触面积，减少受力后的变形量，如在一些轴承的调整中就采用此项措施。

（2）提高工件、部件刚度　对刚度较低的叉架类、细长轴等工件，其主要措施是减小支承间的长度，例如设置辅助支承、安装跟刀架或中心架。加工中还常采用一些辅助装置提高机床部件刚度，如卧式铣床悬梁上的支架、卧式镗床后立柱上的支架就是用来提高刀具的安装刚度的。

（3）采用合理的装夹方法　在夹具设计或工件装夹时都必须尽量减少工件的夹紧变形和弯曲力矩，如加工薄壁套筒内孔时用开口过渡环装夹，设计夹具时让工件上的加工部位悬伸尽量短等。

四、工艺系统受热变形引起的误差

1. 工艺系统的热变形及其影响

在机械加工过程中，工艺系统因受热引起的变形称为热变形。工艺系统的热变形破坏了工件与刀具相对位置的准确性，造成加工误差。据统计，在精密加工中，由于热变形引起的加工误差约占总加工误差的 40% ~70%。引起工艺系统热变形的热源主要有切削热、机床运动部件的摩擦热和外界热源的辐射等。

工艺系统受各种热源的影响，温度会逐渐升高，与此同时，它们也通过各种方式向周围散发热量。当单位时间内传入和散发的热量相等时，工艺系统达到热平衡。此时的温度场处于稳定状态，受热变形也相应地处于稳定状态，由此引起的加工误差是有规律的，所以，精密加工应在热平衡之后进行。

在加工中，机床的种类、加工方式、所使用的刀具及加工条件不同，引起的工艺系统热变形及其对加工精度的影响也不尽相同，在此不一一列举。需要说明的是，工艺系统的热变形对加工精度的影响，在一般加工中可不予考虑，但在精密加工或大型工件的加工中必须引起重视。

2. 减小工艺系统热变形的主要途径

（1）分离热源　凡是可能分离出去的热源，如电动机、变速箱、液压系统、切削液系统等尽可能移出。对于不能分离的热源，如主轴轴承、丝杠螺母副、高速运动的导轨副等，可从结构、润滑等方面改善其摩擦特性，减少发热。

（2）减少切削热　通过控制切削用量、合理选择和使用刀具来减少切削热。当零件精度要求高时，应注意将粗加工和精加工分开进行。

（3）改善散热条件　使用大流量切削液，或喷雾等方法冷却，可带走大量切削热或磨削热。大型数控机床、加工中心普遍采用冷冻机，对润滑油、切削液进行强制冷却，以提高冷却效果。

（4）保持工艺系统的热平衡　由热变形规律可知，在机床刚开始运转的一段时间内，温升较快，热变形大。当达到热平衡状态后，热变形趋于稳定，加工精度才易保证。因此，对于精密机床，特别是大型机床，可预先高速空运转或设置控制热源，人为地给机床加热，使之较快达到热平衡状态，然后进行加工。

（5）用热补偿的方法均衡温度场　当机床零部件温升均匀时，机床本身就呈现一种热稳定状态，从而使机床产生不影响加工精度的均匀热变形。对于床身较长的导轨磨床，为了均衡导轨面的热伸长，通常利用机床润滑系统回油的余热来提高床身下部的温度，使床身上下表面的温差减小，变形均匀。

（6）控制环境温度　对于精密机床，一般应安装在恒温车间。对温度的控制要求为：一般精密级为 ±1℃，精密级为 ±0.5℃，超精密级为 ±0.01℃。恒温车间平均温度一般为20℃，但可根据季节和地区调整，如冬季可取17℃，夏季可取23℃，以节省能源。

五、工件内应力引起的误差

内应力是指当外部载荷去除后，仍残存在工件内部的应力，也称残余应力。工件经铸造、锻造或切削加工后，内部存在的各个内应力互相平衡，可以保持形状精度的暂时稳定。但它的内部组织有强烈的要恢复到一种稳定的没有内应力状态的趋势，一旦外界条件产生变化，如环境温度的改变、继续进行切削加工、受到撞击等，内应力的暂时平衡就会被打破而进行重新分布，这时工件将产生变形，从而破坏原有的精度。如果把具有内应力的重要零件安装到机器上，在机器的使用过程中也会产生变形，影响整台机器的使用性能。因此，必须对内应力产生的原因进行分析，并采取有效措施消除内应力的不良影响。

1. 产生内应力的原因及所引起的加工误差

（1）毛坯制造中产生的内应力　在铸、锻、焊及热处理等热加工过程中，由于工件各部分冷却收缩不均匀以及金相组织转变时的体积变化，使毛坯内部产生了很大的内应力。毛坯的结构愈复杂，各部分壁厚愈不均匀，散热的条件差别愈大，毛坯内部产生的内应力也愈大。

图 11-11a 所示为一个壁厚不匀的铸件。在浇铸后的冷却过程中，由于壁 1 和壁 2 处比较薄，散热较易，所以冷却较快，壁 3 处较厚，冷却较慢。当壁 1 和壁 2 从塑性状态冷却到弹性状态时（约 620℃），壁 3 的温度还比较高，处于塑性状态。所以壁 1 和壁 2 收缩时壁 3 不起牵制作用，铸件内部不产生内应力。但当壁 3 冷却到弹性状态时，壁 1 和壁 2 的温度已经降低很多，收缩速度已经变慢，而这时壁 3 收缩较快，就受到了壁 1 和壁 2 的阻碍。因此，壁 3 产生了拉应力，壁 1 和壁 2 产生了压应力，形成了相互平衡的状态。

如图 11-11b 所示，如果在铸件壁 2 上开一个缺口，则壁 2 的压应力消失，铸件在壁 3 和壁 1 的内应力作用下，壁 3 收缩，壁 1 被拉，发生弯曲变形，直至内应力重新分布，达到新的平衡为止。一般情况下，各种铸件都难免产生冷却不均匀而形成的内应力。

如图 11-12 所示的机床床身，铸造时外表面总比中心部分冷却得快，为提高导轨面的耐磨性，还常采用局部激冷工艺使它冷却得更快一些，以获得较高的硬度。由于表里冷却不均匀，床身内部的残余应力就更大。当粗加工去掉一层金属后，就如同图 11-11b 中壁 2 被切开一样，引起床身内应力重新分布，产生弯曲变形。由于这个新的平衡过程需一段较长时间，因此，尽管导轨经精加工去除了这个变形的大部分，但床身内部组织还在继续变化，合格的导轨面就逐渐地丧失了原有的精度。因此，必须充分消除零件内应力及其对加工精度的影响。

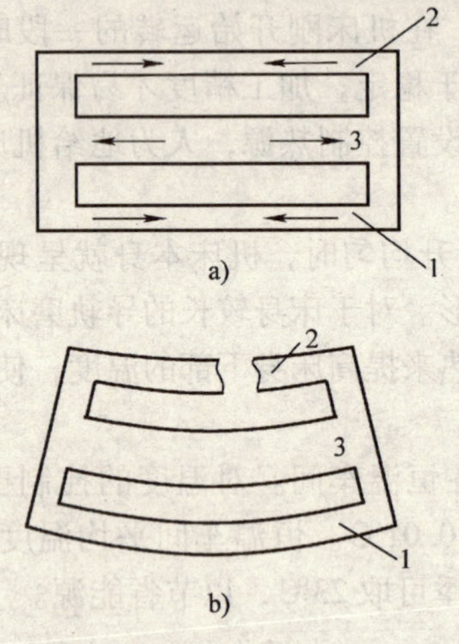

图 11-11 铸件内应力引起的变形

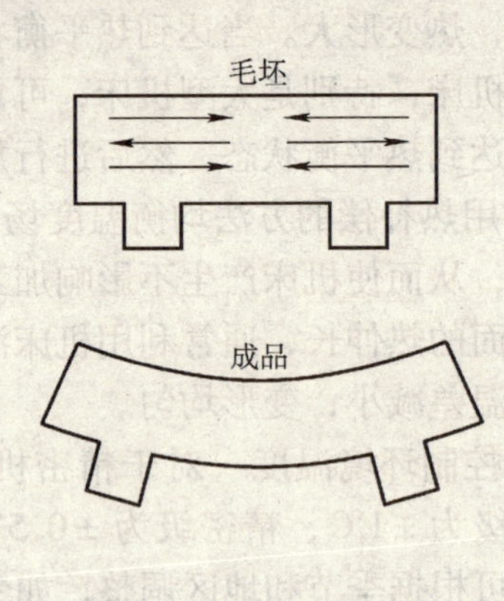

图 11-12 床身内应力引起的变形

（2）冷校直带来的内应力 细长轴类零件车削后，常因棒料在轧制中产生的内应力要重新分布，而使其产生弯曲变形。为了纠正这种弯曲变形，有时采用冷校直。其方法是在与变形相反的方向加外力 F，使工件反向弯曲产生塑性变形，以达到校直的目的。

如图 11-13 所示，在 F 力作用下工件内部的应力分布如图 11-13b 所示，即在轴线以上部分产生压应力，轴线以下产生拉应力。当部分材料的应力超过弹性极限时，即产生塑性变形。区域Ⅰ为弹性变形区，区域Ⅱ为塑性变形区。当外力去除后，弹性变形部分Ⅰ要恢复，塑性变形部分Ⅱ已不能恢复，两部分材料产生互相牵制的作用，使应力重新分布产生新的内应力平衡状态。如图 11-13c 所示，如经加工切去一

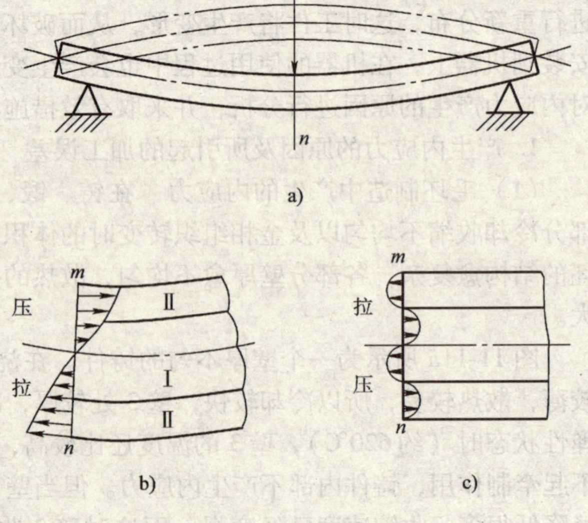

图 11-13 冷校直引起的内应力

层金属，内应力又将重新分布而导致弯曲。所以，精度要求较高的细长轴（如精密丝杠），一般不许采用冷校直来减小弯曲变形，而采用加大毛坯余量，经过多次加工和时效处理来消除内应力，或采用热校直来代替冷校直。

（3）切削加工产生的内应力　在切削加工中，由于刀具刃口半径不可能为零，因而切屑的形成存在剧烈的撕裂和摩擦，加上后刀面的挤压，使工件表面组织产生塑性变形。晶格被扭曲、拉长，体积膨胀，比重减小，比容增大。膨胀受到里层组织的阻碍，使表层产生残留压应力，里层产生与其平衡的拉应力。因此，对于精度要求高的零件，在粗加工、半精加工之后都要安排低温时效工序以消除表面内应力。

2. 减少或消除内应力的措施

（1）合理设计零件结构　在零件的结构设计中，应尽可能简化结构，使壁厚均匀，减小壁厚差，增大零件刚度。

（2）进行时效处理　自然时效处理，是把毛坯或经粗加工后的工件置于露天下，利用温度的自然变化，经过多次热胀冷缩，使工件内部组织发生微观变化，从而逐渐消除内应力。这种方法一般需要半年至五年时间，造成再制品和资金的积压，但效果较好。

人工时效处理，是将工件进行热处理，分高温时效和低温时效。前者是将工件放在炉内加热到500～680℃，保温4～6h，再随炉冷却至100～200℃出炉，在空气中自然冷却。低温时效是加热到100～160℃，保温几十小时出炉，低温时效效果好，但时间长。

振动时效是工件受到激振器的敲击，或工件在大滚筒中回转互相撞击，一般振动30～50min即可消除内应力。这种方法节省能源、简便、效率高，近年来发展很快。此方法适用于中、小零件及有色金属件等。

（3）合理安排工艺　机械加工时，应注意粗、精加工分开，注意减小切削力。如减小余量、减小切深并进行多次进给，以避免工件变形。尽量不采用冷校直工序，对于精密零件，严禁进行冷校直。

六、保证和提高加工精度的途径

机械加工误差是由工艺系统中的误差引起的。前面分别讨论了工艺系统各种误差对加工精度的影响，然而，它是在一定条件下仅考虑了某种因素的作用，而实际上往往是多种因素综合作用的结果。人们在长期的生产过程中，总结出多种行之有效的方法来提高加工精度，保证产品质量，如减少误差法、误差补偿法、误差分组法、误差转移法、就地加工法以及误差平均法等。下面结合实例对这几种方法予以讨论。

1. 减少误差法

这是生产中应用较广的一种方法。它是在查明产生加工误差的主要原因之后，设法对误差直接进行消除或减弱。例如，车削细长轴时，如图11-14a所示，因工件刚度低，容易产生弯曲变形和振动，严重地影响了工件的几何形状精度和表面粗糙度。

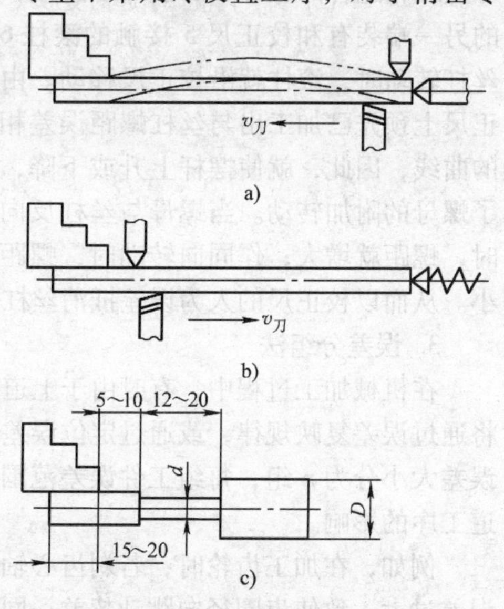

图11-14　车削细长轴的比较
a）顺向进给　b）反向进给
c）车出缩颈增加柔性

为了减少因背向力使工件弯曲变形所产生的加工误差，除采用跟刀架外，还可采用反向进给的切削方法，如图 11-14b 所示，使 F_x 对细长轴的受力状态由压缩变成拉伸，同时应用弹性的尾座顶尖，不会把轴压弯；采用大进给量和大主偏角的车刀，以增大轴向的拉伸作用，进一步减少弯曲变形，消除径向振动，使切削平稳；还可在夹持端车出缩颈（$d \approx D/2$），以增加工件的柔性，提高自位作用，削弱夹持工件歪斜的影响如图 11-14c 所示。

2. 误差补偿法

误差补偿法就是人为地造成一种误差，去抵消加工、装配或使用过程中的误差。当已有误差是负值时，人为的误差就为正值；反之取负值。尽量使两者大小相等、方向相反，以达到最大限度地减少误差的目的。

例如摇臂钻床，虽然在加工时摇臂导轨能达到加工要求，但在装上主轴部件以后，因主轴部件的自重往往引起摇臂变形，使主轴与工作台不垂直，有时甚至超差。为此，在加工摇臂导轨时采用预加载荷法，使加工、装配和使用条件一致，这样可使摇臂导轨长期保持高的精度。也可在画出摇臂导轨受力弯曲变形的近似曲线的基础上，采取按曲线相反的形状来刮研摇臂导轨，即人为地造成一种形状误差，来抵消摇臂变形引起的误差，使之达到要求。

再如，在精密螺纹加工中，机床传动链误差将直接反映到被加工零件的螺距上，使精密丝杠的加工精度受到限制。为了满足精密丝杠加工的要求，在生产中广泛应用了误差补偿原理来消除传动链误差的影响。图 11-15 所示为在精密丝杠车床上用校正装置来达到误差补偿目的的示意图。图中与车床母丝杠相配合的螺母 2 和摆杆 4 连接，摆杆的另一端装有和校正尺 5 接触的滚柱 6。当丝杠转动时，滚柱就沿校正尺移动。由于校正尺上预先已加工出与丝杠螺距误差相对应的曲线，因此，就使摆杆上升或下降，造成了螺母的附加转动。当螺母与丝杠反向转动时，螺距就增大；作同向转动时，螺距就减小。从而以校正尺的人为误差抵消丝杠的螺距误差，使加工精度得以提高。

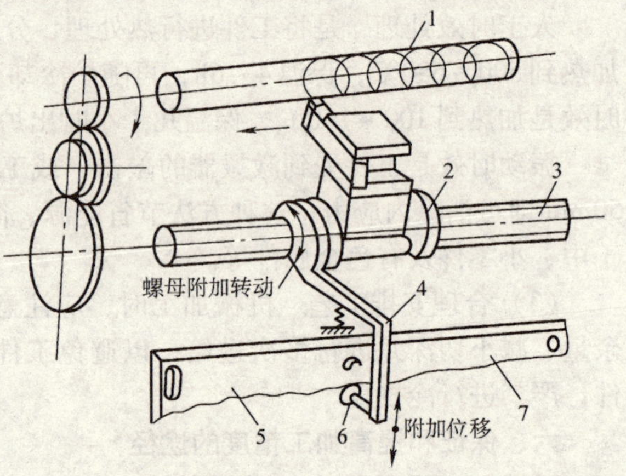

图 11-15 螺纹加工校正装置

1—工件 2—螺母 3—母丝杠 4—摆杆
5—校正尺 6—滚柱 7—校正曲线

3. 误差分组法

在机械加工过程中，有时由于上道工序（或毛坯）加工误差较大，而在本工序加工时，将通过误差复映规律，或通过定位误差的作用影响本工序的加工精度。若在加工前把工件按误差大小分为 n 组，每组工件误差范围就缩小为原来的 $1/n$，这就大大减少了上道工序对本道工序的影响。

例如，在加工齿轮时，若剃齿心轴与齿坯定位孔的配合间隙过大，则齿坯定位的同轴度误差过大，致使齿圈径向跳动超差；同时剃齿时也容易产生振动，引起齿面波纹度，使齿轮工作时噪声较大。因此，必须设法限制配合间隙，保证工件孔和心轴间的同轴度要求。具体方法为：工件定位孔按尺寸大小分成若干组，分别与某个尺寸的剃齿心轴对应配合，减少由于间隙而产生的定位误差，从而提高了加工精度。具体分组情况如下：

组别	齿坯孔径/mm	心轴直径/mm	配合间隙/mm
第一组	25.000～25.004	ϕ25.002	±0.002
第二组	25.004～25.008	ϕ25.006	±0.002
第三组	25.008～25.013	ϕ25.011	$^{+0.002}_{-0.003}$

在成批生产条件下，对于配合精度要求较高的配合件，当不可能用提高加精度的方法来较经济地获得零件的尺寸精度时，也常采用误差分组法，以达到较高的配合精度。

4. 误差转移法

误差转移法实质上是转移工艺系统的几何误差、受力变形和热变形引起的误差。

当机床精度达不到零件加工要求时，往往不是一味去提高机床精度，而是在工艺方法上、夹具上去想办法，使机床的加工误差转移到不影响工件加工精度的方向上去。

如在箱体零件孔系加工中，使用普通镗床按坐标法加工时，采用精密量棒、内径千分尺和千分表等进行精确定位，能获得较高的坐标尺寸精度。镗床的丝杆、刻度盘和刻度尺的误差，与工件的坐标尺寸就没有联系了，即把机床坐标尺寸测量装置的误差转移掉，由精密量棒等来确定坐标尺寸。这样，以低精度的机床，加工出高精度的工件，实现了“以粗干精”。还可采用镗模夹具来加工箱体孔系，使孔系坐标尺寸精度由镗杆和镗模精度来决定，与机床精度无关，同样实现了误差转移。

5. 就地加工法

在加工和装配中有些精度问题涉及到的零、部件数量多，关系复杂，因而累积误差过大，若是采用提高零部件精度的方法，势必使得相关零件精度要求太高，有时不仅困难，甚至不可能。此时若采用“就地加工”法就可解决这种难题。

如在转塔车床制造中，转塔上六个安装刀架的大孔，其轴心线必须保证和主轴旋转中心线重合，而六个面又必须和主轴中心线垂直。如果把转塔作为单独零件，加工出这些表面后再装配，要想达到上述两项要求是很困难的，因为它包含了很复杂的尺寸链关系。因而实际生产中采用了“就地加工”法。所谓“就地加工”法，就是这些表面在装配前不进行精加工，等它装配到机床上以后，再在主轴上装上镗刀杆和能作径向进给的小刀架，镗和车削六个大孔及端面，这样就能保证了精度。

“就地加工”的要点：要求保证部件间什么样的位置关系，就在这样的位置关系上利用一个部件装上刀具去加工另一部件。

“就地加工”法不但应用于机床装配中，在零件的加工中也常常用来作为保证精度的有效措施。例如，在机床上“就地”修正花盘和卡盘平面的平面度和卡爪的同心度，在机床上“就地”修正夹具的定位面等。

6. 误差平均法

对配合精度要求很高的工件，常采用研磨方法来达到。研具和加工表面之间，相对研擦和磨损的过程，也就是误差相互比较和减少的过程，这样的方法称之为误差平均法。

误差平均法的实质：是利用有密切联系的表面，相互比较，相互检查，在对比中发现差异后，或是相互修正（如偶件的对研），或互为基准进行加工。

所谓有密切联系的表面，有以下三种类型：

(1) 配偶件的表面　如配合精度要求很高的轴和孔、丝杆与螺母、端齿盘精密分度副等，常采用研磨方法来达到配合精度。

(2) 成套件的表面　如三块一组的标准平板，是用相互对研、配刮的方法加工出来的。因为三个平板的表面能够分别两两密合，只有在都是精确的平面条件下才有可能。还有诸如直角尺、角度规、多棱体等高精度量具和工具也是采用误差平均法来制造的。

(3) 工件本身相互有牵连的表面　如精密分度盘分度槽面的磨削加工，也是典型的利用误差平均法的例子。如图 11-16 所示，先按已加工槽初定砂轮与定位卡爪之间的夹角，逐槽磨一遍。由于初夹角与工件分度槽夹角不可能完全吻合，存在一定的角度误差，致使磨削各槽的加工余量不等，出现加工余量过大、过小的现象。这时，就应调整定位元件，使砂轮与定位基准之间夹角增大或减小。经过多次调整与磨削，最后使每个槽都有相等的加工余量。然后，再极精细地磨一遍，使各槽都能被轻微地磨到，表现为磨削火花极少，直至无火花为止。这时所有分度角的误差均接近于零。

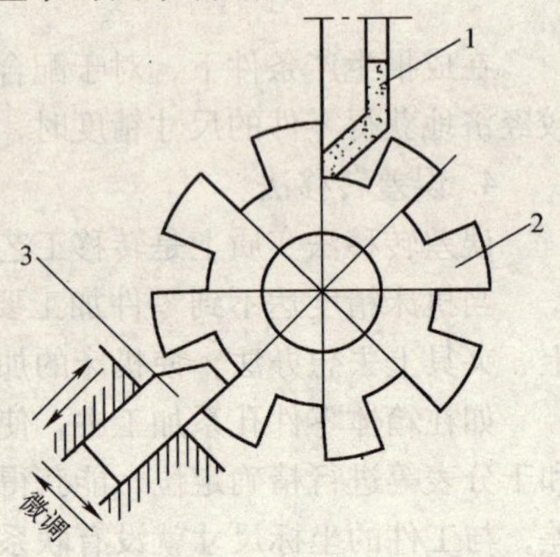

图 11-16　精密分度盘分度槽面的磨削

1—砂轮　2—分度盘　3—定位元件

设各槽角度误差分别为 Δ_1、Δ_2、Δ_3、…、Δ_n，在最后极精细磨削时，砂轮仅碰及各槽面，并未磨削各槽面，说明各槽角度已达到相等的程度，即各分度角的误差接近相等，即

$$\Delta_1 = \Delta_2 = \Delta_3 = \cdots = \Delta_n$$

由于圆分度误差的封闭性，任何圆分度在一周内的累积误差恒为零，即

$$\Delta_1 + \Delta_2 + \Delta_3 + \cdots + \Delta_n = 0$$

以上两式同时成立，所以

$$\Delta_1 = \Delta_2 = \Delta_3 = \cdots = \Delta_n = 0$$

实际生产过程中，由于分度装置的定位元件制造误差等因素的影响，实际分度误差并不为零，一般仍有极小的分度误差。

7. 加工过程的主动控制

在加工中产生的加工误差按其变化规律，可分为系统性误差和随机性误差两大类。系统性误差又可分为常值系统性误差和变值系统性误差两种。常值系统性误差的大小和方向保持不变，变值系统性误差的大小和方向按一定规律变化，而随机性误差的大小和方向则是无规律变化的。

常值系统性误差易于发现，也好控制；变值系统性误差和随机性误差则较难控制。随着科学技术的发展，自动测量与自动补偿的技术水平不断提高，在一些精密工件加工中已采用了这些技术，实现了对加工过程的主动控制。主动控制的方法有三种形式：

(1) 主动测量　在加工过程中测量实际尺寸，同时对刀具进给进行补偿，及时控制了刀具与工件的相对位置，直至工件的加工尺寸与调定尺寸不超过预定尺寸为止。

(2) 偶件配合加工　以互配件的一件为基准，去控制另一工件的加工。在加工过程中自动测量工件实际尺寸，并与基准件进行比较，直至达到预定的差值为止。

(3) 积极控制起决定作用的条件　对于一些加工精度高，而又不便进行主动测量和自动控制的零件的加工，往往采取对加工精度起决定作用的条件进行积极控制的办法，使加工误差趋向最小，如使工件在恒温环境下加工。

第三节　机械加工表面质量

一、表面质量的含义

前已述及，机械加工表面质量是指零件表面机械加工后的表面层状态。它是评定机械零件加工质量优劣的第二类指标。机械零件的失效，主要是由于零件的磨损、腐蚀和疲劳等所致。而这些破坏都是从零件表面开始的。由此可见，零件表面质量将直接影响零件的工作性能，尤其是可靠性和寿命。因此探讨和研究机械加工表面质量，掌握改善表面质量的措施，对保证产品质量具有重要意义。机械加工表面质量包含以下两方面内容。

1. 表面层的几何形状特征

加工后的表面几何形状，总是以“峰”、“谷”形式交替出现（见图11-17），偏离其理想光滑表面，其偏差又有宏观、微观的差别。表面层的几何形状特征包括表面粗糙度、表面波度、表面加工纹理以及表面裂纹、气孔、划痕等，其中以表面粗糙度为主。

（1）表面粗糙度　它是指加工表面上具有的较小间距和峰谷所组成的微观几何形状特性，如图11-17中的L_3、H_3。其波长L_3与波高H_3的比值一般小于50。它是由机械加工中切削刀具的运动轨迹所形成。

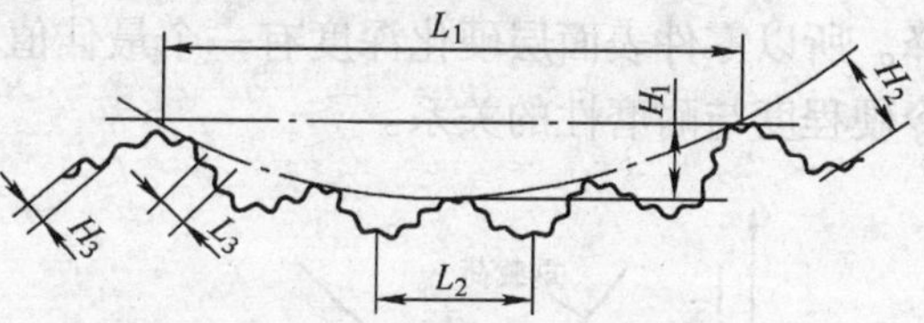

图11-17　表面层几何特性

（2）表面波度　它是介于宏观几何形状误差（$L_1/H_1>1000$）与微观几何形状误差（即表面粗糙度，$L_3/H_3<50$）之间的一种周期性的几何形状误差，如图11-17中L_2、H_2。其波长L_2与波高H_2的比值一般在50~1000之间。它通常是由于加工过程中工艺系统的低频振动所造成。

（3）表面纹理方向　即表面刀纹方向，它取决于表面形成所采用的机械加工方法。一般对运动副或密封件要求纹理方向。

2. 表面层的物理力学性能

表现层的物理力学性能主要包括以下三方面内容：

（1）表面层的加工硬化　零件在加工过程中，表面层金属在刀具的切割和挤压作用下产生强烈的塑性变形，使表面层材料的强度、硬度提高的现象称为表面层的加工硬化，也称为表面层的冷硬和强化。

表面层的加工硬化在一定程度上可以提高零件的耐磨性和疲劳强度，但过度的加工硬化会使表面层变脆，产生显微裂纹，降低材料的力学性能。加工硬化还会造成后道工序加工困难，使刀具磨损加剧。

（2）表面层的金相组织变化　机械加工（特别是磨削）中的高温使工件表层金属的金相组织发生了变化，大大影响零件的使用性能。

（3）表面层的残余应力　残余应力是指工件经机械加工后，由于表面层组织发生形状或组织的变化，导致在表面层与基体材料的交界处产生互相平衡的内部应力。它有残余拉应力和残余压应力之分。表面层残余压应力可提高工件表面的耐磨性和疲劳强度，而残余拉应力则降低工件表面的耐磨性和疲劳强度，且当拉应力值超过工件材料的疲劳强度极限值时，会使工件表面产生裂纹，加速工件损坏。

二、表面质量对零件使用性能的影响

1. 对零件耐磨性的影响

零件的耐磨性不仅和摩擦副的材料、润滑条件有关，而且还与零件的表面质量有关。当两个表面接触时，开始时在接触面上实际是一些凸峰顶部接触，因此实际接触面积比理论接触面积要小得多。在外力作用下，凸峰接触部分将产生较大的压强，当零件做相对运动时，接触处的部分凸峰就会产生塑性变形被磨损掉。表面愈粗糙，实际接触面积愈小，凸峰处的压强愈大，磨损就越快。但这不等于说零件表面粗糙度越小越耐磨。如果表面粗糙度值过小，将使紧密接触的两个光滑表面间的存储润滑油的能力变差，润滑能力恶化，两表面将会发生分子粘合现象而咬合起来，加剧磨损。所以表面粗糙度值与初期磨损量之间存在一个最佳值，如图 11-18 所示。图中 R_{a1} 及 R_{a2} 就是在不同载荷时的最佳表面粗糙度值，显然在不同的工作条件下，零件的最佳表面粗糙度值是不同的。

表面层冷作硬化减少了摩擦副接触处的弹性和塑性变形，耐磨性一般能提高 0.5～1 倍。但过度的冷作硬化会使金属组织疏松，甚至出现表面裂纹、表面剥脱现象，使零件耐磨性下降。所以零件表面层硬化深度有一个最佳值，可使零件耐磨性最好。图 11-19 示反映了表面冷硬程度与耐磨性的关系。

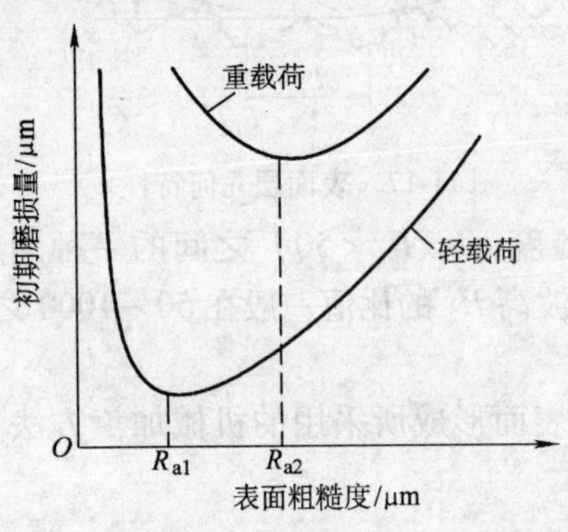

图 11-18　表面粗糙度与初期磨损量的关系

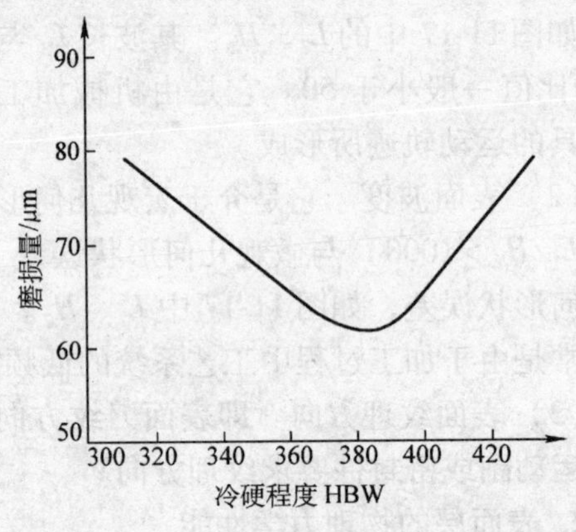

图 11-19　表面冷硬程度与耐磨性的关系

2. 对零件疲劳强度的影响

在交变载荷作用下，零件表面微观不平的凹谷、划痕、裂纹等缺陷最易引起应力集中，并发展成疲劳裂纹，导致零件的疲劳损坏。因此，减小表面粗糙度值可使疲劳强度提高。

零件表面层的残余应力性质对疲劳强度影响也较大。表面层的残余压应力可以部分抵消工作载荷引起的拉应力，使零件疲劳强度提高。而表面层的残余拉应力则会使疲劳裂纹加剧，降低疲劳强度。表面层冷作硬化能阻碍疲劳裂纹的扩大，提高零件强度。但冷硬程度过大，反而易产生裂纹，故冷硬程度与硬化深度应控制在一定范围内。

3. 对零件耐腐蚀性的影响

零件的耐腐蚀性在很大程度上取决于表面粗糙度。表面粗糙度值越大，则凹谷越深，越容易积聚腐蚀性物质而发生化学腐蚀，耐腐蚀性越差。表面层的残余应力对零件的耐腐蚀性也有较大影响。零件表面层的残余压应力使零件表面紧密，腐蚀性物质不易进入，可增强零件的耐腐蚀性；表面层残余拉应力则会降低零件的耐腐蚀性。

4. 对配合性质的影响

表面层的几何特征会使配合零件间的实际间隙或实际过盈发生变化，从而影响其配合性质与配合精度。例如，对于间隙配合，表面粗糙度值太大会使磨损量过大而使配合间隙迅速增大。如气动、液压等配合精度要求高的零件，较大的表面粗糙度值会使间隙增加，影响系统的密封性能。对于过盈配合，装配过程中配合表面的凸峰将会受挤压，使实际过盈量减小，影响连接的可靠性。表面残余应力会使零件变形，引起零件的形状和尺寸误差，因此也影响配合性质。

三、影响切削加工表面粗糙度的因素及其改善措施

1. 表面粗糙度的形成

（1）理论粗糙度　在普通切削情况下，由于刀具几何角度和主、副切削刃与工件之间的相对运动等原因，加工后有一部分金属未被切去，残留在已加工表面上。残留面积的高度直接影响已加工表面的表面粗糙度，如图 11-20 所示车外圆的情况。

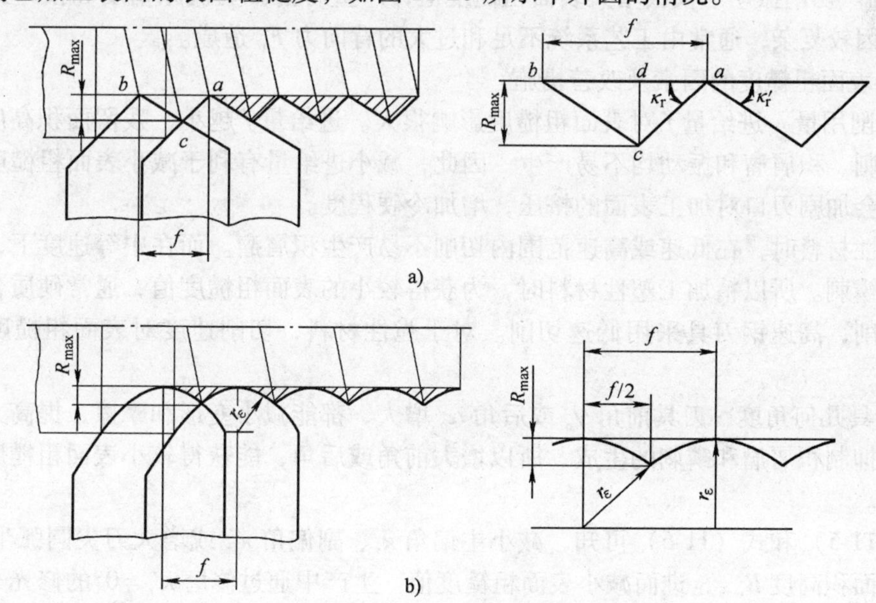

图 11-20　车削加工的残留面积

a）$r_\varepsilon=0$　b）$r_\varepsilon\neq0$

设进给量为 f，刀尖圆弧半径 $r_\varepsilon=0$，且刀具主、副偏角分别为 κ_r 和 κ'_r，则图 11-20a 中残留面积高度可由下式计算

$$R_{max}=\frac{f}{\cot\kappa_r+\cot\kappa'_r} \tag{11-5}$$

设进给量为 f，刀尖圆弧半径 $r_\varepsilon\neq0$，且主要依靠刀尖圆弧刃切削时，则图 11-20b 中残留面积高度可由下式计算

$$R_{\max}=r_{\varepsilon}-\sqrt{r_{\varepsilon}^{2}-\left(\frac{f}{2}\right)^{2}} \tag{11-6}$$

经整理，略去高次项，得

$$R_{\max}=\frac{f^{2}}{8r_{\varepsilon}}$$

由此可见，减小进给量f、主偏角κ_r、副偏角κ'_r，增大刀尖圆弧半径r_ε都可减小表面粗糙度值。

（2）切削过程不稳定因素引起的粗糙度

1）积屑瘤。如前所述，由于积屑瘤不稳定，脱落的碎片会粘在已加工表面上，从而增大了表面粗糙度值。积屑瘤堆积在切削刃附近，使刃口钝化，造成挤压和过切现象，加工表面出现犁沟，也增大了表面粗糙度值。

2）鳞刺。在较低切削速度下，切削中碳钢、铬钢（20Cr、40Cr）、纯铜等塑性金属时，在已加工表面上会出现一种鳞片状有裂口的毛刺，称为鳞刺。在拉削、螺纹车削中会出现这种现象，将严重影响表面粗糙度。

3）振动。切削振动不仅会增大表面粗糙度值，严重时会影响机床精度和损坏刀具。产生振动的原因较复杂，通常由工艺系统不足和过大的背向力F_p造成。

2. 影响表面粗糙度的因素及改善措施

（1）切削用量　进给量f对表面粗糙度影响很大。进给量f越小，残留面积高度$R_{\max}$越小，而且鳞刺、积屑瘤和振动均不易产生。因此，减小进给量有利于减小表面粗糙度。但进给量太小，会加剧刃口对加工表面的挤压，增加冷硬程度。

切削塑性材料时，在低速或高速范围内切削不易产生积屑瘤。而在中等速度下，容易形成积屑瘤和鳞刺。所以精加工塑性材料时，为获得较小的表面粗糙度值，通常硬质合金刀具采用高速切削，高速钢刀具采用低速切削。对于脆性材料，切削速度对表面粗糙度影响较小。

（2）刀具几何角度　刀具前角γ_o或后角α_o增大，都能减小变形和摩擦，提高刀具的锋利性，还能抑制积屑瘤和鳞刺的生成，所以增大前角或后角，能获得较小表面粗糙度值，改善表面质量。

由式（11-5）和式（11-6）可知，减小主偏角κ_r、副偏角κ'_r或增大刀尖圆弧半径r_ε都可减小残留面积高度$R_{\max}$，进而减小表面粗糙度值。生产中通过修磨$\kappa'_r=0°$的修光刃，可获得较小的表面粗糙度值。但修光刃不宜太宽，否则会引起振动。

提高刀具的刃磨质量，也能得到较小的表面粗糙度值。

（3）其他因素　合理使用切削液，能减小变形，抑制积屑瘤和鳞刺的产生，因而可大大减小表面粗糙值。对于塑性较大的工件材料，为了减小表面粗糙度值，常在切削加工前对材料进行调质或正火处理，以获得均匀细密的晶粒组织和较高的硬度。

四、影响磨削加工表面粗糙度的因素及其改善措施

1. 磨削加工表面粗糙度的形成

磨削加工时，由于砂轮的磨粒形状不规则，分布不均匀，每个磨粒又都有较大的钝圆半径，而且磨削厚度很小，因此在磨削过程中每个磨粒将起到切削、刻划和抛光的综合作用，从而在加工表面刻划出细微的沟痕和塑性隆起，形成表面粗糙度。

2. 影响磨削加工表面粗糙度的因素

(1) 磨削用量 砂轮速度、工件速度、进给量它对磨削加工的表面粗糙度值影响较大。

提高砂轮速度 v_s，可以使磨粒单位时间内在工件单位面积上磨削次数增加，刻痕数增多，还能使表层金属因来不及充分变形而塑性隆起减小。所以提高砂轮速度，可以减小表面粗糙度值。

工件速度 v_w 增加，将使塑性变形增加，表面粗糙度值增大。

轴向进给量 f_a 和径向进给量 f_r 增加，磨削厚度会增加，磨削表面的塑性变形程度增大，表面粗糙度值增大。

(2) 砂轮 砂轮的粒度、硬度及其形状的修整对磨削表面粗糙度值均有一定的影响。

砂轮的磨粒越细，单位面积上的磨粒数量越多，刻划的沟痕越细密，表面粗糙度值越小。但磨粒过细，砂轮易被堵塞，磨削性能下降，磨削力和磨削温度增加，反而使表面粗糙度值增大，甚至出现烧伤现象。

砂轮硬度应适中，这样可以延长砂轮的半钝化期。因为半钝化的微刃切削作用降低，但摩擦抛光作用显著，所以会使工件获得较小的表面粗糙度值。

砂轮的修整质量是影响磨削表面粗糙度的重要因素。砂轮修整的质量越好，砂轮表面磨粒的等高性越好，磨削出的表面粗糙度值越小。

(3) 工件材料 若工件材料的硬度太高，磨粒易磨钝，不易提高表面质量；若工件材料的塑性、韧性较大，则塑性变形较大，而且易堵塞砂轮，也得不到较小的表面粗糙度值。

3. 改善磨削表面粗糙度的措施

1) 合理选择磨削用量，即提高磨削速度，降低工件线速度和轴向进给量、径向进给量，都有利于减小表面粗糙度值。

2) 合理选择砂轮的粒度号、硬度以及磨料、结合剂等。

3) 提高砂轮的修整质量，尤其在精磨或超精磨时，必须采用锋利的金刚石刀精细修整砂轮，以提高磨粒微刃的等高性。

4) 改善磨床的性能。砂轮主轴的径向跳动量要小，动刚性要好，而且要求磨床在低速时，无爬行现象。

此外，合理地使用磨削液，改善工件材料的性能，也能减小表面粗糙度值。

五、影响加工表面物理力学性能的因素及改善措施

在机械加工过程中，工件受到切削力和切削热的作用，其表面层的物理力学性能将产生很大的变化，造成与基体材料性能的差异。这些差异主要表现为表面层的金相组织和显微硬度的变化及表面层中出现残余应力。

1. 影响表面层加工硬化的因素

塑性变形越大，切削力越大，硬化现象越严重。因此，通过提高切削速度、减小进给量和背吃刀量，可以减小切削变形和切削力，减轻硬化现象。

增大刀具的前角和后角、减小刃口钝圆半径、提高刀具的锋利性，也可减小挤压变形和切削力，减轻硬化现象。

此外，合理使用切削液，减小刀具后面与加工表面的摩擦，也可降低硬化程度。

2. 影响表面残余应力的因素

切削加工中的残余应力是冷态塑性变形、热态塑性变形和金相组织变化三者综合作用的

结果。在不同的加工条件下，残余应力的性质、大小及分布规律会有明显的差别。一般切削加工时，主要是冷态塑性变形引起的残余应力，即工件表面受到刀具后刀面挤压和摩擦而产生伸长塑性变形，最后因基体的弹性恢复在表面层产生残余压应力。而磨削加工时，主要是热态塑性变形或金相组织变化引起的体积变化而产生残余应力，表面层常存有残余拉应力。

凡是影响冷作硬化及热塑性变形的因素，如工件材料、刀具几何参数、切削用量等都将影响表面残余应力，其中影响最大的是刀具前角和切削速度。

3. 表面层金相组织的变化与磨削烧伤

（1）金相组织的变化与磨削烧伤的产生　在切削加工中，因变形和摩擦所消耗的能量绝大部分转变为切削热，所以切削区内温度升高。当温度升高到金相组织变化的临界点时，表层金属就会发生金相组织变化。对于一般的切削加工，因所消耗的能量较少，而切削热大多被切屑带走，切削温度较低，影响不大。但对于磨削加工，由于磨削速度很高、磨削厚度很小、磨粒负前角切削等原因，产生的热量比切削加工大得多，磨削区的温度很高，容易引起金相组织变化，使强度和硬度下降，产生残余应力，甚至出现微观裂纹，严重时还会在工件表面局部出现各种带色斑点，即形成表面烧伤。

（2）影响磨削烧伤的因素　凡影响磨削温度的因素都影响磨削烧伤，主要有以下几个方面。

1）磨削用量。当径向进给量 f_r 增加时，消耗的能量增加，工件表面及里层的温度都将提高，容易造成烧伤，故 f_r 不宜取得太大。当轴向进给量 f_a 增加时，砂轮与工件接触面积减少，改善了散热条件，磨削温度降低，可减轻烧伤。但 f_a 增加会导致表面粗糙度值变大，这时可采用较宽的砂轮弥补。

当工件速度 v_w 增加时，磨削区的温度虽然会上升，但由于此时热源的作用时间减少，因而可减轻烧伤。为了弥补因 v_w 增加导致表面粗糙度变大的缺陷，可提高砂轮速度。实践证明，同时提高工件速度和砂轮速度 v_s，既可减轻表面烧伤，又不致增大表面粗糙度值和降低生产率。

2）砂轮特性。砂轮硬度太高，磨钝的磨粒不易脱落，使磨削温度升高，容易造成烧伤。砂轮组织紧密，气孔率小，易堵塞砂轮，容易造成烧伤。总之采用硬度较软、组织疏松、粗粒度以及结合剂弹性好的砂轮，有利于减轻烧伤现象。

3）冷却方法。采用切削液带走磨削区热量可以避免烧伤。但是磨削时，由于砂轮转速较高，在其周围表面会产生一层强大气流，用一般冷却方法切削液很难进入磨削区。如图11-21所示，切削液不易进入磨削区 AB，只能大量地倾注在离开磨削区的已加工面上，但这时烧伤已经产生。因此，应采取有效的冷却方法。

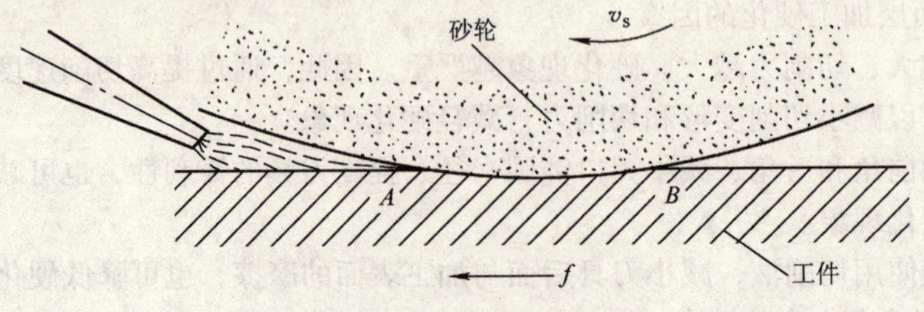

图 11-21　一般的冷却方法

目前采用的比较有效的冷却方法有内冷却法、喷射法和浸油砂轮磨削法等。

内冷却法是采用内冷却砂轮，将磨削液通过砂轮空心主轴引入砂轮的中心腔内，由于砂轮具有多孔性，当砂轮高速旋转时，强大的离心力将磨削液沿砂轮孔隙向四周甩出，使磨削区直接得到冷却。图11-22所示为内冷却砂轮结构。

喷射法是通过改进磨削液喷嘴和增加磨削液流量的办法达到有效的冷却效果。一般可增加磨削液的流量和压力，并采用在砂轮上安装带有空气挡板的特殊喷嘴，如图11-23所示。喷嘴上有一块横板紧贴砂轮圆周，使强大的气流沿板上面流出，避免气流进入磨削区，两侧的挡板可防止切削液向两旁飞溅。这对于高速磨削效果显著。

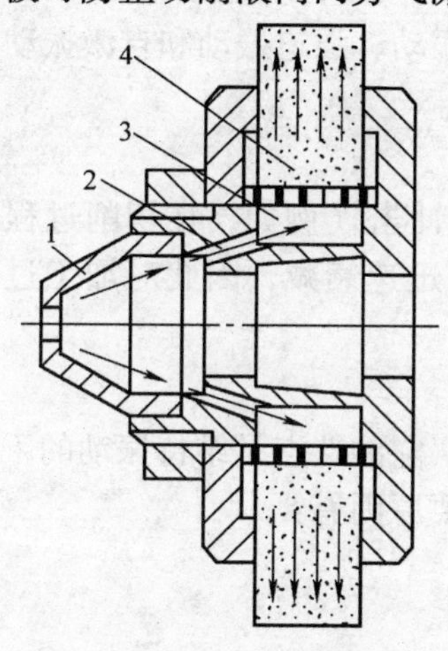

图11-22　内冷却砂轮结构

1—锥形盖　2—切削液通孔

3—砂轮中心腔　4—有径向小孔的薄壁套

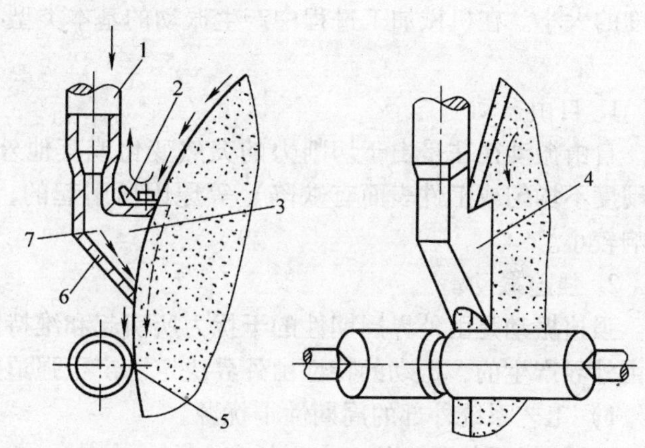

图11-23　带有空气挡板的切削液喷嘴

1—液流导管　2—可调气流挡板　3—空腔区

4—喷嘴罩　5—磨削区　6—排液区　7—液嘴

采用浸油砂轮磨削时，磨削区热源使浸油砂轮边缘部分的硬脂酸溶化而进入磨削区，从而起到冷却和润滑作用。所谓浸油砂轮，就是把砂轮放在溶化的硬脂酸溶液中浸透，取出后冷却，即为浸油砂轮。

六、控制和改善工件表面质量的方法

为了使工件表面层质量满足使用要求，常采用以下两方面措施控制和改善工件表面质量。

一是采用光整加工方法以减小表面粗糙度值，如对外圆的超精加工、对内孔的珩磨、对各种表面的研磨、抛光等。

二是采用表面层强化工艺以改善表面的物理力学性能。它能使金属表面层获得有利于疲劳强度提高的残余压应力及冷硬层，从而提高零件的使用可靠性。表面层强化工艺主要包括滚压加工及喷丸强化。

（1）滚压加工　如前所述，它是利用滚压工具（具有高硬度的滚轮或滚珠），在常温下对工件表面施加压力，使其产生冷态塑性变形，将工件表面微观状态下的波峰填充到相邻的波谷中去，可大大降低表面粗糙度值，并使表面层金属产生晶格畸变，形成冷硬层和残余压应力层，以提高零件表面的抗疲劳破坏能力和使用寿命，从而使工件表面层得到光整和强化。

（2）喷丸强化　喷丸强化是利用压缩空气或机械离心力，将大量的珠丸（直径为0.4～4mm）高速（35～50m/s）喷出，打击工件表面，使之形成冷硬层和残余压应力层，以提高零件表面的抗疲劳破坏能力和使用寿命。

喷丸用钢或铸铁制成，喷射设备为压缩空气喷丸装置或离心式喷丸装置。喷丸强化的主要加工对象是形状复杂的零件，如弹簧、齿轮、曲轴等。经喷丸强化处理后的零件，硬化深度可达0.7mm，表面粗糙度 R_a 值可达0.4μm，使用寿命可提高几倍到几十倍。

七、机械加工中的振动

一般情况下，工艺系统的低频振动会使加工表面产生波度，而高频振动则会影响表面粗糙度的大小。在机械加工过程中产生振动的基本类型有自由振动、强迫振动和自激振动三大类。

1. 自由振动

自由振动往往是由于切削力的突然变化或其他外界力的冲击（例如，在切削过程中材料硬度不均匀或工件表面有缺陷）等原因所引起的，一般可迅速衰减，因此对加工过程的影响较小。

2. 强迫振动

强迫振动是由外界周期性的干扰力所引起和维持的振动。它的特点是维持振动的干扰力是由外界产生的，振动的特性由外界决定。产生强迫振动主要原因有：

1）工艺系统外部的周期性干扰源。

2）旋转零件质量偏心产生的离心力。

3）运动传递过程中传动零件的误差。

4）切削过程中的间歇特性。

3. 自激振动

在没有外界周期性干扰力的条件下，由振动系统本身引起的交变力作用而产生的振动称为自激振动。在机械加工过程中，这种振动是由振动过程本身引起的某种切削力的周期性变化，又由这个周期性变化的切削力反过来加强和维持振动，使振动系统补充了由阻尼作用消耗的能量。当交变力停止时，该振动也就消失。自激振动是目前机械加工难于解决的问题，它产生的原因、机理和物理本质都有待于进一步研究。

强迫振动和自激振动都是不能自然衰减而且危害较大的振动。因此，在机械加工中，必须采取措施防止或减小这两种振动。在生产实践中，人们通过摸索，已总结出很多防止或减小振动的措施，如吸振、隔振、改变切削用量、合理刃磨刀具、调整刀具安装方位等。

本章小结

1. 评定零件加工质量的两类指标为机械加工精度和机械加工表面质量。机械加工精度包括尺寸精度、几何形状精度和相互位置精度。机械加工表面质量包括表面粗糙度、表面波度以及表面层加工硬化、表面层金相组织变化、表面层的残余应力等。

2. 零件加工后之所以会产生加工误差，是因为工艺系统本身就存在原始误差，这些原始误差有的在加工前就已存在（如加工原理误差、机床几何误差、夹具误差、刀具误差、调整误差等），有些则是在加工中才表现出来的（如工艺系统的受力变形和受热变形等引起的误差)。

3. 工艺系统在切削力、夹紧力、传动力、惯性力以及重力等的作用下，会产生变形，从而使已经调整好的刀具与工件的相对位置发生变化，造成工件的加工误差。工艺系统受力变形的大小与系统的刚度有直接关系，系统刚度的大小与接触面的接触刚度、系统中的薄弱零件的刚度以及间隙、摩擦等因素有关。

4. 工艺系统受热变形引起的加工误差在一般加工中可不予考虑，但在精密加工中，热变形引起的加工误差是不容忽视的，精密零件的加工常常在工艺系统热平衡后进行。

5. 在机械加工中，影响表面粗糙度值的因素包括与刀具形状和几何角度有关的几何因素、与工件材料有关的金属表面层的塑性变形（物理因素)、机械加工中的振动。一般认为工艺系统的低频振动会使加工表面产生波度，而高频振动则会影响表面粗糙度值的大小。

6. 控制和改善表面质量的方法有多种。为了减小加工表面的粗糙度值，可采用研磨、抛光、超精加工、珩磨等光整加工方法；为了改善加工表面的物理力学性能，可采用滚压加工、喷丸强化等工艺。

思考题与习题

11-1　什么是加工精度和加工误差？什么是误差敏感方向？

11-2　简述影响零件加工精度的因素及控制方法。

11-3　机床几何误差有哪几项？各项误差对加工精度有何影响？

11-4　车细长轴时，工人经常在车削一刀后，将后顶尖松一下再车削下一刀，试分析其原因。

11-5　机械加工表面质量对机器的使用性能有哪些影响？

11-6　切削加工时可采取哪些措施减小加工表面粗糙度值？

11-7　什么是加工硬化和表面层残余应力，它们是如何形成的？对工件有什么影响？

11-8　机械加工过程中为什么会造成零件表面层物理、力学性能的改变？这些常见的物理、力学性能改变包括哪些方面？它们对产品质量有何影响？

11-9　机械加工过程中引起强迫振动的振源有哪些？如何防止和减小强迫振动？

11-10　在车床上用前后顶尖安装车削细长轴时，出现图 11-24 所示误差的原因各是什么？应分别采取何种工艺措施加以消除或减小误差？

11-11　在车削加工前，工人常在刀架上装上镗刀修整三爪自定心卡盘的工作面或花盘的端面（见图 11-25）的目的是什么？试分析此措施能否提高主轴轴线的回转精度和减少主轴轴向窜动。

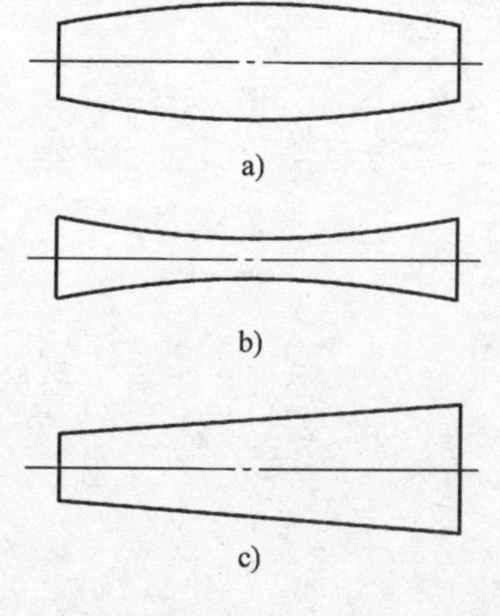

图 11-24　题 11-10 图

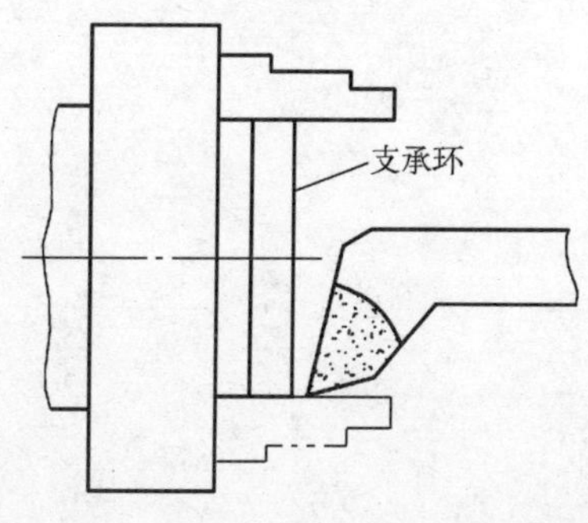

图 11-25　题 11-11 图

11-12　在磨削锥孔时，用检验锥度的塞规着色检验，发现只在塞规中部接触或在塞规的两端接触，如图 11-26 所示。试分析造成误差的原因。

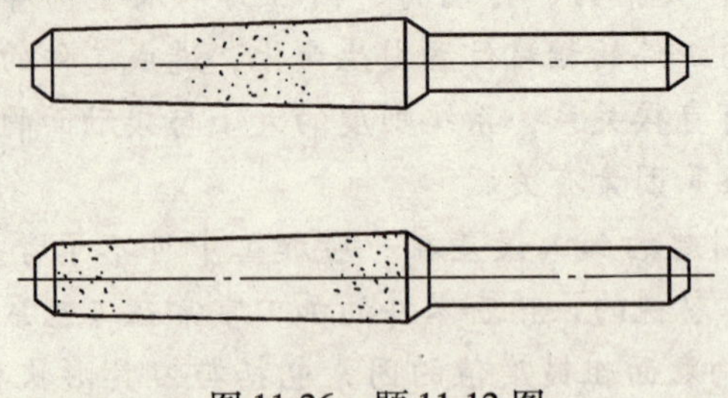

图 11-26　题 11-12 图

11-13　磨削外圆时（见图 11-27），若磨床前后顶尖不等高，工件将产生什么样的几何形状误差?

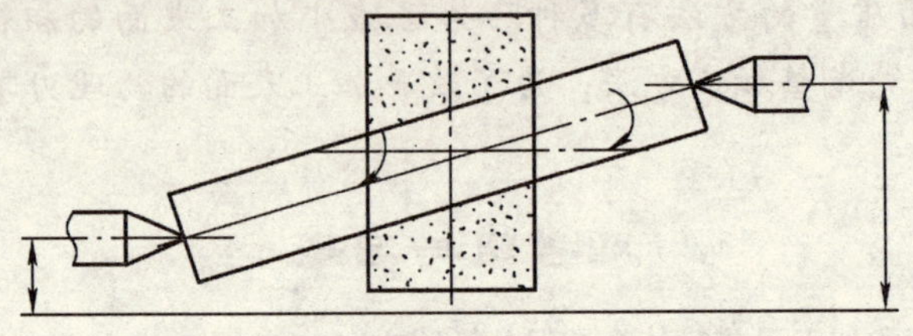

图 11-27　题 11-13 图

11-14　如图 11-28 所示，在卧式铣床上铣削键槽，经测量发现靠工件两端深度大于中间的深度，且都比调整的深度尺寸小。试分析产生这一现象的原因，并设法克服或减小这种误差。

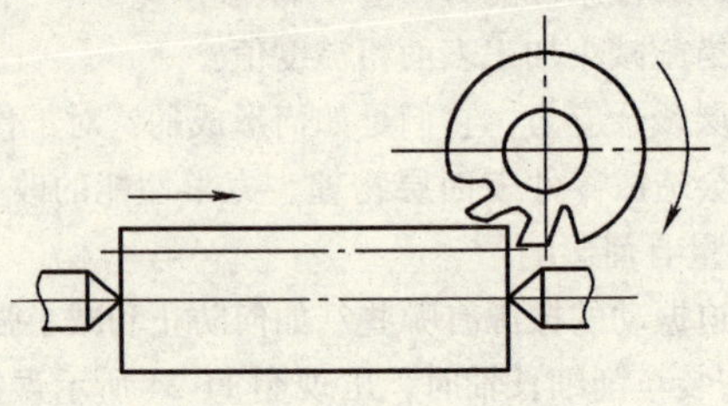

图 11-28　题 11-14 图

第十二章　先进制造技术简介

【要点和目的】

随着科学技术的飞速发展，新型工业材料不断涌现和采用，机械零件的形状越来越复杂，对零件的加工精度和表面质量的要求也越来越高，传统的加工方法已经很难甚至无法胜任这样的加工要求，从而出现了许多先进制造技术。

本章将简要介绍数控加工技术、几种特种加工技术的发展历程、基本概念、工作原理及其应用特点。通过学习，了解数控机床的组成、加工过程、特点及其应用；掌握数控加工技术的工艺特点；了解特种加工的概念、种类及其工作原理；重点掌握数控加工和电火花加工的原理和特点。

第一节　数控加工技术

一、数控机床的产生与发展

现代机械制造及其他相关行业中，多品种、小批量的零件制造与加工已经占据机械制造业主流。据统计，机械产品中，单件与小批量产品占到70%～80%。这类产品，特别是一些由曲线、曲面轮廓组成的复杂零件，采用通用机床和常规工艺加工，难于保证加工质量和提高生产效率。而由于它们自身品种与批量的原因，又不适合采用高效率的专用工艺装备、专用自动化机床或专用自动化生产工艺流程。为了保证多品种、小批量、复杂型面零件加工的质量和实现加工自动化，数字控制机床即数控机床应运而生。

数控机床是实现数控加工的一种设备，它综合应用了电子计算机、自动控制、伺服驱动、精密检测与新型高精度机械结构等多方面的技术成果，是一种高效、柔性加工的机电一体化的设备，可用于加工复杂曲面零件。从第一台数控机床问世至今，数控技术的发展非常迅猛，几乎所有类型的机床均已实现数控化，应用领域已从航空工业普及到汽车、机床等制造业及其他中小批生产的机械制造业中。

我国于20世纪60年代开始研究数控机床及其相关技术，至20世纪80年代末期已日趋成熟。20世纪90年代，随着计算机控制技术的迅速发展和全球经济一体化的到来，美国、日本、德国、意大利、西班牙等生产的数控设备迅速遍布中国，进一步推动了我国数控技术的发展。

近20年来，加工中心（MC，Machining Center）、直接数字控制系统（DNC，Direct Numerical Control System）、自适应控制系统（ACS，Adaptive Control System）、柔性制造系统（FMS，Flexible Manufacturing System）、计算机集成制造系统（CIMS，Computer Integrated Manufacturing System）等的相继出现与应用，已使数控机床成为现代机械制造系统生产过程自动化的基本设备。数控机床的加工与工艺，与通用设备有相似之处，但又有其自身特点。

二、数控机床的组成及其加工过程

数控机床是用记录在控制介质上的数字信息经数控装置对机床实施控制，使它能自动地执行规定的加工过程的机床。

1. 数控机床的组成

（1）数控系统 计算机数控系统（简称CNC系统）由程序、输入输出设备、CNC装置、可编程序控制器（PLC）、主轴驱动装置和进给驱动装置等组成。数控系统是数控机床的核心。数控系统接收按零件加工顺序记载机床加工所需的各种信息，并将加工零件图上的几何信息和工艺信息数字化，同时进行相应的运算、处理，然后发出控制命令，使刀具实现相对运动，完成零件加工过程。

（2）伺服单元、驱动装置和测量装置 伺服单元和驱动装置包括主轴伺服驱动装置、主轴电动机、进给伺服驱动装置及进给电动机。测量装置是指位置和速度测量装置，它是实现主轴、进给速度闭环控制和进给位置闭环控制的必要装置。主轴伺服系统的主要作用是实现零件加工的切削运动，其控制量为速度。进给伺服系统的主要作用是实现零件加工的成形运动，其控制量为速度和位置，特点是能灵敏、准确地实现CNC装置的位置和速度指令。

（3）控制面板 控制面板是操作人员与数控机床进行信息交互的工具。操作人员可以通过它对数控机床（系统）进行操作、编程、调试，或对数控机床参数进行设计和修改，也可以通过它了解或查询数控机床的运行状态。

（4）控制介质和输入、输出设备 控制介质是记录零件加工程序的媒介，是人与数控机床建立联系的介质。程序输入、输出设备是CNC系统与外部设备进行信息交互的装置，其作用是将记录在控制介质上的零件加工程序输入CNC系统，或将已调试好的零件加工程序通过输出设备存放或记录在相应的介质上。

（5）PLC、机床I/O电路和装置 PLC是用于进行与逻辑运算和顺序动作有关的I/O控制，它由硬件和软件组成。机床I/O电路和装置是用于实现I/O控制的执行部件，是由继电器、电磁阀、行程开关、接触器等组成的逻辑电路。

（6）机床本体 数控机床的本体是指其机械结构实体，是实现加工零件的执行部件。它主要由主运动部件（主轴、主运动传动机构）、进给运动部件（工作台、溜板及相应的传动机构）、支承件（立柱、床身等），以及特殊装置、自动工件交换（APC）系统、自动刀具交换（ATC）系统和辅助装置（如冷却、润滑、排屑、转位和夹紧装置等）组成。

2. 数控加工过程

数控加工过程都是围绕信息的交换进行的，其工作过程流程如图12-1所示。

图12-1 数控加工过程流程图

1）根据零件加工图样进行工艺分析，确定加工方案、工艺参数及相关数据。

2）用规定的格式及程序代码编写零件加工程序，可人工编写，也可由自动编程软件直接生成程序文件。

3）程序输入。可以通过数控机床操作面板手工输入程序，也可由计算机串行通信接口直接传输程序文件至机床数控单元。

4）程序调试，加工准备操作阶段。此过程一般先在机床执行机构不动作的情况下进行程序试运行、刀具路径模拟等，随后应调整好机床、夹具、刀具和工件的各相关参数，如确定工件加工零点（应与编程零点相符）、确定刀具相对于工件的位置（俗称对刀）等。

5）运行程序，完成零件加工。为确保加工过程准确无误，一般先执行单程序段操作，各单段程序检验合格后，再自动循环执行。

由此可知，用数控机床加工零件时，首先应编制零件的数控程序，这是数控机床的工作指令。将数控程序输入到数控装置，再由数控装置控制机床主运动的变速、起停，进给运动的方向、速度和位移大小，以及其他诸如刀具选择交换、工件夹紧松开和冷却润滑的起停等动作，使刀具与工件及其他辅助装置严格地按照数控程序规定的路径、顺序和参数进行工作，从而加工出形状、尺寸与精度符合要求的零件。

三、数控机床的分类、特点及应用

1. 分类

（1）按运动轨迹分类　它可分为点位控制数控机床、点位直线控制数控机床和轮廓控制数控机床。

（2）按控制方式分类　它可分为开环控制数控机床、闭环控制数控机床和半闭环控制数控机床。

（3）按数控装置类型分类　它可分为硬件式数控机床（NC）和计算机数控机床（CNC）。

（4）按工艺用途分类　按机床加工特性或完成的主要加工工序来分，主要有数控车床（含车削中心）、数控铣床（含铣削中心）、数控镗床、以铣镗为主的加工中心、数控磨床（含磨削中心）、数控钻床（含钻削中心）、数控拉床、数控刨床、数控切断机床、数控齿轮加工机床及电火花加工机床（含电火花加工中心）等。加工中心通常以主轴在加工时的空间位置分为卧式、立式和万能加工中心。

2. 特点及应用

（1）加工精度较高　数控机床是高度综合的机电一体化产品，是由精密机械和自动化控制系统组成的。其本身具有很高的定位精度，机床的传动系统与机床的结构具有很高的刚度及热稳定性。在设计传动结构时采取了减少误差的措施，并由数控进行补偿，所以数控机床有较高加工精度。更重要的是数控加工精度不受工件形状及复杂程度的影响，这一点是普通机床无法与之相比的。

（2）加工质量稳定可靠　由于数控机床本身具有很高的重复定位精度，又是按所编程序自动完成加工的，消除了操作者各种人为误差，提高了同批工件加工尺寸的一致性，使加工质量稳定，产品合格率高。

（3）能完成复杂曲面的加工　一些由复杂曲线、曲面形成的机械零件，用常规工艺方法和手工操作难以加工甚至无法完成，而由数控机床采用多坐标轴联动即可轻松实现。

（4）生产效率高　数控机床可以采用较大的切削用量，有效地节省了机动时间。数控机床或加工中心还有自动换速、自动换刀和其他辅助操作自动化等功能，使辅助时间大大缩短。且一旦形成稳定加工过程后，无需工序间的检验与测量。所以，采用数控加工比普通机床的生产率高 3 ~4 倍甚至更多。

（5）较强的适应性　数控机床按照被加工零件的数控程序来进行自动化加工，当加工对象改变时，只要改变数控程序，不必使用靠模、样板等专用工艺装备，这有利于缩短生产准备周期，促进产品的更新换代。

（6）较高的经济效益　数控机床（特别是加工中心）大多采用工序集中，一机多用，在一次装夹的情况下，几乎可以完成零件的全部加工。一台数控机床或加工中心可以代替数台普通机床。这样既可以减少装夹误差，节约工序间的运输、测量、装夹等辅助时间，又可以减少机床种类，节省机床占地面积，带来较高的经济效益。

（7）有利于生产管理的现代化　利用数控机床加工，可预先准确计算加工工时，所使用的工具、夹具、刀具可进行规范化、现代化管理。数控机床将数字信号和标准代码作为控制信息，易于实现加工信息的标准化管理。数控机床易于构成柔性制造系统（FMS），目前已与计算机辅助设计与制造（CAD/CAM）有机结合。数控机床及其加工技术是现代集成制造技术的基础。

虽然数控加工具有上述诸多优点，但数控机床初期投资大，造价高，维修困难，对操作人员、管理人员的素质要求也较高。因此，应该合理地选择和使用数控机床，提高企业的经济效益和竞争力。

数控机床通常适合于多品种、小批量生产的零件；结构复杂、精度要求较高的零件；加工频繁改型的零件；价值昂贵、不允许报废的关键零件；最短生产周期的急需件等加工。

四、数控加工工艺特点及数控编程概述

数控加工工艺是随着数控机床的产生、发展而逐步建立起来的一种应用技术，是通过大量数控加工实践的经验总结，是数控机床加工零件过程中所使用的各种技术、方法的总和。

数控加工工艺设计是对工件进行数控加工的前期工艺准备工作。无论是手工编程还是自动编程，在编程前都要对所加工的工件进行工艺分析、拟定工艺路线、设计加工顺序等工作。因此，合理的工艺设计方案是编制数控加工程序的依据。工艺编程人员必须首先搞好工艺设计，然后再考虑编程。

1. 数控加工工艺特点

由于数控机床本身自动化程度较高，设备费用较高，设备功能较强，使数控加工相应形成了如下几个特点。

（1）数控加工工艺内容和要求更加详细明确　进行数控加工时，数控机床是接受数控系统的指令，完成各种运动来实现加工的。因此，在编制加工程序之前，需要对影响加工过程的各种工艺因素，如切削用量、进给路线、刀具几何形状，甚至工步的划分与安排等一一作出定量描述，对每一个问题都要给出确切的答案和选择。而不能像用通用机床加工那样，在大多数情况下对许多具体的工艺问题，由操作工人依据自己的实践经验和习惯自行考虑和决定。也就是说，本来由操作工人在加工中灵活掌握并可通过适时调整来处理的许多工艺问题，在数控加工时就转变为编程人员必须事先具体设计和明确的内容。

（2）数控加工工艺要求更严密精确　数控加工不能像通用机床加工那样，可以根据加工过程中出现的问题由操作者比较自由地进行调整。比如加工内螺纹时，在普通机床上操作者可以随时根据孔中是否挤满了切屑而决定是否需要退一下刀或先清理一下切屑再继续加工，而数控机床则不得而知。所以在数控加工的工艺设计中必须注意加工过程中的每一个细节，做到万无一失。尤其是在对图形进行数学处理、计算和编程时，一定要准确无误。

在实际工作中，一个字符、一个小数点或一个逗号的差错都有可能酿成重大机床事故和质量事故。因为数控机床比同类的普通机床价格高得多，其加工的也往往是一些形状比较复杂、价值也较高的工件，万一损坏机床或工件报废都会造成较大损失。

(3) 数控加工的工序相对集中 一般来说，在普通机床上加工是根据机床的种类进行单工序加工。而在数控机床上加工往往是在工件的一次装夹中完成工件的钻、扩、铰、铣、镗、攻螺纹等多工序的加工。这种“多序合一”的现象也属于“工序集中”的范畴，有时甚至在一台加工中心上可以完成工件的全部加工内容。

2. 数控编程概述

在普通机床上加工零件时，应由工艺人员制定零件的加工工艺规程。在工艺规程中规定了所使用的机床和刀具、工件和刀具的装夹方法、加工顺序和尺寸、切削参数等内容，然后由操作者按工艺规程进行加工。而在数控机床上加工零件，首先要进行程序编制，将零件的加工顺序、工件与刀具相对运动轨迹的尺寸数据、工艺参数（主运动和进给运动速度、切削深度等）以及辅助操作等加工信息，用规定的文字、数字、符号组成的代码，按一定的格式编写成加工程序单，并将程序单的信息通过控制介质输入到数控装置，由数控装置控制机床进行自动加工。从零件图样到编制零件加工程序和制作控制介质的全部过程称为数控编程，包括手工编程和自动编程。

(1) 手工编程 手工编程是指整个程序的编制过程由人工完成。这就要求编程人员不仅要熟悉数控代码及编程规则，而且还必须具备机械加工工艺知识和一定的数值计算能力。手工编程对简单零件通常是可以胜任的，但对于一些形状复杂的零件或空间曲面零件，编程工作量十分巨大，计算繁琐，花费时间长，而且非常容易出错。不过，根据目前生产实际情况，手工编程在相当长的时间内还会是一种行之有效的编程方法。

(2) 自动编程 自动编程是指编程人员只需根据零件图样要求，按照某个自动编程系统的规定，编写一个零件源程序，输入编程计算机，再由计算机自动进行程序编制，并打印程序清单和制作控制介质。自动编程既可以减轻劳动强度，缩短编程时间，又可以减少差错，使编程工作简便。自动编程系统主要有数控语言编程系统和图形编程系统。

数控语言编程系统最主要的是美国的 APT(Automatically Programmed Tools——自动化编程工具)，它是一种发展最早、容量最大、功能最全又成熟的数控编程语言，能用于点位、连续控制系统以及 2~5 坐标数控机床，可以加工极为复杂的空间曲面。

数控图形编程系统是利用图形输入装置直接向计算机输入被加工零件的图形，无需再对图形信息进行转换，大大减少了人为错误，比语言编程系统具有更多的优越性和广泛的适应性，提高了编程的效率和质量。另外，由于 CAD（Computer Aided Design）的结果是图形，可利用 CAD 系统的信息生成 NC（Numerical Contro1）程序单。所以，它能实现 CAD/CAM（Computer Aided Manufacturing）的集成化。正因为图形编程的这些优点，现在乃至将来一段时间内，它是自动编程的发展方向，必将在自动编程方面占主导地位。

目前，实际生产中应用较多的 CAD/CAM 系统主要有国外引进的 Unigraphics Ⅱ、Pro/Engineer、CATIA、Solidworks 等软件，技术较为成熟的国产 CAD/CAM 系统是北航海尔的 CAXA 软件。

第二节 特种加工技术

一、概述

传统的机械加工已有很久的历史，它对人类的生产和物质文明起了极大的作用。进入20世纪50年代以来，随着生产发展和科学实验的需要，很多工业部门，尤其是国防工业部门，要求尖端科学技术产品向高精度、高速度、高温、高压、大功率、小型化等方向发展，它们所使用的材料越来越难加工，零件的形状越来越复杂，加工质量和某些特殊要求也越来越高，对机械制造部门提出了新的更高的要求。特种加工技术就是在这种情形下生产和发展起来的。

所谓特种加工，是相对传统切削加工而言的，它是指那些除了车、铣、刨、磨、钻等传统的切削加工之外的一些新的先进加工方法，主要有电火花加工、电解加工、激光加工、超声波加工、电子束加工、等离子射流加工等。

它们的加工机理不同于传统的切削加工，是直接利用电能、光能、电化学能、声能等，通过某种介质以熔融、蒸发、腐蚀、溶解等物理、化学过程除去工件上多余材料，而不是通过工具以机械力对工件进行加工的。

特种加工的共同特点：加工时工具与工件不直接接触，没有显著的机械力，工具的硬度可以比工件低。因此，它们可以加工用传统机械加工方法难以加工或者无法加工的高硬度、高强度、高脆性材料或具有细微小孔、深孔、窄缝、复杂型孔、型腔、低刚度、薄壁等零件。

特种加工的广泛应用，引起了机械制造工艺技术领域内的许多变革。

（1）提高了材料的可加工性　以往认为金刚石、硬质合金、淬火钢、石英、玻璃、陶瓷等是很难加工的，现在已经广泛采用金刚石制造的刀具、工具、拉丝模具，通过电火花、电解、激光等多种方法来加工它们。材料的可加工性不再与硬度、强度、韧性、脆性等成直接、正比关系。对电火花、线切割加工而言，淬火钢比未淬火钢更易加工。特种加工方法使材料的可加工范围从普通材料发展到硬质合金、超硬材料和特殊材料。

（2）改变了零件的典型工艺路线　以往除磨削外，其他切削加工、成形加工等都必须安排在淬火热处理工序之前，这是一切工艺人员不可违反的工艺准则。特种加工的出现，改变了这种一成不变的程序格式。由于它基本上不受工件硬度的影响，而且为了免除加工后再引起淬火热处理变形，一般都是先淬火，后加工，如电火花线切割加工、电解加工等。

（3）特种加工对产品零件的结构设计带来很大的影响　例如，花键孔、轴，枪炮膛线齿根部分，从设计观点考虑，最好做成小圆角以减少应力集中，但拉削加工时刀齿做成圆角对排屑不利，容易磨损，刀齿只能设计与制造成清棱清角的齿根，而用电解加工时，由于存在尖角变圆现象，非采用小圆角的齿根不可。

（4）对传统的结构工艺性的好与坏，需要重新衡量　过去方孔、小孔、深孔、弯孔、窄缝等被认为是工艺性很“差”的典型，对工艺、设计人员是非常忌讳的，有的甚至是禁区。特种加工的使用改变了这种现象。对于电火花穿孔、电火花线切割工艺来说，加工方孔和加工圆孔的难易程度是一样的。喷油嘴小孔、喷丝头小异形孔、涡轮叶片大量的小冷却深孔和窄缝等，在采用电加工后变难为易了。过去淬火前忘了钻定位销孔、铣槽等工艺，淬火后这种工件只能报废，现在则大可不必，可用电火花打孔、切槽进行补救。相反，有时为了避免淬火开裂、变形等影响，故意把钻孔、开槽等工艺安排在淬火之后。过去很多不可修废品，现在都可用特种加工方法修复。例如，啮合不好的齿轮，可用电火花跑合；尺寸磨小了的轴，磨大了的孔，以及工作中磨损了的轴和孔，可用电刷镀修复。

（5）特种加工已经成为微细加工和纳米加工的主要手段　近年来出现并快速发展的微细加工和纳米加工技术，主要是电子束、离子束、激光等电物理、电化学特种加工技术。

尽管特种加工优点突出，应用日益广泛，但是各种特种加工的能量来源、作用形式、工艺特点却不尽相同，其加工特点与应用范围自然也不一样，而且各自还都具有一定的局限性。为了更好地应用和发挥各种特种加工的最佳功能及效果，必须依据工件材料、尺寸形状、加工精度、生产率、经济性等情况作具体分析，区别对待，合理选择特种加工方法。

二、电火花加工

在电器开关触点闭合或断开时往往会出现“火花”现象而把金属触点烧损。电火花加工就是利用这种“有害现象”，并加以控制后作为一种能应用于工业生产的加工方法。

电火花加工又称放电加工（Electrical Discharge Machining，EDM），在20世纪40年代开始研究并逐步应用于生产。它是在一定绝缘性能的液体介质（如煤油、机械油）中，通过工具电极和工件电极之间的脉冲放电的电蚀作用，对工件进行加工的方法。因放电过程中可见到火花，故称之为电火花加工，日本、英国、美国称之为放电加工，前苏联及俄罗斯称之为电蚀加工。

1. 实现电火花加工的条件

要使火花放电能用于加工，获得一定形状和尺寸的零件，必须满足以下基本条件。

1）工具电极和工件电极之间必须维持合理的间隙。

2）两电极之间必须充入介质，否则不能实现电火花加工。

3）输送到两电极间的脉冲能量密度必须足以使局部材料熔化及气化。

4）放电必须是短促的火花放电（或称脉冲放电），使放电产生的热量瞬间集中在放电区，来不及扩散，从而能有效地只将该部分材料加热到被熔蚀。

5）两次放电之间必须有一定的间歇时间，使介质能及时恢复绝缘（称为消电离），否则将成为电弧放电，像电弧焊那样将工件表面大片熔融而不能用于尺寸加工。

2. 电火花加工的基本原理、特点及类型

（1）基本原理　电火花加工是基于两电极间的脉冲放电腐蚀原理，当工具电极与工件电极在绝缘液体介质中相互靠近时，极间脉冲电压将在两极间“相对最近点”使液体介质电离击穿，形成脉冲性火花放电，并在放电通道中瞬间产生大量热能，使局部金属熔化甚至气化，从而将金属蚀除下来。图12-2所示为电火花加工原理示意图。

工件和工具电极分别与脉冲电源的输出端相连接。自动进给调节装置（如液压缸）使工具电极和工件之间始终保持一定的放电间隙（约0.01～0.2mm）。当脉冲电压加到两极之间，便在当时条件下相对某一间隙最小处或绝缘强度最低处击穿工作介质，在该局部产生火花放电，瞬时高温（约10000～12000℃）使工件形成一个小凹坑，如图12-2b所示。一个放电结束后，经过一段间隔时间，使工作液恢复绝缘后，第二个脉冲电压又加到两极上，又会在间隙最小处击穿放电。电蚀出一个小凹坑，这样随着高的频率连续不断地重复放电，工具电极不断地向工件进给，就可将工具电极的形状复制到工件上，加工出所需要的工件，整

个加工表面由无数个极细微的小凹坑所组成（如图 12-2c 所示）。

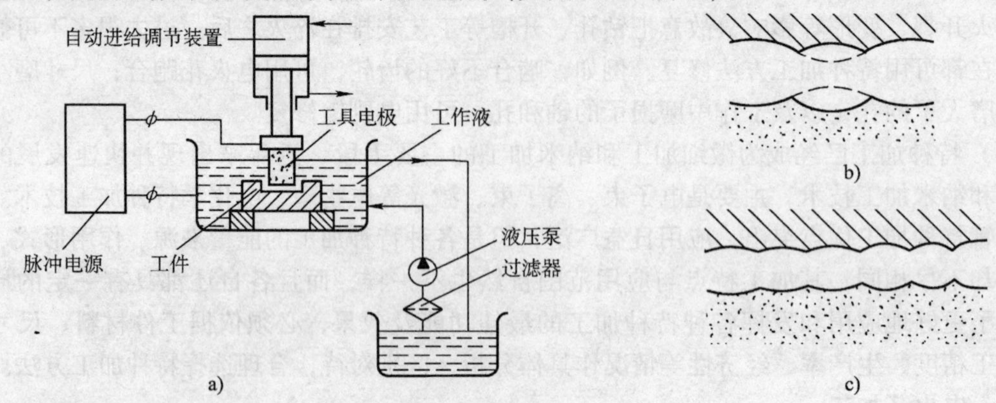

图 12-2 电火花加工原理

a）加工原理 b）工件形成一个小凹坑局部放大

c）加工表面上无数个极细微的小凹坑局部放大

（2）电火花加工的特点 电火花加工是利用电、热能而实现加工的，与切削加工方法相比较，有如下特点：

1）可用软工具电极来加工任何硬、脆、软、韧、高熔点的导电材料，如淬火钢、不锈钢、耐热合金和硬质合金等。在一定条件下，还可以加工半导体材料和非导电材料。

2）加工时工具电极与工件材料不接触，无显著的切削力，有利于小孔、深孔、弯孔、窄缝和薄壁弹性件的加工。各种复杂的型孔、型腔和立体曲面，都可以采用成形电极一次加工成形，不会因为加工面积过大而引起切削变形。

3）脉冲参数可以任意调节。加工中只要更换工具电极，就可以在同一台机床上通过改变电规准（电压、电流、脉冲宽度、脉冲间隔等电参数）连续进行粗、半精和精加工。精加工尺寸精度可达 0.01mm，表面粗糙度 R_a 值为 0.8μm；微精加工尺寸精度可达 0.002mm，表面粗糙度值 R_a 值为 0.1～0.05μm。

4）电火花加工主要用于加工导电材料，且加工速度较慢，还存在电极损耗而影响成型精度等问题。因此，它有一定的局限性。

（3）电火花加工类型 按工具电极和工件相对运动的方式和用途的不同，电火花加工大致可分为电火花穿孔加工、电火花型腔加工、电火花线切割、电火花磨削和镗削、电火花同步共轭回转加工、电火花高速小孔加工、电火花表面强化与刻字等类型。前六种属电火花成型、尺寸加工，用于改变零件形状或尺寸；后者则属于表面加工方法，用于改善或改变零件表面性质。其中以电火花穿孔加工、电火花型腔加工、电火花线切割应用最为广泛。

3. 电火花穿孔加工

电火花穿孔加工是应用最广的一种电火花加工方法，常用来加工冲模、拉丝模和喷嘴上的各种小孔。

电火花穿孔加工的精度取决于工具电极的尺寸和放电间隙。工具电极的横截面形状应与加工型孔的横截面形状相一致，其轮廓尺寸比型孔尺寸均匀地内缩一个值，即单边放电间隙值。影响放电间隙大小的因素主要是加工中采用的电规准。当采用单个脉冲能量大（脉冲峰值电流与电压大）的粗规准时，被蚀除的金属微粒大，放电间隙大；反之，当采用精规准时，放电间隙小。电火花加工时，为了提高生产率，常用粗规准蚀除大量金属，再用精规准保证加工质量。

穿孔电极常用的材料有钢、铸铁、纯铜、黄铜、石墨及铜钨、银钨合金等。其中，钢和铸铁切削加工性能好，价格便宜，但电加工稳定性差；纯铜和黄铜的电加工稳定性好，但电极损耗较大；石墨电极的损耗小，电加工稳定性较好，但电极的磨削加工困难；铜钨、银钨合金电加工稳定性好，电极损耗小，但价格贵，多用于硬质合金穿孔及深孔加工等。

用电火花加工较大的孔时，应先粗加工孔，留适当的加工余量，一般单边余量为0.5～1mm。若加工余量太大，生产效率低；加工余量太小，电火花加工时电极定位困难。

4. 电火花型腔加工

电火花型腔加工包括锻模、压铸模、挤压模、塑料模等型腔的加工以及整体式叶轮、叶片等曲面零件的加工。

电火花加工型腔比穿孔难得多，其原因有：型腔属不通孔，所需蚀除的金属多，工作液难以有效地循环，以至电蚀产物排除不净而影响加工的稳定性；型腔各处深浅不一，圆角半径不等，加工面积多变，使工具电极各处损耗不一，电极损耗大且影响尺寸仿形的精度；不能用阶梯电极来实现粗、精规准的转换加工，影响生产率的提高。

电火花型腔加工主要有单电极平动法和多电极更换法。单电极平动法采用一个电极完成型腔的粗、精加工，利用平动头，使电极作圆周平面运动，加工时按粗、精顺序逐级改变电规准，同时依次加大电极的平动量，以补偿更换电规准时的放电间隙之差，完成整个型腔的加工。多电极更换法是采用多个电极加工同一型腔，依次更换电极进行粗、精加工，其加工精度高，尖角清晰，但要求多个电极一致性好，重复定位要求高，一般只用于精密型腔加工。

用电火花加工型腔时，为了有效地排除电蚀产物，通常在工具电极上开有冲油孔，用压力油将电蚀产物强迫排出。为减少工具电极损耗，提高加工精度，首先要选择耐蚀性高的电极材料，如铜钨、银钨合金及石墨等。铜钨、银钨合金成本高，机械加工困难，故应用较少。常用的为纯铜和石墨，石墨电极损耗小，易加工成形，但易塌角，广泛用于各种型腔加工。纯铜电加工稳定性好，精加工时，电极损耗小，不易塌角，用于精度要求高的型腔加工。

5. 电火花线切割加工

电火花线切割加工简称为线切割，是在电火花穿孔成形加工的基础上发展起来的。它是采用连续移动的细金属丝（直径约0.05～0.3mm的钼丝或黄铜丝）作为工具电极，与工件间产生电蚀而进行切割加工的。

图12-3为电火花线切割加工原理和装置示意图。电火花放电是在电极丝进给方向的周边与工件之间进行（见图12-3a），当两者按照规定的轨迹作进给运动时，便实现了成形切割（见图12-3b）。加工时，金属丝还沿自身方向不断移动，这样将损耗分布在较长的线段上，使电极丝单位长度的电蚀损耗减少，从而延长了使用寿命，提高了加工精度。

根据电极丝的运行速度，电火花线切割机床通常分为两大类。一类是高速走丝电火花线切割机床。这类机床的电极丝做高速往复运动，一般走丝速度为8～10m/s，我国生产的电火花线切割机床多采用高速走丝方式。另一类是低速走丝电火花线切割机床，这类机床的电极丝作低速单向运动，一般走丝速度低于 0.2m/s，国外生产的电火花线切割机床多采用低速走丝方式。低速走丝方式的加工精度要高于高速走丝方式，但其加工厚度和表面粗糙度值要低于高速走丝方式。

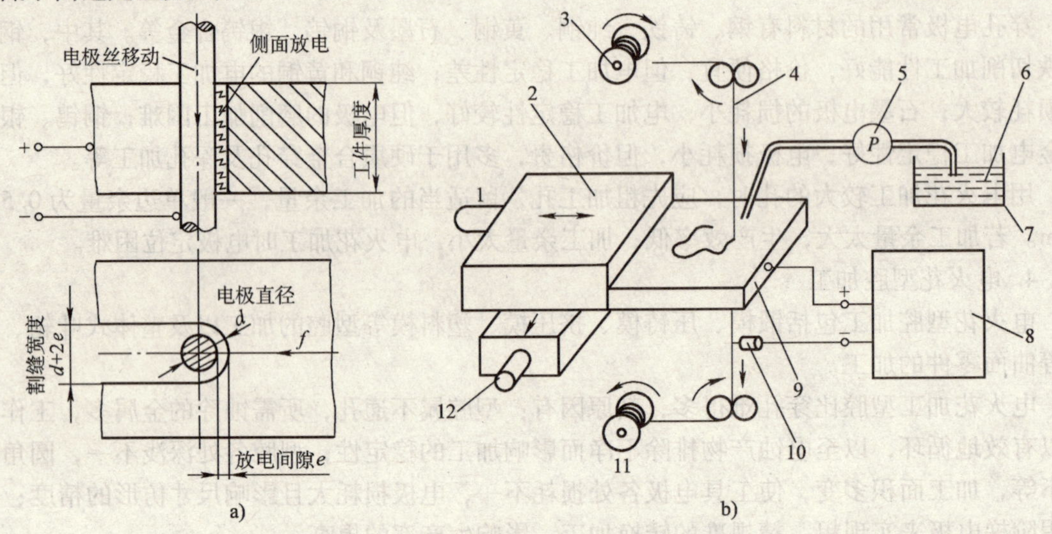

图 12-3 线切割加工原理及装置示意图

1—X 轴电动机 2—纵横移动工作台 3—供丝卷筒 4—金属丝 5—泵 6—工作液 7—储液箱 8—电工电极 9—工件 10—导电器 11—收丝卷筒 12—Y 轴电动机

与电火花穿孔加工相比较，电火花线切割加工具有以下特点：

1）省掉了成形的工具电极，降低了成形工具电极的制造费用，缩短了生产准备周期。

2）由于电极丝比较细，可以加工窄缝、窄槽和微型孔，用它切断贵重金属可以节约材料，而且余料还可以利用，提高了材料的利用率。

3）切割时几乎没有切削力，所以，可以用于切割极薄的工件。

4）一般不考虑电极损耗对加工精度的影响。

5）不能加工不通孔类零件表面和阶梯成形表面（立体成形表面）。

三、电解加工

电解加工是利用金属在电解液中可以产生阳极溶解的电化学原理将工件加工成形的。这种电化学现象在机械工业中早已被用来实现电抛光和电镀。

图 12-4a 所示为电解加工原理示意图。加工时工件连接直流电源的正极（阳极），工具（模具）连接负极（阴极）。两极之间的电压一般为 5 ~ 25V 的低电压。两极之间保持 0.1 ~ 0.8mm 的间隙，电解液以 5 ~ 60m/s 的速度流过，使两极间形成导电通路，并在电源电压下产生电流，于是工件被加工表面的金属材料将由于电化学反应而不断溶解到电解液中，电解的产物则被电解液带走。加工过程中工具阴极不断地向工件恒速进给，工件金属不断溶解，使工件与工具各处的间隙趋于一致，工具阴极的形状尺寸将复制在工件上，从而得到所需要的零件形状。

电解加工刚开始时，工件毛坯形状与工具形状不同，两电极之间间隙不相等，如图 12-4b 所示。间隙小的地方电场强度高，电流密度大（图中竖线密），金属溶解速度也较快；反之，间隙较大处加工速度就慢。随着工具不断向工件进给，阳极表面的形状就逐渐与阴极形状接近，各处间隙和电流密度逐渐趋于一致，如图 12-4c 所示。

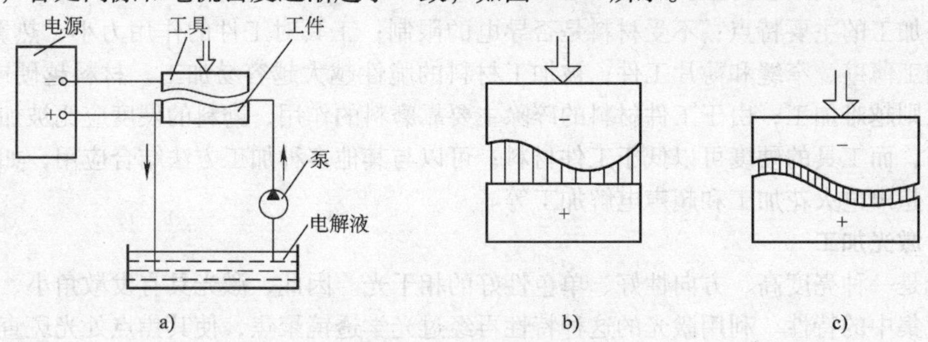

图 12-4　电解加工原理

电解加工主要特点：①加工范围广，能加工任何高强度、高硬度、高韧性的导电材料，如硬质合金、钢、不锈钢、耐热合金等难加工材料。②生产率高，是特种加工中材料去除速度最快的方法之一，约为电火花加工的 5 ~ 10 倍。③加工过程中无切削力和切削热，也没有因此给工件带来的变形，因而可以加工刚性差的薄壁零件，加工表面残留应力和毛刺小，能获得较光洁的表面和一定的加工精度。表面粗糙度 R_a 值一般为 0.8 ~ 0.2μm，平均尺寸精度为 ±0.1mm。④加工过程中工具阴极基本无损耗，可长期保持工具的精度。⑤电解加工不需要复杂的成形运动，即可加工复杂的空间曲面。⑥只能加工导电的金属材料，对加工窄缝、小孔及棱角很尖的表面则比较困难，加工精度受到限制。⑦复杂加工表面的工具电极的设计和制造比较费时，因而在单件、小批生产中的应用受到限制。⑧附属设备较多，占地面积大，投资大，电解液腐蚀机床，容易污染环境，需采取一定的防护措施。

四、超声加工

超声加工是利用工具端面作超声频（16 ~ 25kHz）振动，通过工作液中悬浮磨料对工件表面冲击抛磨来实现加工的。

图 12-5 所示为超声加工原理示意图。加工时，在工具 3（一般为 15 钢制成）和工件 1 之间加入工作液 2（一般为水和煤油与磨料混合而成的悬浮液），并使工具以很小的压力 P 轻轻作用于工件上。超声发生器 7 将工频交流电转变为有一定功率输出的超声频电振荡，超声换能器 5 将超声频电振荡转变为超声机械振动，但其振幅很小，一般只有 0.005 ~ 0.01mm，无法满足加工要求。因此，需借助变幅杆 4 将振幅放大到 0.5 ~ 0.1mm 左右。这样，固定在变幅杆端头的工具 3 即产生了能满足加工要求的超声振动。工具端面的超声振动，迫使工作液中的悬浮磨料以很大的速度不断地撞击、抛磨被加工表面，使加工区域内的工件材料被粉碎成很小的微料，从工件表面脱落下来。循环流动的工作液不断带走加工碎屑，同时，也使得加工区域中的磨料不断得到

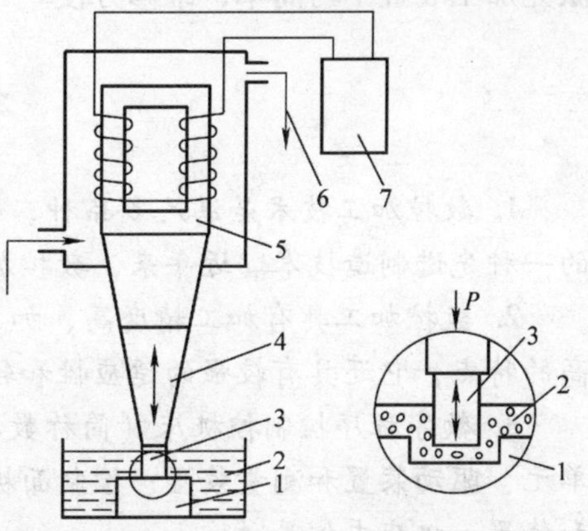

图 12-5　超声加工原理示意图

1—工件　2—悬浮液　3—工具　4—变幅杆
5—超声换能器　6—冷水　7—超声波发生器

更新。随着工具的不断进给，上述加工过程不断进行，工具的形状便被复映到工件上，直至达到要求的尺寸和形状为止。

超声加工的主要特点：不受材料是否导电的限制；工具对工件的作用力小、热影响小，因而可加工薄壁、窄缝和薄片工件；被加工材料的脆性越大越容易加工，材料越硬或强度、韧性越大则越难加工；由于工件材料的碎除主要靠磨料的作用，磨料的硬度应比被加工材料的硬度高，而工具的硬度可以低于工件材料；可以与其他多种加工方法结合应用，如超声振动切削、超声电火花加工和超声电解加工等。

五、激光加工

激光是一种亮度高、方向性好、单色性好的相干光。因此，激光具有发散角小、单色性好、亮度集中的特性。利用激光的这种特性再经过光学透镜聚焦，使其焦点处光斑直径理论上达到 1μm 以下，故该处功率密度可达 $10^7 \sim 10^{11}$ W/cm^2。位于焦点处的材料吸收如此高的光能，温度可高达上万度，在此高温下，任何坚硬的材料都将瞬时急剧熔化和蒸发，并产生很强烈的冲击波，使熔化物质爆炸式地喷射出去，如图 12-6 所示。激光加工就是利用这种原理进行细微的打孔、蚀刻、切割工作的。

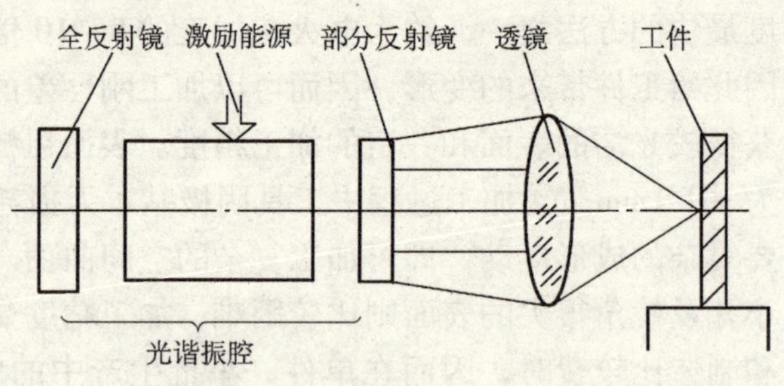

图 12-6 激光加工原理示意图

激光加工主要特点：①加工范围广。由于激光加工的功率密度是各种加工方法中最高的一种，几乎能加工任何金属和非金属材料，如高熔点材料、耐热合金、硬质合金、有机玻璃及陶瓷、宝石、金刚石等硬脆材料。②操作简便。激光加工不需要真空条件，可在各种环境中进行。③适合于精密加工。激光聚焦后的焦点直径小至几微米，形成极细的光束，可以加工深而小的微孔和窄缝。④无工具损耗。激光加工不需要加工工具，是非接触加工，工件不受明显的切削力，可对刚性差的薄壁零件进行加工。⑤加工速度快，效率高，可减少热扩散带来的热变形。⑥可控性好，易于实现加工自动化。⑦激光加工装置小巧简单，维修方便。

本 章 小 结

1. 数控加工技术是满足多品种、小批量、复杂型面零件加工的质量和实现加工自动化的一种先进制造技术。近年来，数控加工技术在机械制造业得到了极为广泛的应用。

2. 数控加工具有加工精度高、加工质量稳定可靠、能完成复杂曲面的加工和生产效率高的特点，它还具有较强的适应性和较高的经济效益，有利于生产管理的现代化。

3. 数字程序控制控机床（简称数控机床）一般由以下六大部分组成：数控系统；伺服单元、驱动装置和测量装置；控制面板；控制介质和输入、输出设备；PLC、机床 I/O 电路和装置；机床本体等。

4. 计算机数控系统（简称 CNC 系统）是数控机床的核心，接收机床加工所需的各种信息，并将加工零件图上的几何信息和工艺信息数字化，同时进行相应的运算、处理，然后发出控制命令，使刀具实现相对运动，完成零件加工过程。

5. 在数控机床上加工零件，首先要进行程序编制，将零件的加工顺序、工件与刀具相对运动轨迹的尺寸数据、工艺参数以及辅助操作等加工信息，用规定的文字、数字、符号组成的代码，按一定的格式编写成加工程序单，并将程序单的信息通过控制介质输入到数控装置，由数控装置控制机床进行自动加工。从零件图纸到编制零件加工程序和制作控制介质的全部过程称为数控编程。

6. 特种加工是利用电能、光能、电化学能、声能等，通过某种介质以熔融、蒸发、腐蚀、溶解等物理、化学过程除去工件上多余材料，而不是通过工具以机械力对工件进行加工的。加工时工具与工件不直接接触，没有显著的机械力，工具的硬度可以比工件低。它们可以高硬度、高强度、高脆性材料或具有细微小孔、深孔、窄缝、复杂型孔、型腔、低刚度、薄壁等的零件。

7. 电火花加工是在一定绝缘性能的液体介质中，通过工具电极和工件电极之间的脉冲放电的电蚀作用，对工件进行加工的一种特种加工方法，主要有电火花穿孔加工、电火花型腔加工和电火花线切割加工三种工艺方法，目前广泛用于模具制造行业。

8. 电火花线切割加工没有成形工具电极，降低了制造工具电极的费用。切割时几乎没有切削力，可以切割极薄的工件，加之电极丝比较细，可以加工窄缝、窄槽和微型孔等。但电火花线切割加工不能加工不通孔类零件表面和阶梯成形表面。

思考题与习题

12-1　数控机床有何特点？

12-2　数控机床一般由哪几部分组成？各起什么作用？

12-3　试述数控加工工艺特点。

12-4　何谓特种加工？它有哪些特点？

12-5　试述电火花加工原理，并比较电火花穿孔加工与电火花线切割加工的异同点。

12-6　电解加工、超声加工和激光加工各有何主要特点？

参 考 文 献

［1］ 吴林禅．金属切削原理与刀具［M］．北京：机械工业出版社，1998．

［2］ 周泽华．金属切削原理［M］．上海：上海科学技术出版社，1994．

［3］ 裘维涵．机械制造基础［M］．北京：机械工业出版社，1999．

［4］ 戴曙．金属切削机床［M］．北京：机械工业出版社，2001．

［5］ 吴圣庄．金属切削机床概论［M］．北京：机械工业出版社，1992．

［6］ 顾崇衔．机械制造工艺学［M］．西安：陕西科学技术出版社，1981．

［7］ 龚定安．机床夹具设计原理［M］．西安：陕西科学技术出版社，1981．

［8］ 卢秉恒．机械制造技术基础［M］．北京：机械工业出版社，1999．

［9］ 徐嘉元，曾家驹．机械制造工艺学（含机床夹具设计）［M］．北京：机械工业出版社，2002．

［10］ 王爱玲．数控机床加工工艺［M］．北京：机械工业出版社，2006．

［11］ 中国机械工业教育协会．数控加工工艺及编程［M］．北京：机械工业出版社，2004．

［12］ 魏康民．机械制造技术［M］．北京：机械工业出版社，2001．

［13］ 王泓．机械制造基础［M］．北京：北京理工大学出版社，2006．

［14］ 杜可可．机械制造技术基础［M］．北京：人民邮电出版社，2007．

［15］ 鲁昌国，黄宏伟．机械制造技术［M］．大连：大连理工大学出版社，2007．